“十三五”国家重点图书出版规划项目

BIM 技术及应用丛书

建筑工程新型建造方式

毛志兵　主编

李云贵　郭海山　副主编

中国建筑工业出版社

图书在版编目（CIP）数据

建筑工程新型建造方式 / 毛志兵主编. — 北京：中国建筑工业出版社，2018.11
（BIM 技术及应用丛书）
ISBN 978-7-112-22779-2

Ⅰ. ①建… Ⅱ. ①毛… Ⅲ. ①建筑工程—研究 Ⅳ. ① TU

中国版本图书馆CIP数据核字（2018）第232190号

本书深入分析了国内外建筑工程建造领域的发展形势，提出了以品质为核心的“新型建造方式”理论（Q-SEE 理论），对新型建造方式发展需要的配套产业链发展水平、产业要素、政策法规、标准规范等方面进行了详细的调研，系统总结了我国基于新型建造方式的设计、生产、施工技术的现状和存在的问题，提出了发展的措施及政策建议。通过丝绸之路（敦煌）文博会场馆工程、雄安新区市民中心工程、深圳长圳装配式工程三个代表性工程案例，系统阐述了对新型建造方式的理解和工程实践，多角度、全方位向读者展示新型建造方式实例。

本书共 7 章，包括：建筑工程建造技术现状与问题、新型建造方式概述、新型建造方式产业要素、新型建造方式产业链、新型建造技术政策、新型建造典型案例、新型建造技术发展展望，内容全面且指导性强，适用于建筑工程设计、施工、管理人员参考使用。

总 策 划：尚春明
责任编辑：万 李 范业庶
责任校对：王 瑞

“十三五”国家重点图书出版规划项目
BIM技术及应用丛书
建筑工程新型建造方式
毛志兵 主编
李云贵 郭海山 副主编
*
中国建筑工业出版社出版、发行（北京海淀三里河路9号）
各地新华书店、建筑书店经销
北京点击世代文化传媒有限公司制版
北京建筑工业印刷厂印刷
*
开本：787 × 1092毫米 1/16 印张：27¾ 字数：572千字
2018年11月第一版 2018年11月第一次印刷
定价：88.00 元
ISBN 978-7-112-22779-2
（32916）

本书编委会

主　编　毛志兵

副主编　李云贵　郭海山

编　委　蒋立红　廖钢林　王　辉　韩建聪　李　浩
孙金桥　关　军　吴克辛　李　磊　周千帆
樊则森　王冬雁　邱奎宁　孙鹏程　侯本才
杨　玮　姜　伟　欧阳明勇　马文文　洪　健
曾　涛　关　双

序 一

研究建筑业转型升级实现高质量发展的技术路径

建筑业在国民经济中的作用十分突出，2017 年全国建筑业总产值达到 21.4 万亿，从业者超过 5500 万，是名符其实的支柱产业。

当前我国建筑业改革发展正围绕着三条主线展开：一是建筑业深化改革主线，国办《关于促进建筑业持续健康发展的意见》就建筑市场模式改革以及政府监管方式改革等做出了明确规定。二是建筑业转型升级主线，以绿色发展为核心，全面深入地推动绿色建筑、装配式建筑、超低能耗被动式建筑发展等，以及推广绿色施工、海绵城市、综合管廊等实践。三是建筑业科技跨越主线，核心是数字技术对建筑业发展的深刻广泛影响。研究 BIM 及云计算、大数据、物联网、移动互联网、人工智能及 3D 打印、VR/AR、数字孪生、区块链等对建筑及建筑业（包括项目管理、企业管理、行业管理）的深刻影响。关于数字建筑，有人认为主要就是 ABC（人工智能 +BIM+ 云计算等数字技术应用），我认为尚需国内专家学者深入研究梳理形成权威意见。关于数字建筑业则是一个实践层面的科技发展问题，很多建筑业大企业的主要负责同志充分重视该领域科技创新发展，率先在项目管理、企业管理中综合应用数字技术。这是中国建筑业与一些发达国家建筑业并驾齐驱的领域，很有可能是中国建筑业弯道超车，引领世界建筑业发展方向的领域。围绕以上三条主线，重点研究建筑业转型升级的 4 个问题，一是关于装配式建筑发展，二是关于市场模式变革，三是关于“一带一路”倡议对建筑业的深刻影响，四是关于雄安新区规划建设对建筑业转型升级实现跨越的促进作用。

近期中国建筑股份有限公司的研究团队历时几年完成了《建筑工程新型建造方式》的专题报告。应编委会之邀，我得以先睹为快，阅读了该报告，倍感欣慰，认为的确是一部非常难得的涵盖中国建筑行业新型建造方式理念、发展方向等主要内容的全面系统的研究报告，具有创新性、系统性、逻辑性及全覆盖等特点，对我国建筑行业新型建造方式的发展起到了重要的引领作用。报告的主要观点如下。

近年来，建筑业发展生态正在悄然发生改变。这种改变，一方面来自于宏观政策和市场环境的变化，另一方面则来建筑业自身的发展需求。

一是政策和环境方面，2017 年 2 月国务院办公厅印发《关于促进建筑业持续健康发展的意见》，以国家“顶层设计”为建筑业“正名”。该意见全面系统地提出了促进建筑业持续健康发展的总体要求和改革方向与措施，充分体现了党中央、国务院高度重视建筑业改革发展，充分体现了建筑业改革发展的顶层设计，充分体现了以市场化为基础、以国际化为方向的理念，是今后一段时期内建筑业改革发展的纲领性文件。

“十九大”报告提出“坚持人与自然和谐共生。建设生态文明是中华民族永续发展的千年大计。必须树立和践行绿水青山就是金山银山的理念，坚持节约资源和保护环境的基本国策，像对待生命一样对待生态环境，统筹山水林田湖草系统治理，实行最严格的生态环境保护制度，形成绿色发展方式和生活方式。”，力求大力改善生态环境，提升城市功能，推动绿色城市建设。

二是建筑业发展需求方面，未来建筑业发展趋势是“绿色化、智慧化、工业化”，以节能环保为核心的绿色建造改变传统的新型建造方式。建筑工程新型建造方式是以绿色发展为理念，以建筑业转型升级为目标，以技术创新为支撑，以信息化和现代化的组织管理为手段，将建筑生产的全过程连接为一个完整的产业系统，形成建筑设计、生产、施工和管理一体化的新型建筑工业化生产组织形式，实现由传统的生产方式向现代化工业方式转变，从而全面提升建筑工程现代化。（装配式建筑作为建筑工业化的重要组成部分，是解决工程质量与效率、绿色发展等一系列重大问题的重要方法，是解决房屋建造过程中设计、生产、施工管理之间相互脱节的有效途径。）

新型建造方式是贯彻绿色发展理念的需要，是保证工程质量的需要，是缩短建设周期的需要。同时新型建造方式还是解决当前建筑业劳动力成本提高、劳动力素质偏低、技术工人短缺等一系列客观问题的便利选择。符合建筑业建造技术发展趋势，将推动建筑产业转型升级，加速实现我国建筑产业现代化，实现建筑业持续发展。唯有加速与国际管理模式接轨，推动科技创新，实现产业转型升级，加快推进以绿色化、智能化和工业化为特征的建筑产业现代化，才能在未来更大范围的工程建设领域，更广阔的市场竞争领地把握主动，赢得更大市场空间，具有更大作为。

报告集中围绕建筑业新型建造技术展开深入研究，对新型建造方式的概念、发展方向、生产方式、组织方式、管理模式进行了全面概述，对新型建造方式的产业要素包括要素要求、人机料法环要素的分析，对新型建造方式产业链从设计、加工、施工做出全面深入研究，还对当前的行业重大政策包括绿色建造、智慧建造、工业化建造技术政策做出梳理重新扼要概述，难能可贵的是主编们精心整理的极具标志性的重大工程案例进行对应分析，进而落脚到对新型建造技术的下一步发展展望和重点任务提出具有说服力的建议。整个报告通篇堪称研究新型建造方式的力作、大作，又是研究实现我国建筑业转型升级高质量发展路径的重要参考资料，值得同行们一读。

中国建筑业协会会长

住房城乡建设部原总工程师

2018 年 9 月于北京

序 二

多年来特别是改革开放四十年来，我国建筑业迅猛发展，建造能力不断增强，产业规模不断扩大，为推进我国经济发展和城乡建设，改善人民群众生产生活条件，做出了历史性贡献。随着我国经济由高速增长阶段转向高质量发展阶段的历史进程，建筑业开启了高质量发展的新时代。如何实现工程建设行业的高质量发展，是摆在全行业面前重要而紧迫的课题。中国建筑股份有限公司毛志兵总工程师带领他的科研团队凝心聚力、深入研究推出的《建筑工程新型建造方式》一书，使我们耳目一新，颇受启迪。

众所公知，建筑工程的新型建造方式，是工程建设行业实现专业化、协作化、精细化，从粗放型向集约型转变的重要途径；是实现创新驱动、科技进步，提高工程建设行业现代建设文明和全要素生产率水平的必由之路；是工程建设行业加快信息化、智能化、绿色化、工业化，开启高质量新时代的深刻革命。

当前，新一轮科技革命和产业变革与我国加快转变经济发展方式形成历史性交汇，“互联网 +”与建筑业正处于不断融合发展中，深入探索智慧建造和工业化建造技术，并取得了丰硕成果，为建筑工程采用新型建造方式创造了难得到有利条件。建筑行业必须紧紧抓住这一重大历史机遇，加强建筑行业发展的统筹规划和前瞻部署，大力推进新型建造方式的采用，将我国发展成为建造强国。

《建筑工程新型建造方式》一书，对建筑工程新型建造方式的内涵和外延进行了创新性描述。相对于传统建造方式而言，在工程建造过程中，新型建造方式注重以“绿色、智慧、工业化”为技术手段，以工程总承包为实施载体，实现“节能环保，提高效率，提升品质，保障安全”的目标。新型建造方式贯彻绿色发展理念，强化科技的创新和成果利用，注重提高工程建设效率、确保工程质量。

《建筑工程新型建造方式》一书，对国内外新型建造方式的发展历程进行了系统描述，对国外的好的做法和有益经验进行了梳理和提炼，并对新型建造方式进行了展望。

书中对绿色建造技术体系、智慧建造技术体系、工业化建造技术体系的现状和发展方向进行了系统分析。书中援引了大量案例，有力地支撑需要论证和说明的问题。

我们相信，本书必将在工程建设领域产生强烈反响，倍受建筑业同仁青睐。

曹玉书

中国施工企业管理协会会长

2018年9月

丛书前言

“加快推进建筑信息模型（BIM）技术在规划、勘察、设计、施工和运营维护全过程的集成应用，实现工程建设项目全生命期数据共享和信息化管理，为项目方案优化和科学决策提供依据，促进建筑业提质增效。”

——摘自《关于促进建筑业持续健康发展的意见》（国办发 [2017] 19 号）

BIM 技术应用是推进建筑业信息化的重要手段，推广 BIM 技术，提高建筑产业的信息化水平，为产业链信息贯通、工业化建造提供技术保障，是促进绿色建筑发展，推进智慧城市建设，实现建筑产业转型升级的有效途径。

随着《2016-2020 年建筑业信息化发展纲要》（建质函 [2016]183 号）、《关于推进建筑信息模型应用的指导意见》（建质函 [2015]159 号）等相关政策的发布，全国已有近 20 个省、直辖市、自治区发布了推进 BIM 应用的指导意见。以市场需求为牵引、企业为主体，通过政策和技术标准引领和示范推动，在建筑领域普及和深化 BIM 技术应用，提高工程项目全生命期各参与方的工作质量和效率，实现建筑业向信息化、工业化、智慧化转型升级，已经成为业内共识。

近年来，随着互联网信息技术的高速发展，以 BIM 为主要代表的信息技术与传统建筑业融合，符合绿色、低碳和智慧建造理念，是未来建筑业发展的必然趋势。BIM 技术给建设项目精细化、集约化和信息化管理带来强大的信息和技术支撑，突破了以往传统管理技术手段的瓶颈，从而可能带来项目管理的重大变革。可以说，BIM 既是行业前沿性的技术，更是行业的大趋势，它已成为建筑业企业转型升级的重要战略途径，成为建筑业实现持续健康发展的有力抓手。

随着 BIM 技术的推广普及，对 BIM 技术的研究和应用必然将向纵深发展。在目前这个时点，及时对我国近几年 BIM 技术应用情况进行调查研究、梳理总结，对 BIM 技术相关关键问题进行解剖分析，结合绿色建筑、建筑工业化等建设行业相关课题对今后 BIM 深度应用进行系统阐述，显得尤为必要。

2015 年 8 月 1 日，中国建筑工业出版社组织业内知名教授、专家就 BIM 技术现状、发展及 BIM 相关出版物进行了专门研讨，并成立了 BIM 专家委员会，囊括了清华大学、同济大学等著名高校教授，以及中国建筑股份有限公司、中国建筑科学研究院、上海建工集团、中国建筑设计研究院、上海现代建筑设计（集团）有限公司、北京市建筑设计研究院等知名专家，既有 BIM 理论研究者，还有 BIM 技术实践推广者，更有国家及行业相关政策和技术标准的起草人。

秉持求真务实、砥砺前行的态度，站在 BIM 发展的制高点，我们精心组织策划了《BIM 技术及应用丛书》，本丛书将从 BIM 技术政策、BIM 软硬件产品、BIM 软件开发工具及方法、BIM 技术现状与发展、绿色建筑 BIM 应用、建筑工业化 BIM 应用、智慧工地、智慧建造等多个角度进行全面系统研究、阐述 BIM 技术应用的相关重大课题。将 BIM 技术的应用价值向更深、更高的方向发展。由于上述议题对建设行业发展的重要性，本丛书于 2016 年成功入选“十三五”国家重点图书出版规划项目。认真总结 BIM 相关应用成果，并为 BIM 技术今后的应用发展孜孜探索，是我们的追求，更是我们的使命！

随着 BIM 技术的进步及应用的深入，“十三五”期间一系列重大科研项目也将取得丰硕成果，我们怀着极大的热忱期盼业内专家带着对问题的思考、应用心得、专题研究等加入到本丛书的编写，壮大我们的队伍，丰富丛书的内容，为建筑业技术进步和转型升级贡献智慧和力量。

前言

当前，我们正处在一场新技术革命和由此引发的新工业革命的前夜。党的“十九大”为中国政治经济建设和未来发展绘就了宏伟蓝图，阐述了新时代、新思想，提出了新目标、新征程，确定了新任务、新举措。建筑业要按照“创新、协调、绿色、开放、共享”的新发展理念要求，坚持创新发展，着力提升建筑产业现代化的内生动力；坚持协调发展，形成建筑产业平衡发展结构；坚持绿色发展，着力提升建筑产业与产品素质；坚持开放发展，拓展国际市场；坚持共享发展，实现合作共赢。这是关系中国发展全局的一场深刻变革。

近年来，建筑业发展生态正在悄然发生改变。这种改变，一方面来自于宏观政策和市场环境的变化，另一方面则来建筑业自身的发展需求。随着“一带一路”的不断深入实施推进，中国建筑业企业将更广泛地走出国门，参与更深层、更激烈、更复杂的国际市场竞争。与世界建筑业先进水平相比，我国建筑业发展水平仍具较大提升空间，在自主创新能力、资源利用效率、产业结构水平、信息化程度、质量效益等方面差距明显，大而不强的状况亟待转变。创新的信息技术，先进的管理方式和精湛的施工技术已成为核心竞争力的关键要素。如何实现从追赶到并行再到引领的转变，中国建筑业需要深刻地反思和分析，并在此基础上展望未来，明确方向，付诸行动，实现跨越。

“十八大”将生态文明建设放在突出位置，“十九大”报告提出“我们要建设的现代化是人与自然和谐共生的现代化”。建筑业未来发展的策略是“绿色化、信息化、工业化”。以绿色建造、智慧建造、工业化建造为重点，以信息化融合工业化形成智慧建造是未来发展基本方向，以节能环保为核心的绿色建造改变传统的建造方式，进而形成新型建造方式。

未来已来，未来到底会迸发出什么样的火花，值得我们共同期待！同时也要做好迎接建造方式新变革的准备。我们要以提升建筑产品品质为目标，大力推进新型建造方式的研究和应用，实现建筑业生产力的升级换代，进而推动建筑业生产关系的变革。

本书是在多年对绿色建造、智慧建造和工业化建造研究基础上，结合中建近四十年的发展经验，深入分析了国内外建筑工程建造领域的发展形势，把握世界环境、科技、治理发展趋势，并结合当前中国进入社会主义新时代的现实环境，提出了以品质为核心的“新型建造方式”理论（Q-SEE 理论），并论述了新型建造方式与绿色建造、智慧建造、工业化建造的关系，指明了我国新时代大力发展品质为中心的“建筑工程新型建造方式”的重要性和意义。同时对新型建造方式发展需要的配套产业链发展水平、产业要素、政策法规、标准规范等方面进行了详细的调研，系统总结了我国基于新型建造方式的设计、生产、施工技术的现状和存在的问题，提出了发展的措施及政策建议。

本书通过丝绸之路（敦煌）文博会场馆工程、雄安新区市民中心工程、深圳长圳装配式工程三个代表性工程案例，系统阐述了对新型建造方式的理解和工程实践，其中丝绸之路（敦煌）文博会场馆工程又分为设计工程案例部分和总承包工程案例部分，从多角度、全方位向读者展示新型建造方式实例。

由于我们的编写时间仓促，范围有一定局限性，对于存在偏差之处，期待同行批评指正。

本书编委会

2018 年 9 月

目录

第1章　建筑工程建造技术现状与问题

建筑产业是国民经济的支柱产业和富民安民的基础性产业，从总体上看，建筑产业目前仍是一个粗放型、劳动密集型的传统产业，产业现代化水平不高、建设周期较长、环境影响较大、标准化程度较低等仍是建筑业亟需解决的难题，这就使得以信息化、智能化和新材料革命为代表的新技术的萌芽和迅速发展显得尤为重要。

相对于传统建造方式而言，新型建造方式是指在建筑工程建造过程中，以“绿色化”为目标，以“智慧化”为技术手段，以“工业化”为生产方式，以工程总承包为实施载体，实现建造过程“节能环保，提高效率，提升品质，保障安全”的新型工程建设组织模式。

1.1　国内外技术发展现状

新型建造方式最先是由欧美等发达国家提出并大力发展，工业革命引发的城市人口数量的快速增长、住房短缺、居住环境条件恶化等社会问题接踵而至。为解决传统建造方式带来的各种问题，各国结合本国国情提出合理且具有针对性的新型建造方式，各种新型建造技术不断涌现出来，主要分为三大类：绿色建造技术、智慧建造技术、工业化建造技术。如图1-1所示。

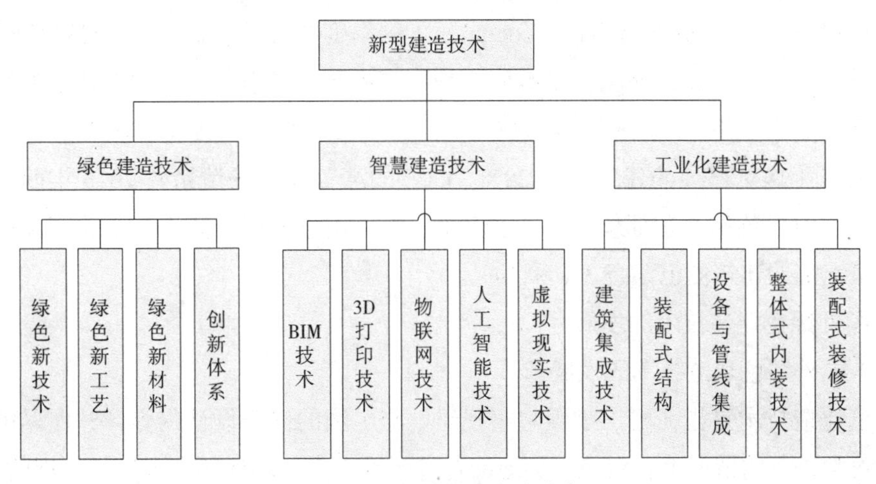

图1-1　新型建造方式分类

1.1.1 国外建造技术现状

1. 国外建筑工程基本情况

在美国，建筑行业具有重要的经济地位。近五年，建筑业的产值占美国国民生产总值的 8% ~ 9%，尽管美国的基础设施建设高潮已经过去，但美国的建筑行业依然比较庞大。建筑业从业人员有 600 万人，其中全职人员 400 万人，如对建筑材料生产、运输和销售行业所雇人员均加以统计，建筑业就业者占全美就业总数的 16%。由此可见，美国的建筑行业成为解决就业问题的关键领域。

2016 年，美国竣工房屋面积 18779.77 万 m^2，其中 70% 以上为木结构。据统计，美国的建筑业 GDP 为 8000 亿美元，而房地产业 GDP 是 23000 亿美元，根据这组统计数据显示，美国建 1m^2 的房屋，创造的 GDP 是中国的 150 倍。

美国总统特朗普承诺将在未来十年投资 1 万亿美元大兴基建，主要领域包括公路、机场、桥梁、学校和医院等基础设施。

在德国，建筑行业协会主席 Peter Huebner 在接受《世界报》采访时表示 2017 年建筑业保持增长势头，首次实现 20 年来建筑业各领域的全面增长，增幅预计在 5% 左右，与 2016 年持平；预计住宅建设新增住房超过 30 万套，增幅可达 10%。根据德国联邦统计局的数据，2017 年 1 ~ 9 月批准新建和改建住房 27.63 万套，数量达到自 1999 年以来的峰值，然而建筑业界认为德国每年的住宅需求为 40 万套。除住宅建设外，道路建设需求也颇为旺盛，是推动建筑业持续增长的另一支柱。由于英国脱欧带来的后果和美国新总统上台后经济政策的不确定性对经济发展的影响暂不明晰，因此目前难以预测德国企业在办公用房、工厂和仓库建设等方面的投资情况。

在英国，调查报告表明：尽管英国脱欧带来的不确定性持续影响英国消费者的支出，但对小规模建筑和住宅改善工程的需求仍将保持上升态势。据《金融时报》报道，英国建筑商协会（Builders Merchant Federation）的季度调查报告显示：英国建筑商 2017 年第一季度的工作量较预期工作量有所增长，其中英格兰东部和东北部地区的增长幅度尤为突出，分别有 37% 和 36% 的被调查建筑商报告第一季度工作量明显上升。在伦敦，报告工作量增加的建筑商有 29%。旺盛的涨势令市场情绪较 2016 年四季度更为乐观。当时，英格兰东部仅 4% 的建筑商报告工作量增多，英格兰东北部和伦敦报告工作量上涨的建筑商也仅有 3% 和 14%。

2. 国外绿色建造技术的发展

（1）国外绿色建造技术的发展

绿色建造技术是指在施工过程中实现建设施工图的绿色设计内容，并在尽可能保证施工正常进行的情况下，对施工场地的各种问题以节能环保的方式进行处理的技术。这种施工过程能够很大程度上提高建筑工程的使用寿命，减少施工对各项能源的使用量，降低施工成本，减少对周围环境的污染和破坏。通过建筑工程绿色建造技术在建设施工中的运用，达到施工过程的环保、节能、节材、节水、节地的目的。

20世纪30年代，美国建筑业学者R.Buckminister Fuller提出少消耗而多利用的原则，即对有限的物质资源进行充分、合理地利用，用以满足人们的生存需要。20世纪60年代，建筑学家维克多.奥吉亚（Victor Olgyay，美国）通过总结二战后十年内建筑师有效利用自然资源所创作的作品，提出独到见解。他是首个将生态学、热力学等理论应用到建筑领域的建筑学家。与此同时，建筑师保罗·索莱里索（Paola Soleri，美籍意大利）创造性地把生态学（Ecology）和建筑学（Architecture）两词合为一体，提出生态建筑（Arology）这一全新的概念，即绿色建筑。20世纪70年代，联合国首次召开了人类环境大会以及世界人类聚居大会，使得越来越多的学者关注建筑行业的生态环保问题，研发出各种关于节能的新技术，开启了节能建筑的新时代。在绿色建筑评价方面，许多发达国家基于建筑全生命周期理念开发了自己的建筑环境影响评价体系。国外的绿色建筑评价体系主要有美国的LEED（能源及环境设计先导计划）、英国的BREEAM（建筑研究组织环境评价法）、加拿大的GBC2000（绿色建筑挑战）。其中，美国绿色建筑协会于2000年制订的LEED2.0（能源及环境设计先导计划评定系统），被公认是世界上最绿色的建筑设计及施工的先导体系。20世纪80年代“被动房”建筑的概念是在德国低能耗建筑的基础上建立起来的。经历了近30年的发展，德国“被动房”已经成为具有完备技术体系的自愿性超低能耗建筑标准。

随着电子科技的发展和计算机的普遍应用，建筑施工理念也在信息化时代进行了相应的改革。信息化施工（亦称情报化施工），由美国工程师学者阿里兹阿麦于2000年提出，是一种依照动态参数（作业机械与施工现场信息）实施定量、动态（实时）施工管理的绿色建造方式。法国学者瓦尼萨随后制订了详细的信息化施工应用规程，使建筑施工领域的信息化应用规范化。德国学者西西里奥尼在2003年将信息化检测手段应用于建筑维护的检测中，从而实现了在不破坏建筑物原型的情况下，对建筑的使用安全和寿命做出评估。日本由于地震的频发和资源的匮乏，在节水节电上做到了极致，最具代表性的是日本松下电器集团于2011年推出的石墨烯节电技术，使包括建筑电气设备在内的用电设施节电达30%。随着污水净化系统的发展和完善，工业建设项目产生的废水经过回收和净化，完全可以达到饮用水的标准。日本建筑学者井上建智于2013年改进了打桩机、建筑凿岩机、水泥搅拌机等大型建筑设备的供水系统，极大地提高了建筑废水的回收率，可以回收超过70%的建筑废水，通过污水净化系统而被反复利用。近年来，由美国提出well健康建筑在许多国家落地，美国、加拿大、澳大利亚、印度等多个国家拥有成功的实施案例。

目前，世界各国都加大对绿色建筑方面的研究、资金投入以及相应的法律法规的完善。美国的绿色建筑自发展以来一直引领着全球的方向。从2013年到2015年，全美绿色建筑开工量总耗资从原先的1120亿美元增加到1450 ~ 1710亿美元，增幅达50%。预计到2018年，绿色建筑规模将达到2000亿美元，并将微电子技术、信息技术、生物技术、新材料、新能源等高新技术，应用于绿色建筑产业的生产技术、材料技术、建筑节能、居住环境等施工领域。

（2）国外绿色建造技术的工程建设现状

国外在绿色建筑理念方面已经做出了大量的工程示范和实践，比较典型的有：

在英国，科学家研制出一种生态住宅，可以使空气中的二氧化碳含量由自通风系统而大大减小，并不再使用排放破坏臭氧层的氯氟碳的空调设备，所使用的硬木来自能持续生长的欧洲和美洲的温带森林；不使用有害人体健康的石棉和含铅油漆等材料；热水只在需要时才供应，免去了储水塔；照明使用轻巧的荧光高能效和不闪烁光源。

在美国，新型太阳能建筑也被称为建筑物一体化设计，即不再在屋顶上安装一个笨重的装置来收集太阳能，而是把阳光转换成电能的半导体太阳能电池直接嵌入墙壁和屋顶内。美国一家建筑公司为保护环境、节省地球资源，甚至用回收的垃圾建造房屋。

在德国，最能体现绿色建筑的当属“被动房”，1991年，世界上第一座“被动房”建筑在德国达姆施塔特建成，至今一直正常运行。“被动房”通过提高建筑保温、隔热和气密性能，再通过新风系统对热、冷进行循环回收，打造出典型的舒适“梦想房”，并实现热循环回收75%，建筑节能92%的环保节能效果。这种建筑冬季无需供暖，依靠人体、洗衣做饭、家用电器等散发的热量，平稳保持22 ~ 25℃最佳室温；它有高舒适度：40% ~ 60%的室内湿度，二氧化碳浓度低于1000ppm等。

3. 国外智慧建造技术的发展

（1）国外智慧建造技术的发展

先进建造技术的加速融合使得建造业的设计、生产、管理、服务各个环节日趋智能化，智慧建造正引领新一轮的建造业革命，主要体现在以下四个方面：一是建模与仿真使产品设计日趋智能化；二是以工业机器人为代表的智能建造装备在生产过程中应用日趋广泛；三是全球供应链管理创新加速；四是智能服务业模式加速形成。

自20世纪80年代末智能建造概念提出以来，世界各国都对智能建造系统进行了各种研究，首先是对智能建造技术的研究，然后为了满足经济全球化和社会产品需求的变化，智能建造技术集成应用的环境——智能建造系统被提出。

日本于1989年提出智能建造系统，且于1994年启动了先进建造国际合作研究项目，其中包括公司集成和全球建造、建造知识体系、分布智能系统控制、快速产品实现的分布智能系统技术等。

美国于1992年执行新技术政策，大力支持包括信息技术和新的建造工艺，智能建造技术在内的关键技术的研发与应用。

欧盟于 1994 年启动新的研发项目，选择了 39 项核心技术，其中信息技术、分子生物学和先进建造技术中均突出了智能建造技术的地位。近年来，各国除了对智能建造基础技术进行研究外，更多的是进行国际间的合作研究。世界主要工业化发达国家将智能建造作为重振建造业战略的重要抓手。

金融危机以来，在寻求危机解决方案的过程中，美、德、日等国家政府和相关专业人士纷纷提出通过发展智能建造来重振建造业。2001 年 6 月，美国正式启动包括工业机器人在内的“先进建造伙伴计划”；2012 年 2 月，又出台“先进制造业国家战略计划”，提出通过加强研究和试验税收减免、扩大和优化政府投资、建设“智能”建造技术平台以加快智能建造的技术创新；2012 年设立美国建造业创新网络，并先后设立建造创新研究院和数字化建造与设计创新研究院。德国通过政府、弗劳恩霍夫研究所和各州政府合作投资于数控机床、建造和工程自动化行业应用建造研究。日本提出通过加快发展协同式机器人、无人化工厂，提升建造业的国际竞争力。德国于 2013 年正式实施以智能建造为主体的“工业 4.0”战略，巩固其建造业领先地位。

（2）国外智慧建造技术的工程建设现状

“数字化”建造技术有可能改变未来产品的设计、销售和交付用户的方式，使大规模定制和简单的设计成为可能，使建造业实现随时、随地、按不同需要进行生产，并彻底改变自“福特时代”以来的传统建造业形态。

4. 国外工业化建造技术现状

（1）发展情况

美国在 20 世纪 70 年代能源危机期间开始实施配件化施工和机械化生产。美国城市发展部出台了一系列严格的行业标准规范，一直沿用至今，并与后来的美国建筑体系逐步融合。美国城市住宅结构基本上以工厂化、混凝土装配式和钢结构装配式为主，降低了建设成本，提高了工厂通用性，增加了施工的可操作性。

法国 1891 年就已开始了装配式混凝土建筑的工程实践，迄今已有 130 年的历史。法国建筑工业化以混凝土体系为主，钢、木结构体系为辅，多采用框架或板柱体系，并逐步向大跨度发展。近年来，法国建筑工业化呈现的特点是：

1）焊接连接等干法作业流行；

2）结构构件与设备、装修工程分开，减少预埋，使得生产和施工质量提高；

3）主要采用预应力混凝土装配式框架结构体系，装配率达到 80%，脚手架用量减少 50%，节能可达到 70%。

德国的装配式住宅主要采取叠合板、混凝土、剪力墙结构体系，剪力墙板、梁、柱、楼板、内隔墙板、外挂板、阳台板等构件采用构件装配式与混凝土结构，耐久性较好。德国是世界上建筑能耗降低幅度发展最快的国家，直至近几年提出零能耗的被动式建筑。从大幅度的节能到被动式建筑，德国都采取了装配式的住宅来实施，这就需要装配式住宅与节能标准相互之间充分融合。

瑞典和丹麦早在20世纪50年代开始就已有大量企业开发了混凝土、板墙装配的部件。目前，新建住宅之中通用部件占到了80%，既满足多样性的需求，又达到了50%以上的节能率，这种新建建筑比传统建筑的能耗有大幅度下降。丹麦是一个将模数法制化应用在装配式住宅的国家，国际标准化组织ISO模数协调标准即以丹麦的标准为蓝本编制。故丹麦推行建筑工程化的途径实际上是以产品目录设计为标准的体系，使部件达到标准化，然后在此基础上，实现多元化的需求，所以丹麦建筑实现了多元化与标准化的和谐统一。

日本1968年提出装配式住宅的概念。在1990年的时候，它们采用部件化、工厂化生产方式，高生产效率，住宅内部结构可变，适应多样化的需求。而且日本有一个非常鲜明的特点，从一开始就追求中高层住宅的配件化生产体系。这种生产体系能满足日本的人口密集住宅市场的需求，更重要的是，日本通过立法来保证混凝土构件的质量，在装配式住宅方面制订了一系列的方针政策和标准，同时也形成了统一的模数标准，解决了标准化、大批量生产和多样化需求三者之间的矛盾。

新加坡开发出15 ~ 30层的单元化的装配式住宅，占全国总住宅数量的80%以上。通过平面的布局，部件尺寸和安装节点的重复性来实现核心设计标准化和施工过程的工业化，相互之间配套融合，装配率达到70%的目标。

加拿大在20世纪50年代形成了模块化建筑体系，1976年在蒙特利尔市建成包括商店、健身房、办公、住宅等设施的“Habitat 67”（67号栖息地）综合居住体，该建筑利用“盒子”所形成的整体造型，给人们塑造了一种新的建筑形象。

（2）工程建设现状

美国装配式住宅盛行于20世纪70年代。1976年，美国国会通过了国家工业化住宅建造及安全法案，同年出台一系列严格的行业规范标准，一直沿用至今。除注重质量，现在的装配式住宅更加注重美观、舒适性及个性化。据美国工业化住宅协会统计，2001年，美国的装配式住宅已经达到了100万套，占美国住宅总量的7%。在美国、加拿大，大城市住宅的结构类型以混凝土装配式和钢结构装配式住宅为主，在小城镇多以轻钢结构、木结构住宅体系为主。美国住宅用构件和部品的标准化、系列化、专业化、商品化、社会化程度很高，几乎达到100%。用户可通过产品目录，买到所需的产品。这些构件结构性能好，有很大通用性，也易于机械化生产。

法国是世界上推行装配式建筑最早的国家之一，法国装配式建筑的特点是以预制装配式混凝土结构为主，钢结构、木结构为辅。法国的装配式住宅多采用框架或者板柱体系，焊接、螺栓连接等干法作业，结构构件与设备、装修工程分开，减少预埋，生产和施工质量高。法国主要采用的预应力混凝土装配式框架结构体系，装配率可达80%。

英国政府积极引导装配式建筑发展，明确提出英国建筑生产领域需要通过新产品开发、集约化组织、工业化生产以实现“成本降低 10%，时间缩短 10%，缺陷率降低 20%，事故发生率降低 20%，劳动生产率提高 10%，最终实现产值利润率提高 10%”的具体目标。同时，政府出台一系列鼓励政策和措施，大力推行绿色节能建筑，以对建筑品质、性能的严格要求促进行业向新型建造模式转变。英国装配式建筑的发展需要政府主管部门与行业协会等紧密合作，完善技术体系和标准体系，促进装配式建筑项目实践。可根据装配式建筑行业的专业技能要求，建立专业水平和技能的认定体系，推进全产业链人才队伍的形成。除了关注开发、设计、生产与施工外，还应注重扶持材料供应和物流等全产业链的发展。

德国的装配式住宅主要采取叠合板、混凝土、剪力墙结构体系，采用构件装配式与混凝土结构，耐久性较好。德国是世界上建筑能耗降低幅度最快的国家，近几年更是提出发展零能耗的被动式建筑。从大幅度的节能到被动式建筑，德国都采取了装配式住宅来实施，装配式住宅与节能标准相互之间充分融合。

日本于 1968 年就提出了装配式住宅的概念，1990 年推出采用部件化、工业化生产方式、高生产效率、住宅内部结构可变、适应居民多种不同需求的中高层住宅生产体系。在推进规模化和产业化结构调整进程中，住宅产业经历了从标准化、多样化、工业化到集约化、信息化的不断演变和完善过程。日本每五年都颁布住宅建设五年计划，每一个五年计划都有明确的促进住宅产业发展和性能品质提高方面的政策和措施。第一，政府强有力的干预和支持对住宅产业的发展起到了重要作用；第二，通过立法来确保预制混凝土结构的质量；第三，坚持技术创新，制定了一系列住宅建设工业化的方针、政策，建立统一的模数标准，解决了标准化、大批量生产和住宅多样化之间的矛盾。

1.1.2　国内建造技术现状

1. 国内建筑工程基本情况

（1）基本概况

近几年，建筑业得到稳步发展，增速略有回升；行业发展模式、产业结构不断调整，市场秩序、行业风气得到进一步规范。目前，国内建筑业在多个领域都有大的改变，突出表现在从国家政策、行业需求、结构变化带来的建设模式、技术和管理模式的改变，由此形成的行业新生态，要求建筑业企业从思维模式到行为模式也必须随之改变。

2016 年，全国建筑业企业签订合同总额 374272.24 亿元，比上年增长 10.79%，结束了增速连续 5 年下降的局面。其中，本年新签合同额 212768.30 亿元，由上年的下降方向掉头转向上升方向，比上年增长了 15.42%。如图 1-2 所示。

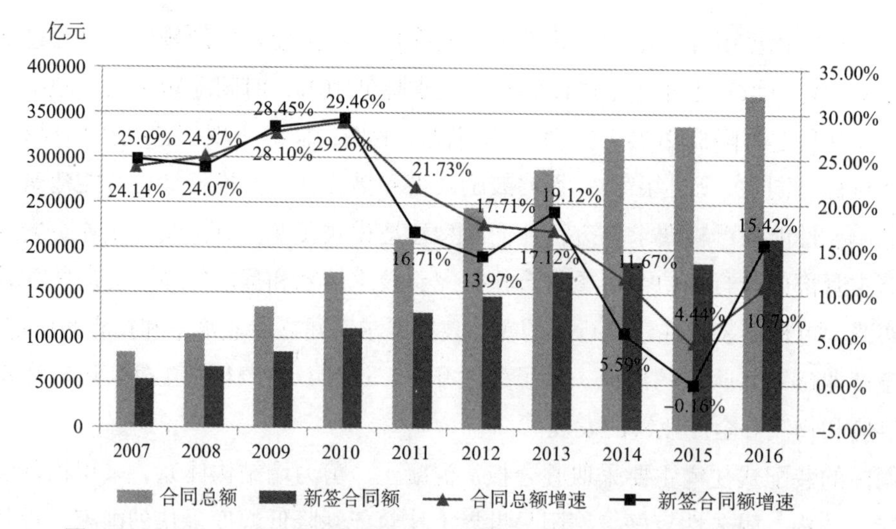

图 1-2　2007 ~ 2016 年全国建筑业企业签订合同总额、新签合同额及增速

2016 年，全国建筑业企业房屋施工面积 126.42 亿 m^2，比上年增长 1.98%；竣工面积 42.24 亿 m^2，比上年增长 0.38%。两项指标增速均结束连续 4 年的下降态势，出现小幅反弹。如图 1-3 所示。

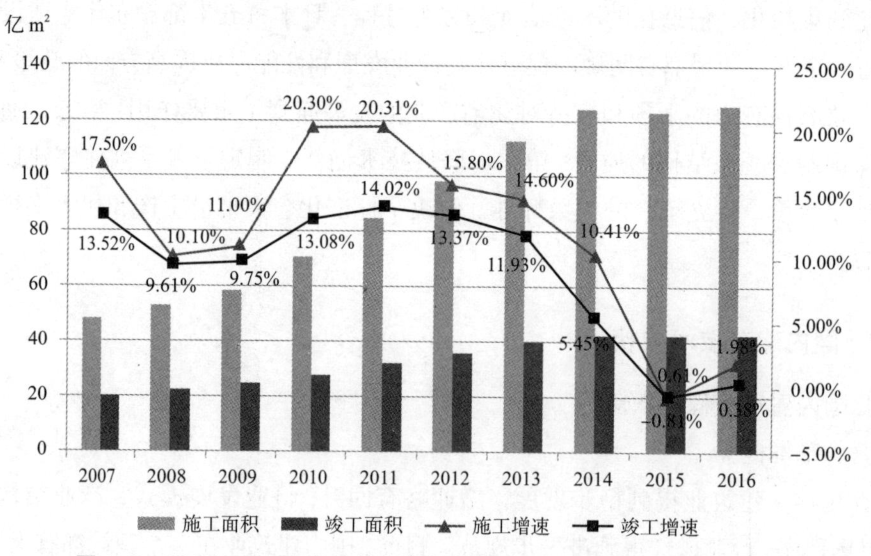

图 1-3　2007 ~ 2016 年建筑业企业房屋施工面积、竣工面积及增速

从全国建筑业企业房屋竣工面积构成情况看，住宅房屋竣工面积占最大比重，为 67.25%；厂房及建筑物竣工面积占 11.82%；商业及服务用房屋竣工面积、办公用房屋竣工面积分别占 7.18% 和 5.57%；其他种类房屋竣工面积占比均在 5% 以下。如图 1-4 所示。

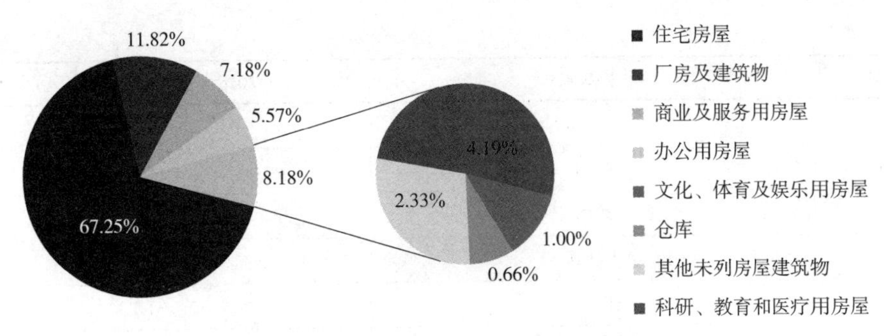

图 1-4　2016 年全国建筑业企业房屋竣工面积构成

2016 年全年房屋施工面积中，实行投标承包的房屋施工面积 96.17m^2，占全国房屋施工总面积的比重为 76.07%，比上年降低了 1.91 个百分点，连续两年下降。如图 1-5 所示。

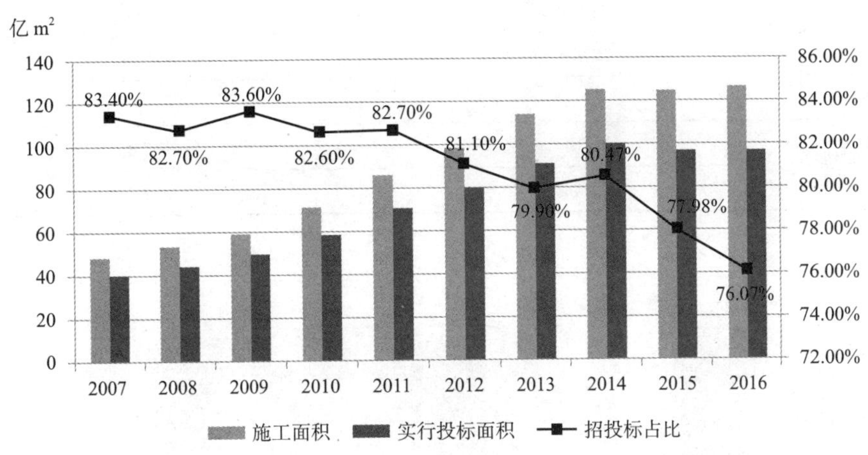

图 1-5　2007 ~ 2016 年房屋施工面积、实行投标承包面积及其占比

目前我国几乎同时拥有世界最大的工程和最多的工程量，如有最大量的建设工地，有最大量的年在建和年竣工的建筑面积，每年建材产量来说，以钢铁和水泥这两种最主要的建材为例，2016 年我国钢铁产量 808.40 百万 t，水泥产量 24.03 亿 t，均占世界第一位。详情见表 1-1 和图 1-6。

2016 年全球前 20 钢铁生产国家和地区钢铁产量排行　　**表 1-1**

排名	国家和地区	2016 年钢铁产量（百万 t）
1	中国	808.4
2	日本	104.8
3	印度	95.6
4	美国	78.5

续表

排名	国家和地区	2016 年钢铁产量（百万 t）
5	俄罗斯	70.8
6	韩国	68.6
7	德国	42.1
8	土耳其	33.2
9	巴西	31.3
10	乌克兰	24.2
11	意大利	23.4
12	中国台湾	21.8
13	墨西哥	18.8
14	伊朗	17.9
15	法国	14.4
16	西班牙	13.6
17	加拿大	12.6
18	波兰	9
19	越南	7.8
20	比利时	7.7

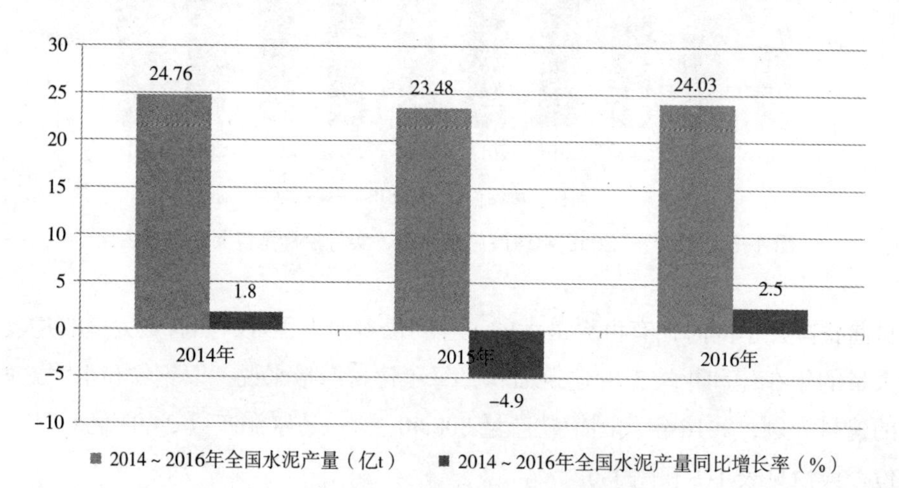

图 1-6　2014 ~ 2016 年全国水泥产量

（2）我国建筑工程行业快速发展

近年来，随着我国经济的快速发展，我国建筑工程行业市场规模不断扩大。中国产业信息研究网发布的《2017 ~ 2022 年中国建筑工程行业市场调查研究及发展前景预测报告》数据显示，2014 年我国建筑工程行业市场规模为 17.67 万亿元，2016 年我国建筑工程行业市场规模为 19.36 万亿元，发展较为迅速，如图 1-7 所示。

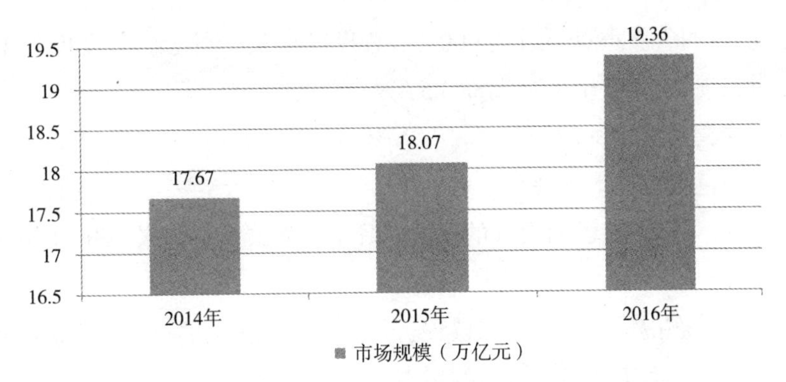

图 1-7　2014 ~ 2016 年中国建筑工程行业市场规模

未来几年，我国建筑工程行业市场规模仍将保持较快的增长。中国产业信息研究网发布的《2017 ~ 2022 年中国建筑工程行业市场调查研究及发展前景预测报告》数据显示，到 2022 年我国建筑工程行业市场规模将达到 26.72 万亿元，行业发展前景广阔，如图 1-8 所示。

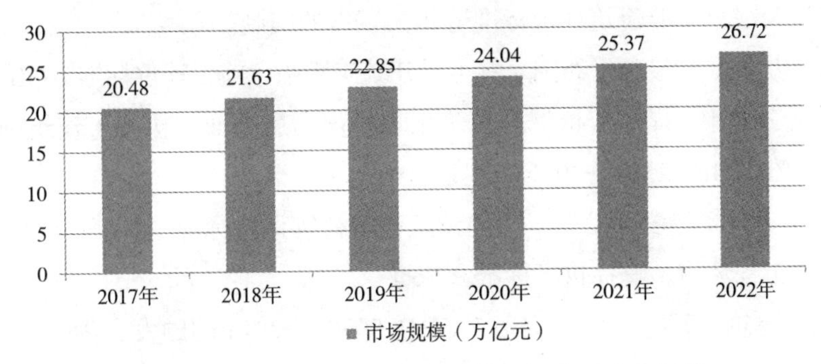

图 1-8　2014 ~ 2016 年中国建筑工程行业市场规模

（3）基础设施建设投资规模不断增大

进入"十三五"，全国投资增速明显放缓，能拉动投资增长的动力仅剩基础设施建设领域。2016 年，受益于"一带一路"、长江经济带、京津冀三大国家战略稳步推进，各项基建投资规划呈猛增之势。同时，新型城镇化建设的不断推进，PPP 模式在海绵城市、地下综合管廊等项目中的应用都给建筑行业及企业发展提供了广阔的发展空间。

在 2016 年，基础设施投资仍保持高位运行，但增速略有放缓。国家统计局发布的数据显示，基础设施投资（不含电力、热力、燃气及水生产和供应业）118878 亿元，比上年增长 17.4%，占固定资产投资比重的 20%。

当前，部分省份 2017 年重大项目投资计划已密集出炉，基础设施建设尤其是交通领域的项目投资，均占据了重要地位。据目前所披露的省份重点项目投资计划，各省投资额均在千亿元以上。其中广东拟安排省重点项目年度计划投资 5200 亿元，比上年增加200亿元;陕西省级重点项目达600个,总投资额3.7万亿元,年度投资4820亿元;福建确定省重点项目1487个,总投资3.57万亿元等。

2. 国内绿色建造技术的发展

(1)国内绿色建造技术发展

我国自1992年参与在巴西召开的联合国环境与发展大会以来,开始在国内推行绿色建筑。

1994年5月发布的《中国21世纪议程》,是国内最先提及的可持续发展战略的文件,提出了在工程项目方面实施绿色操作的指南。

2006年,我国发布了《绿色建筑评价标准》GB/T 50378—2006,将绿色建筑的评价指标具体化,使得绿色建筑评价有了可操作的依据。

2007年,推出了《建筑节能工程施工质量验收规范》GB 50411—2007,首次提出了节能分部工程验收,促进了节能工程的发展。2007年,我国建设部发布了《绿色施工导则》,明确绿色施工的概念、总体框架以及施工的要点,是绿色施工较完善的指导性文件。

2009年,我国政府提出要根据国情发展低碳经济、促进绿色经济的要求,并开始着手绿色办公及绿色工业建筑评价标准等相关工作的编制。

2010年住房城乡建设部发布国家标准《建筑工程绿色施工评价标准》GB/T 50604—2010,为绿色建筑评价提供了依据。在施工现场声污染方面,执行《建筑施工场界环境噪声排放标准》GB 12523—2011的规定。

2011年住房城乡建设部发布了《建筑工程可持续评价标准》JGJ/T 222—2011,为量化评估建筑工程环境影响提供了标准和依据。

2014年《建筑工程绿色施工规范》GB/T 50905—2014的颁发,为"四节一环保"的顺利实施提供了可靠保障。

2016年中央提出建设美丽中国的口号,大力倡导污水大气治理,推广节能生产,提高建筑节能要求,推广绿色建筑和建材。在国家相关政策的引导下,我国绿色建筑发展步伐不断加快。相关数据显示,截至2016年9月,全国绿色建筑标识项目累计达到4515个,累计建筑面积52317万m^2。计划到2020年,城镇新建建筑能效水平比2015年提升20%,部分地区及建筑门窗等关键部位建筑节能标准达到或接近国际现阶段先进水平。

(2)国内绿色建造技术的工程建设现状

1)绿色建造技术在我国的进展情况

我国近几年绿色发展规模始终保持大幅增长态势,截至2015年12月31日,全国共评出3979项绿色建筑评价标识项目,总建筑面积达到4.6亿m^2(图1-9),其中,设计标识项目3775项,占总数的94.9%,建筑面积为43283.2 m^2,运行标识项目204项,占总数的5.1%,建筑面积为2686.4万m^2。平均每个绿色建筑的建筑面积为11.6万m^2(图1-10 ~ 图1-13)。

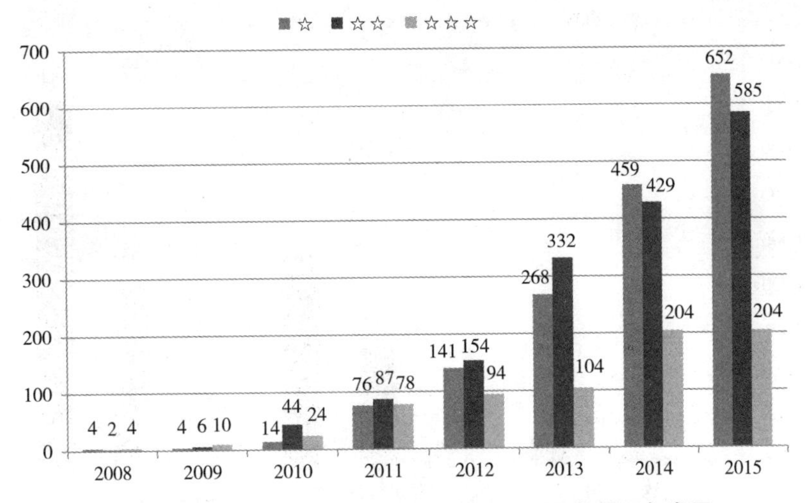

图 1-9　2008 ~ 2015 绿色建筑评价标识项目数量逐年发展

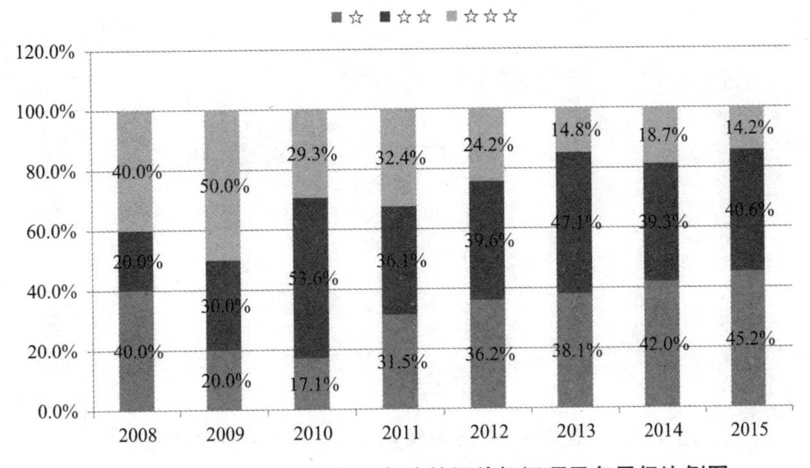

图 1-10　2008 ~ 2015 年绿色建筑评价标识项目各星级比例图

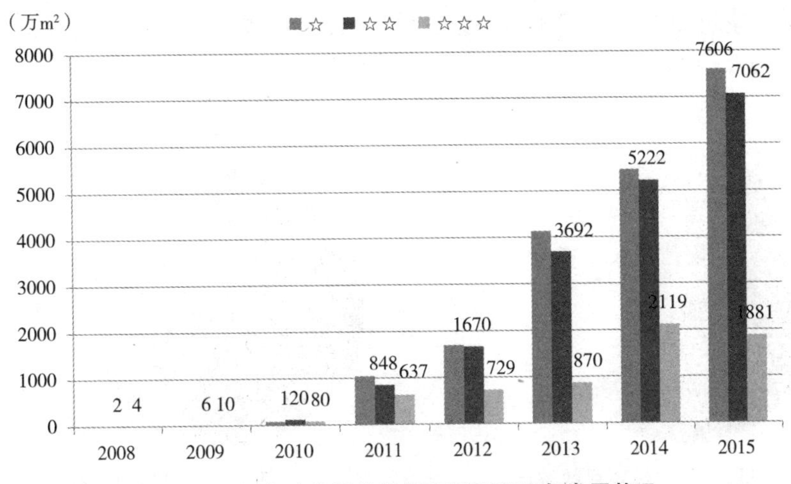

图 1-11　绿色建筑评价标识项目面积逐年发展状况

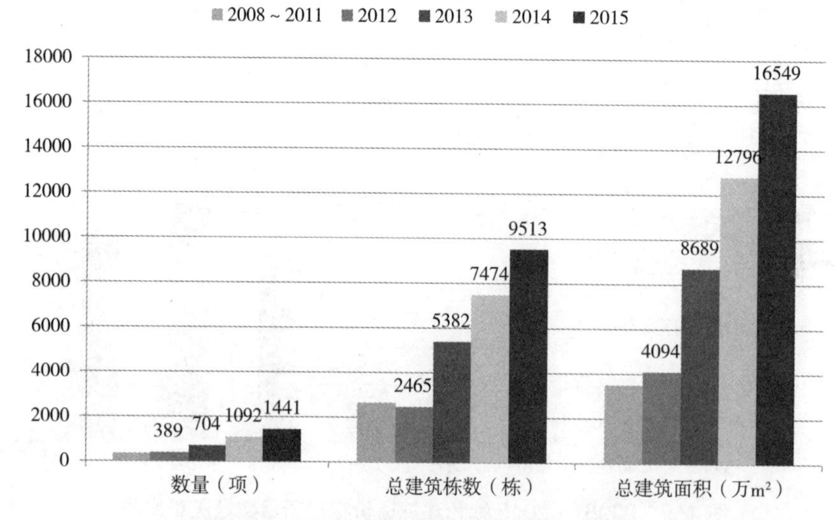

图 1-12　绿色建筑评价标识项目发展状况

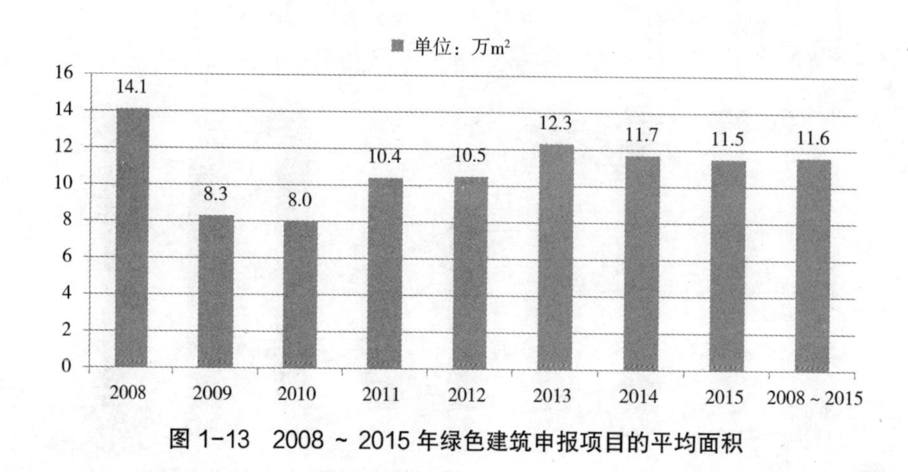

图 1-13　2008 ~ 2015 年绿色建筑申报项目的平均面积

4071 项绿色建筑标识项目中一星级总计 1657 项，建筑面积为 2.1 亿 m^2；二星级总计 1661 项，建筑面积为 1.93 亿 m^2；三星级总计 753 项，建筑面积为 0.69 亿 m^2。如图 1-14、图 1-15 所示。

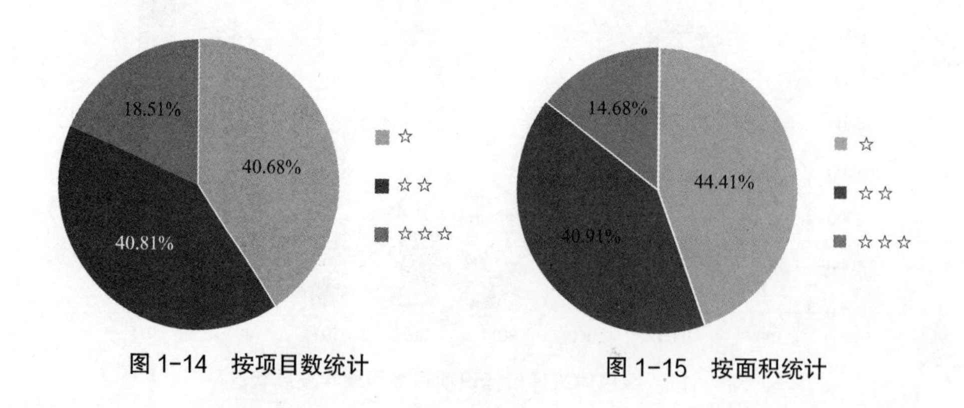

图 1-14　按项目数统计　　　　图 1-15　按面积统计

绿色建筑标识项目按地域分布如下：江苏、广东、山东、上海、河北分列前五，占全国项目总数近半。如图 1-16 所示。

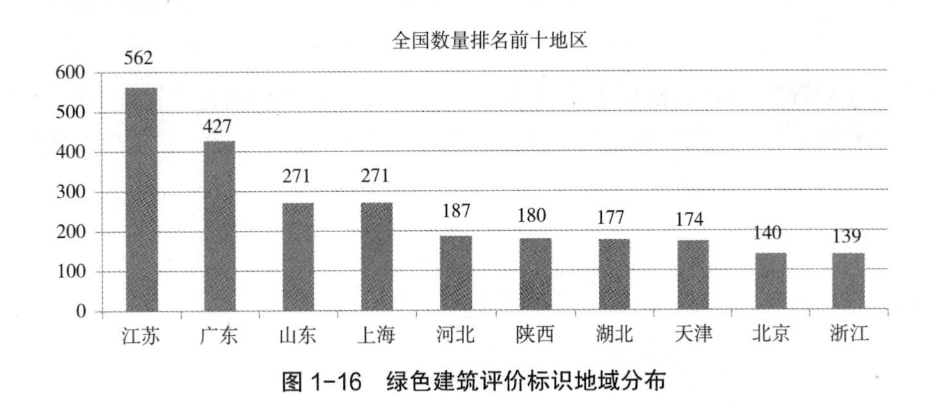

图 1-16　绿色建筑评价标识地域分布

2）我国建筑节能行业现状

统计局数据显示，2015 年建筑行业总产值为 18 万亿元，占 GDP 比例为 26.6%，建筑行业作为中国经济的重要组成部分，将成为社会节能减排治理的首要对象。我国建筑能耗的总量逐年上升，在能源总消费量中所占比例约 34%。人均建筑能耗水平为 423kgce（千克标准煤），能耗较低。人均能耗与人均 GDP 有较强的相关性，通过分析，我们认为相关系数为 0.93。目前全球建筑能源消耗已超过工业和交通，占到总能源消耗的 41%。我们认为随着经济发展，人民生活水平的提高，对建筑功能、舒适等要求逐渐增加，未来人均建筑能耗将有上升趋势。我们需要通过绿色建筑手段对建筑耗能加以控制。

中国自然资源水平匮乏。尽管自然资源总量多，但人均资源占有量远低于世界平均水平。数据显示，2013 年人均煤炭资源占有量是世界水平的 76.07%，人均石油占有量是世界水平的 12.64%，详见表 1-2。总体来说，我国是资源水平比较匮乏的国家。

我国资源水平统计表　　　　**表 1-2**

	总量	人均	世界人均	占世界平均水平
水资源（m^3）	27957.86	2054.64	7337.99	28.00%
森林面积（$hm^2$❶）	2.0769	0.15	0.6	25.44%
耕地面积（亩❷）	20.27	1.49	4.8	31.03
草原面积（hm^2）	3.9283	0.29	0.64	45.11%
石油储量（t）	33.6732	2.47	19.57	12.64%
煤炭储量（t）	2362.9	173.65	228.29	76.07%

注：❶ $1hm^2=10^4m^2$，公顷的国际通用符号为 ha。

❷ 1 亩 $=666.6m^2$。

3）绿色建筑标准体系初步形成

绿色建筑的评价范围主要是新建、扩建与改建的住宅建筑及公共建筑（包括超高层公共建筑），涉及办公、商场、宾馆等建筑以及工业建筑。“绿色建筑设计标识”和“绿色建筑标识”均分为三个等级：一星级★；二星级★★；三星级★★★（等级最高）。绿色建筑标识评价内容包括以下六个方面：①节地与室外环境；②节能与能源利用；③节水与水资源利用；④节材与材料资源利用；⑤室内环境质量；⑥运营管理。如图 1-17 所示。

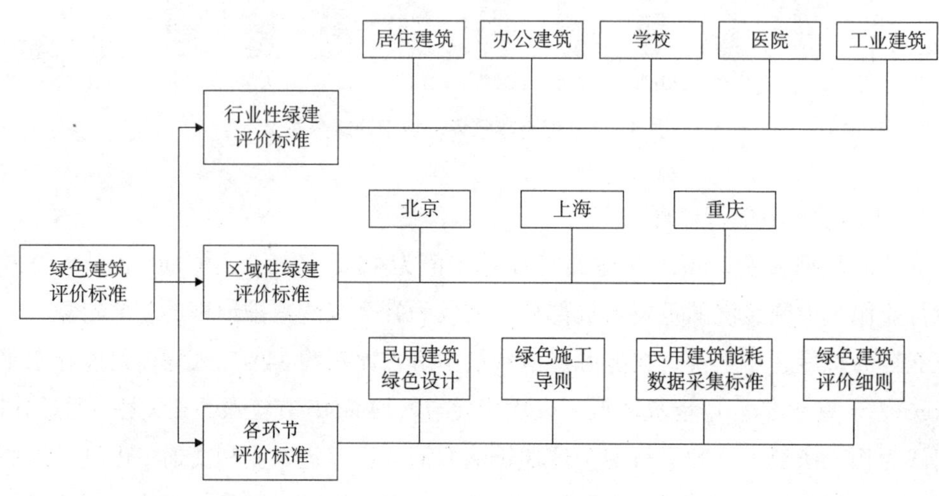

图 1-17　绿色建筑评价标准图

4）我国绿色建筑的典型示范

北京奥运会主场馆鸟巢被许多人誉为“超级绿色机器”，占地 160acre[1] 的奥运村被誉为“世界最大的绿色建筑群”，其特色包括：雨水收集系统、能为运动场草地过滤阳光的半透明屋顶、自然通风系统以及采用了太阳能和绿色屋顶，并安装有能够收集和再利用雨水的热交换系统，用于取暖和制冷。美国自然资源保护委员会资料显示，该村的 42 座住宅的节能效率比北京普通住宅高出 50% 还要多。该村获得了 LEED 在美国之外颁发的第一个金牌认证，并且截至其完工时，是世界上获得 LEED 认证的最大项目。

上海世博轴是 2010 年上海世博会主入口和主轴线，地下地上各两层，为半敞开式建筑。设计巧妙利用这个巨大公共通道的地下桩基及底板铺设了 700km 长的管道，形成地源热泵。地源热泵是一种利用地下浅层地热资源，即可供热又可制冷的高效节能空调系统。大量的雨水被储存在地下室，经过层层过滤，不仅可以自用，还可用于周围其他场馆的灌溉与清洁。

❶　1acre=4046.856m^2。

大梅沙万科新总部就是绿色建筑的杰出示范，万科让自己的大楼在地面上飘浮起来，底部架空 9 ~ 15m，地面空间实现 100% 绿化。万科中心采用了全面的雨水回收系统，将屋面和露天雨水收集处理，并蓄积在水景池内，用于绿化和补充景观水池。

我国已经建成多项绿色建筑示范工程，使绿色建造推进得到了有力支持；颁布了更加完善绿色建造的相关评价体系和标准，使绿色建造得到了彻底的贯彻和落实，有利于绿色建造的不断推进；绿色建造的相关施工规范文本已经逐步形成，使绿色建造技术得到不断推广，有利于绿色建造经济效益不断增长。

3. 国内智慧建造技术的发展

（1）国内智慧建造技术现状

我国对智慧建造的研究开始于 20 世纪 80 年代末。最初的研究中，在智能建造技术方面取得了一些成果，而进入 21 世纪以来的十年当中智能化技术在我国迅速发展，在许多重点项目方面取得成果，智慧建造相关产业也初具规模。我国已取得了一批相关的基础研究成果和长期制约我国产业发展的智慧建造技术，如机器人技术、感知技术、工业通信网络技术、控制技术、可靠性技术、机械建造工艺技术、数控技术与数字化建造、复杂建造系统、智能信息处理技术等；攻克了一批长期严重依赖并影响我国产业安全的核心高端装备，如盾构机、自动化控制系统、高端加工中心等。建设了一批相关的国家重点实验室、国家工程技术研究中心、国家级企业技术中心等研发基地，培养了一大批长期从事相关技术研究开发工作的高技术人才。

近年来，我国对智慧建造的发展也越来越重视，越来越多的研究项目成立，研究资金也大幅增长。我国发布了《智能建造装备产业“十二五”发展规划》和《智能建造科技发展“十二五”专项规划》，并设立《智能建造装备发展专项》，加快智慧建造装备的创新发展和产业化，推动建造业转型升级。未来建筑施工行业发展方向包括：

1）智能穿戴设备将成重要装备

智能穿戴设备在建造中的应用主要包括：智能手环可用于对现场施工人员的跟踪管理；佩戴智能眼镜，可将虚拟模型画面与工程实体对比分析，及时发现并纠正问题；智能口罩上的粒子传感器可实时监测施工作业区域空气质量，并把定位资料和采集到的信息传到手机上应用并共享；借助穿戴的运动摄像装置，可记录现场质量验收过程等。

2）移动智能终端将成重要工具

移动智能终端在建造中的应用主要包括：配合相应的项目管理系统，实时查阅施工规范标准、图样、施工方案等；可直接展示设计模型，向现场施工人员进行设计交底；加强施工质量、安全的过程管理，实时确认分部分项工程进度，辅助分部分项质量验收；可以现场对施工质量和安全文明施工情况进行检查并拍照，将发现的问题和照片汇总后生成整改通知单下发给相关责任人，整改后现场核查并拍照比对；可在模型中手动模拟漫游，通过楼层、专业和流水段的过滤来查看模型和模型信息，并随时与实体部分进行对比。同时，还可提前模拟作业通道是否保持畅通、各种设施和材料的存放是否符合安全卫生和施工总平面图的要求等。

3）建筑机器人将成辅助工具

建筑机器人应用于施工的基本模式，是通过与设计信息（特别是BIM模型）集成，实现设计几何信息与机器人加工运动方式和轨迹的对接，完成机器人预制加工指令的转译与输出。建筑机器人建造流程需要仿真模拟与监测，支持高度灵活、个性化的建筑产品服务和生产模式。未来，建筑机器人的应用不是简单施工工艺的变革，而是将在方方面面成为智慧建造的辅助工具，成为施工方案的一部分。

（2）国内智慧建造技术的工程建设现状

我国引进先进的建造技术的加速融合使得建造业的设计、生产、管理、服务各个环节日趋智能化，智慧建造正引领新一轮的建造业革命，主要体现在以下四个方面：一是建模与仿真使产品设计日趋智能化；二是以工业机器人为代表的智能建造装备在生产过程中应用日趋广泛；三是全球供应链管理创新加速；四是智能服务业模式加速形成。

用现代先进的信息化、数字化技术，在模拟建筑物真实信息的基础上，实现对建筑物全生命周期（从规划、设计、施工、运营到拆除）的精细管控。例如，通过可视化的三维建筑模型视图进行“碰撞”检查，预先发现建筑与结构、结构与暖通、机电安装以及设备等不同专业图样之间的“撞车”问题，及时优化工程设计，避免后期因设计问题带来的停工及返工；通过施工模拟，了解施工的各项工序，为施工单位协调好各专业的施工顺序提供方便，提高了工作效率。管理中，他们还采用协同平台、远程智能监控、远程视频、远程图样会审、远程检测验收等方式，大大提高项目管理效率。

4. 国内工业化建造技术的发展

（1）国内工业化建造技术现状

预制工业化建造是一种工业化的生产工艺方法，运用该技术建造的建筑，其包括内外墙板、空调板、叠合板、预制梁柱等在内的全部构件均由工厂预制生产加工完成，并运输到施工现场通过组装成型。较之传统的施工技术，采用预制装配技术生产可以减少60%的材料损耗和80%的建筑垃圾，将工期缩短为传统方式建造工期的75%左右，同时实现65%以上的建筑节能。另外，通过装配作业代替了大量的现浇作业，提高住宅的整体质量，促进设计的标准化提升，提高构建的生产效率，降低成本，从而实现整个建筑性价比的提升。

我国的装配式建筑在20世纪80年代后期突然停滞并很快走向消亡，预制混凝土技术沉寂了30多年之后又重新在我国兴起，这是一件令人鼓舞和值得期待的事件。时隔30年的断档期，无论是技术还是人员都非常匮乏，短期之内无法从根本上解决人员、技术、管理、工程经验等软件方面的问题。

（2）国内技术的工程建设现状

从市场占有率来说，我国装配式建筑市场尚处于初级阶段，全国各地基本上集中在住宅工业化领域，尤其是保障性住房这一狭小地带，前期投入较大，生产规模很小，且短期之内还无法和传统现浇结构市场竞争。

但随着国家和行业陆续出台相关发展目标和方针政策的指导，面对全国各地向建筑产业现代化发展转型升级的迫切需求，我国各地 20 多个省市陆续出台扶持相关建筑产业发展政策，推进产业化基地和试点示范工程建设。相信随着技术的提高，管理水平的进步，装配式建筑将有广阔的市场与空间。详见表 1-3。

国内装配式建筑发展较好的城市表　　表 1-3

城市	发展条件及状况
北京 上海	有政府出台配套优惠政策作保证，标准配套设施基本齐全，部分装配的剪力墙结构的技术成熟。北京出台了混凝土结构产业化住宅的设计、质量验收等 11 项标准和技术管理文件；上海已出台 5 项且正在编制 4 项地方标准和技术管理文件
沈阳	标准配套齐全，引进的技术论证严谨，结构类型品种较多，构件厂设备自动化程度高。完成了《预制混凝土构件制作与验收规程》等 9 项省部级和市级地方技术标准
深圳	工作开展的较早，装配式建筑面积较多，构件质量高，编制了产业化住宅模数协调等 11 项标准和规范
南京	结构体系品种齐全，建筑部品工业化工作同时开展
合肥	近年来政府推动力度较大

1.1.3　发展现状对比分析

1. 国内外建筑工程基本情况对比分析

我国在工程建设上相比国外发达国家还有很多欠缺，原因是多方面的，主要表现为工程的创新水平、技术水平、质量水平、效益水平普遍较低，生态和环境效应等方面也不理想，这些都造成了在工程建设上的相对欠缺。

（1）工程的创新水平低

我国的工程创新水平相对较低，工程创新能力和成果不够多，大量的工程是所谓常规的“基本建设工程”，即使是这样的工程，也会在设计的新颖性和创新性上表现出差异，所以一些重大的标志性的新建筑工程也不得不依靠国外设计，如国家歌剧院以及奥运的两大主场馆“鸟巢”和“水立方”等。

（2）工程的技术水平低

我国大量工程的技术含量低，多属劳动密集型工程，而非技术密集型工程，工程中的先进技术多数都是从国外引进，而非自主研发。有数据显示，我们在工程制造中对国外的技术依存度达到了 80% 左右，有的领域甚至达到了 100%。

（3）工程的质量水平低

工程的质量也是衡量一个国家工程水平的重要维度。但作为工程和制造大国，我

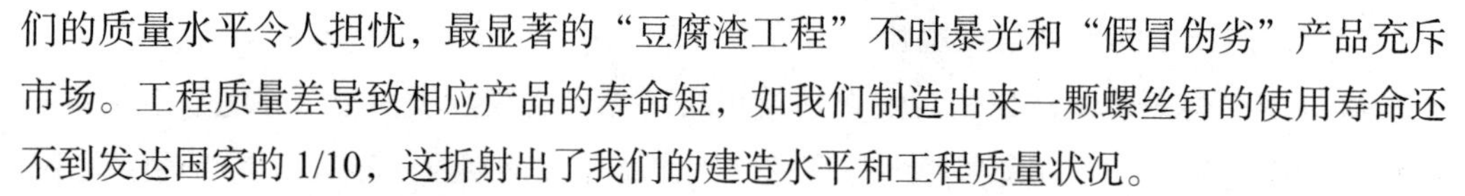

们的质量水平令人担忧，最显著的“豆腐渣工程”不时暴光和“假冒伪劣”产品充斥市场。工程质量差导致相应产品的寿命短，如我们制造出来一颗螺丝钉的使用寿命还不到发达国家的1/10，这折射出了我们的建造水平和工程质量状况。

（4）工程的经济效益低

建筑工程经济效益的提升就是投入成本与工程质量的关系，从当今的现状来看，要想缓和当前建筑业的困局，更需要项目方、施工方等共同努力，严格要求各环节，以良好的工作氛围营造建筑业的全新格局，提升工程效益。

（5）工程的环境与生态效应差

我国有些地区的一些工程为追求产值，不顾环境和生态效应，将发达国家淘汰的产业大量引入，造成局部甚至整体的生态环境还在继续恶化。这样的工程是高消耗和低产出的粗放型生产，资源消耗大，环境污染严重，因此使我国单位GDP的能耗和原材料消耗，都远远高于发达国家。

2. 国内外绿色建造技术对比分析

（1）国内外绿色建造技术发展对比分析

对于绿色建筑的发展国外起步较早，体系也相对完善，发达国家通过一系列法律法规和政策也在一定程度上为绿色建造的发展提供制度保障。英、美、加、德等发达国家已形成自己统一的模式。例如英国的BREEAM、美国的LEED、加拿大的GBC2000等。

下面通过几个绿色建筑方面的对比说明现在国内外发展的现状。

1）资源再生利用率水平

目前我国包括建筑物垃圾和工程弃土在内的建筑垃圾年产生量约为35亿t，其中每年仅拆除工程就产生15亿t建筑垃圾。而建筑垃圾普遍采取堆放和掩埋的方式处理，其综合利用率不足5%，远远低于欧盟（90%）、日本（97%）和韩国（97%）等发达国家和地区。

据测算，若我国每年产生的35亿t建筑垃圾进行资源再利用，可节约天然砂石30亿t，节约取材用土和填埋用地80万亩；可生产免烧墙体和地面材料约1万亿块标砖。

所以，合理对建筑垃圾进行资源化利用即可转身“绿色能源”，提高建筑垃圾资源化利用水平，对节约资源能源，保护生态环境以及创造经济价值意义重大。

2）建设施工中噪声污染

噪声污染贯穿于工程施工的整个过程。一般情况下施工机械是导致建筑施工噪声污染的主要原因，根据对施工现场的各种机械的工作状态进行调查研究，得出的各种施工设备在施工现场的声限值见表1-4、表1-5。

建筑施工现场的噪声测量值统计 Leg[dB（A）] 表 1-4

声源	范围	平均值
打桩机	94.0 ~ 110.0	102.0
起重机	70.0 ~ 76.0	73.0
电钻	89.5 ~ 102.0	95.8
电锯	91.0 ~ 108.0	99.5
切割机	93.0 ~ 96.0	94.5
混凝土搅拌机	85.0 ~ 93.0	89.0
装运渣土	92.4 ~ 97.6	95.0
挖掘机	79.3 ~ 84.5	81.9

建筑施工场界噪声限制 Leg[dB（A）] 表 1-5

主要声源	昼间	夜间
升降机、起重机	65	55
电锯、混凝土搅拌机	70	55
打桩机	85	禁止施工
装载机、挖掘机、推土机	75	55

对于这些施工噪声，欧美等发达国家的监管相对完善，在美国的社区，要求每一个业主避免在自己的土地或房产上进行“不合理”的侵扰行为，如不能让邻居家的生活受到烟味、嘈杂声的打扰。小麻烦也有相应的法律管辖，美国人称此类为“皮毛法律”。美国大多数城市或州都有噪声控制法规或反噪声法规，禁止制造噪声扰民。而在同样发达的英国，早在 1971 年，就对生活噪声做了明确规定。此后，具体条例越来越多。2004 年，伦敦市关于噪声的法令甚至规定：居民在使用收音机或电视机时，声音不得传出 8m，家养的宠物也不得发出过大的叫声，在居民区任何人不能摁喇叭、吹哨和鸣笛。德国更是规定 22 点后不准大声说话、放音乐、聚会，周末要举行聚会也得事先征得邻居同意。

（2）国内外绿色建造技术工程建设对比分析

现阶段，我国在绿色建筑方面，综合借鉴西方先进国家的经验，同时结合我国实际情况，制订出相对完善的评价体系，对绿色建筑的要求进行界定，促进了绿色建筑的良好发展。

但仍存在一些问题，突出体现在对绿色建造的推进深度和广度不足，概念理解多、实际行动少，管理和技术研究不够深入等。下面就用几个方面来说明相关问题：

1）建筑材料和施工机械尚存在很多不绿色的情况

目前，我国工程施工所采用的材料和机械种类繁多，但对建筑材料和施工机械的绿色性能评价技术和标准尚未形成。现阶段使用的大部分施工设备仅能满足生产功能要求，其耗能、噪声排放等指标仍比较落后。

2）许多现行施工工艺难以满足绿色建造的要求

绿色建造是以节约资源、降低消耗和减少污染为基本宗旨的“清洁生产”。然而目前施工过程中所采用的施工技术和工艺仍是基于质量、安全和工期为目标的传统技术，缺乏综合“四节一环保”的绿色建造技术支撑，少有针对绿色建造技术的系统研究。

3）资源再生利用水平不高

工程施工产生大量的建筑垃圾，在我国，其利用率不足20%；而欧盟、韩国等国家已达90%。

3. 国内外智慧建造技术对比分析

（1）国内外智慧建造技术对比分析

近年来，我国智慧建造技术及其产业化发展迅速，并取得了较为显著的成效。然而，国外发达国家的技术依旧引领着整体的方向，相比之下我国的智慧建造技术依旧存在快速发展的突出矛盾和问题，主要表现在以下五个方面：

1）智慧建造基础理论和技术体系建设滞后

智慧建造的发展侧重技术追踪和技术引进，而基础研究能力相对不足，对引进技术的消化吸收力度不够，原始创新匮乏。控制系统、系统软件等关键技术环节薄弱，技术体系不够完整。先进技术重点前沿领域发展滞后，在先进材料、堆积建造等方面差距还在不断扩大。

2）智慧建造中长期发展战略缺失

金融危机以来，工业化发达国家纷纷将包括智能化建造技术在内的先进建造业发展上升为国家战略。尽管我国也一直重视智能化技术的发展，及时发布了《智能建造装备产业“十二五”发展规划》和《智能建造科技发展“十二五”专项规划》，但智慧建造的总体发展战略依然尚待明确，技术路线图还不清晰，国家层面对智慧建造发展的协调和管理尚待完善。

3）高端建造装备对外依存度较高

目前我国智能装备难以满足建造业发展的需求，我国90%的工业机器人、80%的集成电路芯片建造装备、40%的大型石化装备、70%的汽车建造关键设备、核电等重大工程的自动化成套控制系统及先进集约化农业装备严重依赖进口。船舶电子产品本土化率还不到10%。关键技术自给率低，主要体现在缺乏先进的传感器等基础部件，精密测量技术、智能控制技术、智能化嵌入式软件等先进技术对外依赖度高。

4）关键智能建造技术及核心基础部件主要依赖进口

构成智能建造装备或实现建造过程智能化的重要基础技术和关键零部件主要依赖进口，如新型传感器等感知和在线分析技术、典型控制系统与工业网络技术、高性能液压件与气动原件、高速精密轴承、大功率变频技术、特种执行机构等。许多重要装备和建造过程尚未掌握系统设计与核心建造技术，如精密工作母机设计建造基础技术、百万吨乙烯等大型石化的设计技术和工艺包等均未实现国产化。几乎所有高端装备的核心控制技术严重依赖进口。

5）重硬件轻软件的现象突出

智慧建造技术是以信息技术、自动化技术与先进建造技术全面结合为基础的。而我国建造业的“两化”融合程度相对较低，低端 CAD 软件和企业管理软件得到很好的普及，但是应用于各类复杂产品设计和企业管理的智能化高端软件产品缺失，在计算机辅助设计、资源计划软件、电子商务等关键技术领域与发达国家差距依然较大。关键核心技术依然严重依赖国外；企业所需要的工业软件，90% 以上依赖进口；我国出口的数控机床，其核心部件的数控系统也依赖进口。

（2）国内外智慧建造技术工程建设对比分析

智慧建造研究领域涉及经济学、管理学、制造科学、信息科学等多个学科。制造业智能化是一个复杂、系统的转型过程，同时也是多学科相互交叉、深度融合的过程，但目前国内学者对智慧建造交叉领域的相关问题，如智能化管理、智能化服务、智能化过程中人的因素等研究较少或仍是空白。

当前国内智慧建造的研究大多数是对国外经验的借鉴性研究和一般性的归纳总结研究，且大多集中于理论探讨，缺乏实证数据的支持。另外，对相关现象的分析目前还基本停留在问题描述和对策建议层次上，但由于缺少实证数据、实践经验的支持，使得所提的对策建议较为宏观，现实针对性不强。因此，在今后的研究中，国内学者应根据各类建造业的产业特性，通过企业调研、实地访谈、问卷调查等方式深入了解智慧建造的发展现状，并运用数理统计学和经济计量学方法对智慧建造的模式、路径、影响因素等进行实证研究，为进一步剖析和解决智慧建造领域相关问题提供更加科学的依据。

4. 国内外工业化建造技术对比分析

（1）建造技术对比分析

目前与国外发达国家的成熟技术相比，我国装配式住宅还处于落后状态，装配式建筑还存在以下几个方面的问题。

1）技术体系仍不完备

目前行业发展热点主要集中在装配式混凝土剪力墙住宅，框架结构及其他房屋类型的装配式结构发展并不均衡，无法支撑整个预制混凝土行业的健康发展。目前国内装配式剪力墙住宅大多采用底部竖向钢筋套筒灌浆或浆锚搭接连接，边缘构件现浇的技术处理，其他技术体系研究尚少，应进一步加强研究。

2）装配式结构基础性研究不足

国内装配式剪力墙，钢筋竖向连接、夹心墙板连接件两个核心应用技术仍不完善。

作为主流的装配剪力墙竖向钢筋连接方式，套筒灌浆连接相当长一段时间内作为一种机械连接形式应用，但在接头受力机理与性能指标要求、施工控制、质量验收等方面对三种材料（钢筋、灌浆套筒、灌浆料）共同作用考虑不周全。夹心墙板连接件是保证“三明治”夹心保温墙板内外层共同受力的关键配件。连接件产品设计不仅要考虑单向抗拉力，还要考虑承受夹心墙板在重力、风力、地震力、温度等作用下传来的复杂受力，且长期老化、热涨收缩等不利因素的影响，因此还需进一步加强研究。

3）标准规范支撑不够

标准规范在建筑预制装配化发展的初期阶段其重要性已被全行业所认同。但由于建筑预制装配化技术标准缺乏基础性研究与足够的工程实践，使得很多技术标准仍处于空白，亟需补充完善。

（2）工程建设对比分析

1）国外住宅主要技术发展趋势

①从闭锁体系向开放体系发展

西方国家预制混凝土结构的发展，大致上可以分为两个阶段：自 1950 年至 1970 年是第一阶段，1970 年至今是第二阶段。

第一阶段的施工方法被称为闭锁体（Closed system），其生产重点为标准化构件，并配合标准设计、快速施工；缺点是结构形式有限、设计缺乏灵活性。

第二阶段的施工方法被称为开放体系（open system），致力于发展标准化的功能块、设计上统一模数，这样易于统一又富于变化，方便了生产和施工，也给设计更大自由。

②从湿体系向干体系发展

现在广泛采用现浇和预制装配相结合的体系，湿体系（wet system）又称法国式。其标准较低，所需劳动力较多，接头部分大都采用现浇混凝土，但防渗性能好。干体系（dry system）又称瑞典式，其标准较高，接头部分大都不用现浇混凝土，防渗性能较差。

③从只强调结构预制向结构预制和内装系统化集成的方向发展

建筑产业化既是主体结构的产业化也是内装修部品的产业化，两者相辅相成，互为依托，片面强调其中任何一个方面均是错误的。

④更加强调信息化的管理

通过 BIM 信息化技术搭建住宅产业化的咨询、规划、设计、建造和管理各个环节中的信息交换平台，实现全产业链的信息平台支持，以“信息化”促进“产业化”。是实现住宅全生命周期和质量责任可追溯管理的重要手段。

⑤更加与保障性基本住房需求建设结合

欧洲和日本的集合住宅，新加坡的租屋，我国香港的公屋均是装配式技术的主要实践对象。

2）我国建筑产业现代化发展方向

节能、节水、节地、节材、环保，走标准化设计、工厂化生产、装配化施工、一体化装修、信息化管理、全产业链整合的绿色建筑产业化道路。

1.1.4　新型建造方式展望

新型建造方式是用工业化的生产方式来建造建筑，是将建筑的部分或全部构件在工厂预制完成，然后运输到施工现场，将构件通过可靠的连接方式组装成建筑的方式，具有节能环保，提高效率，提升品质，保障安全的特点，最终实现绿色、高效、品质、安全、健康的目标。

《中共中央国务院关于进一步加强城市规划建设管理工作的若干意见》明确，发展新型建造方式，大力推广工业化建筑，减少建筑垃圾和扬尘污染，缩短建造工期，提升工程质量。新型建造方式基本定义可概括为：在建造过程中能够提高质量（Q）、保证安全与健康（S）、减少污染（对环境影响最小化 E）、提高效率（E）的技术、装备与组织管理方法，均为新型建造方式（简称 Q-SEE）。

从“品质”的视角（Q-SEE）诠释新型建造方式，包括建造过程中的产品品质、环境品质（建造活动对环境的影响最小化）、生活品质（建造参与者的工作生活）、履约品质（建造责任主体承包商的质量，效率，成本，安全）几个方面来阐述论证。

新型建造方式应该是建筑创作个性化；结构设计体系化；构件生产标准化、机械化、自动化；部品供应商品化；现场施工装配化；建造过程管理信息化。“新型”：是相对概念而不是绝对概念，其定位为未来八年（至 2025 年）的技术发展趋势判断；“建造”：是一个过程，研究要聚焦建造过程。

1.2　绿色建造技术体系

1.2.1　绿色建造技术范畴

1. 绿色建造技术概念

工程项目建设是大量耗费各种资源，同时又对环境、生态影响很大的建造过程（图 1-18），因此更渴望绿色技术。绿色建造技术是指在工程项目的规划、设计、建造、使用、拆除的全寿命周期过程中，能在提高生产效率或优化产品效果的同时，又能减少资源和能源消耗率，减轻污染负荷，改善环境质量，促进可持续发展的技术。

2. 绿色建造技术领域

绿色建造技术是一个综合考虑资源、能源消耗的现代建造模式，其目标是使得工程建设从规划决策、设计、建设施工、使用到报废处理的全生命周期中，对环境负面影响最小，资源和能源消耗最省，使企业效益和社会环境效益协调化。工程建设中的绿色建造技术领域模式如图 1-19 所示。

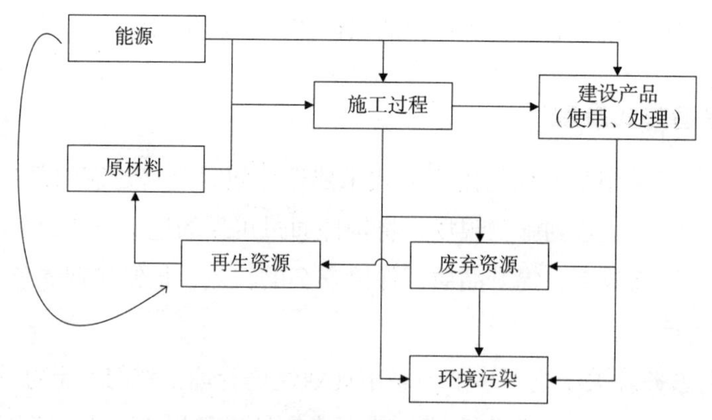

图 1-18　建造过程对环境的影响

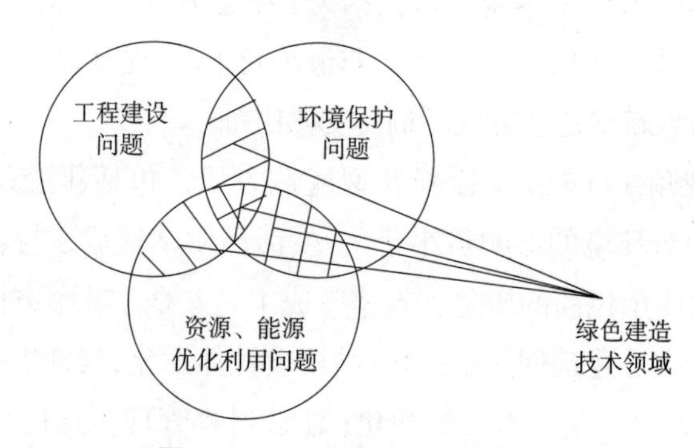

图 1-19　绿色建造技术的领域

3. 绿色建造技术的绿色度

绿色建造技术的概念在实际中是一个循序渐进逐步发展起来的，随着人们节约资源意识、环境保护技术水平的提高，绿色建造技术的“绿色度”也在加深，如图 1-20 所示。

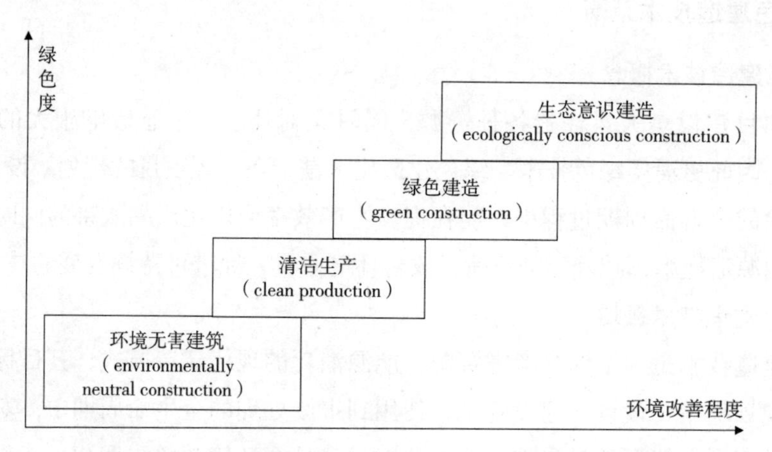

图 1-20　与改善环境及资格消耗有关的绿色度概念模式

“绿色度”在这里是一种绿色技术对资源耗用及环境改善程度的形容，由浅绿到深绿，改善程度加大。图中第一层次是环境无害建造模式，其内涵是该建造过程不对环境产生危害，但也无太大作用改善现有环境状况，属浅绿色技术。第二层次是清洁生产模式，其内涵是该生产模式不仅不会危及环境，而且还应有助于改善现有环境及资源耗用状况，但主要是指生产（施工）过程，而不包括产品生命周期其他过程，如规划决策、设计、产品运行、使用、回收处置等过程。属浅绿色技术。第三层次是绿色建造模式，其内涵是指产品（工程项目）生命周期的全过程均不仅无害环境，而且能有助于改善现有环境及资源耗用状况，属一般所言绿色技术。第四层次是生态意识建造模式，其内涵不仅包括产品生命周期全过程具有绿色性，而且能对一定范围的生态系统产生良好影响，改善生态环境系统，属深绿色技术。

1.2.2　绿色建造技术体系

1. 绿色建造技术体系研究

绿色建造技术涉及产品整个生命周期，甚至多生命周期，主要考虑原材料、能源消耗和环境生态保护问题，同时兼顾技术、经济、社会问题，使得企业的经济效益和环境社会效益协调，改善人与自然关系。参照住房城乡建设部、科学技术部颁布的《绿色建筑技术导则》，美国的《绿色建筑评估体系》，对绿色建造技术体系结构框架进行了研究，如图 1-21 所示。

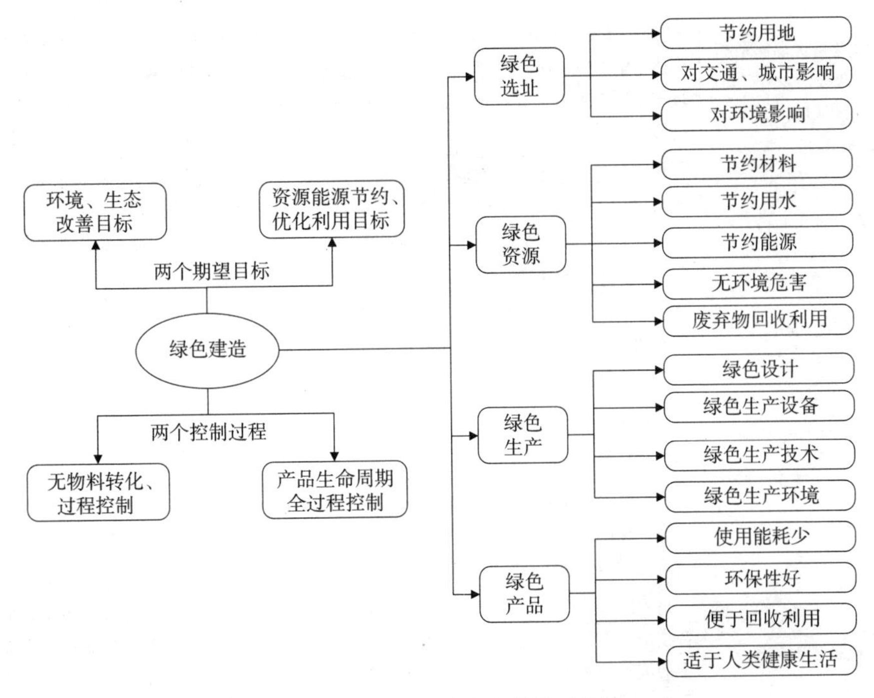

图 1-21　绿色建造技术的体系结构

2. 相关绿色建造技术

绿色建造技术的主要内容见表 1-6。

绿色建造技术统计表　　表 1-6

序号	相关绿色建造技术	主要内容及措施
1	基坑施工封闭降水技术	该技术多采用基坑侧壁帷幕或基坑侧壁帷幕 + 基坑底封底的截水措施，阻截基坑侧壁及基坑底面的地下水流入基坑，同时采用降水措施抽取或引渗基坑开挖范围内的现存地下水的降水方法；帷幕常采用深层搅拌桩防水帷幕、高压摆喷墙、旋喷桩、地下连续墙等作止水帷幕
2	施工过程水回收利用技术	利用技术包括基坑施工降水回收利用技术、雨水回收利用技术与现场生产废水利用技术。 其中基坑施工降水回收利用技术，包含两种技术：一是利用自渗效果将上层滞水引渗至下层潜水层中，可使大部分水资源重新回灌至地下的回收利用技术；二是将降水所抽水集中存放，用于施工过程中用水等回收利用技术
3	预拌砂浆技术	考虑到预拌砂浆符合国家节能减排的产业政策，即保留了《绿色建筑技术导则》2005版的预拌砂浆的主要内容，预拌砂浆分为干拌砂浆和湿拌砂浆两种。《绿色建筑技术导则》2005 版按使用功能的不同将干拌砂浆分为若干种类型，考虑到目前各种类型的砂浆均有产品标准，故在新版中就没有细分类，性能指标按照产品标准即可，适用于工业与民用建筑施工有要求的地区
4	外墙外保温体系施工技术	由保温层、保护层和固定材料（胶粘剂锚固件等）构成，并且适用于安装在外墙外表面的非承重保温构造总称。 目前国内应用最多的外墙外保温系统从施工做法上可分为粘贴式、现浇式和喷涂式及预制式等几种主要方式，其中粘贴式的做法保温材料包括模塑聚苯板（EPS 板）、挤塑聚苯板（XPS 板）、矿物棉板（MW 板，以岩棉为代表）、硬泡聚氨酯板（PU 板）、酚醛树脂板（PF 板）等
5	外墙自保温体系和工业废渣及（空心）砌块应用技术	《绿色建筑技术导则》2010 版中外墙自保温体系施工技术和工业废渣及（空心）砌块应用技术中保留了在 2005 版中的蒸压加气混凝土砌块、轻集料混凝土小型空心砌块等内容，技术指标均采用最新标准；增加了绿色建材和废物利用的粉煤灰蒸压加气混凝土砌块、磷渣加气混凝土砌块、磷石膏砌块、粉煤灰小型空心砌块等内容，增加了放射性水平的要求
6	铝合金窗断桥技术	其原理是在铝型材中间加入隔热条，将铝型材断开形成断桥，将铝型材分为室内、室外两部分，有效阻止热量的传导，隔热铝合金型材门窗的热传导性比非隔热铝合金型材门窗降低 40% ~ 70%。配中空玻璃的断桥铝合金门窗自重轻、强度高，隔声性好。采用的断热技术分为穿条式和浇注式两种
7	太阳能与建筑一体化应用技术	是指在建筑规划设计之初，利用屋面构架、建筑屋面、阳台、外墙及遮阳等，将太阳能利用纳入设计内容，使之成为建筑的一个有机组成部分，主要分为太阳能与建筑光热一体化和光电一体化
8	供热计量技术	是对集中供热系统的热源供热量、热用户的用热量进行计量，包括热源和热力站热计量、楼栋热计量和分户热计量
9	建筑外遮阳技术	建筑遮阳技术是《绿色建筑技术导则》2010 版新增加的内容。建筑遮阳可以有效遮挡太阳过度的辐射，减少夏季空调负荷，在节能减排的同时还具有提高室内热舒适度，减少眩光提高室内视觉舒适度等优点
10	植生混凝土	是《绿色建筑技术导则》2010 版增加的内容，植生混凝土技术可分为多孔混凝土的制备技术、内部碱环境的改造技术及植物生长基质的配制技术、植生喷灌系统、植生混凝土的施工技术等。根据植生混凝土所在部位分为护堤植生混凝土、屋面植生混凝土和墙面植生混凝土

续表

序号	相关绿色建造技术	主要内容及措施
11	透水混凝土	透水混凝土是《绿色建筑技术导则》2005 版增加的内容，透水混凝土是既有透水性又有一定强度的多孔混凝土，其内部为多孔堆聚结构。透水的原理是利用总体积小于骨料总空隙体积的胶凝材料部分地填充粗骨料颗粒之间的空隙，即剩余部分空隙，并使其形成贯通的孔隙网，因而具有透水效果。 透水混凝土在满足强度要求的同时，还需要保持一定的贯通孔隙来满足透水性的要求，因此在配制时除了选择合适的原材料外，还要通过配合比设计和制备工艺以及添加剂来达到保证强度和孔隙率的目的

3. 绿色建造技术措施

目前，绿色建造采用的技术措施选用低噪、环保、节能、高效的机械设备和工艺；钢筋加工工厂化与配送；提高预制水平；建筑工程的板块材采用工厂化下料加工，进行排版深化设计，减少板块材的现场切割量；五金件、连接件、构造性构件采用工厂化标准件；多层、高层建筑使用可重复利用的模板体系。具体措施见表 1-7。

具体措施　　**表 1-7**

序号	相关绿色建造技术措施	主要内容及措施
1	建筑装饰装修工程的施工设施和施工技术措施应与基础及结构、机电安装等工程施工相结合	管道预埋、预留应与土建及装修工程同步进行。大跨度复杂钢结构的制作和安装前，采用建筑信息三维技术模拟施工过程避免或减少误差。做好预留预埋，减少现场打孔，并做到分区用电、用水计量
2	在环境保护方面除了注意易扬尘材料封闭运输、封闭存储外，使用的技术	灰土、灰石、混凝土、砂浆采用预拌技术；采用现代化隔离防护设备，实施封闭式施工；自密实混凝土施工技术；地貌和植被复原技术；现场雨水就地渗透技术（透水混凝土）；管道设备无害清洗技术；垂直垃圾通道的开发与应用等技术
3	节能与能源利用方面使用的技术	玻璃幕墙光伏发电设计与施工技术；太阳能热水利用技术；电梯势能利用技术；低耗能楼宇设施选择与安装技术；基于节能的材料选择技术；冬期施工混凝土养护环境改进技术；屋面发泡混凝土找坡技术；自然光折射照明技术；现场热水供应的节能减排技术；LED 照明技术；工人生活区低压照明技术；限电器在临电中的应用技术；现场临时变压器安装功率补偿技术；塔式起重机镝灯使用时钟控制技术；设备节电技术；自动加压供水系统；基于低碳排放的“双优化”技术；溜槽替代混凝土输送泵技术；非传统电源照明技术
4	节材与材料资源利用方面除了需选用绿色建材外，使用的技术	固体废弃物再生利用技术（钢筋头、混凝土、碎块、废弃有机物）；废弃加气混凝土在屋面找平层和保温层中的应用技术；施工现场可周转围护、围栏及围墙技术；废弃地坪水泥砂浆填补技术；废弃建筑配件改造利用技术；废水泥浆钢筋防锈蚀技术；隧道与矿山废弃石渣的再生利用技术；场地硬化预制技术；节材型电缆桥架开发与应用技术；清水混凝土技术；空心砌块砌体免抹灰技术；高周转型模板技术；自动提升模架技术；大模板技术；钢框竹胶板（木夹板）技术；轻型模板开发应用技术
5	节水与水资源利用方面使用的技术	洗车循环水利用技术；地下水利用技术；现场雨水收集利用技术；水磨石泥浆环保排放技术；现场无水混凝土养护技术；基坑降水利用技术；基坑封闭降水技术；地下水回灌技术；非自来水开发应用技术
6	节地与土地资源保护方面使用的技术	生态地貌、保护技术；周转型装配式现场多层办公居住用房开发应用技术；耕植土保护利用技术；地下资源开发与保护技术；施工现场临时设施布置的节地技术

4. 绿色建造技术创新体系

绿色建造技术创新体系主要由主体要素、环境要素、功能要素构成。主体要素就是创新活动的行为主体，主要包括设计单位、施工单位、建设单位、高校科研机构、政府部门、关联企业与产业等，共同组成了体系“骨架”。

环境要素就是创新活动的主要背景，是确保创新的关键所在，通常包括软环境与硬环境两类，其中软环境主要为政策经济、市场等环境，能够通过社会环保意识的提升、政府支持力度的加大予以完善；硬环境主要为资源支持，能够通过人才培养、资金投入予以完善。功能要素就是主体间的运行与管理机制，确保知识、信息等能够在各主体间顺利交换与沟通，充分发挥了“筋骨脉络”的作用。

总而言之，合理处理各要素间的关系，对发挥创新体系功能、提高体系运行效率有着十分重要的作用。绿色建造技术创新体系，如图 1-22 所示。

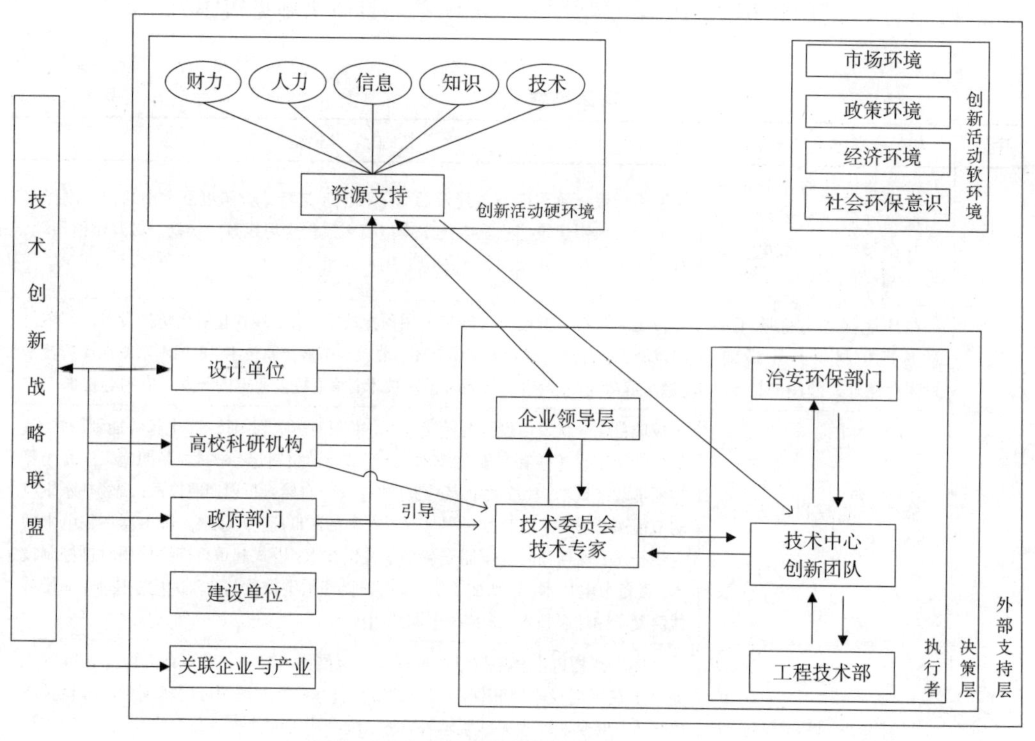

图 1-22　绿色建造技术创新体系示意图

1.2.3　技术分析

关于绿色建造技术分析的详细介绍请见表 1-8。

绿色建造技术分析表

表 1-8

技术名称	提升品质（Q）	保障安全（S）	节能环保（E）	提高效率（E）
基坑施工封闭降水技术	\	传统基坑降水是用水泵连续抽排，地下水的浪费很大，而且地下水的大量抽排造成附近地表下陷、沉降。为减少水资源浪费、减轻地下水位降低产生的不利影响，保证基坑周边建（构）筑物的安全，考虑采用基坑封闭降水技术	基坑封闭降水是指在基坑周边增加渗透系数较小的封闭结构，从而有效地阻止地下水向基坑内部渗流，再抽取开挖范围内的少量地下水，从而减少地下水的浪费。基坑封闭降水技术由于抽水量少、对周边环境影响小、止水系统配合支护体系一起设计可以降低造价等优点被纳为新的绿色施工技术之一	在使用全封闭基坑降水模式时，应根据土层性质和特点、水层性质、基坑开挖深度、封闭深度和基坑内井深度综合考虑，尤其应注意公式的选取。全封闭基坑降水计算，只需疏干基坑内一定深度的静态水，不应套用常规降水设计中的涌水量计算公式。全封闭的降水量应结合止水桩内土体的给水度计算，但是采用止水桩内部整个土体的给水量计算又无必要，只需疏干基坑内一定深度以上的静态水
施工过程水回收利用技术	由于建筑行业用水量较大，建筑施工的用水状况以及节水措施成为行业的关注点，施工过程水回收利用技术引起各级政府的高度重视，制定了许多法律法规并加以推广，鼓励施工的相关各方合理有效的回收利用，水资源的循环利用有广阔的前景	\	由于施工工期较长，基坑降水回收利用技术可以尽可能地降低工程成本，节约水资源。通过集水箱及吸泵使得整个工程施工期间除饮用水外部分基坑降水引至各施工区、加工场、生活区满足了消防、降尘、车辆冲洗、厕所冲洗、混凝土养护等需水量	根据测算现场回收水量和现场实际情况，制作蓄水箱，箱顶制作收集水管入口，与现场降水管连接，并将蓄水箱置于固定高度，回收水体通过水泵抽到蓄水箱，水箱顶部设有溢流口，溢流口连接到马桶等冲洗水箱入水管，水箱底部设水闸口，可以连接各种用水管，用于现场施工用水
预拌砂浆技术	预拌砂浆不是简单地从现场移到工厂生产，预拌砂浆是高质量的砂浆，推广预拌砂浆是建筑施工技术进步的一项重要技术经济措施，是保证建筑工程质量、提高建筑施工现代化水平、促进文明施工的一项重要技术手段	预拌砂浆的原材料、砂浆拌合料和硬化后的砂浆硬化体的技术性能指标均应符合设计要求、国家有关标准及本规程的有关规定	预拌砂浆可以使用建筑垃圾、煤矸石、钢渣等工业固体废弃物制造成的人工机制砂代替天然砂，可节约天然资源，且对产品品质无不良影响，还可消纳粉煤灰等工业废弃物，这样既可以利废，又可以减少环境破坏，达到节能减排的目的	预拌砂浆是工厂化生产的砂浆，有专业技术人员进行砂浆的研发工作，可根据工程需要随时调整砂浆的性能，砂浆质量得以保证。通常砂浆中掺有较多的外加剂、添加剂等，从根本上改善了砂浆的性能，且砂浆品种多、功能全。另外，砂浆配料采用自动化、微机化控制，可有效提高生产效率

续表

技术名称	提升品质（Q）	保障安全（S）	节能环保（E）	提高效率（E）
外墙外保温体系施工技术	外墙外保温体系施工技术是一个系统工程，而绝不是一道工序，不仅仅只看技术可行。外保温工程质量突出强调节能标准、安全可靠、外观长期稳定三个方面有效性。完整技术系统是外保温工程质量的根本保证：设计、技术系统、技术传递、施工过程、工程使用管理无一不产生影响。因此，选择外保温，不仅是选择一种产品，而是选择一套完整的技术系统，因为只有完整的外保温技术系统才能保证外保温工程的质量	外墙传热系数的计算以及聚苯板厚度的选用应符合《严寒和寒冷地区居住建筑节能设计标准》JGJ 26—2010 和《民用建筑热工设计规范》GB 50176—2016 的有关规定	外墙外保温系统已被广泛的认为是最有效的建筑节能措施之一，同时也是改善大气环境，发挥投资效益的强有力的手段。外墙外保温由于是用保温材料将建筑物整体包了起来，切断了冷桥，减少了空气、风及湿气的侵入，具有保温隔热双重功效，同时对建筑结构起到一定的保护作用	外墙外保温体系施工技术目前尚未达到社会化配套分工的程度，只能同一企业完成才有效、可靠。保温材料、配套产品、应用技术、技术服务、现场二次设计是否由同一企业提供是外保温技术系统完善、完整的标志。由此可有效提高施工效率
外墙自保温体系和工业废渣及（空心）砌块应用技术	工业废渣及（空心）砌块应用技术主要强调各种砌块的构成和产品性能。2010 版中外墙自保温体系工业废渣及（空心）砌块应用技术中保留了 2005 版中的蒸压加气混凝土砌块、轻集料混凝土小型空心砌块等内容，技术指标均采用最新标准；增加了绿色建材和废物利用的粉煤灰蒸压加气混凝土砌块、磷渣加气混凝土砌块、磷石膏砌块、粉煤灰小型空心砌块等内容，增加了放射性水平的要求	砌块和原材料、技术性能、强度、品种必须符合设计要求，并有出厂合格证。砂浆强度等级达到设计要求，用标准试模制作试块。砌筑错缝搭砌符合规定，不得出现竖向通缝，压缝尺寸达到规范要求。转角处、交接处同时砌筑，砂浆密实，砌块平顺，砌体垂直，不得出现破槎、松动，临时间断处应留斜槎。构造柱、水平系梁、抱框、过梁的设置、拉结筋根数、间距、位置、长度应符合设计要求	外墙自保温体系和工业废渣及（空心）砌块应用技术，二次结构填充墙外墙采用粉煤灰砖砌筑，节能环保；内墙采用加气块砌筑，强度高，自重轻。在施工时，需按一定的施工工艺组织施工。此技术有利于实现建筑的轻型化、节能化	
铝合金窗断桥技术	断桥铝合金门窗强度高、保温隔热性好，刚性好、防火性好，采光面积大，耐大气腐蚀性好，综合性能高，使用寿命长，装饰效果好，并且性价比高，在业界口碑良好，使其成为高档建筑用窗的首选产品	为了保证工程质量，施工前对材料的采购，在贯彻甲方要求的同时，根据 ISO9001 质量体系及贯标要求，逐一对工程材料供货厂家的材料质量、信誉、供货能力进行评估，以确保采购材料的质量	断桥铝门窗具有良好的保温性好，隔声性好，耐冲击，气密性好，水密性好，防火性好，防盗性好，免维护等优点	
太阳能与建筑一体化应用技术	太阳能与建筑一体化是太阳能利用设施与建筑的有机结合，利用太阳能集热器替代屋顶覆盖层或替代屋顶保温层，既消除了太阳能对建筑物形象的影响，又避免了重复投资，降低了成本。太阳能与建筑一体化是未来太阳能技术发展的方向	太阳能与建筑光热一体化，按《民用建筑太阳能热水系统应用技术规范》GB 50364—2005 和《太阳能供热采暖工程技术规范》GB 50495—2009 技术要求进行	而太阳能作为可再生清洁能源，可替代部分化石能源，应用于建筑中。太阳能和建筑一体化形成的太阳能建筑是一种全新的无燃料、无污染的绿色建筑。因此，发展太阳能建筑、降低建筑能耗不仅意味着节约能源，保护环境，而且是我国在建筑领域实施可持续发展战略的重要方式	把太阳能的利用纳入环境的总体设计，把建筑、技术和美学融为一体，太阳能设施成为建筑的一部分，相互间有机结合，取代了传统太阳能的结构所造成的对建筑的外观形象的影响；利用太阳能设施完全取代或部分取代屋顶覆盖层，可减少成本，提高效益

续表

技术名称	提升品质（Q）	保障安全（S）	节能环保（E）	提高效率（E）
供热计量技术	供热计量技术是一个系统工程，其节能效果的体现除了涵盖居民的自身节能外，还有供热系统的优化运行、管网水力平衡、气候补偿等。计量供热也是一个细节工程，施工质量、宣传教育、物业协调等都可以提升计量的品质	我国供热计量技术发展较快，标准规范逐步完善、计量技术方法经过大量实践检验、计量装置产品可靠性有了一定提升、计量收费面积有了一定增加	室温调控、供热系统调节和安装热量计量装置是 供热计量的三个技术前提。并适用于对热源和热力站、新建居住建筑采暖系统、既有居住建筑采暖系统、公共建筑采暖系统的热计量设计和改造	现阶段是供热计量技术信息化发展阶段，城市级供热计量管理平台应用开始在各城市升温。与此同时，计量服务商的软件平台建设全面发展。从数据源传到系统诊断、运行建议、故障报警，供热计量技术信息化全面发展
建筑外遮阳技术	近些年随着经济水平的不断提高，我国各项发展项目也在进行积极稳定地开展，这对国家现代化建设具有积极的影响意义。在我国发展过程中，对于完善建筑工程的外遮阳技术十分重视，加强外遮阳技术水平是提高我国建筑应用价值以及审美性的重要前提	外遮阳设备不仅能够有效阻挡大量的日光辐射热，达到隔热节能的目的，还能明显改善室内光线的柔和度，避免眩光，而且对保护住户的私密性和安全性均起到积极的作用	建筑遮阳是建筑节能的一项重要技术措施。建筑遮阳能有效减少阳光的辐射，改善室内的光热环境质量，提高室内舒适度。它的合理设计是改善夏季室内热舒适状况和降低建筑物能耗的重要因素	
植生混凝土	随着混凝土的发展，人们不仅利用混凝土的结构性能，也逐渐追求它的其他功能如生态性、智能性等，具有生态效应的植生混凝土便应运而生。由于植生混凝土的特殊功能，已成为保护环境及解决水土流失、水质净化、退化生态环境的修复和重建的理想材料	植生混凝土主要用于边坡治理（包括河流、大坝、蓄水池及道路两侧的倾斜面治理）、路面排水、植生、净化水质、降低噪声、防菌杀菌、吸附去除 NOx 等空气中的有害气体以及阻挡电磁波等	植生生态混凝土技术是在过去对混凝土的强度和耐久性要求的基础上，进一步结合环境问题，协调生态环境，降低环境负荷，保存及提高环境景观而发展起来的。该种混凝土除了起到高强护堤作用外，还由于其自身的多孔性和良好的透气透水性，能实现植物和水中生物在其中的生长，真正起到净化水质、改善景观和完善生态系统的多重功能	施工简便，硬化速度快；适宜现场浇筑和自然养护，适合斜面以及各种作业面的现浇施工，不需机械碾压设备，一般泥工工具抹敷则可。工艺控制简单，现场配比时水灰比误差允许控制在 ±3%，其结构和各项性能指标不受影响
透水混凝土	透水混凝土又称为环保地坪、生态地坪。透水混凝土具有和普通混凝土所不同的特点：容量小、水的毛细现象不显著、透水性大，水泥用量小、施工简单等，因此这种新型的建筑材料的优势性不断为人所知，并在道路领域逐渐得到应用	传统城市路面为不透水结构，雨水通过路表排除，泄流能力有限，当遇到大雨或暴雨时，雨水容易在路面汇集，大量集中在机动车和自行车道上，导致路面大范围积水。不透水路面是“死亡性地面”，会影响地面的生态系统，它使水生态无法正常循环，打破了城市生态系统的平衡，影响了植被的正常生长	透水混凝土由欧美、日本等国家针对原城市道路的路面的缺陷，开发使用的一种能让雨水流入地下，有效补充地下水，缓解城市的地下水位急剧下降等的一些城市环境问题。并能有效的消除地面上的油类化合物等对环境污染的危害；同时，是保护地下水、维护生态平衡、能缓解城市热岛效应的优良的铺装材料；其有利于人类生存环境的良性发展及城市雨水管理与水污染防治等工作，具有特殊的重要意义	可采用机械或人工方法进行摊铺；成型可采用平板振动器、振动整平辊、手动推拉辊、振动整平梁等进行施工；表面处理主要是为了保证提高表面观感，对已成型的透水混凝土表面进行修整或清洗；透水混凝土路面接缝的设置与普通混凝土基本相同，缩缝等距布设

1.3 智慧建造技术体系

1.3.1 智慧建造技术范畴

1. 智慧建造技术概念

智慧建造技术是智能制造技术的延伸和分支，智能制造技术在建筑业的应用成就了智慧建造技术的发展，促进了建筑业向工业化制造业的升级转型。在理论上，建筑业也属于制造业，是高度离散的产业，每次建造的东西都是独特的产品。但是，在实践上，又完全不同于制造业。当然，制造业各方面的水平远远高于建造业，这是不争的事实。

2. 智慧建造技术领域

智慧建造技术无疑是世界建造业未来发展的重要方向之一，所谓智慧建造技术，是指在现代传感技术、网络技术、自动化技术、拟人化智能技术等先进制造技术的基础上，通过智能化的感知、人机交互、决策和执行技术，实现设计过程、建造过程和建造装备等建筑建造全生命周期的智能化，是信息技术和智能技术与装备建造过程技术的深度融合与集成，是在建造过程中进行感知、分析、推理、决策与控制，实现产品需求的动态响应，新产品的迅速开发以及对生产和供应链网络实时优化的建造活动，可分为智能设计、智能生产、智能管理、智能建造服务四个关键环节，如图 1-23 所示。

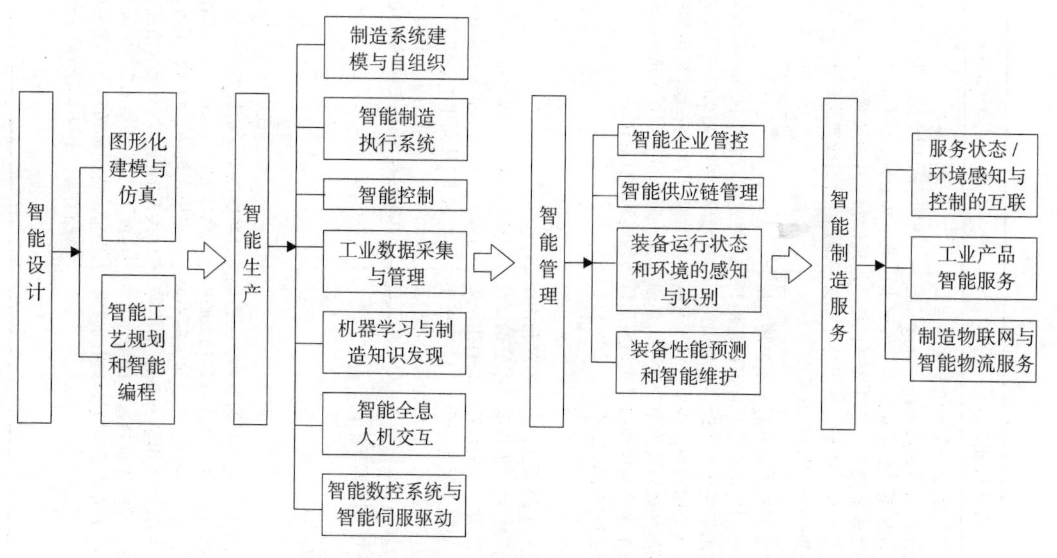

图 1-23　制造过程的智能化关键环节示意图

1.3.2 智慧建造技术体系

1. 智慧建造技术体系

智慧建造技术的发展在国外已经得到了普遍的推广与应用，在国内也正处在推广

应用的火热阶段，这个技术体系分为四个阶层，如图 1-24 所示。

（1）第一个层次处于最底层的是新材料、信息通信技术和生物技术等通用技术，这一层的技术为基础技术，是上层技术的支撑技术，为更高级的技术提供技术支持；

（2）第二个层次是传感器、3D 打印、工业机器人等智能建造装备和方法，该层为设备、设施技术，使建筑在施工过程中更加智能化；

（3）第三个层次是广泛应用了智能建造装备的智能工厂，在这一层将建筑的一些构件放到工厂里，通过智能建造技术和智能装备将建筑构件更快更好的制作完成；

（4）第四个层次处于智慧建造技术系统最高层次的数字物理系统或产业互联网，这个层面的技术是真正系统层面的应用。

图 1-24　智慧建造技术体系

2. 智慧建造技术应用

（1）BIM 技术

我国的 BIM 技术应用刚刚起步，起点较低，但发展速度快，国内大多数大型建筑企业都有非常强烈的应用 BIM 提升生产效率的意识，并逐渐在一些项目上开展了试点应用，各级政府不断推出 BIM 应用推广的政策，呈现政府和企业双管齐下，多渠道推动的态势。目前设计企业应用 BIM 的主要内容：第一，方案设计：使用 BIM 技术能进行造型、体量和空间分析外，还可以同时进行能耗分析和建造成本分析等，使得初期方案决策更具有科学性。第二，扩初设计：建筑、结构、机电各专业建立 BIM 模型，利用模型信息进行能耗、结构、声学、热工、日照等分析，进行各种干涉检查和规范检查，以及进行工程量统计。第三，施工图：各种平面、立面、剖面图样和统计报表都从 BIM 模型中得到。第四，设计协同：设计有上十个甚至几十个专业需要协调，包括设计计划、互提资料、校对审核、版本控制等。第五，设计工作重心前移，目前设计师50%以上的工作量用在施工图阶段，BIM可以帮助设计师把主要工作放到方案和扩初阶段，使得设计师的设计工作集中在创造性劳动上。

目前施工企业应用BIM的主要内容：第一，错漏碰缺检查，最大程度减少返工；第二，模拟施工方案，有效协同参建方；第三，三维模型渲染，VR宣传展示；第四，进行知识管理，降低学习曲线。目前运维阶段BIM的应用主要有：第一，空间管理；第二，设施管理；第三，隐蔽工程管理。

1）BIM与GIS集成技术

BIM（Building Information System）是随着信息技术在建筑行业中应用的深入和发展而出现的，是一种将数字化的三维建筑模型作为核心应用于建筑工程的设计、施工等过程中的工作方法。GIS（Geographic Information System）是以测绘测量为基础，以地理空间数据为操作对象，以计算机编程为平台的空间分析技术。欲将BIM与GIS技术相融合，首先应对两项技术进行深入比较分析，进而探讨技术融合的手段，BIM技术与GIS技术的融合并不是简单地将两个技术中的功能直接组合这么简单，需要建立三维城市模型数据交换标准，可将BIM中的数据导入GIS软件，同时将GIS中的数据应用于BIM中。这样，BIM数据作为地理信息系统重要的数据源，用来生成数字城市三维模型，而GIS中的数据作为空间数据，可应用于新的建筑信息模型建立时的基本数据。

2）BIM与VR集成技术

虚拟现实，也称作虚拟环境或虚拟真实环境，是一种三维环境技术，集先进的计算机技术、传感与测量技术、仿真技术、微电子技术等为一体，借此产生逼真的视、听、触等三维感觉环境，形成一种虚拟世界。虚拟现实技术是人们运用计算机对复杂数据进行的可视化操作，与传统的人机界面以及流行的视窗操作相比，虚拟现实在技术思想上有了质的飞跃。

BIM技术的理念是建立涵盖建筑工程全生命周期的模型信息库，并实现各个阶段、不同专业之间基于模型的信息集成和共享。BIM与虚拟现实技术集成应用，主要内容包括虚拟场景构建、施工进度模拟、复杂局部施工方案模拟、施工成本模拟、多维模型信息联合模拟以及交互式场景漫游，目的是应用BIM信息库，辅助虚拟现实技术更好地在建筑工程项目全生命周期中应用。

目前国外在视频拍摄、电子游戏等领域已经有了完善的VR产品，在工业设计中谷歌、微软、索尼等产品逐渐进入工业设计中。欧美知名建筑设计公司目前已在建筑设计模型测试中使用VR技术，英国IVR NATION公司搭建了的VR模型应用于建筑设计，模型真实度达到90%。

建筑的全生命周期包括设计、施工和运维等阶段，在不同的阶段，VR都可能起到一定作用。

①设计阶段

设计阶段 VR 的应用范畴包括设计本身及设计成果的展示，其中设计包括建筑设计和室内设计。

②施工阶段

与增强现实相比，虚拟现实在施工中的应用前景相对小一些，但是仍然有不错的效果，如 VR 可以帮助施工方预先模拟施工过程，也可以使用建造的虚拟环境对工人进行安全教育、业务流程培训等。

3）BIM 与 3D 打印技术

3D 打印技术是一种基于 3D 模型数据，采用通过分层制造，逐层叠加的方式形成三维实体的技术，即增材制造技术。根据成型的不同，3D 打印技术大致可以分为 4 种，成型类型见表 1-9。此外，根据材料和打印工艺也可划分成以下 3 类：基于混凝土分层喷挤叠加的增材建造方法、基于砂石粉末分层黏合叠加的增材建造方法和大型机械臂驱动的材料三维构造建造方法。3D 打印技术涉及信息技术、材料技术和精密机械等多个方面，与传统行业相比较，3D 打印技术不仅能提高材料的利用效率，还能用更短的时间打印出比较复杂的产品。

3D 打印技术成型类型　　表 1-9

技术名称	应用原料	优缺点
立体光固化成型技术（SLA）	液态光敏树脂	优点：成型速度快、打印精度高、表面质量好、打印尺寸大
熔积成型技术（FDM）	石膏、金属、塑料、低熔点合金丝等丝状材料	优点：成本低、污染小、材料可回收 缺点：精度稍差、制造速度慢、使用材料类型有限
选择性激光烧结技术（SLS）	固态粉末	优点：多使用的材料广泛
分层实体制造技术（LOM）	纸、金属箔、塑料膜、陶瓷膜	优点：成本低、效率高、稳健可靠、适合大尺寸制作 缺点：前后处理复杂，不能制造中空构件

BIM—3D 技术能否应用的关键是需要打破 BIM 技术与 3D 打印技术之间的壁垒，将 BIM 技术与 3D 打印技术很好地融合，发挥各自的优势，在应用中创造更大的价值。在研究 BIM 技术和 3D 打印技术特点及优势的基础上，提出 BIM—3D 技术融合的运行流程，以期望实现建筑行业工业化的生产流程，促进建筑行业向更好的方向发展。

BIM 与 3D 打印的集成应用，主要是在设计阶段利用 3D 打印机将 BIM 模型微缩打印出来，供方案展示、审查和进行模拟分析；在建造阶段采用 3D 打印机直接将 BIM 模型打印成实体构件和整体建筑，部分替代传统施工工艺来建造建筑。BIM 与 3D 打印的集成应用，可谓两种革命性技术的结合，为建筑从设计方案到实物的过程开辟了一条“高速公路”，也为复杂构件的加工制作提供了更高效的方案。目前，BIM 与 3D 打印技术集成应用有三种模式：基于 BIM 的整体建筑 3D 打印、基于 BIM 和 3D 打印制作复杂构件、基于 BIM 和 3D 打印的施工方案实物模型展示。

基于 BIM 的整体建筑 3D 打印。应用 BIM 进行建筑设计，将设计模型交付专用 3D 打印机，打印出整体建筑物。

基于 BIM 和 3D 打印制作复杂构件。传统工艺制作复杂构件，受人为因素影响较大，精度和美观度不可避免地会产生偏差，而 3D 打印机由计算机操控，只要有数据支撑，便可将任何复杂的异型构件快速、精确地制造出来。

基于 BIM 和 3D 打印的施工方案实物模型展示。用 3D 打印制作的施工方案微缩模型，可以辅助施工人员更为直观地理解方案内容，携带、展示不需要依赖计算机或其他硬件设备，还可以 360° 全视角观察，克服了打印 3D 图片和三维视频角度单一的缺点。

随着各项技术的发展，现阶段 BIM 与 3D 打印技术集成存在的许多技术问题将会得到解决，3D 打印机和打印材料价格也会趋于合理，应用成本下降也会扩大 3D 打印技术的应用范围，提高施工行业的自动化水平。虽然在普通民用建筑大批量生产的效率和经济性方面，3D 打印建筑较工业化预制生产没有优势，但在个性化、小数量的建筑上，3D 打印的优势非常明显。随着个性化定制建筑市场的兴起，3D 打印建筑在这一领域的市场前景非常广阔。

4）BIM 与 3D 扫描技术

3D 扫描是集光、机、电和计算机技术于一体的高新技术，主要用于对物体空间外形、结构及色彩进行扫描，以获得物体表面的空间坐标，具有测量速度快、精度高、使用方便等优点，且其测量结果可直接与多种软件接口。3D 激光扫描技术又被称为实景复制技术，采用高速激光扫描测量的方法，可大面积高分辨率地快速获取被测量对象表面的 3D 坐标数据，为快速建立物体的 3D 影像模型提供了一种全新的技术手段。

3D 激光扫描技术可有效完整地记录工程现场复杂的情况，通过与设计模型进行对比，直观地反映出现场真实的施工情况，为工程检验等工作带来巨大帮助。同时，针对一些古建类建筑，3D 激光扫描技术可快速准确地形成电子化记录，形成数字化存档信息，方便后续的修缮改造等工作。此外，对于现场难以修改的施工现状，可通过 3D 激光扫描技术得到现场真实信息，为其量身定做装饰构件等材料。BIM 与 3D 扫描集成，是将 BIM 模型与所对应的 3D 扫描模型进行对比、转化和协调，达到辅助工程质量检查、快速建模、减少返工的目的，可解决很多传统方法无法解决的问题。

BIM 与 3D 激光扫描技术的集成，越来越多地被应用在建筑施工领域，在施工质量检测、辅助实际工程量统计、钢结构预拼装等方面体现出较大价值。

上海中心大厦项目引入大空间 3D 激光扫描技术，通过获取复杂的现场环境及空间目标的 3D 立体信息，快速重构目标的 3D 模型及线、面、体、空间等各种带有 3D

坐标的数据，再现客观事物真实的形态特性。同时，将依据点云建立的 3D 模型与原设计模型进行对比，检查现场施工情况，并通过采集现场真实的管线及龙骨数据建立模型，作为后期装饰等专业深化设计的基础。BIM 与 3D 扫描技术的集成应用，不仅提高了该项目的施工质量检查效率和准确性，也为装饰等专业深化设计提供了依据。

5）BIM 与智能全站仪技术

施工测量是工程测量的重要内容，包括施工控制网的建立、建筑物的放样、施工期间的变形观测和竣工测量等内容。

近年来，外观造型复杂的超大、超高建筑日益增多，测量放样主要使用全站型电子速测仪（简称全站仪）。随着新技术的应用，全站仪逐步向自动化、智能化方向发展。智能型全站仪由电动机驱动，在相关应用程序控制下，在无人干预的情况下可自动完成多个目标的识别、照准与测量，且在无反射棱镜的情况下可对一般目标直接测距。

BIM 与智能型全站仪集成应用，是通过对软件、硬件进行整合，将 BIM 模型带入施工现场，利用模型中的三维空间坐标数据驱动智能型全站仪进行测量。二者集成应用，将现场测绘所得的实际建造结构信息与模型中的数据进行对比，核对现场施工环境与 BIM 模型之间的偏差，为机电、精装、幕墙等专业的深化设计提供依据。同时，基于智能型全站仪高效精确的放样定位功能，结合施工现场轴线网、控制点及标高控制线，可高效快速地将设计成果在施工现场进行标定，实现精确的施工放样，并为施工人员提供更加准确直观的施工指导。此外，基于智能型全站仪精确的现场数据采集功能，在施工完成后对现场实物进行实测实量，通过对实测数据与设计数据进行对比，检查施工质量是否符合要求。

与传统放样方法相比，BIM 与智能型全站仪集成放样，精度可控制在 3mm 以内，而一般建筑施工要求的精度在 1 ～ 2cm，远超传统施工精度。传统放样最少要两人操作，BIM 与智能型全站仪集成放样，一人一天可完成几百个点的精确定位，效率是传统方法的 6 ～ 7 倍。

目前，国外已有很多企业在施工中将 BIM 与智能型全站仪集成应用进行测量放样，而我国尚处于探索阶段，只有深圳市城市轨道交通 9 号线、深圳平安金融中心和北京望京 SOHO 等少数项目应用。未来，二者集成应用将与云技术进一步结合，使移动终端与云端的数据实现双向同步；还将与项目质量管控进一步融合，使质量控制和模型修正无缝融入原有工作流程，进一步提升 BIM 应用价值。

（2）3D 打印技术

3D 打印（3Dimensional Printing）自问世以来便受到了广泛关注，它不同于普通打印机以墨水和纸张为主进行生产工作，而是以金属、陶瓷、塑料、砂等实实在在的原材料进行生产工作。随着时代的发展，“绿色建筑”、“生态建筑”、“环保建筑”等这些新兴理念在建筑领域得到了广泛的宣传，通过 3D 打印技术生产出来的产品能够满足建筑领域的使用。它不仅满足国家提出的产业转型的要求，更是为我国建筑业发展指明了方向。

3D 打印技术应用的十分广泛，在建筑领域中如果有完整的规范，它将有替代传统建筑方法的趋势。随着信息资源的共享交流加快，许多方面都与国际逐渐接轨，因此人们在生活许多方面都有越来越多的要求，在建筑领域也不例外，新型的建筑设计要求越发复杂化，3D 打印技术促进了建筑领域的发展，也成为了现在必不可少的新工具。

3D 打印技术在建筑领域的应用主要分为两个方面：建筑设计阶段和工程施工阶段。建筑设计阶段主要是制作建筑模型，在这个阶段设计师可以将虚拟模型直接打印为建筑模型；工程施工阶段主要是利用 3D 打印技术建造建筑，通过“油墨”即可快速完成工作。这样节省能耗，有利于推进城市化进程和城镇化建设。

1）设计阶段的应用

对建筑工程而言，设计工作永远占有主要的地位，并且会对后续的建造、验收、使用等，产生持续的影响。3D 打印技术在建筑领域的设计阶段应用后，整体上取得了非常好的成绩。首先，设计工作结合 3D 打印技术后，能够对很多的创意想法进行分析，提高了多种不同建筑类型的可行性，对现实的施工产生了较强的指导作用。其次，在运用该项技术后，能够对部分特殊设计，提前做出有效的预估，获得最直观的感受，设定好相应的辅助措施，弥补不足与缺失，确保建筑工程在最终可以得到较高的成绩。

2）施工阶段的应用

在建筑领域当中，施工阶段是具体的执行阶段，此时应用 3D 打印技术时，就必须考虑到客观上的影响，主观上的诉求则需要放在第二位。与以往工作不同的是，很多建筑工程，不仅要求高，工期方面也比较紧张，想要又好又快地完成工作，施工单位承担的工作压力是比较大的。有效应用 3D 打印技术以后，建筑工程的施工阶段获得了很大的转变。

3）3D 打印在建筑工程领域的前景

①灾后重建

3D 打印建筑的成本比传统建筑低，它十分适用于贫困群体居住和紧急安置住房，因此具有一定的需求层面。3D 打印建筑建设时间短，20h 可以打印出来一所 300m^2 的房屋，在自然灾害等突发状况发生后十分适用。

②建造造型多样的建筑

3D 打印建筑解决了传统建筑的单一外观问题，现在已经可以建造出曲面造型。设计师在未来可以通过想象创造建筑，在改变建筑结构形式的同时也为建筑领域的发展增添了新的活力。

③功能强大的打印设备

未来的 3D 打印机可能变成将建筑物的管道、墙面抹灰、装饰等多种功能合而为一的多功能打印机，因此建筑物的处理上具有更大的灵活性。同时，远程操作功能若使用在 3D 打印机上，那么人工耗时又会有一定的降低。总之，随着技术的不断完善，3D 打印建筑将变得越来越便利。

（3）物联网技术

物联网是新一代信息技术的重要组成部分，也是“信息化”时代的重要发展阶段。其英文名称是：“Internet of things（IoT）”。顾名思义，物联网就是物物相连的互联网。这有两层意思：其一，物联网的核心和基础仍然是互联网，是在互联网基础上的延伸和扩展的网络；其二，其用户端延伸和扩展到了任何物品与物品之间，进行信息交换和通信，也就是物物相息。物联网通过智能感知、识别技术与普适计算等通信感知技术，广泛应用于网络的融合中，也因此被称为继计算机、互联网之后世界信息产业发展的第三次浪潮。物联网是互联网的应用拓展，与其说物联网是网络，不如说物联网是业务和应用。因此，应用创新是物联网发展的核心，以用户体验为核心的创新 2.0 是物联网发展的灵魂。

施工阶段是一个长期而复杂的生产过程，参与单位众多、生产要素与管理要素众多、露天工作易受多种因素与周围环境影响。基于经验规划和执行项目工作采用人工搜集数据信息并监控管理项目管理工作纷繁交错，管理人员不堪其苦。将自动化定位跟踪技术引入施工监控管理领域，并且针对多种不同自动化定位跟踪技术的属性特点和不同领域的需求，为决策者的技术选择提供决策支持，也为施工项目的参与者提供科学的监控管理方法，这是运用物联网技术进行智慧建造的第一步，如图 1-25 所示。

图 1-25　施工监控管理措施

近来，条形码技术也逐渐应用于土木建筑业，比如可以应用于施工现场建筑材料的跟踪，方便管理者加强对材料的管理，减少浪费，还可以用条形码制成施工人员的工作卡，方便对现场工作人员的控制和管理，如图 1-26 所示。

采用 RFID（无线射频识别技术）和无线传感器网络技术，在关键控制点布置传感器，监测各控制点的状态信息，如垂直度、位移、荷载、应力等，然后将监控信息发送到“安全分析与预警”模块进行安全分析。在此，RFID 给每个传感器提供了一个

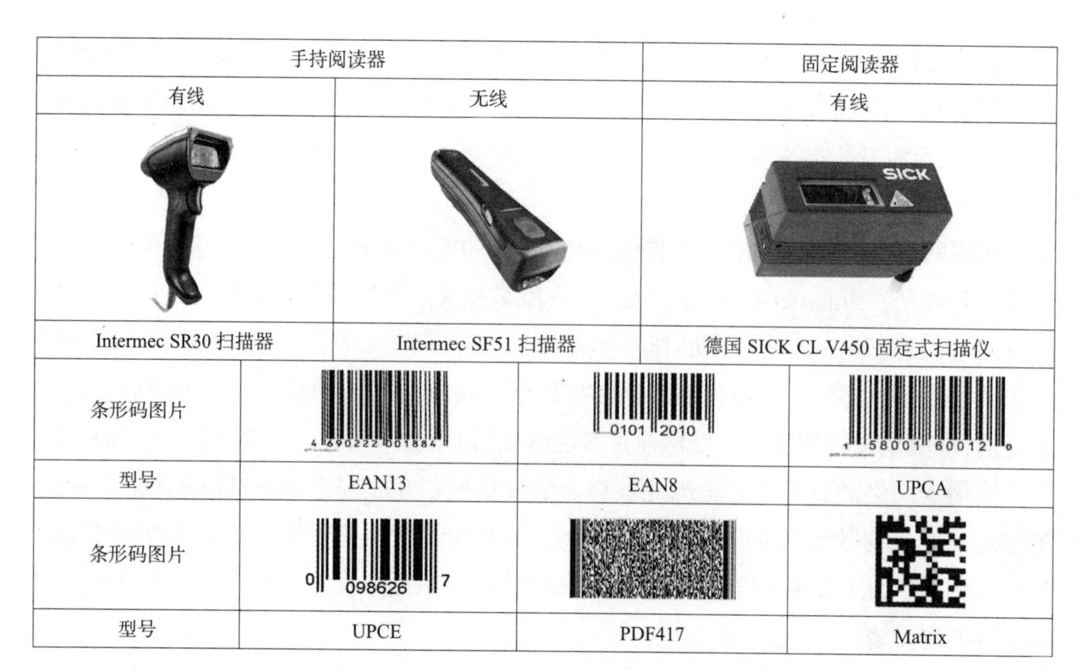

手持阅读器		固定阅读器
有线	无线	有线
Intermec SR30 扫描器	Intermec SF51 扫描器	德国 SICK CL V450 固定式扫描仪

条形码图片	4 690222 001884	0101 2010	1 58001 60012 0
型号	EAN13	EAN8	UPCA
条形码图片	0 098626 7		
型号	UPCE	PDF417	Matrix

图 1-26　条形码技术

ID，包括传感器的监测项目、生产厂家等，在某个传感器监测的项目发生异常情况时，安全管理人员可以拿着手持读写器很方便地找到出现异常的位置，及时地采取相应措施。

1）物联网的优势

①实现智能生产

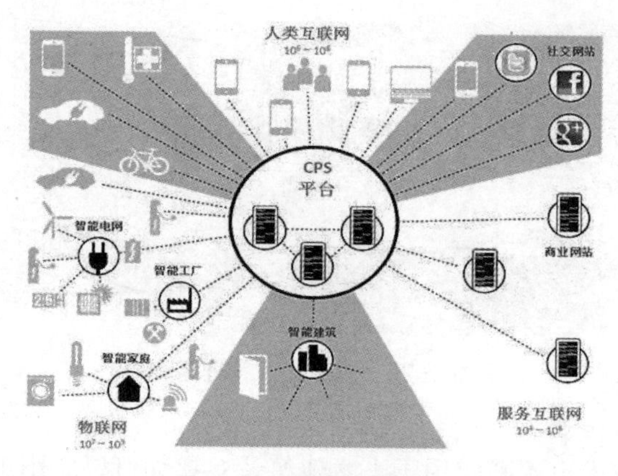

图 1-27　智能生产图解

在德国“工业 4.0”中，通过信息物理系统（CPS），如图 1-27 所示，实现工厂/车间的设备传感和控制层的数据与企业信息系统融合，使得生产大数据传到云计算数据中心进行存储、分析，形成决策并反过来指导生产。

具体而言，生产线、生产设备都将配备传感器，抓取数据，然后经过无线通信连接互联网，传输数据，对生产本身进行实时监控。而生产所产生的数据同样经过快速处理、传递，反馈至生产过程中，将工厂升级成为可以管理和自身调整的智能网络，使得工业控制和管理最优化，对有限资源进行最大限度使用，从而降低工业和资源的配置成本，使得生产过程能够高效地进行。

过去，设备运行过程中，其自然磨损本身会使产品的品质发生一定的变化。而由于信息技术、物联网技术的发展，现在可以通过传感技术，实时感知数据，知道产品出了什么故障，哪里需要配件，使得生产过程中的这些因素能够被精确控制，真正实现生产智能化。因此，在一定程度上，工厂/车间的传感器所产生的大数据直接决定了“工业 4.0” 所要求的智能化设备的智能水平。

此外，从生产能耗角度看，设备生产过程中利用传感器集中监控所有的生产流程，能够发现能耗的异常或峰值情况，由此能够在生产过程中不断实时优化能源消耗。同时，对所有流程的大数据进行分析，也将会整体上大幅降低生产能耗。

②实现大规模定制

大数据是制造业智能化的基础，其在制造业大规模定制中的应用包括数据采集、数据管理、订单管理、智能化制造、定制平台等，核心是定制平台。定制数据达到一定的数量级，就可以实现大数据应用。通过对大数据的挖掘，实现流行预测、精准匹配、时尚管理、社交应用、营销推送等更多的应用。同时，大数据能够帮助制造业企业提升营销的针对性，降低物流和库存的成本，减少生产资源投入的风险。

利用这些大数据进行分析，将带来仓储、配送、销售效率的大幅提升和成本的大幅下降，并将极大地减少库存，优化供应链。同时，利用销售数据、产品的传感器数据和供应商数据库的数据，制造业企业可以准确地预测全球不同市场区域的商品需求。由于可以跟踪库存和销售价格，所以制造业企业便可节约大量的成本。

目前我国工程建筑行业的许多单位都已建立自己的网络和一批应用软件的信息中心。但由于没有统一规划，或者各子系统开发的间隔时间长，大部分工程建筑企业在进行信息管理软件的开发时采用的技术互不相同，导致功能模块之间相对独立，数据不能共享，彼此之间处于“信息孤岛”的阴影，无法真正实现计算资源、存储资源、软件资源、数据资源的共享。

因此从大数据与工程建筑行业结合的必要性来看，如果工程建筑行业电商能够为用户提供相应的数据云，实现数据共享，解决信息孤岛问题，将会大大提高工程建筑行业的效率。

（4）人工智能技术

人工智能（Artificial Intelligence，简称 AI）是计算机学科的一个分支，20 世纪 70 年代以来被称为世界三大尖端技术之一（空间技术、能源技术、人工智能），也被认为是 21 世纪（基因工程、纳米科学、人工智能）三大尖端技术之一。除了计算机科学以外，人工智能还涉及信息论、控制论、自动化、仿生学、生物学、心理学、数理逻辑、语言学、医学和哲学等多门学科。人工智能学科研究的主要内容包括：知识表示、自动推理和搜索方法、机器学习和知识获取、知识处理系统、自然语言理解、计算机视觉、智能机器人、自动程序设计等方面。

人工智能技术与建筑行业各专业领域知识相结合，使得人工智能技术在建筑行业中取得了非常广泛的应用。已有许多专家系统、决策支持系统应用在建筑行业取得了很好的经济效益和社会效益。

1）人工智能在建筑规划中的应用

传统的建筑施工管理，主要依赖于手工记录施工相关流程以及代写论文，人工绘制施工平面布置图。随着人工智能技术的发展和广泛应用，综合利用运筹学、数理逻辑学以及人工智能等技术手段进行建筑施工现场管理的方法已经得到广泛应用。基于C/S环境架构研发的建筑企业工地管理应用系统，涵盖了工地管理的方方面面，主要包括员工管理模块、分包合同管理模块、固定资产管理模块、供应商管理模块和财务管理模块、施工日志管理模块、员工考勤管理模块与工资挂钩细化了对分包商和供应商的管理，更加有效地控制材料进出，供应商和分包商以及员工的管理，真正实现了工地物流、资金流和业务流三流合一。本系统采用强大的数据库，具有稳定的性能、极强的数据存储和处理能力、便捷的升级和维护服务等优点。针对工地人员复杂的特点，系统设置了严格的权限管理功能，确保了数据的安全性。

2）人工智能技术在建筑结构中的应用

随着地质灾害的不断发生以及其所造成的严重危害，建筑结构控制与结构健康诊断就显得尤为重要。传统的结构系统辨识方法普遍存在难于在线识别，只适用于线性结构系统辨识、抗噪声能力差等。近年来，随着人工智能技术的应用，出现了人工神经网络的结构系统辨识方法，利用模糊神经网络强大的非线性映射能力与学习能力，以实测的结构动力响应数据建立起结构的动力特性模型。模糊神经网络可以非常精确地预测结构在任意动力荷载作用下的动力响应，因此可以用于结构振动控制与健康诊断中，同时还可以随时加入其他辨识方法总结出的规则，且可以做成硬件实现，具有很强的可扩展性与实用性。

人工智能技术在国内也展开了一些应用，如安徽建筑工业学院、西安交通大学等都在建筑结构领域建立了不同的专家系统。大连理工大学李守巨等运用LM神经网络对建筑结构（铰）结点损伤进行识别，通过测量位移来预测（铰）结点损伤。北京交通大学鞠彦忠等采用ART2神经网络对建筑结构损伤进行识别，采用前三阶频率和模态振型向量来预测结构损伤。沈阳工业大学杨璐等用神经网络对简支梁结构损伤进行预测，以受损前后一阶、二阶、三阶、四阶、五阶、六阶固有频率的变化率作为输入参数来预测损伤情况。重庆大学王波等依据我国《混凝土结构耐久性评定标准》（草案）开发了用于现役混凝土结构耐久性评估的专家系统应用软件。其应用表明，将框架、人工神经网络与产生式表示方法相结合进而建立神经网络专家系统的方式是可行、有效的。

3）人工智能技术在建筑施工中的应用

人工智能技术在建筑施工中的应用主要集中在混凝土强度分析的工作中。一般来说，28d 抗压强度是衡量混凝土自身性能的重要指标，如果能够提前对混凝土的 28d 强度值进行预测，工作人员就可以采取相应的措施对其进行控制，进而提高混凝土的质量。

在人工神经网络技术应用于混凝土性能预测方面，我国天津大学的张胜利将传统的 BP 网络模型的预测结果与 3 种不同输入模型的 RBF 网络预测结果进行了比较和分析，最终证明了 RBF 网络模型具有较强的泛化能力和极高的预测精确度，是一种新论文联盟型的、有效的分析商品混凝土性能的方法。

4）人工智能技术在建筑工程管理中的应用

人工智能技术已应用于施工图生成和施工现场安排、建筑工程预算、建筑效益分析等。工作人员在以往开展建筑工程施工管理工作的时候，主要是依靠手写、手绘的方式来完成有关施工档案的记录和施工平面图的绘制，而随着人工智能技术在建筑领域里应用范围的不断扩大，综合采用数理逻辑学、运筹学、人工智能等手段来进行施工管理已经得到了认可和普及。目前比较流行的基于 C/S 环境开发的建筑施工管理系统，已经涵盖了包括分包合同管理、施工人员管理、原材料供应商管理、固定资产管理、企业财务管理、员工考勤管理、施工进度管理等方方面面，使对供应商和分包商的管理工作得到了进一步的细化，从而使原材料的进离场、分包商及员工管理工作更加科学、准确、快捷，实现了资金流、物资流、业务流的有机结合。

另外，建筑施工管理系统的数据库也非常强大，具有极为强劲的数据处理和储存能力，不仅性能稳定，升级和日常维护也非常快捷方便。另外，针对建筑施工人流复杂、密集的特点，系统还相应设置了权限管理功能，保障了施工管理数据的安全和准确性。

（5）虚拟现实技术

对于虚拟现实，只要稍微对新事物有点兴趣的人都不会太陌生。它与多媒体、网络一起被认为是三大最有发展前途的计算机技术。它的英文名字是“Virtual Reality”，简称 VR。

虚拟现实：计算机科学的分支，通过可以响应用户移动并提供实时感觉回馈的装置来进行交互式三维建模和三维仿真的技术。虚拟现实软件使用户沉浸在通过使用交互设备来仿真的计算机生成的环境中。虚拟现实系统最大的特点在于它与用户的直接交互性。在系统中，用户可以直接控制对象的各种参数，而系统也可以实时的向用户反馈对应的信息。

1）在工程结构分析中的应用

工程结构在各种荷载作用下的反应，当结构特殊且荷载复杂时，必须要诉诸模型试验方能准确测出力学性能。这时，将虚拟现实技术引用在力学测试试验中，大大简化了实施试验的器材和时间，并且能够反复操作，精确地记录每一组试验数据，并加以汇总比较。不仅如此，传统的力学试验无法避免地受到外界的气流、摩擦力的影响，不仅试验数据有误差，而且无法看清试验过程。而通过计算机平台就能轻松地解决上述问题，不仅能将外界因素导致的误差消除，还能回放试验过程，供测试人员仔细分析。

2）在模拟施工过程中的应用

工程项目施工是一个动态过程，涉及工序甚多，并且工序间环环相扣，某一环节间始料未及的错误往往牵连整个工程效率和质量，因此在正式施工启动之前，模拟工程工作显得至关重要。虚拟现实技术则为工程模拟提供了绝好的技术支持。一项工程在竞标期间，就可以将相关数据输入系统，由高度智能化的系统为工程作出施工方案预览，并计算出实施该方案的成本，为施工单位报价提出有力参考。如此一来，便可以使施工单位掌握工程的主动权，抢先竞争对手一步给出最万无一失的施工方案和最实惠的报价，提高了企业的市场竞争力和处理业务的效率。

3）在工程测量方面的应用

传统土木工程学中的工程测量包括高程测量、角度测量和距离测量等，具体工作十分繁琐，无论是数据记录、数据分析还是图样绘制工作都需要耗费大量的人力物力和时间。而虚拟现实技术则能提供高效的测量模式，只需要数位工作人员就可以通过计算机模拟平台操作，全面高效地管理测量数据，并作出分析，通过数据分析，系统能够发现测量中的错误，并纠正误差，大大提高了测量的效率，为企业节约了时间成本和人工成本。

4）在工程管理方面的应用

要想保证企业运营的高效，必须严抓管理工作，这一点在建筑行业表现得尤为明显。通过虚拟现实技术平台，管理人员不用亲赴施工现场，仅在计算机平台就可以对施工现场的人员考勤进行明细查看，同时通过视频监控，检查相关人员是否上岗前严格遵守安全规范。此外，管理人员还能根据数据分析来查看当前的施工进程，从全局上把控施工进度，不延误工期，不产生额外的人工费用，保障企业的经济利益不受损。

5）虚拟现实技术在建筑领域的发展以及在建筑规划中的发展前景

建筑物的设计是受一系列因素所影响的，既包括设计者的知识水平和生活阅历，也受其设计经验和空间思维等的限制。同一件建筑设计品，不同的设计者在外观和艺术审美上也不尽相同，但是通过虚拟现实技术可以以三维的形式通过用户的可听可视可触的感官，一方面能使设计者更加有效的发挥其设计的灵感也能让客户在身临其境中提出自己的一些看法和观点，为设计工作提供便利，也节省了时间和人力资源，又提高了建筑师优化设计的目的。对于任何一项建筑工程来说，规划是非常重要的一项工作，需要考虑地形地质、气候气象等诸多因素，但是在现行规划工作所用的数据库存在着很大的缺陷，例如规划信息的存储和查询系统不够完善，规划的辅助表现集成系统科技化程度低，其主要的表现形式还停留在二维图片上，且数字化程度高但可视化水平低。

虚拟现实技术在建筑设计中的应用研究对于建筑设计领域的发展来讲有着十分重要的意义，然而，在建筑设计中应用虚拟现实技术，是一项比较复杂且涉及多个方面的研究，在研究时必定会遇到多种多样的困难。因此，在今后的建筑领域发展中，要加强对虚拟现实技术的重视和研究，并且要从虚拟现实技术的多个方面，从建筑设计的多个角度进行研究和分析，从而研究出更好、更有效的能够促使虚拟现实技术在建筑设计中实现的方法和措施。家族企业莫坦森建设也是美国最大的私营建筑公司之一，这家公司设计了自己的虚拟现实软件，以用于建筑项目。该公司正在使用 HTC Vive 进行计划和管理，例如，在帮助医院设计手术室时，他们会通过 VR 向外科医生显示手术室的布局，以确保一切工具和设备都位于可触范围之内。莫坦森建设同时还在探索增强现实技术，他们正在工地测试 DAQRI 的智能头盔，把诸如管道工程这样的内部元素投影到建筑物墙壁上。

3. 未来智慧建造技术发展方向

（1）智能穿戴设备将成重要装备

智能穿戴设备，是可以直接穿在身上或整合到衣服、配件上的一种便携式设备，借助软件支持以及数据交互、云端交互来实现强大的功能。智能穿戴设备将成为建筑工人的重要单兵装备，与施工环境紧密结合，为建筑施工带来很大转变。

智能穿戴设备在施工中的应用主要包括：智能手环可用于对现场施工人员的跟踪管理；佩戴智能眼镜，可将虚拟模型画面与工程实体对比分析，及时发现并纠正问题；智能口罩上的粒子传感器可实时监测施工作业区域空气质量，并把定位资料和采集到的信息传到手机上应用并共享；借助穿戴的运动摄像装置，可记录现场质量验收过程等。

（2）移动智能终端将成重要工具

智能终端，具有接入互联网能力，通常搭载各种操作系统，根据用户需求定制各种功能。常见的智能终端包括移动智能终端、车载智能终端、智能电视等。施工现场的移动智能终端正在向实用化、集成化方向发展，是智慧建造技术平台向生产一线延伸的重要工具。

移动智能终端在施工中的应用主要包括：配合相应的项目管理系统，实时查阅施工规范标准、图样、施工方案等；可直接展示设计模型，向现场施工人员进行设计交底；加强施工质量、安全的过程管理，实时确认分部分项形象进度，辅助分部分项质量验收；可现场对施工质量和安全文明施工情况进行检查并拍照，将发现的问题和照片汇总后生成整改通知单下发给相关责任人，整改后现场核查并拍照比对；可在模型中手动模拟漫游，通过楼层、专业和流水段的过滤来查看模型和模型信息，并随时与实体部分进行对比。同时，还可提前模拟作业通道是否保持畅通、各种设施和材料的存放是否符合安全卫生和施工总平面图的要求等。

（3）建筑机器人将成辅助工具

建筑机器人在施工中的应用主要包括：全位置焊接机器人，可用于超高层钢结构现场安装焊接作业，提高焊接质量，确保施工安全；超高层外表面喷涂机器人，不仅可以解决高空作业安全问题，还可提高施工速度和精度；大型板材安装机器人，可用于大型场馆、楼堂殿宇、火车站、机场装饰用大理石壁板、玻璃幕墙、天花板等的安装作业，无需搭建脚手架，由两名操作工人即可完成大范围移动作业。

云机器人是云计算与机器人学的结合。机器人本身不需要存储所有资料信息或具备超强的计算能力，只是在需要时连接相关服务器并获得所需信息。例如：机器人拍摄周围环境照片并上传到服务器端，服务器端检索出类似的照片，并计算出机器人的行进路径以避开障碍物，同时将这些信息储存起来，方便其他机器人检索。所有机器人可以共享数据库，减少了开发人员的开发时间，还可以通过云计算实现自我学习。

1.3.3 技术分析

关于智慧建造技术分析的详细介绍请见表 1-10。

1.4 工业化建造技术体系

1.4.1 工业化建造技术范畴

装配式建筑是技术升级的结果，技术的核心是实现装配式建筑的手段，即设计、生产、建造过程的工业化与信息化。相对于传统技术，工业化建造技术难度更大、内容更广、分类更细、研究更深。它不是对传统建筑技术的单点突破，它是从多个维度对行业的整体提升，主要包括设计技术、制造技术、总装技术和信息技术。

1. 设计技术

设计技术是龙头，是牵引，总揽装配式建筑全局。传统的设计，是远远不够的，必须进行深入的工艺设计。就是将一幢楼，按合理的规则，拆分为合适的零部件，现场要按规则将这些零部件装上去，成为一幢质量合格的建筑。设计技术的重要性在于，它在装配式建筑的起点上决定了项目的整体进程、品质、成本等。后面的各个环节都是在设计的规则下按步骤操作，相当于企业的战略。如果设计技术不够强大，后续的过程会出现出错率偏高、成本不受控等问题。

智慧建造技术分析表 表 1-10

技术名称	提升品质（Q）	保障安全（S）	节能环保（E）	提高效率（E）
BIM 技术	BIM 是建筑设计人员提高设计质量的有效手段：将 BIM 应用到建筑设计中，计算机将承担起各专业设计间“协调综合”工作，设计工作中的错漏碰缺问题可以得到有效控制。 BIM 是业主理解工程质量的有效手段：BIM 为业主提供形象的三维设计，业主可以更明确地表达自己对工程质量的要求，如建筑物的色泽、材料、设备要求等，有利于各方开展质量控制工作。 BIM 是项目管理人员控制工程质量的有效手段：利用 BIM 模型和施工方案进行虚拟环境数据集成，对建设项目的可建设性进行仿真实验，可在事前发现质量问题	安全质量是工程施工的主控项目，是开展一切工作的根本出发点，通过引入 BIM 技术，可以提前对安全质量控制重点、施工关键环节、重大危险源等进行模拟演示，从而提前预知安全质量风险，提前制订并采取安全质量防范措施，做到防患于未然，有效规避风险，减少不必要的返工、窝工或停工，杜绝安全质量事故，为项目的安全生产、优质高效保驾护航	BIM 技术为绿色建筑设计过程中的建筑材料、建筑能耗、建筑环境等的计算和评估提供了分析依据，有效实现合理利用土地、材料，降低能源消耗，降低噪声、光能、风能等对环境的污染程度，同时还可以通过对生态环境指标的分析与评估，提出一套完整的降低能耗与合理有效利用自然能源的方案，为实现“节能、节水、节材、节地”，环保，实用性这三项绿色建筑评价标准提供了强有力的技术支撑	通过 BIM 软件系统的计算，减少了沟通协调的问题。传统靠人脑计算 3D 关系的工程问题探讨，产生人为的错误，BIM 技术可减少大量问题，同时也减少协同的时间投入。还有现场结合 BIM 和移动智能终端拍照应用相结合，也大大提升了现场问题沟通效率，从而提升全过程协同效率；BIM 技术强大的碰撞检查功能，十分有利于减少进度浪费。大量的专业冲突影响了工程进度，大量的废弃工程、返工同时也造成了巨大的材料、人工浪费
3D 打印技术	3D 打印的产品是无缝衔接的，结构稳固性和连接强度远高于传统建筑。3D 打印机可完全听从计算机程序，顺序打印完一层自动爬上另一层，比人工建造更加精确，保证了结构的稳定性；同时会依据精确的计算及坚固的材料确保房屋质量。引进 3D 打印技术后改善了建筑渗漏、开裂等一些问题，今后会更进一步提高建筑的品质	用 3D 打印技术建造房屋将比现在的建筑技术更加安全，降低了施工现场高空坠落、坍塌、物体打击的事故。美国每年因为施工现场作业导致数万建筑工人受伤、数千名建筑工人死亡，使用先进的 3D 打印机技术建造房屋将会降低施工作业的危险，使工人工作环境更加安全	3D 打印技术对于生产者来说，可大幅降低生产成本，提高原材料和能源的使用效率，减少对环境的影响。相比其他传统的建筑工艺，3D 打印建筑技术更加环保，施工过程中无需再将原材料直接暴露在施工现场，且所有材料均可融化回收利用，甚至可以用 3D 打印机打印太阳能电池板直接铺于房屋外层。因此，将 3D 打印技术将更加有利于环境保护	3D 打印建筑中大部分构件在工厂打印完成，现场以组装和安装作业为主，现场工作量减少，减少了生产周期，应用 3D 打印技术大幅度提高生产效率、加速工期

续表

技术名称	提升品质（Q）	保障安全（S）	节能环保（E）	提高效率（E）
物联网技术	土建施工规模大、工期长，整体施工质量很难得到保证，一旦出现失误，就会造成重大的经济损失，通过包含传感器、无线传输网络、应用服务器的物联网技术搭建建筑系统平台，对建筑质量进行全过程可追溯，把各种机械、材料、建筑体通过传感网和局域网进行系统处理和控制，同步监控土建施工的各个分项工程，严格保证了施工质量，从而提升建筑品质	物联网是将人、物、计算机联系起来形成的网络，可以有效地监控网络范围内的所有物体属性，输入计算机形成系统信息网络。因此，基于 RFID 的物联网可以很好地应用于施工安全管理中，监控现场每一工人、设备、环境；其次，该技术操作简单、便宜、利于推广使用，因此将物联网应用于建筑施工安全领域具有重大意义。随着通信信息技术的不断发展，不同的监控技术应运而生	物联网技术的发展极大地提高了人与物理世界交互的能力，特别是随着通信和传感器技术的发展，用于获取物理世界信息的传感技术日趋成熟，传感器节点的成本已降低到可大规模推广应用阶段，在建筑节能领域，应用物联网技术实现信息的采集、传输和数据融合处理，对于提高建筑的智能化水平，实现建筑能耗的细粒度的监测，推进建筑节能减排具有重要意义	物联网技术可以实现对人和机械的系统化管理，使得施工过程井井有条，各施工班组、各专业人员高效沟通协调，提高了建设效率，有效地缩短了工期
人工智能技术	基于人工智能技术的建筑设备如机械臂、机械喷涂等，通过预先的程序设定，人工智能设备可按既定程序高质量地完成建设工作，比传统的人工建造精准度高，减少返工	人工智能系统可以对地形、地段进行完整的分析，以找出最佳地点。施工现场，在无人机和一些具备攀爬能力的小型机器人身上搭载计算机视觉系统以及相关技术，将扫描到的图像立体化，并与相关模型进行对比，从而发现其中的安全隐患。在确定之后，通过物联网告知攀爬机器人具体方位，从而快速修复。而在夜间，巡逻无人机和保安机器人也会轮番上岗值班，确保施工现场的财产安全	人工智能技术和装配式建造技术一样，国家鼓励减少建筑业施工现场的作业，而在人工智能设备中预拌砂浆和砂浆封闭运输能大大减少扬尘污染，通过人工智能技术生产建筑材料可以大大减少原材料的浪费和粉尘的排放，符合国家生态保护的大方针	基于人工智能技术搭建的建筑施工管理系统的数据库非常强大，具有极为强劲的数据处理和储存能力，不仅性能稳定，升级和日常维护也非常的快捷方便，提高了管理的效率。而在施工现场，一些工种完全可以让机器人来代替，无人驾驶设备 AI 系统可以就准确无误的按照图样进行定位和运行，相比于人类慢慢地进行环境考察、距离测量等，人工智能的“快速”占有明显的优势，提高了工程建设效率
虚拟现实技术	实物和可视化培训生动、形象，克服了传统文字培训模式的局限性，体验人员“看得见、摸得着、学得到、带得走”，能够更好地领会标准化工艺要求，将施工质量和工艺控制要点全面融入具体施工过程中，从而全面提升高速公路建设工程的内在品质与外观品位	工人戴上 VR 眼镜，通过安全事故的沉浸式感受，结合视觉、听觉、触觉，使其身临其境地体验到施工现场危险行为发生的全过程，感受事故发生瞬间的惊险，了解事故的严重后果，掌握安全知识。相较于以往的文字和口头指导式的安全教育，身临其境地真切体验更能强化施工人员的安全防范意识，从而达到“安全说教再多、不如一次体验”的效果	采用虚拟现实技术实现的虚拟建筑环境还可以向建筑设计单位提供一套进行建筑性能评价的有效工具，以利于更直观地比较设计参数与设计结果之间的关系，发现节能设计方案中潜在的缺陷和问题，并利用不同方法的解决问题，进而使整个设计更加完善	在虚拟现实系统中，通过制订已进行多次方案优化、事先已确定的虚拟施工过程，并将其与进度计划同步链接。管理者可以随时观看任意时间应达到的施工进度情况，通过储存在数据库中的信息，能实时了解各施工设备、材料、场地情况的信息，以便提前准备相关材料和设施，及时而准确地控制施工进度。通过该系统的虚拟施工演示，对施工人员进行虚拟培训，了解全工程情况，由于强大的交互性，还可参与虚拟施工

2. 制造技术

制造技术就是指工厂的预制混凝土构件生产。这种制造不同于其他制造业，因为它的材料是复合的，且预制混凝土的性能是逐渐生长的。如何把握好时间与生产节奏的协调，具有一定的难度。所以即使引进了制造业的人员来管理工厂，也还必须要进行混凝土性能等建筑方面的学习和实践。否则，生产出来的预制混凝土构件，在强度、观感等方面会出现各种问题。在工厂，还存在预制混凝土构件模具开发与制造技术，因每个项目的构件不一样，所以每个项目都要重新设计模具，如果设计不够优化，要么加工难度大，要么效率很低，要么模具通用性不好。

制造技术融合了制造业和建筑业两个行业的技术特点，俗话说，隔行如隔山，如何把两个行业的技术进行高度整合，形成统一协调的新技术，至今仍然存在很多困难。

3. 总装技术

总装技术相对要简单一些。但相比传统建筑业，也有很大的不同。首先体现在计划的重要性。传统建筑业很容易调整工期，增加一些工人，施工进度就赶上去了。而装配式建筑，施工进度受到各种资源因素的限制，尤其是预制混凝土构件的限制，只要有一个构件没有到位，可能就会影响一天、两天的工期。所以，计划管理就显得极其重要。其次就是施工组织技术要高度科学合理，比如垂直运输设备的选型、布置和设计。如果在设备的选择上与构件不匹配，出现构件吊不上楼的情况，会导致施工安全、进度等一系列问题。或者从成本的角度考虑，设备超吊能力远远大于构件的重量，会造成成本的增加和浪费。还有就是节点与接缝的处理，要通过技术的进步达到严丝合缝、恰到好处。这是总装质量的重要保障，必须严格按流程、按计划操作。一旦处理不到位，交房之后，渗漏问题会很严重。以上只是装配式建筑施工与传统建筑施工一部分的不同，在此不一一举例。

4. 信息技术

信息技术的难度是最大的。可以说，没有信息技术支持的建筑工业化，是初级的工业化，是没有效率的工业化。而目前阶段，全世界没有一套成熟的信息技术体系，能支持当前中国的建筑工业化发展。这是一个重要而广阔的市场，有几家企业在大力开发。一旦成功，就会极大地促进中国装配式建筑行业的发展。中民筑友目前已经在 BIM 领域实现了“快”、“小”、“集成”的重大突破，实现了 IFC 文件输出小型化，也是行业第一家实现移动终端应用的企业，我们的信息技术从微观作业交互到宏观展示达到了不受制他人的技术手段，自主开发能力得到了具体项目及市场的检验，形成了装配式建筑工业化平台独有的解决方案，是针对中国复杂结构体系比较先进的解决方法。

1.4.2 工业化建造技术体系

建筑工业化指通过现代化的制造、运输、安装和科学管理的大工业的生产方式，来代替传统建筑业中分散的、低水平的、低效率的手工业生产方式。它的主要标志是建筑设计标准化、构配件生产工厂化，施工机械化和组织管理科学化。

结构体系：PC 结构、钢结构、现代木结构。

工业化范畴：主体结构、钢筋加工、建筑部品、机械施工。

1. 推进工业化技术

在装配式建筑中，设计与生产存在着不可分割的联系：设计便于在生产制造中降低成本；生产工艺改进促进提高设计灵活性，设计与工艺是一个互利互进的关键环节。对于一些小型构件如楼梯、阳台等更应该全面采用预制装配工艺，减少现场作业。

近几年我国已大规模在众多高层或超高层工程的核心筒部位推广了液压爬模，这也是一种很好的模板工业化施工体系。

RC（钢筋混凝土）框架结构实现工业化施工，宜先从三合一预制装配外墙板，剪力墙采用大模板快速整体支、拆柱模，RC 叠合楼板和预制装配内隔墙（或干作业）等方面抓起。目前，RC 结构施工采用预制装配与现场现浇相结合的施工工艺，该技术的关键在于提高劳动效率和机械化水平。

在装饰、机电施工工业化方面，力求取消或大大减少现场湿作业、消除砌筑抹灰等强体力劳动，减少手工作业，最大程度地实行工厂预制、现场组装的工艺。

门窗全部在工厂制作并组装成整体运至现场整体安装，外门窗也要在预制外墙板的生产厂内安装完成后再出厂。

卫浴、厨房宜采取标准模数式设计，采用标准部配件和定型设备，有条件最好采用厕、厨匣子结构，在厂内整套组装好后运至现场整体安装。

装饰和机电虽然工作量不如结构大，但品种复杂，工序频繁，相互交错，并且不少项目在工厂内预制有诸多不便，需进一步探索，如图 1-28 所示。

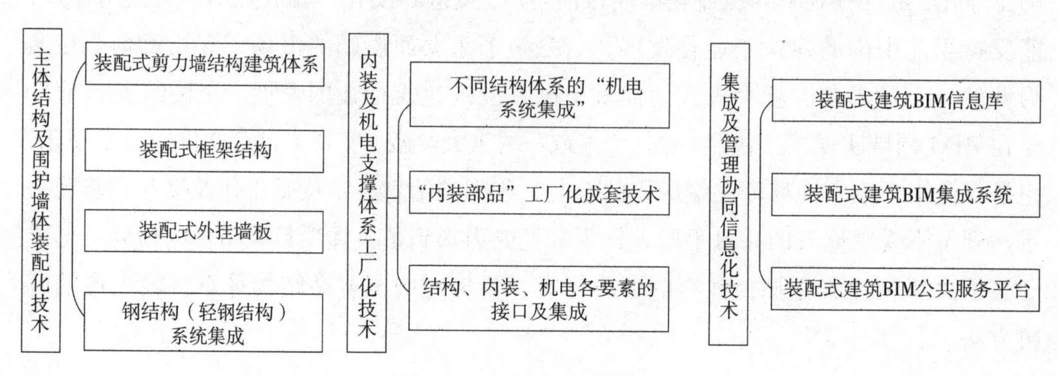

图 1-28 工业化技术应用

2. 装配式建筑设计的三大关键

（1）预制构件的科学拆分

建筑产业化的核心是生产工业化，生产工业化的关键是设计标准化，最核心的环节是建立一整套具有适应性的模数以及模数协调原则。设计中据此优化各功能模块的尺寸和种类，使建筑部品实现通用性和互换性，保证房屋在建设过程中，在功能、质量、技术和经济等方面获得最优的方案，促进建造方式从粗放型向集约型转变。

实现标准化的关键点则是体现在对构件的科学拆分上。预制构件科学拆分对建筑功能、建筑平立面、结构受力状况、预制构件承载能力、工程造价等都会产生影响。根据功能与受力的不同，构件主要分为垂直构件、水平构件及非受力构件。垂直构件主要是预制剪力墙等。水平构件主要包括预制楼板、预制阳台、预制空调板、预制楼梯等。非受力构件包括 PCF 外墙板及丰富建筑外立面、提升建筑整体美观性的装饰构件等。

对构件的拆分主要考虑五个因素：一是受力合理；二是制作、运输和吊装的要求；三是预制构件配筋构造的要求；四是连接和安装施工的要求；五是预制构件标准化设计的要求，最终达到“少规格、多组合”的目的。

在北京五和万科长阳天地项目中，通过科学拆分将预制外墙板种类控制为 6 种、预制内墙板控制为 3 种、预制阳台板控制为 1 种，单块预制墙板重量控制在 6t 以下。连接节点的尺寸尽量统一，减少了模板的种类。

（2）连接节点的处理

连接节点的设计与施工是装配式结构的重点和难点。保证连接节点的性能是保证装配式结构性能的关键。装配式结构连接节点在施工现场完成是最容易出现质量问题的环节，而连接节点的施工质量又是整个结构施工质量的核心。因此，所采用的节点形式应便于施工，并能保证施工质量。

预制构件竖向受力钢筋的连接方式是美国和日本等地震多发国家普遍应用的钢筋套筒连接技术。通过我国科研技术人员大量的理论、试验分析，证明了该技术的安全可靠性，并纳入我国行业标准《装配式混凝土结构技术规程》JDJ 1—2014。灌浆套筒连接技术是通过向内外套筒间的环形间隙填充水泥基等灌浆料的方式连接上下两根钢筋，实现传力合理、明确，使计算分析与节点实际受力情况相符合。

从建筑专业的角度来讲，节点处理的重点包括外保温及防水措施。“三明治”式的夹芯外墙板，内侧是混凝土受力层、中间是保温层、外侧是混凝土保护层，通过连接件将内外层混凝土连接成整体，既保证了外墙稳定的保温性能传热系数，也提高了防火等级。防水措施主要体现在板缝交接处，竖向板缝采用结构防水与材料防水相结合的两道防水构造，水平板缝采用构造防水与材料防水相结合的两道防水构造。

（3）BIM 全产业链应用

将 BIM 与产业化住宅体系结合，既能提升项目的精细化管理和集约化经营，又能提高资源使用效率、降低成本、提升工程设计与施工质量水平。

BIM 软件可全面检测管线之间与土建之间的所有碰撞问题，并提供给各专业设计人员进行调整，理论上可消除所有管线碰撞问题。Revit MEP 通过数据驱动的系统建模和设计来优化管道桥架设计，可以最大限度地减少管道桥架系统设计中管道桥架之间、管道桥架与结构构件之间的碰撞。

设计院应具备在产业化项目中进行全产业链、全生命周期的 BIM 应用策划能力，确定 BIM 信息化应用目标与各阶段 BIM 应用标准和移交接口，建立 BIM 信息化技术应用协同平台并进行维护更新，在产业化项目的前期策划阶段、设计阶段、构件生产阶段、施工阶段、拆除阶段实现全生命周期运用 BIM 技术，帮助业主实现对项目的质量、进度和成本的全方位、实时控制。

3. 工业化建筑的结构体系分析

工业化建筑是指采用构配件工厂化生产，在现场以机械化的方法装配而成的建筑。

（1）装配式框架结构体系

预制装配式框架结构体系按标准化设计，根据结构、建筑特点将柱、梁、板、楼梯、阳台、外墙等构件拆分，在工厂进行标准化预制生产，现场采用塔式起重机等大型设备安装，形成房屋建筑。

预制部件：柱、叠合梁、叠合楼板、阳台、楼梯等。

体系特点：工业化程度高，内部空间自由度好，室内梁柱外露，施工难度较高，成本较高。

适用高度：60m 以下。

适用建筑：公寓、办公、酒店、学校等建筑。

（2）装配式剪力墙结构体系

“装配剪力墙结构”是“装配式混凝土结构”的一种类型，其定义是主要受力构件剪力墙、梁、板部分或全部由预制混凝土构件（预制墙板、叠合梁、叠合板）组成的装配式混凝土结构。在施工现场拼装后，采用墙板间竖向连接缝现浇、上下墙板间主要竖向受力钢筋浆锚连接以及楼面梁板叠合现浇形成整体的一种结构形式。目前装配式剪力墙结构建造方式主要包括以下四种：

1）装配整体式剪力墙，采用剪力墙墙身整体预制，边缘构件采用现浇形式；

2）双面叠合剪力墙，采用剪力墙内侧面和外侧面预制，中间现浇；

3）单面叠合剪力墙，采用建筑外围剪力墙外侧面预制，内侧现浇；

4）内浇外挂，即主体结构受力构件采用现浇，非受力构件采用外挂形式。

预制部件：剪力墙、叠合楼板，叠合梁、楼梯、阳台、空调板、飘窗、隔墙等。

体系特点：工业化程度高，预制比例可达 70%，房间空间完整，几乎无梁柱外露，施工简易，成本最低可与现浇持平、可选择局部或全部预制，空间灵活度一般。

适用高度：高层、超高层。

适用建筑：保障房、商品房等。

（3）装配式框架 - 剪力墙结构体系

装配式框架 - 剪力墙结构体系根据预制构件部位的不同，可以分为预制框架 - 现浇剪力墙结构、预制框架 - 现浇核心筒结构、预制框架 - 预制剪力墙结构三种形式。兼有框架结构和剪力墙结构的特点，体系中剪力墙和框架布置灵活，易实现大空间，适用高度较高。

预制部件：柱、剪力墙、叠合楼板，阳台，楼梯、隔墙等。

体系特点：工业化程度高，施工难度高，成本较高，室内柱外露，内部空间自由度较好。

适用高度：高层、超高层。

适用建筑：保障房、商品房等。

4. BIM 技术在装配式建筑中的应用价值分析

（1）BIM 技术在装配式建筑设计阶段中的应用价值

1）提高装配式建筑设计效率

装配式建筑设计中，由于需要对预制构件进行各类预埋和预留的设计，因此更加需要各专业的设计人员密切配合。利用 BIM 技术所构建的设计平台，装配式建筑设计中的各专业设计人员能够快速地传递各自专业的设计信息，对设计方案进行“同步”修改。借助 BIM 技术与“云端”技术，各专业设计人员可以将包含有各自专业的设计信息的 BIM 模型统一上传至 BIM 设计平台，通过碰撞与自动纠错功能，自动筛选出各专业之间的设计冲突，帮助各专业设计人员及时找出专业设计中存在的问题；装配式建筑中预制构件的种类和样式繁多，出图量大，通过 BIM 技术的“协同”设计功能，某一专业设计人员修改的设计参数能够同步、无误地被其他专业设计人员调用，这方便了配套专业设计人员进行设计方案的调整，节省各专业设计人员由于设计方案调整所耗费的时间和精力。

此外，通过授予装配式建筑专业设计人员、构件拆分设计人员以及相关的技术和管理人员不同的管理和修改权限，可以使更多的技术和管理专业人士参与到装配式建筑的设计过程中，根据自己所处的专业提出意见和建议，减少预制构件生产和装配式建筑施工中的设计变更，提高业主对装配式建筑设计单位的满意度，从而提高装配式建筑的设计效率，减少或避免由于设计原因造成的项目成本增加和资源浪费。

2）实现装配式预制构件的标准化设计

BIM 技术可以实现设计信息的开放与共享。设计人员可以将装配式建筑的设计方案上传到项目的“云端”服务器上，在云端中进行尺寸、样式等信息的整合，并构建装配式建筑各类预制构件（例如门、窗等）的“族”库。随着云端服务器中“族”的不断积累与丰富，设计人员可以将同类型“族”进行对比优化，以形成装配式建筑预制构件的标准形状和模数尺寸。预制构件“族”库的建立有助于装配式建筑通用设计规范和设计标准的设立。利用各类标准化的“族”库，设计人员还可以积累和丰富装配式建筑的设计户型，节约户型设计和调整的时间，有利于丰富装配式建筑户型规格，更好地满足居住者多样化的需求。

3）降低装配式建筑的设计误差

设计人员可以利用 BIM 技术对装配式建筑结构和预制构件进行精细化设计，减小装配式建筑在施工阶段容易出现的装配偏差问题。借助 BIM 技术，对预制构件的几何尺寸及内部钢筋直径、间距、钢筋保护层厚度等重要参数进行精准设计、定位。在 BIM 模型的三维视图中，设计人员可以直观地观察到待拼装预制构件之间的契合度，并可以利用 BIM 技术的碰撞检测功能，细致分析预制构件结构连接节点的可靠性，排除预制构件之间的装配冲突，从而避免由于设计粗糙而影响到预制构件的安装定位，减少由于设计误差带来的工期延误和材料资源的浪费。

（2）BIM 技术在预制构件生产阶段的应用价值

1）优化整合预制构件生产流程

装配式建筑的预制构件生产阶段是装配式建筑生产周期中的重要环节，也是连接装配式建筑设计与施工的关键环节。为了保证预制构件生产中所需加工信息的准确性，预制构件生产厂家可以从装配式建筑 BIM 模型中直接调取预制构件的几何尺寸信息，制订相应的构件生产计划，并在预制构件生产的同时，向施工单位传递构件生产的进度信息。

为了保证预制构件的质量和建立装配式建筑质量可追溯机制，生产厂家可以在预制构件生产阶段为各类预制构件植入含有构件几何尺寸、材料种类、安装位置等信息的 RFID 芯片，通过 RFID 技术对预制构件进行物流管理，提高预制构件仓储和运输的效率。

2）加快装配式建筑模型试制过程

为了保证施工的进度和质量，在装配式建筑设计方案完成后，设计人员将 BIM 模型中所包含的各种构配件信息与预制构件生产厂商共享，生产厂商可以直接获取产品的尺寸、材料、预制构件内钢筋的等级等参数信息，所有的设计数据及参数可以通过条形码的形式直接转换为加工参数，实现装配式建筑 BIM 模型中的预制构件设计信息与装配式建筑预制构件生产系统直接对接，提高装配式建筑预制构件生产的自动化程度和生产效率。还可以通过 3D 打印的方式，直接将装配式建筑 BIM 模型打印出来，从而极大地加快装配式建筑的试制过程，并可根据打印出的装配式建筑模型校验原有设计方案的合理性。

（3）BIM技术在装配式建筑施工阶段的应用价值

1）改善预制构件库存和现场管理

装配式建筑预制构件生产过程中，对预制构件进行分类生产、储存需要投入大量的人力和物力，并且容易出现差错。利用BIM技术结合RFID技术，通过在预制构件生产的过程中嵌入含有安装部位及用途信息等构件信息的RFID芯片，存储验收人员及物流配送人员可以直接读取预制构件的相关信息，实现电子信息的自动对照，减少在传统的人工验收和物流模式下出现的验收数量偏差、构件堆放位置偏差、出库记录不准确等问题的发生，可以明显地节约时间和成本。在装配式建筑施工阶段，施工人员利用RFID技术直接调出预制构件的相关信息，对此预制构件的安装位置等必要项目进行检验，提高预制构件安装过程中的质量管理水平和安装效率。

2）提高施工现场管理效率

装配式建筑吊装工艺复杂、施工机械化程度高、施工安全保证措施要求高，在施工开始之前，施工单位可以利用BIM技术进行装配式建筑的施工模拟和仿真，模拟现场预制构件吊装及施工过程，对施工流程进行优化；也可以模拟施工现场安全突发事件，完善施工现场安全管理预案，排除安全隐患，从而避免和减少质量安全事故的发生。利用BIM技术还可以对施工现场的场地布置和车辆开行路线进行优化，减少预制构件、材料场地内二次搬运，提高垂直运输机械的吊装效率，加快装配式建筑的施工进度。

3）5D施工模拟优化施工、成本计划

利用BIM技术，在装配式建筑的BIM模型中引入时间和资源维度，将“3D-BIM”模型转化为“5D-BIM”模型，施工单位可以通过“5D-BIM”模型来模拟装配式建筑整个施工过程和各种资源投入情况，建立装配式建筑的“动态施工规划”，直观地了解装配式建筑的施工工艺、进度计划安排和分阶段资金、资源投入情况；还可以在模拟的过程中发现原有施工规划中存在的问题并进行优化，避免由于考虑不周引起的施工成本增加和进度拖延。利用“5D-BIM”进行施工模拟使施工单位的管理和技术人员对整个项目的施工流程安排、成本资源的投入有了更加直观的了解，管理人员可在模拟过程中优化施工方案和顺序、合理安排资源供应、优化现金流，实现施工进度计划及成本的动态管理。

（4）BIM技术在装配式建筑运维阶段的应用价值

1）提高运维阶段的设备维护管理水平

借助BIM和RFID技术搭建的信息管理平台可以建立装配式建筑预制构件及设备的运营维护系统。以BIM技术的资料管理与应急管理功能为例，在发生突发性火灾时，消防人员利用BIM信息管理系统中的建筑和设备信息可以直接对火灾发生位置进行准确定位，并掌握火灾发生部位所使用的材料，有针对性地实施灭火工作。此外，运维管理人员在进行装配式建筑和附属设备的维修时，可以直接从BIM模型中调取预制构件、附属设备的型号、参数和生产厂家等信息，提高维修工作效率。

2）加强运维阶段的质量和能耗管理

BIM技术可实现装配式建筑的全生命周期信息化，运维管理人员利用预制构件中的RFID芯片，获取保存在芯片中预制构件生产厂商、安装人员、运输人员等的重要信息。一旦发生后期的质量问题，可以将问题从运维阶段追溯至生产阶段，明确责任的归属。BIM技术还可以实现预制装配式建筑的绿色运维管理，借助预埋在预制构件中的RFID芯片，BIM软件可以对建筑物使用过程中的能耗进行监测和分析，运维管理人员可以根据BIM软件的处理数据在BIM模型中准确定位高耗能所在的位置并设法解决。此外，预制建筑在拆除时可以利用BIM模型筛选出可回收利用的资源进行二次开发回收利用，节约资源，避免浪费。

5. 装配式装修

装配式装修就是将工厂化生产的部件系统由产业工人按照标准程序实现现场绿色装配的建造方式。

（1）全装修

全装修是指建筑的功能空间的固定面装修和设备设施安装全部完成，达到建筑使用功能和建筑性能的基本要求。

在部件产品的模块化、标准化和工厂化的基础上，全装修采用预制型装修代替传统的现场装修，能够有效提高生产效率、节约成本、提升居住品质，优势明显。

工厂化装修包括：

1）整体厨房及关键厨房电器（如灶具、油烟机等）统一配置；

2）整体卫生间及卫浴设备的统一配置；

3）家庭收纳系统的统一配置；

4）固定家具工厂预制；

5）地板和门等部品的统一配置和装配化施工；

6）预制构件图做好机电点位预留预埋的设计。

在屋顶渗漏、门窗密封效果差、保温墙体开裂等问题屡见不鲜的当前，落实全装修对于全面提升住房品质和性能、实现节能减排、减少环境污染、提供更优居住环境有很大的帮助。

预先精心设计的不同风格的方案，可以让业主在“菜单式装修”中的最开始的设计阶段，针对不同套型或相同套型选择不同风格的装修套餐，也可以选择装修单品，能够全方位地考虑各类业主的实际需求。

同时，全装修更侧重的是很多设备、管线、构造、结构、防水等重要的工程部分，业主仍然对于房屋的“软装饰”有很大的自主权。

（2）构成装配式装修体系的八大系统

构成装配式装修体系的八大系统如图 1-29 所示。

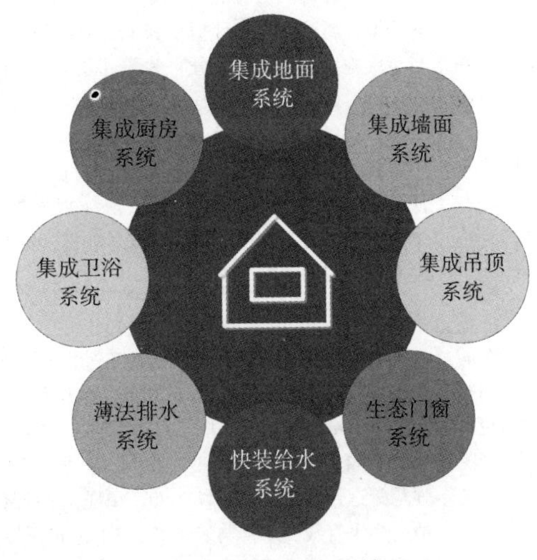

图 1-29　八大系统

（3）装配式装修的核心思想

1）管线与结构分离，消除湿作业；

2）摆脱对传统手工艺的依赖；

3）节能环保特性更突出；

4）后期维护翻新更方便。

1.4.3　技术分析

关于工业化建造技术分析的详细介绍见表 1-11。

工业化建造技术分析表　　表 1-11

技术名称	提升品质（Q）	保障安全（S）	节能环保（E）	提高效率（E）
装配式技术	以标准化、系列化和工业化为前提，能够保证部件生产的同质化，避免构件尺寸不符合设计要求而产生的裂缝，较好地解决厨房、卫生间漏水和窗台、外墙渗水，水电管线及消防设施存在安全隐患等传统施工方式存在的通病，同时可以保证装修质量和方便使用过程中部品的维修更换，全面提高建筑的品质	比起在现场制作的现浇结构，在工厂制作预制构件可减少建筑工人在混凝土振捣、钢筋绑扎和浇筑过程中的事故概率。另外由于材料用量降低，公路运输的次数也就减少，随之也就减少了运料车辆的交通事故概率	工业化建筑部品构件工厂预制，减少现场作业，无粉尘、噪声、污水污染，降低对周边的影响，保证建筑周边环境；不用建筑木模板，减少森林与土地的破坏，产品部件全面使用环保材料，绿色健康，预制结构比现浇结构更能减少温室气体的排放	工业化建筑大幅提高劳动生产率，其工期是传统建筑的一半，大量的建筑构件在工厂规模化生产，产品质量、精度可控，最大限度减少材料损耗，节材、节地、节水，节能、成本可控、时间可控

续表

技术名称	提升品质（Q）	保障安全（S）	节能环保（E）	提高效率（E）
BIM 技术	利用BIM的三维可视化技术在前期可进行碰撞检查，优化工程设计，减少在建筑施工阶段可能存在的错误损失和返工的可能性，且优化管线排布方案。施工人员可利用碰撞优化后的三维管线方案，进行施工交底、施工模拟，提高施工质量	BIM数据库可实现任一时点上工程基础信息的快速获取，通过合同、计划与实际施工的消耗量、分项单价、分项合价等数据的多算对比，可以有效了解项目运营是盈是亏，消耗量有无超标，进货分包单价有无失控等问题，实现对项目成本风险的有效管控	BIM技术可让相关管理条线快速准确地获得工程基础数据，为施工企业制订精确人材计划提供有效支撑，大大减少了资源、物流和仓储环节的浪费，为实现限额领料、消耗控制提供技术支撑	创建BIM数据库可准确快速计算工程量，提升施工预算的精度与效率。由于BIM数据库的数据粒度达到构件级，可快速提供支撑项目各条线管理所需的数据信息，有效提升施工管理效率
装配式装修	整体一次性集成制作防水密封可靠度高，防水与排水相互堵疏协同，构造更科学。管线与结构分离，消除湿作业，摆脱对传统手工艺的依赖，节能环保性更突出，后期维护翻新更方便	配电线路有完善的保护措施，且有短路保护，过负荷保护和接地故障保护，并具有漏电保护功能。加强了管道及管件的防腐性能，排水管线和水槽与厨房家具的结合严密不漏水	施工过程不需要机械锯切工具，只需要简单工具即可，故噪声指数减小。且现场无油漆作业，甲醛、苯的释放量符合E1标准	节省空间，施工简单，大幅缩短现场施工时间，提高安装效率。省地省时、节约设计、采购和验收时间，土建与室内装修无冲突

在不同的历史时期，围绕推广新型建造方式、实现建筑产业转型升级、提高工程质量和建筑品质，我国提出了若干发展目标。如20世纪50年代提出建筑工业化，20世纪90年代提出住宅产业现代化等，而建筑产业现代化是对建筑产业未来发展的顶层设计，是对这些概念的高度概括和凝练。新时期提出的建筑工业化是以构件预制化生产、装配式施工为生产模式，以设计标准化、构件部品化、施工机械化为特征，能够在设计、生产、施工、管理等环节形成了完整的有机产业链，实现房屋建造全过程的工业化、集约化和社会化，并将建筑工业化与信息化的深度融合，从而提高建筑工程质量和效益，实现建筑产品节能、环保、全生命周期价值的最大化，是对传统建造模式的重大变革。

工业化建筑作为新型建造方式的典型代表，在研究中要放到重要核心位置。研究中把握以下要点："装配"是建造的天然属性之一，现代装配式建筑是工业化生产的进一步专业化、规模化的必然结果。装配的本质是协同工作，信息化的发展为协同提供了无限可能。以"装配"提高建筑产品质量、提高建造工人的工作生活品质、降低对环境的影响。"装配式"作为一种协同工作模式，工程总承包是提高协同效率的最好的资源组织管理方式，能够提高承包商的履约品质。

发展工业化建筑是建筑生产方式的重大变革，是推进供给侧结构性改革和新型城镇化发展的重要举措，有利于节约资源能源、减少施工污染、提升劳动生产效率和质量安全水平，有利于促进建筑业与信息化、工业化深度融合、培育新产业新动能、推动化解过剩产能。

第2章　新型建造方式概述

2.1　新型建造方式概念

2.1.1　新型建造方式内涵

2016年2月21日,《中共中央国务院关于进一步加强城市规划建设管理工作的若干意见》(中发〔2016〕6号)发布实施，指出九个方面共30条意见，其中在第四个方面“提升城市建筑水平”的第11条意见“发展新型建造方式”中指出“大力推广装配式建筑，减少建筑垃圾和扬尘污染，缩短建造工期，提升工程质量。制定装配式建筑设计、施工和验收规范。完善部品部件标准，实现建筑部品部件工厂化生产。鼓励建筑企业装配式施工，现场装配，建设国家级装配式建筑生产基地，加大政策支持力度，力争用10年左右时间，使装配式建筑占新建建筑的比例达到30%。积极稳妥推广钢结构建筑。在具备条件的地方，倡导发展现代木结构建筑。”这也是国家层面首次提出“新型建造方式”概念。

新型建造方式是指在建筑工程建造过程中，以“绿色化”为目标，以“智慧化”为技术手段，以“工业化”为生产方式，以工程总承包为实施载体，实现建造过程“节能环保，提高效率，提升品质，保障安全”的新型工程建设组织模式。

发展新型建造方式，就是要围绕“减少污染，提升效率，提升品质，保证安全”四个方面的发展方向，实现建造生产方式由劳动密集型、资源集约型向现场工厂化、预制装配式的新型生产方式转变，实现建造组织方式由传统承发包模式向工程总承包模式过渡，实现建造管理方式由传统离散管理向标准化、信息化管理方式蜕变。新型建造方式的发展是国家城市规划建设的战略选择，也是在新的节能环保要求下新型城镇化发展所需大量工程建设的必然选择。

2.1.2　新型建造方式促进产业精细分解

根据经济学基本原理，经济的发展必然带来分工的逐步细化，分工程度的高低决定着社会生产力的发展水平。新型建造方式不同于传统的建造方式，其对分工协作的特殊要求加速了行业分工，专业承包商的增加意味着分工精细化程度的加强和装配式建筑的迅速发展。

新型建造方式的出现促进产业分工体系深化，逐渐开始向技术和知识密集型项目渗透。分工体系深化的同时，建筑企业也在寻找着各自的定位，发掘自身的产业优势。另外，建筑企业在技术研发领域开始走向合作，并逐步形成了全球技术资源共事的新局面。一些企业为了降低研发成本，寻找合作者共同分担，逐步将技术研发机构从母体脱离出来的同时，引入新的投资者；另一方面，独立的研发机构为提高研发成果的效益，开始向更多的企业提供服务。在一定程度上讲，这是建筑业内部分工进一步深化的必然结果。

2.1.3 新型建造方式促进政策环境优化

当前，新型建造方式的发展规模和影响力持续扩大，但现有政策环境与分享经济飞速发展之间还存在不适应性。新型建造方式对产业链各要素提出新的要求，新要求下，各产业要素均需要相关的政策环境去适应。

目前政策环境的表现：(1）是相关法规政策滞后。预制装配式等行业政策频出，但扶持和监管政策难以适应新业态、新模式发展；(2）是新产业业态规模迅速扩大，新的产业垄断可能性加大，但缺乏相关法律作为界定依据和规范方法；(3）是政策扶持多是宏观层面鼓励，细分领域的顶层规划和实施政策还需加紧落地，扶持政策的杠杆效应有待发挥；(4）是征信体系、劳动保障和知识产权保护等方面保障体系不完善，制约新型建造方式发展。

发展新型建造方式对我国建筑业发展意义重大，将对资源重构、组织重构和供需重塑带来巨大影响，需研究并推动构建有利于新型建造方式发展及其与传统建筑业融合互促的政策环境。

2.2 新型建造方式发展方向

建筑产业是国民经济的支柱产业和安邦富民的基础性产业，为我国近 30 年的经济高速腾飞做出了巨大的历史贡献，然而建筑业速度的提升，没有改变建筑业粗放、劳动密集型的现状，反倒是资源消耗大、环境污染严重、机械化程度低，效率不高等问题日趋突出，与目前国家战略“绿色、创新、可持续的”战略严重不符，借助新型信息化、智能化和新材料的技术革命，建筑业的新型建造方式正式进入历史舞台，并将在以下几个方面对建筑业产生深远的影响。

2.2.1 建筑业环境友好提升

1. 规划设计阶段的要求

新型建造方式具有减少资源浪费，减少环境污染的优势。新型建造方式要求建筑设计中采用绿色、节能的理念，通过围护结构节能技术的应用和对可持续建筑材料的使用，降低环境压力，节省大量的资源，包括使用可循环材料、可降解材料，使用绿色建筑材料替代自然资源耗竭型材料，减少对于自然资源的消耗。运用低碳节能技术措施达到低能耗，减少污染，实现可持续性发展的目标；在深入研究风环境、室内热工环境和人体工程学的基础上，梳理出人体对环境生理、心理的反映，创造健康舒适而高效的室内环境；考虑使用可再生能源为建筑提供能源的需求。

2. 建造阶段的要求

目前我国建筑相关能耗占全社会能耗的 46.7%，其中包括建筑的能耗（包括建造能耗、生活能耗、采暖空调等）约 30%，以及建材生产过程中的能耗 16.7%。与发达国家相比，我国每年新开工建筑面积占据了世界二分之一，其中 80% ~ 90% 没有达到国际节能标准；我国现在建筑的能耗标准是 $75W/m^2$，而欧洲的现行标准则为 25W，相差 3 倍；我国现行单位建筑面积采暖能耗为发达国家的三倍。如果按此速度发展下去，到 2020 年我国建筑能耗将达到 10.89 亿 t 标准煤，为 2000 年的 3 倍；而如果能采用新型建造方式，全面推进建筑节能，则 2020 年建筑能耗可降低到 7.54 亿 t 标准煤，将有效地提升低碳经济的发展水平。

随着低碳经济成为我国经济发展的长期趋势，新型建造方式发展潜力巨大。我国现有建筑 430 亿 m^2，另外每年新增建筑 16 ~ 20 亿 m^2。每年新建建筑中，99% 以上是高能耗建筑；而既有的约 430 亿 m^2 建筑中，只有 4% 采取了能源效率措施。据悉，到 2020 年，中国用于建筑节能项目的投资至少达到 1.5 万亿元。

预制装配式在工厂内完成大部分预制构件的生产，降低了现场作业量，使得生产过程中的建筑垃圾大量减少，与此同时，由于湿作业产生的诸如废水污水、建筑噪声、粉尘污染等也会随之大幅度降低。在建筑材料的运输、装卸以及堆放等过程中，采用装配式建筑方式，可以大量减少扬尘污染。在现场预制构件不仅可以去掉泵送混凝土的环节，有效减少固定泵产生的噪声污染，而且装配式施工高效的施工速度、夜间施工的时间缩短可以有效减少光污染。装配式建造方法使得现场建筑垃圾减少 83%，材料耗损减少 60%，可回收材料占 66%，建筑节能 65% 以上。

3. 运维阶段的要求

《国务院办公厅关于促进建筑业持续健康发展的意见》中明确指出在新建建筑和既有建筑改造中推广普及智能化应用，完善智能化系统运行维护机制，实现建筑舒适安全、节能高效。

利用 BIM 技术、大数据、智能化、移动通信、云计算、物联网的新型技术在建设项目中的应用，通过建筑工程阶段形成的 BIM 竣工模型，为建筑运维管理打造信息化平台。模型可以集成建筑生命期内的结构、设施、设备甚至人员等与建筑相关全部信息，同时在 BIM 模型上可以附加智能建筑管理、消防、安防、物业管理等功能模块，实现基于 BIM 的运维管理系统。BIM 运维模型优秀的 3D 空间展现能力可为建筑的高层管理者提供建筑空间的直观信息，为建筑布局优化调整提供快速决策平台；也可提供设施、设备、管线的三维空间位置，快速定位故障，缩短维修周期；BIM 模型与楼宇监控系统功能模块相结合，为安防、消防、楼宇智能监控提供了全数字化、智能化的建筑设施监管体系；BIM 模型数据库所储存的建筑物信息，不仅包含建筑物的几何信息，还包含大量的建筑物性能信息、设施维修保养信息，各类信息在建筑运营阶段不断地补充、完善和使用，不再表现为零散、割裂和不断毁损的图样，全面的信息记录用于建筑全过程管理信息化，也为附加分析、统计和数据挖掘等高端管理功能创造了条件。BIM 运维管理模型优良的能耗控制、精细的维修保养管理、高效的运维响应可以使建筑达到更好的社会效益和更低的运营成本。

2.2.2 建筑工程建造效率提升

1. 设计精细化、集成化的要求

新建建造方式对于设计提出了更高的要求，在设计质量、进度、成本方面均有别于传统设计。

在设计质量方面，基于传统设计在现行规范基础上进行设计；结合市场需求与行业趋势判断，在新体系、新技术、新工艺方面寻求突破；面向建筑全生命期中的“设计环节”，进行“建筑、结构、设备管线、内装、”各专业系统的设计与集成，同时，引入智能化系统集成与设计；设计深度要精细化，将设计思想与设计决策落实到“生产环节”与“施工环节”，设计方案、生产方案、施工方案要一脉相承的实现贯通；各专业之间的提资深度进一步加深，明确各专业设计人员的专业协同责任，进行精细化的管理。

在设计进度方面，分析传统设计加上专项设计后各专业分阶段线性提资造成的设计周期延长，通过业务分解与重组来解决专业内关键项和专业之间的关键交叉点，实现一次设计与二次深化设计的拟合，从而有效保证设计进度。

在设计成本方面，摒弃传统设计以设计费为目的的价值取向，而是通过精细化设计，缩减项目成本，为项目的总承包管理创造价值。

2. 工厂生产自动化的要求

建筑的工厂化生产是建筑建造发展历史中的一个重要节点，是生产方式、资源整合的重大创新，将建筑中单一的构件如外墙、楼板、阳台、楼梯等部品从工地现浇生产转变到工厂，通过机械化自动流水线生产，极大提高生产效率，解放生产力的同时又保证预制构件的质量。

3. 现场施工机械化的要求

随着施工规模的不断扩大，工程量不断增加，建筑机械自动化的应用也越来越广泛，为了能有效保证工程的质量及速度，建筑工程对于机器的要求也不断提高，需要更加自动化的机械设备来保质保量地完成项目的施工。通过建立一个比较完善的控制程序，使机械自动化水平得到相应的提升，对其独立性和完整性有着较高的要求，自动化系统在进行运行的过程中，各组件就会独立完成相应的运作，不仅可以在很大程度上提高工作的效率，还可以保证在工作过程中系统的稳定性。

4. 后期运维的要求

传统建造方式下，建筑建造周期长，物业在建造前期难以介入，规划设计及建造期间，相关方只考虑自身需求，加之物业在入驻时接收信息往往不全，造成后期运维困难。

新型建造方式下，建筑工程的生产模式、组织模式、管理模式均发生变化，基于建筑物全寿命周期，物业可在规划设计阶段介入项目，站在自身角度，提出合理建议，要求设计、建造等环节考虑到后期运维期间建筑物节能环保问题及满足人的舒适性问题。这种情况下，就要求物业人员能够了解设计、建造，知识面更加宽广，对于物业企业也要求能够在新型建造方式下，拥有新的管理理念。

2.2.3　建筑工程建造品质提升

1. 设计方法优化的要求

目前国内设计院进行普通民用工程设计时，往往只是由各个专业根据设计规范和建筑的功能需求对本专业整体状况和系统组成进行说明性设计，很少会具体到材料设备的精确选型和施工工艺细节描述，导致设计图样较为粗放，错漏碰缺和不明确、不细致的内容较多。而建筑企业如果直接将这种设计成果用于工程采购和现场施工，往往会造成材料浪费、质量失控、工程返工等多种不良后果，精益建造更是无从谈起。因此，要真正实现建筑工程建造品质提升，就必须在传统的施工图设计和工程采购、现场施工环节中，增加一项精细化设计工作来对传统施工图设计进行持续改进，解决原设计的错漏碰缺和不明确、不细致的问题，并将各专业进行有机整合，使工程采购和现场施工能够有一个准确精细的管理依据。

2. 生产线改良的要求

新型建造方式对生产线也提出了更高的要求。按照走中国特色新型城镇化道路、全面提高城镇化质量的新要求，需要预制装配化为新城镇建设来保驾护航，生产线及生产设备的自动化程度的提高尤为重要，同时技术体系、预制构件及部品种类的多样性，也对生产线适应多元化提出了更高的要求。

3. 施工工艺改进的要求

新型建造方式中的预制装配式建造方式，施工现场取消外架，取消了室内、外墙抹灰工序，钢筋由工厂统一配送，楼板底模取消，铝合金模板取代传统木模板，现场建筑垃圾可大幅减少。预制构件在工厂预制，构件运输至施工现场后通过大型起重机械吊装就位。操作工人只需进行扶板就位，临时固定等工作，大幅降低操作工人劳动强度。门窗洞预留尺寸在工厂已完成，尺寸偏差完全可控。室内门需预留的木砖在工厂完成，定位精确，现场安装简单，安装质量易保证。取消了内外粉刷，墙面均为混凝土墙面，有效避免开裂，空鼓、裂缝等墙体质量通病，同时平整度良好，可采用反打贴砖或采用彩色混凝土作为饰面层，避免外饰面施工过程中的交叉污损风险。

4. 施工装备性能改进的要求

新型建造方式是机械化程度不高和粗放式生产的生产方式升级换代的必然要求。目前国内劳动力成本在不断增加，工程机械产品的运用日益广泛，行业需求受劳动力成本上升拉动显著。国家先后发布一系列政策，鼓励发展装备制造业，建筑产业机械化得到拉动。建筑装备升级，在满足多样化需求的同时，建筑装备向高度的设备集成化、智能化方向发展，配合传统设备的升级改造，以进一步提高劳动生产率，加快建设速度，降低建设成本，改善施工质量。

5. 新材料的功能提升要求

新型建造方式符合国家“绿色、创新、可持续”的发展战略，也对建筑材料提出了新的要求。目前，行业所用材料大多难以重复利用，使用寿命达不到建筑使用寿命，造成资源浪费，环境污染。新型建造方式下，应研发使用寿命长、节能环保、符合使用环境、成本低廉的新型建筑材料。例如适用于钢筋混凝土结构工程的高强钢筋，将HRB400高强钢筋作为结构的主力配筋，在高层建筑柱与大跨度梁中积极推广HRB500高强钢筋，可节省钢筋使用量12% ~ 18%。

6. 后期运维优化的要求

基于建筑信息化，搭建建筑信息平台，将建筑项目中所有关于设施设备的信息，利用统一的数据格式存储起来，包括建筑项目的空间信息、材料、数量等。利用此数据标准，在建筑项目的设计阶段，建设中如有变更设计也可以及时反应在此档案中，维护阶段能够得到最完整、最详细的建筑项目信息。借助现代VR、3D可视化等技术，运维阶段可实现提供空间信息的提供和信息的迅速更新。

利用现代计算机技术，例如EMS（能源管理系统）、IBMS（综合楼宇智能化系统），IWMS（综合工作场所管理系统）、CAFM（计算机辅助设施管理），实现运营期间数据的采集和处理，对建筑耗能进行评估，在满足人的需求的前提下，采取更换设备、建设绿化等方式实现运维期间的节能环保，同时满足人生理及心理需求，实行精细化管理。

2.2.4 建筑工程建造安全文明要求

1. 设计合理性要求

新型建造方式要求设计考虑生产及施工环节的安全要素，除了对设计本身的安全性负责，设计还应考虑构件及部品生产、运输及安装过程中涉及的安全问题，例如预制构件的重量、预制构件吊点的设置及验算、预制构件措施埋件的验算等。

2. 工厂生产安全管理要求

新型建造方式要求工厂生产安全管理向着标准化和信息化迈进。目标是通过标准化的管理建立标准工序和标准工序的安全生产要点，实现工位的安全管理标准化；通过信息化的手段实时监控生产过程，并采集各个生产工序加工信息、构件库存信息、运输信息，同时采集工厂设备的运行信息，加以汇总分析以供发现安全隐患和优化提升。

3. 施工现场安全管理要求

与传统建造方式相比较，预制装配式施工现场存在构件进场堆放、高空吊装作业、临时支撑固定、套筒灌浆施工等作业环节，安全把控关键点明显增加。大量的预制构件生产、运输和吊装，将安全管理往前延伸到设计阶段和生产阶段，对设计预控和原材料验收提出了较高的要求。同时各方相关管理职责、制度，管理工作标准，工作流程不明确。不论从技术上还是从管理上都对新型建造方式的安全管理提出了更高的要求。

4. 后期运营安全管理要求

新型建造方式要求建筑物具有完善的安保、消防系统，能有效应对灾难和紧急情况，要求物业从系统的角度进行安全管理，而安全管理涉及建筑物的框架结构、基础环境、网络通信、设备管理和自动控制五个方面，基于新型建造方式的信息化，建筑物相关信息能够完整地流入运维阶段，为后期运营安全管理提供了基础。

为适应新型建筑方式下的运营安全管理，应搭建智能控制系统，利用现代信息技术，采用统一标准进行运营期间安全管理，实行信息化、标准化管理。

2.3　新型建造生产方式

长期以来，建筑业的劳动生产率提高速度慢，与其他行业和国外同行业相比，大多数施工技术比较落后，科技含量低，施工效率差，劳动强度大，工程质量和安全事故居高不下，工程质量通病屡见不鲜，建设成本不断增大。究其原因是：建筑业目前存在着“四多”现象：手工操作多，现场制作多，材料浪费多，高空作业多。这“四多”现象一直影响着建筑业的形象，制约着建筑业的快速发展。

国际建筑业的发展趋势告诉我们，中国已到了加快推进建筑工业化的重要历史时期，当前，我国施工企业都把转型升级作为改革发展的主线。紧紧抓住建筑生产方式和建筑部品的变革、集成和创新等关键环节，努力实现由数量型向质量型、速度型向效益型、劳动密集型向科技密集型、粗放型向集约型转变。实践建筑工程“以现场工厂化、预制装配式为生产方式，以设计标准化、构件部品化、施工机械化、管理信息化为特征，能够整合设计、生产、施工等整个产业链，实现建筑产品节能、环保、全生命周期价值最大化的可持续发展”的新型建造生产方式，达到减少建筑用工、缩短建设工期、降低劳动强度、确保工程质量、节能降耗、提高综合效益等各项预期目标。

2.3.1 建造生产方式现状

现有建筑的建造方式仍以现场施工为主，多年来，我国建筑建设一直采用现场“浇灌式”的施工方式，生产的流动性差，工作环境差，手工操作多（尤其在广大农村，建房还是以手工砌筑的方式进行），体现为高度的分散生产和分散经营。带来的结果一是环境污染大，二是劳动生产效率低，三是质量缺陷问题多，品质保障难以有效控制，四是安全隐患多，保障措施费用高，损失浪费比较严重。

2.3.2 新型建造生产方式发展趋势简述

目前，建筑业正在由传统的“粗放型”向“集约型”转变，建筑工程的建造生产方式也在发生改变，逐渐由传统的现场“浇灌式”转变为以制造为主的机械化生产，由手工建造的传统模式转向以工厂制造为主要手段的现代化工业生产模式。新型建造方式发展过程中，从建筑工程建造生产方式的演变上来看，工具化、预制化、模块化、集成化逐渐成为主流的生产方式发展方向。最终通过现场工厂化及预制装配式的方式，使建筑真正成为一种现代化的工业产品，像制造汽车一样制造房屋正成为现实。

2.3.3 现场工厂化新型建造生产方式

在装配式高速发展的上海，现浇结构工业化长期处于胶着状态。来自《上海市建筑业行业发展报告（2016年）》的统计数据显示，截至2015年底，全市施工项目3314个，在建建筑面积1.765亿m^2，而2015年上海装配式建筑落实610万m^2，累计落实总量超过1000万m^2，按照《上海市装配式建筑2016 ~ 2020年发展规划》到2020年全市装配率达60%以上的要求，距离现场工厂化仍然有较大的空间。

如果说率先实现现浇结构现场工厂化是在30%装配式以外的现浇结构增量蛋糕和差异化道路上，进入2017年以后，这种市场量与质之间的不平衡，已经成为严重制约行业发展的突出短板。

如何全过程解决70%现浇工厂化，大幅度减少现场作业量、提高安装精度、节约工期、减少材料浪费、最大限度地减少垃圾、噪声以及对空气的污染，是推进现场工厂化建设进程中无法回避的重要课题。

1. 工具化

为适应建筑工程新形式、新理念、新措施的变化，很多建筑企业都在积极探索和推广应用工具化、定型化、标准化的建造用品。

例如模板与脚手架是建筑工程中普遍使用的周转材料，其对于土建工程的施工效率、工程质量和工程成本产生最直接的影响。传统的竹木模板体系和扣件式钢管脚手架在我国模架体系应用中仍然处在主要地位。传统模板体系存在着周转次数少、应用

效率低、质量控制难度大、资源浪费严重、安全可靠度偏低等缺点。围绕着可持续性发展和绿色建造理念，积极推进建筑科技进度，尤其是加大对模板体系等传统工艺的升级是建筑业的必经之路。

目前，我国建筑行业模架体系中，模板种类有竹木胶合板、铝钢框胶合板、钢模板、铝合金模板、塑料膜版；脚手架种类有扣件式、碗扣式钢管脚手架，轮扣式、圆盘式脚手架；还有一些特殊模架体系，如顶模模架体系、爬模模架体系、提模模架体系等。其中竹胶板在模板中还占有主导地位，扣件式、碗扣式钢管脚手架在脚手架中占主导地位，钢模板、铝合金模板周转次数较多（图 2-1）。

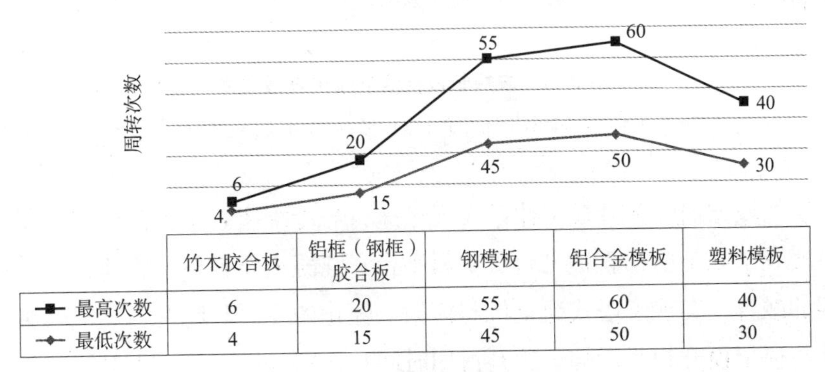

	竹木胶合板	铝框（钢框）胶合板	钢模板	铝合金模板	塑料模板
最高次数	6	20	55	60	40
最低次数	4	15	45	50	30

图 2-1　各类模板周转次数

新型模板发展过程中，出现了铝（钢）框胶合板、钢模板、铝合金模板、塑料模板。其中铝（钢）框胶合板模板间多采用专用夹具，胶合板多用维萨板等质量好的面板，模板体系整体刚度大、平整度好、质量可控、适应清水混凝土，外框不易损坏、可多次周转及回收使用，面板可更换、维护方便，配合早拆体系，能够实现快速施工（图 2-2）。

图 2-2　铝框木模配合早拆体系

基于模板的清理与涂刷脱模剂影响施工进度，木模板周转次数低、造成木材的大量浪费，脱模剂造成混凝土表面污染，影响后续装饰等因素，目前开展的嵌蜡长效自洁混凝土模板技术，采用蜡作为混凝土模板非消耗性脱膜材料，并通过改性提高蜡的强度、熔点，选择经济、耐久、便于加工的工艺制得一种长效免脱模剂混凝土模板（图 2-3）。

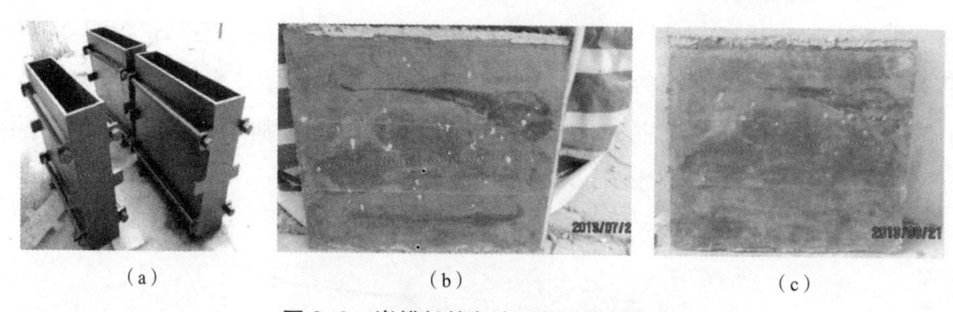

（a）　（b）　（c）

图 2-3　嵌蜡长效自洁混凝土模板技术

（a）模板制作；（b）第 1 次脱模；（c）第 20 次脱模

超高层领域方面，顶升模架体系发展迅速，与传统超高层施工模架相比，目前的顶模体系实现了施工电梯直达平台、卸料平台、混凝土布料机、临建设施、物料堆场等与模架的融合，实现了塔式起重机与模架一体化的安装与爬升，突出解决了塔式起重机爬升与模架顶升相互影响、爬升占用时间长，爬升措施投入大等制约超高层建筑施工大的关键因素，显著提升了超高层建筑施工工效。随着国内超高层建设的发展，顶升模架体系也在不断融合各类施工装备、设施的集成，同时也引入智能监控系统，初步形成了智能化超高层建筑施工集成平台，使超高层建筑施工的工业化、智能化及绿色施工水平得到显著提升（图 2-4）。

图 2-4　超高层顶升模架

2. 预制化

随着我国人口红利趋于消失，在未来必然会产生施工现场的用工荒。相比一般的施工现场而言，PC 工厂的劳动环境、工作待遇等都有改善，不再是农民工，而是产业工人，地地道道的技术工种。在工作效率、产品品质上会有大幅的提高，现场的预制化一定程度上解决了人工的问题。在建筑工程各个分部的新型生产方式中都体现了预制化的思想，下面就以建筑工程分部来简述预制化的体现。

（1）桩基工程的预制化

随着我国建筑行业的高速发展，基础分部工程的现场预制化的应用越来越频繁和普遍，并向纵深化、高端化发展。

1）桩基工程的现场预制化

随着我国建筑工程项目的不断增多，桩基础施工技术已经得到广泛应用，目前，桩基工程正向低公害工法桩、埋入式桩、组合式工艺桩方向发展。

工法桩具有无污染、无噪声、无振动、压桩速度快、成桩质量高等显著特点。埋入式桩工法是将预制桩或钢管桩沉入到钻成的孔中后，采用某些手段增强桩承载力的工法。

由于承载力环境保护及工程地质与水文地质条件的限制等，采用单一工艺的桩型往往满足不了工程要求，实践中常常出现组合式工艺桩。如钻孔扩底灌注桩有成直孔和扩孔两种，桩端压力灌注桩有成孔成桩与成桩后向桩端地层注浆两种工艺，预钻孔打入式预制桩有钻孔、注浆、插桩及轻打等工艺（图 2-5）。

图 2-5　桩基钢筋笼机械制作

桩基施工机械中旋挖钻机的应用，成为近年来发展最快的一种新型桩孔施工方法，旋挖钻斗钻成孔灌注桩技术被誉为“绿色施工工艺”，此方法自动化程度和钻孔效率高，钻头可快速穿过各种复杂地层，在桩基施工特别是城市桩基施工中具有非常广阔的前景。

预压力混凝土灌注桩技术先进，结构合理，成功地解决了桩与土之间的关系，最大限度地开发并利用了土的抗剪强度。预压力混凝土灌注桩是桩基史上的一次变革，随着计算机技术的引入，使得桩基设计、施工和检测，大环节均发生了深刻的变化，也为桩基的工业化、自动化、规范化和标准化创造了必要的条件。

2）小型基础预制化

随着市政改造工程及民生工程的普及，如快速公交、道路照明、景观公园、群众活动广场小品建筑等大力发展，小型基础越来越受关注（图 2-6）。

图 2-6　小品建筑基础预制化

如快速公交站台基础均为混凝土独立基础，上部为钢结构候车棚，市区道路施工场地狭小，施工困难，由于站点数量多，导致周转次数较多，劳务队伍材料工具反复进退场，浪费大量人力物力。采用混凝土独立基础工厂化预制施工，将站台独立承台和柱，统一绑扎钢筋及支模，统一验收、统一浇筑混凝土，同时预制加工后运输至现场吊装。构件成品基础及预埋件位置精确，尺寸误差降低至毫米级，成品质量几乎不受天气及地质的不良影响，也解决了场地狭小、施工不连续的问题。

这种小型预制基础的发展适用于小型零星工程的现场需要，施工过程灵活高效节约，实现了中小型基础工程节约化、集中化、环保化、批量统一化的进步。

3）支护结构现场预制化

基坑支护工程正向大深度、大面积方向发展，水文地质条件的复杂性、不均匀性，往往造成勘察数据离散性很大，给基坑支护工程的设计和施工增加了难度，也造成造价较高，由于基坑支护工程是临时性工程，一般工程建设方不愿投入较多资金。寻求一种新的施工方式，降低成本成为参建企业致力研究的一个课题。

①型钢支护

随着基坑开挖深度的逐渐加深，型钢支护形式被越来越多的深基坑支护工程所采用。在桩 - 锚支护结构中，型钢腰梁作为预应力锚杆与护坡桩间水平力传递的连系梁以及预应力锚杆张拉锁定受力承台，是确保桩 - 锚支护体系的稳定、可靠的重要保证（图 2-7）。

图 2-7　型钢腰梁

② GFRP 新型型材支护

GFRP 材料即玻璃纤维增强复合材料，俗称玻璃钢。目前国内对 GFRP 材料的应用主要集中在混凝土结构加固方面，在基坑支护方面的应用较少。GFRP 新型型材应用于基坑支护中，由于 GFRP 材料轻质高强的特点使其安装施工的过程非常方便，无需大型施工机械；传统的钢腰梁、混凝土腰梁等，在施工结束后回填时往往直接埋于地下，造成资源浪费，而新材料的腰梁可拆卸重复利用；GFRP 型钢材料腰梁在张拉锁定时对应力损失有一定的补偿作用。

GFRP 型材的生产工艺简单，可以一次成形，型材的生产可以在工厂进行加工制造，可以根据现场的实际情况进行选型生产（图 2-8）。

图 2-8　GFRP 型材

（2）主体结构工程预制化

中国建筑施工业是市场化程度最高的行业之一，我国目前尚处于加速工业化和城市化的上升期，中国建筑施工行业现状调研及未来发展趋势分析报告（2017 ~ 2020）认为，建筑施工业增加值在国内生产总值中一直保持着 5% ~ 6% 的份额，支柱产业的地位十分稳定。作为施工企业的重头戏，主体结构的施工份额约占 70%，在施工企业面临转型升级的今天，针对主体结构的新型生产方式研究层出不穷。

成型钢筋骨架装配技术是一种高效率、低强度的生产方式。目前，很多发达国家已经实现成型钢筋骨架的加工、配送和安装等全产业链整合。新加坡钢筋市场，成型钢筋加工占比达到 50%。

成型钢筋骨架自动化生产与装配技术，可实现钢筋数控加工，焊接成型或机械绑扎，现场整体装配。钢筋骨架成型时，可在成型钢筋骨架机上完成，骨架机具有定位骨架纵筋、方便箍筋套入并绑扎、制作中骨架不会产生变形、方便成型后骨架移动等功能。预制箍筋骨架制作安装技术，可有效解决梁柱节点箍筋不易绑扎的难题（图 2-9）。

图 2-9　成型钢筋骨架加工

成型钢筋的现场加工主要依靠人力或半机械化设备，所使用的钢筋加工机械技术性能、自动化程度和加工能力较低，使得钢筋加工劳动强度大，加工效率低。现场加工的小规模生产，导致钢筋加工后质量难以保证。如有些企业采用卷扬机和拖拉机拉直的方法代替钢筋调直，破坏了钢筋的机械性能，钢筋的弯曲、弯箍也采用简易方法，造成形式、尺寸不精准。这种粗糙的现场加工方式与加工质量使得我国的施工技术长期处在一个低层次水平。现场加工的设施基本上都是临时搭盖，钢筋加工工人一般都没有经过严格的培训，多是一些临时工，拥挤的施工场地中钢筋材料堆放杂乱，在这样的加工过程中难免会埋下安全隐患。成型钢筋加工配送避免了这些问题，使安全施工更有保障，比起现场加工，加工配送省去了经过钢材市场的环节，物流程序得到简化，而且把小规模现场加工集中起来，产生规模效益（图 2-10）。

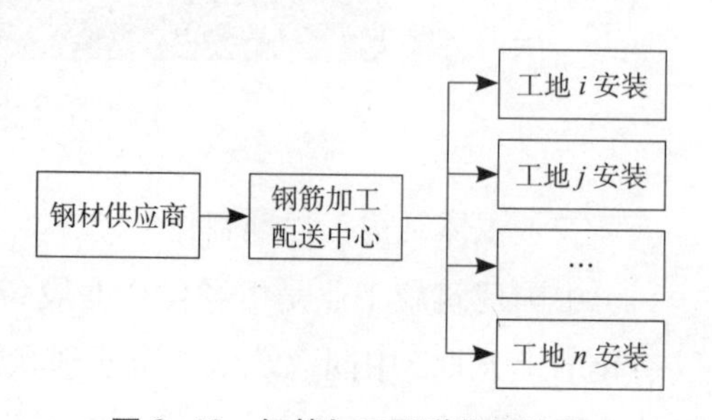

图 2-10　钢筋加工配送物流流程

成型钢筋加工配送在我国的发展刚刚起步，任何产业的良好发展，尤其是初期的良好发展都离不开优良的政策环境。我国住房城乡建设部把成型钢筋加工配送列为“十一五”重点推广项目，极大地推进了成型钢筋加工配送的发展。在具体产业规划,实施细节上还应加大扶持力度,特别是政策上的支持。成型钢筋加工配送，把原来隶属于施工单位的税收，独立出来，增加税收环节，因而，应在税收上给予优惠；成型钢筋加工配送中心用地上给予支持，在地区发展规划上给予充分考虑；适当考虑发展成型钢筋加工配送的融资倾斜；鼓励有条件的企业发展成型钢筋加工配送；采用不同环节的补贴，如设备引进补贴等方式，保障企业初期发展。通过一系列的政策优惠措施，要给相关行业算一笔发展成型钢筋的经济账，让他们发现发展成型钢筋加工配送是有收益的，从而从根本上提升相关行业发展成型钢筋加工配送的热情。

（3）机电安装分部的预制化

机电安装分部的原材及半成品几乎都是工厂预制加工生产。在企业转型发展、全民提质增效的新形势下，机电工程工厂预制化生产，现场装配组装施工优势体现明显，实现了节约项目成本、加快施工速度、使质量安全得到有效保证。随着建筑工程机电安装工程的体量与规模扩大，除管线、桥架、设备等预制件外，开始进行整体的集成预制。例如预制机房的出现。

所谓预制化机房，从最直观的建设流程上看，是指机房的大部分建设工作在工厂完成，即部分基础设施按照实际物理摆放，在工厂预先做好生产安装，以集装箱的方式运输到现场；并在出厂前进行方案联调，到现场后就位安装。这一建设方式，具有工程量小，安装简单，建设周期大幅缩短等优势。

同时，相比传统机房，预制化机房更能适应特定项目的地理位置、气候、技术规范、应用及商业目标，同时可充分利用模块设计和预制的高效性和经济性。具体来看，预制化机房包括了以下优势：

一是部署速度优势。预制化机房可以节省近十个月的部署时间。部署速度优势主要体现在如下方面：①对于有重复建设需求的客户，可以将机房设计标准化，从而可以节省新项目的设计时间；②将机房的基建工作和基础设施建设由过去的串行改为并行，从而缩短建设周期；③避免传统建设方式中因不同设备到货周期不同而造成工期延误的问题。

二是可扩展性优势。由于预制化机房是以模块化的方式来进行设计和预制的，可扩展性便成了其先天的属性。

三是可靠性。预制化机房践行将工程产品化的设计原则，减少现场安装的工程量，弱化工程施工质量问题对系统可靠性带来的影响。

四是性能优势。由于预制化机房的所有系统是统一进行设计和配置的，这就产生了一种紧密集成的设备，而它能够满足可用性和效率的最高标准。同时，因为其在工厂可控的环境下进行组装，所以供应商在产品出厂前，可以更好地控制工艺的配合性、加工及质量，以支持更全面的预检验和最优化（图 2-11）。

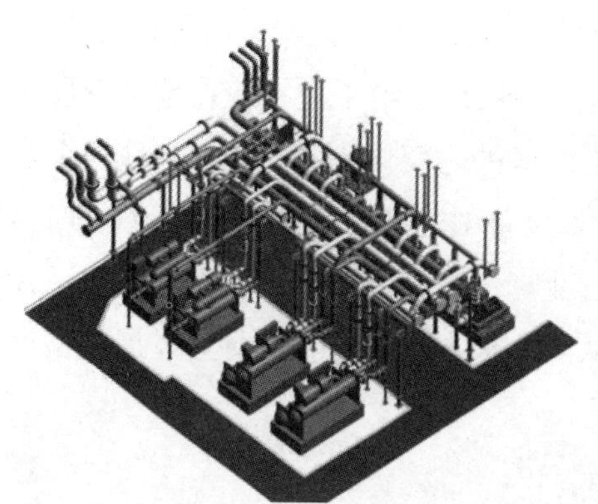

图 2–11　预制机房

（4）装饰装修工程的预制化

大部分室内装饰工程处于分散的手工作坊式施工阶段，按照现场已有条件“量身裁衣”，现场利用小型加工机具进行加工安装，主要依靠体力及手工进行施工，是典型的劳动密集型产业，装饰施工单位及其从业人员社会地位低下，社会认同度较低。现场加工、现场安装的方式使得装饰施工现场管理较为混乱，特别是工期较紧的项目更是如此，现场到处是各种加工余料及水泥、砂等辅助安装材料，造成装饰施工垃圾众多，施工现场文明施工及环境无法得到充分保证，而油漆的现场施工对室内的空调管线及室内空气质量影响较大。

装修分部整体装配式施工通过近年的实践研究，随着各种装配连接技术和各种安装配件的开发，目前建筑装饰工程 80% 的饰面施工方式，只要稍作技术处理，便能实现总成预制装配化施工。

1）隔墙及墙面工程的装配式施工

墙面工程用得最多的是木饰面、石材饰面、金属饰面、软包饰面、壁纸裱糊饰面、涂料饰面、玻璃、面砖饰面等。

①隔墙装配式施工：隔墙一般采用基层龙骨、基层填充物、基层板及面层板组成，根据现场测量放线结果，根据墙体结构，将墙体进行分解，在工厂内将连接构件、连接孔位、构件等在工厂内加工完成，现场进行组装。

②木作饰面板及造型：现阶段木饰面板成品加工已经应用较为成熟，技术上不会有任何问题，在此不再具体详述。而对于木作造型通过在工厂内加工更能减少现场的限制，需要解决的主要问题只是造型饰面加工的合理分割及运输问题。

③石材及金属板块墙面：现阶段，室外内石材墙面大量采用干挂施工技术，单元式石材幕墙在外墙的应用也已经非常成熟，而与室外的石材幕墙相比，室内石材墙面

的结构形式更为简单，受力也较小，而室内墙面由于有吊顶的存在，给石材板块的吊装也留下了一定的安装空间，所以只需要对外墙单元式石材幕墙的安装技术稍作改进后利用于室内石材墙面是完全可行的。

将整个石材和金属结构系统完全按照精心设计的总成排版图在工厂加工并进行试行组装，全部安装完全按照总成施工程序设计进行，石材嵌缝条都经过专门设计，在工厂制成预制胶条，进行现场修饰安装。对于小板块分格石材，将图样依据现场测量成果进行深化，将施工现场平面分成若干个由小型块材拼接成的中间大型块体和周边一系列异型块体并编号，在工厂生产时，按编号将小型块材拼成相应的大板，在现场工人按深化设计预制进行安装。

金属板饰面总体上采用装配式施工的技术已比较成熟，在单元式金属幕墙的施工中已经得到广泛应用，推广到室内从技术上来说难度不大，金属饰面采用预制复合技术，通过干挂、镶接完全能实现彻底的装配式施工。

④瓷砖墙面：近年来，随着墙面瓷砖干挂施工技术的大量应用，为瓷砖墙面的装配式施工提供了坚实的基础，与石材墙面一样，将瓷砖基层龙骨与墙面面层瓷砖在工厂内加工制作成一个整体后运送至现场安装是完全可以实现的。墙面砖装配式施工的关键仍然在于精确的现场测量和有效的排版设计以及施工程序设计。只要做到测量精确、排版合理有效、施工程序设计得法，墙砖饰面完全有可能实现预制装配式施工。

⑤玻璃、玻璃镜、软包饰面：由于玻璃、软包饰面等均安装有基层板，在工厂内将基层板与饰面组装成一个整体运送至现场安装非常容易，目前，这些饰面施工已基本采用预制装配式。不足之处在于某些局部未采取现场精确测量、排版设计，造成少量部件需要在现场加工。

2）吊顶工程的装配式施工

吊顶工程中最常用的是石膏板、矿棉板、木作饰面板、格栅吊顶、软膜天花以及金属饰面吊顶等。

①纸面石膏板吊顶，将副龙骨与面层石膏板基层及面层加工成一个整体吊装板块（1200×2400），通过现场精确测量、制作排版图、进行边端收头深化设计，即使是角部端头部位吊顶也完全有可能进行总成装配施工。整体效果实现的难点也只是在接缝处理上。

②矿棉板、硅钙板、饰面板施工大部分工作是骨架安装和饰面板安装，骨架片安装已有专业供应商成套供应，整体装配式施工时可以考虑增加基层板，将基层板、基层龙骨及饰面板制作成单元板块一起进行吊装。

③金属饰面吊顶由于面层饰面板强度较高，特别适合单元板块的加工制作，将金属饰面板块与基层龙骨在工厂内加工制作成一个整体，在现场进行吊装非常容易实现，在此不再详述。

④格栅类吊顶的安装方式历来都是采用半成品的安装方式，一般项目采用现场组装完成后进行吊装，现阶段只要稍作改进，将现场组装改为工厂化分块组装即可实现。

⑤造型吊顶的装配式施工：造型吊顶在随着 GRG 材料的发展，造型线条、灯槽的成品加工现场安装已经越来越普遍，而对于普通夹板基层板配合面层饰面板加工成的造型吊顶，通过深化设计，将整个吊顶分成多个组件在工厂生产完成，现场组装，而且工厂加工制作造型不受施工现场的场地局限的影响，加工质量更能得到保证，需要注意的主要是对造型的分割、各分块的连接及接缝处理以及结构连接点的设置。

在异型吊顶施工过程中，深化设计的关键是组件的连接部位必须是隐形连接，否则，现场会发生二次油漆修补，造成不必要的污染。

3）地面工程的装配式施工

地面常用的实木地板、复合地板、抗静电地板、地毯、石材饰面、面砖饰面、涂料饰面等。

①复合地板、抗静电地板由于材料特性，本身采用成品装配，只要加强事先现场测量和排版，是完全能够做到彻底预制装配总成施工。

②石材饰面、地砖饰面安装可以考虑参考架空地板的安装方式，通过对石材板块的加工处理，在石材端面加工安装槽，配合基层龙骨上的安装卡件进行安装，安装调整时通过调节龙骨的支座连接件调整龙骨的平整度从而控制地面的平整度，通过基层龙骨上的安装卡件控制板块的水平位置，通过深化设计及加工工艺的改进，经过努力石材地面也是能够实现预制装配的，需要注意的是地面砖、地面石材的强度问题。

③实木地板饰面。随着新型膨胀螺栓固定“基层龙骨”技术的出现，通过对“地面基层龙骨”工厂预制，基本上能实现预制装配施工，同时随着各种不同形式的无膨胀螺栓固定“预制拼装龙骨”的出现，以及大量高强度的漆板面板的应用成熟，为实木地板预制装配施工创造了良好条件。

4）油漆及裱糊饰面的装配式施工

①墙体油漆及裱糊饰面中，受材料特性限制，涂料和壁纸裱糊类饰面较难实现预制装配式施工。

对于轻质隔墙饰面，可以考虑采用装配式隔墙进行施工，涂料和壁纸裱糊在工厂内与隔墙一道完成，现场组装完成后进行接缝延续性处理即可。施工时需注意运输及安装过程中的成品保护问题。

对于砌体隔墙，通过增加基层板，将涂料及裱糊与基层板加工完成后运送至工地进行安装，最后进行接缝处理的方案也是可行的。考虑到涂料及裱糊均含有基层的因素，装配式施工在施工成本上的增加也是有限的。

然而从目前的技术条件来看，实现涂料及裱糊的装饰式施工的难点在于接缝的处理对整体效果的实现限制，但是随着各种密封胶、黏接剂、勾缝材料的发展，装配式涂料及裱糊的施工必将在近年实现。

②地面涂料饰面与墙体饰面部分一样，受材料特性限制，涂料地面和塑胶地面比较难以预制装配，但是通过增加防潮防水基层板，将涂料及塑胶地板与基层板加工成一个整体，进行现场安装，最后进行接缝处的防水防潮处理。考虑到地面使用的特性，对防水性、耐用性、耐磨性等要求较高，在使用过程中受力较为频繁，对于有防水要求的房间，实现装配式地面施工的难度较大。

通过上述分析，可以得到以下初步结论：装配式施工已经在绝大多数装饰饰面上得到突破，只要增加现场精确测量、施工深化设计，包括连接方式设计、排版设计、安装调节设计、安装程序设计等，传统施工方法基本都能够转化为装配式施工。

3. 模块化

随着市场竞争的日益激烈，市场需求的不断变化和不可预测，设备和产品的使用周期越来越短，为了使设备和产品能适应不同任务和功能要求，一方面通过增加功能来实现设备和产品的柔性；另一方面则实现设备和产品的可重构。而模块化是产品可重构的基础。

目前，机电安装模块化施工技术已经成为机电安装工程现场工厂化的重要导向。经工程实践，建筑行业逐步形成了预制组合立管技术、管道支架设计技术、落地耦合式管道整体提升技术、组合式吊架应用技术、装饰模块拆分与安装技术等，通过 BIM 技术与工厂预制相结合，逐步实现机电安装部品模块化。

在设计阶段需要对整个产品进行初步设计，进行模块化可行性分析，通过系统化的模块设计，在实施阶段，工厂进行模块加工生产，通过检验验收，交付现场施工。由于主要的部件连接工作已经在制造阶段完成，使现场组焊工作最小化；单个模块拥有预设的自身精度控制体系，不必待所有部件都到场再进行装配；便捷的接口连接工作，不仅简化了工作流程，有时可以先就位多个模块，再进行连接作业，令施工更为集中，提高生产率，节约机械台班消耗。

模块化制造与传统的按零部件划分制造单元的方式相比，更具集成性，既方便管理，又简化了最终整体组装的复杂流程，使制造工艺的选择多样化。通过模块化解决运输的限制，将大型的设备系统以模块进行制作和运输安装，将打破传统的市场格局，对持续发展有利。以模块化的理念，将技术密集或精度高的组合件，在工厂内完成，最小化现场装配工作的同时，以标准的接口，简化施工工艺，进而提高质量，也缩短了安装周期。对大型设备进行模块化分解，有利于现场安排多点平行作业，在工期紧张的情况下，更容易安排赶工（图 2-12）。

4. 集成化

随着建筑工程集成化思维的逐步形成，新型的生产方式无不透露着组合式、整体化、集成化的影子，例如组合立管、整体厨房、集成卫生间等。

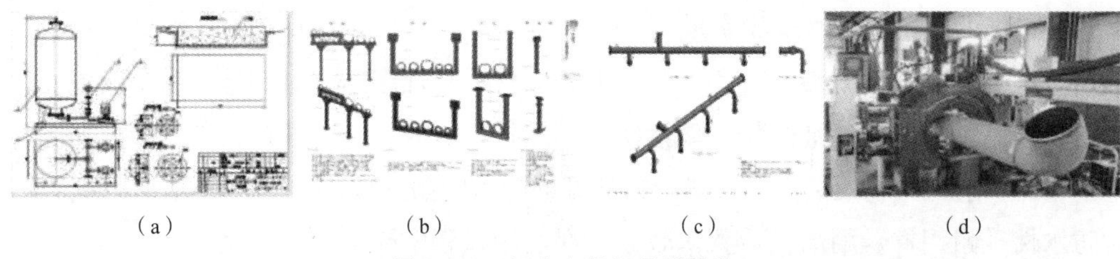

（a）（b）（c）（d）

图 2-12　机电安装部品模块化

（a）根据设备样本精细化建族；（b）绘制支吊架加工详图；（c）绘制管段加工详图；（d）工厂预制加工

（1）组合立管

“预制组合立管技术”在机电设备安装工程中的应用，可大大提升工业化水平。预制组合立管技术是将一个管井内拟组合安装的管道作为一个单元，一个或几个楼层为一节，节内所有管道及管道支架预先在工厂制作并组合装配、运输至施工现场进行整体安装的成组管道，各种水平管线也在工厂预制，现场安装，此工艺大大提高了劳动生产率和机械化施工水平。预制组合立管技术适合超高层建筑施工，包括设计、制作、安装和验收，是机电设备工程施工中提高工业化施工水平的重要组成部分。

预制组合立管施工工艺特点：

1）设计施工一体化。预制组合立管从支架的设置形式、受力计算到制作加工的详图，再到现场的施工都由施工单位一体化管理。

2）现场作业工厂化。将在现场作业的大部分工作移到了加工厂内，将预制立管在工厂内制作成整体的组合单元管段，整体运至施工现场，与结构同时安装施工。

3）分散作业集中化、流水化。传统管井为单根管道施工，现场作业分散、条件差，预制组合立管将现在分散的作业集中到加工厂，实现了流水化作业，不受现场条件制约，保证了施工质量，整体组合吊装，减少高空作业次数，有效地降低了危险性（图 2-13、图 2-14）。

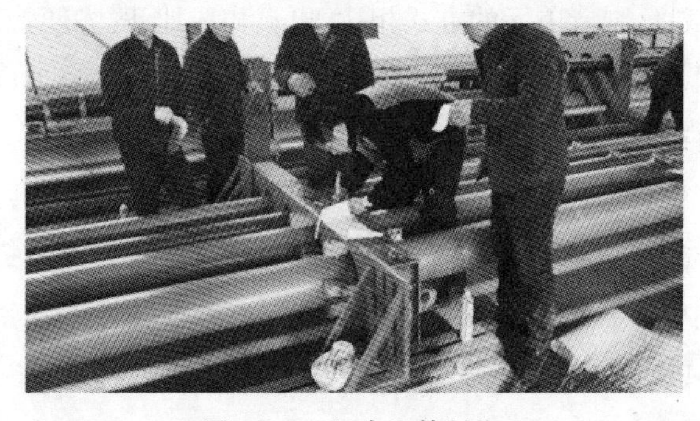

图 2-13　组合立管制作

图 2-14　组合立管吊装

由于管道及配件的焊接、支架的安装等均在工厂内完成，现场接口少，工程质量

有较大的保障，对于管道集中布置的管井及现场施工作业面狭窄的高层钢结构建筑的机电工程施工，该工艺可大大节省塔式起重机作业时间并减少现场作业人员数量，提高工效。

组合立管技术成功解决了传统立管施工中涉及的安全性差、施工质量难以改善、功效低等方面的诸多难题，其施工难度几乎涵盖整个过程，包括设计计算、制作装配、运输、吊装组对，以及各相关方的协调施工等。

（2）整体厨房及集成卫生间

随着经济社会的发展，人们对住房的品质和个性化的要求越来越高，装修成品房无疑是产品升级和赢得市场的有效途径，通常的精装修设计是在原来毛坯房设计的基础上，做一些体现个性化的设计，而住宅内装的集成化则强调设计与内装整合的精细化，使土建、内装设计和施工一体化，在主体结构设计阶段统筹完成市内装修设计，且提倡采用内装与主体结构分离体系（图 2-15）。

图 2-15　整体厨房和集成卫生间

整体厨房和集成卫生间是住宅内装中很重要的组成部分，是内装中集成化程度最高的两个空间。

集成卫生间的概念最早应用于船舶行业，后来逐步应用到了移动板房中，其安装便捷的优点逐步吸引人们的眼球，随着行业的发展，集成卫生间的质量和观感也逐步提升，使得其在住宅项目中也不断得到应用，其设计一体化，生产工厂化，安装整体化的特点与住宅工业化的发展方向不谋而合，集成卫生间在住宅中的应用，可以进一步提升项目的施工效率，减少现场的湿作业，降低现场的组织管理压力，促进现场的绿色、环保。

整体厨房从一开始的平面设计就开始优化厨房的设计，设计更加合理地考虑了人体工程学，厨电的一体化设计，功能、模数的统一使得橱柜电器能够更人性化的匹配，整体厨房储物系统的细化，合理规划使用空间，充分利用厨房空间。整体厨房将厨房内的功能进行高度整合，橱柜和电器，墙面、顶棚和地面都得到了最大的优化，整体的设计和施工可以保证厨房在功能、艺术和科技上的统一，在橱柜和厨房设备以及部品结构细化配件上做到标准化生产。

2.3.4 预制装配式新型建造生产方式

预制装配式建筑是指用预制的构件在现场装配而成的建筑，从结构形式来说，预制装配式混凝土结构、钢结构、木结构都可以称为预制装配式建筑，是工业化建筑的重要组成部分。预制装配式建筑是转变城市建设模式、降低建筑能耗、推进建筑工业化的重要载体。联合国经济委员会对建筑工业化的定义为：

（1）生产过程的连续性。房屋建造的全过程联结为完整的一体化产业链。

（2）生产物的标准化。设计的标准化，建筑部品、构配件的通用化和系列化。

（3）生产过程的集成化。是指建筑技术、部品与建造工艺、工法的系统集成。

（4）工程高度组织化。用科学管理的方法把建造全过程组织起来。

（5）生产的机械化。是指减少现场人工作业，实现构件生产工厂化、施工建造机械化（图 2-16）。

（a）　（b）　（c）

图 2-16　装配式建筑实例

（a）装配式混凝土结构；（b）装配式钢结构；（c）装配式木结构

1. 预制装配式混凝土结构新型建造生产方式

目前的预制装配式混凝土技术体系从结构形式主要可以分为框架结构、剪力墙结构、框架 - 剪力墙结构等，目前应用最多的是剪力墙结构体系。预制装配式混凝土结构在设计中体现生产与施工的集成，在生产中体现标准模数及生产的工具化，通过构件厂的整体预制，形成预制构配件，通过工具化的施工装配，模块的组拼，最终形成建造产品。

（1）预制装配式剪力墙结构体系

按照主要受力构件的预制及连接方式，国内的装配式剪力墙结构可以分为：装配整体式剪力墙结构；叠合剪力墙结构；多层剪力墙结构。装配整体式剪力墙结构应用较多，适用的建筑高度大；叠合板剪力墙目前主要应用于建筑或者低烈度区高层建筑中；多层剪力墙结构目前应用较少，但基于其高效、简便的特点，在新型城镇化的推进过程中前景广阔。

此外，还有一种应用较多的剪力墙结构工业化建筑形式，即结构主体采用现浇剪力墙结构，外墙、楼梯、楼板、隔墙等采用预制构件。这种方式在我国南方部分省市应用较多，结构设计方法与现浇结构基本相同，装配率、工业化程度低。

（2）预制装配式框架—剪力墙结构体系

装配式框架—剪力墙结构根据预制构件部位的不同，可分为预制框架—现浇剪力墙结构、预制框架—现浇核心筒结构、预制框架—预制剪力墙结构三种形式。这种体系的优点是使用高度大，抗震性能好，框架部分的装配化程度较高。主要缺点是现场同时存在预制和现浇两种作业方式，施工组织和管理复杂，效率不高。

预制框架—现浇核心筒结构具有很好的抗震性能。预制框架和现浇核心筒同步施工时，两种工艺施工造成交叉影响，难度较大；筒体结构先施工、框架结构跟进的施工顺序可大大提高施工速度，但这种施工顺序需要研究采用预制框架构件与混凝土筒体结构的连接技术和后浇连接区段的支模、养护等，增加了施工难度，降低了效率。这种结构体系可重点研究将湿连接转为干连接的技术，加快施工的速度。

目前，预制框架—预制剪力墙结构仍处于基础研究阶段，国内应用数量较少。

（3）楼梯和楼盖

预制装配式楼盖通常由预制梁和预制板组成，和现浇结构相同，通常分为钢筋混凝土楼盖和预应力楼盖，除了承受并传递竖向荷载外，楼盖将各榀竖向结构连接起来形成整体抗侧力结构体系，共同承受水平荷载作用。因此，楼盖结构在增强结构整体性以及传递水平力中发挥着重要作用。

从混凝土建筑工业化的角度，预制框架结构由于预制率高，现场湿作业少，生产、施工效率高，更适合建筑产业化发展。尤其是在政府主导的各类公共建筑中，可以采用以预制框架结构、预制框架—剪力墙（核心筒）结构为主的技术体系。

目前，剪力墙结构是适合我国高层居住建筑的结构形式之一，应用最广，技术体系相对成熟。大规模应用中应以成熟的、有规范依据的技术体系为主。

针对我国大力推进城镇化的工作需求，小城市、乡镇对多层建筑需求量很大，需进一步研究、完善、推广包括装配式剪力墙结构在内的多层建筑工业化技术体系。今后预制装配式混凝土结构的发展，尚需在以下几个方面加强：

（1）鼓励企业探索适用于自身发展的装配式建筑技术体系研究，逐步形成适用范围更广的通用技术体系，推进规模化应用，降低成本，提高效率；

（2）深入研究结构节点连接技术和外围护技术等关键技术，形成成熟的解决方案并推广应用；

（3）探索与装配式建筑相适应的工艺工法，把成熟适用的工艺工法上升到标准规范层面，为大规模推广奠定基础；

（4）进一步研究包括叠合板剪力墙结构、全装配框架结构在内的一系列创新性技术体系；

（5）对成熟适用的结构体系和节点连接技术加大推广力度；

（6）对目前尚不成熟的结构体系，应加快进行研发论证。

2. 钢结构新型建造生产方式

20世纪五六十年代，是我国钢结构建筑发展起步阶段；20世纪60年代后期至20世纪70年代钢结构建筑发展一度出现短暂停滞；20世纪80年代初开始，国家经济发展进入快车道，政策导向由“节约用钢”向“合理用钢”、“推广应用”转型，钢结构建筑进入快速发展时期；进入21世纪以来，《国家建筑钢结构产业“十五”计划和2015年发展规划纲要》、《国务院关于钢铁行业化解过剩产能实现脱困发展的意见》、《中共中央国务院关于进一步加强城市规划建设管理工作的若干意见》等政策文件相继出台，“推广应用钢结构”转型为“鼓励用钢”，钢结构建筑进入大发展时期。

我国装配式钢结构建筑起步较晚，但在国家政策的大力推动下，钢结构企业和科研院所投入大量精力研发新型装配式钢结构体系，钢结构建筑从1.0时代快速迈向2.0时代。1.0钢结构建筑仅是结构形式由混凝土结构改为钢结构，建筑布局、围护体系等一般采用传统做法。2.0钢结构建筑实现了建筑布局、结构体系、围护体系、内装和机电设备的融合统一，从单一结构形式向专用建筑体系发展，呈现出体系化、系统化的特点。目前，国内钢结构建筑体系主要分为三类。

（1）以传统钢结构形式为基础，开发新型围护体系，改进型建筑体系。设计阶段摒弃“重结构、轻建筑、无内装”的错误概念，实行结构、围护和内装三大系统协同设计。以建筑功能为核心，主体以框架为单元展开，尽量统一柱网尺寸，户型设计及功能布局与抗侧力构件协同设置；以结构布置为基础，在满足建筑功能的前提下优化钢结构布置，满足工业化内装所提倡的大空间布置要求，同时严格控制造价，降低施工难度；以工业化围护和内装部品为支撑，通过内装设计隐藏室内的梁、柱、支撑，保证安全、耐久、防火、保温和隔声等性能要求，如图2-17所示。

（2）“模块化、工厂化”新型建筑体系。模块化建筑体系可以做到现场无湿作业，全工厂化生产，较有代表性的体系包括拆装式活动房和模块化箱型房。其中，拆装式活动房以轻钢结构为骨架，彩钢夹芯板为围护材料，标准模数进行空间组合，主要构件采用螺栓连接，可方便快捷地进行组装和拆卸；箱型房以箱体为基本单元，主体框架由型钢或薄壁型钢构成，围护材料全部采用不燃材料，箱房室内外装修全部在工厂加工完成，不需要二次装修，如图2-18所示。工厂化钢结构建筑体系从结构、外墙、门窗，到内部装修、机电，工厂化预制率达到90%，颠覆了传统建筑模式。工厂化钢

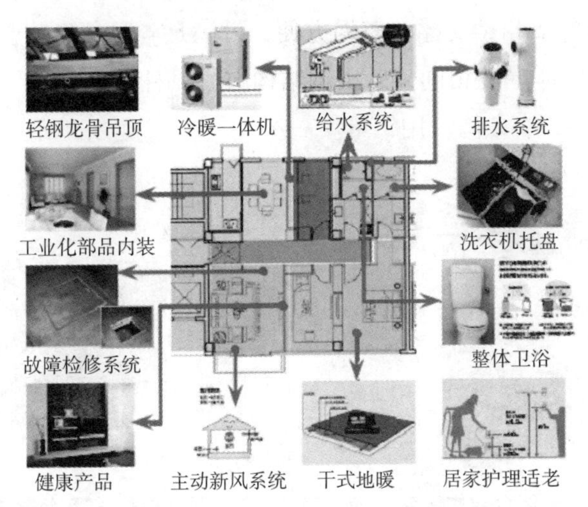

图 2-17　工业化围护和内装部品

结构采用制造业质量管理体系，所有部品设计经过工厂试验验证后定型，部品生产经过品管流程检验后出厂，安装工序经过品管流程检验才允许进入下一道工序，确保竣工验收零缺陷。由于采用工厂化技术，使得生产、安装、物流人工效率提高 6 ~ 10 倍，材料浪费率接近零，总成本比传统建筑低 20% ~ 40%。图 2-19 为某企业研发的工厂化钢框架和墙板装配式建筑体系。

图 2-18　箱型房

图 2-19　工厂化钢框架和墙板装配式建筑

（3）“工业化住宅”建筑体系。国内一些企业、科研院所开发了适宜于住宅的钢结构建筑专用体系，解决了传统钢框架结构体系应用在住宅时凸出梁柱的问题。较为典型的钢结构住宅体系有杭萧钢构股份有限公司研发的钢管束组合结构体系，如图 2-20 所示。该体系由标准化、模数化的钢管部件并排连接在一起形成钢管束，内部浇筑混凝土形成钢管束组合结构构件作为主要承重和抗侧力构件；钢梁采用 H 型钢；楼板采用装配式钢筋桁架楼承板。

东南网架股份有限公司针对传统钢结构体系难以适应复杂平面户型、露梁露柱和造价偏高的问题提出了箱型钢板剪力墙结构体系，如图 2-21 所示。该系统以组合箱型钢板剪力墙替代钢框架和钢支撑，布局方便，可满足各种复杂户型平面与立面需要；箱型钢板剪力墙与墙体厚度相同，解决钢结构露梁露柱问题；箱形钢板与腔内混凝土共同受力，承载力高，有效降低用钢量。

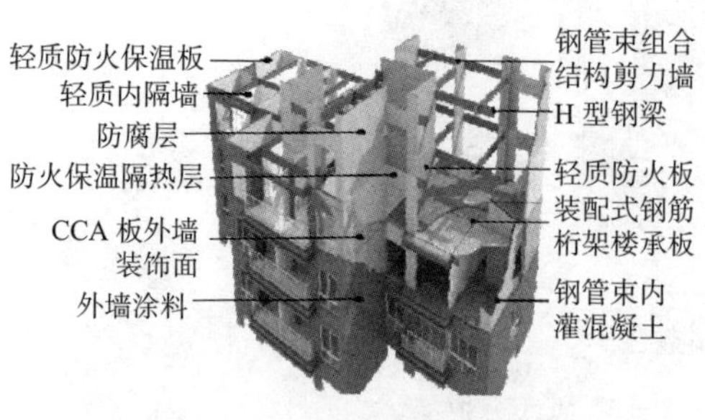

图 2-20　钢管束组合结构体系

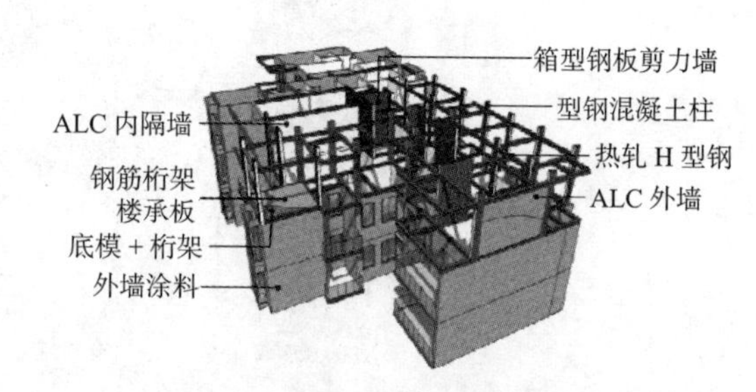

图 2-21　箱型钢板剪力墙结构体系

从材料用量看，2012 ~ 2014 年我国建筑钢结构产量占建筑总用钢量 9% ~ 10%，建筑钢结构产量占到全国钢材总量的 5% 左右。而发达国家此两类比例分别为 30%、10%。

从应用范围看，建筑钢结构主要应用于大跨度、高层公共建筑，单层和多层工业建筑，以及部分住宅和市政基础设施中。

从建设量看，新建钢结构建筑占比约为 5%，2014 年新建钢结构住宅面积约 400 万 m^2，占比不足 1%；新建工业厂房中采用钢结构体系比例约为 70%；市政、桥梁等基础设施采用钢结构比例约为 2.5%（中国建筑金属结构协会钢结构分会提供数据）。

从结构体系看，多层、高层钢结构建筑体系主要包括框架体系、框架 - 核心筒体系、框架 - 剪力墙体系、钢管束剪力墙体系等，低层钢结构住宅主要采用轻钢龙骨承重墙体系。

目前，钢结构工程的预制装配式也取得了长足的发展，钢结构不再是单件的钢构件，而是形成标准化的模数产品，经过钢结构加工厂的批量预制生产，形成工具化的构造形式，组合成为一体化的钢结构产品。

集聚式发展是钢结构建筑实现跨越式发展的重要基础。在美国，近半数的金属建筑制造商协会会员属于三大厂商集团；日本规模比较大的钢结构住宅生产厂家也仅有 7 ~ 8 家。借鉴发达国家经验，应依托住宅产业化基地企业建设模式，着力培育以钢结构建筑为主体的基地龙头企业，促进集聚发展，提升市场供给能力。

向钢结构建筑基地企业进行政策倾斜，鼓励基地企业牵头，通过引进先进技术和设备，开展新产品、新材料的研发，改进钢结构建筑部品部件质量，完善施工工艺，提升钢结构建筑质量和性能。鼓励基地企业将现有钢结构建筑专利技术产业化，通过工程实践逐步纳入相关技术规程或建设标准，推进企业标准向行业标准和国家标准的提升。

基地企业要按照钢结构建筑特点，将提升设计优化能力作为切入点，形成一批设计施工一体化、结构装修一体化的钢结构工程总承包企业。基地企业要着力提升技术成熟度，培养管理和技术人员，培养一批专业化的钢结构建筑产业工人，形成有效市场供给能力。

基地企业要围绕市场需求，加强与上游钢结构企业的主动协同联动，“倒逼”结构用钢质量提升，形成质量稳定可靠、品种规格齐全的热轧H型钢、高强度建筑结构用钢、高强度冷弯矩形管等结构用钢供给能力。推进标准化程度较高的钢结构构配件生产，提供定制化、个性化钢结构产品，引领部分钢结构材料生产商向服务商转型。

积极引导以基地企业为龙头，借助“一带一路”契机主动“走出去”参与全球分工，在更大范围、更多领域、更高层次上参与国际竞争。要研究欧、美、日等发达国家的钢结构建筑技术标准，打破技术壁垒。

3. 木结构新型建造生产方式

木结构是人类文明史上最早的建筑形式之一，这种结构形式以优良的性能和美学价值被广泛推广应用。我国木结构建筑的发展经历了以下几个阶段：

我国木结构历史可以追溯到3500年前，其产生、发展、变化贯穿整个古代建筑的发展过程，也是我国古代建筑成就的主要代表。最早的木框架结构体系采用卯榫连接梁柱的形式，到唐代逐渐成熟，并在明清时期进一步发展出统一标准，如《清工部工程做法则例》。始建于辽代的山西省应县木塔是中国现存最高最古老的一座木构塔式建筑，该塔距今近千年，历经多次地震而安然无恙；故宫的主殿太和殿是我国现存体形最大的木结构建筑之一，它造型庄重，体型宏伟，代表了我国木结构建筑的辉煌成就。

1949年新中国成立后，因木结构具有突出的就地取材、易于加工优势，当时的砖木结构占有相当大的比重。特别是20世纪50年代末，我国的砖木结构建筑占比达到46%。

20世纪五六十年代，我国实行计划经济，提出节约木材的方针政策，国外经济封锁又导致木材无法进口，这对木结构建筑发展造成了很大束缚。20世纪70年代，基于国内生产建设需要，提出“以钢代木”、“以塑代木”，木结构房屋被排除在主流建筑之外。

从20世纪80年代起，为了发展经济对森林大肆采伐，导致森林资源急剧下降，到20世纪80年代末我国的结构用材采伐殆尽，当时国家也无足够的外汇储备从国际市场购进木材。党中央、国务院针对我国天然林资源长期过度消耗而引起生态恶化的状况，做出了实施天然林资源保护工程的重大决策，并相继出台了一系列木材节约代用鼓励性文件。此外，我国快速工业化带来的钢铁、水泥等产业的大发展，促进了钢筋混凝土结构建筑的推广。这使得中国发展了几千年的传统木结构体系逐渐解体，新的砌体、砖混结构逐渐成为新建农村住宅的主要结构形式。大专院校停开木结构课程，并停止培养研究生，原来从事木结构的教学和科技人员不得不改弦易辙，木结构学科几近消亡，木结构人才流失严重，使得我国木结构建筑研究和应用处于停滞状态。

中国加入 WTO 后，与国外木结构建筑领域的技术交流和商业迅速增加。1999 年，我国成立木结构规范专家组，开始全面修订《木结构设计规范》。从 2001 年起，我国木结构进口实行零关税政策，越来越多的国外企业开始进入中国市场，并将现代木结构建筑技术引进中国，木结构建筑进入新一轮发展阶段。

近年来，我国现代木结构建筑市场发展呈上升态势，木结构建筑保有量约 1200 ~ 1500 万 m^2。截至 2013 年年底我国木材加工规模以上企业数量达 1416 家。2014 年止木材产业总产值 2.7 万亿元，进出口总额 1380 亿美元，就业人口 1000 万人。我国现有的木结构建筑中，轻型木结构是主流，占比近 70%，重型木结构占比约 16%，其他形式木结构（包括重轻木混合、井干式木结构、木结构与其他建筑结构混合等）占比约 17%。木结构别墅占已建木结构建筑的 51%，仍是目前木结构建筑应用的主要市场。

随着时代的发展和科技的进步，现代木结构建筑采用新材料、新工艺和工厂化的精确化生产，与传统木结构建筑相比更具绿色环保、舒适耐久、保温节能、结构安全等优势，具有优良的抗震、隔声等性能，比钢筋混凝土结构和砌体结构更具优越性。

现代木结构集传统建筑材料和现代加工、建造技术于一体。现代木结构建筑采用标准化设计、构件工厂化生产和信息化管理、现场装配的方式建造，施工周期短，质量可控，符合建筑产业化的发展方向。以原木结构建筑为例，从原料的获取→构件加工制作→现场装配，整个工艺流程全部机械化。在工厂制作加工装配式木构件、部品，包括内外墙板、梁、柱、楼板、楼梯等，然后运送到施工现场进行装配（图 2-22）。

图 2-22　木结构建筑生产工艺流程

通过标准构配件模数配置及集成化设计、统一预制加工生产和工具化构造，能简易快捷地形成木质构配件产品的组合集成化。

现代木结构建筑结构体系分为轻型木结构、胶合木结构和原木结构体系，以及木结构与其他结构的组合体系。

（1）轻型木结构体系

轻型木结构是由规格型材、木基结构板材或石膏板制作的木构架墙体、楼板和屋盖系统构成的单层或多层建筑结构（图 2-23）。墙骨柱、楼盖格栅、轻型木桁架或椽条之间的间距一般为 600mm，当设计特别要求增加桁架间距时，最大间距不超过 1200mm。

图 2-23　轻型木结构体系

外墙的墙骨柱内侧为石膏板，外侧为定向刨花板（OSB 板）、胶合板、外挂板或其他饰面材料，墙骨柱之间填充不燃保温材料。

构件之间可采用钉、螺栓、齿板连接及通用或专用金属连接，以钉连接为主。轻型木结构可建造居住、小型旅游和商业建筑等。

（2）胶合木结构体系

胶合木结构是采用 20 ~ 45mm 厚的锯材胶合而成的层板胶合木构件制造的房屋结构体系。

胶合木结构是指承重构件采用层板胶合木制作的单层或多层建筑结构，也称层板胶合木结构。木材通过工业化生产、加工，利用化学黏合高压成型和材料改性满足结构要求。

胶合木房屋的墙体可以采用轻型木结构、玻璃幕墙、砌体墙以及其他结构形式。构件之间主要通过螺栓、销钉、钉、剪板以及各种金属连接件连接。胶合木结构适用于单层工业建筑和多种使用功能的大中型公共建筑，如大空间、大跨度体育场馆等（图 2-24、图 2-25）。

图 2-24　胶合木结构体系

图 2-25　加拿大列治文椭圆速滑馆

（3）原木结构体系

原木结构采用规格及形状统一的方木、圆木或胶合木构件叠合制作，是集承重体系与围护结构于一体的木结构体系。

其肩上的企口上下叠合，端部的槽口交叉嵌合形成内外围护墙体。木构件之间加设麻布毡垫及特制橡胶胶条，以加强外围护结构的防水、防风及保温隔热。

原木建筑具有优良的气密、水密、保温、保湿、隔声、阻燃等各项绝缘性能，原木建筑自身具有可呼吸性，能调节室内湿度。

原木结构适用于住宅、医院、疗养院、养老院、托儿所、幼儿园、体育建筑等（图 2-26）。

图 2–26　原木结构住宅

（4）木结构组合体系

木结构组合建筑是指由木结构或其构（部）件和其他材料（如钢、钢筋混凝土或砌体等不燃结构）组成共同受力的结构体系。上部的木结构与下部的钢筋混凝土结构通过预埋在混凝土中的螺栓和抗拔连接件连接，实现木结构中的水平剪力和木结构剪力墙边界构件中拔力的传递。

与下部钢筋混凝土结构相比，上部木结构质量轻，抗侧刚度较小，具有下重上轻、下刚上柔的非均匀结构特点。

木结构组合建筑可采用以下两种形式：①上部为木结构，下部为其他结构的组合结构形式，若下部为 4 层钢筋混凝土结构，上部为木结构，简称“4+3”组合结构；②在混凝土结构、砌体结构或钢结构中，采用轻型木楼盖或轻型木屋盖作为水平楼盖或屋盖的组合结构形式，如轻型木桁架用在平屋面改坡屋面工程中。尽管木结构建筑的允许层数最高为 3 层，但作为木结构组合建筑则可建到 7 层，即上部木结构建筑仍为 3 层，下部钢筋混凝土或砌体等不燃结构为 4 层。这增加了木结构的应用范围，是一种可行的组合结构形式（图 2-27）。

目前针对我国各地区经济发展不平衡，木结构产业基础不一的现状，采取多措并举的方针。

（1）重点推进具备条件的特色地区、旅游度假区、园林景观等低层建筑，以及平改坡、棚户区改造工程因地制宜地采用木（竹）结构建筑。在经济发达地区农村自建住宅、新农村居民点建设中推进木结构农房建设。政府投资的学校、幼儿园、敬老院、园林景观等新建低层公共建筑采用木结构。

图 2-27　某轻木—混凝土上下组合建筑

（2）积极研发木质框架结构墙体和木质非承重墙体并推进其在建筑工程中应用。鼓励各地将轻木结构建筑中的木质框架结构墙体和重木结构建筑中的木质非承重墙体列入《新型墙体材料目录》之中。鼓励建设单位在新建、扩建、改建建筑工程中使用木质新型墙体。

（3）大力开展木结构建筑关键技术研究，探索研究适应于不同地区的现代木结构技术体系和配套部品体系。鼓励现代木结构建筑关键技术研发，建立符合我国国情的以本土林产工业为支撑的技术体系。加大对现代木结构建筑技术开发研究的支持力度，尽快缩小与国际先进水平的差距。将木结构建筑相关研究纳入国家重大研究专项、科技重点项目和科技支撑计划项目框架内。鼓励行业骨干企业建立技术研究机构和试验室，成为国家或地方某工程领域专项技术研发基地。

（4）组织重点领域和关键技术的研究。针对木材特性、结构安全、防火安全、热工性能、耐久性能等方面开展系统研究。对速生林木材应用、胶合木加工与应用、环保墙体材料等绿色建材、多层木结构技术等多个领域开展研究。重点加强对现代木结构建筑节能、环保、抗震、防火、安全监控、既有建筑改造等关键技术的研究。研究大跨度、多层木结构技术体系，特别要逐步定型木 - 钢、木 - 混凝土组合结构体系和节点技术等。

4. 部品构配件新型建造生产方式

为推动绿色建筑和住宅产业化的发展，加强新型建筑部品化技术的推广，解决新型建筑部品在建设应用方面的难题，部品化已经成为建筑工业一个新的主流技术。

部品目前有以下几个特征：一是标准化；二是由原材料在工厂加工而成的工业产品；三是工业产品在工厂加工而形成的集成化制品；四是大量应用于住宅项目中且满足住宅具体功能要求的产品；五是产品范围非常广泛，生产厂家具有很强的专业性，包括规模、质量、市场、售后，还有一些开发等。

在传统的散户家庭装修中，门套的生产都是工人在现场手工作业，单拿油漆这一步骤来说，每个工人手势不同，流挂不同，表面效果也不同。然而工业化全装修则完全是另一幅场景，喷漆、烘干等部品材料生产的一系列动作都在工厂的标准流水线上完成。大规模全装修为部件材料的标准化开辟了广阔的空间。部件材料的生产不再是一户一件的手工作坊式作业，而逐步走上标准化、工业化大生产的道路。住宅装修所需的部件和材料经过模数化设计后，全部在工厂的标准流水线上生产。

标准化克服了手工作业的不确定性和随意性，意味着无钉眼、无裂缝和更高生产力水平。部件材料生产的标准化、系列化带来了生产方式的变革，为住宅产业现代化奠定了坚实的基础。选用标准化、工厂化生产的部品材料，减少了现场湿作业，大大降低了房间内有害物质的残留和挥发，确保了室内环境的健康和环保。我国现阶段基本采用传统湿作业为主的装修方式，其装修方式粗放，材料消耗高，劳动效率低，装修品质差，装修方式亟须向干作业装修方式转变。“装配式装修”的内涵是工业化装修，《商品住宅装修一次到位实施导则》第1.1.5条指出“坚持住宅产业现代化的技术路线，积极推行住宅装修工业化生产，提高现场装配化程度，减少手工作业，开发和推广新技术，使之成为工业化住宅建筑体系的重要组成部分”，明确提倡要推行装修工业化。《商品住宅装修一次到位实施导则》中明确了“装配式装修”的主要特点，一是工业化生产。装配式装修立足于部品、部件的工业化生产，多使用标准化的部品、部件，装修的精度和品质大大优于传统装修方式。二是装配化施工。有了大量工业化生产的标准化部品、部件作支撑，使得装修施工现场实现装配化成为可能。与落后的手工作业施工工艺不同，装配式施工减少了大量现场手工作业，产业工人按照标准化的工艺进行安装，从而大大提高装修质量。三是装配式装修是工业化建筑体系中的重要组成部分。装配式装修不是孤立体系，是工业化建筑体系中的一部分，装配式装修的实施与结构体系、部品体系等都密切相关。

“装配式装修”具有多方面优势：一是部品在工厂制作，场采用干式作业，可以全面保证产品质量和性能；二是提高劳动生产率，缩短建设周期、节省大量人工和管理费用，降低住宅生产成本，综合效益明显；三是采用集成部品装配化生产，有效解决施工生产的误差和模数接口问题，可推动产业化技术发展与工业化生产和管理；四是便于维护，降低了后期的运营维护难度，为部品全寿命期更新创造了可能；五是节能环保，减少了原材料的浪费，施工的噪声粉尘和建筑垃圾等环境污染也大为减少。装配式装修非常适合具有一定数量的标准化的功能空间，因此，在量大面广的保障性住房中实施装配式装修是非常理想的目标市场。住建部数据显示，2015年全国城镇保障性安居工程计划新开工740万套，基本建成480万套。截至2015年12月，已开工783万套，基本建成772万套，为装配式装修提供了巨大的市场空间。装配式装修在实际工程中已经总结了一些成功经验。如在北京雅世合金公寓项目中，引进日本的技术和管理，采用了结构与内装分离的装配式装修建造方法，基本实现了干法施工。上海绿地南翔崴廉公寓，是以百年住宅为基础的采用装配式装修的成功案例。在保障性住房方面，北京郭公庄一期公租房、通州马驹桥公租房、焦化厂公租房项目，均采用了装配式装修技术。通过一系列的项目实践，探索了装配式主体结构与装配式装修一体化设计、施工模式，总结了宝贵经验。

2.4　新型建造组织方式

2.4.1　传统建造组织方式概述

长期以来，我国工程建设领域沿袭设计院负责设计，建设单位负责采购，施工单位负责施工的传统模式。在这种模式下，存在以下几种问题：

总承包组织结构不合理，地区、企业、部门割据的局面，导致在短期内很难形成专业化协作下的经济规模，建筑行业中，勘察、设计单位等未把推进集约化的建造组织模式作为主导方向之一；

设计环节与施工环节分离的问题日益凸显，设计是工程项目经济性的决定性因素，但设计方往往注重技术、安全，设计方案的经济型欠缺，同时对施工过程也欠缺考虑，引起设计变更，对工期造成不良影响；建设方的组织、协调工作两大，对工程项目的目标控制难度加大，不利于投资控制和进度控制；

业主存在不规范行为，由于业主建设目的、筹资方式的不同，对建筑法、招投标法理解不同，导致有些业主为避开相关法规限制，把大工程进行肢解，切块、分块、分段招标，甚至压价承包、垫资承包、随意分包、索要回扣、拖欠工程款，诸如此类，很不利于工程总承包管理的有效开展。

因此，传统建造组织方式不仅形式单一，项目的各阶段分离，造成工程项目建设工期长、资金浪费大，松散、粗放的组织模式也使得工程质量难以保证，存在能源消耗大、对环境污染大等弊端。随着社会发展，人需求的提升，同时伴随着科学技术的不断进步，现代工程项目在规模、结构、技术、质量、功能及所面临的环境方面都发生了极大的变化。传统的建造模式已经不适应市场的发展趋势和新形势下业主对投资、工期和质量等更高的要求，尤其是在新型建造方式下的建筑工业化项目中，设计工作相比传统的建筑工程更为繁琐，设计协调和变更的情形也有所增加，而应用传统的项目管理模式使得各方和专业之间协同困难，无法及时沟通，设计变更等问题更为突出，各个环节之间更加难以有机统一，因此传统建造组织模式亟待升级。

2.4.2　新型建造组织方式发展趋势

随着国内、国际建筑市场的进一步接轨，我国的工程建设市场正在发生深刻变化，传统建造方式向新型建造方式转型，同时也要提升与之匹配的新型建造组织方式。新型建造基于现场工厂化、与之装配式的生产方式，促进设计、生产、施工等建筑全生命周期各环节的整合，达到减少建筑用工、缩短建设工期、降低劳动强度、确保工程质量、节能降耗、提高综合效益等预期目标，最终实现建筑业环境友好提升、建筑建造效率提升、建筑工程品质提升、建筑工程安全文明保证的目标，因此新型建造组织方式需日益走向集成化、专业化。

建筑业发展形势表明，在现阶段，提升新型建造组织方式离不开项目工程总承包模式。工程总承包指的是从事工程总承包的企业受业主委托，按照合同约定对工程项目的勘察、设计、采购、施工和试运行等实施全过程或若干阶段的承包工程总承包的模式业主将整个过程项目分解，划分为各阶段或各专业的设计（如规划设计、施工图设计），各专业工程施工、各种供应、项目管理（咨询、建立）等工作。工程总承包并不是固定的一种唯一的模式，而是根据工程的特殊性、业主状况和要求、市场条件、承包商的资信和能力等可以有很多模式进行项目实施。

当前，发展新型建造方式受到了党中央、国务院和各级政府的高度重视，同时也得到了业界的积极响应和广泛参与，政府的推动力度不断加大，企业的内生动力不断增强，产业的聚集效应不断显现，部分地区已呈现规模化发展态势，建筑产业现代化正迎来全新的历史机遇期。2016 年 9 月 30 日，国务院办公厅印发了《关于大力发展装配式建筑的指导意见》（国办发〔2016〕71 号）文件，为发展装配式建筑提出了八项重点任务和要求，其中，重点任务之七是推行工程总承包，同时指出“支持大型设计、施工和部品部件生产企业向工程总承包企业转型”。2003 年 2 月，建设部为了进一步推动工程建设项目组织实施方式的改革，出台了相关文件，要求各地鼓励具有勘察、设计或施工总承包资质的企业通过改革和重组，建立与工程总承包业务相适应的组织机构和项目管理体系，打破行业界限，允许勘察、设计、施工、监理等企业按规定申领取得其他相应资质等九条措施来培育和发展项目总承包管理。

另外，在新型建造模式下，尤其是在装配式建筑发展的起步阶段，技术体系尚未成熟，管理机制尚未建立，社会化程度不高，专业化分工没有形成，企业各方面能力不足，尤其是传统模式和路径还具有很强的依赖性。如果单纯地发展装配式，甚至唯“装配率”论，或者用传统、粗放的管理方式来建造装配式建筑，难以实现预期的发展目标，需建立先进的技术体系和高效的管理体系以及现代化的产业体系。因此，必须从组织方式入手，注入和推行新的发展模式。工程总承包管理模式是现阶段推进建筑产业现代化、发展装配式建筑的有效途径。

1. 新型建造组织模式构建

由建筑工业化的标准化设计、工厂化生产和机械化安装等特点可知，建筑工业化项目中设计 - 生产 - 施工之间的联系相比传统建造方式更为密切，各参与方之间的协作能力要求也大大提高。结合传统的总承包项目管理模式并应用较为成熟的 BIM、BFID 等技术，构建适合建筑工业化的组织模式对推广和应用装配式建筑有着积极的影响。新型建造方式项目全阶段实施工程总承包管理模式各方之间组织参与见图 2-28。

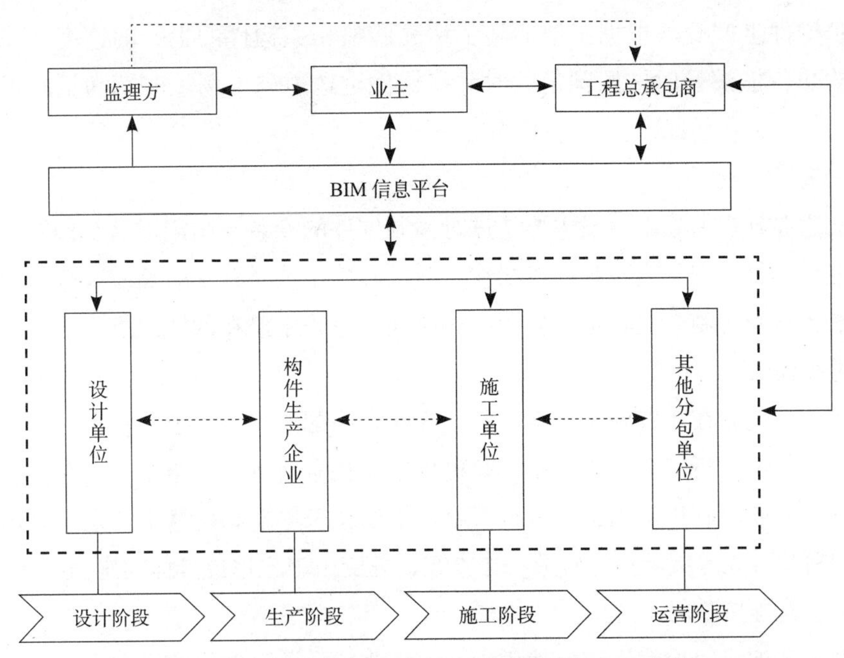

图 2-28　建筑工业化中工程总承包模式组织示意图

（1）设计阶段

新型建造组织模式的设计阶段应充分发挥设计单位的主导作用和工程总承包商在设计单位和构建生产单位及施工单位之间的管理协调作用，业主只需在关键节点进行审核把控。

工程总承包商需要建立针对建筑工业化项目的信息平台，从最初的设计阶段开始就要求各方将相关信息共享至该平台。总承包商负责信息平台的运营和维护等工作。在设计过程中，总承包商应在信息平台上对设计单位的成果进行分析，核查在施工过程中是否会出现碰撞冲突等问题。施工图设计完成后，构建生产企业应作为设计的主导单位来完成设计阶段剩余的构建拆分设计及相关的模具设计。总承包商应安排设计单位作为指导单位辅助构建生产企业，并审核相关的构建拆分设计是否满足设计规范。施工单位也应对相关的构件拆分设计提出在施工阶段可能会存在的问题，并联合构建生产企业完成构建在吊装安装完成后相关的一系列支撑和维护结构的设计等。

（2）生产阶段

不同于传统建造方式中建筑结构部件的现场浇筑，新型建造方式和传统建造方式关键区别之一就是实现了建筑结构部件的工厂化生产。在工程总承包的组织模式下，业主只需对预制构件的型号、标准等提出要求，工程总承包商负责预制构件的采购和质量控制等。通过信息平台，实现预制构件在运输、存储、施工吊装过程中的实施管理。工程总承包商还应协调设计单位对构件在生产过程中因设计缺陷而造成的相关问题给予协助。

预制构件生产商可根据工地的施工情况调整相关构件的生产的进度，同时保证构件运输单位能够及时按照预定的时间将构件运送至施工场地时期满足施工安装的需要。

（3）施工阶段

新型建造方式的施工阶段主要是进行预制构件的安装与固定以及在预制构件的拼装部位进行混凝土现场浇筑加固等操作。在实际施工前，总承包商应联合施工单位通过信息平台预先对施工过程进行模拟，检测施工过程中潜在的风险点，在实际施工中进行针对性预防。

工程总承包商在布置施工方案时应选择能力匹配的施工单位，并指派构件生产企业协助施工单位进行安装，并控制安装过程中的技术问题及安全隐患。在构建搭接完成后，总承包商可利用信息平台进行跟踪，指定施工单位和构件生产企业对构建的日常养护和模具拆除等共同指定相关工作方案，并交由施工单位具体实施。

（4）运营维护阶段

新型建造项目完成建设交付使用后，由物业公司负责项目的运营维护。业主应事先与工程总承包商协商，在项目完工后成立专门的售后服务小组负责解决物业公司呈报的项目在运营过程中出现的若干问题。在售后服务小组人员的构成方面，工程总承包商既要有懂得相关预制构件知识的技术人员，也要有具备相应能力的施工人员。

2. 新型建造组织方式优势

基于新型建造项目“设计标准化、生产工厂化、施工装配化、主体机电装修一体化、全过程管理信息化”的特征，唯有推行工程总承包管理模式，才能将工程建设的全过程联结为完整的一体化产业链，全面发挥装配式建筑的建造优势。具体表现在以下几点：

（1）有利于实现工程建设的高度组织化

在新型建造组织模式下，投资建设方只需集中精力完成项目的方案设计、功能策划和交楼标准，扩初设计、施工图设计和节点图设计等全部交由工程总承包方完成。这种管理模式，从设计阶段，总承包单位就开始介入，有利于实现在总承包方统筹管理下的设计方和其他相关方的高度融合，有效打通“建筑、结构、机电、装修一体化”，实现工程建设的高度组织化，有效保障工程项目的高效精益建造。

（2）有利于实现工程建造装配系统化

新型建造建筑是由建筑、结构、机电、装修四个子系统组成，四个子系统相对独立又各自协同，且从属于大的建筑系统，整个大系统是装配式，各自子系统同样为装配式。这个系统工程只有通过一体化全过程的工程总承包模式来进行系统性装配，做到在产品的设计阶段，就全面考虑制造、装配的系统性和完整性，才能真正实现“设计、制造、装配的一体化”。否则，设计、制作和装配就会脱节，就有悖于装配式建筑的规律特性，发挥不了装配式建筑的优势。

（3）有利于实现工程建造成本最低化

新型建造方式和建筑产业现代化能够显著提高建设生产效率、提升建筑品质、增强行业的综合效益，顺应国家供给侧结构性改革的要求。在现阶段发展工程总承包模式，能有效消解装配式建筑增量建造成本，该模式便于从系统性装配的角度，考虑设计产品的加工环节和装配环节，一体化制定设计方案、加工方案、装配方案，实现设计 - 加工 - 装配的协同推进，保障设计产品利于工厂化制作、机械化装配，能有效促进工程建设工期更快、成本更省，使装配式建筑的工业化优势得以充分体现；总承包企业作为统筹者和主导者，能够全局性地配置资源、高效率地使用资源，充分发挥全产业链的优势，统筹各专业和环节之间的沟通与衔接，减少工作界面，避免浪费，实现项目层面上的动态、定量管理，显著降低建造成本和综合成本。

（4）有利于实现工程建造管理精细化

实现新型建造有两个核心要素：一个是技术创新，另一个是管理创新，但在推进过程中我们更多地注重了技术创新。我国建筑业在新技术、新材料的推广应用方面发展很快，单一技术水平与发达国家相比并不落后，甚至有些单一技术超过了一些发达国家。但工程总承包模式摒弃了传统模式的碎片化管理，工程总承包方必须对工程质量安全负总责，在管理机制上保障了质量安全管理体系的全覆盖和严落实。借助于 BIM 技术的全过程信息共享优势，工程总承包方统筹安排设计、采购、加工、装配的一体化建造，能有效避免工程建设过程中的“错漏碰缺”问题，有利于减少返工浪费，全面提升工程质量、确保安全生产，适应了“美丽中国、健康中国、平安中国”的发展要求。

（5）有利于实现工程建造过程绿色化

新型建造方式下的建筑在“节材、节水、节能、节地、节约人工和环境保护”方面具有明显优势。工程总承包模式打通了项目规划、设计、采购、生产、装配和运输全产业链条，有利于在每个分项、每个阶段、每个流程上统筹考虑项目的绿色建造要求，避免各自为战、互不协同，能更好提升装配式建筑在节能环保上的贡献率，进一步适应“绿水青山”的发展要求。

（6）有利于推进建筑产业发展社会化

采用新型建造组织模式，有利于从“技术、管理、市场一体化”的角度，建立技术协同标准和管理平台，更好地从资源配置上，形成工程总承包统筹引领、各专业公司配合协同的完整产业链，有效发挥社会大生产中市场各方主体的作用，并带动社会相关产业和行业的发展，有力提升建筑产业的社会化发展水平。

2.4.3　现有的新型建造组织模式分析

在发展工程总承包模式的过程中，出现了不同的工程总承包模式，以下通过不同模式的具体案例，分析该模式的优点和阶段性缺陷。

1. 模式一：融投资 + 总承包管理模式

施工承包商站在项目投资商的高度，在保证社会责任的基础上，使融资运作贯穿项目建造的全过程，提升项目总承包与业主监督的层次。通过项目投资与建造有机的、集成相关社会因素和生产要素的项目，规范、提炼和升华项目建造的各种管理活动。将融资、设计和建造三位一体、符合总承包商运行需求的一种创新模式。

（1）案例分析：南京某地铁项目

南京某地铁项目全长有 67.4km，共有 32 个站点，一期工程全长 25.15km，计划投资 104.5 亿元。以土建标为例，项目总投资估算约为 7 亿元，其中：工程建设费用总额 5.91 亿元，融资费用 1.09 亿元。某铁道公司中标将组建南京某地铁工程土建标 BT 项目公司，招标人要求项目自有资金的投入不得低于工程建设费的 35%，公司拟出资 2.1 亿元，占工程建设费的 35.5%，建设期的债务资金投入占工程建设费的 64.5%，这部分资金需要向银行进行融资。

项目融资的所有责任都转移给民营企业，减少了政府主权借债和还本付息的责任；政府可以避免大量的项目风险；组织结构简单，政府部门和民营企业协调容易；项目回报率明确，严格按中标价实施，政府和民营企业之间利益纠纷少。

但因项目前期过长，投标费用增加；资本金比例较低，对投资公司筹集还款资金形成了巨大的压力；项目投资商业气氛不足，受诸多因素影响，没有有效利用资源优势；风险分配不合理，投资方和贷款人风险过大，加大了融资难度。

（2）常见的组织管理现状

投融资 + 总承包模式既不是单纯的投资活动，也不是简单的设计加建造活动。它将传统的生产经营与资本经营相结合，以金融工具、资本市场和基础设施项目为载体，特别是政府基础设施项目市场化、企业化运作，借助项目融资的特点解决建设资金来源问题，借助工程总承包特点解决优化设计和精细化建造问题，把项目总承包管理方式及企业与相关社会因素有机地整合和优化配置，使承包商、业主实现社会、经济效益双赢。

但由于设计管理由业主负责，设计的错漏碰缺项变成了项目盈利的主要关键点之一；同时业主对总承包方提出的优化变更管理较严，项目技术创效难度大。总承包方无法也没有能力统筹施工图设计和各专业深化设计的交叉复核，项目设计变更频繁，虽增加了商务创效点，但同样也存在工期、质量的重大风险。工程总体合约规划和发包招标基本由业主完成，对合约架构、工作包拆分、工作界面梳理等方面均存在或多或少的问题，加大了总承包方施工协调管理的难度，同时也造成很多工程尾项收尾较慢。总包承包方对甲指分包的管理，负有管理、协调、配合的责任，却缺少实质的管理权力和有效的控制手段。

2. 模式二：采购 + 施工的总承包管理模式

采购 + 施工总承包模式是因设计相对独立，或业主因未知风险多而自己承担大部分管理风险，对“设计 - 采购 - 施工”模式工程进行直接拆分，把设计环节单独拿出来分包，另外把采购和施工合并分包。在这种模式下，有关设备选型、采购、工程施工均由总承包单位负责，其施工、设备到货、安装调试等方面所出现的问题由总承包单位协调解决。

（1）案例分析：杭州某商务金融用房项目

杭州某商务金融用房项目为某金融公司总部大楼，总建筑面积为 31.25 万㎡，坐落于杭州著名旅游景点西湖风景区旁，三面环山，属于山坡地势。

该项目业主将投标划分为商务标和技术标两大阶段。采取技术准入的方式进行承包商的初次筛选。只有技术服务阶段评审合格的投标人才有资格进入商务报价阶段，业主对技术标阶段的投入不予补偿。施工总包负责现场所有相关的管理工作，含招标人委托的专业分包（工程 + 前期）的管理工作；除政府垄断性工程、少量甲方集采或指定分包工程外，其他均纳入施工总承包负责采购、深化设计、施工。由于该项目是基于施工图设计的总承包模式，目前土建深化设计能力偏弱，无法满足业主需求，制约深化设计进度；另外，在分包履约方面，总包对分包履约管理体系还需完善，分包商深化设计能力不足。

（2）常见的组织管理现状

此模式在目前最大限度地降低了业主的风险，对总承包设计管理（质量审核、深化设计进度和质量统筹）、商务管理（合约规划、分包资源、分包履约管理）、工程管理（现场进度、品质、安全文明、公共资源施工管理）等方面提出了更高的要求，对项目管理团队总包管理能力也提出了很高的要求。设计优化和设计评审、交付标准和技术标准的完善被业主前置到技术标投标过程完成，大大降低了项目承接后技术创效和商务创效的空间。

在设计深度不够时容易出现设计与采购 - 施工脱节的现象。这时业主方的设计协调力量就必须加大，在协调不力时会影响整个项目的建设进度。在这种模式下，业主在设计协调、采购技术把关等方面参与较多，如果项目过于庞大和复杂，在业主人力资源紧张的情况下，会对项目建设的进度、质量造成一定影响。

3. 模式三：设计 + 施工的总承包管理模式

设计 + 施工总承包指的是工程项目初步设计完成或进行了可行性研究后，按工程的施工夜店，把工程项目的设计和施工打包委托给具备设计施工总承包资质的企业或单位，由承包的企业或单位按照合同约定负责工程项目的设计于施工，并全面负责该工程全过程中的成本、造价、工期、进度、安全与质量等。

（1）案例分析：长沙某隧道项目

长沙市南湖路某隧道项目采用设计—施工总承包模式，项目实施过程中，积累了相关成功经验。根据投标技术标书及项目实施性施工组织设计中工期安排，江中盾构段采用一台盾构掘进，完成北线掘进后，盾构解体、转场开始掘进南线，由于受东岸工作井管线迁改和征地拆迁的影响，导致无法按原计划施作盾构始发井，由于盾构施工为本工程的关键线路，由此造成本项目总体工期滞后约 3 个月。从设计–施工总承包合同出发，如继续采用一台盾构，工期、履约难以保证。联合体及时向建设单位及市政府相关单位申明增加第 2 台盾构的必要性，最终政府投资审计局同意签订增加第 2 台盾构补充合同，并在原总包合同基础上增加费用约 2 千万元。根据现场成桩情况及以往的施工经验，现场施工人员对围护结构提出优化方案，并通知设计院进行相关验算，最终经联合体内部讨论及组织分析，在保证安全、可靠、施工可行的前提下，河西明挖段围护结构现有设计具有优化的可能。

（2）常见的组织管理模式现状

设计施工总承包模式主要是通过对勘察、设计、施工进行总价承包，既保证工程质量又节约投资，降低业主在工程施工过程中的风险，且充分发挥设计和施工的潜力，最小化成本成就最大化的利润，尤其在政府投资的大型公共设施项目中尤为明显，在政府投资预算有限的情况下，能顺利完工交付使用，使政府和企业达到共赢的局面。

但设计与施工脱节总承包优势发挥不明显，项目中标单位虽然为设计施工联合体，但在项目施工过程中，仍然沿用设计与施工分开管理的模式，设计院只负责出施工图纸，而现场施工由施工单位负责。两者单独办公，分开管理，设计施工处于分离的状态，存在设计的图纸不便于施工，施工过程发现的问题未能及时通知设计的现象。工程量差问题突出，项目建设成本风险增大设计–施工总承包模式下，招标人不提供工程量清单，由投标人依据招标文件中包括的有合同约束力的图纸以及有关工程量清单的国家标准、行业标准、合同条款中约定的工程量计算规则进行编制。

4. 模式四：设计 + 采购 + 施工的总承包管理模式

设计 + 采购 + 施工总承包是指工程总承包企业按照合同约定，承担工程项目的设计、采购、施工服务等工作，并对承包工程的质量、安全、工期、造价全面负责，是我国目前推行总承包模式最主要的一种。

（1）案例分析

1）深圳万科某写字楼项目

深圳万科某写字楼项目工程建筑面积 8.25 万 m^2，建筑高度 153.7m，属于一类超高层公共建筑。项目采取 V+EPC 合作模式，工程总承包方与业主方联合组建 EPC 项目管理团队，总承包方为业主提供“报批报建管理、设计管理、合约招采管理、建造管理、竣工及交付”等项目全过程的服务。该项目是万科集团投资的国内最顶尖的自用办公写字楼，业主方利用总承包方在高端写字楼领域庞大的数据积累，通过对标形成了最具价值的工程实施方案。目前，项目已荣获“深圳万科 2016 年度最佳创新奖”。

该项目合约内容为：总承包方承担部分设计管理 + 土建、安装工程深化设计 + 采

购施工（其他采购暂未确定）+ 施工总承包管理；总包方协助业主对报建施工图之前的设计管理工作，并主笔编制《工程交付标准》（初稿）；总包完成精细化施工图设计和深化设计；全生命周期的 BIM 应用，BIM 精度不低于 LOD400。

2）重庆华南城某项目

重庆华南城某项目规划总建筑面积 1350 万 m^2，前期计划投资额超过 200 亿元人民币，项目包括展示交易区、中央公园商业休闲区、配套生活区和物流仓储区四大功能区，涵盖酒店用品、副食品、汽摩汽配、家具建材、小商品、纺织服装、五金机电等业态，集商业批发市场、仓储物流配送、综合商业配套、电子商务平台、会议展览、高档生活配套、综合物业管理、特色旅游等多种功能于一体。

该项目总承包方主要承担项目设计管理与建造管理工作，同时在报批报建、合约招采等方面配合管理，探索出“以设计管理为核心、各版块高度融合”的 EPC 项目总承包管理模式。项目总结形成“三个阶段、四个融合、八项管理”的管理理念，统筹体现 EPC 项目管理中设计、招采及施工的联动性。在初步设计、施工图设计及深化设计三个阶段将招采、成本、功能及施工这四个方面高度融合，过程中对流程、进度、标准维护、提资与接口、设计评审、设计文件、分包招标技术文件、材料设备报审等八项内容进行管理。该项目在三个月内完成设计方案与图纸评审、系统性及专业性优化方案等工作，降低成本达 2000 万元。同时，项目在报批报建、合约招采、建造与计划等各项工作中以“配合设计，高度融合”为原则展开，有效保障了工期。

（2）常见的组织管理现状

项目总包需整合各专业深化设计能力，在规定时间内完成相关的深化设计（精细化施工图设计），由于工期时间紧张、深化设计人员能力不足，可能产生深化设计滞后，影响包干价确定的进度风险，同时可能因深化设计质量造成错漏碰缺项引起的商务风险。总包方缺乏设计管理经验和方法，统筹管理各专业深化设计进度和质量能力不足。

5. 模式五：设计 + 采购 + 施工 + 运营的总承包管理模式

该模式是在设计 + 采购 + 施工总承包模式上的眼神，加入试运行（竣工验收），最终向业主提交一个满足使用功能、具备使用条件的工程项目。

（1）案例分析：上海虹桥某商业综合体项目

该项目位于上海虹桥枢纽核心区，是业主方开发的首个 EPC 项目，总建筑面积 13.88 万 m^2（其中地下室建筑面积 6.3 万 m^2），建成后将是以办公、商业为主要物业类型的中高端商务综合体。本项目的成功试点为业主方开启了全新的项目运营模式。

该项目的合约内容为：业主在方案图出来后，确定初步交付标准，通过初步交付标准确定各专业的费控目标，以总费控目标签订总包合同。总包在初步交付标准和费控目标基础上进行设计管理。专业施工图确认后进行包干价核定，单项包干价与费控目标控制在 5% 以内，总费控不得调整。业主负责方案的确定和交付标准的确定，总包单位承担所有施工管理工作，负责管理施工图设计、专项设计、各专业的深化设计工作，总包承担从施工图开始到竣工备案交付使用的各项报批报建工作；专项设计和各专业深化设计需得到业主、设计院及业主委托的顾问公司审核。合约规划、招标采购基本由总承包单位负责，个别专业由业主集采。

（2）常见的组织管理现状

设计管理方面：由于从施工图开始的设计管理由总包负责，设计的错漏碰缺项由总包承担；由于业主的交付标准和设计管理权责界面不清晰，造成总包与业主在设计管理过程中的争议时有发生，业主对总包提出的变更管理更加严格，项目设计优化的空间进一步缩小。由于设计管理界面和管理流程不清晰，造成部分设计成果决策缓慢，严重影响设计进度。设计管理基本处于事后管理状态，未对施工图设计、专项设计及深化设计统筹管理，设计质量、进度及成本不受控，存在工期、质量、成本的重大风险。缺乏主动完善交付标准意识，不能有效支撑设计管理、商务合约管理和工程管理。深化设计与招采的关联项不清晰，采购延误，影响深化设计进度、进而影响总体进度与成本。

合约商务管理方面：除土建范围内的自行采购外，其他工作包基本采用收取一定的总包管理费直接分包。对专业工程与业主进行包干价谈判基本依托专业单位，推进速度不受控。项目对专业分包的采购管理缺失，基本处于“以包代管”的状态，项目后期履约风险较大。

工程施工管理方面：各专业工作穿插时间和空间关系，公共资源的统一规划、使用、管理（塔吊、电梯、道路、平面、共用脚手架体、临设等，与土建项目划分明确），各工作包的具体界面，分包进度、质量、安全管理，总包和分包的安全、质量管理权责划分等需明确。需指定合理的施工总控计划，仅对各专业计划进行简单合并，各专业施工穿插时间关联性不强，未考虑设计、采购进度与施工的关联，无法有效执行进度跟踪和风险分析，管理过程中无法防范履约风险未建立计划管理体系，无法进行有效的分级管理。

6. 新型建造组织模式需要解决的问题

根据上述案例分析，在推动新型建造组织模式过程中，还存在一些问题：

（1）目前绝大部分装配式建筑项目仍沿用业主大包大揽、分块切割的管理模式，导致设计、生产、施工、运维等多环节多专业难以有效协同，装配式建筑的优势并没有体现。

（2）与工程总承包模式相配套的监管机制还不够健全。涉及招投标、资质管理、审图制度、造价定额、施工监理、质量检测、竣工验收等相关配套制度，还需要政府加快完善，如工程总承包招标投标等制度，还需要从立法层面进行改革。

（3）当前有些装配式项目推行的工程总承包管理模式，还只是施工总包管理模式的简单延伸。工程总承包企业还需要结合装配式特点，以完善装配式建筑集成技术体系为基础，优化整合全产业链上的资源配置。

2.4.4 新型建造组织方式展望

新型建造方式采用工程总承包模式是大势所趋，全面推进工程总承包机制，还应从以下几点出发：

（1）完善相应的行业管理机制

装配式建筑是一项系统工程，与之对应的工程总承包管理机制同样是一项系统工程，需要政府加强宏观指导和协调，完善相关配套政策，建立工作协调机制。要加强对建设单位项目发包管理；要完善工程总承包项目招投标管理；要加强对工程总承包企业分包管理；要进一步明确工程总承包企业的责任和义务；要完善工程总承包项目的风险管理和质量安全监管。

（2）提升工程总承包企业能力水平

工程总包企业要建立完善的总承包组织机构，健全与资源配置和价值贡献相匹配的利益分配机制，形成项目设计、制造、采购、装配各阶段协同建造的管控体系。此外，还要加大技术创新力度，不断优化提升行业技术体系、技术标准、技术工法的先进性、系统性和科学性，增强设计主导下的系统性装配和一体化建造能力，不断提高管理效率和工程品质。

（3）做好工程总承包人才队伍培育

结合装配式建筑技术体系和管理模式要求，从全产业链发展角度出发，积极培养、配置建筑工业化相关的复合型人才。政府、高校和企业要形成合力，在提升管理团队能力素质和工人队伍职业技能方面，加大针对性的职业教育力度，切实做好装配式建筑领域人才队伍的能力建设。

（4）推进装配式建筑的产业联盟建设

装配式建筑是生产方式的巨大变革，企业是推动生产关系适应生产力发展的重要市场主体。在装配式建筑推行工程总承包管理模式的发展初期，尤其需要在行业内培育一批有较强技术实力和竞争能力的龙头企业，明确其责任主体和引领地位，发挥其统筹集成能力，带领装配式建筑全产业链相关产业的一体化发展。

2.5 新型建造管理模式

2.5.1 传统管理模式现状

目前我国的建筑工程管理中还存在诸多问题，必须对其进行充分分析，找到相应的解决对策，推动我国建筑业的不断发展。就目前情况而言，众多建筑企业并未认识到建设事业管理的重要性，在建筑过程中的各项管理工作仍旧沿用传统的管理方式，由有经验的建筑人员进行各项事务的安排。由于传统建筑工程在管理上存在严重漏洞导致建筑工程管理成本高昂。

很多建筑企业忽视对建筑工程质量的管理，缺乏标准化建造方式的意识，在建造过程中为加快进度导致出现了各种不规范操作。很多建筑工程的质量无法达到建筑实际使用要求，一些建筑甚至留下了严重的安全隐患。一些建筑工程完工后达不到验收标准，给建筑企业带来极大的经济损失。另外，在目前建造管理方式下，缺少对环境保护、能耗控制、资源控制的目标设置，管理部门的机制不完善、职责不明确，造成了建筑业的环境污染、大量能源消耗。

2.5.2 新型建造管理模式趋势

1. 精细化管理

（1）精细化管理的基本内涵

精细化管理就是面向建筑产品全生命周期，持续地减少浪费，提高效率，提升质量，最大限度的满足顾客的要求，实现价值最大化的系统管理方法。

对于实施精细化管理的要素，以四化为主，即专业化、系统化、数据化、信息化，以专业化为前提，系统化为保证，数据化为标准，信息化为手段。

（2）精细化管理的路径

增加统筹各专业的精细化设计阶段、制定明确的工作标准和配合性良好的工作流程、强调过程中跟踪管理、加强成果的审核。

在精细化管理模式下，设计阶段建筑的各环节，通过设计成果评价、全专业综合和精细化施工图实现设计阶段的集成管理。

1）设计成果评价

新型建造方式下，设计成果评价从全局性、方向性出发，集合各环节专业技术资源，通过对项目标准和需求的深度剖析和梳理，从设计、生产、施工及后期运维的综合效益出发，对实施方案进行彻底的拆分和模拟，最终达到提高构件标准化，便于施工、方便维护，达到可以实现“造价可控、工期可控、质量可控”的目的。

2）全专业综合

新型建造方式下，统筹各专业协调，全专业综合并不是简单的各专业图纸叠加，而是要提高各专业的合理性及经济性。在设计阶段规避质量问题，提高施工效率及效益。

3）精细化施工图

新型建造方式下，精细化施工图从源头上兼顾设计细节和施工可操作性，把节点的详细做法体现在施工图上。

2. 标准化管理

（1）标准化管理的基本内涵

健全与装配式建筑相适应的发包承包、施工许可、工程造价、竣工验收等制度，实现工程设计、部品部件生产、施工及采购统一管理和深度融合。强化全过程监管，确保工程质量安全，是装配式建筑工作标准化的前提。

推进工作标准化，需要完善装配式建筑标准规范，推进集成化设计、工业化生产、装配化施工、一体化装修，引导行业研发适用技术、设备和机具，提高装配式建材应用比例，促进建造方式现代化。

（2）标准化管理的路径

针对不同建筑类型和部品部件的特点，结合建筑功能需求，从设计、制造、安装、维护等方面入手，划分标准化模块，进行部品部件以及结构、外围护、内装和设备管线的模数协调及接口标准化研究，建立标准化技术体系，实现部品部件和接口的模数化、标准化，使设计、生产、施工、验收全部纳入尺寸协调的范畴，形成装配式建筑的通用建筑体系。

3. 信息化管理

（1）信息化管理的基本内涵

信息化的核心是建立建筑业的大数据，建筑业的各环节的数据建设是建筑业信息化的本质。搭建数据的框架，梳理数据的逻辑关系，对数据进行分类和组合，数据与管理功能的衔接是信息化的内涵。

（2）信息化管理的路径

新型建造方式将传统建筑业的湿作业建造模式转向学习制造业工厂生产模式。信息化将信息技术、自动化技术、现代管理技术与制造技术相结合，可以改善制造经营、产品开发和生产等各个环节。提高生产效率、产品质量和创新能力，降低消耗，带动产品设计方法和设计工具的创新、管理模式的创新、制造技术的创新以及协作关系的创新。从而实现产品设计标准化、生产过程控制的智能化、制造装备的数控化以及咨询服务的网络化，全面提升新型建造方式的生命力。

2.5.3　新型建造管理模式展望

新时期的建筑工程需要从不同角度适应人们的需求，在技术手段上进行一定程度的革新，保证建筑施工与时俱进。同时在项目管理上需要从不同角度进行分析，保证项目的科学进行，为建筑业的发展打下坚实的社会基础。

新型建造管理方式的范围是建筑的全寿命周期，建筑的前期策划、设计、施工、运营直到建筑物的使用寿命结束进行拆除，应从项目的全生命周期出发，使工程建设和运行期间的目标一致，统一管理模式、管理方法，通过精细化、标准化、信息化的管理手段，对各建造阶段的工作从不同的专业角度进行优化，做好信息互通，以达到环境友好、效率提升、保证质量、确保安全的目的。

第3章　新型建造方式产业要素

3.1　产业要素要求

新型建造方式产业链形成的生产要素，是指为建筑产品的各种投入，即知识、资金、人力、技术、软件、原材料、构配件、建筑部品、机械、器具、规章制度、环保措施等，即通常所说的“人、机、料、法、环”。其中技术、构配件、建筑部品的研发等属于高级生产要素，从设计、生产和施工三个过程分别来看要满足的基本高级生产要素是指预制构配件标准化和深化设计、自动化生产、构配件及部品连接、机械化施工组织与管理、辅助支撑等。

建筑产品生产过程复杂，协调量大，仅仅具有相互割裂的设计、生产和施工是不够的，还需要相关配套产业的支撑和衔接，主要包括特殊运输和吊装机械设备、设计软件等产品供应商、构配件和建筑部品中间商、不同类型原材料和半成品的辅助供应商等。相应的高级生产要素包括新型建材生产及研发、模具开发、生产控制、吊装机械、相应的支持软件开发等。

产业要素转型升级就是要把业主、设计单位、构件工厂、施工单位等所有的上下游企业整合成完整的产业链，实现设计、生产、施工、后期运营与维护一体化，并在项目建造过程中不断整合各企业的优势资源，以提高生产效率。新型建造方式对产业要素的要求就是对产业链各环节的人员结构及素质、软硬件设备升级、成品与半成品供应链、法律法规及技术标准、节能减排等方面的要求。

3.2　人的要素分析

目前我国的建筑行业任为典型的劳动密集型行业。根据国家统计局数据，2016 年底建筑行业从业人员人数 5185.24 万人。这其中，农民工占比高达 80% 以上，管理、技术人员在建筑业占比不足 20%，呈现出一个“三角形”的人员分布（图 3-1）。这种从业比例也反映出目前建筑业技术含量不高、产业化程度较低的发展现状。

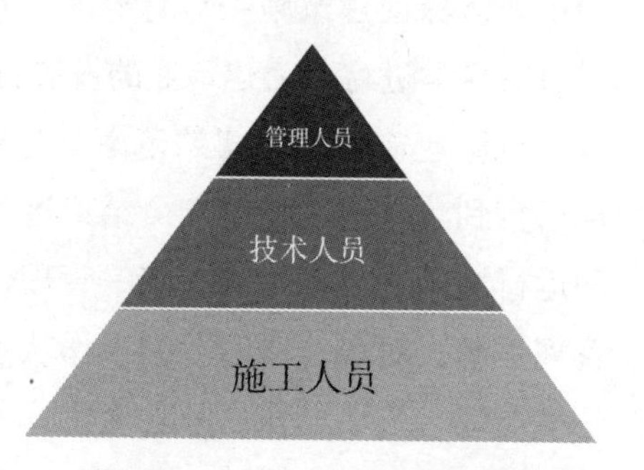

图 3-1　建筑从业人员构成图

建筑行业作为我国重要的支柱行业，其从业人员的素质的高低直接影响到社会发展要求和个人自身的安全，关系到建筑的质量和成本。目前，工程项目日益大型化、复杂化，建筑工程承包模式从计划、组织和设计到施工和管理的五个阶段，向前或向后延伸，建筑承包企业从以施工承包为中心职能的劳动密集型企业，向以管理监督为中心职能的知识技术密集型企业转变。随着建造水平和服务品质的要求不断提高，节能减排外部约束加大，暴露出我国建筑业从业人员专业水平参差不齐、一线施工人员流动性大、缺乏专业素养、学历知识水平低、高素质复合型技能型人才严重不足等等缺陷。

建筑行业由于其高危、高强度、高流动性的特征，使得大多的施工劳务人员随着项目的结束不断在城市间流动，由于城市务工没有保障，随时有可能失业，这些劳务人员不像其他行业那样稳定，长期在土地与工地之间徘徊，并没有脱离农业，也就是我们所称的农民工。目前我国农民工的就业模式还是以非正规模式为主，职业化程度极低，据统计，建筑行业目前 74% 的农民工未签订劳动合同，有 51.1% 的农民工没有接受过任何形式的技能培训。

近年来，中国建筑产业碰到意想不到的剧烈变化：国家统计局数据显示，2012 年末，我国 15 至 59 岁劳动年龄人口比上年末减少 345 万人，这是改革开放以来我国劳动力人口首次下降。其后这一数字年年下降。这一重大变化带来的直接影响，就是建筑企业的“民工潮”向“用工荒”转变，农民工工资水平快速上涨。如何推进更优质节能、更高效安全的新型建造方式，如何促使农民工向高素质的职业化工人转变问题日益凸显。

按照住房城乡建设事业“十三五”规划纲要，今后五年建筑业发展的产业结构调整目标之一就是：促进大型企业做优做强，形成一批以开发建设一体化、全过程工程咨询服务、工程总承包为业务主体、技术管理领先的龙头企业；弘扬工匠精神，培育高素质建筑工人。

多年来，随着建筑业新型建造方式的发展，在试点（示范）城市和试点示范项目的推进过程中，特别是由于行业内交流培训力度不断加大，形成了一批能够承担新型建造方式建筑设计、施工、吊装等方面工作的人才队伍。但是总体来说，人才短缺是制约新型建造方式建筑快速发展的最大瓶颈。

3.2.1　建筑从业人员专业化要求

建筑行业从业人员素质的高低直接关系到建筑的质量和成本，同样关系到自身的生命安全保障。我国建筑行业的从业人员约占到全国各行业人员的 6% 左右，数量庞大，但人员整体专业化水平不高。2017 年 2 月，国务院办公厅印发《关于促进建筑业持续健康发展的意见》，重申建筑业支柱产业的重要经济地位，并明确指出：加快完善信用体系、工程担保及个人执业资格等相关配套制度，优化资格管理，强化个人执业资格管理，明晰注册执业人员的权利、义务和责任，加大执业责任追究力度，提高从业人员素质。国家这一政策导向其根本目的是想提高建筑从业人员的专业化水平，保证关键岗位的人员具备必需的专业知识和技能，强化个人在工程建设中权利、义务和法律责任，只有具备相应专业知识和能力的人员，才能遵照工程建设客观规律，建成安全可靠的品质工程。

新型建造方式以标准化、工厂化、装配化、信息化、一体化为核心，旨在实现开发建设、设计研发、生产加工、施工装配、信息化管理和咨询服务等全产业链的协同持续发展，提升建筑业科技含量与工业附加值。新型建造方式下建筑工程其管理目标不仅仅是质量、工期、费用的控制，还应与资金筹措、风险分析、使用维护以及当地经济、环境等联系起来；建筑工程管理的范围已不限于实施过程，还要向前后期延伸，扩展到从立项到交付使用维护的全过程；新材料、新设备、新工艺、新理念、现代化工程管理手段等不断出现。因而建筑从业人员的分工需求越来越细化，之间的合作也越来越紧密。从业人员需求也向着知识背景更加深厚、水平更加专业、创新意识更强烈、沟通协调能力更优秀的综合型人才不断迈进。

由于建筑行业本身的种类就很多，每一种类从业人员岗位设置也非常多。在此仅列举阐述关键岗位人员——设计人员设计集约化、管理人员管理精细化、技术人员技术专业化的核心要求，其他如建设方、监管方、第三方等其他从业人员的专业化要求在此不做过多的阐述。

1. 设计人员设计集约化

新型建造方式要求工程设计人员具备“集约化”的建筑工程设计理念，贯彻标准化、集成化、模数化、产业化的思维模式，各专业协同设计，从而设计出成套、互通、适应、可变、节能的作品。针对目前建筑设计、结构设计、机电设计、装修设计等专业脱节造成的设计变更频繁或设计错误，又或者规划与设计、设计与施工、设计与材料等行业脱节造成施工受阻或返工浪费的现状，设计“集约化”的要求应运而生。

为加快新型建筑工业化发展进程，必须要从设计源头开始，重点研究解决影响新型建造方式发展的关键设计技术。形成主体结构与围护结构、建筑设备、装饰装修一体化的集成设计技术，包括系统集成的标准化设计和协同设计关键技术。从加工、装配和使用的角度，研究构件部品的标准化、多样化和模数模块化，建立完善工业化建筑设计体系。

在此趋势下，BIM 技术作为一种革新性的技术，其信息集成、信息共享、协同工作的特点在整个建筑全生命周期尤其是工程设计的作用日益显现。利用 BIM 技术所提供的可供多个专业同时工作、共同解决问题的模式进行协同设计。

日本在 20 世纪 90 年代，对于建筑信息化便已有了探索，当时开发了一系列的建筑信息化软件，基本形成了一套自己的建筑信息化体系。其 BIM 相关软件已经覆盖了建筑项目的整个生命周期，从项目的策划、概念方案到分析、算量以及建造和维护都有自己研发的相关软件。而且，软件互相之间也有十分成熟的接口，保障了信息无损的传递。最早出现和投入应用的主要是机电设备设计软件，主要有 REBRO，REAL 和 TFAS 等。为了便于 BIM 软件之间的信息传递，日本成立了 BIM 软件联盟，其软件产品涵盖各个阶段的 BIM 应用，实现了规划、设计、施工等阶段的数据集成和建筑全生命周期的信息数据管理。

我国 BIM 技术如今在设计、施工、运维均有应用，不止是应用在建筑工程项目上、也包地铁、桥梁等市政工程项目。比如，长沙地铁项目利用 BIM 技术进行碰撞检测对地铁 2 号线进行了一期工程的机电设备安装工作；云南省兰坪县的黄登水电站，采用 Autodesk Revit，AutoCADCivi13D，Autodesk Infrastructure Modeler（AIM） 等 BIM 软件对项目工程整体模型的全面信息化和可视化，完成施工总体布置设计。可以看出，从 2012 年至今，经过我国前期对 BIM 技术初期的认识和应用，已经进入一个从国家政策大力推动、逐步开始融入高校教育、应用涉及范围开始扩大的阶段。

集约化 BIM 设计先由建筑、结构、设备等各专业设计人员进行各自专业方案的设计，再由 BIM 技术通过模拟分析、可视化设计、模块化功能、三维协同等特点进行对方案设计进行辅助设计和分析。BIM 技术在此期间的应用点主要包括五个方面：建筑空间设计分析、抗震模拟分析、预制构件拆分设计、创建模型数据库、各专业之间的碰撞检测，最终集约形成一个完整的、合理统一的设计方案。

以预制装配式 PC 住宅的预制构件的设计要求为例，作为设计人员，需对尺寸、标准、生产、运输、安装等要点集约考虑，见图 3-2。

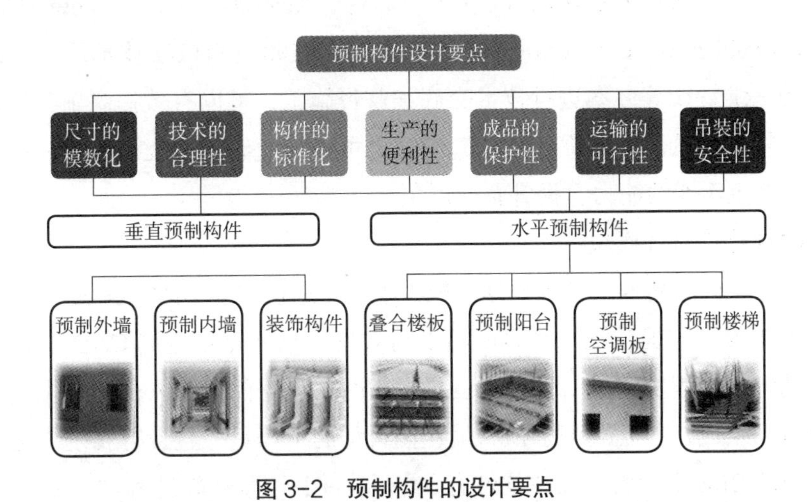

图 3-2　预制构件的设计要点

2. 管理人员管理精细化

目前，我国建筑企业给予了工程技术人员以充分的重视，但是却忽略了项目管理人员。工程技术人员在工程项目中发挥了很大的作用，需要对现场施工进行指导，使工程项目的质量达到一定的要求。但是，管理人员的作用也是不可忽视的，管理人员需要对整个工程项目进行熟练的把握，同时对各个环节进行有效的协调。如果管理人员足够专业，那么其将在有效控制成木、提高经济效益方而发挥积极的作用。同时，我国的建筑行业属于劳动密集型企业，农民工占一线施工人员的绝大比例，他们没有接受过系统培训，具有较低的施工素质，从而在一定程度上阻碍了工程质量的提升，在实际工作中，一些具有较低素质的人员为了节省劳动力常常违章操作，工程项目的安全和质量便得不到有效的保证。

传统建筑施工管理方法粗放，工程质量细节难以提升，资源浪费情况普遍。新型建造方式下的施工管理要求推行“精细化”管理，由管理精细化到施工精细化再到产品精细化。施工管理人员必须对涉及工程的各种因素实施全过程、无缝隙的管理，形成一环扣一环的管理链，严格遵守技术规范和操作规程，优化各工序施工工艺，克服各个细节质量缺陷，形成整体工程高质量。

与工程设计类似，BIM 技术在施工项目管理上的应用前景亦十分广泛。BIM 技术可按照管理目标、功能需求分解施工项目为数个模块，施工项目可根据需求应用其中的一个或数个模块，以达到精细化管理、提高项目效益的目标。

以目前我国施工管理 BIM 技术应用为例，现在我国建筑施工企业应用 BIM 技术的模块主要有如下两方面：

（1）BIM 模型综合碰撞检查模块

进行碰撞检测，减少返工。在设计基础上进行 BIM 技术应用碰撞检测模块非常方便，投入较少。目前相关模块软件有：鲁班软件、Autodesk Revit、Bentley Projectwise Navigator 和 Solibri Model Checke 等。施工企业掌握和应用该项技术后，可以利用碰撞优化后的三维管线等方案进行技术交底和监督施工，可以有效提高施工质量，有效缩短施工工期，降低成本、提高利润，同时也可以由此向业主提出优化建议，大大增强了企业与业主沟通的能力，提升企业形象。

（2）BIM 造价管理模块

快速算量、提高精度，精确计划、减少浪费。通过建立 BIM 关联数据库，可以准确快速计算工程量，提升施工预算的精度与效率，只要有相应的 CAD 图，应用 BIM 技术能自动计算工程实物量，而且当变更发生时，只需简单输入变更数据，变更后工程量就会自动生成，大大减少了预算员、抽料员的工作量，且计算精度大为提升。目前国内常用的 BIM 造价管理模块软件有：鲁班软件、广联达软件等。

上述 BIM 技术模块，可以快速准确地获得每个施工空间、每个施工时间段所需的建筑材料、工时等工程基础数据，为制定资源供应规划提供数据保证，为采取限额领料等资源控制手段打下科学基础，有效减少了材料存放损耗和浪费，为管理精细化提

供了有利条件。

施工管理精细化意义重大，是建筑业未来的大方向。我国正在根据实际情况通过采取精细化管理体系，根据企业情况制定相适应的技术、经济措施、考核评价体系、BIM技术应用等措施，循序渐进地推动精细化管理进程。

3. 技术人员技术专业化

作为一名施工技术人员，必须要对自己所做的工程有相当的专业理论知识和技术能力，这是施工技术人员从事职业的立身之本。

新型建造方式下建筑工程早已与机械机电行业、信息产业、电子电工、环保绿化等行业紧密结合，BIM技术、3D打印、VR技术、物联网、建筑机器人等一些新技术、新工艺、新材料、新设备等不断涌现，科技水平含量越来越高，这就要求我们的施工技术人员队伍能够紧跟上科学发展的步伐，提升创新能力。对新型建造方式进行积极的、有针对性的探索同时，不断地加以分析、概况和总结，积累经验，熟练掌握并规范其施工标准。并且相较于传统施工，新型建造方式要求我们的施工技术人员对施工作业过程中各项施工数据进行更加具体、清晰和明确的统计和核算，不断提高建筑施工效率及施工质量。简而言之，就是更加“专业化”。

新型建筑工业化的发展对传统建造方式造成了巨大冲击，必然对建筑行业的从业人员和技术工人提出新的挑战，目前的技术人才已不能满足新型建筑工业化的需求，必须从技术人才的入口进行匹配，以期满足新型建筑工业化的发展历程。技术人才的培养有两个方面：一是企业应加大培训力度，对原有技术人员进行符合新型建造模式下的技术培训；二是输送技术人才的各大院校应调整相关专业人才培养知识体系，在传统知识的基础上加入新型建筑工业化的相关课程，以满足建筑企业对技术人才的需求。

3.2.2 施工劳务人员产业化要求

产业化的内涵是指一种职业化、规范化、制度化、标准化的工作状态。2017年中共中央、国务院印发《新时期产业工人队伍建设改革方案》中明确提出，要把产业工人队伍建设作为实施科教兴国战略、人才强国战略、创新驱动发展战略的重要支撑和基础保障，纳入国家和地方经济社会发展规划，造就一支有理想守信念、懂技术会创新、敢担当讲奉献的宏大的产业工人队伍。

随着建筑施工行业加速转型升级，由劳动密集型向技术、知识和管理密集型转变，新型建造方式下施工劳务人员结构将进一步优化，传统的木工、泥工、水电工、焊工、钢筋工、架子工、抹灰工、腻子工、幕墙工、管道工、混凝土工等部分施工劳务人员岗位将会被淘汰，新的工种如预制装配工、特种架体安装工、特种机械设备操作工等将慢慢涌现。现场施工工作量将大大减少，相对应的在工厂从事建筑部品部件生产的产业工人人数将会大幅增加；且随着科技含量的提高，对操作人员的技术能力也会提出更高的要求，将会促进一批有一定专业技能水平的农民工向高素质的新型产业工人转变；施工劳务人员流动性降低，大量松散的、流动的劳务人员将会逐步转变为在固定场所按时上下班的、有组织的产业工人，从而建立形成稳定的新型建筑业产业工人队伍。

施工劳务人员产业化即是农民工通过正规就业的模式向具有专业技能的产业工人进行转变的动态过程。根据2015年中央城市工作会议中部署的市民化发展要求：农民工要通过转变就业方式、提高个人素质、掌握专业技能、逐步的实现职业化。以此为目标，推进施工劳务人员从业专职化、就业组织化、劳动关系合同化、行为规范化，促使农民工向稳定、高素质的产业工人转化，对加快我国城市一体化发展及建筑业可持续发展、促进社会和谐稳定有重要的现实意义。

1. 从业专职化

要求施工劳务人员不再是“人在外、心系田”的状态，进入建筑行业后，建筑施工作业的工作成为其唯一且稳定的工作。

目前我国传统建筑工人中部分工种持证上岗率较高，主要为国家已经明文规定必须持证上岗作业的钢筋工、机械操作工、电工和焊工等，但是其他工种，如木工、混凝土工、瓦工、架子工等国家尚未有持证上岗的明文规定，其从业人员鱼龙混杂，手艺参差不齐。而预制装配式、BIM、一体化脚手架、智能化装备等等一些新型的建造方式其对施工劳务人员职业化程度要求更高，更多的工种应从持证上岗制度着手进行职业岗位的精细的划分，且作为一项职业，就必须有严明的职业标准、职业性质、从业要求。

2. 就业组织化

要求施工劳务人员正规就业，就职有组织、有纪律。

目前建筑业劳务人员的组织结构模式大致有三类：企业自有劳务班组、有法人资质的劳务企业以及“包工头”组建的劳务队伍。前两类的就业形式就属于有组织的就业形式，施工劳务人员自身的权益能得到有效保障，技能水平能不断提高，但是施工劳务人员就业按此两类组织结构模式的总占比还不足20%，主要是电工、水工、装修工、机操工等专业技术性较强的工种。“包工头”组建的劳务队伍类的人员组织结构模式总占比超过80%，其施工劳务人员外出打工的主要途径是通过亲戚或者老乡的介绍，由“包工头”带领的小群体进行劳务工作。这种小群体的就业组织模式人员流动性大、不稳定因素多，“包工头”既不是施工企业人员，又没有资质与劳务人员签订有保障的劳务合同，其带来的负面影响日益凸显，比如恶意欠薪讨薪、打架斗殴、没有医疗保障等问题。因此形成组织化就业是解决“包工头”用工模式所带来的各种问题的关键，也是实现劳务职业化的核心。农民工只有脱离隐形就业状态，成为产业工人，才能处于制度的监管，自身合法权益才能得到有效的保障。

3. 劳动关系合同化

要求每位施工劳务人员都签订正式的用工合同，各方的权利都能得到保障。

合同化用工是我国《劳动法》的法定要求，用工企业与劳务人员之间签订的正式劳动合同不仅是劳务人员和用工企业权益的保护伞，也是约束双方行为的绳索。因此，劳动关系合同化也是施工劳务人员正规化就业的前提。目前建筑行业大部分劳务人员没有签订正规有效的劳动合同,很多是口头的协议没有任何法律约束,且现行《劳动法》并不完善，它对农民工权益相关的劳动制度规定得不够全面和细致，使得用人单位钻法律空子侵犯农民工的合法权益，从而导致一系列工伤索赔、劳资纠纷、社会保障等大量问题不断出现。农民工只有签订了切实有效的用工合同，实现劳动关系真正的合同化，劳动者才会享受到相应的保障和待遇，才能实现自身的跨越式发展，逐步成为一名有专业技术的职业化产业工人。

以中建三局试点推行的“施工劳务工人实名制”为例。中建三局作为全国仅有的两家建筑劳务实名制试点单位之一，已经正式上线并发布了全国建筑工人实名制管理平台，该平台由承包企业管理系统、作业企业管理系统、项目现场管理系统、中国建筑劳务管理网及云筑劳务 APP 等部分组成，并于 2016 年 5 月开始在湖北科技馆新馆工程项目进行了实际操作试点推行。将每位劳务工人的工作经历、技能等级、考勤工资等录入该信息工作管理平台系统后，建筑劳务工人。拿起“一卡通”在门禁上一刷，上午的工时、考勤及所在班组等信息清晰地显示在屏幕上。不仅如此，建筑劳务工人所参与过的技能培训、从业历程、工资支付情况等，无论如何流动，都可以实现“一卡通”，从而达到真实反映现场劳务作业人员的工资信息、摸清人工费支出情况、减少拖欠工资行为等作用。

全国建筑工人实名制管理平台上线后，将逐步把全国 8 万多家建筑企业的 5000 多万名建筑工人信息数据集中到平台上来，维护建筑工人和建筑施工企业的双方合法权益，并帮助政府部门收集建筑工人实名信息、项目信息、参建企业信息等“大数据”。截至 2017 年 4 月底，平台总上线项目已达 582 个，注册建筑工人 32 万余人。

4. 行为规范化

要求施工劳务人员具有一定的思想素质，掌握一方面的专业技能，具备较强的工作能力。

目前我国传统建筑施工劳务人员其工艺基本上都是自学或者跟师傅学成，没有经过专门的职业技能培训。而预制装配式、BIM、一体化脚手架、智能化装备等等一些新型的建造方式，机械化、智能化、自动化程度更高，对精确度、准确度要求更精密，对于施工劳务人员的专业技能要求更加苛刻。在此背景下，加强施工劳务人员素质教育、安全教育以及职业技能培训，约束施工劳务人员的失范行为，消除歧视及不公平待遇，对于加速施工劳务人员和城市的融合，推进城市化和工人化进程，实现产业化目标，显得十分重要。

3.2.3 完善教育、培训、培养机制要求

我国建筑产业人才队伍现状特点：

（1）建筑业人才队伍不断壮大，但产业化人才缺口巨大

2016年底，建筑业从业人数5185.24万人，占全社会就业人员总数的6.68%（图3-3），建筑业在推动地方经济发展、吸纳农村转移人口就业、推进新型城镇化建设和维护社会稳定等方面作用显著，但在新型建造方式壮大发展的同时，新型建筑人才匮乏成了企业发展甚至整个产业发展的“短板”，据目前推算，我国新型现代建筑产业发展需求的专业技术人才紧缺近一千万人。新型现代建筑发展所需后备人才在高校培养中也几近空白。

生产一线的技术与管理人员，大部分仅具备高职以下学历，而大量从事建筑业的工人及农民工，基本上都是初中以下学历，建筑业从业人员很多没有受过培训，大多无职业资格；全国建设行业本科学历的管理人员比例就更低，与建立适应新型建造方式建筑队伍组织结构和对构建大型企业集团的资质要求有较大的距离。因此，近几年来企业需要补充大量的高层次的管理人员、技术人员、施工人员和生产人员，以尽快提高企业的技术和管理水平。

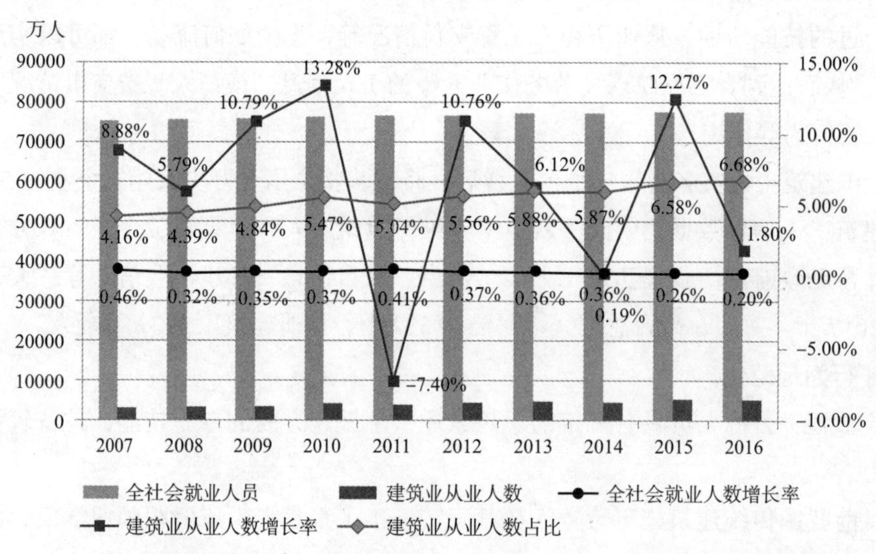

图3-3 2007 ~ 2016年全社会就业人员总数、建筑业从业人数增长情况

（2）教育培训力度加大，但尚未建立科学完善的新型建造方式建筑教育培训体系

近年来，各省不断加大对从业人员的教育培训力度。但新型建造方式推广过程中，原有的技能岗位和专业要求发生很大变化，需要一大批由现场操作转为车间操作的技

术工人，同时工地的施工方式和工序也产生了巨大变化，当前的培训计划及实施不到位，缺乏针对性，亟需建立针对新型建造方式发展的人才培养和教育体系。

（3）建筑业人才队伍结构不合理，投入机制及配套政策措施不足

人才队伍结构不合理，目前十分缺乏既懂技术和管理、又善经营的复合型人才，同时一线操作人员老龄化严重，高技能实用性人才严重短缺，建筑行业对新进年轻劳务人员缺乏吸引力，人才培养机制与行业发展需求不相适应，缺乏人才评价、激励、保障等配套政策措施。

（4）国内高等建筑院校转型缓慢，无法跟上新型建造方式发展的需求

我国高等教育和职业教育的改革严重滞后于新型建造方式的发展，需要进一步进行培养方案、课程体系及实践环节的改革，为新型建造方式的发展提供高层次人才。

（5）新型建造方式建筑人才培养资源匹配难

新型建造方式人才的培养需要对接行业全产业链的革新与发展，但因新型建造方式人才的培养长期受到师资队伍不足、优质课程不足、理实衔接不足、实训基础不足、就业渠道不足等问题的困扰，应整合全行业、全产业的资源，立体化、全方位进行人才培养与服务。

（6）新型建造方式带来的新工种缺乏培养路径和教材

新型建造方式的新技术呼唤着建筑行业新工种的出现，在这样的形势，新型建造方式职业教育一方面要对已有的教育模式进行加强，同时，又使能够适应建筑行业新型建造方式发展的进步与变化。每一方面都要改革教育，以培养新一代的新型建造方式建筑应用型人才。

1. 建设职业技能培养体系

传统建筑行业对新进年轻劳务人员缺乏吸引力，亟需职业技能培养体系建设。

新型建造方式带来了新型的人才需求，需对新进入行业的年轻劳务人员进行培训后上岗，以适应新型建造方式变革的需要。新型建造方式下的农民工将转变为产业工人，将对年轻劳务人员产生较大的吸引力，但目前缺乏宣传，年轻人对此缺乏了解，同时缺乏相应的培训机构，导致其进入新型建筑行业困难。需要借助产业转型的契机，利用传统的社会资源，建立与建筑产业发展相适应的职业技能培养体系，完成农民工向产业工人的转变，同时加速城镇化的进程。

新型建造方式建筑人才培养是全社会的一项庞大系统工程，需要集中全行业、全社会的力量，调动巨大的社会资源与人力物力。为了充分发挥市场在资源配置中的决定性作用和更好地发挥政府作用，逐步使社会力量成为发展新型建造方式建筑人才培养的主体，鼓励相关单位、企业、院校、科研院所等参与新型建造方式建筑人才培养，建议国家联合相关领导部门通过政府财政扶持、购买服务、协调指导、评估认证、政策优惠等方式，鼓励新型建造方式建筑相关机构、单位或企业、院校等参与新型建造

方式建筑的人才培养。并完善投入机制。健全以政府参与投入、受教育者合理分担培养成本、培养单位多渠道筹集经费的人才培养投入机制。培养单位按国家有关规定加大人才培养经费投入的力度，统筹财政投入、科研经费、学费收入、社会捐助等各种资源，确保对新型建造方式建筑人才培养的投入。

2. 加强产业工人教育及培训

新型建造方式建筑带来了建筑全行业生产方式的变化，现场操作转为车间操作，手工操作转为现场安装，同时工地的施工方式和工序也产生了巨大变化，传统建造方式的农民工需适应这些变化，将其由粗放型提升为产业化的产业工人、“蓝领”工人，改善其工作环境，是行业目前亟需解决的问题，另外产业化在人才集成度、能力匹配度等方面也需综合提升。

通过调研分析，从事建筑制造行业的农民工人数占全部农民工人数的 56.4%，新生代农民工从事制造建筑业的人数占全体新生代农民工总数的 54.2%。建筑行业农民工的培训最关键的是岗前安全培训和职业技能培训，也就是职业准入资格培训。通过建立高效实用、成本低廉的技术培训模式，使有劳动能力的贫困农民工转变成为建筑产业工人，解决这部分群体进城以后生产生活等一系列问题，提高产业工人技术水平，提升就业能力，是真正实现人的城镇化的重要途径，也是建设行业为国家新型城镇化发展所做贡献的重要体现。

建设行业是国民经济的支柱产业，当前正是建设行业转方式、调结构、促升级的发展机遇期，建筑产业现代化是建设新型城镇化的战略选择，是建筑业可持续发展的根本途径。产业的升级需要大量建筑产业现代化技术应用型、高素质技术技能人才和现代化产业化工人。

建议发挥协会与联盟作用，整合资源，集中力量对现有技术工人加强培训，加强建筑产业现代化人才的培训，调动建筑产业现代化企业和建筑工人的积极性，大力提升建筑产业工人队伍的整体素质和水平。

3. 提升产业链技术及管理人员素质

推进新型建造方式建筑过程中，全行业技术与管理人才需求存在巨大缺口。产业结构升级对行业高端人才提出了新的要求。由于建筑新型建造方式是对建筑全行业的革命，从研发、设计、项目管理、监理、造价、质检、安检、施工、材料全产业链的人员都需进行培训与升级。

（1）制定建立建筑产业现代化人才培养标准与职业技能鉴定体系

制定建立建筑产业现代化人才培养标准，培训后，通过考试对合格人员颁发相应资格证书，取得资格证书后方可从事新型建造方式建筑的技术和管理工作。

（2）建立新型建造方式建筑的定期学习培训制度

定期为部分技术人才、管理人才提供转型的学习和培训机会，聘请新型建造方式建筑行业领军人才、知名专家、大学教授定期进行相关技术和管理培训。使高等教育、继续教育与职业化教育协调发展，重点加大职业化教育的扶持力度，保证新型建造方式建筑人才形成后备梯队。对于建筑产业现代化的推进与发展具有极大意义。

（3）推进专业教学紧贴技术进步和生产实际

对接最新职业标准、行业标准和岗位规范，紧贴岗位实际工作过程，调整课程结构，更新课程内容，深化多种模式的课程改革。加强与职业技能鉴定机构、行业企业的合作，积极推行“双证书”制度，把职业岗位所需要的知识、技能和职业素养融入相关专业教学中，将相关课程考试考核与职业技能鉴定合并进行。普及推广项目教学、案例教学、情景教学、工作过程导向教学，广泛运用启发式、探究式、讨论式、参与式教学，充分激发学生的学习兴趣和积极性。

（4）拓宽技术技能应用人才终身学习通道

建立学习积累与转换制度，推进学习成果互认，促进工作实践、在职培训和技能证书互通互转。支持在职接受继续教育，根据职业发展需要，自主选择课程，自主安排学习进度。完善人才培养方案，实施“学分制、菜单式、模块化、开放型”教学。

4. 培养在校建筑后备人才

我国高等教育和职业教育的改革严重滞后于建筑新型建造方式的发展，后备人才培养严重不足，目前开设新型建造方式相关建筑专业，培养相关高级后备人才的高校几乎为零，需大力发展在校后备高级人才培养，以满足建筑业现代化环境下专业人员培养的要求。

（1）在本科、高职院校设立新型建造方式相关建筑专业，培养新型建造方式相关建筑高级与初、中级技术、管理人才。

新型建造方式给建筑业带来了新的课题与挑战，传统人才培养模式已无法适应建筑业的转型与升级。目前我国高校在新型建造方式相关建筑后备人才培养方面几近空白。建议在高校中开设新型建造方式相关建筑专业，以服务发展为宗旨，以促进就业为导向，坚持走内涵式发展道路，适应新型建造方式建筑发展新常态和技术技能应用人才成长成才需要，完善产教融合、协同育人机制，创新人才培养模式，构建线上与线下相融合的教学标准体系，健全教学质量管理和保障制度，以增强学生就业创业能力为核心，加强思想道德、人文素养教育和技术技能培养，全面提高新型建造方式相关建筑人才培养质量。

引导本科与职业院校科学合理设置专业。配合院校结合自身优势，科学准确定位，紧贴市场、紧贴产业、紧贴职业、紧贴新型建造方式相关建筑发展大趋势，设置或改进相关专业（方向）。注重传统产业相关专业改革和建设，服务传统产业向高端化、低碳化、智能化发展。围绕“互联网+”行动、《中国制造2025》等要求，适应新技术、新模式、新业态发展实际，积极发展新兴产业相关专业。优化建筑产业发展的专业布局。

利用大数据与云计算技术，建立专业人才需求与培养动态调整机制，及时发布专业设置预警信息。方便高效统筹管理相关专业培养计划与方式，围绕新型建造方式建筑产业转型升级，努力形成与区域产业分布形态相适应的专业布局。

推动新型建造方式建筑发展急需的示范专业建设。围绕新型建造方式建筑和战略性新兴产业发展需要，积极推进新型建造方式建筑相关专业建设。深化相关专业课程改革，突出专业特色，创新人才培养模式，强化师资队伍和实训基地建设，重点打造一批能够发挥引领辐射作用的示范专业点，带动新型建造方式建筑教育水平整体提升。完善专业课程衔接体系。探讨、安排开展衔接专业的公共基础课、专业课和顶岗实习，研究制订衔接专业教学标准。注重在培养规格、课程设置、工学比例、教学内容、教学方式方法、教学资源配置上的衔接。合理确定各阶段课程内容的难度、深度、广度和能力要求，推进课程的综合化、模块化和项目化。同时开发专业衔接教材、慕课教材和教学资源。

（2）组织全行业资源与力量，编制新型建造方式建筑相关教材。

行业的转型升级首先是人才的转型。面对建筑产业现代化的大力推广，以及巨大的市场需求，人才资源的不足却日渐突出，建筑产业现代化所需后备人才在高校培养中也仍是空白。新型建造方式建筑全行业急需一支懂技术、会管理、善经营的职业化的高级人才队伍。然而，由于建筑类普通高等教育培养人才的过分专业化、学科化，现在社会上建设类高等职业教育又出现空档，中职教育层次偏低等原因，这样集专业、管理等知识为一体的应用型、复合型高级建筑人才变得紧俏起来。面对建筑产业现代化的大力推广，以及人才资源的巨大需求，全行业迫切需要一套科学、系统、实用、紧贴产业生产实际的建筑产业现代化系列教材。

组织全行业资源与力量编制新型建造方式建筑相关教材，开展在线、数字课程和教材的开发、遴选、更新和评价机制，制订一套科学、系统、实用、紧贴产业生产实际的建筑产业现代化系列教材；并在实际教学中大力推广，配合新型建造方式建筑立体化、标准化、应用型的人才培养。

（3）建立新型建造方式建筑实训基地，培养应用型人才的实际操作能力。

为积极推进建筑产业现代化进程，切实加强以产学研合作教育为主体的教育培养模式，建立搭建企业与企业、院校与企业和合作平台，联合院校与企事业单位建立新型建造方式建筑实训基地，推广新型建造方式建筑教育体系，其中包括人才培养基地和人才实训基地。作为定位于培养新型建造方式建筑急需应用型人才的高等学校，目标应该是培养社会和产业需要的实用人才，而企业应该与高校合作，融合资源和技术服务人才培养，促进产业发展。因此，建立新型建造方式建筑实训基地，服务线上与线下教学，充分整合高校与企业教育实训资源，是新型教育模式和机制，能够使新型建造方式建筑教育建设更具特色，人才培养更具体验性。

建立新型建造方式建筑实训基地，培养应用型人才的实际操作能力，搭建企业与企业、院校与企业和合作平台，采取“企校双制、工学一体”的培训模式，以产业或专业（群）为纽带，推动专业人才培养与岗位需求衔接，推动教育教学改革与产业转型升级衔接配套。

（4）利用互联网手段，编制在线教育教程，建立人才服务平台。

建议积极稳妥推进人才培养衔接。建议建立人才培养综合服务与就业对接平台，结合建筑产业现代化发展相关企业需求与资源，形成适应发展需求、产教深度融合，校企优势互补、衔接贯通的培养体系。适应行业产业特征和人才需求，研究行业企业技术等级、产业价值链特点和技术技能人才培养规律，科学确定适合衔接培养的专业，重点设置复合性教学内容多的专业。

用互联网理念打造全建筑产业链的人才服务，结合高校传统教学、线上慕课平台、线下实训基地联合体，线上线下相结合、理论实践相结合、立体化、全方位地培养新型建造方式建筑人才。通过互联网技术为高校提供企业一线课程资源，在线实训服务，学生大数据分析，实现基于就业和职业应用的随时随地的技能提升，为高校提供学生学习行为监测、学习结果回馈和学习行为数据分析，协助高校教师快捷高效的教学，全力助推高校在线教育生态环境的持续健康发展。同时，完全与新型建造方式建筑企业合作，并配备专门就业服务部门，帮助学院高端人才解决实际的实习就业和职业发展问题。串联起专业人才精细化培养培训和高端人才输送，提供新型建造方式建筑高端人才由学校到企业的一站式人才培养解决方案，为新型建造方式建筑高级人才解决就业，结合大数据分析，为其行业内上千家相关企业机构定向匹配、输送人才，满足新型建造方式建筑上千万人才需求。

（5）加强区域联合、优势互补、资源共享，构建全国教育教学资源信息化网络。

组织开发一批优质的专业教学资源库、网络课程、生产实际教学案例等。只有把在线教育与传统教学协调地融合到一起，充分整合全行业教育、技术资源，才能最大限度提高和促进新型建造方式建筑教育，确保我国新型建造方式建筑与人才培养事业的可持续性发展。

（6）深化校企协同育人，大力推广高校与龙头企业联合办学、“校中校”的新型人才培养模式，建立教育与就业一条龙的培养体系。

建议深化校企协同育人。创新校企合作育人的途径与方式，充分发挥企业的重要实践主体作用。校企共建校内外生产性实训基地、技术服务和产品开发中心、教育实践平台等。以产业或专业（群）为纽带，推动专业人才培养与岗位需求衔接，人才培养链和产业链相融合。促进校企联合招生、联合培养、一体化育人的现代学徒制培养方式。完善新型建造方式建筑教育指导体系，创新机制，提升行业指导能力，定期发布新型建造方式建筑行业人才需求预测、制订行业人才评价标准。积极吸收行业专家进入学术委员会和专业建设指导机构，在专业设置评议、人才培养方案制订、专业建设、教师队伍建设、质量评价等方面建立行业指导。

建议坚持产教融合、校企合作。推动教育教学改革与产业转型升级衔接配套，加强基于大数据分析的行业指导、评价和服务，发挥企业实训服务于应用指导作用，推进行业企业参与人才培养全过程，实现校企协同育人。坚持工学结合、知行合一。注重教育与生产劳动、社会实践相结合，突出做中学、做中教，强化教育教学实践性和职业性，促进学以致用、用以促学、学用相长。

3.3 机械的要素分析

产业链各环节的软硬件设备种类较多，本节主要根据软件升级、施工设备装备升级改造、新型施工装备创新研究、工厂预制加工设备优化四个方面叙述新型建造方式下的软硬件设备升级的要求。

3.3.1 软件升级要求

产业链各环节涉及的软件种类繁多，更新换代也较快，本节主要围绕建筑工程应用较多的设计软件（包括各专业的设计的软件、二三维软件）及BIM软件应用的升级要求。

1. 设计软件升级要求

早期的建筑信息化是从绘图软件的开发上发展起来的，是信息化过程使技术成果转化为可简单操作的劳动工具。软件本身并不那么简单，是科技转化固化了信息传递模式，具有了高效的劳动力价值，为建筑设计带来更高的剩余价值。如果没有计算机辅助设计软件工具强大的生产力作用，我国巨大的建筑发展是不可想象的，软件升级带来的效率提高是不可估量的。国内外常用的设计软件如下：

设计工具之一：达索Dassault的Caitia，起源于飞机设计，最强大的三维CAD软件，独一无二的曲面建模能力，应用于最复杂、最异型的三维建筑设计。代表案例：鸟巢。

设计工具之二：Google的草图大师Skechup，最简单易用，建模极快，因此广泛使用。最适合前期的建筑方案推敲，因为建立的为形体模型，难以用于后期的设计和施工图。

设计工具之三：美国RobertMcNeel的犀牛Rhino，广泛应用于工业造型设计，简单快速，不受约束的自由造型3D和高阶曲面建模工具，在建筑曲面建模方面可大展身手。代表案例：福斯特的再保险大厦。

设计工具之四：匈牙利Graphisoft公司的ArchiCAD，欧洲应用较广的三维建筑设计软件，集3D建模展示、方案和施工图于一体，但由于对中国标准规范的支持问题，结构、专业计算和施工图方面还难以应用起来。代表案例：世界最高的住宅建筑—尤利卡塔楼。

设计工具之五：美国 Autodesk 公司的 Revit，优秀的三维建筑设计软件，集 3D 建模展示、方案和施工图于一体，使用简单，但复杂建模能力有限，且由于对中国标准规范的支持问题，结构、专业计算和施工图方面还难以深入应用起来。

设计工具之六：美国 Bentley 公司的 Architecture 系列三维建筑设计软件，功能强大，集 3D 建模展示、方案和施工图于一体，广泛应用于全球众多的大型复杂的建筑项目和基础、工业项目但使用复杂。由于对中国标准规范的支持问题，结构、专业计算和施工图方面还难以深入应用起来。

设计工具之七：美国 Autodeskt 公司的 3DMax，大家最熟悉的效果图和动画软件，功能强大，集 3D 建模、效果图和动画展示于一体，几乎所有的效果图都离不开它。

设计工具之八：国内建筑设计主流软件——天正建筑、斯维尔、理正建筑等，基于 AutoCAD 平台，完全遵循中国标准规范和设计师习惯，几乎成为施工图设计的标准，同时具备三维自定义实体功能，也可应用在比较规则建筑的三维建模方面。

设计工具之九：国内建筑给排水设计主流软件——理正给排水、天正给排水、浩辰给排水等，基于 AutoCAD 平台，完全遵循中国标准规范和设计师习惯，集施工图设计和自动生成计算书为一体，广泛应用。

设计工具之十：国内建筑给暖通设计主流软件——鸿业暖通、天正给暖通、浩辰暖通等，基于 AutoCAD 平台，完全遵循中国标准规范和设计师习惯，集施工图设计和自动生成计算书为一体，广泛应用。

设计工具之十一：国内建筑电气设计主流软件—博超电气、天正电气、浩辰电气等，基于 AutoCAD 平台，完全遵循中国标准规范和设计师习惯，集施工图设计和自动生成计算书为一体，广泛应用。

设计工具之十二：国内建筑结构设计主流软件—目前常用的钢筋混凝土结构主体计算程序主要有 PKPM 系列（TAT、SATWE）、TBSA 系列（TBSA、TBWE、TBSAP）、BSCW、GSCAD 及 SAP 系列。此外还有广厦结构（AutoCAD 平台），以及探索者结构（AutoCAD 平台，用于结构分析的后处理，出结构施工图），均完全遵循中国标准规范和设计师习惯，应用广泛。其他一些结构计算程序如 ETABS 等虽然功能很强大，并且在国外也相当流行但国内实际上使用的不多。

设计工具之十三：国内建筑节能设计主流软件—PKPM 节能、斯维尔节能、天正节能等，均按照各地气象数据和标准规范分别验证，可直接生成符合审查要求的分析报告书及审查表，属规范验算类软件。

设计工具之十四：国内建筑日照设计主流软件—天正日照、众智日照、斯维尔日照等，均按照各地气象数据和标准规范分别验证，可直接生成符合审查要求的分析报告书及供审图，属规范验算类软件。

设计工具之十五：高端的结构分析与设计软件—SAP2000 和 ETABS，集成建筑结构分析与设计，SAP 适合多模型计算，拓展性和开放性更强，设置更灵活，趋向于“通用”的有限元分析，但需要要熟悉规范；而 Etabs 结合中国规范比较好，对于规范不太熟的人合适，但均没有后处理。

设计工具之十六：强大的环境能源整合分析软件：以 IES（VirtualEnvironment）为代表，用于对建筑中热环境、光环境、设备、日照、流体、造价以人员疏散等方面因素，进行精确模拟和分析，功能强大。但许多知识点较为深奥，不易熟练掌握。

结合目前设计软件现状，对未来软件升级提出了新需求：

（1）与建筑设计相适配

未来建筑设计中整体设计越来越重要，其特点在于全面协同与建筑相关的各个要素。这就要求建筑设计软件与新技术和高品位的建筑设计相适配。通过大数据的平台，软件致力于为不同类型建筑提供最匹配的各系统解决方案，真正意义上做到统一规划、同步设计、合理布局及因地制宜，即体现各系统与建筑的适配性。

PKPM 太阳能热水系统与建筑一体化设计分析软件是由中国建筑科学研究院建研科技股份有限公司设计软件事业部基于 AutoCAD 平台开发的一款专项设计软件，是国内首款综合考虑地区资源条件、建筑类型、热水用量、建筑外观、集热类型、经济技术分析等综合性因素，实现太阳能热水系统与建筑一体化的设计分析软件。软件包含集热器、水箱、辅助加热装置的优化功能以及经济分析模板，可获得最经济最优化的系统方案，并结合热水系统方案，得到全年太阳能保证率、热水舒适度及相关指标，为设计方案提供量化依据。

（2）基于“VR+”设计软件

建筑设计行业目前最大的痛点在于“所见非所得”和“工程控制难”，难点在于统筹规划、资源整合、具象化联系和平台构建。设计方案一般通过平面图、效果图、演示三维动画，以及沙盘展示等进行成果汇报，展示方案只是从平面视觉效果和三维立体对设计方案进行外观展示。随着建筑设计风格的多元化，对开发商而言，即便凭借自身专业知识背景和“丰富”想象力，依然会对竣工后的建筑外观实际效果感到无所适从。“VR+”模式有望提供行业痛点的解决路径。将 VR 应用到建筑行业后，传统设计方案终于可以通过效果图和三维动画进行展示汇报。同时 VR 技术还能在室内设计、陈设设计和艺术品等方面提供完整的空间解决方案。系统化平台将建筑设计过程信息化、三维化，同时加强项目管理能力。VR 在三维模型基础上，加强了可视性和具象性。通过构建虚拟展示，为使用者提供交互性设计和可视化印象。

在转化完成的 VR 场景中，用户可以通过实时互动，进行虚拟场景体验及理解设计师的设计意图，比如墙面材料、内部设计构造、不同天气环境的模拟、建材外观颜色等可以随意更换，但传统效果图和动画都无法做到。设计师向用户汇报时，可以即时看到真实的建筑材质图片、颜色、厂家、价格等信息，可以有选择性的进行比较和更改材质。

2016 年，国内丽贝亚集团和思为软件达成战略联盟，首次实现“VR+ 建筑设计”的合作，设计师将 Sketchup、3Dmax 等主流模型文件进行处理和集成并上传至思为软件后台服务器，即可获得由思为软件研发的“infitouch”引擎集成的 VR 展示方案，客户可以戴上 VR 头盔做沉浸式体验。

（3）信息共享

建筑工程设计是一个多工种系统性工程，不同工种都有各自不同的专业软件，而软件间缺乏信息共享，不能有效协同。以暖通设计为例，计算负荷时需要建筑几何信息、热工信息，布置设备管线时需要建筑、结构、给排水、电气的空间位置，以免碰撞。同样也要给建筑提供空间布置，给结构提供荷载，给电气提供负荷。这些信息需求，造成了设备软件与建筑软件、结构软件、电气软件、给排水软件之间需要信息互用。

为了保障软件间信息共享，既有通过软件内部实现，也有输出不同信息交换格式文件外部实现。以现有暖通设计软件为例，PKPM 即有水暖电设计软件又有建筑、结构软件，可实现内部专业间信息共享。天正、鸿业 CAD 版，支持 DXF 格式输出。DXF 格式用于 CAD 与其他软件之间数据互用，是 DWG 文件的代理。

2. BIM 软件升级要求

在中国，BIM 最初只是应用于一些大规模标志性的项目当中，除了堪称 BIM 经典之作的上海中心大厦项目外，上海世博会的一些场馆、迪士尼、青奥中心等也应用了 BIM。近些年，BIM 已经应用到一些中小规模的项目当中。但目前还只是围绕解决特定的一些技术难点，从企业的角度战略方向上还把握不够准确。BIM 技术改变建筑业的关键点在于大数据能力和协同能力改变了项目管理模式和企业经营模式，推动整个建筑企业的管理能力提升。解决技术难点并不是第一位的，但目前的 BIM 技术团队往往把技术应用放在首位，本末倒置了。

（1）当前建筑企业 BIM 应用状态

总体来讲，当前建筑企业的 BIM 应用水平差距已经开始拉大，有的企业对 BIM 还了解不多，未予重视，处于被动状态；有的已经将 BIM 技术列为企业发展战略，已做了大量试点项目，有了大量投入，也获得不少成果，但由于技术选型和实施方法论的不成熟，真正进入项目级、企业级成功应用的还较少。

应付阶段。一部分企业还处在被动应用状态，在业主方强制应要求中的项目被动使用，甚至将 BIM 技术视为对施工企业不利的技术，在心理上加以抵触，这些企业的生存能力无疑将受到挑战。

项目试点阶段。大部分企业还处在项目试点应用阶段，包括标杆性企业，如中建、中铁、上海建工等，还没有到普及性的项目管理基本工具，企业级应用还处于研究阶段。

单点应用，非全过程。工具级点状应用，非全过程应用，碎片化应用，应用点少。

很多BIM团队主要在3D可视化和碰撞检查，成本高、投入产出不够。一次建模、全员全过程应用，应是努力的方向，多用一次，回报多一次，成本多分摊一次。提高BIM的投入产出比是实现BIM普及应用必须迈过的门槛。

单项应用，非集成。单专业应用，还达不到全专业的集成应用。其中有业主的原因外，公司BIM团队专业不齐全、应用顶层设计能力不足，综合应用能力不足所致。不能集成化应用，会导致BIM技术应用价值不能充分发挥，甚至一些解决方案是不可行的。全专业集成化应用能大幅提升成果的可行性，提升BIM的应用价值。但对技术团队的技术水平要求将更高些。

单机应用，非协同。单人单机的应用方式，大大减损了BIM技术的价值，应用BIM技术产生的大量数据不能被共享、检查，数据不能被项目和企业拥有。工程项目管理三大难题之一是项目管理协同困难，效率低、错误多，基于BIM的协同管理可以大大缓解这一问题。这需要有一个强大的平台来支撑，大数据能轻量化应用。

技术应用为主,数据应用和协同管理应用少。BIM技术,看上去是一个强大的技术，BIM技术发挥最大价值的两个方面却是大数据价值和协同价值，技术价值反而应该排在第三。企业和项目应用BIM，要把BIM的三大价值，即强大的BIM数据支撑、技术支撑和协同管理支撑都充分地用足，尤其是强大的数据支撑和协同管理支撑要用好。

（2）BIM技术的发展要求

随着企业的BIM应用探索与发展，施工企业的BIM技术应用会逐渐升级到新的阶段。

全过程应用。多个项目管理条线全过程应用BIM技术，在技术、进度、成本、质量、安全、现场管理、协同管理，甚至交付和运维方面，都可以有很多BIM应用点，而不是局限于某一条线、某一两个应用点，导致投入产出不够。多一次应用，就增加一次投入产出。这需要好的BIM技术系统，专业化、本地化强。

集成化应用。建筑是一个综合性的多专业化系统工程，BIM的应用也需要实现多专业的集成化应用，实现更为精准的技术方案模拟、成本控制和进度控制。单专业的应用在电脑中理论上可行，在实际施工运用中综合多专业多因素后，很可能无法实现，也就失去了意义。

协同应用。基于BIM平台的互联网协同应用，经授权的项目参建人员都能随时随地、准确完整地获得基于BIM的工程协同管理平台的数据和技术支撑。项目参建方的所有人员可以基于同一套模型、同一套数据进行协同，有效提高协同效率；同时数据能被项目和企业掌握，数据授权能实现分级控制。

3.3.2 传统设备装备升级改造

建筑产业中的施工机械主要体现在施工阶段，全球建筑施工的机械化发展经历了以下3个阶段：①第1次工业革命阶段的机械建造代替人工建造，如预制装配式建筑；

②第 2 次工业革命阶段的自动化流水线代替单台机械的建造，如体系建筑和模块建筑的出现和流水线建造等；③现已处于第 3 次工业革命阶段并正向数字化自动控制下的建造发展，如越来越多的建筑业工厂已在 BIM 技术的控制下采用机器人或数控机床进行建筑部品的批量生产和组装（建筑建造和安装的工厂部分）。但是对比我国建筑业，情况则要落后得多。钢筋混凝土建筑仍以现浇结构为主，在少量机械的辅助下由人工建造，处于第 1 次工业革命阶段的早期。钢结构建筑情况稍好，均采用预制装配式，一些部品已有自动流水线建造，处于第 2 次工业革命阶段的早期。

新型建造方式是机械化程度不高和粗放式生产的生产方式升级换代的必然要求。2006 年以来国家先后发布一系列政策，鼓励发展装备制造业，建筑产业机械化得到拉动。2016 年，建筑业企业自有施工机械设备总功率突破 3 亿 kW，动力装备率为 5.9kW/ 人，比 2012 年提高了 0.3kW/ 人。建筑业企业自有施工机械设备达 964 万台（2015 年末）。全国建筑施工机械化程度也由 20 世纪 80 年代的不到 80% 发展到现在的 95% 以上，有的施工领域已实现完全机械化施工，这充分反映了我国建筑业施工机械整体水平的快速提高。

我国施工机械发展迅速的很大一部分在于对传统设备的升级改造。对机械设备的升级改造是利用先进的科学技术和经验，根据机械设备的需要对设备原有的结构、局部部件和装置进行有效的改进和改善，使施工设备装备满足集成化、智能化、系统化、大型化等要求。通过改造机械设备能节约能源和原材料，降低生产成本，提高机械设备的加工生产精度和产品的质量，大大改善工艺性能，提高设备的生产效率。目前应用较多的是对建筑施工常用的钢筋加工设备、混凝土泵送设备、大型塔机、施工电梯、超高层模架、钢结构焊接设备等进行升级改进，以进一步提高劳动生产率，加快建设速度，降低建设成本，改善施工质量。

1. 钢筋加工设备

近年来我国钢筋加工机械得到快速发展，钢筋切断、弯曲、调直等钢筋加工机械在传统技术基础上，设备的性能和质量有了显著提高，新技术、新产品不断涌现。钢筋数控弯箍机、钢筋切断生产线、钢筋弯曲生产线、钢筋网焊接生产线、钢筋笼焊接生产线、钢筋三角梁焊接生产线、钢筋封闭箍筋焊接机等高效自动化生产设备近年来逐步得到推广应用，为我国钢筋工程的机械化专业化加工提供了条件。这些自动化生产设备采用伺服电机控制技术、PLC/PCC 计算机控制技术和工业级触摸屏人机交换界面技术实现了钢筋加工机械的原料输送、加工组焊、成品收集的全过程智能化控制，大大减轻了工人劳动强度，提高了生产效率和加工质量。并缩短了与国外钢筋机械产品的技术差距，实现了钢筋机械产品的出口，提升了我国钢筋机械产品的知名度。

（1）性能智能化改进要求

提高劳动生产率、降低劳动强度、保证工程质量、降低施工成本，是建筑施工企业永恒追求目标，发展高效节能智能化钢筋机械是实现目标的必由之路。我国传统的现场单机加工模式，不仅占用人工多、劳动强度大、生产效率低，而且安全隐患多、管理难度大、占用临时用房和用地多。自动化钢筋机械实现了钢筋上料、下料、喂料、加工、统计全部自动化，生产效率大大提高。但随着市场劳动力资源的紧缺，施工工期和工程质量要求的不断提高，人们对钢筋机械技术性能、稳定性和舒适性的要求也必将不断提高，高效节能智能化钢筋机械必将越来越受到钢筋加工单位的青睐。

（2）功能集成化改进要求

钢筋专业化加工配送技术由于具有降低工程和管理成本、保证工程质量、实现绿色施工、节省劳动用工、提高劳动生产率等优点，被住房城乡建设部列为《建设事业“十一五”重点推广技术》之一。它是国际建筑业发展潮流，世界发达国家钢材的综合深加工比率达 50% 以上，而我国钢材深加工率仅为 5% ~ 10%，已成为影响我国绿色建筑发展，制约建筑施工节能降耗、保护环境、提高施工现代化水平的一个瓶颈。我国已拥有自主设计生产自动化钢筋加工成套设备的能力，为发展钢筋专业化加工提供了装备条件。但现有生产线功能在最大程度上减少钢筋加工工序间的吊运频率、提高专业化加工中心的生产效率方面还有些单一或不健全，无法完全满足专业化加工配送企业的生产流程设计需要的矛盾比较突出。随着政府及主管部门的重视和钢筋加工机械设备智能化水平的提高，设备功能集成化的设计，符合市场的需求。

2. 混凝土泵送设备

在混凝土超高泵送设备领域，我国不但实现了自主研发，打破了国外企业的垄断，而且达到了世界领先水平。三一重工 21 台泵送设备承担了世界第一高楼 哈利法塔的混凝土浇筑工程。2012 年三一重工自主研制的 101m 泵车成功下线，三次刷新长臂架泵车世界纪录，刷新了其在 2011 年创造的 86m 的纪录和 2009 年创造的 72m 的纪录。这标志着我国已站在世界泵车设计和制造领域的最前沿。

在设备工艺方面，三一重工等公司通过提高设备的可靠性和泵送能力，中国建筑通过研究混凝土可泵性评价、管路润滑装置、新型耐磨泵管、泵管水汽联洗、千米盘管试验等，来解决目前超高层混凝土泵送存在的问题，取得了大量有价值的研究成果，并在实际工程中应用。从 20 世纪末开始采用一泵到顶的方法将混凝土泵送到高空浇筑地点，并且混凝土泵送高度一次又一次刷新。广州珠江新城西塔进行了 411m 高度 C100 超高性能混凝土的超高泵送。2011 年，由中建四局在深圳京基 100 大厦工程中创下 C120 超高性能混凝土超高泵送 417m 新纪录。2015 年中建三局天津 117 大厦将 C60 混凝土泵送至 621m 的新高度，创造了吉尼斯世界纪录，见图 3-4。

图 3-4　天津 117 泵送高度创吉尼斯世界纪录

此外混凝土泵送设备在性能方面也逐步改进，如三一和中联的泵车，可以通过液控和电控进行节能的功率智能化匹配控制。在作业工况智能化控制方面，如混凝土缸的柔性换向和 X、V 型支腿的设计应用，使泵车振动大大减少，并可在很多狭窄场合使用；防倾翻智能化的设计和使用，使泵车更加的人性化；臂架运行的智能化也开始应用。

3. 大型塔式起重机

近几年国内的设备厂家都陆续推出了一批标志性产品，建筑施工单位已能生产各种可适应超高层建筑施工需要的自升式塔式起重机，逐步完成了超大型塔式起重机进口品牌替代。以中联重科为例，2008 年推出 D1100 超大型塔式起重机后，陆续开发多款超大型塔式起重机，打破了超大型塔式起重机领域被进口产品垄断的局面，尤其全球最大上回转塔式起重机 D5200 的开发及创造吉尼斯世界纪录的全球最长臂塔式起重机 D1250 的开发（该机型 110.68m 的有效作业半径），彻底打破了我国工程用超大吨位塔式起重机长期依赖进口的局面，见图 3-5。中国塔式起重机行业从由国外引进技术，到不断地创新研究，经过多年的发展，除满足我国国民经济建设飞速发展的需要外，还大量出口到非洲、中东，甚至欧美国家。

图 3-5 中联重科 D1250-80 塔式起重机

随着建筑高度的增加，塔式起重机的使用形式逐步由外附式（固定式）过渡为内爬式；钢结构技术的日益成熟，异型柱、巨型柱、刚性整体节点等，吊装单元的重量大大增加，塔式起重机的起重能力开始由小吨位发展至大吨位；由于建筑高度和吊装单元的双重作用，塔式起重机的驱动形式逐步由电力驱动升级为柴油机驱动；由于施工场地的狭窄和周围障碍物的限制，塔式起重机的结构形式开始由普通平臂（小车变幅）演变为动臂变幅（俯仰变幅）；由于塔式起重机经常依附在核心筒周围，而核心筒的尺寸更为有限，塔式起重机尾部（平衡臂）的回转半径提出限制性要求。因此，具有起重吨位大、尾部回转半径小、柴油机驱动等特点的动臂式塔式起重机，在超高层施工中已成为主流垂直运输设备。

以附着支撑系统的改进为例，大型常见的附着支承系统主要有“抬轿式”支承系统、“斜拉式”支承系统、“斜撑式”支承系统、“撑拉结合式”支承系统。其中“抬轿式”支承系统的主要受力构件包括箱形钢梁、水平支承、连系梁等，这种形式的支承系统多在核心筒内使用。“斜拉式”支承系统的主要受力构件是支承横梁、斜拉杆、水平支承及次梁，这种形式的支承系统多用于核心筒的外侧。“斜撑式”支承系统的主要受力构件是支承横梁、斜撑杆、水平支承及次梁，这种形式的支承系统多用于核心筒的外侧。

“撑拉结合式”支承系统的主要受力构件是支承横梁、斜拉杆、斜撑杆、水平支承及次梁，这种形式的支承系统多用于核心筒的外侧，见图 3-6。

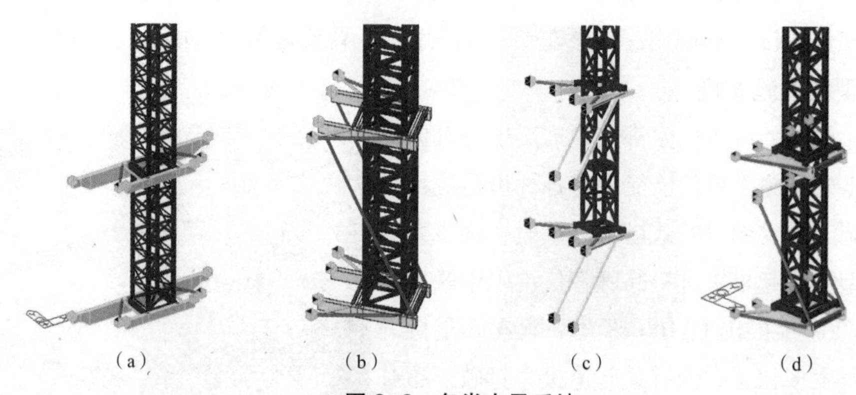

（a）　（b）　（c）　（d）

图 3-6　各类支承系统

（a）“抬轿式”支承系统；（b）“斜拉式”支承系统；（c）“斜撑式”支承系统；（d）“撑拉结合式”支承系统

4. 施工电梯

国产高速施工电梯在上海环球金融中心成功应用，运行速度达到 90m/min，解决了国产施工电梯在高速运行条件下超长电缆电压降、电缆收集及自身强度等多项超常规技术指标的难题。此后一大批超高层建筑不再采用进口施工电梯，国产施工电梯速度也提高到 96m/min 往上，最大额定载重量也逐步在 3t 往上发展。

施工电梯作为垂直运输的重要机械，对超高层建筑的施工起着至关重要的作用。进入装修阶段以后，大量的装修材料、人员都要通过施工电梯运送至作业面，运输速度和运输安全都直接影响后续施工能否正常进行。根据运行高度，一般运行高度在 200m 以上时选择高速电梯，200m 以下时选择中速或低速电梯。电梯布置时，在不影响正式电梯安装时，布置在正式电梯井道内，如果影响正式电梯安装，可以考虑布置在结构外侧，但要考虑对外幕墙收口的影响，两种方式存在各自的优缺点，施工时根据实际情况选择布置在核心筒内还是结构外侧，也可以是两者相结合。

（1）施工电梯运输能力改进

超高层建筑势必会有大量材料和大构件需要运输，高度的增加导致运输周期变长，提高运输能力将是最先要考虑的问题。

1）增加梯笼数量

为适应超高层大构件的运输，可以尝试做双立柱、大梯笼，能直接使用运输叉车装卸货物。梯笼要尽可能采用轻质、高强、刚度足够的材料。梯笼数量由现有双立柱单梯笼改为双立柱中间一个大梯笼，两侧各增加一个小梯笼，中间大梯笼主要为货物运输，并用叉车进行货物装卸；两侧小梯笼主要为人员运输，有效提高运输效率和运输安全，见图 3-7。

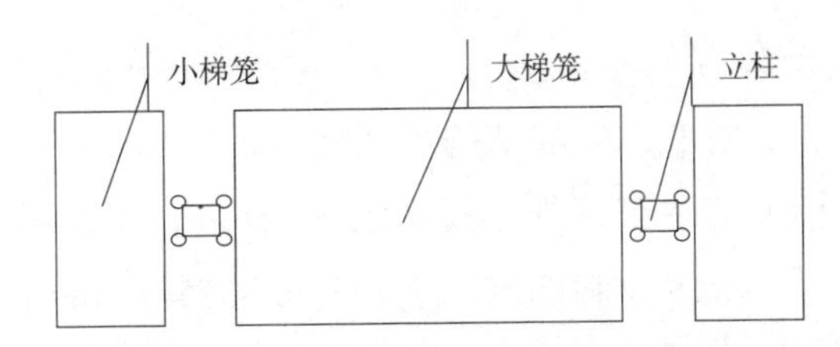

图 3-7　双立柱、一大笼加两小笼施工升降机示意图

2）增大吊笼高度

将吊笼最小净空高度加大到 4.5m，以满足装修及设备安装阶段物料运输的要求。目前常用的标准梯笼高度为 2.5m，若增加到 4.5m 需保证材料具有足够的强度和足够的刚性，梯笼门的开、关需采用新的控制方式。

3）改善吊笼材质，增加载重量

为了增加吊笼的载重量，对吊笼的材质进行改进。综合采用多项新技术对吊笼材质进行改进，并保证吊笼运行的稳定性。吊笼顶部材料采用玻璃钢制作，上围板材质改 Q345，材料厚度由 6mm 改为 4mm。吊笼立柱宽度尺寸由 160mm 改为 180mm，吊笼侧滚轮由单滚轮改为双滚轮，见图 3-8。

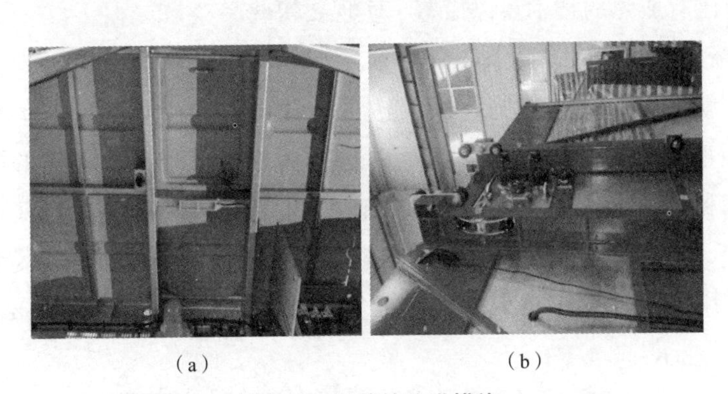

（a）　　（b）

图 3-8　吊笼的改进措施

（a）吊笼采用新型材质；（b）吊笼立柱尺寸增加

（2）施工电梯提升高度改进

提高垂直运输施工升降机运行高度，满足建筑高度超高的施工使用要求，第一必须考虑电压降，要保证电压的稳定性；第二要考虑标准节的承载能力，增加标准节主弦杆一定的臂厚，提高其强度；第三要考虑梯笼运行的稳定性，包括机械和电气控制等各种因素。

1）提高运行速度

目前多采用 96m/min，此速度较为舒适、安全，市场目前已有 120m/min 的技术，已有部分超高层项目拟采用此电梯。

2）提高标准节的承载力

建筑高度超高以后，要考虑标准节的承载能力，增加标准节主弦杆一定的臂厚，提高其强度，可以将标准节主弦杆外径提高到 ϕ76mm，臂厚增加到 20mm，标准节主弦杆的材质采用 Q235-B，其材料的抗压应力按 σ_b=375 ~ 460MPa 考虑。

3）采用动力、传动新技术

现阶段梯笼的动力一般是由电缆供电给传动减速电机，再由减速电机上的齿轮与齿条啮合，带动梯笼上下运动，当梯笼高度超高时，因电缆太长，易产生较大的电压降，造成梯笼上下运动不稳定，当梯笼运行到顶部时载重量会减少，因此需要采用新的动力、传动技术：①采用燃油机械动力；②采用滑轨供电技术；③采用无电缆供电技术、停靠时充电；④采用其他动力。

采用滑轨供电技术：即采用滑轨 + 电刷对传动减速电机供电，电压降较少，技术比较成熟，应用较广，但滑轨安装比较困难，滑轨固定夹易坏，滑轨导电部分防雨水也困难，因此需要采用新的安装工艺、新的防雨水方法和新材料。采用无电缆供电技术：对梯笼改电瓶供电，当梯笼每到设置的停靠点时及时实现充电，保证稳定的运行电压，可实现无电缆供电，但需要解决减轻电瓶的重量，提高电瓶充电速度。采用滑轨供电和无电缆供电已有成熟的技术可以借鉴，实现要快些。

4）采用新型支撑体系

“通道塔”就是在新型建造方式发展趋势下产生的一种新型施工电梯支承体系。“通道塔”的应用把室外施工电梯集中起来，减少了室外施工电梯对施工的影响，有效提高了管理效率和运输效率。“通道塔”符合施工电梯支承体系“轻量化、集中化、工业化”的发展新趋势，具有广阔的发展及应用前景。在中国香港环球贸易广场和天津 117 大厦施工中均应用了“通道塔”，其中天津 117 大厦通道塔高度达到 500.6m，见图 3-9。

（a）　　（b）

图 3-9　通道塔

（a）天津 117 大厦；（b）中国香港环球（右）通道塔

5. 超高层模架

在超高层建筑施工领域，混凝土核心筒结构施工是影响整个结构施工的关键环节，模架体系的科学性、先进性成了制约整个混凝土结构施工的重要因素。从传统的搭设脚手架施工到滑模、爬模、提模施工，再到顶模、集成平台，竖向混凝土结构施工机械化、标准化程度不断提高，施工速度不断加快，施工的安全性也越发有保证。高层建筑施工中采用整体滑模法，有利于主体结构的整体性，减少高空交叉作业，扩大施工作业面，加快施工速度。我国从苏联引进该技术，最早于 1986 年在房建领域中（深圳国贸大厦）大面积应用该技术，并得到了较快的发展。高层建筑的筒体结构，常用整体爬模法施工。爬模布置灵活、机械化程度高、对于复杂多变的超高层核心筒设计体现出较好的适应性，目前应用较为广泛。20 世纪 80 年代后期我国开始在高层建筑中使用爬模技术，并在近些年有了长足的进步与发展。上海环球金融中心、深圳平安中心等世界知名的超高层建筑的施工中均采用了爬模技术。整体提模施工技术是近期发展起来的针对高层混凝土核心筒结构施工的新技术，它具有综合大钢模和爬模的共同优点，采用整体提模施工相对于爬模施工和滑模施工具有灵活方便、结构形式适应性强、过程控制简洁、工期快的特点，尤其对于竖向结构变化复杂的结构体系，提模系统具有更强的适用性，该技术成功应用于上海中心大厦（632m）。

中国建筑近年来先后研制出了低位顶升钢平台模架、模块化低位顶升钢平台模架和微凸支点智能顶升模架，模架的承载力高，模架稳定性和安全性大幅提升。

（1）低位顶升钢平台模架

在广州西塔工程中，为了满足投资方、建设单位工期要求，施工技术团队开创性地提出了低位顶升模架技术，自主研发新的低位顶模用于核心筒施工，该模架由低位支撑横梁，长行程油缸以及顶部平台体系组成，下设挂架等，见图 3-10。实现了模架平台在大型油缸的作用下整体提升，有效整合了模板挂架、平台堆场，混凝土浇筑等作业场所。使核心筒施工的最大速度达到惊人的两天一个结构层高度，整栋塔楼工期缩短了 280 天。

图 3-10　低位顶模施工装置

广州西塔的低位顶模（第一代模架）得到了顺利实施，但在工程实践过程中还是存在一些亟待改进的问题，该模架钢平台大量采用焊接，重复利用效率低，基本上属于一次消费，且无法周转、适应性较差、安全冗余度不足。

（2）模块化低位顶升钢平台模架

在第一代低位顶升模架的基础上，进一步研究其周转性、安全性、适应性等，协调模架与其他设备设施之间的关系，形成了第二代低位顶升模架（模块化）。实现了模块化的周转利用，利用率 85%，从而大幅降低模架的成本，提高模架的工业化程度与功效，使其具备更强的市场竞争力，为低位顶模技术的产业化发展奠定基础。

首先依托福州世茂国际中心工程，首次完成模块化低位顶模的设计和实施。并在首个工程应用成功后，先后推广应用至宇洋中央金座工程、无锡国金工程、镇江苏宁工程、天津现代城工程、重庆国金工程、天津 117 工程等近 20 个地标性建筑，在工程应用中不断地总结优化，模块化低位顶模（第二代模架）技术逐步趋于成熟，见图 3-11。

（3）微凸支点智能顶升模架

低位顶模的大量使用，特别是随着建造高度的不断增加，超高空施工也暴露出一定的不足。传统低位顶模采用少支点低位支撑，模架抗侧刚度差，支点及模架整体承载力受限，同时支点占用核心筒大量空间，影响设备设施布置。基于此，研究提出了微凸支点智能顶升模架研究（即第三代模架），该模架体系采用一种新型的立柱支点形式，利用 2 ~ 3cm 的约束素混凝土凸起抵抗上百吨竖向剪力新型承力构造，通过在承力件上引入对拉螺杆，形成微凸支点，单支点可承受 400t 荷载。同时将模架支点布设在核心筒外侧，模架类似一个“罩”在核心筒上部的钢“匣套”，模架稳定性和安全性大幅提升，见图 3-12。

图 3-11　天津 117 模块化低位顶模

图 3-12　武汉中心微凸支点顶模

6. 钢结构焊接设备

钢结构连接方式有焊接、螺栓连接、铆接等。由于焊接具备构造简单、对结构形状要求低、节约材料、效率高等特点，焊接逐渐成为建筑钢结构最常用的现场连接方式。目前，世界上大部分工业发达国家的焊接技术已 80% 达到自动化程度，自动化焊接表现出了显著的优点，使其在生产效率及质量上呈现出很大的优势，符合新型建造方式的要求。按照手工操作与自动焊接所消耗的焊材来计算，自动化焊接在我国的比例仅占到不足30%，与发达国家平均水平存在很大的差距。现有自动化焊接设备应用于钢结构现场施工，仍存在只能单向行走，无法适应多层多道焊往复行走，自动化程度低、设备体积、重量大，对工作面要求高，转移效率低等问题。随着钢结构焊接施工自动化的发展需求，发展适用性高、自动化、轻量化的现场自动焊接机器人技术为钢结构施工技术发展的趋势。

（1）轨道轻量化改进

为实现现场自动焊接机器人沿焊缝方向运动，须设计相应的行走轨道，通过轨道对设备进行承托与固定。采用轨道上置、整机“挂壁式”的构造，可使轨道只承受自动焊接机器人的竖向荷载，不需提供侧向固定的分力，从而对轨道重量、截面进行优化，见图3-13。

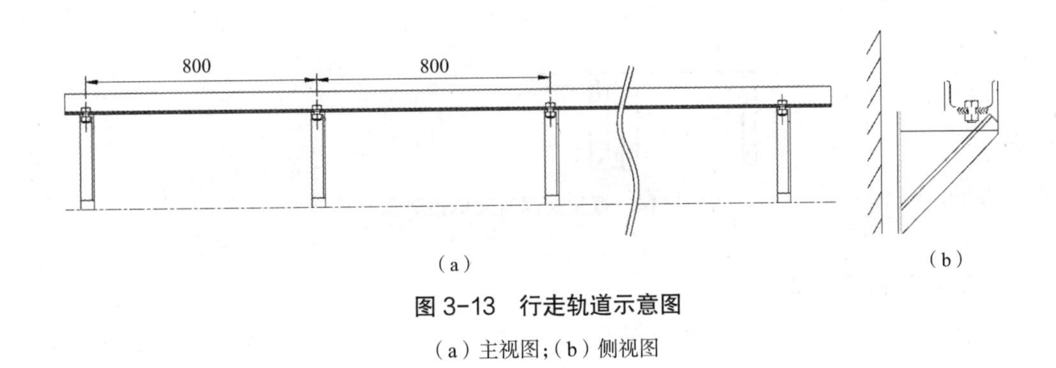

图3-13　行走轨道示意图

（a）主视图；（b）侧视图

自动焊接机器人通过将滚轮卡在导轨外翼缘上进行导向行走，轨道需具备足够的承载力及刚度，保证装置平稳运行。

（2）架体优化改进

钢结构现场施工操作平台净宽度不大于700mm，人工搬运及装配最大可操作高度为2.2～2.3m。现场自动焊接机器人架体设计首先应满足各部件正常工作空间，其次须满足现场空间尺寸要求，以及结构承载力和刚度要求。通过架体优化，应将多余的装饰、防护部位去除，只保留受力框架；规划各部件空间位置，提高集成度，使占用空间减至最少，见图3-14。

架体优化设计后，包括焊机主体（送丝机、焊丝盘及主轴、焊枪及角度微调仪、焊丝自动矫直装置）、操作箱及控制盘、焊接行走机架、焊剂自动循环回收系统在内机构总重约60kg，无需使用塔吊来进行设备的工况准备。

改进后的焊接机器人在广州东塔项目的首次施焊中，经过2.5h的施焊，工人利用自动焊接设备完成了四道焊缝（共10m）焊接工作——相同焊缝人工焊接需要10h，充分验证了自动焊接速度快、人力成本低的优点。同时，在施焊过程中避免了人工焊接出现的飞溅现象，免去了后期焊缝打磨程序。

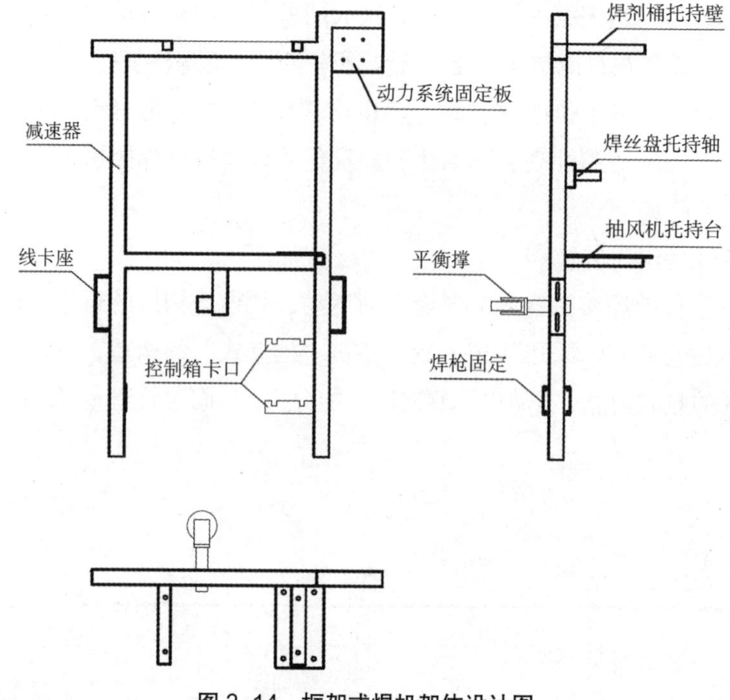

图 3-14　框架式焊机架体设计图

7. 其他设备升级改造

新型建造方式要求下的设备升级改造不仅限于上述所列设备，需要整个产业链的各个单位共同努力去推动设备升级改造。不仅包括重型机械或大型机械等方面的创新，还应包括小型、手提等机具设备改进，以缩小纯手工操作范围、改善劳动环境、提高劳动效率。

（1）钢筋绑扎器的改进

在建筑工程的钢筋混凝土施工过程中，钢筋的绑扎还是将事先剪成一段一段的铁丝，使用钢筋绑扎钩进行人工绑扎，这种绑扎方式效率低，劳动强度大，施工成本高，工期长。目前已研发钢筋绑扎器，使用方便，绑扎质量好，效率高，节约绑扎铁丝，省时省力，实现钢筋绑扎的连续性作业，见图 3-15。

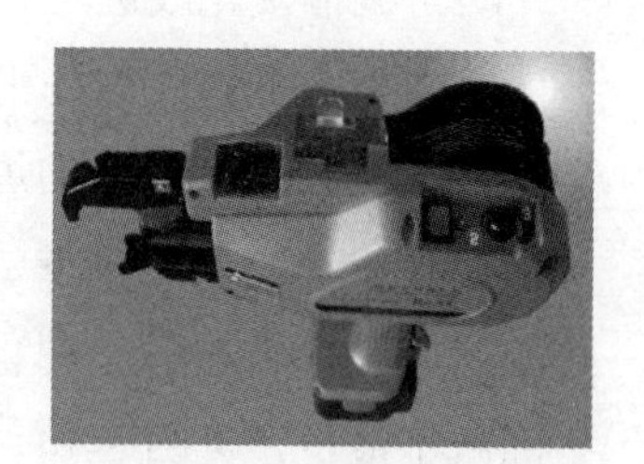

图 3-15　钢筋绑扎器

（2）翻斗车的改进

翻斗车在施工现场随处可见，主要用于装载砂浆、水、砖等建筑材料，主要依靠人力来推动。通过对传统翻斗车的改进，由依靠人力推动改进为依靠电动推进，一辆车配备一台 48V 的电瓶。一天耗能也就几块钱电费，告别了过去用人力推车，比较费力，现在人来控制方向车子自动行驶，爬坡能力强，路面不平的地方也可操作，见图 3-16。省时又省力，很适合在建筑工地、小型场地使用。

图 3-16　电动翻斗车

（3）测量仪器的改进

建筑施工打点放线任务的主要仪器是经纬仪，一般的方法是：施工人员将仪器搬到施工区域，将仪器对中、调平后，一个人操作经纬仪，另一个人蹲下手拿红蓝铅笔在离打点方向一定距离的地面上根据操作经纬仪的人的指挥，来回移动红蓝铅笔，最终使红蓝铅笔的笔尖与经纬仪十字丝的中心相重合来打下一点，然后再用墨斗将两点间弹出一条直线，此方法操作繁琐、效率低、易失误、夜晚或雨天无法施工，我们可以研发一种打点放线仪器一个人就可以操作，效率高，夜晚或雨天可照常施工。

以上例子中提到的问题，根据建筑从业人员的文化水平和工作经验都应该能够意识到或提出来，甚至可以解决。这样的创新改进来自现场施工经验及专业理论知识，具有很强的实用性，这样的改进可以直接用于施工生产，施工效率高，符合新型建造方式的要求。

8. 新型施工装备创新研究

推进新型建造方式下的施工装备研究，除了在传统设备的基础上进行升级改造外，还应重视自主知识产权的施工装备的研发，实现对传统观念和设备的“颠覆性”影响。2013 ~ 2016 年，我国装备制造业和高技术制造业增加值年均分别增长 9.4% 和 11.3%，增速比规模以上工业高 1.9 和 3.8 个百分点。中国的机械制造商目前积极活跃于国际市场，其市场占有率已经从 2008 年以前的 15% 增加到目前的 30%。

（1）智能化超高层建筑施工装备集成平台

由于我国建筑行业的特点和传统施工模式的影响，现场设备存在数量多、投入产出率低、现场管理模式落后等问题。建筑施工设备设施分散，各类设备设施在选型、布置、协同施工仍存在较多冲突、干扰，使得各自工效都得不到充分发挥。因此，有必要对更多的设备设施进行集成化，将某些东西（或功能）集在一起，而不是一个设备一个功能，充分发挥多个设备设施的功能。中建相关技术团队基于微凸支点低位顶模，创造性地提出并实现了模架与各类设备设施集成，研发形成了“智能化超高层建筑施工装备集成平台”（简称“集成平台”）。

集成平台由支承系统、钢框架系统、动力系统、挂架系统及监测系统组成。钢框架系统包括框架梁、框架柱及角部的开合机构等，框架柱位于核心筒外围墙体，其结构类似巨型“钢罩”扣在核心筒上部。其顶部平台设操作机房、混凝土布料机、材料堆场、施工机具堆场等供核心筒施工人员作业、休息、控制平台运行的设施及场地，见图 3-17。

图 3-17　集成平台示意图

该平台实现了塔机模架一体化。小型塔机可以直接坐落在模架平台上，大型塔机可以与模架共用支点，实现了两者之间的一体化设计、一体化安装、一体化顶升。优化了资源配置，减少了设备干扰，实现超高层建筑“工厂化”建造。

该技术消除了塔机与施工平台冲突及其自爬升面临的复杂工艺及风险，塔机使用工效提升 20% 以上，节省塔机使用费用 300 ~ 600 万元 / 台。利用多层作业面优势，实现墙体、楼板多工序高效流水施工，节约工期 2 ~ 3 天 / 层。平台承载力可达上千吨，能抵御 14 级大风作用，较传统施工平台承载力及刚度提高 3 倍以上。该技术成果经鉴定达到国际领先水平。目前已在武汉绿地中心（636m）、沈阳宝能（568m）、北京中国尊（528m）、深圳华润大厦（400m）等地标建筑中成功应用，见图 3-18。

（2）整体廻转式多吊机集成运行平台

当今超高层建筑多设计为外框钢结构 + 核心筒 + 伸臂桁架的结构形式，为提高施工效率，巨型钢柱、巨型斜撑、环带桁架、伸臂桁架等钢结构构件分段后的质量通常达到 70 余吨。为吊装这些巨型构件，需配备 M1280D、ZSL2700 等最大吊装能力

（a）

（b）

图 3-18 集成平台

（a）北京中国尊集成平台；（b）武汉绿地中心集成平台

达 100t 的大型动臂式塔机。由于这些重型构件环绕于超高层核心筒周边，通常需配备 2 ~ 4 台大型动臂式塔机。然而，这些重型构件的数量占总体吊装次数的 5% 左右，大量的轻型构件仍采用大型塔机吊装，塔机功效未充分发挥，且费用支出大。

由于动臂式塔机通常采用内爬式、外挂式的支承方式支承于核心筒墙体上，用于结构施工的施工电梯、爬升模架等通常与塔机的平面布置相冲突，多台塔机的支承点位难以选择。塔机爬升过程中，塔机爬升、支承梁的转运以及耳板等支承构件的焊接需花费 2 ~ 3d 的时间，且通常需要一台塔机的辅助，多台塔机的爬升占用大量的工期。

鉴于常规超高层建筑施工中的上述问题，中建技术团队借鉴旋转餐桌思路，全球首创研制了“整体廻转式多吊机集成运行平台”（简称“廻转平台”），塔机依托平台廻转驱动系统可进行360°圆周移位，实现塔机吊装范围对超高层建筑的全覆盖，见图3-19。因此仅需配置一台大型动臂式塔机就能满足超高层重型构件的吊装需求。

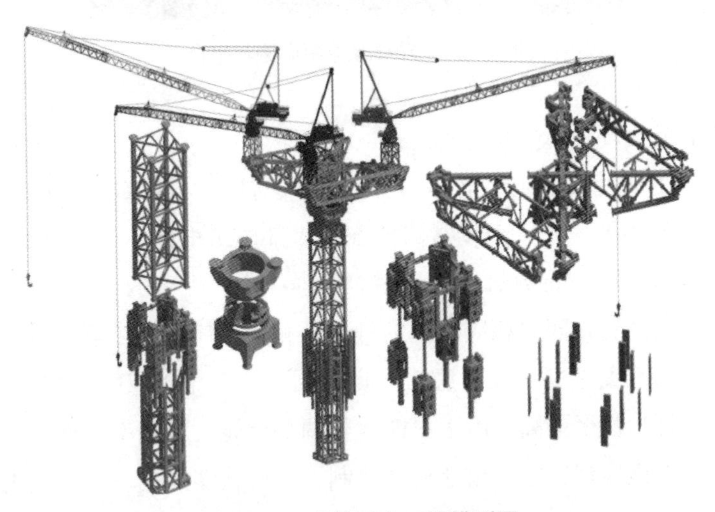

图 3-19 廻转平台三维模型图

迴转平台包括支承顶升系统、迴转驱动系统、钢平台系统、吊机。其主要特征包括：

1）平台整体迴转。

开发了一种平面呈“X”型、适用于多种塔机集成的平台基座，塔机安置在基座上，依托迴转驱动系统可实现整体迴转，每台塔机都能“统管全局”，并可根据吊装需求选择大小级配的塔机进行合理配置，充分利用每台塔机的工作性能，节省 30% ~ 40% 的费用支出。

2）塔机整体顶升。

通过“多吊机迴转平台”设置，多台塔机集成于一个大型平台上，平台通过高承载的微凸支点系统实现整体顶升，如同一部带有多吊臂的“超级塔机”，变“单兵作业”为“协同作战”，减少了各塔机单独爬升、附着等复杂工艺，避免了因为高空爬升带来的安全风险，相比常规塔机布置方式，每层可节省约 20% 的工期，并节省大量措施投入。

该技术优化了吊机的配置，并实现了多吊机的同步提升，简化塔机爬升等施工工艺，每层节省约 20% 的工期。该技术全球首创，已在成都绿地中心项目试验成功，见图 3-20。

图 3-20　成都绿地中心迴转平台

（3）单塔多笼循环运行施工电梯

目前建筑施工所使用的施工电梯，一般最多只能运行两部电梯梯笼。为满足施工人员及材料运输的需要，施工现场常需要配置多部施工电梯，并随着建筑物高度和体量的增加，施工电梯的配置数量越来越多。这样一来，配置的多台施工电梯不仅占用了较大的施工平面位置，同时相应部位的外墙及相关工序的施工需待电梯拆除后进行，使施工现场工序管理复杂并延长了施工工期。同时，适用于超高层施工的施工电梯的导轨架往往有几百米甚至更高，由于只能运行两部梯笼，利用率很低。

为此，借鉴地铁运行思路，全球首创研制了“单轨多笼循环运行施工电梯”（简称“循环电梯”）。整体原理为：施工电梯梯笼在单根垂直的导轨架上的一侧轨道上只向上

运行，在另一侧轨道上只向下运行，通过设置在导轨架的顶部、底部及其他需要的部位的旋转节，旋转 180°变换导轨（从上行轨道变换到下行轨道或从下行轨道变换到上行轨道），实现循环运行，进而实现在单根垂直导轨架循环运行多部施工电梯梯笼，见图 3-21。

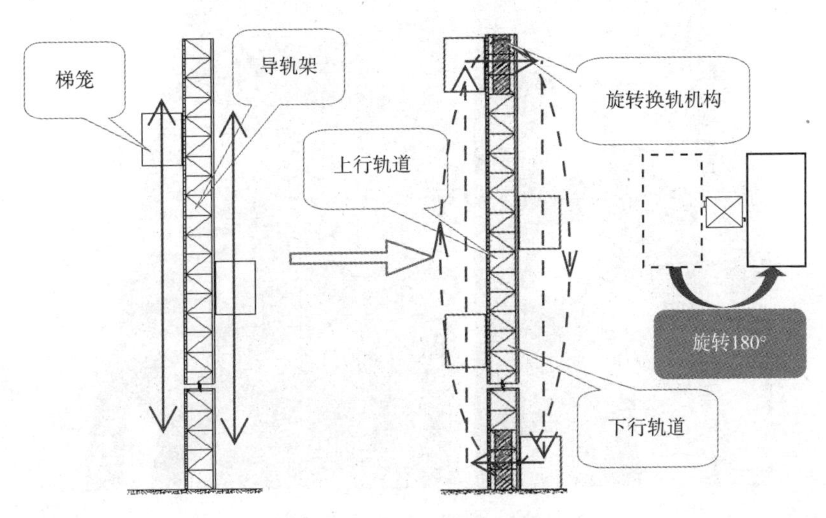

图 3-21　整体原理示意图

该技术主要特征包括：

1）高空旋转换轨。发明了智能化高精度旋转换轨技术，可实现电梯在高空 180°连续旋转变换轨道功能，装置适应性强、可靠性高，同时具备自动检错纠错及高精度转定位检测技术等特点，见图 3-22。

2）运输能力倍增。通过旋转换轨技术的应用，在单个电梯塔架上，可全区间或分区间运行数个甚至数十个梯笼，安装 1 部旋转电梯可以达到传统数部电梯的运力，其效益随着建筑高度的增加而更加突出。

3）智能群控调度。发明了数字化高智能群控调度技术，能对所有梯笼进行集中监控和合理调度，其智能化程度比正式电梯还高，可最大化发挥循环电梯的运行潜能。

4）三重安全防护。开发了高冗余度多级安全保证技术，实现了主控系统、带识别自动紧急制动系统及缓冲阻尼系统的三级防撞安全保证体系，电梯安全可靠。

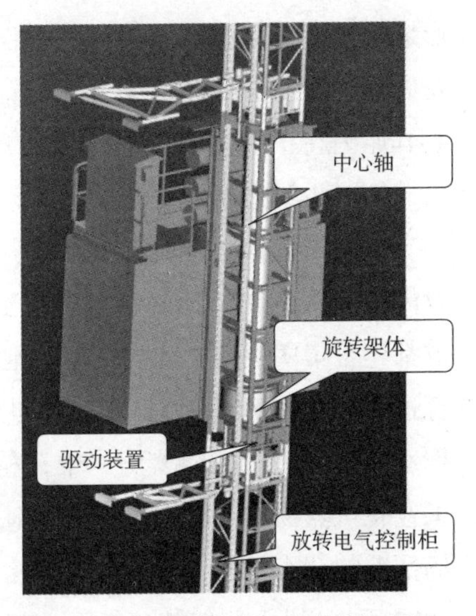

图 3-22　旋转换轨机构整体示意图

该技术成果2017年经鉴定达到国际领先水平。已在武汉中心和武汉绿地中心分别进行了上万次循环运行试验，目前已在武汉绿地中心进行400m循环电梯的安装，见图3-23。

图3-23　武汉绿地中心循环电梯

（4）工厂预制加工设备优化

在德国、英国、美国、日本等国家的预制构件使用相当广泛，发达国家已将预制构件作为现代建筑的主要方式。预制构件的生产方法也由传统的手工支模、布料、刮平发展到智能化控制、工厂化生产的生产方式，因此预制构件装备也较为齐全、先进。代表性企业有Vollert、EBAWE、Elematic等公司。我国建筑业仍然以粗放型为主，未形成标准化体系，建筑工业化率仅为1%，约为发达国家平均水平的1/70，有极大的发展空间。大多数PC构件制造还是以人工加机械混合生产模式为主,难以实现自动化，究其原因在于PC工厂成套设备的自动化、智能化水平偏低。代表性厂家有上海庄臣机械、河北新大地等公司。

当前，建企纷纷加快工业化步伐，中天建设工业化产业园项目正式投产，主要建设内容为年产20万m^3预制混凝土构建生产线、生产厂房、仓库及配套辅助设施等。成都建工集团建筑工业化生产基地正式投产，助推成都建筑工业化，将引导成都重点打造100%预制化建筑，在大体量建筑工业化项目承接上取得突破后，成都建工全力推动建筑工业化战略实施。中建科技组织实施全国首个采用EPC总承包模式的建筑工业化试点项目。根据近3年来对全国主要地区预制构件生产厂家的产能和产量等市场情况的调查显示，国内已建成构件生产厂超过200家，混凝土预制构件年设计产能2000万m^3以上（如按预制率50%算，约供应8000万m^2建筑面积），每年实际产量约为设计产能的一半，即达 1000 万立方米左右。

在混凝土预制构件生产线制造方面，与国外相比，我国的预制构件装备制造企业起步较晚，特别是长期以来建筑业以现浇为主，预制构件行业一直处于低迷状态，制约了我国建筑预制构件装备业的发展，预制混凝土成套设备的生产企业比较少。从已经建成并运行的生产线实际运行情况来看，由于产品定型方面的因素，目前大多数是叠合板生产线，内墙板生产线不多，外墙板生产线正在尝试性建设。这些生产线在初期基本都会出现稳定性和对口性差的问题，通过 3 ~ 5 次持续改进也都可以满足运行要求；但由于产能不足的原因，生产效率的优势还没有真正体现出来。

预制构件生产装备（PC 生产线）直接决定了预制混凝土构件的成本和质量，作为一个新兴产业 PC 生产线迎来大发展的同时也面临更多的课题来解决，新型建造方式的应用，将进一步要求 PC 生产线更加自动化、可移动化、装备小型化、装备适应多元化，这样才能不断降低 PC 构件的成本，才能吸引更多的建材商投资建设 PC 构件厂，实现行业的持续发展。

（5）PC 生产线自动化

目前我国构件工厂生产设备主要依赖于进口，随着装配式建筑的逐步推广，我国施工企业开始着手对生产线全部设备进行设计及制造，从而实现混凝土预制构件成套装备开发、制造的国产化和产业化。

构件工厂应用自动化生产线生产 PC 结构部件，以钢筋、水泥、砂、石子、保温材料、装饰材料、电器水暖材料、门窗材料等为主要原料，以单体移动的模台为生产单元，通过熟练工人在模台上装配模具、装配预埋配件（包括装饰面层、预埋配件）、钢筋骨架的安装及混凝土的浇筑、振捣，再传送到蒸养窑内蒸养，经过标准养护时间后再传送构件至脱模部分完成成品的吊装，再通过成品运输车运到室外成品堆场进行堆放，从而完成 PC 结构部件的预制工程。

预制构件生产线典型装备的优化：混凝土运料系统以运输车为主体，做往复式运动，用于原料制备车间与 PC 构件生产车间的混凝土自动化输送；混凝土布料机可在水平方向前后、左右移动，实现完全自动布料功能；组合振捣设备在水平方向和垂直方向同时进行振动密实，产生 *X*、*Y*、*Z*3 个方向振动；堆垛机运行过程实现全自动化控制。

钢筋成型成套装备优化：钢筋网全自动加工生产线可以生产各不同长度、宽度和形状的预制构件用焊网；钢筋桁架全自动生产线可以替代传统人工焊接的方法生产出高质量的钢筋桁架。

（6）可移动化 PC 生产线

现在的 PC 生产线需要设备基础，是用混凝土做基础进行设备的固定，建设周期长，需要挖土方、现浇混凝土、养护，安装 PC 生产线的时间达到 3、4 个月。而且为了减少运输成本，PC 生产线的运距辐射范围一般控制在 200km 以内，超出 200km 以后因为这些预制混凝土构件体积大、自重高，专用构件运输车的物流运输成本高。这样当一个工地完工以后，PC 生产线需要迁往下一个工地，还要做设备基础挖土方、现浇混凝土等又是 3、4 个月。

以后的发展方向是将 PC 生产线做成可拆装的轨道式，生产线中的行走系统、支撑系统全建立在轨道上，类似火车的轨道，不用再建混凝土的设备基础，如同草原上的蒙古包游牧方式，方面从一个地方迁移到另一个地方，还缩短了 PC 生产线的建设周期，预计半个月时间即可完成生产线的迁移，比现在的方式缩短 80% 的时间。

在国内最早尝试这种方式生产 PC 构件的是万科集团，万科在西安万科城 8 号地一期 1、3 标段，除了采用工业化装配式施工，还在现场建了一些固定式模台，作为游牧式 PC 生产线的尝试。于 2015 年 1 月份开始建设，4 月份投产。现在的生产能力基本可以满足两幢楼 4、5 天一层的进度需求，万科花园项目依托配套的游牧式 PC 生产线，辅之以快建造体系和 BIM 技术应用，项目建造周期缩短四分之一，并节约了费用，创出了经济和社会效益双丰收。但是游牧式 PC 生产线也存在产能小和自动化程度低的缺陷，现在河北雪龙机械制造有限公司已经开发出国内第一条轨道式 PC 构件生产线，彻底解决了游牧式 PC 生产线存在的那些弊端，具有可移动，方便拆卸，自动化程度高，可生产构件种类多等优势，很好地为 PC 构件生产提供了更优化选择方案。

（7）PC 生产线装备小型化

目前国内建设一个 PC 生产线，都具有投资大、占地广的一个显著特点。2015 年 7 月 13 日，由中建四局投资的广东中建新型建筑构件有限公司在东莞成立揭牌，广东中建新型建筑构件有限公司投资年产预制构件可达 10 万 m^3，总投资达到 1.5 亿元人民币，规划总用地面积近 10 万 m^2。2015 年 9 月 16 日，中建三局武汉绿色建筑产业园一期工程 PC 构件厂正式投产，厂房建筑面积达到 3.48 万 m^2，未来 3 ~ 5 年内，中建三局将在武汉新洲区累计投资 60 亿元用于建设绿色建筑产业园，该产业园规划面积 3000 亩。诸如此类的 PC 构件厂都具备了高大上的特点，同时也标示着这个行业门槛高，挡住了一大批想进入这个行业的投资者。

国家新型城镇化规划（2014 ~ 2020 年），中央城镇化工作会议精神、《全国主体功能区规划》编制，按照走中国特色新型城镇化道路、全面提高城镇化质量的新要求下，PC 构件装备要为新城镇建设来保驾护航，但动辄上千万一条 PC 生产线显然不利于更多的投资者来为新城镇建设做出更多贡献。小型化 PC 生产装备的推出已经迫在眉睫，能不能把装备投资控制在 300 万以内，能不能让构件厂区占地在 1 万 m^2 以内等，都是下一步装备制造商着重要解决的问题。

（8）PC 装备适应多元化

随着建筑工业化水平的提高和建筑科学技术的发展，各种建筑体系和模式百花争鸣，诸如石家庄晶达建筑体系公司的晶达 CL 建筑体系，哈尔滨鸿盛建筑科技有限公司的 ICF 体系，清华大学建筑设计研究院有限公司的凹槽版体系 SW 体系，还有框剪结构 PC 构件体系等，这些体系现在不兼容，自成体系。一条 PC 生产线只能生产某一个特定体系的产品，如果想生产多个产品就需要投资多个系统的生产线，增加了很多投资成本。因此可以尝试一条生产线能生产多个产品，利用各自体系在生产产品时共同的地方，河北雪龙机械制造有限公司已经在进行这方面的尝试。

品质精良、对接精准的预制部品部件的生产离不开制造装备。预制构件生产装备（PC 生产线）先行，才能从源头上保证“搭积木建房子”成为现实。PC 生产线这个行业也必需适应社会发展，才能不断降低预制混凝土构件的成本，才能吸引更多的建材商投资建设预制混凝土构件厂，实现行业的持续发展。

3.4　材料的要素分析

传统的建造方式对人工劳动依赖严重，简单重复劳动多、科技含量低，使得建筑施工行业作业效率普遍低下，原材料消耗大，环境污染问题突出，这种现场施工、现场砌筑、人随项目走的习惯做法已经难以适应当今世界“节能减碳、绿色环保”的发展要求。

与传统建造方式相比，新型建造方式节约能耗、缩短施工周期、提高生产效率，对产业链成品和半成品的供应链产生深远影响。新型建造方式要求建筑材料更加绿色环保、高效、耐久；并改变在现场生产加工的粗放形式，转为在工厂进行集约化、工业化、装配化的加工形式；临时辅助施工设施更加便捷、高效、安全。

3.4.1　新型材料的研发与应用

伴随建筑新技术的发展，未来的建筑材料将面临更高要求和挑战，主要体现为：创新、节能、环保的新型材料的发展将成为趋势；“低碳”甚至“零碳”概念将更进一步渗透到材料技术中；建筑材料的智能化、功能化诉求越来越高；高性能、高耐久的新型材料的开发。

1. 绿色再生混凝土

（1）国外发展现状

发达国家对建筑垃圾再生利用的研究起步较早，再生资源产业正在成为具有广阔前景的新兴产业。

世界首个大规模利用建筑垃圾的国家是前联邦德国。在二战后的重建期间，对建筑垃圾进行循环利用，不仅降低了垃圾清运费用，而且大大缓解了建材供需矛盾。日本资源相对匮乏，因此十分重视建筑垃圾的再生利用，将建筑垃圾视为“建设副产品”。日本对于处理建筑垃圾的主导方针是，尽可能不从施工现场运出垃圾，建筑垃圾要尽可能重新利用。目前，日本的建筑废弃物资源再利用率已超过 50%，其中废弃混凝土利用率更高。美国每年产生城市垃圾 8 亿 t，其中建筑垃圾 3.25 亿 t，约占城市垃圾总量的 40%。经过分拣、加工，再生利用率约 70%，其余 30% 的建筑垃圾填埋处理。

（2）国内发展现状

我国建筑固废垃圾产量逐年增长（图 3-24），目前全国建筑固废垃圾年产生量为 20 亿 t 以上。根据 2016 年的《我国建筑垃圾资源化产业发展报告》，我国当前仅有 20 多家相对专业的建筑垃圾再利用企业，全国再生利用率仅为 5% 左右。

图 3-24　建筑垃圾

国内对于废弃混凝土的再生利用起步较晚。近年来，一些地方政府，高等院校及企业的科研人员，相继开始对建筑垃圾的综合利用进行了许多探索性研究和有益的实践。如华中科技大学、东南大学等利用城市垃圾制作烧结砖和再生混凝土。同济大学也就再生混凝土技术进行了大量的科学研究，包括再生混凝土的强度和工作性能研究、废弃混凝土破碎及再生工艺研究、再生混凝土框架结构抗震性能的研究、再生混凝土耐久性研究等。2014 年深圳华威公司引进郑州中意矿山机械有限公司研发生产的建筑垃圾移动破碎站，实施了全国首个建筑废弃物“零排放”示范项目，建筑废弃物转化率达到 90% 以上，它的成功运行为建筑废弃物综合利用开创新的模式。

与国外的经验相比，我国对建筑垃圾的处理和再生利用工作尚存在以下问题：

1）建筑垃圾分类和再利用水平较低。目前大部分建筑垃圾依然采用混合收集方式，专业分拣人员较少，大部分可以再利用的资源都被填埋或抛弃处理了。

2）我国建筑垃圾处理及资源化利用技术水平落后，缺乏新技术、新工艺开发能力，设备落后。垃圾处理多采用简单填埋和焚烧，既污染环境又危害健康。

3）建筑垃圾处理投资少，法规不健全，建筑、回收等人员的资源、环境意识有待提高。

为促进我国建筑垃圾资源化水平的提高，须加强以下几方面工作。

1）加强科研工作，提升技术水平。提出符合我国实际的建筑垃圾资源化战略和技术方案。

2）加强立法工作，为建筑垃圾的回收再利用提供法律保障。应禁止填埋具有再生价值的建筑垃圾，凡利用建筑垃圾生产的材料或产品，国家应在税收政策上给予优惠。

3）加大政策扶持力度。政府要从政策上加以引导、扶持、加大建筑垃圾综合利用力度，将废弃建筑材料变为有用材料。

2. 高强高性能材料

（1）高强高性能混凝土

混凝土材料是当今世界使用量最大、适用面最广的建筑材料之一，提高混凝土工程的安全性和耐久性，成为世界各国研究的热点。混凝土的耐久性好，建筑工程使用期长，可减少维修费用。通过提高混凝土强度和韧性减小结构构件的尺寸，增加使用空间；大幅度的降低结构自重；改善结构抗震性能；节约建筑材料，降低能源的消耗和建筑成本。

目前，我国的混凝土结构强度等级普遍为 C30 ~ C40，C80 级及以上的高强高性能混凝土已开始应用，少数超高层建筑也在探索应用 C100 级及以上高强高性能混凝土及自密实混凝土。近年来，国内预拌混凝土行业的领军企业开始利用企业的技术资源对高强、超高强混凝土的制备及生产工业化进行了大量研究，并实现了在部分工程中应用。在工程应用领域，随着广州西塔、广州东塔、深圳京基 100 大厦、上海中心大厦、天津 117 大厦等一批具有代表性的超高层项目的完成，在高强混凝土制备及超高泵送方面积累了丰富的成功经验。2014 年 8 月 20 日，中建西部建设股份有限公司利用常规预拌混凝土生产线成功生产出 C150 超高强混凝土。北京交通大学与铁道部相关部门合作对 RPC 材料在铁路工程中的应用进行了多项专题研究，成功研制出了 200MPa 级的 RPC 混凝土，用于青藏铁路襄渝二线铁路桥梁（T 梁）人行道板中。

随着超高层建筑高度的不断增加，建筑结构日趋复杂、工程规模日益扩大，施工方式的改变等对浇筑的混凝土性能提出更高的要求，轻质高强混凝土、超高强自密实混凝土及其泵送技术必将得到进一步的发展和应用。

（2）高强钢筋

钢筋作为建设工程的三大主材之一，是建筑设计、施工和造价的重要组成部分，占建筑总造价一般达 25% ~ 50% 之多，同时钢筋作为工程结构的主要受力单元，其施工质量关乎结构安全，在建筑施工中起着极其重要的作用。

目前，美国等多个主要工业化国家相继研发了 600MPa 级别的高强钢筋。多年来，我国虽然为推广应用高强钢筋采取了多项措施，但与发达国家相比，我国高强钢筋应用比例偏小，推广进展缓慢（图 3-25）。我国建筑行业所用钢筋强度普遍低 1 ~ 2 个等级，尤其是对于配置 600MPa 钢筋混凝土构件相关受力性能等方面的研究在我国尚属空白。

图 3-25　高强钢筋

根据专家测算，如果建筑行业中 50% 采用高强钢筋，可使建筑工程中钢筋用量在现有基础上减少 5% ~ 8%。高强高性能钢筋的推广应用是大势所趋，目前已经具备开展高强钢筋全面推广的前提条件，经济节约的高强钢筋将支撑我国的未来建筑。

3. 智能混凝土材料

随着地震、飓风等突发性自然灾害以及工程结构长期服役后环境侵蚀、材料老化和疲劳效应等现象的产生造成的事故频发，工程结构的安全性和防灾减灾能力愈发受到重视。人们期望结构可以具有健康自诊断、自适应和损伤自修复的仿生化特征的能力。传统的混凝土材料，已经不能满足这些技术的要求，混凝土的发展由传统的单一的仅具有承载能力的结构材料，向多功能化、智能化的结构材料方向发展。而智能混凝土作为一种新型的智能材料，是混凝土发展方向中最突出的一个发展领域。

智能材料就是模仿生命系统，能感知应力、热、光、电、磁、化学等环境条件的变化，而且能实时地改变自身一种或多种性能参数，做出人们所期望的、与变化后的环境相适应的响应从而予以控制的一种复合材料。智能混凝土是在混凝土原有的组分基础上复合智能型组分，使混凝土材料具有自诊断、自调节、自修复等特性的多功能材料。通常，仅复合一种单一的智能材料的混凝土只具备一种功能，要想具备多种功能，就需要复合多种智能材料。但是依据现有的科技水平，制备完善的智能混凝土，还相当困难。不过，具备单一或部分功能的智能混凝土的相继出现，例如损伤自诊断混凝土、自调节混凝土、自修复混凝土、高阻尼混凝土等，则为智能混凝土的进一步研究奠定了坚实的基础。

随着信息科学、生命科学、系统科学的飞速发展，工程材料的智能化问题，正在引起人们的广泛注意。及时了解并正确研究智能化混凝土工程材料，对混凝土工程无疑具有重要的理论意义和实用价值。对于混凝土结构与材料的研究仍将是一个永恒的课题。目前，对于智能混凝土的研究还只是处于一个初始阶段，还有很多课题正有待进一步研究。随着智能混凝土研究的不断深入，作为混凝土材料发展的高级阶段，智能混凝土也将有着越来越广阔的应用前景。各种智能混凝土材料的研制与发展，必将大大推动混凝土材料的广泛应用，这也正迎合了我国大规模工程建设以及智能化建筑的需要。

3.4.2 成品与半成品的制造与安装

建筑业旧业态多采用“人海战术”的建筑生产组织方式，众多工艺环节均在现场完成，施工现场工作量大、湿作业多，材料浪费严重，环境污染严重，质量难以保证。随着信息化浪潮的汹涌而来，宏观经济形式和生存环境，已迫使中国建筑业不得不改变其生存方式，建筑业变革的时代将已将到来。

新型建造方式将给行业带来变革，同样也会带来新气象。新型建造方式的基本特征是高效率、高质量、高效益，这就要求改变工人现场加工的落后技术，转而采用集约化、自动化、工厂化的建造方式，包括钢结构、钢筋、商品混凝土、PC 构件等成品与半成品，均可采用集约化加工与配送的新型建造方式。

1. 钢筋加工集约化

我国是个人口大国，长期以来劳动力价格低廉、生产技术水平又相对落后。近几年来，随着建筑行业施工自动化和专业化分工进程的不断发展，人工成本的不断提高和增加，建筑施工原材料不断向集约化、规模化方向发展。目前，商品混凝土、钢结构集中加工与配送迅速发展，并逐步提升了行业生产力水平和竞争力。

目前，钢筋加工采用的形式基本上还是工地现场制作，存在原材料浪费高、劳动强度大、加工周期长、现场管理难、加工成本高等问题。近年来虽然钢筋翻样电算化及半机械化加工方式有所发展，但总的来说，由于缺少先进的技术手段，发展水平不高。

钢筋集约化加工具有如下优势：

（1）专业化加工，机械化自动化程度高，可进行集约化规模化生产，统一调度，统一管理，简化操作，节约用工，保证质量，且生产效率高，加快施工进度。

（2）实行专业化分工和规模化经营，可不必为现场钢筋棚搭拆等投入时间和资金，且现场加工的局限性在于它加工的分散性，不能形成规模化生产。

（3）钢筋原材集中采购，规格齐全，加工钢筋多样，这样既可以减少采购成本，又可以进行资源的合理配置。

（4）管理规范化、集中化。加工厂配备专人管理，可对钢筋加工全过程监控，对钢筋进出场实现统一管理，工作界线清晰、工作事项闭环规范。

（5）加工场地集中，便于安全管理，在很大程度上可减少安全隐患。

（6）钢筋集中加工，为优化下料提供无限的空间，使钢筋废料最小化，减少损耗和浪费，合理地利用资源，损耗可控制在 0.5% 左右（图 3-26）。

中建承建的武汉天河机场三期扩建工程钢筋集约化加工试点效果显著：

（1）生产效率提高、用工量减少。钢筋集约化加工效率是常规加工 2 ~ 3 倍，人工节省一半。

（2）钢筋利用率提高，损耗降低。整个试点区总体钢筋利用率为 99.41%。

（3）信息化技术应用，助推管理升级，实现精细化管理。

（4）加工成本降低。

图 3-26　钢筋集中加工试点

2. 钢结构加工自动化

钢结构在我国建筑工业化行业中的应用还有很长的路要走。首先，在欧美和日本等发达国家经过近百年发展，建筑工业化得到很大程度普及，其中最重要体现就是钢结构建筑在整个建筑中所占比重已经达到50%以上，但在我国却不到5%。其次，我国的钢结构建筑工业化才刚刚起步，仍有很大的发展空间。

钢结构所用的材料比较单一而且是成材，加工比较简便且易使用机械操作。因此，大量的钢结构非常适宜在专业化的金属结构厂进行集约化加工，做成构件精确度较高。钢结构集约化加工，按照设计图纸会进行细化，出细化图纸及构件图，然后工人根据这个图纸进行下料、切割、焊接、钻孔，工厂采用的都是大型精密设备，如大型自动气割机、大型埋弧自动焊机，高精度数字钻床等等，而且都是批量制作，这样才能既保证质量，又保证进度。还有，预制完成后，要进行预拼装，更加保证了施工的准确性。同时会派专人监造，喷砂，除锈等。

构件在工地拼装，可以采用安设简便的普通螺栓和高强度螺栓，有时还可以在地面拼装和焊接成较大的单元再行吊装，以缩短施工周期。小量的钢结构和轻钢屋架，也可以在现场就地制造，随即用简便机具吊装。

3. 装饰机电工程工厂化

目前，我国在建筑装饰、机电施工方面，仍然主要以现场湿作业、手工作业为主，劳动力消耗大、效率低、浪费严重。国外已经普遍推行工厂预制、现场组装的工艺方法。

建筑装饰、机电工程工厂化是指将建筑装饰、机电工程所需的各种构配件的加工制作与安装，按照施工要求加以分离，构配件完全在各专业工厂里加工和整合，形成成品或半成品，施工现场只是对这些成品或半成品进行选择集成、组合安装。其核心是以工业化为手段，强调注重个性化。如同汽车制造，各主要部件是由各专业工厂提供的系统集成产品，汽车装配线只是将各种部件进行整合装配，而内饰、无线定位等均可按客户个性需要进行选配。建筑装饰、机电工程预制加工强调部品的现场装配化，要求产品标准化、系列化，在装饰工程的施工中提高效率、缩短工期、提高质量、节约能源、节约成本、绿色环保的集中体现。

以自主研发的“预制组合立管技术”为例，该技术是将一个管井内拟组合安装的管道作为一个单元，一个或几个楼层分为一个单元节，节内所有管道及管道支架预先在工厂内制作并组装、运输至施工现场进行整体安装（图3-27）。住房城乡建设部已颁布了施工技术规范，对预制组合立管的设计、制作、安装检验、试验及验收都做出了一系列的规范要求。

后续发展中要进一步强化“专业化”施工，不断提高建筑装饰工业化和装配化水平。如幕墙公司，目前大部分都采用高空散装，既费工又费时，完全可以实现工厂预制、整体安装，从而可以大大提高预制装配水平，保证质量、加快进度。门窗全部在工厂制作并组装成整体运至现场整体安装，外门窗也要在预制外墙板的生产厂内完成安装后再出厂。卫浴、厨房宜采用标准模数式设计，用标准部配件和定型设备，有条件最好采用厕、厨匣子结构，在厂内整套组装好后运至现场整体安装。

图 3-27　预制组合立管

装饰、机电工程虽然工作量不如结构大，但品种复杂，工序频繁，相互交错，并且不少项目在工厂内预制有诸多不便，需进一步探索。

4. 建筑结构预制装配化

较之传统的施工技术，预制装配技术采用工厂预制生产方式，不受气候条件、环境条件限制，可以 24h 作业，大大缩短建设周期，只需要传统建筑的三分之一甚至更少。机械化生产可大大节省用工量，节省人工成本。现场作业避免了传统建筑单件性、离散性、密集型劳动作业特点，大大降低安全事故发生概率。可以减少 60% 的材料损耗和 80% 的建筑垃圾，实现 65% 以上的建筑节能。另外，通过预制装配式作业代替了大量的现浇作业，提高住宅的整体质量，促进设计的标准化提升，提高构件的生产效率，降低成本，从而实现整个建筑性价比的提升。

（1）国外发展现状

美国装配式住宅盛行于 20 世纪 70 年代，大城市住宅的结构形式以混凝土装配式和钢结构装配式为主，小城镇多以轻钢结构、木结构住宅体系为主。美国住宅构件和部品的标准化、系列化、专业化、商品化、社会化程度很高，几乎达到 100%。用户可通过生产目录，买到所需的产品。

欧洲住宅产业化的发展是从“二战”之后开始的，到 20 世纪 60 年代，住宅建筑工业化遍及欧洲各国。瑞典是世界上住宅工业化最发达的国家，全国 80% 以上的住宅采用以通用部件为基础的住宅通用体系。瑞典人至今仍引以为荣的是，其工业化住宅公司生产的独户住宅已畅销世界各地。法国是世界上推行建筑工业化最早的国家之一，

1977 年成立构件建筑协会（ACC），20 世纪 80 年代统一编制了《构件逻辑系统》，90 年代又编制了住宅通用构件 C5 软件系统。丹麦发展住宅通用体系化的方向是“产品目录设计”，它是世界上第一个将模数法制化的国家。

此外，发达国家均已形成专业化的模板工作，盒子卫生间、盒子厨房已广泛应用。当前，发达国家已从工业化专用体系走向大规模通用体系，以标准化、系列化、通用化建筑构配件、建筑部品为中心，组织专业化、社会化生产和商品化供应，形成住宅产业现代化模式。

（2）国内发展现状

目前，我国大部分地区，混凝土结构基本为全现浇结构。预拌商品混凝土有了较大发展，而房建预制混凝土产品则较少，主要是一些初级产品，如预制混凝土楼板、楼梯阳台、外墙挂板等。2013 年 1 月，国务院办公厅转发了发展改革委和住房城乡建设部《绿色建筑行动方案》，明确了今后一个时期建筑业发展的方向及重要任务，要求有关部门要加快建立促进建筑工业化的设计、施工、部品生产等环节的标准体系。推广适合工业化生产的预制装配式混凝土、钢结构等建筑体系，加快发展建设工程的预制和装配技术，提高建筑工业化技术集成水平。

随着人们对建筑质量、建设速度、文明施工等要求的提高，我国的工业化建筑建设将有一个新的发展，根据《2015 ~ 2019 中国预制构件建材行业发展现状及市场投资前景分析报告》数据显示，预制构件的年需求和产量都在逐渐增长。目前在北京、上海、沈阳、南京、深圳等城市已经重新兴起建筑结构预制加工产业，见图 3-28。

图 3-28　建筑结构预制装配式

装配式建筑中，一些墙体、楼梯、阳台等部品构件在工厂中就已经制作好，工人的现场操作就仅是定位、安装等步骤，所以木工、泥工、混凝土工等岗位需求大大减少。同时，采用装配式工法施工后，多采用吊车等机械代替原来的外墙脚手架，所以架子工也将无用武之地。建筑构部件预制加工可带来显著的经济效益、社会效益和生态效益。

典型案例：深圳龙华 0008 地块保障房，共建 4000 余套公共租赁房，总建筑面积 21 万 m^2。通过“工业化”生产，该项目建筑垃圾减少 80%、材料损耗减少 60%、建筑节能 50% 以上。

在劳动力紧缺压力逐渐增大以及绿色环保的要求不断提高的背景下，装配式建筑将是未来建筑发展的必然趋势，势必将在未来 5 ~ 10 年得到迅猛发展。

5. 新型临时辅助材料的应用

目前，中国社会的人工成本上升很快，尤其是近三年来，涨幅巨大，中国劳动力成本优势正在下降。随着人们生活水平的提高，对建筑施工质量、环境保护要求也越来越高。可以预见，未来随着新型建造方式的发展，绿色环保、提升施工效率的临时辅助材料必将得到跨越式的发展。

（1）新型铝合金模板体系

建筑模板是混凝土结构工程施工的重要工具。在现浇混凝土结构工程中，模板工程一般占混凝土结构工程造价的 20% ~ 30%，占工程用工量的 30% ~ 40%，占工期的 50% 左右。模板技术直接影响工程建设的质量、造价和效益，因此它是推动我国建筑技术进步的一个重要内容。

20 世纪 90 年代以来，我国建筑结构体系又有了很大发展，对模板、脚手架施工技术提出了新的要求。我国不断引进国外先进模架体系，同时也研制开发了多种新型模板和脚手架。当前，我国以组合式钢模板为主的格局已经打破，已逐步转变为多种模板并存的格局，组合式钢模板的应用量正在下降，新型模板的发展速度很快。

随着环保问题的日益加剧，越来越多的项目在积极采用垃圾产生少、支撑体系简洁的铝合金模板。铝合金模板自 1962 年在美国诞生以来，已有 50 多年的应用历史。在美国、加拿大等发达国家，以及墨西哥、巴西、马来西亚、韩国、印度等新兴工业国家的建筑中，均得到了广泛应用。正是因为看中铝合金模板的快捷高效，越来越多的品牌房企争相推广其的应用。

铝合金模板作为一种新型模板，自重轻、刚度大、模块化程度高、拆模速度快、混凝土外观质量好、周转次数高（300 ~ 500 次），解决了由于传统模板自身刚度、强度差的原因而导致建筑工程主体质量差的现象，以及该现象造成装饰抹灰层厚度增加所造成的资源浪费，而免抹灰则解决了空鼓开裂等质量隐患。铝合金模板利用其本身定位精准等优势，可以实现外墙节点一次性现浇，免除二次结构开凿等工艺，大大提升施工效率。同时，与木模板相比，不会在施工中产生大量的建筑垃圾，拆模后现场无任何垃圾，不生锈、无火灾隐患、安装工地无一铁钉，无电锯残剩木片木屑及其他施工杂物，施工现场整洁，见图 3-29。

图 3-29　铝合金模板

建筑行业多年来的粗放式管理，还没有形成一套科学、系统的建筑模板管理模式，大多是一个项目开工时，按需一次性投入；项目完工后，按废品处理，施工成本高居不下，企业利润无形流失。铝合金模板的模块化，方便现场安拆，有助于提高施工效率，使得方案设计、采购、管理环环相扣。因此，模板工程的模块化设计与施工，是未来的发展发向。

（2）一体化脚手架

我国建筑脚手架工程技术与管理取得了非常可喜的进展。20 世纪 60 年代以前，我国建筑施工中大量应用竹、木脚手架，60 年代以后，扣件式钢脚手架得以大量推广应用。20 世纪 90 年代以来，国内一些企业引进国外先进技术，研制和开发了插销式、盘销式、轮扣式、方塔式脚手架，以及各种类型的爬架等多种新型脚手架，广泛应用在国内公路、铁路工程及各类民用建筑中，并在安全与经济效益方面取得了良好的效果。

长期以来，脚手架施工作业方式一直被广泛采用，但传统的脚手架的安装质量和安全性难以保证，脚手架受到荷载时变异性较大，现场安装周期长，影响施工效率。在国外，施工升降平台的使用已经非常广泛，近年来也受到了国内建筑市场的关注，但由于相关规范没有跟进而导致其推广缓慢。施工升降平台相对于传统的脚手架有着极大的优势，可代替钢、竹、木脚手架，用于高空施工。

目前广泛应用的整体提升脚手架作为一体化设计及安装的脚手架，可以随楼层的升高整体提升，解决传统脚手架现场搭设、不能升降的问题。在此基础上，结合大模板的广泛应用，脚手架和大模板一体化也广泛应用。当建筑物高度为 70m 以上时，与全高外脚手架相比，该一体化配套装备可节约钢材及辅助料 60% 以上，节省费用 40%，减轻工人劳动强度，提高施工安全性，从首层就开始安装使用，利于缩短工期。

脚手架实用技术创新表现在多个方面，附着升降脚手架在防坠装置、架体等方面还有许多技术创新。如：施工防护升降平台、产业化住宅施工专用外防护架、电梯井施工平台及各种施工操作平台等。这些新技术，使得脚手架更加安全、适用、节材和环保。

（3）临时设施标准化

在建筑施工中，为保证施工、避免扬尘减少污染，各施工单位均采取了相应的控制措施如修筑硬化道路、建设排水沉淀设施、裸露土体苫盖等，作为施工必备条件的建筑工程临时道路、围墙、洗车池等，尽管在相对量上所占的比例较小，但由于使用多为一次性，因而其绝对量随着建设工程总量的增加而显著增加。这种大量使用一次性临时设施所导致的直接后果是产生大量的建筑垃圾，造成了建筑资源的浪费，增加我国实现节能减排目标的难度。

1）装配式路面

我国《建筑施工安全检查标准》JGJ 59—2011 明确规定：施工现场的主要道路及材

料加工区地面应进行硬化处理。为满足文明施工的要求，目前国内工程项目施工现场的临时施工道路，多采用现浇混凝土路面结构，以达到场地硬化、满足场内交通需要和防治扬尘的要求。但传统的建筑施工现场临时施工道路并没有形成定型化、工具化的体系，大多采用普通素混凝土进行路面硬化，是由于施工道路上经常行驶一些载重量较大的车辆，对于传统的施工道路会产生不同程度的破坏。施工现场的硬化场地在施工结束后大多数需破除，势必浪费大量人工、材料，并会产生大量建筑垃圾，对环境造成危害，这与国家提倡的绿色施工、节能环保的要求是相悖离的。

装配式路面是一种新型的施工道路形式，采用混凝土板状结构，该结构强度高于传统施工路面，且施工工艺简单，可快速实现工地现场的运输，节省工期；绿色环保，成型后可多次周转使用，该施工方法优点良多，一经实施即产生了良好的经济效益及社会效益。

2）装配式厢式活动房

较传统彩板房安装更加快捷简便，组装现场实现零垃圾排放。厢式房内采用统一的成品装修，使办公、生活配置更加完善，也给基层管理人员带来全新办公和住宿体验，项目结束后厢式房可整体搬迁，避免了普通彩板房二次安拆、装修造成的浪费。厢式房采用全钢框架结构，其结构安全可靠，并提高耐久性及利用率。箱式房墙内填充高密度玻璃丝棉墙板，在保温、隔热、降噪、防火及节能方面也有着普通彩板房不可比拟的优势。

3）装配式金属板围挡

围挡采用装配式金属板围挡，拼装简单，安拆方便，能有效隔离施工区域保障施工安全，装配式围挡采用金属板拼装（用于临建、办公、生活区、背街一侧及现场施工区），单块金属板宽 400mm，高 1800mm，围挡露出地面高度为 2000mm。

（4）基坑绿色支护体系

灌注桩结合钢筋混凝土支撑是应用最广泛的基坑支护形式，然而它们在保证基础顺利施工的同时，也带来很多环境问题，如护壁泥浆和建筑垃圾的处理，支撑拆除时的噪声和振动，灌注桩成为后续地下空间开发的障碍物等。预应力锚索是另一种常用的水平向支护构件，但它经常超越用地红线，并且大多数不回收，影响邻近地下空间的开发。随着“四节一环保”的绿色建筑理念的逐渐接受，深基坑绿色支护技术逐渐成为岩土工程的发展方向之一。

用 H 型钢当作支护桩或内支撑并在工程完成后回收，符合绿色支护的理念和要求（图 3-30）。H 型钢作为支护桩已有成熟经验。在水泥搅拌桩（墙）内插入型钢，即型钢水泥土搅拌墙，兼作止水帷幕还会创造经济上的优势。H 型钢作为支撑在东南亚地区有较多应用，但多以单根的形式抵抗水平土压力。将多根 H 型钢用高强螺栓连接组合成一榀支撑并施加预应力，可有效增加支撑的截面特性，扩大支撑适用基坑的深度和宽度。型钢水泥土搅拌墙和预应力型钢组合支撑相结合将同时有效发挥各自的优点，达到绿色环保和节省工期等目标。

图 3-30　型钢支护体系

型钢水泥土搅拌墙和预应力型钢组合支撑构建的型钢支护系统，所有构件均为H型钢及其加工件。型钢支护体系节能节材，施工快速，无建筑垃圾残留，符合绿色支护的理念和要求。然而目前国内对预应力型钢组合支撑的应用和研究都很少，对型钢水泥土搅拌墙和型钢支撑构建的型钢支护体系的研究更少。需要广大科研技术人员加大研发力度，促进该技术的推广应用。

3.5　法的要素分析

3.5.1　制度要求

新型建造方式的实施应用需要产业链各主体单位参与，它不是某一个或两个产业链企业能够完全去推动的，因此对产业链相关方的制度提出了新的要求，本节主要就影响较大的设计单位和施工单位展开叙述。

1. 设计单位制度要求

（1）加强协同能力

新型建造方式下的项目设计由于构件工厂生产、现场装配及内装装配化的要求必须将设计向全过程延伸。从设计的初始阶段即开始考虑构件的拆分及精细化设计的要求，并在设计过程与结构、设备、电气、内装专业紧密沟通，实现全专业全过程的一体化设计。

传统设计中，内装的设计晚于施工图的设计，只要确保在内装施工前确定最终的内装设计图即可，待主体结构施工完成后再施工装饰装修部分。而采用新型建造方式的设计施工图与内装图均需要在主体结构施工前完成，由于采用的是标准化、模块化的设计，因此在施工后允许变更的度有限，这就各专业更加协同化。形成主体结构与围护结构、建筑设备、装饰装修一体化的集成设计技术，包括系统集成的标准化设计和协同设计关键技术。从加工、装配和使用的角度，研究构件部品的标准化、多样化和模数模块化，建立完善建筑设计体系。

在我国，建筑设计属于独立的行业，因此设计时无需考虑生产工艺、施工的工艺流程等，而生产、施工对设计阶段的影响也有限。而在新型建造方式的建筑发展中，由于对标准化设计与产业链各环节相互配合的要求较高，设计单位开始注重与工厂、工地的联系，但是在管理模式上很多企业仍然没有改变，设计环节前置，但是生产、运输、施工环节的反馈不明确、不到位，很容易造成设计产品在生产、运输、安装过程中不配套、不经济、不适用等问题。如，装配式结构设计均按现浇建造方式进行结构计算分析和设计，在对现浇结构体系设计完成后再进行“二次拆分”，设计意图难以协同统一。

（2）完善建筑设计技术体系

目前建筑一体化、标准化设计的关键技术和方法发展滞后，设计和加工生产、施工装配等产业环节脱节的问题普遍存在。建筑设计技术系统集成不够，只注重研究装配式结构而忽视了与建筑围护、建筑设备、内装系统的相互配套。还没有形成高效加工、高效装配、性能优越的全新结构体系，基于现浇设计、通过拆分构件来实现“等同现浇”的装配式结构，不能充分体现新型建造方式的优势。

在工业化生产席卷全球与国际产品标准化的社会大背景下，新型建造方式不仅体现了多工种协调合作的工业化协同趋势，同时也代表了建筑设计逐渐向建筑业全过程渗透，掌控全局的建筑设计发展方向。因此必须要从设计源头开始，完善建筑设计体系技术。开展主要类型结构体系的集成研究，形成装配式混凝土结构体系、装配式模块化钢结构体系、预应力装配式结构体系、装配式竹木结构体系、装配式钢和混凝土混合结构体系5种高性能、全装配的结构体系及连接节点设计关键技术。将建筑的各种构配件、配套制品和构造连接技术标准化、通用化，使各类建筑所需的构配件和节点构造可互换通用。

（3）试行以设计单位牵头的总承包管理模式

设计工作对整个项目的运行和管理起着决定性的作用。在EPC总承包模式下，总承包商要有强大的设计力量，才能缩短工期和优化设计。设计力量的不足往往造成总承包项目的失败，设计分包往往成为总承包项目管理的短板。设计在EPC模式中缓解和调和总承包商和业主之间管理压力的作用没有发挥出来，且多数情况下受制于业主的要求和变更。

我国的施工企业很少具有设计能力，设计单位往往和施工单位发生脱节现象。设计和施工在EPC模式中是相辅相成、交融并举的两个工作环节。如何合理有效地整合专业设计院的技术力量和施工单位人力、机械资源，以求技术力量、人力资源以及各种资金的组合能够达到总承包项目的要求，这也是相当棘手的一个难题。

相比于传统的以施工总包单位作为总承包牵头方而言，设计单位牵头总承包模式的出现有历史的必然性，充分体现设计的主导优势。EPC 承包商开始就参与设计，这样就能把他们在施工方案和建筑材料等方面的经验融于设计中，对设计的优化产生了积极的作用。结合有条件的建设项目还可以试行建筑师团队对施工质量进行指导和监督的新型管理模式，试点由建筑师委托工程监理实施驻场质量技术监督。

2. 施工单位制度要求

（1）大力推进工程总承包模式

2016 年 5 月 20 日，住房城乡建设部印发《关于进一步推进工程总承包发展的若干意见》，深化建设项目组织实施方式改革，从 4 个方面提出了 20 条政策和制度措施推进工程总承包。2016 年前三季度，全国具有资质等级的总承包和专业承包建筑企业实现利润总额 3593.53 亿元，较同期增长 6.75%。这些有资质等级的总承包企业应该带头通过自身综合实力，逐步推进以工程总承包（EPC）模式承接工程项目，提供项目规划设计、项目管理、工程施工、专项技术研发和发展等全方位工程服务。这种发展模式对企业的综合能力和专业能力要求都很高，典型代表是中建国际、宝业集团和北京住总。

目前，工程总承包是国际通行的工程建设项目组织实施方式。我国 EPC 总承包主要应用在化工、石化等领域，在房屋建筑领域应用较少。目前部分有条件的施工单位已经开始先行先试，中建三局在所承建项目中选取有代表性的工程作为试点，并定期召开总承包管理论坛，交流总承包管理心得。由中建国际投资（合肥）有限公司承建的蜀山产业园公租房四期项目，是合肥市 2013 年开工建设的公租房，采用了工程总承包（EPC）模式。

（2）完善总承包管理架构及模式

新型建造方式要求传统生产方式逐步向现代工业化生产方式转变。而多年来我国建筑业以现场施工方式为主流，绝大多数建筑企业已经习惯于现场施工，无论从施工技术还是施工管理，传统的企业运行管理模式根深蒂固，各自为战，以包代管，层层分包的管理模式严重束缚了新型建造方式的发展。

从企业内部来讲，部分企业沿用施工总承包的组织模式，与工程总承包相适应的组织机构和管理架构还未建立；缺乏复合型管理人才；高效的项目管理体系也有待完善。因此需要根据新型建造方式的特点，通过管理架构及模式的创新探索与实践，建立与现场工厂化和预制装配式建筑相匹配的现代企业管理制度，借助“互联网 +”的信息化手段，提升基于不同施工主体、不同施工环节中的项目组织管理能力，加强质量监管等方面的机制创新。

（3）重视专业化人才培养

随着装配式建筑的不断发展，参照国际发展经验，将形成社会化大生产和专业化分工，促进企业向集团化和专业化共同发展。

人才是新型建造方式快速发展的基础支撑要素，目前，从设计、开发、生产、运输、施工、安装到发展维护，相关企业都存在人才能力不足的突出瓶颈问题。主要原因是企业对相关技术人才的培养力度不够，或者重管理人员，轻技术工人的培养，造成有素质、有技能、懂装配技术的建造工人的比例较小。施工企业要从全产业链的角度出发，积极引进并大力培养装配式建筑相关的设计师、建筑师、工程师、生产技术和管理人员，不断提升从业人员的技能水平。高度重视产业工人队伍的培养，改善工人的工作环境，加大对工人的培训，促进传统农民工向产业工人的转变，打造具竞争力的产业工人队伍。

3. 其他单位管理要求

（1）建设单位优先选择总承包管理组织方式

建设单位选择合适的项目组织方式将对整个产业链的产生影响，选择什么样的方式能够促进新型建造方式的应用，保质保效，是对建设单位的基本要求。建设单位在选择建设项目组织实施方式时，应当本着质量可靠、效率优先的原则，优先采用工程总承包模式。建设单位可以在可行性研究、方案设计或者初步设计完成后，进行工程总承包项目发包，依法采用招标或者直接发包的方式选择工程总承包企业。

（2）监理单位创新服务主体和服务模式

1）服务主体多元化

监理企业在为建设单位做好委托服务的同时，进一步拓展服务主体范围，积极为市场各方主体提供专业化服务。按照政府购买社会服务的方式，接受政府质量安全监督机构的委托，对工程项目关键环节、关键部位进行工程质量安全检查。接受保险机构的委托，开展施工过程中风险分析评估、质量安全检查等工作。优化行业组织结构，形成以主要从事施工现场监理服务的企业为主体，以提供全过程工程咨询服务的综合性企业为骨干，各类工程监理企业分工合理、竞争有序、协调发展的行业布局。培育一批智力密集型、技术复合型、管理集约型的大型工程建设咨询服务企业。

2）创新服务模式

监理企业在立足施工阶段监理的基础上，向“上下游”拓展服务领域，提供多元化“菜单式”咨询服务。对于选择具有相应工程监理资质的企业开展全过程工程咨询服务的工程，可不再另行委托监理。监理企业应积极探索政府和社会资本合作（PPP）等新型融资方式下的咨询服务内容、模式。

（3）政府部门优化顶层设计，加大扶持力度

按照“简政放权、放管结合、优化服务”的原则，国家层面应引导建筑行业加快推进供给侧结构性改革，尽快明确发展新型建造方式的发展政策，并在加快项目推进、

出台技术标准、验收标准、基础产业建设、鼓励企业转型升级、管理机制创新、政策优惠等方面优化设计，加大扶持力度。营造一个公平有序的竞争环境，通过不断完善以全产业链为基础的政策、法规，带动一批从事设计、施工、开发、部品生产的龙头企业的积极响应，引导市场规范运行，促进产业链优化。此外在监管方式上逐渐从微观管理向宏观管理转变；从单一监管方式向多种方式转变；从只强调政府监管作用向同时注重社会监管作用转变。

3.5.2 工艺工法要求

新型建造方式的推广离不开先进工艺工法的研究与应用，结合目前现状，主要围绕工艺信息化、专业化、标准化、高效化展开具体应用。

1. 信息化

通过技术与管理手段对全生命周期的生产要素进行集成和系统整合，透过不同的建筑体系，实现建筑设计标准化、部品构件生产工厂化、现场施工机械化、组织管理科学化的要求，从而提高生产效率，保证建筑质量，延长建筑寿命，实现节水、节地、节材、节能与环保的绿色建设生产目标。

为了实现上述要求，需要建立在信息化的平台上，实现信息采集、信息编码、信息加工处理以及信息传递、信息共享。住房城乡建设部印发《2016 ~ 2020 年建筑业信息化发展纲要》，其中对勘察设计类、施工类、工程总承包类企业做了具体部署，积极探索“互联网 +”，推进建筑行业的转型升级。目标是全面提高建筑业信息化水平，着力增强 BIM、大数据、智能化、移动通信、云计算、物联网等信息技术集成应用能力；建筑业数字化、网络化、智能化取得突破性进展，初步建成一体化行业监管和服务平台，形成一批具有较强信息技术创新能力和信息化应用达到国际先进水平的建筑企业及具有关键自主知识产权的建筑业信息技术企业。

规划要求加快 BIM 普及应用，实现勘察设计技术升级。在工程项目勘察中，推进基于 BIM 进行数值模拟、空间分析和可视化表达，研究构建支持异构数据和多种采集方式的工程勘察信息数据库，实现工程勘察信息的有效传递和共享。在工程项目策划、规划及监测中，集成应用 BIM、GIS、物联网等技术，对相关方案及结果进行模拟分析及可视化展示。在工程项目设计中，普及应用 BIM 进行设计方案的性能和功能模拟分析、优化、绘图、审查，以及成果交付和可视化沟通，提高设计质量。推广基于 BIM 的协同设计，开展多专业间的数据共享和协同，优化设计流程，提高设计质量和效率。研究开发基于 BIM 的集成设计系统及协同工作系统，实现建筑、结构、水暖电等专业的信息集成与共享。

（1）物联网技术应用

建筑物联网是在物联网影响之下的具体产业物联化体现。它是以建筑为主题，通过使用建筑物联网平台，实现建筑物与部品构件、人与物、物与物之间的信息交互，以实现在精细管理、低碳节能的同时，提高人们的生活质量。与建筑信息化管理相结合，体现在采购、生产、运输等各个环节，致力于建筑生命全周期管理，采用无线射频（RFID）芯片和二维码复合应用，实时采集构件生产、检验、入库、装车运输等数据，实现对构件生产及运输全过程质量的追踪，从而打造出装配式建筑智慧工厂。

（2）BIM技术应用

新型建造方式要求BIM更广泛地应用到建筑行业的各个领域，BIM带给行业的变革不仅体现在技术手段上，还体现在管理过程中，并贯穿于设计、施工、到运维的建筑全生命周期，其价值逐渐被认知并日益凸显，近几年更是呈现出风生水起的发展势头。BIM技术具备了解决工程项目的管理问题和技术问题的革命性的变革能力。作为工程行业最核心的大数据技术，BIM能真正解决复杂工程的大数据创建、管理和共享应用等问题，在数据、技术和协同管理三大层面，提供了革命性项目管理手段。尤其是BIM与互联网的结合，将大型工程的海量数据、可视化工程3D和4D图形在广域网方便共享、协同和应用，将给建筑业带来重大影响，在大数据时代，提升信息透明化，提高精细化、低碳化管理水平，加快工业化进程，从而改变建筑业。

住房城乡建设部《2011 ~ 2015年建筑业信息化发展纲要》、《关于推进建筑业发展和改革的若干意见》、《住房城乡建设部关于印发推进建筑信息模型应用指导意见的通知》等政策文件的发布，提出了BIM应用要点，到2020年末，在新立项项目的勘察设计、施工、运营维护中，集成应用BIM的项目比率需达到90%。国内的BIM技术应用的政策环境逐渐形成，国内各省及直辖市为落实住建部关于推广BIM技术的政策精神，纷纷出台相关省级政策文件。2016年，广西、湖南、黑龙江、云南等省积极出台推进BIM技术应用的相关通知，加快BIM技术的落地。

（3）3D打印技术应用

随着技术进步，如今3D打印实体房屋已被证明其可行性，一些3D打印实体房屋也陆续在世界各地出现。3D打印技术的优势在于构件由模型到实物的转化，实现客户的个性化需求和企业的工业化和规模化的“智造”，能够有效解决信息不对称、生产成本高和产品同质化高等问题。2014年，10幢3D打印建筑在上海张江高新青浦园区内交付使用。这些“打印”的建筑墙体是用建筑垃圾制成的特殊“油墨”，按照电脑设计的图纸和方案，经一台大型3D打印机层层叠加喷绘而成，10幢小屋的建筑过程仅花费24h。2015年，由3D打印的模块新材料别墅现身西安，建造方用3h完成了别墅的搭建。在3D打印技术的引领下，建筑产业由“建造房子”向“制造房子”模式转变已成趋势。

（4）VR技术应用

VR虚拟现实技术是仿真技术的一个重要方向，是仿真技术与计算机图形学人机接口技术多媒体技术传感技术网络技术等多种技术的集合，是一门富有挑战性的交叉技术前沿学科和研究领域。虚拟现实技术（VR）主要包括模拟环境、感知、自然技能和传感设备等方面。模拟环境是由计算机生成的、实时动态的三维立体逼真图像，感知是指理想的VR应该具有一切人所具有的感知。目前已在施工现场安全体验馆和虚拟数字工厂中用初步应用，未来将在建筑施工中逐步应用。

VR建筑安全体验馆主要是技术工程师们利用3Dmax建立了与实体体验馆1∶1的效果模型，通过软件处理，结合VR眼镜实现了动态漫游及VR交互。让体验者有更加逼真的感受：可以直接感受、体验电击、高空坠落、洞口坠落、脚手架倾倒及隧道逃生等多个项目虚拟效果。

3D数字化工厂以产品全生命周期的相关数据为基础，在计算机虚拟环境中，对整个生产过程进行仿真、评估和优化，并进一步扩展到整个产品生命周期的新型生产组织方式。主要解决产品设计和产品制造之间的“鸿沟”，实现产品生命周期中的设计；制造；装配；物流等各个方面的功能，降低设计到生产制造之间的不确定性，在虚拟环境下将生产制造过程压缩和提前，并得以评估与检验，从而缩短产品设计到生产的转化的时间，并且提高产品的可靠性与成功。

此外部分企业也开始研究VR技术在建筑施工中的应用。目前金螳螂·家现已有33家门店布置了VR体验区。致力于为建筑行业提供设计辅助工具的InsiteVR最近获得了150万美元的种子轮融资。中建一局联合天宝公司（Trimble）与北京麦格天宝科技股份有限公司在中建一局大厦签约并联合发布：将携手探索混合现实技术（MixedReality，简称MR）在工程建设领域的深入应用。

2. 专业化

（1）发展现状

大部分企业注重的焦点只是在生产经营、产能投入，而忽略产出的效率及内部管理的问题，再加上地方主义的长期保护，行业规模的影响，国内建筑行业并没有形成真正公开、透明的市场竞争环境。仍然是粗放式管理，质量、成本的管理水平低下，经营过程中没有完善的制度、标准的管理体制来约束，也没有先进、实用的管理手段来改变现在管理上存在的漏洞。随着PPP模式时代到来，施工企业未来的方向就是增强与政府、投资方、设计单位合作。利用我们的专业优势、技术装备深化与政府合作，给设计院提出合理建议，为投资方排忧解难，节约投资成本，实现优势互补。和其他专业公司竞争，取决于自身专业化程度，不再是“大”，而是“精”与“专”的比拼。随着国内建筑市场的逐步发展，施工领域分工不断细化，众多大型建筑施工企业纷纷尝试走专业化发展道路，专业化施工成为企业健康持续发展的必经之路。

（2）发展要求

建筑企业要以专业化为核心，以发挥市场优势为目标，按照类别资产重组，业务整合，形成市场定位鲜明、竞争优势明显的专业板块，增强企业技术纵深发展的能力，构筑起专业化公司的施工模式。

施工企业采用的专业化形式主要有三种：一是产品对象专业化。就是按建筑产品的不同而建立专业化的建筑业企业。由于建筑产品因用途与功能不同而带来施工工艺上的差别，专业化施工企业可以发挥其在管理、技术和装备上的优势，形成完整的建筑产品。二是施工工艺专业化。就是把建筑施工过程中某些专业技术，由某一种专门从事这项工作的施工企业承担。由于这些工作专业性强，需要的施工机械设备多，实行专业化往往带来了很大的好处。三是构配件生产专业化。专门向现代化工地提供大型的经过加工或组装的建筑构件、配件，以便组织建筑工业化的施工。

专业化施工队伍、专业分公司在技术、产品、服务、市场等环节具有高度的独特性、差异性、市场认同性，具有市场独占性、反应快速、竞争优势明显、利润最大化的运作模式。我国在相当长的一段时间内走“全”这一条路，大而全或小而全的工程公司到处都有，大、中、小企业角色分工基本相同。专业化施工犹如握紧的拳头，把有限、分散的资源整合集中统一使用，使企业的各种资源发挥到最大极限，发挥专业化队伍“专”、“尖”的特点，寻求精细高效的突破。

当前，混凝土工程中已实现了混凝土商品化，钢筋加工安装专业化、模板工程施工专业化将是发展的必然趋势。模板工程施工专业化是指专业化公司根据工程结构特点，选定合理的模板体系，进行模板产品配置设计，并组织工厂化生产，模板的现场安装、拆除等均由专业化模板公司向总承包公司进行分包，要建立模板施工专业化公司，这是一项重大的施工体制改革。根据国外模板脚手架公司的经验，都是由模板公司从开发商那里投标模板工程，即从模板工程的施工方案，模板体系配置，设计制造，模板投入量到按工程计划进度的支模、拆模、管理、维修等都交模板公司一揽子单项承包。在这种专业化施工的大趋势下，其他分项的一揽子分包也会不断成为可能。

3. 标准化

与传统建造方式相比，新型建造方式节约能耗、缩短施工周期、提高生产效率。标准化的是组织现代化生产的重要手段和必要条件，是合理发展产品品种、组织专业化生产的前提，因此积极推广标准化是新型建造方式的一个基本要求。

标准化是产业化的基础，而统一模数又是实施标准化的前提。统一模数制，是为了实现设计的标准化而制定的一套基本规则，使不同的建筑物及各部分构件的尺寸统一协调，使之具有通用性和互换性，以加快设计速度、提高施工效率、降低造价。

（1）发展现状

我国住宅通用部品所占比例仅为20%左右，而瑞典新建住宅通用部品占比高达80%，一些发达国家在住宅建设和部品生产方面已达到相当的精度，部品生产和安装的准确度（公差度）已达到毫米级水平，接近或相当于机械加工的水平，可以说是真正“像造汽车一样造房子”。我们与发达国家还有距离。

瑞典是世界上住宅工业化最发达的国家，全国80%以上的住宅采用以通用部件为基础的住宅通用体系。瑞典人至今仍引以为荣的是，其工业化住宅公司生产的独户住宅已畅销世界各地。法国是世界上推行建筑工业化最早的国家之一，1977年成立构件建筑协会（ACC），20世纪80年代统一编制了《构件逻辑系统》，90年代又编制了住宅通用构件C5软件系统。丹麦发展住宅通用体系化的方向是“产品目录设计”，它是世界上第一个将模数法制化的国家，以“产品目录体系”为中心推动住宅通用体系的发展，即每个厂家将自己生产的产品列入通用部品目录，汇集成“通用体系部品总目录”，设计人员可根据需要选择部品进行设计。

（2）发展要求

国务院办公厅《关于转发发展改革委、住房城乡建设部〈绿色建筑行动方案〉的通知》（国办发[2013]1号文）中第（八）项：推动建筑工业化中住房城乡建设等部门要加快建立促进建筑工业化的设计、施工、部品生产等环节的标准体系，推动结构件、部品、部件的标准化，丰富标准件的种类，提高通用性和可置换性。通过文件形式对部品标准化提出了要求。实现部品和构配件设计的标准化和生产的模数化，不仅能够为系列化和标准化产品的生产提供必要的前提条件，同时还能有效地简化建筑产品在生产和建造现场装配过程中的操作。

1）部品尺寸模数化

模数化是实施标准化的前提，各类部品之间以及部品与建筑之间的模数协调、配套和通用，是实现部品系列化、商品化生产供应的前提条件，是机械化装配施工的保证，是建筑物得以实现工业化设计和新型建造方式的关键。因此，模数的合理确定极为重要，需要建筑、结构、设备、制作、安装等工种的协同研究。

2）结构构件标准化

结构构件标准化的优劣对于实现大规模的工厂化生产有重要关系。因此应对不同的结构体系，基于已有工程实践的分析比较，提出标准化、系列化的结构构件系列，包括截面形式、用钢等，实现用最少种类的标准“积木”搭建尽可能形式多样的建筑。

3）配套部品商品化

配套建筑部品也是新型建造方式的基本组成单元，为了获得质量性能佳、成本低、适用性强和安全环保的建筑部品，应实现建筑部品商品化，利用互联网、物联网提高流通和应用效率，减少库存和损耗。各类部品研发时，应以模数化技术解决部品的通用性问题，以标准化实现部品的工业化生产，以系列化应对建筑个性化的要求，以集成化满足现场安装的需要。

此外还需要满足上下游配套的标准化统一，这包括：标准化设计、标准化材料、流程化施工，标准化产品套餐。标准化发展可节省与用户的沟通成本，材料、生产、企业、物流、工程施工成本，降低施工质量出现问题的风险。

4）规范标准化

国内建筑工业化方面相关技术虽已然逐渐成熟，但缺乏统一标准，产业链尚未形成，相关配套政策也不够完善；企业创新能力不足，研发投入不足；业务运营系统不强，大数据运营能力弱，效率低下，成本偏高，无法应对个性化定制和大规模工程实施等。导致工业化建筑在我国总体规模和占比仍较低。因此需要更多的标准规范去支撑。标准规范在建筑工业化发展的初期阶段其重要性已被全行业所认同。由于建筑工业化技术标准缺乏基础性研究与足够的工程实践，使得很多技术标准仍处于空白，亟需补充完善。

针对工程建设标准目前存在的刚性约束不足、体系不尽合理、指标水平偏低、国际化程度不高等问题，2016 年 8 月 9 日，住房城乡建设部发布《关于深化工程建设标准化工作改革的意见》，要求加大标准供给侧改革，完善标准体制机制，建立新型标准体系。到 2020 年，适应标准改革发展的管理制度基本建立，重要的强制性标准发布实施，政府推荐性标准得到有效精简，团体标准具有一定规模。到 2025 年，以强制标准为核心、推荐性标准和团体标准相配套的标准体系初步建立，标准有效性、先进性、适用性进一步增强，标准国际影响力和贡献力进一步提升。为了进一步与国际接轨，需要我们在规范上更加的标准化。

4. 高效化

随着越来越多的项目不断应用新型施工技术，提高施工生产效率，并在施工技术方面进行更多研究与实践。在经济全球化的大环境中，我国建筑业的大型企业无论在国内市场还是国际市场的竞争中求得生存和发展，仅靠传统的劳力密集型加某些技术密集型的优势是不够的。

目前，建筑业整体的科技水平较低，这几乎成了建筑业走向工业化、国际化的“瓶颈”。我国的建筑技术以单项技术发展为主，缺乏标准化、配套化技术，尚未形成系列化体系，导致科技进步对建筑行业的贡献率较低，仅为发达国家的一半，约为 31.4%。这导致了我国建筑行业仍属于劳动密集型产业的状况并没有得到改变，效率仍旧不高。因此不断应用高效施工技术和开发成套综合技术是推动新型建造方式的不竭动力。

（1）机房整体预制加工技术

中央制冷机房作为安装工程核心机房之一，其施工工艺是体现机电整体施工水平的核心竞争力。随着建筑市场的发展，已逐渐步入建筑工业化生产，施工周期短是建筑行业的一种趋势，也是一大挑战。制冷机房模块化预制及装配化施工技术的提出，有效地解决了这一大挑战。

传统的中央制冷机房施工技术中存在一些关键问题难以解决：

1）由于现代建筑结构空间、中央制冷机房管线排布的复杂性，采用传统的深化技术，很难达到管路路由最优化；

2）传统的施工测量方法粗糙，操作麻烦，工作效率低，空间局限性较大，尤其是施工精度不够，导致施工质量不能够满足设计要求；

3）传统的人力技术质量难以保障，以及恶劣的施工环境制约，无法满足中央制冷机房的施工质量提升及工期要求；

4）传统的管道装配技术，已不能满足现在中央制冷机房施工工期要求。

实施过程中，大量构配件的精度、空间定位、精准装配，以及现场材料转运、设备调度、场地动态布置等都面临极大挑战。应用先进科技，通过 BIM 对所有设备及零部件进行 1∶1 建模，使管件精度误差控制在 2mm；通过二维码对所有配件进行编码识别，为快速装配提供指引；通过测量机器人对组合构件进行精准空间定位；通过精细的装配流程和精确到“分钟”的进度计划，不间断 48 小时作业；应用全息扫描、3D 模拟等先进技术；自主创新设计管道运输装置、管道支撑体系、小型安装工具等，确保了一次性成功实施，开创了建筑工业化在中央制冷机房安装整体实施的先河，见图 3-31。

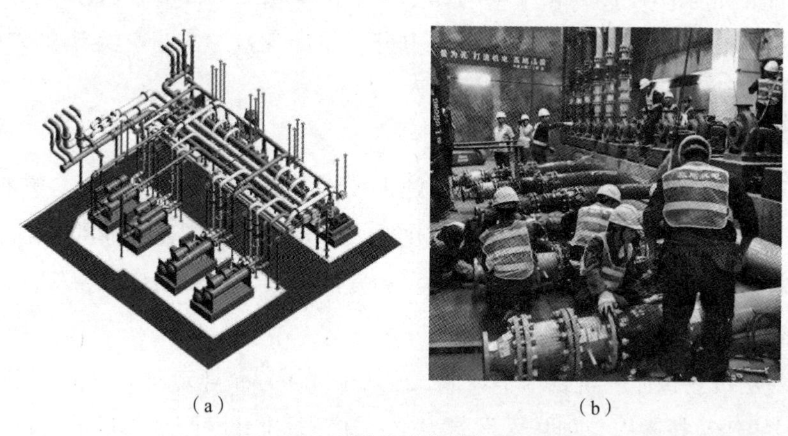

（a）　　（b）

图 3-31　制冷机房模块化预制

（a）中央制冷机房 BIM 模型三维图；（b）装配式中央制冷机房过程现场施工作业

运用该技术可大大提高施工质量，传统施工管道由人工下料焊接，质量不稳定，通过全自动工厂化预制，现场“零焊接”，采用数控相贯线等离子切割机、自动焊接机和最先进的测控技术，确保了制作安装精度，大大提高安装质量。此外该技术可安全环保，机房封闭狭小，传统施工烟尘飘散、噪声四起，作业环境十分恶劣。而装配化施工现场几乎无烟尘、无噪声。拼装作业在地面完成，机房管道整体机械化抬升，克服了高空作业的安全风险。所有管道安装位置精确至毫米，排布整齐，精准美观。

华润深圳湾项目通过工厂化预制及机械化装配，将所需要的 4348 个构配件，全部在工厂预制加工，再像拼拼图一样进行现场拼装，用工业化彻底替代了传统手工模式。机房整体预制加工成套技术实现了机房 100% 工厂化预制、现场实物一次性安装、现场安装零焊接，将原本两个月的工期两天完成，见图3-32。

图3-32　装配式中央制冷机房成型实景图

（2）全逆作法技术

超高层建筑地下室结构承托上部整体荷载，构造复杂。常规超高层建筑多为顺作，部分采用“塔楼顺作裙楼逆作”，难以实现主塔楼上下同步全逆作施工。

为此，中建团队开发了超高层建筑上下同步逆作法施工的关键技术，解决了制约超高层建筑逆作施工的一系列问题，并在南京青奥中心项目完成了全球首例超300m建筑上下同步全逆作法实践。其主要创新点包括：

1）密排桩柱承托

创新采用核心筒地下密排桩柱体系作为核心筒剪力墙逆作法支承体系，解决了超高层建筑核心筒剪力墙逆作的关键问题，实现了1400mm厚钢筋混凝土剪力墙的逆作法施工。自主研发出大截面高承载力工程桩施工技术和超长超重钢管柱的超高精度水下安插技术，保证了超高层建筑逆作法一桩一柱基础的高承载力，见图3-33。

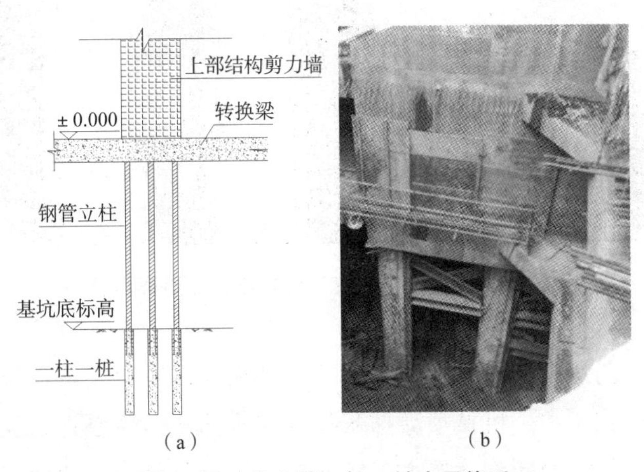

图3-33　剪力墙一柱一桩支承体系

（a）示意图；（b）实景图

2）设计施工协同

改变了常规超高层建筑结构设计以建筑实现为目的的常规思路，形成了以施工实现为导向，施工方案设计、施工过程分析与永久结构分析相结合的逆作法设计思路及临界高度确定方法。

作为 2014 年南京青奥会重点配套设施，青奥双塔楼项目工程需在 2 年 3 个月内完成外幕墙封闭，如按常规方法施工至少需要 3 ~ 4 年。为确保节点任务顺利完成，项目采用全逆作技术，利用地下室的楼盖、梁、板、柱、外墙结构作为施工的支撑结构，一边从上而下进行地下室结构施工，一边进行地上结构施工，相当于增加了一个施工作业面，上下同步施工。在 19 个月完成两座建筑高度为 249.5m 和 314.5m 的超高层塔楼桩基至结构封顶全部工作内容，取得了广泛的社会关注。该项目是世界上第一例 300m 以上超高层上下同步逆作工程，也是我国建设周期最短、建筑高度和建筑规模最大的超高层逆作工程，见图 3-34。

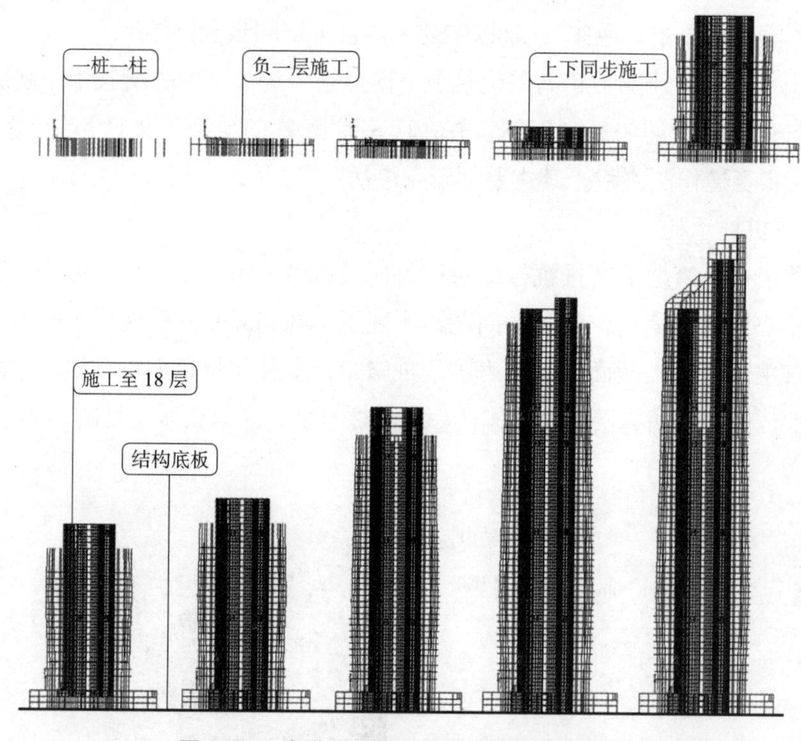

图 3-34　全逆作法施工全过程模拟过程示意

高效的施工工艺是推动新型建造方式的有利途径，除上述两例技术外不少技术也已成功应用到建筑施工中。机械喷涂抹灰技术实现抹灰砂浆泵送及喷涂一体化，大大提高施工工效。此外随着新型建造方式的推广，机电装修一体化建造、主体结构和二次结构一体化施工等成套技术也将逐步应用。

3.6　环境的要素分析

中国既有的近 400 亿 m^2 建筑，仅有 1% 为节能建筑，其余无论从建筑围护结构还是采暖空调系统来衡量，均属于高耗能建筑。单位面积采暖所耗能源相当于纬度相近的发达国家的 2 ～ 3 倍。这是由于中国的建筑围护结构保温隔热性能差，采暖用能的 2/3 白白跑掉。而每年的新建建筑中真正称得上“节能建筑”的还不足 1 亿 m^2，建筑耗能总量在中国能源消费总量中的份额已超过 27%，逐渐接近三成。

2016 年 2 月党中央、国务院在《中共中央国务院关于进一步加强城市规划建设管理工作的若干意见》明确提出，发展新型建造方式，大力推广装配式建筑，减少建筑垃圾和扬尘污染，缩短建造工期，提升工程质量。2017 年 1 月国务院印发的《“十三五”节能减排综合工作方案》、2017 年 3 月住房城乡建设部印发的《建筑节能与绿色建筑发展“十三五”规划的通知》，均对建筑产品与生产过程提出了明确的环保要求。总结我国建筑行业节能减排的现状以及国家政策导向，新型建造方式对建筑节能减排提出了绿色建筑与绿色施工两大要求。

3.6.1　绿色建筑要求

绿色建筑已是当前世界建筑业发展的趋势，发展绿色建筑事业是推动我国节能减排，保护环境，改善民生，培育新兴产业，加快城乡建设模式和建筑业发展方式转变，促进生态文明建设的重大举措。中央领导曾多次就推动绿色建筑发展作出重要批示，认为我国现在是在工业化、城镇化、新农村建设的关键时期，是一个机遇期，要最大限度地发展绿色建筑。

绿色建筑是实现“以人为本”、“人 - 建筑 - 自然”三者和谐统一的必要途径，是我国实施可持续发展战略的重要组成部分。《绿色建筑评价标准》CB 50378—2006 对绿色建筑的定义：在建筑的全寿命周期内，最大限度地节约资源（节能、节地、节水、节材）、保护环境和减少污染，为人们提供健康、适用和高效的使用空间，与自然和谐共生的建筑。从定义中可以看出，绿色建筑定义的三要素：①节约资源、降低能耗，建筑资源节约化；②保护环境、减少污染，建筑建造环保化；③创建健康、适用、高效的使用空间，建筑设计友好化。

1. 建筑资源节约化

在能源消耗的方面，建筑能耗是目前我们的生活中能源消耗的主体。据统计资料显示，一个国家的建筑运行能耗一般占能耗总量的 25% ～ 40%；如果再加上建筑构造和拆除过程的能耗以及建筑材料的运输能耗，比例将上升到 50% 左右，如英国的建筑能耗占总能耗的比例约为 50%，美国约 54%。越来越多的高能耗使得我们开始提倡节能建筑，提高建筑物的能源和资源利用迫在眉睫。

围护结构节能。改善遮阳设施，资料显示，外遮阳比内遮阳更具明显的节能效果，在阳光照射时间较长的建筑面设置外遮阳体系，能较大幅度地降低空调负荷可降低空调运行负荷的 16% ～ 29%。

照明系统的运行节能。照明系统能耗主要是受照明设备功率以及设备使用时间影响，因此其节能途径主要有两个方面，一是节能灯的使用，在满足照度要求的前提下，采用高效节能型照明产品，不仅能降低照明系统的能耗，而且也能减少空调系统的能耗，二是照明系统控制方式的自动化、智能化，采取合理的自控方式能大大降低照明系统能耗的同时，又不对室内光环境需求产生不良影响。

空调系统节能。空调系统设计中的设备选型时基于最不利工况下的冷热负荷，即夏季最高气温时的最大冷负荷和冬季最大热负荷，但在实际使用中，由于季节、天气、房屋入住或者经营活动的不断变化，用能负荷也在不断变化，并在绝大部分时间实际负荷低于设计负荷，这就导致了装机容量偏大、管道直径偏大、水泵配置偏大、末端设备偏大的现象，针对这样的情况，可以通过以下四个措施进行节能调控，首先是合理配置冷热源设备的容量和台数，在不同的冷负荷下开启相应的机组和台数，其次过渡季节吃饭利用室外新风来消除室内负荷，再次是对冷冻水泵分别加装变频器，实现变水量运行，节省输送能耗，另外根据人员变化规律设计自控系统，使室内温度、湿度达到设定值，不仅能节约能量，还有利于提高室内的舒适性。

我国自 2005 年起，设立全国绿色建筑创新奖，并同时启用示范工程来推进绿色建筑的发展。

以荣获 2010 年全国绿色建筑创新一等奖的北京环保部履约中心工程为例，见图 3-35。

工程总建筑面积 29290m^2，地下 2 层，地上 9 层，檐高 36m。工程从平面布局、立面造型、建筑材料、围护结构、空间形态等多方面将节能技术和建筑美学在设计实践中进行结合，使节能环保理念不仅仅是产品和技术的应用，而是融入设计创作实践之中。工程主要应用的绿色建筑技术如下：

（1）超薄型石材蜂窝铝复合板；

（2）阳光追逐（反射）镜系统；

（3）吊顶式冷梁；

（4）太阳能光伏发电幕墙（单晶硅）；

（5）西门子智能照明系统（EIB）；

（6）硅藻土壁材；

（7）现场组装真空管式太阳能热水系统；

（8）SHT2000 气体灭火系统（绿色 CO_2）；

（9）雨水收集和渗透系统；

图 3-35　环保部履约中心工程

（10）异形曲面钢结构玻璃顶而转换架；

（11）中庭气流组织模拟分析技术。

建筑造型充分结合了气候、日照、噪声的场地特殊性，展示出被动式节能理念。建筑绿化率高达27%，大楼与交通干道隔离，从而最大限度地减少二环交通噪声对室内环境的影响，独特的北侧立面窗格设计用来阻挡自北而来的寒风和道路噪声。铝蜂窝板外围护幕墙的高保温性能有效降低了大楼空调负荷。大楼的空调系统、照明系统、给水排水系统等均采用高能效和智能型设备，有效降低大楼用电负荷。阳光追逐（反射）镜系统有效利用了太阳光，与经过特殊设计的低能耗人工照明系统配合使用，营造了一个最佳的照明环境，增加了建筑物内的自然气息并降低能耗，集节能、环保、自然、以人为本于一体。大楼采用的3套阳光追逐（反射）镜系统，中庭区域日间照度可达到90000lx，高于人工照明40倍以上，使高达36m的中庭底部也可以充分享受到全天阳光照射，每年可节约电费12万元，最大限度地利用了气候和自然条件，达到生态节能的目的。

2. 建筑建造环保化

建筑行业的根本任务就是要改造环境，为我们建设物质文明和精神文明相结合的生态环境。而传统的建筑行业在改善人们的居住环境的同时，也像其他的行业一样去过度地消耗自然能源，产生的建筑垃圾与灰尘，严重的污染了环境。人类的不断增长，土地的减少，更使得我们应该为了改变大气环境，改善人们的生活条件，去建设新的环境，从而使得绿色建筑也在不断地增长，不断地提倡。

建筑建造运行过程中，对环境方面的影响主要体现在现场生产和建筑废弃材料两个方面。在中国，建筑活动所造成的污染约占国内总污染的34%，尤其现在大气环境的不断恶劣，雾霾气候的加重，更加使得我们应该保护环境，控制大气污染。

在建筑全寿命周期中，能源的消耗可以分为以下4个阶段：①设计耗能，指建筑在计划及实施过程中所耗费的能源；②施工生产耗能，包括建筑使用的各种材料和设备的生产、加工、搬运等，以及施工全过程中所耗费的能源；③使用能耗，建筑使用过程中包括采暖、空调、通风、照明、饮食、家用电器、热水供应等日常使用及建筑物日常维修管理所耗费的能源；④解体及回收能耗，指建筑寿命结束拆除所耗费的能源及回收节能（负能耗）。

建筑施工生产周期虽然相对较短，但其对自然形态的影响却往往是突发性的，对于资源和能源的消耗也是非常集中的。研究表明，建筑施工生产阶段耗能可以占到建筑全寿命周期耗能的23%，在低能耗建筑中甚至高达40% ~ 60%，因此绿色施工在建筑全寿命周期中占有非常重要的地位。

在建筑物开发之生命周期各阶段，包括建材原料开采、建材制造、施工建造、日常使用、拆除废弃等，皆对环境造成相当严重的污染。这些废弃物如果没有妥善的处理，最后往往与都市废弃物同时进入都市废弃物处理系统（如掩埋、焚化等），造成废弃物处理体系的超荷负担。因此如能将其妥善利用将可提供作为建筑或公共工程所需之材料，此对于减少天然资源消耗及推动绿建筑理念将有积极功用。

建筑垃圾 80% 以上是废混凝土、废砖、废砂浆等建筑材料，完全可以循环利用，成为建筑业的第二资源。建筑废弃物资源再利用已经是国际上普遍的趋势。欧美日等先进国家对于建筑废弃物的回收再利用已推广多年，由于建筑技术、建筑习惯与材质的偏好，资源回收再利用的情形略有差异。以美国为例，建筑废弃物再利用的用途管道，就混凝土块而言，主要回收作为建筑骨材再利用。而日本则主要作为建筑及级配骨材、工程填方及土质改良、填海造地等。日本每年产生的建筑废弃物约占全国废弃物总量之 20.6%，其中建筑废弃物部分约 55%，其建筑垃圾再生利用率已达 70%。在我国城市建设快速发展的今天，大拆大建现象尤为严重。同时存在着材料资源短缺，循环利用率低，大量建筑垃圾无法处理等问题。

建筑材料资源的再利用主要包括直接再利用与再生利用两种方式。其中，建筑材料资源的直接再利用是指在保持材料原型的基础上，通过简单的处理，即可将废旧材料直接用于建筑再利用的方式；建筑材料资源的再生利用，相对而言，耗能量大，需要经过较为复杂的加工程序进行回收再利用，与化工材料学科相关密切。

废旧建筑木材的直接再利用以日本 Masanari Murai 艺术博物馆为例，见图 3-36、图 3-37。

图 3-36　原日本 Masanari Murai 艺术博物馆旧木构架

图 3-37　新建日本 Masanari Murai 艺术博物馆

在日本MasanariMurai艺术博物馆新馆建造中，巧妙地将原建筑的大量木材抢救出来，加入到新建筑之中，实现一种真正意义的建筑保护与修复。原建筑是一座“村舍形式”的木构架结构建筑，始建于1938年，作为艺术家Masanari Murai的生活及办公用房，至1999年艺术家逝世，这座房子已经成为一个火灾隐患之地，因此不得不将其拆除。如今，新建的建筑面积约164m^{2}的博物馆建筑，其设计核心是对艺术家的原工作室进行忠实的修复。因而，原建筑中的旧木壁板、门框子，木地板材及主要结构木料成为新博物馆建筑的生动要素，与艺术家的作品一同构成了展区中的拼贴艺术。在新建筑的立面处理上，建筑师将其表面覆盖有从老房子中拆下的零散而不规则的厚木板条，旧木板条呈间隔地排布，形成一种富有韵律的图案表达。

废旧砖瓦的直接再利用最常见的案例就是在园林施工中将旧石条、旧石板、旧砖、碎瓦等构筑园林道路，见图3-38。

图3-38　旧砖石在园路中的应用示意图

废弃混凝土的再生利用由于需要一系列的加工和分离处理，成本较高。目前废弃混凝土再生骨料主要用于高速道路等实际工程，用从保护环境、节省资源的角度废弃混凝土的再生利用有重要的社会效益，需要国家从政策以上支持。

3. 建筑设计友好化

对于绿色建筑设计，现如今普遍的认知是：绿色建筑设计不是简单的基于理论的发展和形态演变的建筑艺术风格或流派的方法体系设计，也不是拥有良好的城市发展的新产品设计，而是试图解决自然和人类社会的可持续发展的问题的建筑表达；是在社会、政治、经济、文化等各要素影响下的对待建筑具有严肃而理性的观点和态度。

绿色建筑的出现标志着传统的建筑设计摆脱了仅仅对建筑的美学、空间利用和对形式结构、色彩结构、色彩等方面的考虑，逐渐走向从生态的角度来看待建筑，这意味着建筑不仅被作为非生命元素来看待，而更被视为生态循环系统的一个有机组成部分。绿色建筑不仅考虑到当地气候、建筑形态、使用方式、设施状况、营建过程、建筑材料、使用管理对外部环境的影响，以及舒适、健康的内部环境，同时考虑了投资人、用户、设计、安装、运行、维修人员的利害关系。即可持续的设计、良好的环境及受益的用户三者之间应该有平衡的、良性的互动关系，从而达到最优化的整体绿化效果。绿色建筑正是以这一观点为出发点，平衡及协调内外环境及用户之间不同的需求与不同的能源依赖程度，从而达成建筑与环境的自然融合。世界可持续发展演进过程见图 3-39。

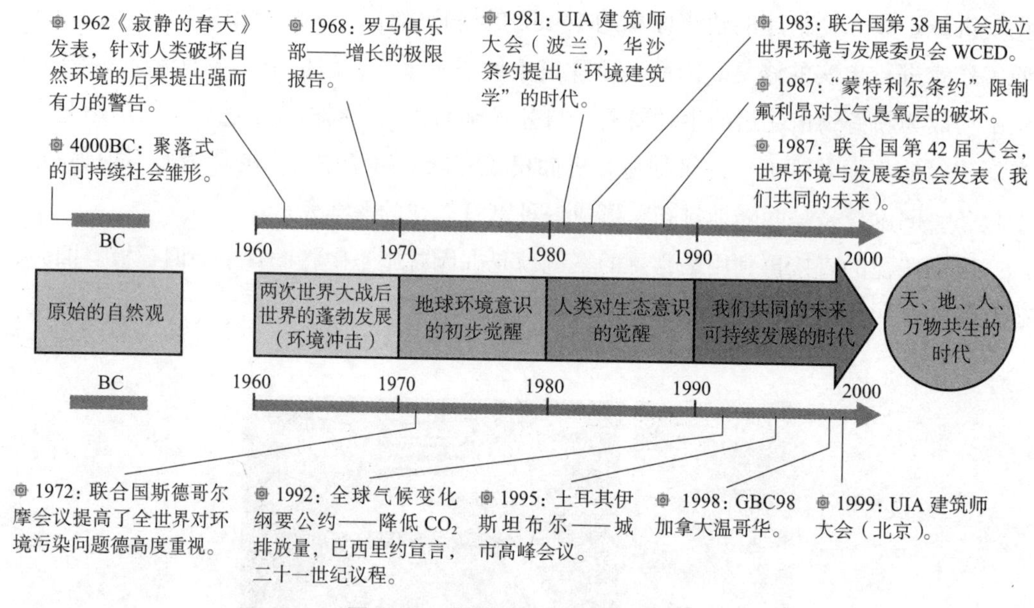

图 3-39　世界可持续发展演进图

绿色建筑的发展直接关系着我们人类的未来，越来越多的建造技术都在试图实现可持续发展的升级转变，而设计是整个绿建建筑的源头，在建筑设计中应更加注重对可持续建筑材料的使用，降低环境压力，解决大量的资源，包括使用可降解材料，使用绿色建筑材料替代自然资源耗竭型材料，减少对于自然资源的消耗。其次更加注重空气对流设计，更好地利用天然光，实现空气对流，节省能源，使居住者收益。研究零能耗建筑的设计，依靠可再生资源，逐步脱离电网实现独立运行。在设计过程中充分利用水重用技术，加强对景观系统进行管理，让植物在雨洪管理系统中发挥重要作用，此外还有密封窗、智能玻璃以及冷屋面等新型材料在建筑设计中的应用。

4. 绿色建筑评价

绿色建筑评价的研究是建筑业可持续发展研究的重要部分，目前，国外一些发达国家和地区针对可持续发展的绿色建筑与环境推出了一系列的评价体系，积累了一定经验。国际各国在此方面的研究大约经历了以下三个不同的阶段和层次：

第一阶段：主要是进行有关建筑产品及技术的一般评价、介绍和展示，如各种绿色建材的研究；

第二阶段：主要是对与环境生态概念相关的建筑热、声、光等物理性能进行方案设计阶段的软件模拟与评价；

第三阶段：以可持续发展为主要目标尺度，对建筑整体环境表现进行综合评。

其中有代表性的绿色建筑环境性能的评价方法、标准和工具有：英国的建筑研究机构环境评价方法（BREEAM），见图 3-40；美国的环境评估工程（EVE）和能源与环境设计向导（LEED）；国际标准化组织的环境管理体系（ISO14000）；加拿大的建筑物环境性能评价准则（BEPAC）和绿色建筑挑战（GBC），见表 3-1；英国等国家的可持续项目建设与评价（MF'I）、日本政府和学术单位建立的日本地区建筑环境综合评估指标（CASBEE）等。

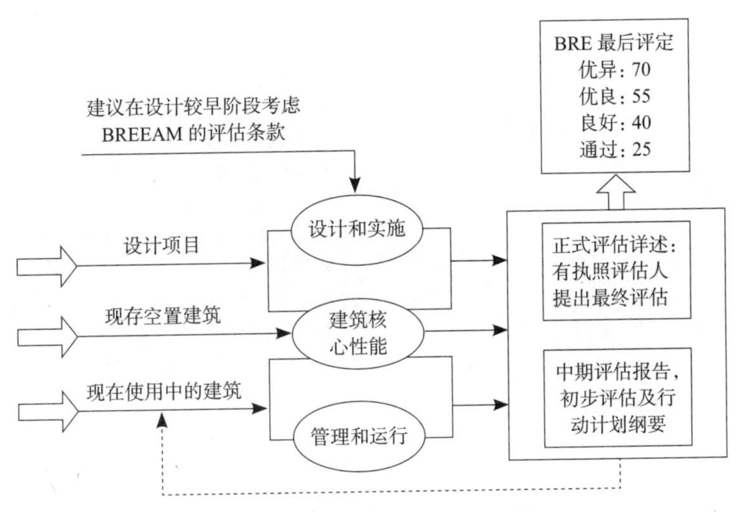

图 3-40　BREEAM 评价流程图

GBC2000 评价体系表　　表 3-1

评价项目	具体内容
资源消耗	（1）全寿命能源使用； （2）土地使用和土地生态价值变化； （3）水的净使用； （4）材料净消耗
环境负荷	（1）建筑物气体排放； （2）使臭氧减少的物质排放； （3）导致酸雨的气体排放； （4）固体废弃物； （5）液体物； （6）对现场和邻近建筑物的影响
室内环境质量	（1）空气质量和通风； （2）空气温度； （3）日光 / 照明和可视通道； （4）噪声和声学
服务质量	（1）弹性和适宜性； （2）性能的维护； （3）舒适质量和现场开发

续表

评价项目	具体内容
经济性能	（1）全寿命周期成本； （2）投资成本； （3）运行和维护成本
使用前管理	（1）建设过程规划； （2）性能调谐

绿色建筑技术导则分项指标表 表 3-2

评价项目	分值	具体内容
可持续现场	14	（1）腐蚀和沉淀控制（前提）； （2）现场选择； （3）城市再开发； （4）褐地场地再开发； （5）可选择的交通； （6）减少现场妨害； （7）雨水管理； （8）景观和室外设计以减少热岛； （9）光污染减少
水资源利用效率	5	（1）景观用水效率； （2）创新废水技术； （3）减少用水
能源和空气	17	（1）任命基础建筑系统； （2）最小能源绩效； （3）HVAC 设备 CFC 减少； （4）最优能源绩效； （5）重复使用能源； （6）附加任命； （7）臭氧减少； （8）计量和证明； （9）绿色能源
材料和能源	13	（1）存放和可循环收集； （2）建筑重新使用； （3）施工废物管理； （4）资源重新使用； （5）地方和地区材料； （6）迅速重复使用材料； （7）证明的材料
室内环境质量	15	（1）最小的室内空气质量（IAQ）表现； （2）环境烟草控制； （3）CO_2 检测； （4）增加通风有效性； （5）建设 IAQ 管理规划； （6）低放射材料； （7）室内化学和污染控制； （8）系统可控性； （9）热舒适； （10）白天日光和视觉
创新和设计过程	5	（1）设计创新； （2）LEED 职业评估

我国的绿色建筑理论和实践还处于起步阶段，对评估工作的研究也是刚刚开始，目前已有的评估工具最新的有国家建设部于 2005 年 10 月出台的《绿色建筑技术导则》和为《绿色建筑技术导则》提供评价标准的于 2006 年 6 月出台的《绿色建筑评价标准》。另外还可以借鉴的评价体系有:《绿色生态住宅小区建设要点与技术导则》、《中国生态住宅技术评估手册》、《绿色奥运建筑评估体系》、《香港地区建筑环境评估法》等。

《绿色建筑技术导则》和《绿色建筑评价标准》评价的对象为住宅建筑和办公建筑、商场、宾馆等公共建筑。其中对住宅建筑，原则上以住区为对象，也可以单栋住宅为对象进行评价，对公共建筑，以单体建筑为对象进行评价。

《绿色建筑技术导则》中的绿色建筑指标体系由节地与室外环境、节能与能源利用、节水与水资源利用、节材与材料资源、室内环境质量和运营管理六类指标组成。这六类指标涵盖了绿色建筑的基本要素，包含了建筑物全寿命周期内的规划设、施工、运营管理及回收各阶段的评定指标的子系统，见图 3-41、表 3-2、表 3-3。

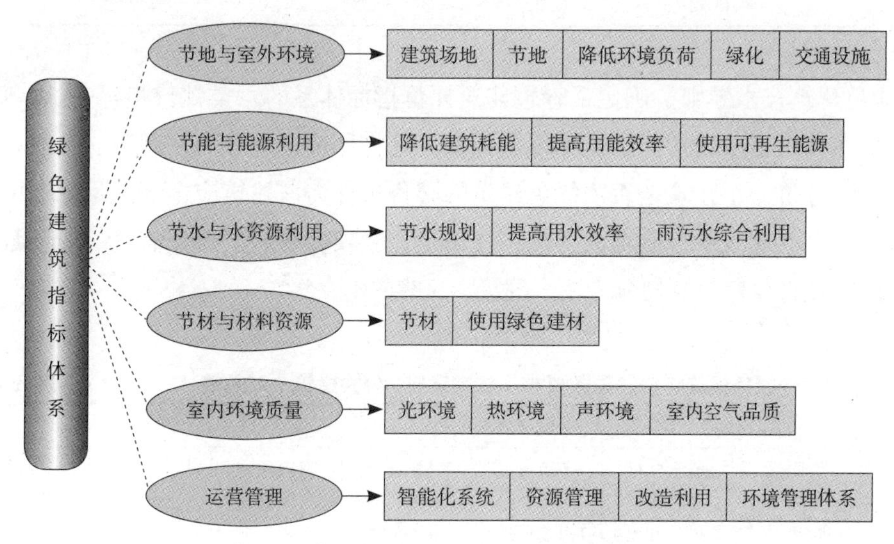

图 3-41　绿色建筑指标体系图

绿色建筑技术导则分项指标与重点应用阶段汇总表　　表 3-3

项目	分项指标	重点应用阶段
节地与室外环境	建筑场地	规划、施工
	节地	规划、设计
	降低环境负荷	全寿命周期
	绿化	全寿命周期
	交通设施	规划、设计、运营管理
节能与能源利用	降低建筑能耗	全寿命周期
	提高用能效率	设计、施工、运营管理
	使用可再生能源	规划、设计、运营管理

续表

项目	分项指标	重点应用阶段
节水与水资源利用	节水规划	规划
	提高用水效率	设计、运营管理
	雨水污水综合利用	规划、设计、运营管理
节材与材料资源	节材	设计、施工、运营管理
	使用绿色建材	设计、施工、运营管理
室内环境质量	光环境	规划、设计
	热环境	设计、运营管理
	声环境	设计、运营管理
	室内空气品质	设计、运营管理
运营管理	智能化系统	规划、设计、运营管理
	资源管理	运营管理
	改造利用	设计、运营管理
	环境管理体系	运营管理

《绿色建筑技术导则》确定了绿色建筑评价指标体系的六类评价指标，《绿色建筑评价标准》确定了每类指标的具体评价标准。它将评价标准分为控制项、一般项与优选项三类，评价一个建筑是否为绿色建筑的必备条件为该建筑应全部满足标准中有关住宅建筑或公共建筑中控制项的要求，在满足控制项要求后，再按满足一般项数和优选项数的程度将绿色建筑划分为三个等级，见表3-4。

划分绿色建筑等级的项数要求（住宅建筑/公共建筑）汇总表　　表3-4

等级	一般项数（共40/43项）						优选项数（共6/21项）
	节地与室外环境（共9/8项）	节能与能源利用（共5/10项）	节水与水资源利用（共7/6项）	节材与材料资源利用（共6/5项）	室内环境质量（共5/7项）	运营管理（共8/7项）	
★	4/3	2/5	3/2	3/2	2/2	5/3	
★★	6/5	3/6	4/3	4/3	3/4	6/4	2/6
★★★	7/7	4/8	6/4	5/4	4/6	7/6	4/13

我国的《绿色建筑技术导则》是在组织专家充分分析研究国外各种先进的绿色建筑评价体系的基础上根据我国具体国情提出的最新评价体系，因此可以看出评价体系的内容比较全面，指标涵盖了“环境”、“健康”、“管理”、“规划”、“设计”等各个方面，不仅吸收了LEED，GBC等先进评价体系的精华，而且根据我国具体国情加强了对室外场地绿化、室内光、声、热环境和建筑运营管理等部分的关注和评价。我国的《绿色建筑技术导则》也把运营管理作为一大项，内容包括了建筑物智能化系统的建设

和管理、资源管理、废弃物改造利用、开发商内部环境管理体系建设等。可以说，在管理方面的评价我国已经走在了世界的前列，智能化系统、资源管理、环境管理体系等分项指标是我国根据具体国情首次提出。

3.6.2 绿色施工要求

建设部发布的《绿色施工导则》定义绿色施工为：工程建设中，在保证质量、安全等基本要求的前提下，通过科学管理和技术进步，最大限度地节约资源与减少对环境负面影响的施工活动，实现四节一环保（节能、节地、节水、节材和环境保护）。绿色施工作为建筑全寿命周期中的一个重要阶段，是实现建筑领域资源节约和节能减排的关键环节。

通过绿色施工的定义，与绿色建筑对比及分析可以看出，二者相互密切关联，但又不是严格的包属关系，绿色建筑不见得通过绿色施工才能实现，而绿色施工的建筑产品也不一定是绿色建筑。

绿色施工是可持续发展思想在工程施工中的应用体现，是绿色施工技术的综合应用。绿色施工技术并不是独立于传统施工技术的全新技术，而是用"可持续"的眼光对传统施工技术的重新审视，是符合可持续发展战略的施工技术。

建筑行业要想推进建筑设计标准系列化、构配件生产工厂化、现场施工装配化、建筑施工过程信息化的新型建造方式，实现施工过程的绿色化，走绿色低碳发展之路，就必须广泛引入节能核心技术，坚持材料升级换代，在建筑材料的更新换代和建造方式上下功夫，科学合理的配置资源，降低建筑能耗，提高能源效益，建立完整的绿色施工评价体系，促进经济可持续发展。

1. 施工技术节能化

绿色施工技术是在进行施工过程中实现建设施工图的绿色设计内容，并在施工过程中对施工场地的各种问题，尽可能在保证施工正常进行的情况下，以节能环保的方式进行处理。这种施工过程能够很大程度上提高建筑工程的使用寿命，减少施工对各项能源的使用量，降低施工成本，减少对周围环境的污染和破坏。根据建筑工程绿色建造技术在建设施工中的运用，达到施工过程的环保、节能、节材、节水、节地的目的。

以中建·深港新城工程项目为例。该工程位于武汉新洲阳逻开发区，其一期工程中的6栋住宅均为预制装配式混凝土结构，结构预制率约53%，装配率约78%。相较于传统施工具有设计、生产、施工一体化、施工速度快、施工质量高、施工环境改善、抗震性提高等优点。工程使用的内外墙板、叠合楼板、其他预制混凝土构件等均在中建三局武汉绿色建筑产业园PC（预制混凝土）构件厂房内通过流水线生产制作。与常规项目对比，除去少量支撑木枋以外，中建·深港新城项目做到了真正意义上的木材

“零”消耗，同时减少了混凝土养护用水。据初步统计，与传统施工方式相比，该工程装配式建造方式建造每平方米建筑面积的水耗降低约 65%，节约木材约 76%，节约钢管架料投入约 93%，节约用地约 37%，人工减少约 47%，垃圾减少约 59%。

2. 建筑材料升级化

要实现建造过程的绿色化，就必须在建筑材料的升级上下功夫，坚持材料升级换代，降低建筑能耗，提高能源效益，促进经济可持续发展。

以绿色节能的新型墙体材料为例。采用经济、高效的绿色节能墙体已成为建筑行业在当今社会不断倡导绿色环保的必然选择。现在广泛用于建筑隔热保温方面的材料主要有玻璃棉、岩棉、加气混凝土等。目前常见的新型节能墙体有：

EPS（模塑聚苯乙烯泡沫塑料）板薄抹灰外墙外保温系统；

胶粉 EPS 颗粒保温浆料外墙外保温系统；

现浇混凝土无网聚苯板复合 ZL 胶粉聚苯颗粒外墙外保温技术；

机械固定 EPS 钢丝网架板外保温系统；

GRC（玻璃纤维增强水泥）复合节能墙体；

聚苯板抹灰外墙外保温体系；

ZL 胶粉聚苯颗粒外墙外保温体系；

EC-2000 外墙外保温体系；

无溶剂聚氨酯硬泡外保温技术；

ZL 泡沫玻璃外保温等。

（1）外保温系统

1）EPS 板薄抹灰外墙外保温系统

此系统使用历史最长，技术最成熟，具有规范完善、缺陷少、施工性最佳、操控规程完善、保温性能优越等特点，导热系数为 0.04。

2）EPS 板现浇混凝土外墙外保温系统（图 3-42）

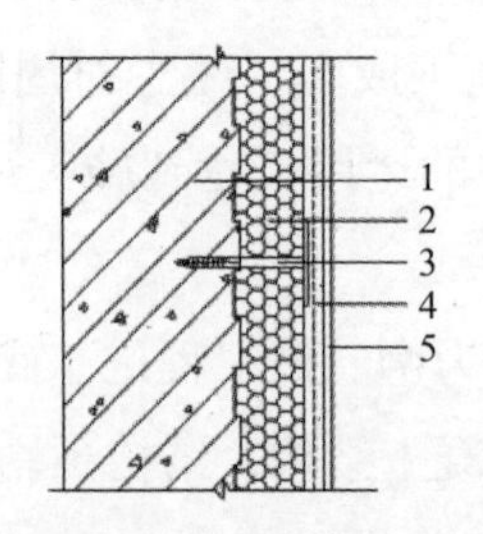

1- 现浇混凝土外墙；2-EPS 板；3- 锚栓；4- 抗裂泥浆薄抹面层；5- 饰面层

图 3-42　EPS 板现浇混凝土外墙外保温系统构造图

与 EPS 板薄抹灰外墙外保温系统相比的优缺点如下：

①外保温板与墙体一次成形，人工成本低，安装快捷而且机械和零配件使用少。②侧压力对保温板压缩影响保温效果。③破坏墙体外立面的平整度。

3）胶粉 EPS 颗粒保温浆料外墙外保温系统

此系统由保温浆料系统构成，采用预混合干拌技术。优点：

①量小，导热系数低，保温性能好；②耐水性能好，软化系数高；③触变性好，静剪切力强；④厚度易控制，材质稳定，整体性好；⑤干燥快且干缩力低。

（2）节能墙体

1）双层通风幕墙

双层通风幕墙的基本特征是双层幕墙和空气流动、交换，所以这种幕墙被称为双层通风幕墙。双层通风幕墙能够明显提高幕墙的保温、隔热、隔声功能。它由内外两层幕墙组成，形成一个箱体。外层幕墙属于封闭状态，由明框、隐框或点支式幕墙构成。内层幕墙可开启，由明框、隐框或是开启扇和检修通道门组成，可分为封闭式内通风幕墙和开敞式外通风幕墙，见图 3-43。

封闭式内通风幕墙由室内地下通道吸入空气，在热通道内上升至排风口，从吊顶内的风管排出。由于外幕墙处于完全封闭状态，在室内完成循环，热通道中空气温度与室内基本相同，能够极大节省取暖和制冷的能源消耗。但内封闭通风幕墙的整组循环都要靠机械系统，对设备有较高的要求。

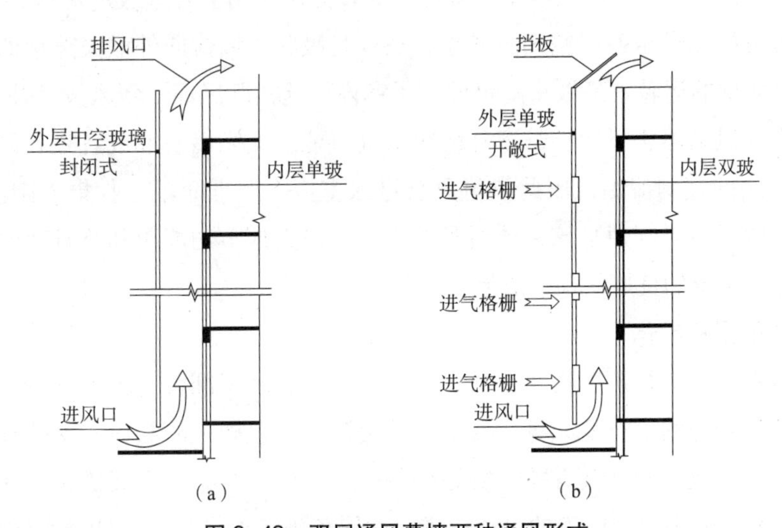

图 3-43　双层通风幕墙两种通风形式

（a）封闭式内通风幕墙；（b）开敞式外通风幕墙

其工作原理为：①夏季，打开通道上下进出风口百叶，风口的高度差在热通道内形成，产生烟囱效应，冷空气从下进风口进入而热空气从上排风口排出。自下而上的气流不断地将新鲜的空气带入热通道内，同时又将热量带到室外，由此降低了内幕墙

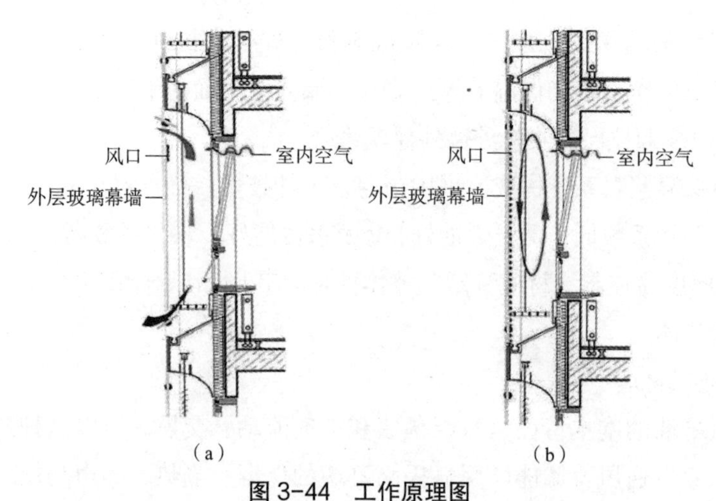

图 3-44　工作原理图

（a）夏季开启风口，通风降温（b）冬季关闭风口，室内保温

的外表面温度，减轻了建筑空调制冷的运行负担。②冬季，将热通道上下两端的进出口百叶关闭，由于阳光的照射使内外两层幕墙中间的热道的空气温度升高，内层幕墙的外表面温度在温室的形成下提高了，从而减少建筑采暖的运行费用，见图 3-44。

2）太阳能空气加热墙体（SAH）

SAH 系统是由气流输送和集热两部分组成。冬季在白天，室外的空气经由过小孔进入空气腔并在流动过程中吸收太阳辐射，通过热压作用上升进入建筑物的通风系统，然后由管道分配输送至各层空间。冬季，在夜晚吸收了墙体向外散失热量的空腔内的空气，通过风扇的运转，又被重新带回到了室内。这样既保证了新风量又补充了热量。在夏季，因为风扇停止了运转，室外的热空气只能从太阳墙底部或者是孔洞进入，再从周围和上边的空洞流出，因此热量不会进入室内。原理简单、收集太阳能效率高、造价低和回收成本时间短是该系统所具的优点，极大地节约能源和节省建筑的供暖费用是利用好此系统的良好的预期成果。

3. 资源配置科学化

绿色施工是一个系统工程，包括施工组织设计、施工准备、施工运行、设备维修和竣工后施工场地的生态复原等。要求全社会达成绿色施工的共识，支持和监督绿色施工的实施，形成一种社会现象。实施绿色施工，应进行总体方案优化。在规划、设计阶段，应充分考虑绿色施工的总体要求，为绿色施工提供基础条件。实施绿色施工，应对施工策划、材料采购、现场施工、工程验收等各阶段进行控制，加强对整个施工过程的管理和监督。

（1）绿色施工管理

绿色施工管理主要包括组织管理、规划管理、实施管理、评价管理和人员安全与健康管理。组织管理主要任务是建立绿色施工管理体系，并制定相应的管理制度与目标。

规划管理规定要编制绿色施工方案。该方案应在施工组织设计中独立成章，并按有关规定进行审批。绿色施工方案应包括环境保护措施、节材措施、节水措施、节能措施、节地与施工用地保护措施等。绿色施工应对整个施工过程实施动态管理，加强对施工策划、施工准备、材料采购、现场施工、工程验收等各阶段的管理和监督。人员安全与健康管理方面应制订施工防尘、防毒、防辐射等职业危害预防措施；合理布置施工场地，保护生活及办公区不受施工活动的影响；提供卫生、健康的工作与生活环境。

（2）施工环境保护

施工过程中要求对土方工程施工、主体结构工程、装饰装修工程等施工全过程进行扬尘保护；对噪声与振动控制、光污染控制、水污染控制、土壤保护、建筑垃圾控制、地下设施、文物和资源保护等方面采取措施。

（3）节材与材料资源利用

图纸会审时，审核节材与材料资源利用的相关内容，达到材料损耗率比定额损耗率低 30%；根据施工进度、库存情况等合理安排材料的采购、进场时间和批次，尽量减少库存；现场材料堆放有序，储存环境适宜，保管措施得当；材料运输工具适宜，装卸方法得当，防止损坏和遗撒，根据现场平面布置情况就近卸载，避免和减少材料二次搬运；采取技术和管理措施，提高模板、脚手架等的周转次数；优化安装工程的预留、预埋、管线路径等方案；根据就地取材原则，施工现场 500km 以内生产的建筑材料用量占建筑材料总量的 70% 以上。

（4）节水与水资源利用

施工中采取多种措施提高用水效率；加强对非传统水源利用，如优先采用中水搅拌、中水养护、收集雨水养护等；在非传统水源和现场循环再利用水的使用过程中，制定有效的水质检测与卫生保障措施，避免对人体健康、工程质量以及周围环境产生不良影响。

（5）节能与能源利用

制订合理施工能耗指标，提高施工能源利用率；优先使用国家、行业推荐的节能、高效、环保施工设备和机具，如选用变频技术的节能施工设备等。

以 2006 年荣获中国建筑工程“鲁班奖”的东莞玉兰大剧院工程为例（图 3-45）。

东莞玉兰大剧院工程由同济大学建筑设计研究院设计、中建五局承建。工程总建筑面积 43977m^2，地下 2 层，地上 8 层，檐高 59m。工程施工过程主要通过采取如下方面的措施，保证了绿色施工效果：

1）节水及工地雨、污水处理

施工现场采取以下节水措施：①安装适当小流量的设备和器具；②采用节水型器具；③现场安装水表，监控自来水的消耗量；④设置废水重复、回收利用系统。

在施工现场设雨水和施工污水的循环渠道，循环渠道经过格栅与沉淀池连接，沉淀池对来水进行处理后，可以得到无较大悬浮颗粒的中水，中水可再次使用，形成了

图 3-45　东莞玉兰大剧院工程

雨水和施工污水的循环使用。对于污染较严重、不宜重复使用的施工污水和生活污水，接入生物处理池处理后再排入市政管网。

2）节电及用电三相平衡计划

在节约能源方面采取了以下措施：①进行工艺和设备选型时，采用技术成熟、能源消耗低的工艺设备；②对设备进行定期维护、保养，保证设备运转正常，降低能源消耗；③在施工机械及电器等闲置时关掉电源；④建设过程中采取用电三相平衡计划措施。

3）废物垃圾分类抛弃

建筑垃圾：①尽可能减少建筑垃圾的产生；②对产生的垃圾尽可能回收再利用；③对垃圾的流向进行有效控制，严禁垃圾无序倾倒。

生活垃圾：在工人生活区设置宣传栏对施工人员加强思想教育，多处设置垃圾分类收集装置，使其不随意乱丢废弃物，保证工人生活环境和卫生。

在建设中与东莞市城建局签订了建筑垃圾和生活垃圾的处理合同，双方共同合作，最大限度地减少建设过程中垃圾的产生和对外部环境的影响。

4）噪声控制

处理措施如下：①合理安排进度，尽量排除深夜施工；②将产生噪声的设备和活动远离人群；③选用低噪声或有消声降噪设备的施工机械；④所有施工机械、车辆定期保养维修，闲置时关机。

5）粉尘污染控制

采取的控制措施如下：①现场设置围挡，覆盖易生尘埃物料，装卸有粉尘的材料时，向地面和空中洒水湿润；②洒水降尘，场内道路硬化，垃圾封闭；③使用清洁燃料等，禁止在施工现场焚烧有毒、有害和恶臭物质；④施工车辆出入施工现场必须将轮子上的泥土冲洗干净，对工地门前的道路实行保洁制度，一旦有弃土、建材撒落及时清扫；⑤堆放的渣土设有防尘措施并及时清运。

6）防止光污染

由于工程石材幕墙的防水层为薄铁板层，薄铁板反光强且面积很大，由于夏季安装施工，安装后其反射阳光对施工人员工作及周边环境造成很大影响。为此，施工中将薄铁板防水层全部涂刷成红色，减少光反射的影响。

7）现场施工环境的美化

工程注重 CI 策划与实施，以公司总工程师为 CI 总代表人，公司安全主任为 CI 总责任人，设立专职人员负责 CI 方案的策划、实施、检查、完善及维护工作。在施工现场创造了干净整洁的环境。

8）文明施工的管理措施

根据工程的实际情况和东莞市《建设工程现场文明施工管理办法》规定，制定文明施工管理措施。通过符合标准的文明施工，提高工程质量、降低能耗、消除污染、美化环境、抵御灾害事故，保证社会效益和企业经济效益。

4. 绿色施工评价

绿色施工只有通过绿色施工评价，才能正确地评估出成效和方案的可行性。

2007 年国家建设部发布了《绿色施工导则》，为绿色施工做了准确定义，论述了绿色施工的总体框架和要点。2011 年我国正式实施的《绿色施工评价标准》GB/T 50640—2010 给出了“四节一环保”（节材与材料资源利用、节水与水资源利用、节能与能源利用与节地与施工用地保护、环境保护）共五项指标标准要求，评价要素由控制项、一般项、优选项三个评价指标组成，评价等级应分为不合格、合格、优良，同时也给出了在施工过程中的检测和评价方法，见图 3-46。

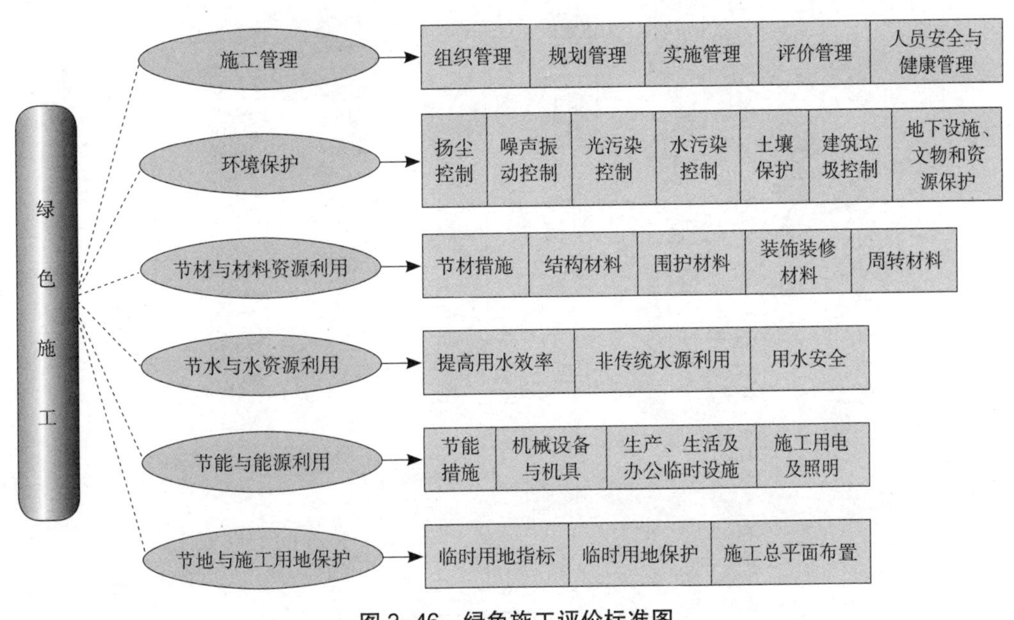

图 3-46　绿色施工评价标准图

绿色施工评价主要就是参照一定的评价方法和标准，分析施工过程对环境的影响，并做出受影响环境的发展方向预测和环境受人类活动的影响，对那些没有发生或者是已经发生可能会对环境造成影响的时间序列进行评估，找到解决方案，实现人类发展和自然环境、社会进步等一系列因素的良性循环，实现和谐的人类居住环境。绿色施工评价大致内容流程如下。

（1）建立绿色施工评价体系

参考总结 GBC、LEED、《绿色奥运评估体系》和《绿色建筑技术导则》等评价体系中有关施工过程的评价指标，将评价指标体系分为资源利用、环境负荷、施工企业管理、人员健康与安全四大类指标，其中资源利用指标下包括能源消耗、材料资源、水资源三个分指标；环境负荷指标下包括周边生态环境影响、大气环境影响、噪声污染、水污染、光污染、施工废弃物污染六个分指标；施工企业管理指标下包括管理参与、培训、投资、绿色管理、环境计划五个分指标；人员健康与安全指标下包括人员安全、人员健康两个分指标，见图 3-47。

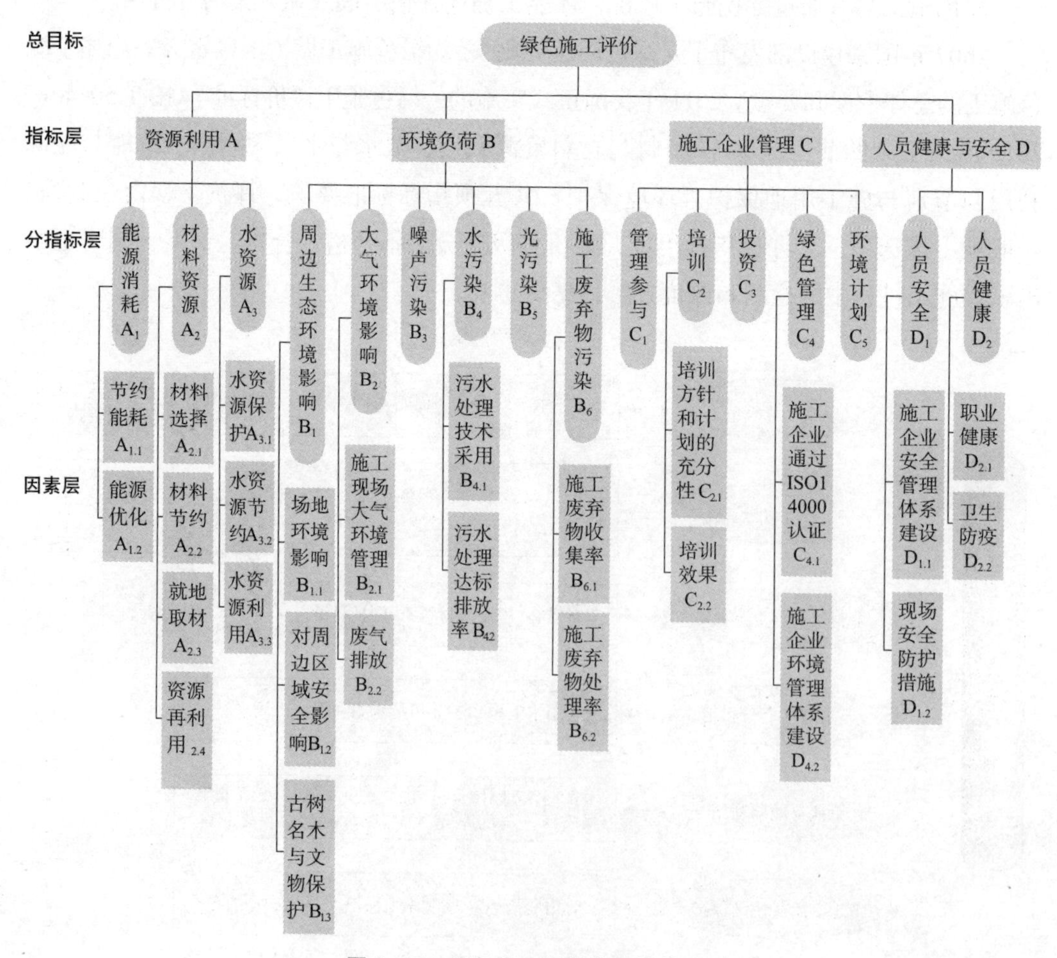

图 3-47　绿色施工评价体系结构图

（2）确定指标权重

从国内外指标体系权重研究现状来看，权重的确定主要有主管赋权法和客观赋权法两大类。由于绿色施工评价指标数量众多，而且某些指标之间存在一定的相关性，通常选用决策分析中常用的层次分析法（AHP）来确定各评价指标的权重。

AHP 层次分析法由美国运筹学家 A.L.Saaty 于 20 世纪 70 年代提出，是一种定性与定量相结合的多目标决策技术。其基本原理就是将待识别的复杂问题分解成若干层次，由专家和决策者对所列指标通过两两比较重要程度而逐层进行判断评分，利用计算判断矩阵的特征向量确定下层指标对上层指标的贡献程度，从而得到基层指标对总目标而言重要性的排列结果层次分析法适合于处理那些难以量化的复杂问题，较好地体现了系统工程学定性与定量分析相结合的思想。层次分析法以其系统性、灵活性、实用性等特点特别适合于多目标、多层次、多因素的复杂系统的决策。

（3）确定评价因素标准

评价体系的评价等级分为优、良、及格、不及格四等，分别代表的分数为优：100；良：80；及格：60；不及格：0。

等级评价标准的确定一般根据国家有关法律、标准、规范、导则、数据库及行业统计数据的要求，如环境空气质量标准、地面水环境质量标准、建筑施工场界噪声限值、污水综合排放标准、大气污染物综合排放标准等。在合理制定评价标时，应根据以下原则进行：

1）对于能量化的指标，如施工中 3R 材料使用比例、水资源节约等，这类具有量化标准的指标称为硬指标，对于它们的评价一般是以各种法规、规范、标准等要求的数据为依据，或者以普遍适用的行业水准为依据。

2）对于许多没有量化标准对其进行等级评定的定性指标，如对周边区域安全影响、承包商环境管理体系（EMS 建设等，这类指标称为软指标，对于它们的评价很大程度上要求进行主观判断，这时的评分标准一般是定性的文字描述，可参照建筑物所在地区的具体条件和典型范例。

（4）综合评价

绿色施工评价涉及施工中环境、资源、管理和人员健康、安全等多方面，整个体系中包含的指标项、因素项和分因素项多且复杂，因而这是一个综合评判问题。同时由于体系中很多要素是难以给出定量评分的软指标，因而可以用模糊数学来对这些要素进行定量分析。

采用模糊综合评价方法来建立绿色施工评价模型。所谓模糊综合评价就是应用模糊变换原理和最大隶属度原则，考虑与被评价事物相关的各个因素，对其所作的综合评价。该方法的优点是：数学模型简单，对多因素、多层次的复杂问题评判效果比较好。

其评价步骤为：

1）建立分因素层单因素集 U。

$$分因素层集合\ U_{分因素层}=\{U_{A1.2},\ U_{A2.1},\ U_{A2.4},\ U_{A3.3},\ U_{B2.1}\}$$

2）建立单因素模糊评判矩阵 R。

R 表示模糊评价矩阵从 U 到 U 的一个模糊映射，它可表示为一个模糊矩阵：

$$R=\{r_{ij}\,|\,i=1,\ 2,\ \cdots,\ n,\ j=1,\ 2,\ \cdots,\ m\}。$$

3）计算分因素层模糊综合评价集 $B_{分因素层}$。

4）计算因素层、分指标层和指标层模糊综合评价集。

对于因素层模糊评价，只需将分因素层的评价结论 $B_{分因素层}$与因素层其余判断矩阵元素组成一个新的模糊变换阵 $R_{因素层}$，用因素层的 $W_{因素层}$代入得

$$B_{因素层}=W_{因素层}R_{因素层}。$$

同理可计算得分指标层的模糊综合评价集 $B_{分指标层}=W_{分指标层}R_{分指标层}$，以及指标层的模糊综合评价集 $B_{指标层}=W_{指标层}R_{指标层}$。其中指标层的模糊综合评价集即为本评价指标体系最终模糊综合评价集。

绿色施工评价体系的各级指标还可以进行完善或精简以提高指标体系的科学性、准确性和有效性，绿色施工的模糊综合评价模型也可以进行改造和优化，使之更适合绿色施工评价并提高评价的效果。

3.6.3 “建筑—人—自然—社会”和谐要求

21世纪以来，人类最大限度地获得各种资源的同时，也以前所未有的速度和范围改变了全球的生态环境，一些生态系统所遭受的破坏已经无法得到逆转，牺牲环境发展生产的恶果正在越来越凸现出来。这种掠夺式的开发下，出现了一个崭新的理念：可持续发展理念，这是人类社会发展到一定程度后的必然结果，是人类追求人与自然和谐相处的必然选择。这种理念的实质是能源高效利用、清洁能源开发、追求绿色GDP，核心是能源技术和减排技术创新、产业结构和制度创新以及人类生存发展观念的根本性转变。

作为人们居住、工作和活动的空间，建筑直接影响着人们的生存状态和发展状况，是可持续发展的重要内容。顺应可持续发展要求，人们对建筑规划设计、建造运输、运营维护直至拆除处理的全生命周期的理念、原则进行了深刻的审思，“可持续建筑”的概念也应运而生。

可持续发展既是一个目标，也是一个过程。作为目标而言，它可被理解为以人、自然、社会三方的和谐与共赢为标志的世界系统的良性运行状态；作为过程而言，它可被理解为在一个和谐的运动机制下对人、自然、社会的关系进行调控的过程。因此，作为过程与目标的统一，可持续发展可以理解为是综合调控人、自然、社会的关系，以期实现人、自然、社会的和谐与共赢。

建筑是人、自然、社会相互作用的重要中介，也是调控三方关系的重要工具。建筑的形式与内容，影响着人、自然、社会之间的相互关系，决定着它们的发展状态。顺应可持续发展要求的建筑，理应以可持续发展，即人、自然、社会的和谐与共赢为其根本目标。建筑与人、自然、社会和谐与否，也就可视为建筑与可持续发展的目标匹配与否的表征。因此，作为顺应可持续发展要求的建筑，可以理解为：人类社会的与人、自然、社会相和谐的建筑。

1. 建筑与人的和谐

建筑由人所建，为人所用，以人为主，理应以人为本，注重与人的和谐。建筑与人的和谐，可以理解为“宜人”和“怡人”两个方面。

所谓“宜人”，指建筑是适宜人们居住、工作和活动的场所，它能给予人们一个良好的人居环境。一个宜人的建筑是卫生、安全、便利的，置身其中，人们的健康、安全能够得到保障，人们的生存条件能得到热切的关注，只有这样，建筑才是真正的“安身立命之所”。这里所说的卫生、安全、便利，不仅包括传统的“围护”、“庇护”的内容，如防雨、雪、风、尘，保温、隔热、减噪、防火、抗震等，还应考虑到防污染、防辐射、生活设施（饮水设备、休息间等）便利等内容，甚至还可以从战略的角度，考虑到战争破坏下保证安全的能力。以上海金茂大厦为例。金茂大厦照明系统有8万套灯具，充足的新风，内墙材料特别注重减少回声、避免噪声，玻璃幕墙上的框架作了鳞化处理以消除光污染，候梯时间不超过35s，直达办公楼各层实现空中的连接，这一切体现所体现的就是“宜人”的设计理念。

所谓“怡人”，指建筑能给人以美感、“情感的共鸣”、“悟性”的激发，置身其中，人们的心理需求能够得到满足，道德情操能够得到陶冶，从而达到一种“心旷神怡”的境界。以苏州图书馆为例。其在建筑设计中引入了苏州古典园林城市的建筑精髓，将庭院、园林设计巧妙地融合，体现了一种精致、协调的美，给人以强烈的美感。不仅如此，苏州图书馆还采用了“天人合一”的设计理念，充分考虑与自然环境的协调以及人性化的结构要求，创造了当代建筑空间环境中的自然、人文感觉。置身园林式的馆舍中，不仅可以深刻地体验到中国建筑艺术的美，强烈地感受到高度的人文关怀，而且可以切身地感觉到一种人与自然、人与自我的完美、有机地融合，从而“心旷神怡”起来。

2. 建筑与自然的和谐

建筑对自然环境的状况有着重大的影响。从生态学的观点来看，建筑是形成人类生态系统的一个重要方面。据统计，在所有的产业部门中，建筑业的物质输入量最为巨大，已超过整个经济系统物质输入量的40%。此外，建筑因为与我国（全球相同）近一半的环境问题产生关系，它对温室效应、臭氧层损耗、酸雨等一系列关系到我国及全球可持续发展大环境的问题负有重要责任。

可见，在人类社会与自然环境的相互作用中，建筑占有重要的地位。故而，建筑的能量资源消耗和环境污染问题，理应成为建筑设计关注的重点。而一个与自然（环境）相和谐的建筑，就必须同时注重能源（资源）节约与环境保护两个方面。

就建筑设计中如何综合考虑能源（资源）节约与环境保护这个问题，1993 年美国出版了《可持续建筑设计指导原则》，其主要内容有：

（1）重视对设计地段的地方性、地域性的理解，延续地方场所的文化脉络。

（2）增强适用技术的公众意识，结合建筑功能要求，采用简单合适的技术。

（3）树立建筑材料蕴藏能量和循环使用的意识，在最大范围内使用可再生的地方性建筑材料，避免使用高蕴能量、破坏环境、产生废物以及带有放射性的建筑材料、构件。

（4）针对当地的气候条件，采用被动式能源策略，尽量应用可再生能源。

（5）完善建筑空间使用的灵活性，以便减少建筑体量，将建设所需的资源降至最少。

（6）减少建造过程中对环境的损害，避免破坏环境、资源浪费以及建材浪费。

文献中给出了一些在建筑设计施工过程中考虑资源节约、环境保护的原则和一般技术性措施。主要原则是节约化、生态化、无害化、集约化，在这些原则的指导下，有节能、节水、节材、节地、重复和循环利用材料、建设自循环或半自循环生态系统、场地影响最小化、智能化、可持续社区和城市等具体的技术措施。这些原则和技术性措施，比较充分地考虑了我国现阶段的国情特点，具有较强的现实性和针对性。

3. 建筑与社会的和谐

建筑是凝固的音乐，也是凝固的历史。建筑的形式与内容，是特定社会历史形态的缩影，同时，它对当时社会历史形态的发展和走向也有一定的导向作用。一个可持续的建筑，应该契合其所处的时代特征，正确反映当时的政治、经济、文化背景，并且实现政府、建设施工方所赋予的政治、经济、文化功能，只有这样的建筑，才可以说是与社会相和谐的。

建筑的形态，往往反映了政治的姿态。某些建筑，特别是一些公共设施建筑，比如政府类的象征公权类的建筑，担负着某些指定的政治使命，这已成为不争的事实。因此，充分考虑建筑所应具备的“政治色彩”，理应成为建筑设计中必须注重的一个重要方面。正如 CCTV 新大楼设计者库哈斯所言，“建筑（师）应该正视地缘政治的对抗，而不应该仅仅满足建造商业建筑”。一个可持续的建筑，必须能够良好地表达其所承载的政治思想或理念，正确地表述和引导合理的社会价值取向。这方面，欧洲人权法院是一个很好的样板。这座建筑中，通过两座标志性的轻钢圆筒之间插入一个环形的透明入口，避免了类似建筑所常见的传统纪念碑式样。建筑师运用了隐喻的手法，两个圆筒，代表议会厅和人权法庭，都被结构支起，有很大的悬挑，形象上类似于天平的两个托盘，隐喻了公正。透明入口则是公开、透明的意思。建筑师自己称之为“一座

开放、透明的建筑以表现对正义透明性的渴望”。

从市场经济的角度出发，一个可持续的建筑，还应该保证社会资源的充分合理应用，求得最大的经济价值。这是因为，建筑产品属于固定资产投资范畴，而固定资产投资一般来说有一次性投入资金数额大、建设和回收过程长的特点，良好的建筑产品，可以带来良好的经济效益，成为促进国民经济增长的主要推动力；相反，不良的建筑产品，投入巨额资金长年得不到回收，谈不上产生经济效益，从而会极大程度地影响国民经济的正常发展。从这个意义上来说，追求建筑产品的最大经济价值，就不仅仅是评判建筑产品优劣、建设施工方利润是否可观的尺度，并且是能否促进国民经济的健康正常发展及社会和谐运行的重要标志之一。要追求建筑产品的经济效益，就必须矫正以往工程建设领域中技术与经济分离的现象，要把技术与经济有机结合，通过技术分析、经济比较、效果评价，正确处理设计施工理念先进与经济效益良好两者之间的对立统一关系，追求设计施工先进条件下的经济合理，经济合理基础上的技术先进，真正体现出建筑设计施工中的经济理念。

建筑是人类文化总体的重要组成部分，其所蕴含的文化属性已为社会确认。纵观古今中外的建筑实例，如埃及的金字塔、希腊的帕提农神庙、西欧中世纪的教堂，以及我国的万里长城、故宫和遍布各地的寺塔庙观，都是人类文化的结晶，都是人类所创造的物质文明和精神文明的综合体现，是建筑与文化同构的历史例证。因此，建筑的发展基本上是文化史的一种发展，建筑是构成文化的一个重要部分，是全部文化的高度集中。从狭义的角度来说，文化是有高雅和低俗之分的。在我国，建筑文化的低俗化现象很值得注意。一些人为了追求所谓的新奇，往往在同一个建筑物上使出浑身解数，花拳绣腿以求一鸣惊人，弄出来的东西，常常是形体破碎、色彩混乱、东拼西凑、杂乱无章，尽管遍体绮罗、宝气珠光，也掩不住小家子气。一个可持续的建筑，必须杜绝上述这种或类似的建筑文化低俗化的倾向，必须追求高雅的格调，传递高雅的文化内涵。这就要求在建筑设计施工过程中，充分考虑建筑所处的自然环境状况、地域特征、时代特点、场所精神，实现建筑对文化背景的良好阐释功能，对文化发展的良性导向作用。

作为人们居住、工作和活动的空间，建筑直接影响着人们的生存状态和发展状况，可持续建筑不能仅是一个漂亮而空洞的口号，而是要能够付诸具体的实施。可持续建筑必须是卫生、安全、便利、美观的，能够最大限度地节约资源和保护环境，并且能正确反映建筑所处的政治、经济、文化背景，实现政府、建设施工方所赋予的政治、经济、文化功能。

作为与建筑全生命周期的一个重要环节以及与建筑设计一脉相承的施工建造，我们应该以此契机，大力推行低消耗、低污染、高效益的新型建造方式，以取代高消耗、高污染、低效益的传统建筑工程施工方式。

第4章　新型建造方式产业链

4.1　产业链概述

数据显示，多年来全社会50%以上的固定资产投资是通过建筑业形成生产能力或使用价值的。2012年，建筑业现价总产值为13.7万亿元，2013～2015年，年均增加1.4万亿元，2016年，全国建筑业总产值19.35万亿元，增加4.95万亿元，同比增长6.6%，占国内生产总值的6.66%。2013～2016年，全国建筑业企业完成建筑业总产值年均增长9.0%，总体保持了较快增长态势。随着建筑市场的变化速度加快，建筑产业发展总是向更高效的生产方式发展。新型建造方式代表了当前建筑业推进供给侧结构性改革的发展方向。作为建筑业创新发展的有益尝试，新型建造方式的应用是解决一直以来房屋建设过程中存在的质量、性能、安全、效益、节能、环保、低碳等一系列重大问题的有效途径；是解决一直以来建筑设计、部品生产、施工建造、维护管理之间相互脱节、生产方式落后问题的有效办法；是解决当前建筑业劳动力成本提高、劳动力和技术工人短缺以及改善农民工生产、生活条件的必然选择。它所展现出来的巨大生产力也是推动我国建筑业转型升级、实现国家新型城镇化发展、节能减排战略的重要举措。

新型建造方式采用大规模社会化生产逐步代替人工生产，具有建筑创作个性化，结构设计体系化，构件生产标准化、机械化、自动化，部品供应商品化，现场施工装配化，建造全过程管理信息化等特征。其产业链是以设计—生产—施工为主导产业和其配套产业的企业为链核，由相关技术、产品、资本等为纽带形成的一条以符合相关要求的建筑为最终产品的具有协同效应和价值增值功能的综合关系链条。产业链的内涵可以从以下三个方面理解：

1. 产业链强调产业和企业之间的关联关系

设计—生产—施工是主导产业，材料、物流、生产、制造等是相关配套产业，但是必须落脚于企业，即以主导产业和配套产业的企业为链核所形成的链条，如图4-1所示。

2. 产业链的产业与企业之间体现的是综合关系

该关系包括供需关系、投入产出关系、分工协作关系、空间分布关系等，体现这些关系的载体是技术、产品（设计成果、构配件、建筑部品等）、资本、人才、服务、销售等。

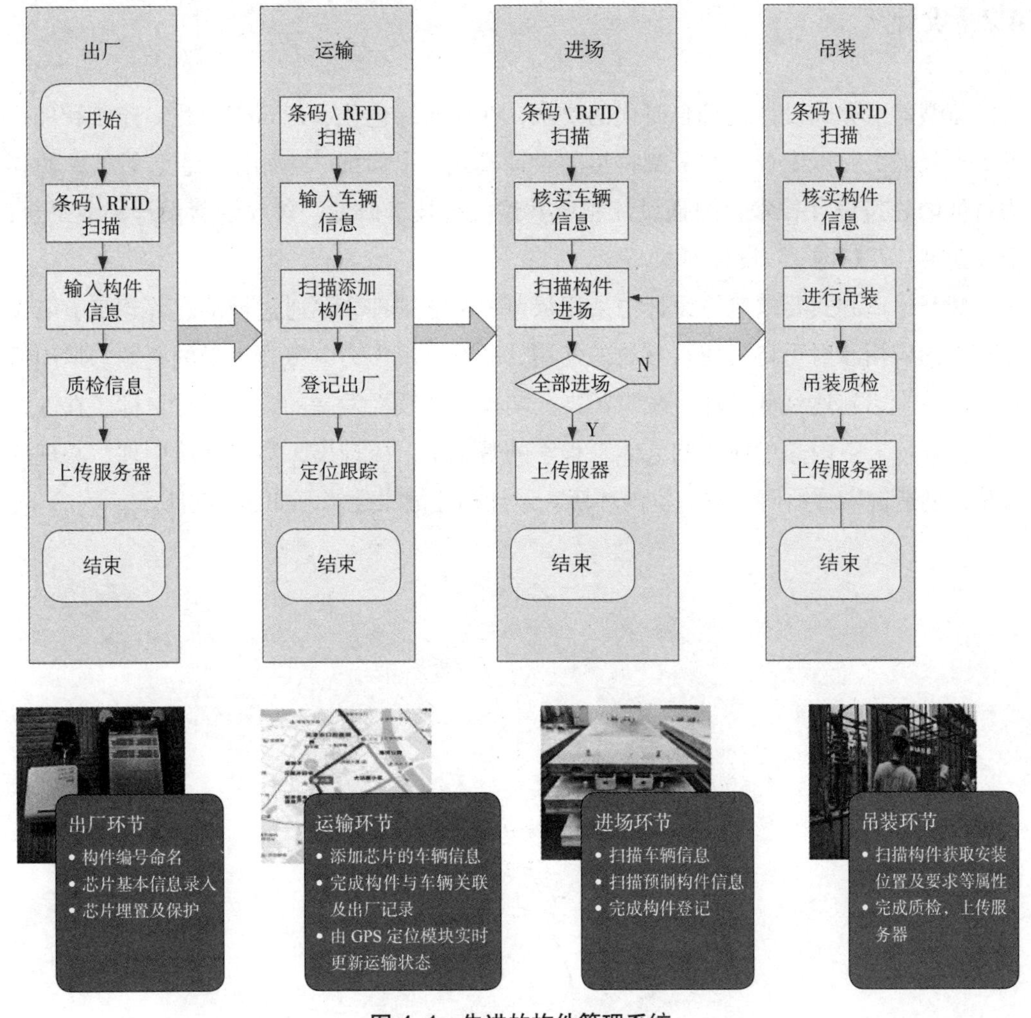

图 4-1　先进的构件管理系统

3. 产业链运行的过程中表现出协同效应和价值增值功能

产业链是由具有不同业务功能的各类主体构成，鉴于建筑产品的复杂性，不同主体之间必须形成合力，发挥协同效应，共同实现产业链价值最大化，最终目标是生产出能为顾客创造价值的建筑产品。

实践表明，新型建造方式产业链要贯穿从建筑设计、生产制作、运输配送、施工安装、到验收运营的全过程，应用信息化手段实现各阶段无缝连接。在建筑设计环节中针对不同的建筑体系应当采用不同的设计方法，提高设计效率与设计水平。在生产制作环节应提高产品生产效率、降低人力消耗，并确保产品质量。在运输配送环节，借用信息化手段并引入现代物流业管理方法，争取做到采购的构件、部品能够按时定量地运输配送到工地，尽量减少现场堆放。在施工安装环节中应注重提高施工工艺和工法，确保工程质量。

4.2 设计

新型建造方式设计应符合时代的要求，在建筑绿色化、建筑工业化、建筑智能化等重点领域突破以专业条块分割拼接的设计模式，全面推广应用以绿色、智能、协同为特征的先进设计技术。加强设计领域共性关键技术研发，建立智慧设计集成平台，形成新型“互联网 +”设计模式。

新型建造方式要求建筑设计中采用绿色、节能的理念，通过被动式等建筑节能设计技术的应用和对可持续建筑材料的使用，降低环境压力，节省大量的资源。运用低碳节能技术措施达到低能耗，减少污染，实现可持续性发展的建筑设计目标。在深入研究风环境、室内热工环境和人体工程学的基础上，梳理出人体对环境生理、心理的反映，创造健康舒适而高效的室内环境，设计构建健康建筑，如图 4-2 所示。

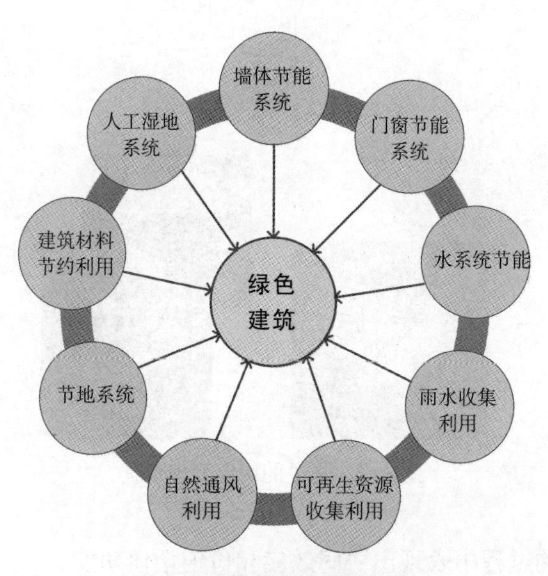

图 4-2　绿色建筑设计趋势

在智慧设计方面应建立基于 BIM 的虚拟设计运营系统和设计方案大数据管理信息系统，基于人工智能技术实现设计方案创建、对比分析和优化，实现异构数据和多种采集方式的工程勘察信息集成应用，实现基于 BIM、GIS 和虚拟现实技术的精准数值模拟、空间分析、可视化表达和协同设计，大幅提升企业设计水平和管理水平，如图 4-3 所示。

图 4-3　基于 gis 系统的三维电子沙盘

实现工业化建造方式的发展，需要从设计环节开始。目前，国内相关技术标准正在进一步完善。

2015 年 6 月，住房城乡建设部委托中国建筑标准设计研究院完成的我国首个建筑产业现代化国家建筑标准设计体系出台，意味着我国推行产业化建筑首次有了国家标准设计体系。2016 年 1 月，住房城乡建设部住宅产业化促进中心主要负责编制的《工业化建筑评价标准》已正式实施。2017 年 6 月 1 日，住房城乡建设部组织编制的国家标准《装配式混凝土建筑技术标准》正式实施，该标准更加注重建筑的集成性和一体化，在标准内容上覆盖全专业、全过程，通过四大系统集成打造完整的装配式建筑产品。

建筑工业化是我国建筑行业的一次深刻革命，是建筑行业发展必然趋势之一。与欧美、日本等发达国家相比，我国建筑工业化发展仍然处于初级阶段，面临管理体制滞后、技术体系不完善和建造成本高企等不利局面。在不断完善技术体系、建设建筑工业化推进激励机制的同时，要重点推行设计、施工、管理一体化，从项目策划、规划设计、建筑设计、生产加工、运输施工、设备设施安装、装饰装修及运营管理全过程统筹协调，形成完整的一体化运营模式，如图 4-4 所示。

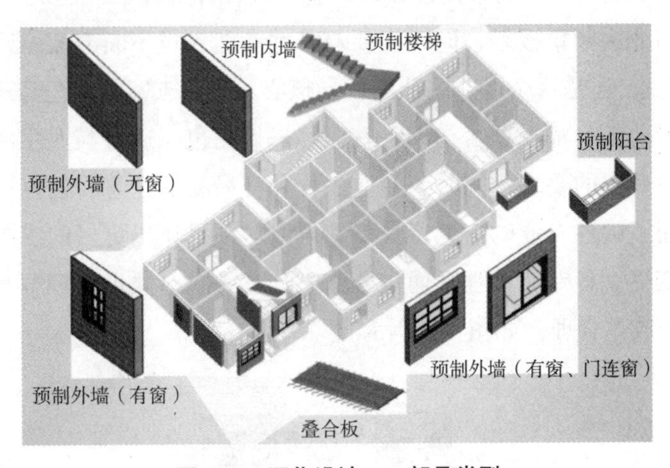

图 4-4　深化设计——部品类型

目前，建筑工业化在我国正处在大力推广阶段。近几年，因为节能环保要求不断提高，劳动力成本不断增加，建筑工业化的研究和运用也越来越多。目前，大力推广装配式建筑，是实现建筑工业化的有效手段。大力发展钢结构、预制混凝土和现代木结构建筑是装配式未来发展的方向。在建筑设计、抗震设计、构件制作工艺与施工等方面与 20 世纪传统的装配式建筑有了较大差别，也取得了较大发展。但因为产业的不完善，在应用过程中产生了一些问题，如大部分开发商对装配式建筑的特点了解较少、较多设计院缺乏装配式建筑的设计经验、结构设计与构件生产施工及厂家脱节；另外国内进行装配式结构的住宅，基本上都是遵从从设计到拆分，再到加工制作的过程，每一个预制构件都是为本项目量身定制，这就造成了预制构件厂模具成本的极大增加，造成装配式建筑的成本居高不下。现阶段常规的设计模式往往是设计单位、咨询单位、构件厂家等联合设计。

4.2.1 设计的品质要求

新型建造方式中的绿色设计可以全面把握项目的时间和成本，其目标是在安全健康舒适的条件下，使建筑全生命周期内能耗最小，以建筑美学、建筑功能、环境设计等系统设计的合力形成绿色建筑。绿色设计应采用整体性设计方法，是指从项目策划阶段开始，就组建绿色建造专业团队，并投入到项目中，依靠多种专业之间的协作配合，通过不同专业对项目的认识和理解，全面认识项目，共同完成项目设计的方法。整体性设计方法是绿色建筑根本性的方法，与传统建筑设计方法比较，其在项目实施的整个过程中，采用不断迭代、循环反馈的思维方式，在明确最终设计目标后，从建筑的整个生命周期的视野高度，进行整体性设计。

整体性设计方法要求在项目的初始阶段或策划阶段，就需由尽量多的团队成员参加，协作配合，实现对项目的整体性设计。整体性设计过程中，建筑师的角色很重要，建筑师不仅要与业主频繁接触，同时也要与其他专业人员不断交流，建筑师不仅顾及业主的思想和要求，还是一个专业团队的领导核心。经验丰富的绿色建筑结构、给排水、暖通、电气等专业工程师在项目初期，就已经进入角色，通过与业主的沟通，各专业工程师可以了解业主的要求，同时各专业工程师将最新的理念和适宜的技术灌输给业主，业主在全面了解各专业的信息背景下，可以对项目作出更好的决策，避免设计后期出现的大量变更。各专业工程师通过合作、分享各自对项目的理解和认识，使项目设计高效，建造成本合理。如图 4-5 所示。

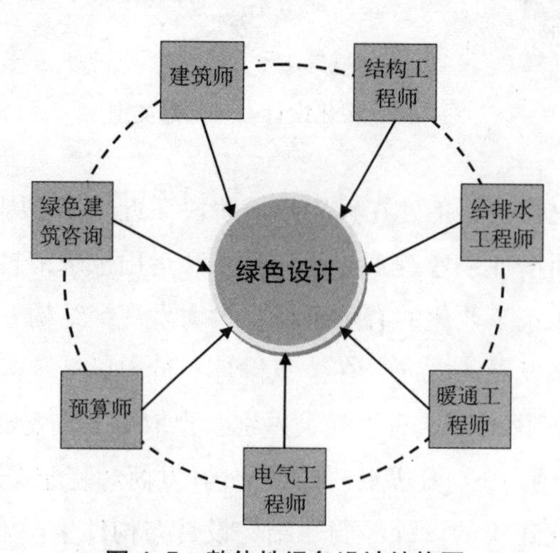

图 4-5　整体性绿色设计结构图

绿色设计与传统设计的区别如表 4-1 所示。

绿色设计与传统设计的区别　　表 4-1

编号	绿色设计	传统设计
1	项目决策不是来自业主和建筑师，而是整个团队	项目决策主要由业主和建筑师决定
2	项目开始阶段，专业团队就已经建立，各专业人员在项目开始阶段就进行配合和交流	项目开始阶段，各专业工程师没有机会配合和交流
3	项目的目标和结果由团队在初步设计阶段就已经确定，团队的每个人都是项目目标的创建者	项目的目标和结果一般只是在业主和建筑师之间拟定
4	项目从开始到施工结束以及最后的运营，都是以一种迭代和反复的过程进行	项目从开始到结束都是以一种单向的、顺序式的线性方式进行
5	团队的各专业工程师是在项目的最初阶段就进入到项目中	各专业工程师只有在必要的情况下才进入到项目中
6	项目的发展环节不是独立的，而是整体性的、开放的，每一步都是各专业间相互交流和合作过程。这种方式鼓励创造型的内部行为	项目的发展环节是相当独立的，减少了专业间相互交流和合作过程。这种方式不鼓励创造型的内部行为
7	整体性设计方法为项目的设计、发展和结果最优化创造的客观条件	项目的设计、发展和结果的最优化受到了限制
8	整体性设计方法按绿色建筑的目标完成，因此关注的是项目全寿命周期内的成本最低，而不是传统建筑设计方法注重前期成本	传统建筑设计方法注重前期成本，对运行成本和建筑寿命周期内的能耗很少关注
9	项目在施工完成时，并不意味着项目结束，而是要在投入运营后，并获得满意效果	项目在施工完成时，便宣告结束
10	项目在开始时就确定了合理的绿色建筑目标，因此不会出现后期意外的增量成本增加	在设计中后期增加绿色建筑性能时，受约束因素大，有些目标无法实现，有些目标带来很大增量成本，设计时间也会大大增加

基于人工智能和 BIM 技术，研究设计方案自动创建、对比分析和优化技术。基于 BIM、GIS 和虚拟现实技术，研究设计方案的精准数值模拟、空间模拟和真实感知技术。基于 BIM 技术，研究设计方案大数据系统、勘察设计知识数据库和设计运营管理系统的系统集成技术，全面改进勘察设计信息资源的获取和表达方式，充分挖掘和利用设计知识，实现设计知识的共享。

目前国内设计院进行普通民用工程设计时，往往只是由各个专业根据设计规范和建筑的功能需求对本专业整体状况和系统组成进行说明性设计，很少会具体到材料设备的精确选型和施工工艺细节描述，导致设计图纸较为粗放，错漏碰缺和不明确、不细致的内容较多。而建筑企业如果直接将这种设计成果用于工程采购和现场施工，往往会造成材料浪费、质量失控、工程返工等多种不良后果，精益建造更是无从谈起。因此，要真正实现建筑工程建造品质提升，就必须在传统的施工图设计和工程采购、现场施工环节中，增加一项精细化设计工作来对传统施工图设计进行持续改进，解决原设计的错漏碰缺和不明确、不细致的问题，并将各专业进行有机整合，使工程采购和现场施工能够有一个准确精细的管理依据。如图 4-6 所示。

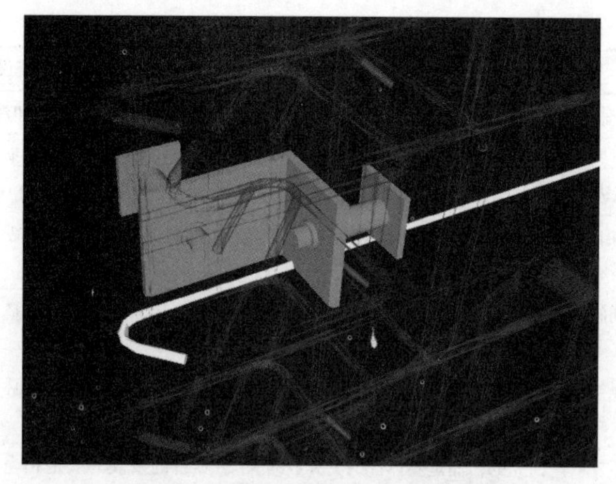

图 4-6　预制构件内部的碰撞检查

4.2.2　设计的安全要求

新型建造方式要求设计考虑生产及施工环节的安全要素，除了对设计本身的安全性负责，设计还应考虑构件及部品生产、运输及安装过程中涉及的安全问题，例如预制构件的重量、预制构件吊点的设置及验算、预制构件措施埋件的验算等。如图 4-7、图 4-8 所示。

图 4-7　独立支撑及铝梁支设

图 4-8　大型预制构件吊装

4.2.3　设计的节能环保要求

新型建造方式的设计具有减少资源浪费，减少环境污染的优势。新型建造方式要求建筑设计中采用绿色、节能的理念，通过围护结构节能技术的应用和对可持续建筑材料的使用，降低环境压力，节省大量的资源，包括使用可循环材料、可降解材料，使用绿色建筑材料替代自然资源耗竭型材料，减少对于自然资源的消耗。运用低碳节能技术措施达到低能耗，减少污染，实现可持续性发展的目标；在深入研究风环境、室内热工环境和人体工程学的基础上，梳理出人体对环境生理、心理的反映，创造健康舒适而高效的室内环境；考虑使用可再生能源为建筑提供能源的需求。

绿色设计一般有两大思路，一是在现有系统的基础上改进，也就是在现有产业结构不变的前提下，提供资源和能源的使用效率，比如使用更加环保的材料，通过模块化设计使易损部件容易更换来延长使用寿命，使用更加清洁的能源、节能的产品等。另一种思路，是在系统层面重新设计整个系统。例如用产品服务系统模式的汽车分时租赁系统，实现生产和消费零距离的都市农业系统，采用光导纤维的自然光照明系统等，如图 4-9 所示。前者使用的往往是渐进式创新，而后者往往需要用到突破式创新。

图 4-9　光导纤维自然采光照明

在绿色设计由浅入深的过程中，系统层面的“突破式创新”对于破解现在发展模式和环境紧张关系具有特别重要的意义，特别是那些能够通过循环设计理念实现突破性改变的新系统，包括零消耗、零排放、正生态的住房、交通、制造、流通、销售、能源系统等。

根据项目的目标要求，采用合理的绿色设计技术，在保证项目达到绿色标识目标要求的同时，即可合理控制因此而带来的初投资成本增加，又能确保建筑在全生命周期内对资源利用的高效化和能耗运行的最低化。根据《绿色建筑评价标准》GB/T 50378，绿色设计技术主要包括节地与室外环境、节能技术、节水技术、节材技术以及室内环境质量五个方面。

1. 节地与室外环境

（1）住宅公共服务按规划配建，合理采用综合建筑并与周边地区共享；

（2）充分利用尚可使用的旧建筑；

（3）场地环境噪声符合现行国家标准《城市区域环境噪声标准》GB 3096 的规定；

（4）控制住区室外日平均热岛强度；

（5）建筑总平面设计有利于冬季日照并避开冬季主导风向，夏季利于自然通风；

（6）根据当地气候条件和植物自然分布特点，栽植多种类型植物，乔、灌、草结合构成多层次的植物群落；

（7）设置方便居民充分利用公共交通网络；

（8）非机动车道路、地面停车场和其他硬质铺地采用透水地面，并利用园林绿化提供遮阴、覆绿；

（9）合理开发利用地下空间；

（10）合理选用废弃场地进行建设。对已被污染的废弃地，进行处理并达到相关标准；

（11）合理采用屋顶绿化、垂直绿化等方式。

2. 节能技术

（1）利用场地自然条件，合理设计建筑体形、朝向、楼距和窗墙面积比，使居住建筑获得良好的日照、通风及采光，并根据需要设遮阳设施；

（2）保证建筑外窗及幕墙可开启比例；

（3）建筑外窗的气密性不低于现行国家标准《建筑外窗气密性能分级及检测方法》GB/T 7107 和《建筑幕墙物理性能分级》GB/T 5225 的要求；

（4）当采用集中空调系统时，应选用能效比高的设备；

（5）根据当地气候和自然资源条件，充分利用太阳能、地热能等可再生能源；

（6）合理采用蓄冷蓄热技术；

（7）采用分布式热电冷联供技术，提高能源的综合利用率；

（8）设有集中空调的建筑，设置能量回收装置；

（9）全空气空调系统采取可实现全新风运行或可调新风比的措施；

（10）建筑物处于部分冷热负荷时或部分空间使用时，采取有效措施节约通风空调系统能耗；

（11）选用余热或废热利用等方式提供建筑所需蒸汽或生活热水；

（12）公共场所和部位的照明采用高效光源、高效灯具和低损耗镇流器等附件，并采取其他节能控制措施，在有自然采光的区域设智能型节能控制装置；

（13）各房间或场所的照明功率密度值不高于现行国家标准《建筑照明设计标准》GB 50034 规定的目标值；

（14）改建和扩建的公共建筑，冷热源、输配系统和照明等各部分能耗进行独立分项计量。

3. 节水技术

（1）合理规划地表与屋面雨水径流途径，降低地表径流，采用多种渗透措施增加雨水渗透量；

（2）绿化用水、洗车用水等非饮用用水采用再生水和（或）雨水等非传统水源；

（3）绿化灌溉采用喷灌、微灌等高效节水灌溉方式；

（4）非饮用水采用再生水时，优先利用附近集中再生水厂的再生水；附近没有集中再生水厂时，通过技术经济比较，合理选择其他再生水水源和处理技术；

（5）降雨量大的缺水地区，通过技术经济比较，合理确定雨水集蓄及利用方案；

（6）按用途设置用水计量水表。

4. 节材技术

（1）优先选用本地的建筑材料；

（2）现浇混凝土采用预拌混凝土，建筑砂浆采用预拌砂浆；

（3）建筑结构材料合理采用高性能混凝土、高强度钢；

（4）将建筑施工、旧建筑拆除和场地清理时产生的固体废弃物分类处理和回收利用；

（5）在建筑设计选材时考虑使用材料的可再循环使用性能；

（6）土建与装修工程一体化设计施工，不破坏和拆除已有的建筑构件及设施；

（7）在保证性能的前提下，使用以废弃物为原料生产的建筑材料；

（8）采用资源消耗和环境影响小的建筑结构体系；

（9）办公、商场类建筑可变换功能的室内空间采用灵活隔断，减少重新装修时的材料浪费和垃圾产生。

5. 室内环境质量

（1）建筑设计和构造设计有促进自然通风的措施；

（2）室内采用调节方便、可提高人员舒适性的空调末端；

（3）宾馆类建筑围护结构构件隔声性能满足现行国家标准《民用建筑隔声设计规范》GB 50118 中的要求；

（4）建筑平面布局和空间功能安排合理，减少相邻空间的噪声干扰以及外界噪声对室内的影响；

（5）办公、宾馆类建筑主要功能空间室内采光系数应满足现行国家标准《建筑采光设计标准》GB 50033 的要求；

（6）建筑入口和主要活动空间设有无障碍设施满足《无障碍设计规范》GB 50763 的要求；

（7）建筑外窗采用有效的外遮阳，改善室内热环境；

（8）设置室内空气质量监控系统，保证健康舒适的室内环境；

（9）采用合理措施改善室内或地下空间的自然采光效果。

4.2.4 设计的效率要求

新型建造方式对于设计提出了更高的要求，在设计质量、进度、成本方面均有别于传统设计。

建筑信息化模型技术（BIM）的应用使得绿色设计的团队得以进行协同设计，大大提高了绿色设计的普及，使得施工图“错、碰、漏”迅速减少，为绿色施工提供了很大的方便性。

施工图绿色设计要求进行建筑自然采光、自然通风、日照、气流、能耗的性能化模拟分析，使得建筑构造更精细，同时，绿色专项技术及智能化还处在发展阶段，研发企业创新产品和技术不断涌现，这就使得绿色设计人员不断学习新科技、新标准，花费更多的时间和精力进行绿色设计，不断在实践中总结经验教训，提高绿色设计水平。

在设计质量方面，基于传统设计在现行规范基础上进行设计；结合市场需求与行业趋势判断，在新体系、新技术、新工艺方面寻求突破；面向建筑全生命期中的“设计环节”，进行“建筑、结构、设备管线、内装”各专业系统的设计与集成，同时，引入智能化系统集成与设计；设计深度要精细化，将设计思想与设计决策落实到“生产环节”与“施工环节”，设计方案、生产方案、施工方案要一脉相承的实现贯通；各专业之间的提资深度进一步加深，明确各专业设计人员的专业协同责任，进行精细化的管理。如图 4-10 所示。

图 4-10　预制机房

在设计进度方面，分析传统设计加上专项设计后各专业分阶段性提资造成的设计周期延长，通过业务分解与重组来解决专业内关键项和专业之间的关键交叉点，实现一次设计与二次深化设计的拟合，从而有效保证设计进度。

在设计成本方面，摒弃传统设计以设计费为目的的价值取向，而是通过精细化的设计，缩减项目成本，为项目的总承包管理创造价值。

在设计体系及标准方面，通过为装配式建筑设计提供平台基础，实现在项目的设计阶段，预制构件的科学拆分、节点处理的标准化及 BIM 协同配合等新型建造方式关键点的顺利转变，实现设计效率的显著提升。如图 4-11 所示。

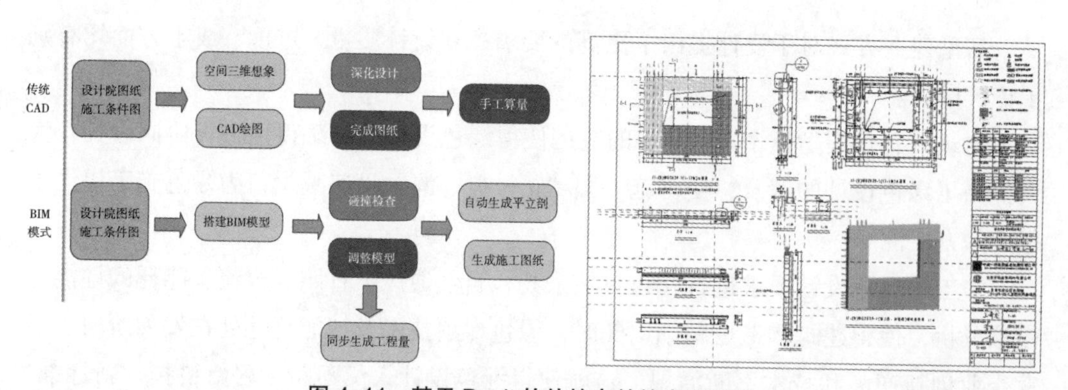

图 4-11　基于 Revit 软件的高效的出图模式

1. 预制构件的科学拆分

建筑产业化的核心是生产工业化，生产工业化的关键是设计标准化，最核心的环

节是建立一整套具有适应性的模数以及模数协调原则。设计中据此优化各功能模块的尺寸和种类，使建筑部品实现通用性和互换性，保证房屋在建设过程中，在功能、质量、技术和经济等方面获得最优的方案，促进建造方式从粗放型向集约型转变。

实现标准化的关键点则是体现在对构件的科学拆分上。预制构件科学拆分对建筑功能、建筑平立面、结构受力状况、预制构件承载能力、工程造价等都会产生影响。根据功能与受力的不同，构件主要分为垂直构件、水平构件及非受力构件。垂直构件主要是预制剪力墙等。水平构件主要包括预制楼板、预制阳台空调板、预制楼梯等。非受力构件包括 PCF 外墙板及丰富建筑外立面、提升建筑整体美观性的装饰构件等。

2. 连接节点的处理

连接节点的设计与施工是装配式结构的重点和难点。保证连接节点的性能是保证装配式结构性能的关键。装配式结构连接节点在施工现场完成是最容易出现质量问题的环节，而连接节点的施工质量又是整个结构施工质量的核心。因此，所采用的节点形式应便于施工，并能保证施工质量和效率。

3. BIM 全产业链应用

将 BIM 与产业化住宅体系结合，既能提升项目的精细化管理和集约化经营，又能提高资源使用效率、降低成本、提升工程设计与施工质量水平。

BIM 软件可全面检测管线之间与土建之间的所有碰撞问题，并提供给各专业设计人员进行调整，理论上可消除所有管线碰撞问题。Revit MEP 通过数据驱动的系统建模和设计来优化管道桥架设计，可以最大限度地减少管道桥架系统设计中管道桥架之间、管道桥架与结构构件之间的碰撞。

设计院应具备在产业化项目中进行全产业链、全生命周期的 BIM 应用策划能力，确定 BIM 信息化应用目标与各阶段 BIM 应用标准和移交接口，建立 BIM 信息化技术应用协同平台并进行维护更新，在产业化项目的前期策划阶段、设计阶段、构件生产阶段、施工阶段、拆除阶段实现全生命周期运用 BIM 技术，帮助业主实现对项目的质量、进度和成本的全方位、实时控制。如图 4-12 所示。

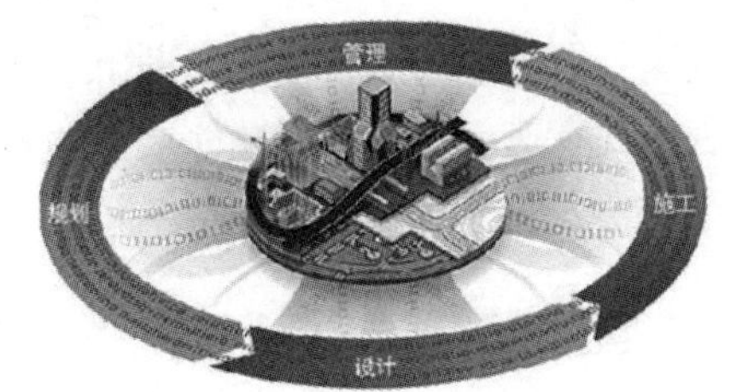

图 4-12 BIM 全生命周期运用

4.3 加工

新型建造方式的生产环节在绿色、智慧方面已初具雏形，大量的高新技术及绿色管理技术被应用到其中，其中智慧工厂的出现和推广是生产环节一大关键性的突破。“智慧工厂”是在制造业一系列科学管理实践的基础上，深度融合自动化技术、信息通信技术和智能科学技术，结合数据、信息和知识建立更具核心竞争力的新一代制造业企业及其生态系统。智慧工厂以创造全新客户价值和最佳用户体验为宗旨，覆盖了广泛的协作网络和知识集合。“智慧工厂”实现了以人为中心的价值网络和以装备为中心的制造网络的横向广域集成，实现了数据和信息自下而上和自上而下的纵向穿透集成，实现了产品和装备全生命周期和企业完整价值链的深度集成。智慧工厂是继自动化工厂、数字化工厂、智能化工厂之后，现代制造业企业发展的新的高级阶段，是具有创新力、生命力和极具竞争力的新一代制造业企业及其生态系统的发展愿景。如图 4-13 所示。

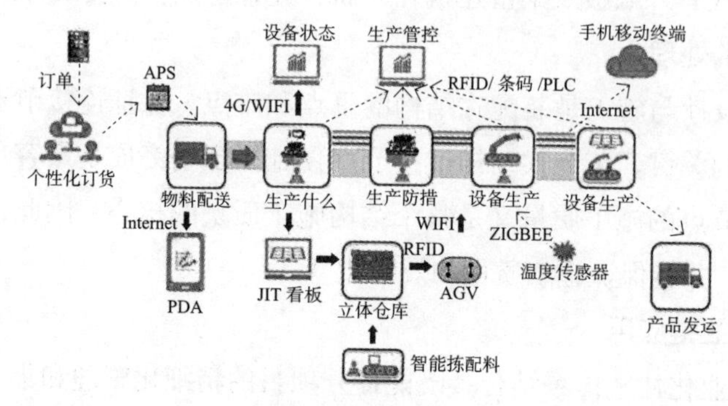

图 4-13　智慧工厂

1. 无线感测器

无线感测器将是未来实现智慧工厂的重要利器。智慧感测是基本构成要素，但如果要让制造流程有智慧判断的能力，仪器、仪表、感测器等控制系统的基本构成要素，仍是关注焦点。仪器仪表的智慧化，主要是以微处理器和人工智慧技术的发展与应用为主，包括运用神经网路、遗传演算法、进化计算、混沌控制等智慧技术，使仪器仪表实现高速、高效、多功能、高机动灵活等性能。如图 4-14 所示。

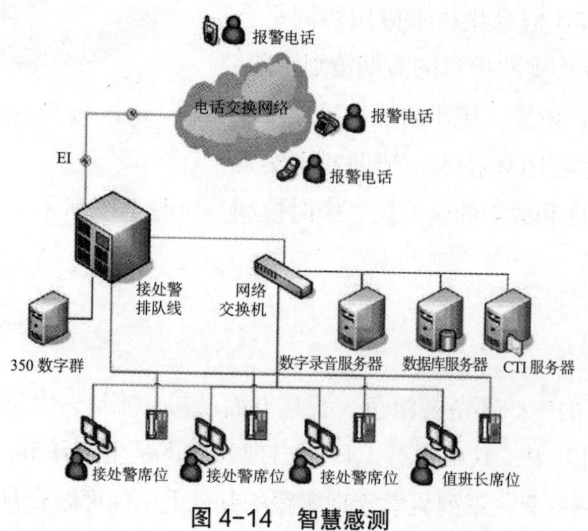

图 4-14　智慧感测

2. 控制系统网路化

随着工厂制造流程连接的嵌入式设备越来越多，透过云端架构部署控制系统，无疑已是当今最重要的趋势之一。

在工业自动化领域，随着应用和服务向云端运算转移，资料和运算位置的主要模式都已经发生改变，由此也给嵌入式设备领域带来颠覆性变革。如随着嵌入式产品和许多工业自动化领域的典型 IT 元件，制造执行系统（manufacturing execution systems；MES）以及生产计划系统（production planning systems；PPS）的智慧化，以及连线程度日渐提高，云端运算将可提供更完整的系统和服务，生产设备将不再是过去单一而独立的个体。但将孤立的嵌入式设备接入工厂制造流程，甚至是云端，其实具有高度的颠覆性，必定会对工厂制造流程产生重大的影响。一旦完成连线，一切的制造规则都可能会改变。如图 4-15 所示。

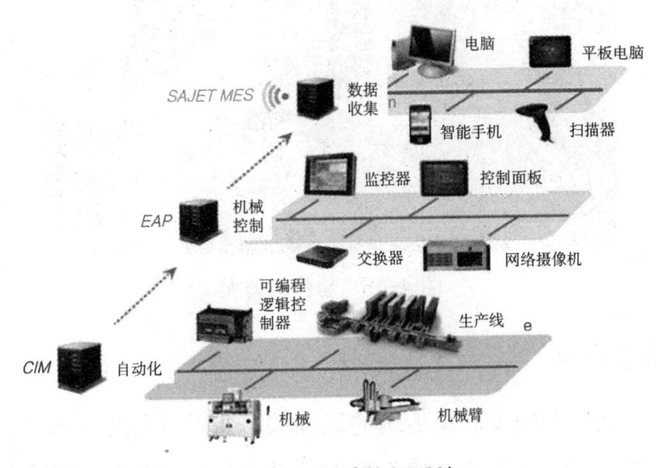

图 4-15 制造执行系统

3. 工业通信无线化

工业通信无线化也是当前智慧工厂探讨比较热烈的问题。全球工厂自动化中的无线通信系统应用正日益增多，随着无线技术日益普及，各家供应商正在提供一系列软硬体技术，协助在产品中增加通信功能。这些技术支援的通信标准包括蓝牙、Wi-Fi、GPS、LTE 以及 WiMax。

“智慧工厂”的发展，是智能工业发展的新方向。特征体现在制造生产上：

（1）系统具有自主能力

可采集与理解外界及自身的资讯，并以之分析判及规划自身行为。

（2）整体可视技术的实践

结合讯号处理、推理预测、仿真及多媒体技术，将实境扩增展示现实生活中的设计与制造过程。

（3）协调、重组及扩充特性

系统中各组承担为可依据工作任务，自行组成最佳系统结构。

（4）自我学习及维护能力

透过系统自我学习功能，在制造过程中落实资料库补充、更新及自动执行故障诊断，并具备对故障排除与维护，或通知对的系统执行的能力。

（5）人机共存的系统

人机之间具备互相协调合作关系，各自在不同层次之间相辅相成。如图 4-16 所示。

图 4-16 协作机器人

4.3.1 加工的品质要求

随着三维数字化技术的发展，传统的以经验为主的模拟生产模式逐渐转变为基于三维建模和仿真的虚拟生产模式，使未来的智慧工厂能够通过三维数字建模、工艺虚拟仿真、三维可视化工艺现场应用，避免传统的“三维设计模型→二维纸质图纸→三维工艺模型”研制过程中信息传递链条的断裂，摒弃二维、三维之间转换，提高产品研发生产效率，保证产品研发生产质量。如图 4-17 所示。

图 4-17 三维可视化工艺

新型建造方式对生产线也提出了更高的要求。按照走中国特色新型城镇化道路、全面提高城镇化质量的新要求，需要预制装配化为新城镇建设来保驾护航，生产线及生产设备的自动化程度的提高尤为重要，同时技术体系、预制构件及部品种类的多样性，也对生产线适应多元化提出了更高的要求。如图 4-18，图 4-19 所示。

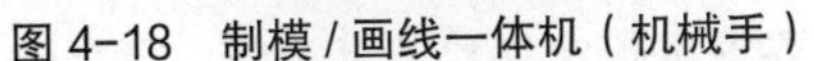
图 4-18　制模 / 画线一体机（机械手）

图 4-19　钢筋绑扎（机械手）

混凝土预制构件的生产从某个意义上说是建筑的工厂化。与现浇相比，可控制的环节增加了，这也为构件品质保障提高了难度。预制构件的工厂化生产管理非常重要，现结合我国当前工程供应预制构件的生产为例谈谈预制构件生产管理中的几个重要环节。

1. 明确图纸及相关技术指标

一般来说，每份图纸在投入生产前均得到客户、设计单位、厂方的共同签名认可。而相关技术指标应满足国家现行技术标准及实际工程要求。

实际生产中，每件产品的形状、尺寸、预埋件、布筋（钢筋）等，都随工程的不同、楼层的不同、设计构思的不同而不同，一般没有固定样式所以产品在生产的同时往往就是设计定型的同时，在这过程当中图纸很可能要进行频繁的更改，如何保证每件产品都是按最新版本的图纸来进行是生产管理的首要任务。这就要求在“文件管理—模具改造—检查—生产—质检”的每一个环节丝丝相扣，充分沟通。实际生产中因图纸的频繁变更造成管理混乱而未能按最新版本的图纸来生产所导致废品产生的事故时有发生，给企业带来不小的经济损失，这点尤其值得注意。为此在每项工程开始的前阶段，管理的重点应放在图纸的确认及技术审核上。

2. 模具的设计及制造

模具的设计是否合理最直接影响日常的生产操作。故有经验的预制构件生产厂家通常会参与模具的设计及制造，比如：拆模方式的选择，是水平拆模还是翻转垂直拆模；窗框的设计，如骨位及窗框表面的保护，窗盖的拆装卸方式及平整度要求；外露铁枝及洗水位的设计中，旁板的装拆卸既要方便工人操作又要保证有足够抗变形能力及尽量减少渗漏，以保证混凝土的表面质量；其他预埋件的设计，要合理避开钢筋，连线流畅，弯位合乎要求，防止漏浆堵塞产品形状对脱模斜度的影响，首先保证斜度不超过客户的要求，在无斜度的情况下，拼装方式既要保证操作的可行性，同时又要尽量减少拼缝，最大限度地保证平整度以及减少漏浆可能性；易变形部位的布筋安排；模具本身材质的选择等都是模具设计中必须考虑的因素。

模具是预制构件日常生产中最重要的工具，直接关系到产品的外观品质、生产效率及操作安全，应给予足够的重视。除此之外，管理中还应坚持科学地维修保养，尽量减少变形程度。

3. 原材料的采购

原材料的质量最直接地影响到产品内在品质的好坏及稳定性。如在中国香港，政府对此有一套严格规范的管理。厂家在生产之前，必须向客户、设计单位、政府报批每种材料的供应商资质、材料的质检报告，以保证材质的稳定性和可监测性。在采购、储存、使用的全过程严格按质量监管部门客户要求进行定期检验和测试，完全满足“可追溯性”要求。

预制件的主要原材料是水泥、砂、石、钢筋。一旦水泥、砂、石的供应商确定，混凝土的强度等级及配方在正式生产之前须得到中国香港政府认可的化验机构出具的合格报告（主要测试连续 40 次试配强度值的标准偏差不超过国标要求），且混凝土的供应须取得 ISO 认证。钢筋的材质是工程监控的重点。每批材料进厂后都必须在客户的参与下送检（主要检测物理性能），同时还要厂家提供钢筋的来源地证明，出厂检验证明等相关资料（物理、化学检验报告），在生产使用前所有资料须向客户提供备份。

4. 质检

质检是一个监察、监控的过程。它的一个积极的能动作用是能把不合格情况反馈到生产环节加以警示。按照 ISO 精神，不合格现象发生后有一连串的纠正、预防措施的制定、执行及检查，从而减少不合格品的产生。

4.3.2 加工的安全要求

新型建造方式要求工厂生产安全管理向着标准化和信心化迈进。目标是通过标准化的管理建立标准工序和标准工序的安全生产要点，实现工位的安全管理标准化；通过信息化的手段实时监控生产过程，并采集各个生产工序加工信息、构件库存信息、运输信息,同时采集工厂设备的运行信息,加以汇总分析以供发现安全隐患和优化提升。

（1）安全生产调度管理是以企业安全生产调度业务为核心，为安全生产调度管理相关工作人员提供的计算机应用系统。系统全面整合生产调度日常管理数据、安全监控系统实时数据、自动化设备运行实时数据、工业视频数据、事故处理记录、人员考勤记录等多种信息。系统涵盖作业计划制定、生产过程监控、日常调度指挥、应急事件处理等企业生产调度相关的各项业务，结合通信调度机为调度员提供一个桌面办公平台，辅助调度员全面、迅速、准确地进行安全生产调度。

（2）事故预警与故障系统借用人工智能技术，建立各种事故预警数学模型，并随着历史数据积累进一步完善数据模型；通过数据仓库、数据挖掘和数据集市等数据分析技术，达到生产车间环境参数的预测和预警的作用。如图 4-20 所示。

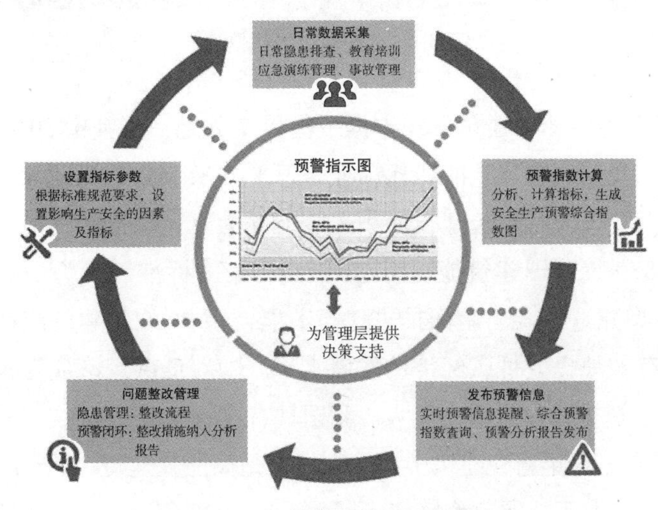

图 4-20　预警管理的闭环管理流程

（3）安全生产监控与决策管理主要包括对生产环节中环境因素、人员因素和设备因素的监控等。利用数据挖掘技术及智能信息处理技术，综合多系统数据对安全生产环节中的安全隐患进行实时评估并提供辅助决策功能。此外还具有历史数据查询、筛选、各种标准生产报表功能。

（4）产品运销管理系统功能包括运输车辆管理、合同管理、押金管理、运费结算、客户订单回单管理、预收款管理、欠款管理、销售统计、报表输出等功能，能按企业的要求提供各种销售明细报表和汇总报表。

（5）设备材料管理系统利用数据集成平台，实现企业主要设备管理的网络化，从而提高设备的周转、调配效率，提高设备的使用率。主要功能包括设备材料档案信息管理、计划管理（使用计划、租赁计划、购置计划、维修计划等）、出入库管理、维修管理、特种设备管理、使用状况监控、报废管理、费用结算、配件信息维护等功能。如图 4-21 所示。

4.3.3　加工的节能环保要求

目前我国建筑相关能耗占全社会能耗的 46.7%，其中包括建筑的能耗（包括建造能耗、生活能耗、采暖空调等）约 30%，以及建材生产过程中的能耗 16.7%。与发达

图 4-21　构件二维码信息

国家相比，我国每年新开工建筑面积占据了世界二分之一，其中 80% ~ 90% 没有达到国际节能标准；我国现在建筑的能耗标准是每平方米 75W，而欧洲的现行标准则为 25W，相差 3 倍；我国现行单位建筑面积采暖能耗为发达国家的三倍。如果按此速度发展下去，到 2020 年我国建筑能耗将达到 10.89 亿 t 标准煤，为 2000 年的 3 倍强；而如果能采用新型建造方式，全面推进建筑节能，则 2020 年建筑能耗可降低到 7.54 亿 t 标准煤，将有效地提升低碳经济的发展水平。随着低碳经济成为我国经济发展的长期趋势，新型建造方式发展潜力巨大。我国现有建筑 430 亿 m^2，另外每年新增建筑 16 ~ 20 亿 m^2 左右。每年新建建筑中，99% 以上是高能耗建筑；而既有的约 430 亿 m^2 建筑中，只有 4% 采取了能源效率措施。据悉，到 2020 年，中国用于建筑节能项目的投资至少达到 1.5 万亿元。

预制装配式在工厂内完成大部分预制构件的生产，降低了现场作业量，使得生产过程中的建筑垃圾大量减少，与此同时，由于湿作业产生的诸如废水污水、建筑噪声、粉尘污染等也会随之大幅度地降低。在建筑材料的运输、装卸以及堆放等过程中，采用装配式建筑方式，可以大量地减少扬尘污染。在现场预制构件不仅可以去掉泵送混凝土的环节，有效减少固定泵产生的噪声污染，而且装配式施工高效的施工速度、夜间施工的时间的缩短可以有效减少光污染。装配式建造方法使得现场建筑垃圾减少 83%，材料耗损减少 60%，可回收材料占 66%，建筑节能 65% 以上。

4.3.4　加工的效率要求

模块化定制生产。在模块生产方面，生产可自由组合的模块助力智能工厂日益集约化。传统的固定生产线将无法满足客户定制化需求而逐渐消失，可动态组合的模块化生产方式将成为主流。在模块化生产方式下，产品被分解成无数个具有不同用途或性能的模块。每个模块将通过制造执行系统被生产出来，杜绝未来智能工厂的浪费环节，保证质量、优化成本、缩短周期。如图 4-22 所示。

在模块组装方面，标准化、通用化模块之间的组合提升智能工厂定制化生产盈利能力。根据产品的性能、结构选择满足需求的模块，通过模块结构的标准化，将选取出的各模块自由组装出满足客户个性化需求的产品，使未来智能工厂产品的品种更丰富、功能更齐全、性能更稳定。如图 4-23 所示。

图 4-22　模块化定制生产

图 4-23　模块组装

建筑的工厂化生产是建筑建造发展历史中的一个重要节点，是生产方式、资源整合的重大创新，将建筑中单一的构件如外墙、楼板、阳台、楼梯等部品从工地现浇生产转变到工厂，通过机械化自动流水线工艺布置、操作流程的控制，极大提高生产效率，解放生产力的同时又保证预制构件的质量。

1. 工艺布置

工艺布置因人而异，因地而异。在设计工艺布置时，应围绕“操作合理性”进行。所谓“操作合理性”是指：根据工作场地及范围，尽可能减少工人的劳动强度和体力消耗（比如工人操作时往返的距离与次数，工人操作时周围环境的不舒适程度，不安全系数等）；其次，各工序之间的配合尽量紧密但界限分明，模具的配套摆放，机械设备的运行路线、时间、距离等都应规划考虑；最后，物料运输的途径、方法、时间应满足生产需要。如图 4-24 所示。

工艺布置的合理程度直接反映管理者的管理水平高低，直接影响生产效率和工厂成本，设计时一定要谨慎、周到、客观和科学。如图 4-25 所示。

图 4-24　全自动化生产线平面布置图

图 4-25　新型全自动生产线

2. 操作流程的控制

强调用统计技术进行流程的控制。对于受人为、机器设备、外界环境因素影响较大的流程环节还须增加专业技术人员的控制环节来预防和处理突发事故。生产流程的控制是产品的核心，它集中所有的人、财、物等不确定因素，故应着重培养管理人员的责任心和解决实际问题的能力，同时建立一套严格、周密、科学的管理体系，减少各种事故的发生。如图 4-26 所示。

图 4-26 数字化仓储管理

4.4 施工

新型建造方式施工更具绿色、智慧、工业化的属性特征，通过绿色、智慧的技术和设备等途径更好实现工业化建筑的长远发展。智慧施工是指运用信息化手段，通过三维设计平台对工程项目进行精确设计和施工模拟，围绕施工过程管理，建立互联协同、智能生产、科学管理的施工项目信息化生态圈，并将此数据在虚拟现实环境下与物联网采集到的工程信息进行数据挖掘分析，提供过程趋势预测及专家预案，实现工程施工可视化智能管理，以提高工程管理信息化水平，从而逐步实现绿色建造和生态建造。

智慧施工将更多人工智慧、传感技术、虚拟现实等高科技技术植入到建筑、机械、人员穿戴设施、场地进出关口等各类物体中，并且被普遍互联，形成“物联网”，再与“互联网”整合在一起，实现工程管理干系人与工程施工现场的整合。智慧工地的核心是以一种“更智慧”的方法来改进工程各干系组织和岗位人员相互交互的方式，以便提高交互的明确性、效率、灵活性和响应速度。如图 4-27 所示。

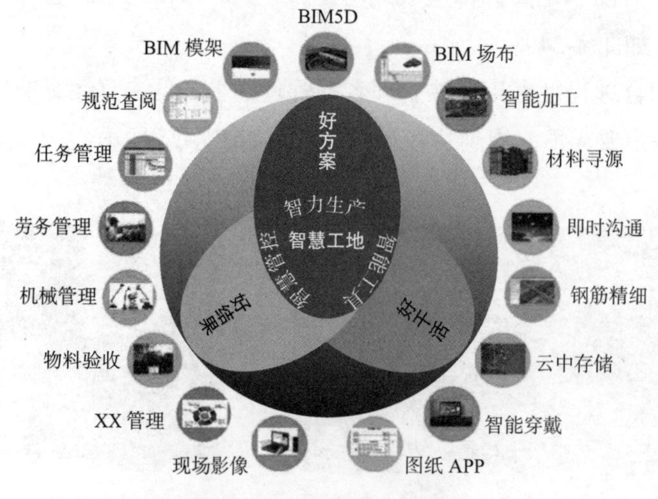

图 4-27 智慧工地全貌图

基于可持续发展理念，绿色施工必须奉行以人为本、环保优先、资源高效利用、精细施工等原则，在绿色施工策划、采购、实施和评价等过程中均遵循相关理念和原则，研发和采用绿色施工技术，才能使整个施工过程实现绿色。

在以装配式混凝土结构这一模式下的住宅产业化的大量实践中，为客户提供定制生产服务是企业主要目标，如企业办公楼、宿舍、厂房以及市政工程等预制构件产品接单生产等。这种模式是对传统建造模式的改进，在采用工业化建造技术方法的同时仍然保留了原有建设过程中的参与人员。这种模式，既采用了新技术、新方法，满足了住宅产业化发展的要求，又继承了现有广泛采用的商业模式，保障了项目的顺利实施，降低了推广难度。

目前，我国建筑企业给予了工程技术人员充分的重视，但是却忽略了项目管理人员。工程技术人员在工程项目中发挥着很大的作用，需要对现场施工进行指导，使工程项目的质量达到一定的要求。但是，管理人员的作用也是不可忽视的，管理人员需要对整个工程项目进行熟练的把握，同时对各个环节进行有效的协调。如果管理人员足够专业，那么其将在有效控制成本、提高经济效益方面发挥积极的作用。同时，我国的建筑行业属于劳动密集型企业，农民工占一线施工人员的绝大比例，他们没有接受过系统培训，具有较低的施工素质，从而在一定程度上阻碍了工程质量的提升。在实际工作中，一些具有较低素质的人员为了节省劳动力常常违章操作，工程项目的安全和质量便得不到有效的保证。

传统建筑施工管理方法粗放，工程质量细节难以提升，资源浪费情况普遍。新型建造方式下的施工管理要求推行“精细化”管理，由管理精细化到施工精细化再到产品精细化。施工管理人员必须对涉及工程的各种因素实施全过程、无缝隙的管理，形成一环扣一环的管理链，严格遵守技术规范和操作规程，优化各工序施工工艺，克服各个细节质量缺陷，保证整体工程的高质量。

4.4.1　施工的品质要求

新型建造方式中的施工品质需先进的设备技术和信息管理手段进行配备和实施，在智慧工地中的云端大数据依托遍布项目所有岗位的应用端（pc/ 移动 / 穿戴 / 植入等）产生的海量数据，通过云储存，在系统进行数据计算，实现整个施工过程可模拟、施工风险预见、施工过程调整、施工进度控制、施工各方可协同的智慧施工过程。如图 4-28 所示。

在工业化建筑发展的进程中，传统的施工工艺及机械设备仍存在很大的升级改进空间。

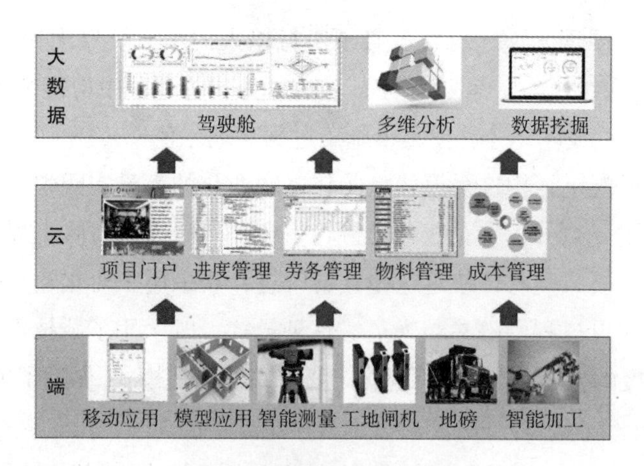

图 4-28　智慧工地整体架构

1. 施工工艺改进的要求

新型建造方式中的预制装配式建造方式，施工现场取消外架，取消了室内、外墙抹灰工序，钢筋由工厂统一配送，楼板底模取消，铝合金模板取代传统木模板，现场建筑垃圾可大幅减少。预制构件在工厂预制，构件运输至施工现场后通过大型起重机械吊装就位。操作工人只需进行扶板就位，临时固定等工作，大幅降低操作工人劳动强度。门窗洞预留尺寸在工厂已完成，尺寸偏差完全可控。室内门需预留的木砖在工厂完成，定位精确，现场安装简单，安装质量易保证。取消了内外粉刷，墙面均为混凝土墙面，有效避免开裂，空鼓、裂缝等墙体质量通病，同时平整度良好，可采用反打贴砖或采用彩色混凝土作为饰面层，避免外饰面施工过程中的交叉污损风险。如图 4-29 所示。

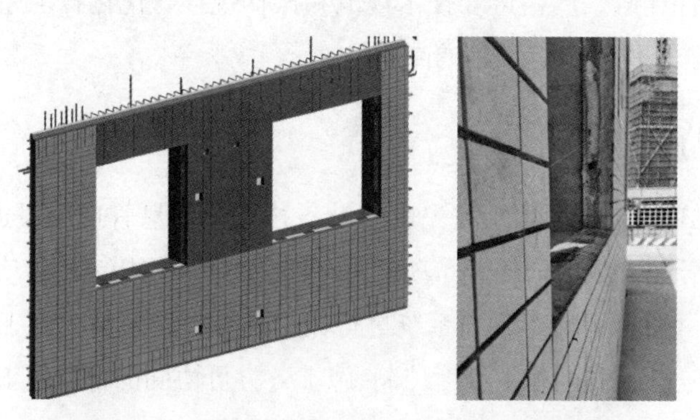

图 4-29　窗框定型定尺及窗洞口上下鹰嘴预留

2. 施工装备性能改进的要求

新型建造方式是机械化程度不高和粗放式生产的生产方式升级换代的必然要求。目前国内劳动力成本在不断增加，工程机械产品的运用日益广泛，行业需求受劳动力成本上升拉动显著。国家先后发布一系列政策，鼓励发展装备制造业，建筑产业机械化得到拉动。建筑装备升级，在满足多样化需求的同时，建筑装备向高度的设备集成化、智能化方向发展，配合传统设备的升级改造，以进一步提高劳动生产率，加快建设速度，降低建设成本，改善施工质量。如图 4-30 所示。

图 4-30　超高层顶升模架

4.4.2　施工的安全要求

新型建造方式符合国家“绿色、创新、可持续”的发展战略，创新的智慧建造技术在施工过程中的应用可涉及 BIM、物联网、大数据、人工智能、移动通信、云计算和虚拟现实等信息技术和相关设备。从智能技术一般发展规律，“智慧建造”技术的发展可分为三个阶段，即“感知阶段、替代阶段、智慧阶段”。“感知阶段”就是借助智慧建造技术手段，起到扩大工程技术人员的视野、扩展感知能力以及增强人的某部分技能的作用，例如：借助物联网传感器来感知设备的运行状况、感知施工人员的安全行为等，借助智能机具增强施工人员的技能等。“替代阶段”就是借助智慧建造技术部分替代人，帮助完成以前无法完成或风险很大的工作，例如：智能砌砖机器人、智能焊接机器人等。“智慧阶段”就是随着智慧建造技术不断发展，借助其“类人”思考能力，大部分替代人在建筑生产过程和管理过程的参与，由一部“建造大脑”来指挥和管理智能机具、设备，完成整个建造过程。如图 4-31、图 4-32 所示。

图 4-31　智能砌砖机器人

图 4-32　智能焊接机器人

在建筑材料方面也提出了在保证质量安全的前提下应用新工艺、新材料的要求。目前，行业所用材料大多难以重复利用，使用寿命达不到建筑使用寿命，造成资源浪费，环境污染。新型建造方式下，应研发使用寿命长、节能环保、符合使用环境、成本低廉的新型建筑材料。例如适用于钢筋混凝土结构工程的高强钢筋，将 HRB400 高强钢筋作为结构的主力配筋，在高层建筑柱与大跨度梁中积极推广 HRB500 高强钢筋，可节省钢筋使用量约 12% ~ 18%。

4.4.3 施工的节能环保要求

通过对工业化建筑绿色施工的各环节、各流程、施工阶段、主要工艺、施工技术等进行系统的研究，从而找出工业化建筑的施工规律和施工特征，分析影响工业化绿色施工各环节的主要因素，运用先进的绿色施工技术、智能设备、信息化管理手段进行施工流程的技术分析，改进施工方案和施工工艺，从而推进工业化建筑的绿色化建造。如图 4-33 所示。

图 4-33 模拟施工

1. 绿色施工在线监控技术

（1）通过物联网技术对建筑工地实施 24 小时监控并实时传输数据；

（2）系统由数据采集器、传感器、视频监控系统、无线传输系统、后台处理系统及信息监控平台组成；

（3）系统可对用电设备、用水设备、噪声、扬尘等数据采集点进行自动采集，并对环境 PM2.5 与 PM10、环境温湿度、风速风向等分别监控与监测；

（4）系统防水防雨防尘、可自由设定采集时间间隔、高灵敏度液晶显示、支持无线传输及在多个终端设备访问；

（5）通过对数据采集分析，可对水电消耗和环境指标情况进行统计分析，对环境监测发出预警信号，当扬尘超标时智能系统将会报警；

（6）采集数据真实可靠，促进项目精细化管理。

2. 远程监控管理技术

采用物联网、计算机网络通信、视频数字压缩处理和视频监控等技术，通过安装在施工作业现场的各类传感装置，购置智能监控和防范体系，实现对人、机、料、法、环的全方位实时监控。该技术的施工要点在于监控设备的选型和监控点的布置，实用性及安全性强，易管理及维护，避免物料丢失造成的工程成本增加。

3. 建筑信息模型（BIM）技术

运用 BIM 技术，建立工程全专业模型，用于技术管理与项目管理。在技术管理方面用于项目施工组织设计与方案优化、辅助图纸会审与深化设计、施工场地布置、机电管线碰撞检查与优化、施工过程模拟控制，优化细部设计等；在项目管理方面用于进度管理、成本管理、材料管理、质量管理与工程验收。BIM 技术应用中应倡导 BIM 信息模型从设计、施工到运维的全过程，提高 BIM 技术应用的效率与技术水平。

4.4.4　施工的效率要求

作为广义上的工地信息化，智慧工地以“美丽中国”和“新型城镇化”为大背景，以工地大模型、工地大数据、工地大协同、应用碎片化为标准，积极布局钢筋翻样、精细管理、材料管理等成熟领域，开拓三维工地、模架产品、劳务验收、云资料等孵化产品，并延伸到智能安全帽、工地平板等施工业务硬件领域。以此实现智慧工地系统互联、互通，施工现场数字化、精细化、绿色化和智慧化的生产和管理，最终达到提高施工现场的生成效率、管理效率和决策能力。

1. 数据交换标准技术

要实现智慧工地，就必须要做到不同项目成员之间、不同软件产品之间的信息数据交换，由于这种信息交换涉及的项目成员种类繁多、项目阶段复杂且项目生命周期时间跨度大，以及应用软件产品数量众多，只有建立一个公开的信息交换标准，才能使所有软件产品通过这个公开标准实现互相之间的信息交换，才能实现不同项目成员和不同应用软件之间的信息流动，这个基于对象的公开信息交换标准格式包括定义信息交换的格式、定义交换信息、确定交换的信息和需要的信息是同一个东西三种标准。

2. BIM 技术

BIM 技术在建筑物使用寿命期间可以有效地进行运营维护管理，BIM 技术具有空间定位和记录数据的能力，将其应用于运营维护管理系统，可以快速准确定位建筑设备组件。对材料进行可接入性分析，选择可持续性材料，进行预防性维护，制定行之有效的维护计划。BIM 与 RFID 技术结合，将建筑信息导入资产管理系统，可以有效地进行建筑物的资产管理。BIM 还可进行空间管理，合理高效使用建筑物空间。

3. 可视化技术

可视化技术能够把科学数据，包括测量获得的数值、现场采集的图像或是计算中涉及、产生的数字信息变为直观的、以图形图像信息表示的、随时间和空间变化的物理现象或物理量呈现在管理者面前，使他们能够观察、模拟和计算。该技术是智慧工地能够实现三维展现的前提。

4. 3S 技术

3S 技术是遥感技术（Remote sensing，RS）、地理信息系统（Geography information systems，GIS）和全球定位系统（Global positioning systems，GPS）的统称，是空间技术、传感器技术、卫星定位与导航技术和计算机技术、通信技术相结合，多学科高度集成的对空间信息进行采集、处理、管理、分析、表达、传播和应用的现代信息技术，是智慧工地成果的集中展示平台。如图 4-34 所示。

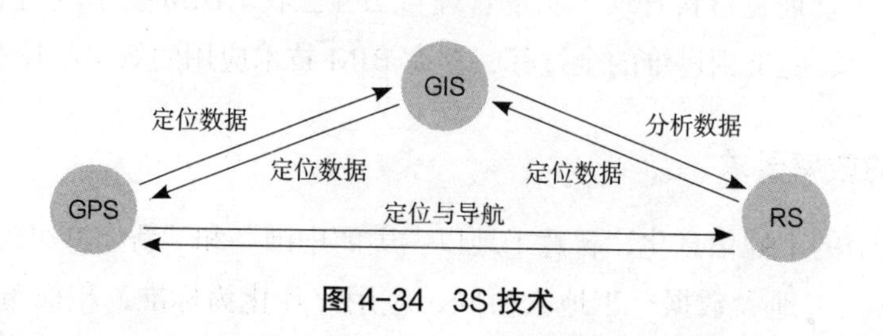

图 4-34　3S 技术

5. 数字化施工系统

数字化施工系统是指依托建立数字化地理基础平台、地理信息系统、遥感技术、工地现场数据采集系统、工地现场机械引导与控制系统、全球定位系统等基础平台，整合工地信息资源，突破时间、空间的局限，而建立一个开放的信息环境，以使工程建设项目的各参与方更有效地进行实时信息交流，利用 BIM 模型成果进行数字化施工管理。如图 4-35 所示。

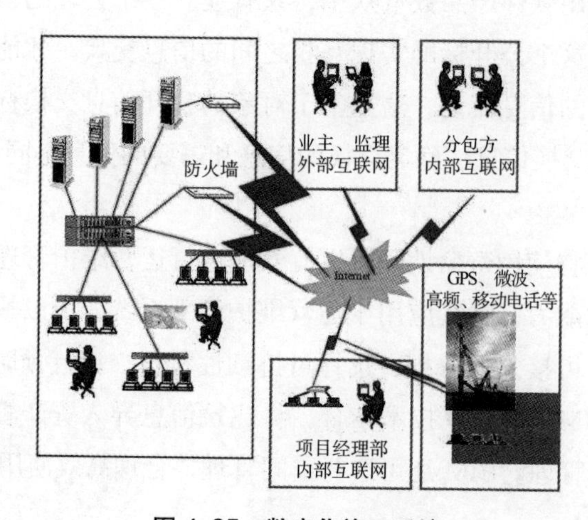

图 4-35　数字化施工系统

6. 信息管理平台技术

信息管理平台技术的主要目的是整合现有管理信息系统，充分利用 BIM 模型中的数据来进行管理交互，以便让工程建设各参与方都可以在一个统一的平台上协同工作。如图 4-36 所示。

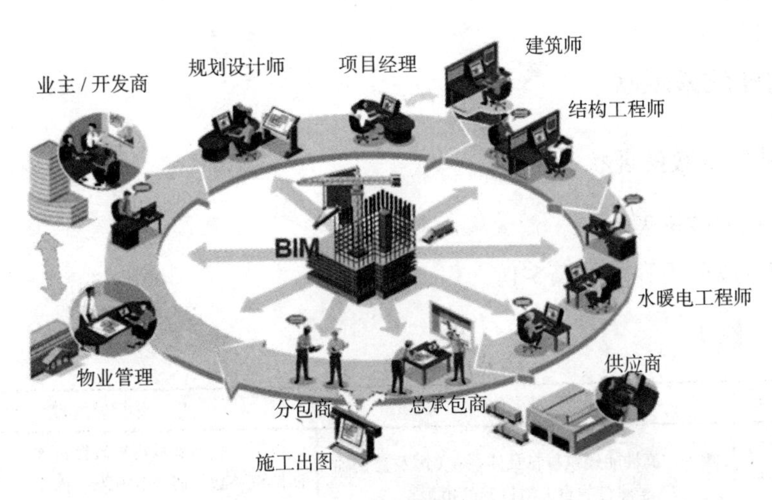

图 4-36　BIM 信息管理平台技术

随着施工规模的不断扩大，工程量不断增加，建筑机械自动化的应用也越来越广泛，为了能有效保证工程的质量及速度，建筑工程对于机器的要求也不断提高，需要更加自动化的机械设备来保质保量地完成项目的施工。通过建立一个比较完善的控制程序，使机械自动化水平得到相应的提升，对其独立性和完整性有着较高的要求，自动化系统在运行的过程中，各组件就会独立完成相应的运作，不仅可以在很大程度上提高工作的效率，还可以保证在工作的过程中系统的稳定性。

第5章　新型建造技术政策

5.1　国内外政策现状

5.1.1　国外技术政策现状

1. 国外技术政策表

国外技术政策内容详见表5-1。

国外技术政策

表5-1

国家	发布年份	政策名称	举措或内容
美国	1993年	题为“高性能建筑材料及体系：美国及其基础建设的重大项目”的报告	混凝土技术要取得突破性进展，需要进行广泛而协调一致的研究和开发，而不仅仅是大量孤立的小项目
日本	2004年	《超高性能纤维混凝土设计施工指南（初稿）》	—
	2006年	《超高性能纤维混凝土设计施工指南（英文版）》	—
德国	2006年	《商品混凝土结构设计规范》	—
挪威	1990年	《C105级超高强商品混凝土结构设计规范》	—
法国	2002年	《超高性能纤维混凝土的指南（初稿）》	—
韩国	2007年	《超级桥梁（Super Bridge 200）的计划》	韩国的此项计划以韩国建造科技研究院为主，将所开发的UHPC称为K-UHPC。超级桥梁200以斜拉桥为主要应用对象，开展了跨径分别为200、800和1000m斜拉桥式设计研究，并修建了全世界第一座UHPC斜拉桥

2. 国外绿色建造技术政策现状

国外绿色建造技术政策内容详见表5-2。

国外绿色建造技术政策统计表

表5-2

国家	机构或人员	名称	发布年份	举措或内容
美国	总统布什	能源政策法案	2005年	是新阶段美国实施绿色建筑、建筑节能的主要法律依据
		能源独立安全草案（EISA）	2007年	提升了电器、照明、空调设备等的能效标准；首度提出未来实现建筑零能耗目标
	总统奥巴马	第13514号总统令	2009年	要求联邦政府所有新办公楼设计从2020年起贯彻2030年实现零能耗建筑的要求

续表

国家	机构或人员	名称	发布年份	举措或内容
美国	美国立法委员会、美国建筑工程师协会和美国试验材料学会	绿色建设国际规范	2010 年	结合了美国采暖、制冷与空调工程师学会，美国绿色建筑委员会和美国照明工程学会制定的相关标准
	近 300 位市长	“美国概念”2025 协议	2015 年	统一在自己管理的城市使温室气体排放量降低 5% ~ 8%；在 2020 年之后将把温室气体减排速度提高一倍；到 2025 年争取温室气体整体排放量较 2005 年减少 26% ~ 28%
英国		住宅法案	2004 年	在建筑节能领域引进了住宅建筑能效证书 EPCs 和公共建筑展示能效证书 DECs
		可持续住宅规范	2010 年	该规范适用于英格兰和威尔士地区的新建住宅建筑，目标是降低建筑碳排放，以实现建筑环境的可持续发展。该规范将建筑的碳排放水平划分为 6 个标准级别，对公共建设住宅建筑是强制实施，但私人建造住宅自愿执行英国政府自 2010 年年底起强制所有的住宅建筑和社区机构建筑都必须达到 4 级标准，在 2016 年前将使该国所有的新建住宅建筑物达到 6 级标准，即零碳排放
德国	-	能源节约条例	2002 年	采暖能耗限额调整为 70 kWh/（m^2・a），其后在 2005 年、2007 年、2009 年分别被修订，2009 年提出的采暖能耗限额为 45 kWh/（m^2・a）。目前，该条例又在修订（EnEV2014），关于被动式建筑（即超低能耗建筑）的采暖能耗限额将下降到 15 kWh/（m^2・a），这是目前环保节能建筑的最高标准，基本实现建筑的“零能耗”
		能源证书	2009 年	所有新建、出售或出租的居住建筑都必须出具能源证书，对非居住建筑，要求面积超过 1000 平方米的公共建筑必须在建筑物显著位置悬挂能源证书
			2011 年	提出节能目标：自 2019 年 1 月 1 日起，政府办公建筑将成为零能耗；自 2021 年 1 月 1 日起，所有新建建筑将建成零能耗；2050 年，所有建筑要节约 80% 一次能源
			现在	所有建筑将按照“被动式建筑”标准建造
日本	—	地球温暖化对策推进法	1998 年	根据该法，日本 2002 年制定了具体的“地球温暖化对策推进大纲”，对建筑节能减排明确了具体要求： （1）普及与推进节能性能优良的住宅与建筑； （2）针对公共住宅与公共建筑的对策，推进公共住宅节能及环保型政府设施建设
	国会参议院	长期优良住宅普及促进法	2008 年	普及“二百年高品质住宅”。同普通住宅相比，“二百年住宅”的建筑费要高出两成左右，为减轻这一负担，购房者可享受固定资产税等方面的优惠
		低碳城市推广法	2012 年	针对建筑物低碳化、都市技能集约化、公共交通低碳、城市绿化、水资源优化利用、太阳能等可再生能源利用等提出了具体要求
欧盟	欧盟委员会	节能指令	1991 年	欧盟节能计划提出 13 项节能行动，其中 10 项与建筑节能相关
	欧洲议会	建筑节能性能指令	2002 年	欧盟在布鲁塞尔通过了针对建筑节能减排的该指令。2010 年 5 月 18 日，欧洲议会通过了《建筑节能性能指令（修订版）》，新指令 2020 年开始，要求达到欧盟减少 20% 能源使用的目标
	欧洲议会	能效标识指令	2010 年	新能效标识指令到 2020 年将为欧盟每年节约 2700t 石油当量的能源，减少 8000 万 t 的二氧化碳排放

世界各国绿色标准情况，具体介绍如下：

（1）德国绿色建造技术政策分析

1）德国绿色建造政策、法规

《施工现场垃圾减量化及再生利用技术指南》、《德国联邦交通、建筑和城市开发部可持续建筑指南》、《德国建筑及建筑系统节能法规》、《德国标准18599建筑能效》。

2）绿色建造评价体系标准

德国开展绿色建筑评价较晚，始于2008年，主要是德国的DGNB（德国可持续建筑认可体系）包括环境、经济、社会、技术、流程、现场等可持续发展指标；同时，大部分标准侧重于环境要素，如全球变暖、室内空气质量以及能源和资源的消耗等问题。

3）促进绿色建筑的经验和做法

①建立和完善政策体系，不断提高建筑节能标准

能源节约与环保是德国政府的长期国策。自20世纪70年代以来，德国出台了一系列建筑节能法规，对建筑物保温隔热、采暖、空调、通风、热水供应等技术规范做出规定，违反相关要求将受到处罚。

②积极利用政策调控

德国政府利用税收政策推动绿色建筑及绿色建材发展。1999年，德国开始实行生态环保税收改革，政府适当地提高了汽油、建筑采暖用油及其他能源的税率，目的是降低能耗，鼓励新能源技术的开发；德国政府开展许多资助项目，以调动企业和个人投资节能领域的积极性；德国信贷和金融机构也积极支持建筑领域的节能项目，并提供低息贷款。这些有利政策大大加快德国绿色建筑的发展步伐。

③推行建筑物的能源认证证书

2002年，德国《能源节约条例》EnEV2002要求，建筑物中的能源使用情况要进行量化（包括供暖、空调、热水供应等方面），要建立建筑物的能源认证证书系统。建筑物的能源证书，与家用电器上的能效标签一样，反映了建筑物的能耗属性，另外还包括对建筑物竞选节能改造的建议、措施及注意事项等。

4）注重绿色建筑技术的研究及应用

①建筑物围护结构保温隔热系统

保温材料选择主要考虑导热率与燃烧特性，德国常用的保温材料有聚苯乙烯（EPS、XPS）、聚氨酯（PU）、木质软纤维等有机类保温材料，以及人造矿物纤维（矿棉、岩棉）、泡沫玻璃、发泡水泥保温块、真空绝热保温板等无机类保温材料。EPS是德国使用最为广泛的保温材料，市场占有率约80%，其他主要使用的还有岩棉板等。

②节能窗户

目前推广使用的新型环保节能窗户一般采用三层玻璃，玻璃间真空或充满氩气等惰性气体，可以大大降低热传导率，如果在玻璃上镀低辐射膜（Low-E膜），隔热效果

更佳，传热系数比普通中空玻璃下降 70% 以上，降至 0.8W/（m^2·K）。窗框则推荐使用非金属材料，如木头、保温塑料等，隔热性能较铝合金等金属窗好。

③新风换气系统

随着建筑节能标准的提升，门窗气密性越来越好，室内的潮湿气体无法自然排出，空气中 CO_2 含量高，不利于人体健康，使用新风换气系统可以有效解决此类问题。在室内制冷或取暖的情况下，与开窗通风相比，使用新风换气系统，既可保持室内温度稳定，也可隔绝室外噪声，还能节约能源。研究结果表明，使用不带换热功能的新风换气系统，可以节能 30%，如果带换热功能，节能高达 80% 以上。由此可见，新风系统节能效果显著。在德国，新风换气系统已经与建筑物融为一体，成为不可缺少的重要组成部分。德国建筑节能法规要求，建筑物在设计时必须考虑通风问题。

（2）美国绿色建造技术政策分析

1）美国的主要政策、法规

美国绿色建造商认可（The ABC Green Conteractor Certification）涉及的主要评价体系有 LEED、The International Green Construction Code™（IGCC）、GREEN GLOBES、The Living Building Challenge（LBC）rating system、Passive House Institute US、ENERGY STAR。详见表 5-3。

涉及的主要绿色评价体系表　　**表 5-3**

类别	重要条款	涉及其他标准或第三方认证
核心要求（12 个条款）	——制定材料再生计划 ——必要时应购买 ENERGY STAR 或相应标准产品 ——照明技术符合 ESNA/ASHRAE Standard90.1-2004 要求 ——无毒害可降解清洁产品 VOC 含量符合绿标 GREEN SealGS-37 要求	——ENERGY STAR ——IESNA/ASHRAE Standard 90.1-2004 ——GREEN SealGS-37
选择项：总部和分支机构办公室（22 个条款）	——符合碳中和 carbon-neutral 要求并或第三方认证 ——卫生洁具紧固件达到 Water Sense 绩效标准的要求 ——办公室达到 LEED 标准 ——完成至少一个 LEED 项目	——碳中和有关第三方认证 ——Water Sense ——LEED 标准
工作现场办公室（14 个条款）	——在每一个现场至少使用两个以上 ENERGY STAR 产品 ——建筑垃圾再生利用达 50 以上	——ENERGY STAR
教育和培训（2 个条款）	——25% 的经理参加过绿色培训 ——至少一人获得 LEED 职业资格或 Green Advantage Certification	——Green Advantage Certification

其中 LEED 评估体系、LEED 子类评估体系内容和特点主要从可持续建筑选址、水资源利用、建筑节能与大气、资源与材料、室内空气质量等五个方面对建筑进行综合考察、评估。LEED 体系包括很多子类（表 5-4），这些子类源自相同核心概念，但针对不同对象或内容。每一个子类评级系统都反映了相对应的建设过程或特定用途建

筑的特点，具体信息详见表 5-4。

LEED 评估体系表　　表 5-4

序号	LEED 评估体系	LEED 子类评估体系内容和特点
1	建筑设计建造评估体系	LEED-BD&C 涵盖了新建建筑和改造建筑，是应用最广泛的 LEED 评级系统。设计团队和承包商利用 LEED 在线上传合规文档，由绿色建筑认证协会审查文档。如提交文档不充分，设计团队会被告知进行补充。在项目完成评审，且经过申诉期后，建筑的 LEED 认证将被发放
2	商业建筑室内评估体系	LEED-CI 是面向商业建筑内部空间的评估系统，主要反应建筑内部空间的设计情况，不包括外围护结构
3	建筑核心及维护结构评估体系	LEED-CS 主要用于评估还未进行内部装修的租用型建筑，主要反应建筑外围护结构设计的合理性，不包括建筑内部空间
4	医疗保健建筑评估体系	LEED-HC 是针对医疗建筑的评估系统，评分术语和要求根据医疗行业的相关建筑特点制定，适用于门诊、医院和护理医疗机构、医疗办公室、生活辅助设施、医疗教育研究机构等建筑的评价
5	零售行业建筑评估体系	LEED-Retail 是针对银行、餐厅和大卖场等的评估系统，评分术语和要求根据零售业相关爱好特点制定。LEED-Retail 与 LEED-BD&C 一样，评估内容可涵盖整个建筑和内部装修
6	学校建筑评估体系	LEED-SCH 评分术语和要求是为学校建筑评价而量身设计，评估系统考虑了从幼儿园到 12 年级学校设计和建设的独特性，评估内容涉及教师声学、总体规划、防霉和环境测评等内容。结合学校空间独特性和对学生健康保障的要求，LEED-School 希望用可量化结果，为绿色学校的设计和建造提供独特、全面的辅助工具
7	既有建筑使用和维修评估体系	LEED-EBOM 评级适用于既有建筑评价，并侧重于运营和维护，评分术语和要求为既有建筑特别制定，评价重点包括整个建筑物的清洁保养（包括化学使用）、回收计划、外部维护计划和系统升级等。它即可用于评价未被认证过的既有建筑，也可对已被 LEED-NC，LEED-School，LEED-CS 认证建筑进行再认证。该评估系统的能源效率标准以“能源之星”为基准。LEED-EBOM 是 LEED 评估体系中增长最迅速的评估系统，并于 2011 年成为拥有最大测评面积的评估系统
8	社区发展评估体系	LEED-ND 将智能增长、城市化和绿色建筑等理念整合到一起，是首个适用于社区规划的评估系统，由美国绿色建筑委员会（USGBC）、新城市主义代表大会和自然资源保护协会联合制定。LEED-ND 提供独立的第三方验证，该验证使项目的开发选址和规划设计可满足环保及可持续发展的高标准要求
9	住宅评估体系	LEED-Home 专门针对居民住宅进行评估，可以实现高效能绿色住房的设计与建设，评估对象包括经济适用房、大规模建设房屋、定制设计房屋、独立单户房屋、复式别墅和联排别墅、郊区和城市公寓、既有建筑中的公寓和阁楼。不同于 LEED 的其他的评估系统，LEED-Home 整个过程使用一个独立的绿色评估系统，可以帮助建造者、房屋所有者和其他参与者对住宅进行初步的分级，在施工阶段即进行监督检查，并通过检验和性能测试判定该住宅是否符合相应级别的标准

2）美国政策法规的发展

美国政府以立法的形式来推进建筑节能。绿色建筑的实施，早在 20 世纪 70 年代末 80 年代初，能源危机促使美国政府开始制定并实施建筑物及家用电器的能源效率标准。1975 年出台的《能源政策和节能法案》为能源利用、节能减排提供了法律依据。1978 年颁布《节能政策和能源税法》。1988 年颁布《国家能源管理改进法》。1991 年总统行政命令 12759 号等。1992 年制定了《国家能源政策法》并于 2003 年进行了修订。

将以往的目标转化为要求，实现了节能标准从规范性要求到强制性要求的转变。1998年出台国家综合战略，1999 年总统行政命令 13123 号，2001 年《税收激励政策—“2001安全法”（H.R.4）》。2005 年《能源政策法案》成为新阶段美国实施绿色建筑、节能的法律依据之一。奥巴马 2009 年 10 月签署的第 13514 号总统令，要求联邦政府的所有新办公楼从 2020 年起贯彻 2030 年实现零能耗建筑的要求。2015 年回收 50% 的垃圾，2020 年节水 26%。（美国绿色政策法规及评价体系）

美国绿色建筑政策法规采取“胡萝卜 + 大棒”的模式，政策法规的强制性与自愿性相互结合、相互补充。既有强制性的能源政策法案、总统令等，也有自愿性的评价标准等；既有联邦政府层面的绿色建筑政策法规，也有全美第一个强制性地方绿色建筑标准。绿色建筑法律法规体系使绿色建筑的发展适应了不同地区的经济、环境、自然条件。美国绿色建筑之所以能够取得如此好的效果，积极的财政、税收等经济激励政策发挥了重要的作用，与绿色建筑相关的法律法规、各评价体系中都有不同的经济激励手段及措施。美国绿色建筑评价主要是第三方的验证和认证，保证了评价体系的公正性和公平性，形成了政府、市场、第三方机构共同推进绿色建筑实施的有效机制。

3）推动政策

①最低能源效率强制性标准

每 3 ~ 5 年便会更新，一般以强制性法律、法规形式颁布执行，强制对象大多是即将进入市场的新产品（包括建筑物）。

②自愿性能效标识

分两类，一类是信息标识（比较标识），厂家标出耗能信息等，供用户选择；一类是保证标识，厂家认为其耗能产品的性能达到了一定的标准，向有关部门申请。最典型的是“能源之星”项目，能源之星标识证明该产品已获得政府认可。

③基于市场的经济激励政策

节能基金。主要分政府财政拨款和节能公益基金两类。美国已有 30 多个州建立节能公益基金，由各州的公用事业委员会负责管理。节能公益基金主要作为财政激励手段充分调动各方从事节能活动的积极性，也支持开展节能咨询、宣传及培训等工作。

财政补贴。一是贴息补助，政府用财政收入或发行债券的收入支付企业或个人因节能或绿色建筑投资、研发而发生的银行贷款利息（全部或部分）；二是直接补贴，政府以公共财政部门预算的方式直接向节能或绿色建筑项目提供财政援助。目前，主要针对消费者进行直接补贴，还对生产厂商、经销商、房地产开发商等提供现金补贴。

税收优惠。对节能产品减免部分税收，有效地促进了节能型产品和设备的大规模推广使用。

优惠贷款。居民在购买经“能源之星”认证的建筑时可获得返还现金、低利息贷款等优惠。

加速折旧制度。主要通过加大企业节能设备前期的应纳税扣除额，以延期纳税的方式，鼓励节能设备的推广和应用。

低收入家庭节能计划。该计划经济效益十分显著。如“保暖协助计划”2001年帮助51000个低收入家庭进行了节能改造，平均每个低收入家庭的节能改造费用为2568美元，但节约了低收入家庭的13% ~ 34%的能源开支，投资收益率达到了130%。除了经济效益，低收入家庭的节能计划还能带来很多环境效益，根据调查投资低收入家庭住宅节能计划1美元，就能获得1.88美元的环境效益。

组织激励措施。主要对实施绿色建筑的开发商给予额外的建筑密度奖励或加快审查和申请程序的权利。

规费和税收征收。美国通过征收规费和税费来约束个人及企业的行为，如征收碳排放税促进单位和个人建设节能减碳的建筑。

其他推动措施。一方面是技术支持，对缺乏绿色建筑建设经验的开发商提供支持。另一方面是市场支持，对获得LEED认证绿色建筑，提供免费市场支持，主要通过网站、新闻发布和其他方法对项目进行宣传。

4）美国绿色建筑技术发展趋势

①净零能耗建筑

净零能耗建筑指的是一栋建筑物所消耗的电力，与其可再生能源所发出的电力相当，但不一定是完全随时能源自给，可以是在发电尖峰馈电给电网的电力与用电尖峰从电网取得的电力相抵销。加州公共事业委员会（California Public Utilities Commission，CPUC）在2015年推出“净零能耗行动计划”。计划到2020年，达成新建住宅全部实现净零能耗的目标。

② WELL健康建筑认证

该认证是美国绿色建筑委员会USGBC既LEED绿色建筑认证后，另一个最新主推的认证工具。WELL认证是由国际健康建筑学会（International WELL Building Institute）建立并负责管理，并由LEED认证机构GBCI（Green Business Certification Incorporation）负责开展认证。

此认证标准主要评价建筑建成环境对人的健康和心理的影响，评价的是建筑，但核心是人，是LEED认证的一个延伸，与LEED认证可相互配合和补充。WELL是从空气、水、养分、光、体格、舒适和心灵七个部分开展评价，分银级、金级和铂金级三个认证等级。目前全球已经有近100个已认证和注册的项目。

③ 3D打印技术在建筑上的应用

最新进行的一个科研项AMIE（Additive Manufacturing Integrated Energy），AM指的是叠加制造技术，也就是俗称的3D打印。

AMIE项目分成两部分，居住空间和汽车，两个部分均采用太阳能为其提供能源。

其能源综合利用的关键技术是实现了可再生能源的双向转换，即居住空间储存的能源能够为汽车充电，同时当汽车能源有富余时，也可为居住空间提供能源。

科学家提出 3D 打印技术将来在建筑上的应用，可能不一定在于整体打印一个房子，而是与建筑工业化结合，利用 3D 打印技术来制造预制混凝土的模具，尤其是对于一些造型复杂的参数化设计的建筑项目。

（3）日本绿色建造技术政策分析

1）日本的主要政策、法规

1979 年《节能法》的颁布为节能管理工作奠定了基础，该项法律包括工厂企业节能、交通运输节能、住宅建筑节能、机械设备节能。《节能法》先后共经历了 8 次修订，覆盖范围越来越宽泛，要求越来越具体、严格，为开展绿色建筑提供了重要保证和支撑。

日本还相继出台了《资源有效利用促进法》、《建筑材料再生利用法》、《房屋质量保证促进法》、《控制地球温暖化法》等法律法规。《建筑废弃物再利用法》主要是考虑建筑材料的有效循环利用。

2）日本制定了一系列的引导政策和激励政策来推动绿色建筑发展

①税制优惠政策：对于使用指定节能设备，可选择设备标准进价 30% 的特别折旧（即在正常折旧的基础上，还可提取 30% 的特别折旧）或者 7% 的税额减免（仅适用于中小企业）。

②补助金制度：对于企业和家庭引进高效热水器给予固定金额的补助，对于住宅、建筑物引进高效能源系统给予其总投资 1/3 的补助。

③实施住宅环保积分制度：对环保翻修或新建环保住宅给予可交换各种商品的生态积分。环保积分可用于兑换商品券、预付卡，有助于地区具有杰出节能环保性能的商品出售、新建住宅或节能改造工程施工方追加工程等。

④实行鼓励购置优质住宅的制度：在住宅金融支援机构的证券化支持框架下，对购置性能优异的住宅，将在一定期间内下调贷款利率。鼓励的对象包括：节能性、抗震性、无障碍性、耐久性、可变性等任一性能优异的建筑，以及具有一定节能性或无障碍性的既有住宅。

⑤实施低利息贷款制度：一是对利用能源服务公司提供的技术和资金及能源服务商提供的节能措施进行既有建筑节能改造的项目，采取了低利率贷款制度。二是有利于改善环境的建设项目，如建筑节能、屋顶绿化、建筑耐久等工程也能得到低利率贷款。三是对通过建筑性能评价并得到高级别评定的住宅项目以及环境共生住宅项目也可以通过日本的投资银行得到低利率贷款建设节能建筑。

3）日本推广应用绿色建筑先进技术、应用技术主要体现在以下五个方面：

①提高密闭性。提高建筑物墙壁、天井及地面的气密性，最大限度减少室内外冷热空气的对流，以达到节能效果。

②提高保温性。即通过保温材料、保温构配件及严格的施工标准等减少室内热损失。

③电力错峰技术和多种能源组合利用。运用系统节能理念，采用冰蓄冷等错峰使用电力技术。除常规能源外，利用太阳能、风能、地热等其他新型能源。

④立体绿化。尽量增加建筑物表面绿化面积，通过植物吸收太阳热能，降低建筑物外表温度。

⑤资源再利用。日本非常重视水资源的再利用，如收集雨水、回收中水用于清洁和灌溉等用途；推广使用节水器具等。

（4）新加坡绿色建造技术政策分析

新加坡于2005年推出本国的绿色建筑认证体系——Green Mark，致力于提高建筑环境的可持续性以及开发商、业主、设计师、承包商在项目概念化、设计、施工和运营过程中的环保意识。

为了促进绿色建筑的快速良性发展，新加坡分别在2006年和2009年发布了两个绿色建筑发展蓝图，其主要内容如表5-5所示。

发展蓝图内容　　表5-5

	第一个发展蓝图（2006年）	第二个发展蓝图（2009年）
发展蓝图内容	两千万新元奖金鼓励开发商； 五千万新元作为科研基金； 政府部门起带头作用； 绿色标识强制性立法； 开展从业人员培训； 大力宣传提高公共意识	提供一亿新元现金奖励； 实施楼面面积奖励； 加大政府部门主导作用； 实施更高节能标准； 建立新加坡本区域的绿色中心

新加坡更为远景的可持续发展蓝图是：到2030年前，80%的建筑是绿色建筑，具体性能表现在：

1）能源：减少35%的能源强度；

2）水资源：每人每天水的消耗减10%；

3）空气：空气中的细颗粒物含量减少25%；

4）废物管理：回收率提高到70%；

5）自然环境：增加水库、公园、水道与空中花园的数量；

6）社区活动：培养一个有强烈环保意识的社区；

7）能力培养：将新加坡打造为环保知识的中心。

（5）澳大利亚绿色建造技术政策分析

1）澳大利亚的主要政策、法规

澳大利亚为完成2020年温室气体排放量较2000年下降5%～15%的规划目标，政府推出了一系列政策措施推动全社会的碳减排工作，绿色建筑得到高度推崇，相关法律法规及评价体系也日趋完善。包括商业建筑信息公开（CBD）、澳大利亚建筑规范（BCA）、最小化能源性能标准（MEPS）等在内的强制性政策取得了一定效果。其中商业建筑信息公开要求 2000m^2 或以上的办公建筑在处置之前，要公开最新的建筑能源效率认证（BEEC）；建筑规范规定了新建居住建筑和商业建筑在能源效率方面的要求；最小化能源性能标准则是各州政府在建筑方面的法律法规中的强制项目。

2）澳大利亚发展绿色建筑的激励措施

澳大利亚发展绿色建筑的激励措施主要是减税，建立绿色建筑基金。

澳大利亚绿色建筑评估体系有建筑温室效益评估、澳大利亚国家建筑环境评估和绿色之星认证。其中绿色之星评估系统针对不同的建筑类别，从室内环境能源、节材、创新等 9 个方面分别评分，每个评价系统根据不同权重计算分值。项目得分 45 ~ 59 分的为四星，60 ~ 74 分为五星，75 ~ 100 分为六星，六星是绿色之星最高级别的评价认证，意味着该项目环境可持续设计或建造达到了世界领先水平。

（6）国外政策总体分析

许多发达国家在推动绿色建筑作用方面走在世界前列，美国、英国、新加坡、日本尤其值得我们借鉴。美国等政府在绿色建筑实施过程中，高度重视，制订了“节能优先”的战略，并在政府机构建筑项目中率先达到绿色建筑相关法规或者评价标准要求的最低级别或较高级别。如澳大利亚政府持续推出政策，鼓励企业和家庭减少碳排放，创造新的所谓“绿领”职业。同时，澳大利亚各级政府“以身作则”的政策规定，保证了政府的建设行为首先是绿色建筑的行为。

美国、英国、日本及新加坡的绿色建筑发展已经步入了相对成熟的实施阶段，建立健全了以“法律 + 行政管理法规 + 规范性文件”为形式的绿色建筑法律法规体系。绿色建筑相关的法律、法规、部门规章以及地方性法规相互依赖、相互补充，为绿色建筑的规范发展提供了重要的保证和前提。

发达国家在绿色建筑及建筑节能经济激励方面也非常成熟，在进行了大量的研究与实践，并结合技术方面不断进步，取得了良好的经济效益、社会效益和环境效益。美国、英国等国家采取的经济激励措施主要有现金补贴、税收减免、抵押贷款、基金扶持、特别折旧等多种形式。

3. 国外被动式超低能耗绿色建筑技术发展的政策现状

（1）韩国

2014 年 7 月，韩国政府发布《应对气候变化的零能耗建筑行动计划》，完成了世界第一个国家级零能耗建筑研究推广的顶层设计，分析了零能耗建筑推广的障碍，提出零能耗建筑发展目标和具体实施方案，明晰了零能耗建筑财税政策及技术补贴。同时，韩国设立国家重点研究计划，建立国家级科研团队进行零能耗建筑技术的研发，完成示范工程，建立零能耗建筑认证标准。

2009年7月6日，韩国政府颁布了“绿色增长国家战略及五年计划”，针对零能耗建筑目标做出三步规划：

到2012年，实现低能耗建筑目标，建筑制冷/供暖能耗降低50%。

到2017年，实现被动房建筑目标，建筑制冷/供暖能耗降低80%。

到2025年，全面实现零能耗建筑目标，建筑能耗基本实现供需平衡。

（2）瑞士

瑞士政府通过支持研究机构推广超低能耗建筑。Minergie是由瑞士政府支持的一系列超低能耗建筑技术标准。1994年Minergie的理念被提出，同年两栋示范建筑完成。1997年Minergie理念获得瑞士政府的认可。2001年参照德国被动房技术体系的Minergie-P标准发布。截止到2009年，约有15000栋建筑获得了Minergie认证。Minergie标准体系由Minergie、Minergie-p、Minergie-A和Minergie-ECO等组成。其中Minergie-p标准是在德国被动房技术标准上进行了适当的调整以适合瑞士的气候条件和国情的被动式超低能耗建筑标准，Minergie-P相比于德国被动房标准，对不同类型建筑的供暖能量需求分别做了详细规定，见表5-6、表5-7。并对增量成本及热舒适做了规定。

Minergie-P主要性能要求　　表5-6

供暖能量需求 kWh/（$m^2 \cdot a$）	不同建筑规定不同，具体数值见表5-7
一次能源节能率	>60%
供暖最大负荷	<10W/m^2
气密性	<0.6次/h（50Pa，正负压）
增量成本	增量成本<15%（相比于传统建筑）
新风热回收系统	只要求独栋住宅、公寓以及旅馆、室内游泳馆必须配置

minergie-P不同建筑类型的供暖能量需求规定　　表5-7

建筑类型	居住建筑	商场	会议室	火车站	宾馆	医院	工厂	体育建筑
供暖能量需求 kWh/（$m^2 \cdot a$）	30	25	40	25	40	45	15	20

4. 国外智能建造技术政策现状

（1）国外推动物联网发展的政策措施

1）欧盟

2009年，欧盟执委会发表了题为“Internet of Things-An action plan for Europe”的物联网行动方案，描绘了物联网技术应用的前景，并提出要加强欧盟政府对物联网的管理，消除物联网发展的障碍。行动方案提出以下政策建议：

①加强物联网管理，包括制定一系列物联网的管理规则；建立一个有效的分布式管理（decentralised management）架构，使全球管理机构可以公开、公平、尽责的履

行管理职能。

②完善隐私和个人数据保护，包括持续监测隐私和个人数据保护问题，修订相关立法，加强相关方对话等。执委会将针对个人可以随时断开联网环境（the silence of the chips）开展技术、法律层面的辩论。

③提高物联网的可信度（Trust）、接受度（Acceptance）、安全性（Security）

④推广标准化，执委会将评估现有物联网相关标准并推动制定新的标准，持续监测欧洲标准组织（ETSI、CEN、CENELEC）、国际标准组织（ISO、ITU）以及其他标准组织（IETF、EPC global 等）物联网标准的制定进度，确保物联网标准的制定是在各相关方的积极参与下，以一种开放、透明、协商一致的方式达成。

⑤加强相关研发，包括通过欧盟第 7 期科研框架计划项目（FP7）支持物联网相关技术研发，如微机电、非硅基组件、能量收集技术（energy harvesting technologies）、无所不在的定位（ubiquitous positioning）、无线通信智能系统网（networks of wirelessly communicating smart systems）、语义学（semantics）、基于设计层面的隐私和安全保护（privacy and security by design）、软件仿真人工推理（software emulating human reasoning）以及其他创新应用，通过公私合作伙伴模式（PPP）支持包括未来互联网（Future Internet）等在内项目建设，并将其作为刺激欧洲经济复苏措施的一部分。

⑥建立开放式的创新环境，通过欧盟竞争力和创新框架计划（CIP）利用一些有助于提升社会福利的先导项目推动物联网部署，这些先导项目主要包括 e-health、e-accessibility、应对气候变迁、消除社会数字鸿沟等。

⑦增强机构间协调，为加深各相关方对物联网机遇、挑战的理解，共同推动物联网发展，欧盟执委会定期向欧洲议会、欧盟理事会、欧洲经济与社会委员会、欧洲地区委员会、数据保护法案 29 工作组等相关机构通报物联网发展状况。

⑧加强国际对话，加强欧盟与国际伙伴在物联网相关领域的对话，推动相关的联合行动、分享最佳实践经验。

⑨推广物联网标签、传感器在废物循环利用方面的应用。

⑩加强对物联网发展的监测和统计，包括对发展物联网所需的无线频谱的管理、对电磁影响等管理。

2）美国

2009 年美国出台《经济复苏和再投资法》（Recovery and Reinvestment Act），希望从能源、科技、医疗、教育等方面着手，透过政府投资、减税等措施来改善经济、增加就业机会，并且同时带动美国长期发展，其中鼓励物联网技术发展政策主要体现在推动能源、宽带与医疗三大领域开展物联网技术的应用。

3）韩国

自 1997 年起，韩国政府出台了一系列推动国家信息化建设的产业政策，最早在“u-IT

839”计划就将 RFID/USN（传感器网）列入发展重点，并在此后推出一系列相关实施计划。目前，韩国的 RFID 发展已经从先导应用开始全面推广；而 USN 也进入实验性应用阶段。

4）日本

20 世纪 90 年代中期以来，日本政府相继制定了 e-japan、u-japan、i-japan 等多项国家信息技术发展战略，从大规模开展信息基础设施建设入手，稳步推进，不断拓展和深化信息技术的应用，以此带动本国社会、经济发展。其中，日本的 u-japan、i-japan 战略与当前提出的物联网概念有许多共通之处。

（2）国外 3D 打印政策

1）美国

奥巴马总统 2011 年出台了“先进制造伙伴关系计划”（AMP）；2012 年 2 月，美国国家科学与技术委员会发布了《先进制造国家战略计划》；2012 年 3 月，奥巴马又宣布投资 10 亿美元实施“国家制造业创新网络”计划（NNMI），全美制造业创新网络由 15 家制造业创新研究所组成，专注于 3D 打印和基因图谱等各种新兴技术，以带动制造业创新和增长。2012 年 4 月，“增材制造技术”被确定为首个制造业创新中心；2012 年 8 月，美国国家增材制造创新学会（简称 NAMII）成立，目前主要研究的三项技术主题是打印材料特性和效能的研究、资格鉴定和认证测试，以及加工能力和过程控制。

2013 年，美国总统奥巴马在国情咨文演讲中强调了 3D 打印技术的重要性，希望推动美国 3D 打印业的发展。随后，美国政府在俄亥俄州扬斯敦成立了“America makes”联盟（原名为国家增材制造创新研究所（National Additive amlogo Manufacturing Innovation Institute），通过会议、培训、项目征集等方式推广 3D 打印技术，联盟成员有大学、研究机构、公共机构和私营公司等。

2）德国

目前，德国在 3D 打印领域处于全球领先的地位，这得益于德国 3D 打印联盟对这一技术的大力推广。Fraunhofer 增材制造联盟是德国较为著名的 3D 打印联盟之一，由 10 个著名研究所组成，该联盟不仅为初入 3D 打印行业的企业提供合适的解决方案，还配备了数千万欧元的资金用于基础研究。此外，该联盟在大规模 PPP 项目（公私合作模式）中取得的研究成果提供所有成员企业使用。

3）英国

英国很早就推出了促进 3D 打印和增材制造发展的政策，2007 年，在英国技术战略委员会的推动下，英国政府就计划在 2007 ~ 2016 年期间，投入 9500 万英镑的公共和私人基金用于 3D 打印合作研发项目，其中绝大多数项目为纯研发项目（仅 2500 万英镑用于成果转化）。2013 年，英国政府在初中和高中教学课程中加入了 3D 打印的内容。此外，英国的大学（伯明翰大学、拉夫堡大学和诺丁汉大学）在3D打印领域有深入研究，获得了欧盟许多的研发项目资金支持，这对促进英国3D打印产业的发展也起到了一定作用。

4）欧盟

2007年到2013年间，欧盟第七框架计划为60个3D打印联合研究项目提供了支持，总计投资1.6亿欧元（若包括私人投资，项目总额达2.25亿欧元）。在欧盟“地平线2020项目”计划（2014 ~ 2020年）框架下，一些新的3D打印研究项目将继续得到支持，并且一些用于商业应用的3D打印项目也将纳入计划。此外，欧盟还将成立一个欧洲3D打印技术平台，为3D打印行业的企业分享信息、提供技术和经济方面的解决方案或者进行指导等，并且欧盟还将支持一些3D打印成果转化中心的建设。

5）日本

日本新增45亿日元预算促进“3D打印机”研发。据悉，在日本经济产业省确定的2014年度预算的概算要求政策框架中，日本为促进“3D打印机”研发，政府将新增45亿日元财政预算。日本2014年度预算的概算总额为17470亿日元，比2013年度最初预算增加22%。

日本成立“3D打印机”研究会。日本近畿地区2府4县与福井县的商工会议所成立了探讨运用“3D打印机”的研究会。“3D打印机”如得到普及，生产模具的中小企业将有所减少。研究会将思考中小企业如何发挥“3D打印机”的作用，以加强国际竞争力。

日本各大巨头企业纷纷进入3D打印领域。除了成立相关的3D产业组织，同时日本政府也对3D打印产业在财政上大力支持，也有不少企业开始进入3D打印领域。日本电器产业巨头松下公司也宣布今后将全面借助3D打印技术,来研发其数码家电产品。松下此举意在削减研发成本，并对产品的开发效率进行有效提升。

6）新加坡

2013年，新加坡贸易与工业部发布了《国家制造发展计划》，增材制造作为未来技术发展关键领域之一被列入计划中。新加坡政府决定在五年内投资5亿美元发展增材制造技术，为3D打印领域的企业创造良好环境，由经济发展委员会负责资金管理。

2013年12月，新加坡科技研究局A*STAR推出增材制造特别计划，由新加坡制造技术研究所牵头，南洋理工大学、新加坡材料工程研究所、新加坡高性能计算研究所参加，经济发展委员会提供资金支持。该计划选出了六大关键技术，分别是激光辅助增材制造（LAAM）、选择性激光熔融（SLM）、电子束熔融（EBM）、聚合物喷射技术（Polyjet）、选择性激光烧结（SLS）和光固化（SLA），所有研究项目均有产业界加入。

7）其他国家

比利时Sirris工业技术研究所成立了3D打印技术平台和成果转化中心，许多企业获得了这些中心的支持，包括比较著名的企业，如 Materialize 和 Layerwise 等。此外，荷兰、意大利也为 3D 打印工厂投资了数千万欧元。澳大利亚政府也积极支持一些大学在 3D 打印专业领域的研究。

（3）国外人工智能政策

美国在人工智能领域占据全球主导地位，其政府在支持人工智能、智能机器人发展方面发挥了重要作用。

美国政府相继启动了“国家机器人计划”、“创新神经技术脑研究（BRAIN）计划”、“可解释的人工智能（XAI）”等项目，帮助人与机器更好地合作。

2016 年 10 月，美国白宫发布了《为人工智能的未来做好准备》《国家人工智能研究与发展战略规划》两份报告，将人工智能上升到美国国家战略高度，为国家资助的人工智能研究和发展划定策略，确定了美国在人工智能领域七项长期战略。

同月，由美国国家科学基金会等赞助的《2016 美国机器人发展路线图——从互联网到机器人》报告发布，在研究创新、技术和政策方面提出建议，以确保美国将在机器人领域继续领先。

5. 国外 BIM 技术发展的政策现状

国外发布的 BIM 标注和指南内容详见表 5-8。

2017 国外发布的主要 BIM 标注和指南　　表 5-8

国家	发布年份	名称	简介	发布机构
美国	2017 年	美国国家 BIM 指南 - 业主篇	《指南》从业主角度定义了创建和实现 BIM 要求的方法，解决业主应用 BIM 技术的流程、基础、标注以及执行问题，从而让业主能更好地配合 BIM 项目团队高效地工作	美国国家建筑科学研究院
英国	2017 年	PAS1192-6：BIM 结构性健康与安全	提出了建造过程中相关主要从业人员如何通过建筑信息模型来识别、共享以及使用健康与安全信息，从而实现减少风险	英国 BSI 机构
新加坡	2016 年	实施规范（CoP）	《实施规范》规定了 BIM 电子文件提交格式，以及基于自定义 BIM 格式的建筑方案	新加坡建设局

（1）美国

BIM 技术源自美国，美国的一些地方政府也制定了很多的应用指南，对正确的应用 BIM 起到了很好的作用。与此同时，英国也在美国的标准上做了具体的应用指南，像欧洲的挪威、芬兰、澳大利亚等国家都制订了相关的标准和应用指南。这些发达国家政府非常重视 BIM 的应用，从政府的技术到学术组织的角度出发来制定 BIM 标准和指南。

美国早在 2003 年就开始规定了具体的政策。为了提高建筑领域的生产效率，支持建筑行业信息化水平的提升，GSA（美国总务管理局）推出了国家 3D-4D-BIM 计划，鼓励所有 GSA 的项目采用 3D-4D-BIM 技术，并给予不同程度的资金资助。2009 年 7 月，美国威斯康星州成为第一个要求州内新建大型公共建筑项目使用BIM的州政府，威斯康星州国家设施部门发布实施规则要求从2009年7月开始，州内预算在500万美元以上的公共建筑项目都必须从设计开始就应用BIM技术。

（2）英国

作为最早把BIM应用在各项政府工程上的国家之一，英国不仅颁布了各项规定并制定了相关标准，并且出台了BIM强制政策，从而减少工作重复，节省设计、工期和总体项目管理的成本。

英国BIM强制政策的实施，意味着过半中小企业或无缘政府合同。英国电子承包商协会（ECA）为此制定了四项行动计划，帮助建筑企业做好迎战BIM Level2的准备。英国政府表示，只要项目各方具备驾驭BIM的能力，并围绕同一个BIM模型版本工作，BIM就可以通过减少工作重复，节省设计、工期和总体项目管理的成本，这也是英国政府试图通过强制使用BIM条例达到的效果。

（3）韩国

韩国国土海洋部在2010年1月颁布了《建筑领域BIM应用指南》；2010年3月，韩国虚拟建造研究院制定了《BIM应用设计指南—三维建筑设计指南》；2010年12月，韩国调达厅颁布了《韩国设施产业BIM应用基本指南书—建筑BIM指南》。

此外，韩国公共采购服务中心下属的建设事业局于2010年制定了BIM实施指南和路线图，规定先在小范围内试点应用，然后逐步扩大应用规模，力求在2012～2015年500亿韩元以上建筑项目全部采用3D+Cost的设计管理系统，2016年实现全部公共设施项目使用BIM技术。

（4）新加坡

新加坡负责建筑业管理的国家机构是建筑管理署（Building and Construction Authority，BCA）。2011年，BCA与一些政府部门合作确立了示范项目；2013年，BCA强制要求提交建筑BIM模型；2014年，CA强制要求提交结构与机电BIM模型；2015年，所有建筑面积大于5000m^{2}的项目都必须提交BIM模型的目标。

（5）澳大利亚

澳大利亚也制定了国家BIM行动方案，2012年6月，澳大利亚buildingSMART组织受澳大利亚工业、教育等部门委托发布了一份《国家BIM行动方案》。制订了按优先级排序的“国家BIM蓝图”，第一规定需要通过支持协同、基于模型采购的新采购合同形式；第二规定了BIM应用指南；第三将BIM技术列为教育之一；第四规定产品数据和BIM库；第五规范流程和数据交换；第六执行法律法规审查；第七推行示范工程，鼓励示范工程用于论证和检验上述六项计划的成果用于全行业推广普及的准备就绪程度。

澳大利亚基础设施建设局借鉴了英国、西班牙和新加坡的BIM强制政策作为其政策出台的范例，还借鉴了已经出台BIM强制令但是仅限于基础设施的德国。在全澳90余个重大基础设施建设优先项目中，悉尼西北地铁项目已经被地方政府强制列为BIM项目。

（6）其他国家

苏格兰未来信托（SFT）公司是苏格兰BIM强制实施计划的主要牵头公司之一，其与苏格兰知名高校格拉斯哥大学签署的咨询协议约定：格拉斯哥大学将在2017年4月BIM强制令实施前，为业内提供咨询和培训。为推动苏格兰AEC行业相关单位尽快参与到强制计划中，行业成立了“苏格兰BIM交付组织”（Scottish BIM Delivery Group）。SFT是其成员单位。其他引领苏格兰BIM强制计划实行的该组织成员还包括苏格兰政府和苏格兰BIM供应链组织。

5.1.2 国内技术政策现状

1. 国家级政策现状

国家政策表具体内容详见表5-9。

国家政策表　　表5-9

年份	政策名称	主要内容
2011年	关于发布行业标准《混凝土泵送施工技术规程》的公告	批准《混凝土泵送施工技术规程》为行业标准，编号为JGJ/T 10—2011，自2012年3月1日起实施。原行业标准《混凝土泵送施工技术规程》JGJ/T 10—95同时废止
	《2011—2015年建筑业信息化发展纲要》	十二五期间，基本实现建筑企业信息系统的普及应用，加快建筑信息模型（BIM）、基于网络的协同工作等新技术在工程中的应用，推动信息化标准建设，促进具有自主知识产权软件的产业化，形成一批信息技术应用达到国际先进水平的建筑企业
2013年	《关于征求关于推荐BIM技术在建筑领域应用的指导意见（征求意见稿）意见的函》	2016年以前政府投资的2万m^2以上大型公共建筑以及省报绿色建筑项目的设计、施工均采用BIM技术；截至2020年，完善BIM技术应用标准、实施指南，形成BIM技术应用标准和政策体系；在有关奖项，如全国优秀工程勘察设计奖、鲁班奖（国家优质工程奖）及各行业、各地区勘察设计奖和工程质量最高的评审中，设计应用BIM技术的条件
2014年	《关于推进建筑业发展和改革的若干意见》	推进建筑信息模型（BIM）等信息技术在工程设计、施工和运行维护全过程的应用，提高综合效益，推广建筑工程减隔震技术，探索开展白图代替蓝图、数字化审图等工作
2015年	《住房城乡建设部关于印发推进建筑信息模型应用指导意见的通知》	到2020年年末，建筑行业甲级勘察、设计单位以及特级、一级房屋建筑工程施工企业应掌握并实现BIM与企业管理系统和其他信息技术的一体化集成应用。 到2020年年末，新立项项目勘察设计、施工、运营维护中，集成应用BIM的项目比率达到90%：以国有资金投资为主的大中型建筑；申报绿色建筑的公共建筑和绿色生态示范小区
	《关于开展2015年智能制造试点示范专项行动的通知》	智能制造是基于新一代信息技术，贯穿设计、生产、管理、服务等制造活动各个环节，具有信息深度自感知、智慧优化自决策、精准控制自执行等功能的先进制造过程、系统与模式的总称。具有以智能工厂为载体，以关键制造环节智能化为核心，以端到端数据流为基础、以网络互联为支撑等特征，可有效缩短产品研制周期、降低运营成本、提高生产效率、提升产品质量、降低资源能源消耗

续表

年份	政策名称	主要内容
2015 年	《被动式超低能耗绿色建筑技术导则》	为了建立符合中国国情的超低能耗建筑技术及标准体系，并与我国绿色建筑发展战略相结合，更好地指导我国超低能耗建筑和绿色建筑的推广，2014 年 3 月，住房城乡建设部建筑节能与科技司组织相关单位正式启动了《导则》编制工作，历时一年零八个月，先后修改 11 稿，于 2015 年 11 月，由住房城乡建设部正式颁布实施
2016 年	《2016—2020 年 建筑业信息化发展纲要》	“十三五”时期，全面提高建筑业信息化水平，着力增强 BIM、大数据、智能化、移动通讯、云计算、物联网等信息技术集成应用能力，建筑业数字化、网络化、智能化取得突破性进展，初步建成一体化行业监管和服务平台，数据资源利用水平和信息服务能力明显提升，形成一批具有较强信息技术创新能力和信息化应用达到国际先进水平的建筑企业及具有关键自主知识产权的建筑业信息技术企业
	《中共中央关于制定国民经济和社会发展第十三个五年规划的建议》	“十三五”规划将全面落地，助力物联网行业加速发展。物联网智能化已经不再局限于小型设备阶段，而是进入到完整的智能工业化领域。一同发展的还有起到支撑作用的大数据、云计算、虚拟现实等多方位技术也一同助力支撑着整个大生态环境物联网化的变革。
	北京：国内最长地面模拟超高层泵送实验成功——向泵送 528m 高中国尊混凝土冲刺	12 月 26 日，北京建工新材的实验场内，一条 1590m 长的红色“巨龙”正持续口吐青灰色的混凝土浆液——这是正在进行的国内最长地面模拟超高层泵送实验。未来，这条红色“巨龙”将攀爬在北京第一高楼“中国尊”上

2. 地方级政策现状

北京市政策内容详见表 5-10。

北京市政策统计表　　表 5-10

年份	政策名称	主要内容
2014 年	《民用建筑信息模型设计标准》	北京质量技术监督局与北京市规划委员会联合发布《民用建筑信息模型设计标准》，提出 BIM 的资源要求、模型深度要求、交付要求是在 BIM 的实施过程规范民用建筑 BIM 的设计
	《民用建筑信息模型设计标准》	提出 BIM 的资源要求、模型深度要求、交付要求是在 BIM 的实施过程规范民用建筑 BIM 设计的基本内容。该标准于 2014 年 9 月 1 日正式实施

深圳市政策内容详见表 5-11。

深圳市政策统计表　　表 5-11

年份	政策名称	主要内容
2014 年	《深圳市建设工程质量提升行动方案(2014—2018 年)》	推进 BIM 技术应用。在工程设计领域鼓励推广 BIM 技术，市、区发展改革部门在政府工程设计中考虑 BIM 技术的概算。搭建 BIM 技术信息平台，制定 BIM 工程设计文件交付标准、收费标准和 BIM 工程设计项目招投标实施办法。逐年提高 BIM 技术在大中型工程项目的覆盖率
2015 年	《深圳市建筑工务署政府公共工程 BIM 应用实施纲要》及《深圳市建筑工务署 BIM 实施管理标准》	此政策文件为全国首个政府公共工程 BIM 实施纲要和标准。《实施纲要》为市建筑工务署全面推行 BIM 应用做了顶层设计，《管理标准》则从政府公共工程的管理层面，明确了 BIM 组织实施的各方职责及协同方式、成果交付标准等，并为 BIM 项目实施过程提供指导

上海市政策内容详见表 5-12。

上海市政策统计表 表 5-12

年份	政策名称	主要内容
2014 年	《关于在本市推进建筑信息模型技术应用的指导意见》	通过分阶段、分步骤推进 BIM 技术试点和推广应用，到 2016 年底，基本形成满足 BIM 技术应用的配套政策、标准和市场环境，本市主要设计、施工、咨询服务和物业管理等单位普遍具备 BIM 技术应用能力。到 2017 年，本市规模以上政府投资工程全部应用 BIM 技术，规模以上社会投资工程普遍应用 BIM 技术，应用和管理水平走在全国前列
	《关于在本市推进 BIM 技术应用的指导意见》	这些政策既给上海市 BIM 技术推广给提供了政策支持，又为具体项目提供了技术标准规范
2015 年	《关于在推进建筑信息模型的应用指南（2015 版）》	明确各参与施工单位及各阶段的参考依据和指导标准
	《上海市推进建筑信息模型技术应用三年行动计划（2015—2017）》	成立 BIM 协调推进组织，从管理角度贯彻落实 BIM 推广工作的落实，而另外两个文件则从 BIM 应用规范化角度来对 BIM 服务进行合理化管理
	《关于报送本市建筑信息模型技术应用工作信息的通知》	
	《上海市建筑信息模型技术应用咨询服务招标文件示范文本》	
2016 年	《关于进一步加强上海市建筑信息模型技术推广应用的通知》（征求意见稿）	按项目的规模、投资性质和区域分类、分阶段全面推广 BIM 技术应用，自 2016 年 10 月 1 日起，六类新立项的工程项目应当在设计和施工阶段应用 BIM 技术，鼓励运营等其他阶段应用 BIM 技术；已立项尚未开工的工程项目，应当根据当前实施阶段，从设计或施工招标投标或发承包中明确应用 BIM 技术要求；已开工项目鼓励在竣工验收归档和运营阶段应用 BIM 技术。自 2017 年 10 月 1 日起，规模以上新建、改建和扩建的政府和国有企业投资的工程项目全部应用 BIM 技术，鼓励其他社会投资工程项目和规模以下工程项目应用 BIM 技术

广州市政策内容详见表 5-13。

广州市政策统计表 表 5-13

年份	政策名称	主要内容
2014 年	《广东省人民政府办公厅关于进一步提升建筑质量的意见》	明确提出推广建筑信息模型（BIM）技术
	《关于开展建筑信息模型 BIM 技术推广应用工作的通知》	到 2014 年底，启动 10 项以上 BIM 技术推广项目建设；到 2015 年底，基本建立我省 BIM 技术推广应用的标准体系及技术共享平台；到 2016 年底，政府投资的 2 万 m^2 以上的大型公共建筑，以及申报绿色建筑项目的设计、施工应当采用 BIM 技术，省优良样板工程、省新技术示范工程、省优秀勘察设计项目在设计、施工、运营管理等环节普遍应用 BIM 技术；到 2020 年底，全省建筑面积 2 万 m^2 及以上的工程普遍应用 BIM 技术
2015 年	《广东省住房和城乡建设厅关于发布 2015 年度城市轨道交通领域 BIM 技术标准制订计划的通知》	为推进广东省城市轨道交通领域 BIM 技术应用而发布

续表

年份	政策名称	主要内容
2015年	《广东省"互联网+"行动计划》	广东省人民政府提出，以加强建筑信息模型（BIM）技术应用为抓手，提升全省建筑设计、施工、管理的信息化水平，推动政府部门、建筑企业运用互联网采集、挖掘、分析、应用建筑节能降耗基础信息，推进建筑垃圾在线交易处理，打造广东绿色建设品牌。构建覆盖全省的建筑工程质量安全监管网络平台，运用互联网、传感器、卫星定位、地理信息等技术对建筑物沉降、位移等进行监测，提升建筑物安全管理水平
	《广东省住房和城乡建设厅转发住房城乡建设部关于印发被动式超低能耗绿色建筑技术导则（试行）（居住建筑）的通知》	加强绿色建筑工程质量管理，不断提高运行阶段绿色建筑比重；严格落实新建保障性住房、大型公共建筑和政府投资公益性建筑执行绿色建筑标准，鼓励有条件地区推进绿色生态城区建设，区域性、规模化发展绿色建筑的政策；支持各地开展建筑节能与绿色建筑设计咨询、产品部品检测、单体建筑第三方评价、区域规划工作能力，促进绿色建筑区域协调发展；结合《住房城乡建设部关于印发被动式超低能耗绿色建筑技术导则（试行）（居住建筑）的通知》，积极开展超低能耗绿色建筑试点示范

5.2 绿色建造技术政策

5.2.1 国家级政策

1. 政策内容

国家级政策内容详见表5-14。

国家级政策统计表　　表5-14

年份	政策名称	主要内容及作用
2017年	《绿色建筑运行维护技术规范》	创新点：首次构建了绿色建筑综合效能调适体系，确保建筑系统实现不同负荷工况运行和用户实际使用功能的要求；基于低成本/无成本运行维护管理技术，规定了绿色建筑运行维护的关键技术和实施策略；建立了绿色建筑运行管理评价指标体系，有利于优化建筑的运行，实现绿色建筑设计目标
	《建筑节能与绿色建筑发展"十三五"规划》	正在编制中
	《绿色建筑后评估技术指南》（办公和商店建筑版）	正在编制中
	《绿色博览建筑评价标准》	仅适合于绿色博览建筑的评价。博览建筑包括博物馆建筑与展览建筑两大类
2016年	《绿色饭店建筑评价标准》	以我国绿色建筑评价标准体系框架为基础，结合我国饭店建筑特点编制本标准
	《绿色医院建筑评价标准》	以我国绿色建筑评价标准体系框架为基础，结合我国医院建筑特点编制本标准
	《既有建筑绿色改造评价标准》	统筹考虑建筑绿色化改造的经济可行性、技术先进性和地域适用性，着力构建区别于新建建筑，体现既有建筑绿色改造特点的评价指标体系，以提高既有建筑绿色改造效果，延长建筑使用寿命，使既有建筑朝着节能、绿色、健康的方向发展

续表

年份	政策名称	主要内容及作用
2015年	《被动式超低能耗绿色建筑技术导则（试行）（居住建筑）》	导则借鉴了国外被动房和近零能耗建筑的经验，结合我国已有工程实践，明确了我国被动式超低能耗绿色建筑的定义、不同气候区技术指标及设计、施工、运行和评价技术要点，为全国被动式超低能耗绿色建筑的建设提供指导
	《绿色建筑评价标准》	总结近年来我国绿色建筑方面的实践经验和研究成果，借鉴国际先进经验制定的第一部多目标、多层次的绿色建筑综合评价标准
2014年	《建筑工程绿色建造规范》	包括施工现场、地基与基础、主体结构、装饰装修、保温与防水、机电安装、拆除等。主要规定了建筑工程绿色建造的具体要求
	《住房城乡建设部建筑节能与科技司2014年工作要点》	1. 大力推进绿色建筑发展，实施“建筑能效提升工程”；2. 积极推广绿色建材，推动建筑产业现代化；3. 深化智慧城市试点，注重绩效成果创建与应用；4. 继续做好国家科技重大专项实施与管理，切实完成“十二五”阶段目标任务；5. 加强科技创新平台建设，进一步促进科技成果转化；6. 深化国际科技交流与合作，做好住房城乡建设领域应对气候变化的工作
	《绿色保障性住房技术导则》	本导则适用于新建保障性住房的规划设计和施工建造，改建、扩建的保障性住房工程项目可参考使用
2013年	《住房城乡建设部建筑节能与科技司2013年工作要点》	1. 切实转变思想作风和工作作风；2. 着力抓好建筑节能；3. 大力推动绿色建筑发展；4. 加强科技创新；5. 积极开展广泛的国际科技合作；6. 积极推进墙材革新
2012年	《关于加快推动我国绿色建筑发展的实施意见》	该意见的目的是推进建筑节能，加快发展绿色建筑，推动绿色发展的主要目标与基本原则，建立健全绿色标准规范，建立高星级的绿色建筑财政政策激励机制
2011年	《建筑工程生命周期可持续性评价标准》	该标准是一部针对建筑工程生命周期可持续进行定量评价的标准，为系统识别建筑活动的环境影响因素与建筑工程生命周期的环境影响进行定量评价提供了标准依据
	《建筑工程绿色建造评价标准》	主要包括评价框架体系，是一项环境保护与节能、节水、节才、节地的评价指标，是一部对建筑工程进行绿色建造评价的国家标准，是全国建筑业绿色建造示范工程的打分依据。
2010年	《全国建筑业绿色建造示范工程验收评价主要指标》	规定了绿色建造示范工程的主要验收评价标准
	《全国建筑业绿色建造示范工程管理办法（试行）》	对绿色建造示范工程申报、验收、评审等要求的文件
2007年	《绿色建筑施工导则》	本导则是我国推进绿色建造的指导原则，旨在引导企业贯彻国家可持续发展战略，推动建筑业绿色建造实施
2005年	《绿色建筑技术导则》	从绿色建筑应遵循的原则、绿色建筑指标体系、绿色建筑规划设计技术要点、绿色建筑施工技术要点、绿色建筑的智能技术要点、绿色建筑运营管理技术要点、推进绿色建筑技术产业化等几方面阐述了绿色建筑的技术规范和要求

2. 政策分析

如图5-1所示为绿色建造技术在知网的学术关注度，明显看到近几年关于绿色建造技术的关注大幅增长，绿色建造技术是最大限度地节约资源与减少对环境负面影响

的施工活动，实现四节一环保（节能、节地、节水、节材和环境保护），是当今建筑施工重要一环。

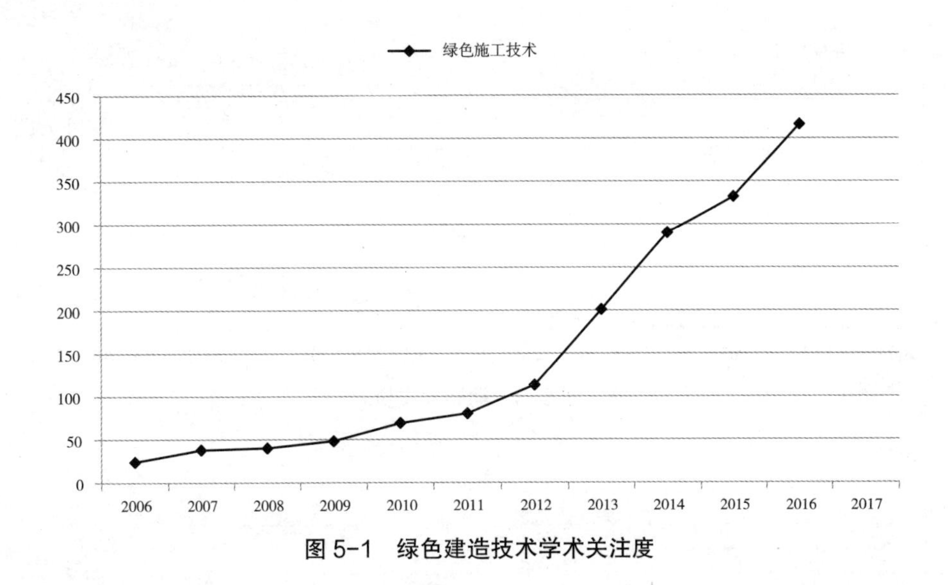

图 5-1　绿色建造技术学术关注度

通过观察绿色建造技术关键词分布图 5-2，可以看出，绿色建造、施工技术、绿色建筑、绿色建造技术等都是关注的热点技术，这些技术在目前建筑行业发展迅速，未来发展趋势良好。

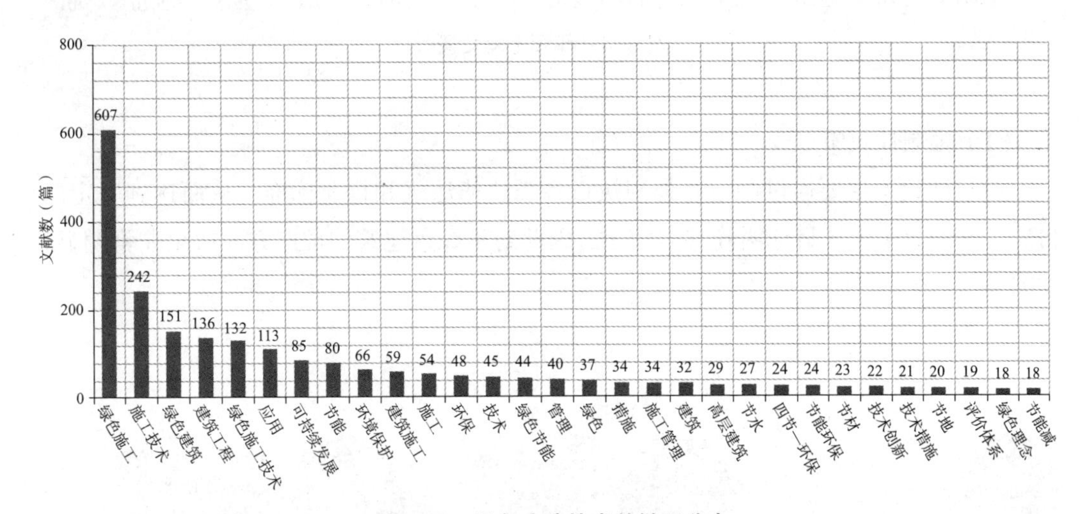

图 5-2　绿色建造技术关键词分布

根据图 5-3、图 5-4 期刊与博硕论文关于绿色建造技术相关发文量可以看出，从 2006 年至今，关于对绿色建造技术的研究日益增长，越来越多的专家、学者、学生甚至一线技术人员对绿色建造技术做出了大量研究与实践，为我国绿色建造技术的发展贡献了巨大力量。经过多年的研究与发展，我国的绿色建筑政策主要分为以下三种，即强制性政策、经济激励政策以及技术开发政策。

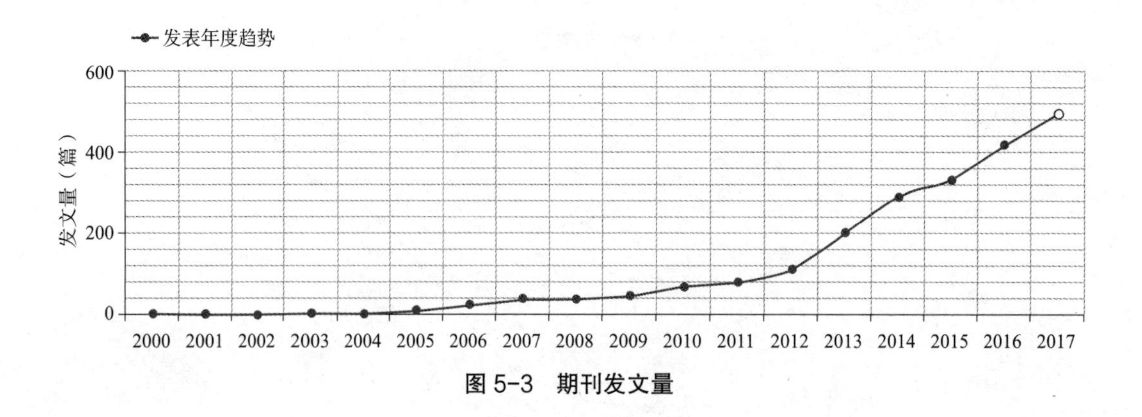

图 5-3　期刊发文量

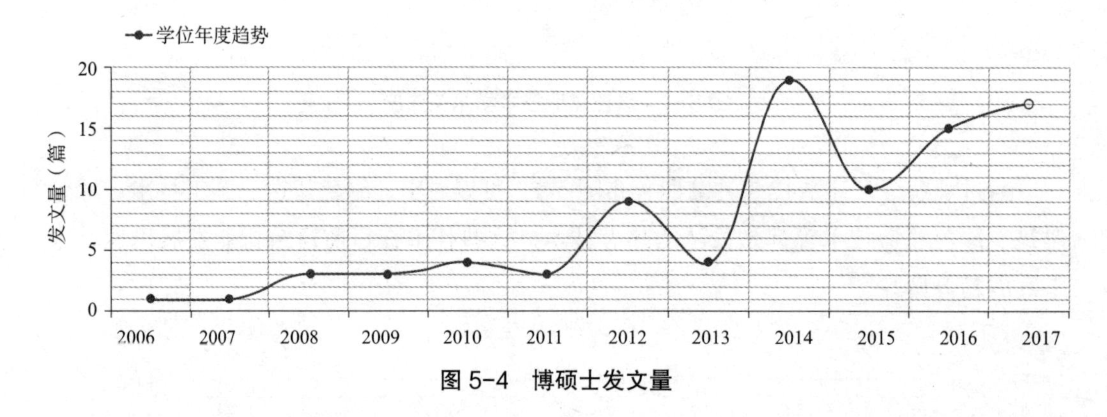

图 5-4　博硕士发文量

（1）强制性政策

强制性政策主要通过制定并强制执行各类法律法规和行业标准，从而达到一定的目的。这种政策由于目标明确、针对性强，因此对于绿色建筑的推广方面效果非常明显，如图 5-5、图 5-6 所示。

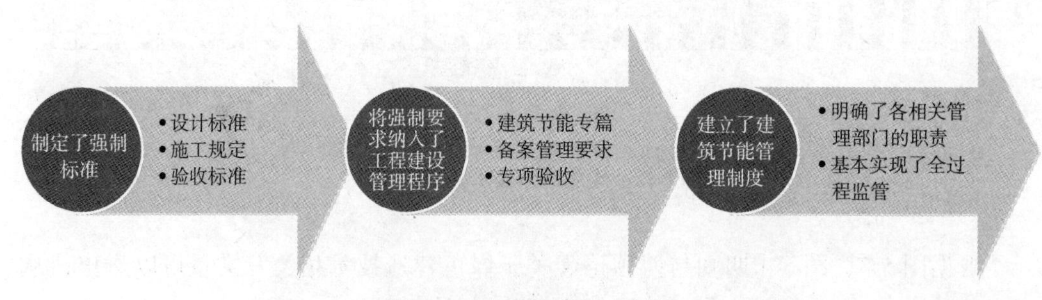

图 5-5　建筑节能强制政策

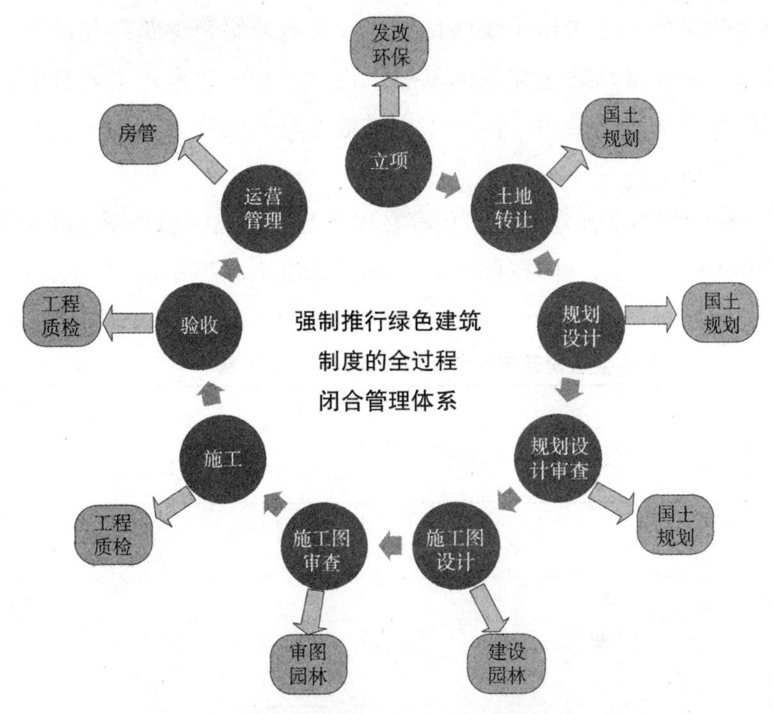

图 5-6　强制推行绿色建筑的全过程闭合管理体系

综合我国目前推动绿色建筑发展的法律法规，虽然涵盖面比较广泛，但是在一些方面仍需完善：首先，现有绿色建筑方面的法律规范更多注重原则性，缺乏具体的实施细则，可操作性不强；其次，强制性政策的强制性不足，经常使用一些模棱两可的词语，比如“应该”或者“宜”等来代替“必须”，不能起到真正的规范作用。另外对于现行的法律法规，其惩戒力度略显不足，对于违规者的惩罚力度较小，相对于因违规获取的利益，其规范作用几乎为零，从而导致执行不力。最后，关于绿色建筑开发、建设、运营、管理等具体环节的法律法规还不尽完善，因此需要尽快提出制定、修订相关法律法规的意见。

之所以存在上述问题，一方面是由于理念的不深入，在这种情况下，政府无法深入了解绿色建筑的本质以及建设绿色建筑的要求，无法完善相关政策；另一方面，相关政策的制定缺乏足够的分析。从客观上讲，任何政策的制定都要考察各个利益相关方之间的博弈以及利益平衡，同时要符合绿色建筑本身的要求，在社会的可持续发展趋势要求下，谨慎考虑各方影响，如此才能保证政策制定及实行的有效性。

（2）经济激励政策

这类政策鼓励通过市场的作用，影响相关群体的决策以及行为，从而实现绿色建筑的发展。此类政策还重视对绿色建筑相关技术的研究及开发应用。通过借鉴国外的经验，结合本国实际情况，目前我国实行的经济激励政策大致分为以下两种，即补贴政策和税收政策。一是指对绿色建筑产品的生产者给予财政补贴，后者则主要通过对绿色建筑的生产者给予税收优惠，或者对非绿色建筑产品的生产者实行较高的收费政策，从而推动绿色建筑的发展。相对于补贴政策中需要政府投入大笔资金的做法，税收政策只是减少一部分中央或地方政府的收入，因此更易于实施，具体内容详见表 5-15。

我国所实施的建筑节能激励政策仍存在以下几点不足，包括激励政策无专门针对性、规模较小、形式简单，针对对象单一、激励程度不高等方面。

我国主要省份政府绿色建筑激励政策类型明细 表 5-15

地区	省份	类别												
		土地转让	土地规划	财政补贴	税收	信贷	容积率	城市配套费	审批	评奖	企业资质	科研	消费引导	其他
东北	吉林	□	■	□	□	□	□				■		□	□
北部沿海	北京	□		■			□				□		□	
	天津			■										
	河北			□										
	山东			■	□	□	□	□		■			□	
东部沿海	上海	□	□	■	□	□			□					□
	江苏	□		■	□		□	□						□
	浙江			□	□		■							□
南部沿海	福建			■		□	■		■					■
	广东		■	■			□	■				□		□
黄河中游	山西	■		□	□		■						□	■
	内蒙古							■	■	■	■			
	河南	□	■	□	□		□			□				
	陕西	□	■	■			□			■				

注：吉林、黑龙江、云南、甘肃、台湾、香港、澳门和西藏目前缺乏相关政策资料，暂未纳入本章。□表示参考文献中提到相关类型的激励政策，但是尚缺乏落地性或可操作性，■表示参考文献中提到相关类型的激励政策，具有落地性或可操作性。

综合分析上述问题，其主要原因是我国的市场经济体制尚未成熟，因此国外的一些先进经验并不适用本国的实际情况。另外我国绿色建筑本身的研究起步比较晚，国内关于绿色建筑的实践仍旧处于“摸着石头过河”的探索阶段，决策者们对于绿色建筑理念的理解尚待深入，再加上发展经济的压力，因此在制定政策的时候需要考虑的因素比较复杂，面对各方的利益博弈，制定完善相关的经济激励政策势必是一个需要长期完善的过程。

（3）技术开发政策

绿色建筑的推行一定要有相应的适宜技术的支持，经过多年的发展，当前中国在绿色建筑技术研究方面和国外差距并不明显，而且一些单位的技术毫不逊色于国外。然而和国外相比，一些绿色建筑技术在国内却不能大规模应用和发展，这在某种程度上可以归结为我国国情的限制，因此吸收国外先进经验的同时要重视对本国国情的研究。

我国目前的技术开发政策仍然存在一些问题。首先，政策的激励作用主要针对技术的研究层面，对于技术投入应用却鲜有真正的作用，由此造成绿色建筑的理论成果与实际应用相脱离。其次，目前绿色建筑技术的研究多只限于单项技术，没有形成一个系统运行体系，这些都导致这些技术大多停留在实验室而不能大规模的推向市场。再次，科技投入不足，导致成熟的技术体系发展不畅。最后，绿色建筑标准体系不完善，因此无法充分调动各方发展绿色建筑技术的积极性。针对上述问题，需要加大对绿色建筑标准相关理论的研究，进一步完善国家及地方各级的绿色建筑标准体系，在此基础上，依据不同的建筑类型对标准进行分类。

综上所述，我国目前的绿色建筑政策体系已经初步建立，然而总体而言仍是机遇与挑战并存。针对技术开发政策，需要国家给予更多的政策导向，在技术的规划设计、施工建造、试运营以及运行管理、绿色技术的评价标准等方面形成一个可以贯穿始终的指导体系。最后，由于绿色建筑发展关乎社会可持续发展的整体战略，因此还需制定相应的社会政策，以此提高公众意识，让全社会、公众都投身到发展绿色建筑的事业中。

（4）配套制度发展状况

应该注意，任何政策都不是孤立存在的，而是需要相互之间的协调，加之绿色建筑本身是涉及范围很广的问题，因此要发展系统的政策体系的同时，还应建立相应的配套机制，我国在这方面也取得了一定的成果，制定了一系列相关制度并采取了相关措施，如能效标识制度、绿色能源制度、供热体制改革等。

由前述分析可知，我国当前绿色建筑政策仍然存在一些问题，比如强制性政策缺乏可操作性、执行性不强、规章及标准缺乏操作性，激励性政策和技术开发政策缺乏，政策的因地制宜性不足相关配套措施不健全，等等。然而，由政策与制度的关系可以看出，做为政策的母体，制度是政策存在和实施的基础，政策要在制度的框架内生成和运用。同时，由于制度具有稳定性，有些建议虽然具有理论的可行性，但是由于制度间的相互协调是一个复杂的过程，使得看似合理的建议不能上升为政策，这就是制度对于政策所起的制约作用。因此，对于我国绿色建筑政策方面的问题，必须立足于制度层面进行相应分析，以此找到解决目前绿色建筑政策困境的有效方法。我国绿色建筑创新奖获奖工程项目数量如图 5-7 所示。

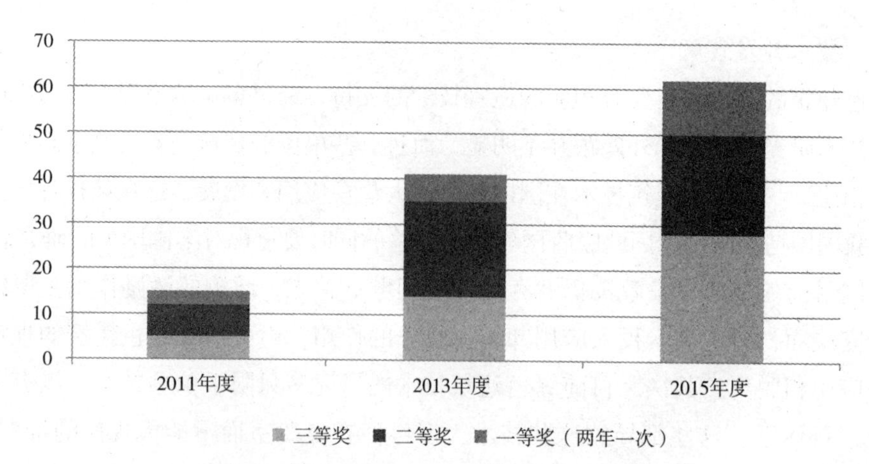

图 5-7　全国绿色建筑创新奖获奖工程项目数量

5.2.2　地方级政策

1. 政策内容

（1）北京市政策

北京市绿色建造政策目标见表 5-16。

北京市绿色建造政策文件汇总表　　表 5-16

年份	政策名称	政策目标
2017 年	《北京市绿色建筑适用技术推广目录（2016）》	本目录共推广绿色建筑适用技术项目 67 项，包含绿色建筑节地与室外环境技术、绿色建筑能效提升和能源优化配置技术、绿色建筑水资源综合利用技术、绿色建筑节材和材料资源利用技术、绿色建筑室内环境健康技术、绿色建筑运营管理技术、新型装配式产业化技术和既有建筑绿色化改造技术八大类别，可应用于我市新建建筑工程和既有建筑的绿色化改造工程
2016 年	《绿色建筑评价标准》	1. 将标准适用范围由住宅建筑和公共建筑中的办公建筑、商场建筑和旅馆建筑，扩展至各类民用建筑。 2. 将评价分为设计评价和运行评价。 3. 绿色建筑评价指标体系在节地与室外环境、节能与能源利用、节水与水资源利用、节材与材料资源利用、室内环境质量和运营管理六类指标的基础上，增加“施工管理”类评价指标。 4. 调整评价方法 . 对各类评价指标评分，并在每类评价指标评分项满足最低得分要求的前提下，以总得分确定绿色建筑等级。相应地，将《绿色建筑评价标准》DB11/T 825—2011 中的一般项和优选项合并改为评分项。 5. 增设加分项，鼓励绿色建筑技术、管理的提高和创新。 6. 明确多功能的综合性单体建筑的评价方式与等级确定方法。 7. 修改部分评价条文，并对所有评分项和加分项条文赋以评价分值
2015 年	《绿色建造管理规程》	为推动北京市绿色建造管理，遵守国家有关环境保护的法律法规，在施工过程中做到节约资源、保护环境和保障从业人员的健康，规范绿色建造管理，制定本规程
2014 年	《北京市建筑业绿色建造示范工程评选办法》	明确了绿色建造评选的组织机构及评选相关事项

续表

年份	政策名称	政策目标
2014 年	《关于调整安全文明施工费的通知》	为加强安全文明施工管理，推行绿色建造，有效控制施工现场扬尘污染，对房屋建筑与装饰工程、仿古建筑工程、通用安装工程、市政工程、绿化工程、构筑物工程和城市轨道交通工程的安全文明施工费进行调整，其中房屋建筑与装饰工程按照工程建筑面积、地点分布的不同，费率调至 3.28% ~ 5.21%
2013 年	《北京市建筑业企业违法违规行为记分标准》修订	结合《北京市建设工程施工现场管理办法》相关罚则增加了未开展绿色建造的记分条文
	《北京市房地产开发企业违法违规行为记分标准》修订	北京市住建委将施工现场扬尘治理有关内容纳入《北京市房地产开发企业违法违规行为记分标准》，增加 8 项扬尘治理不力行为记分标准
	《北京市建设工程施工现场管理办法》（市政府令第 247 号）	以规章形式对绿色建造中涉及的降水、降尘、降噪、封闭围挡、道路场地硬地化、建筑垃圾排放等方面提出了具体要求，并制定了相应罚则
2011 年	《关于全面推行施工现场安全生产标准化和绿色建造管理的通知》	进一步明确北京市全面实施绿色建造
2010 年	《关于混凝土搅拌站绿色生产达标考核工作有关事项的通知》	对全市混凝土搅拌站进行绿色生产达标考核，保留符合绿色生产的搅拌站，取缔不符合资质管理规定和规划的非法搅拌站
2009 年	《关于调整安全防护、文明施工措施费费率的通知》	将绿色建造增加的费用并入安全防护、文明施工措施费，在原取费基础上乘以 1.05 倍费率
2008 年	《关于在全市建设工程推行绿色建造的通知》	标志着北京地区建筑绿色建造全面实施
2007 年	《绿色建造管理规程》DB 11/513—2008	是国内建设工程绿色建造管理领域中的第一部地方标准，明确了施工过程对“四节一环保”要求应采取的措施

（2）上海市政策

上海市绿色建造政策目标见表 5-17。

上海市绿色建造政策文件汇总表　　表 5-17

年份	政策名称	政策目标
2017 年	《绿色养老建筑评价标准（征求意见稿）》	为了更好地引导上海市养老建筑按照绿色建筑要求建设，规范绿色养老建筑的评价工作，制定本标准
	《上海市绿色建筑条例》草案稿	本条例与绿色建筑的发展外延相统一，与百姓需求和呼声相统一，与政府部门的监管实施相统一
2016 年	《绿色建筑检测技术标准》	为竣工验收阶段判断绿色建筑落实情况提供支撑
	《上海市保障性住房绿色建筑（一星级、二星级）技术推荐目录》	为进一步推动本市保障性住房争创绿色建筑，在建设工程中优先选用经济合理的技术措施，降低建筑使用能耗，提高资源和能源利用效率，改善建筑室内环境，促进绿色建筑健康发展而编制
	《上海市建筑节能和绿色建筑示范项目专项扶持办法》	1. 有利于培育本市建筑节能和绿色建筑示范项目； 2. 有利于提高本市建筑能源利用效率和绿色建筑发展； 3. 有利于调动建筑节能和绿色建筑参与各方的积极性； 4. 有利于完善本市建筑节能和绿色建筑管理体系

续表

年份	政策名称	政策目标
2015年	《关于发布本市房屋建筑工程项目施工能源消耗及水资源消耗控制指标的通知》	发布各类建筑工程能耗控制指标，考核企业能耗的达标情况，并以此作为绿色建造评价依据
2014年	《上海市建设工程绿色建造指导画册》	该画册总结了上海地区历届绿色建造样板工程的技术亮点和管理措施，是上海市开展绿色建造工作的实施指南
2013年	《建设工程绿色建造管理规范》DG/TJ 08—2129—2013	是一本绿色建造的管理规范，对“四节一环保”应采取的措施、考核评价方法和程序提出了具体规定
2012年	《关于推荐“全国建筑业绿色建造示范工程”的管理办法》	明确了上海地区申报“全国建筑业绿色建造示范工程”的条件、程序和激励措施
2010年	印发《上海市建设工程绿色建造（节约型工地）创建工作深化管理和考评要求的通知》	确立了市、县（区）分级绿色建造考核小组分级管理的机制，此外还制定了绿色建造考核评审要求
2009年	印发《关于成立上海市建设工程绿色建造评审委员会的通知》	成立了上海市建设工程绿色建造评审机构
	《关于贯彻<绿色建造导则>深化节约型工地创建工作的补充意见（试行）》	根据《绿色建造导则》核心内容要求，增编了《上海市建设工程节约型工地考核标准补充》，与已执行的《上海市建设工程节约型工地考核标准》一并作为节约型工地考核检查的依据，同时调整了评选分值体系全面实施
2008年	《关于贯彻<绿色建造导则>深化节约型工地创建工作的实施意见（试行）》	明确了“以节约型工地样板工程为基础，开展绿色建造工程建设”的总体实施意见，对“四节一环保”提出了总体工作要求，同时还明确了绿色建造评审的主体和评选频率（半年一次）

（3）广州市政策

广州市绿色建造政策目标见表5-18。

广州市绿色建造政策文件汇总表 **表5-18**

年份	政策名称	政策目标
2016年	《广州市建筑工程绿色建造管理与评价标准（征求意见稿）》	适用于广州市行政区域范围内的房屋建筑以及市政基础设施工程的新建、改建、扩建及拆除等施工作业
	《广州市加强预拌砂浆企业绿色生产管理的通知》	预拌砂浆生产企业具有产能利用率、绿色生产水平、固体废弃物利用率较低等特点，预拌砂浆的绿色生产问题还未得到足够的重视，预拌砂浆生产大多仍采用传统的粗放型模式，直接排放废弃砂浆和废水，并缺乏系统性的粉尘和噪声处置措施，不仅对周边环境产生影响，而且造成了砂浆、水等资源浪费
2015年	《广东省住房和城乡建设厅转发住房城乡建设部关于印发被动式超低能耗绿色建筑技术导则（试行）（居住建筑）的通知》	适应气候特征和自然条件，通过保温隔热性能和气密性能更高的围护结构，采用高效新风热回收技术，最大程度地降低建筑供暖供冷需求，并充分利用可再生能源，以更少的能源消耗提供舒适室内环境并能满足绿色建筑基本要求的建筑
	《建筑工程绿色建造管理与综合诚信评价标准（征求意见稿）》	适用于广州市行政区域范围内的房屋建筑以及市政基础设施工程新建、改建、扩建及拆除等工程施工

续表

年份	政策名称	政策目标
2014年	《广州市绿色建筑实施方案》	1. 进一步提高全市绿色建筑比例。 2. 加快推进既有绿色建筑节能改造。 3. 创建绿色数据中心示范
	《广州市住房和城乡建设委员会关于开展我市绿色建造试点及推广工作的通知》	重点推动建筑废弃物循环再利用以及周转材料的重复使用
	《广州市绿色建造工作技术指引的通知》	推动建设工程绿色建造工作，加强文明施工管理，实现建筑业可持续发展而制定本技术指引
2013年	《广州市绿色建筑和建筑节能管理规定》	为推动绿色建筑发展，加强建筑节能管理，降低建筑能耗，提高建筑能源利用效率，根据相关法律法规制定
2012年	《广州市人民政府关于加快发展绿色建筑的通告》	为进一步加强建设领域节能减排工作，促进资源节约型和环境友好型社会建设，实现低碳广州建设目标而制定

（4）深圳市政策

深圳市绿色建造政策目标见表5-19。

深圳市绿色建造政策文件汇总表 表5-19

年份	政策名称	政策目标
2016年	《关于推进房屋建筑工程绿色建造的通知》	1. 新开工建筑面积超过3万m^2的房屋建筑工程，应按照有关规定，落实绿色建造措施，实施绿色建造管理。今年以来办理了施工许可手续的，应在年底前落实。 2. 请建设各方责任主体根据“四节一环保”（节能、节地、节水、节材和环境保护）要求，研究制定房屋建筑工程绿色建造工作计划和实施方案。组织相关人员加强绿色建造管理方面技术标准、规范等内容学习，提高绿色建造水平
	《深圳市建筑节能发展资金2017年扶持计划》	该计划扶持的示范项目主要包括：装配式建筑、绿色建筑、建设科技、建筑信息模型BIM推广应用以及散装水泥推广应用等领域的示范项目。
2015年	《深圳市建筑节能与绿色建筑“十三五”规划（2016—2020）（征求意见稿）》	基于实现民用建筑能耗总量与碳排放总量控制目标，确定新建建筑节能、既有建筑绿色化改造、住宅产业化和建筑工业化、低冲击开发与智能化改造、建筑碳交易、可再生能源建筑应用、绿色生态园区与生态城区以及绿色物业管理等专项工作的节能效益，明确各专项具体工作目标，从而实现“十三五”期间建筑领域节能减排目标
2013年	《深圳市建筑业绿色建造示范工程评选管理办法（试行）》	以“十二五”规划纲要提出的“建筑业要推广绿色建造、绿色建筑”的目标任务，充分发挥绿色建造示范工程在建筑节能减排工作中的导向引领作用，依据相应法律法规制定本规程
	《深圳市绿色建筑促进办法》	适用于本市行政区域内绿色建筑的规划、建设、运营、改造、评价标识以及监督管理
2012年	《深圳市建筑节能和绿色建筑“十二五”规划》	为全面推进深圳市建筑节能与绿色建筑工作，加快建设资源节约和环境友好型低碳生态城市，根据国家相应的法律法规制定，规划期至2015年
2011年	《深圳市绿色建筑勘察技术规程》	为绿色建筑设计与施工提供所需资料和数据，规范绿色建筑勘探内容和方法，做到技术先进、经济合理，确保质量

续表

年份	政策名称	政策目标
2010 年	《关于我市保障性住房应按照绿色建筑标准建设并落实节能减排措施的通知》	贯彻落实科学发展观和第五届党代会关于建设低碳深圳、提高民生幸福指数的有关精神
2009 年	《关于开展绿色建筑认证（评价标识）工作的通知》（深建节能〔2009〕9 号）	明确同时开展深圳市绿色建筑认证和国家一二星级绿色建筑评价标识工作。另外，通知中还公布了“深圳市绿色建筑认证（评价标识）申报指南”，明确了申报流程、需提交的资料、免申报费用及适当补贴等相关事项
	《深圳市绿色建筑评价规范》	规定了深圳市居住建筑和公共建筑的绿色建筑评价方法，适用于深圳市居住建筑和公共建筑中的办公建筑、商场建筑和旅馆建筑的评价，其他建筑可参照执行
2008 年	《关于打造绿色建筑之都的行动方案》	在“十一五”期间，推动建立较为完善的绿色建筑法规、制度体系，形成一套权威、有效的绿色建筑认证标准体系、建筑能效测评与能耗统计体系，以及绿色建筑的全生命周期动态监管体系，打造一批在国内外具有重要影响的绿色建筑，全面完成建筑节能减排指标，绿色建筑理念在全行业、全社会形成广泛共识，使深圳成为引领全国绿色建筑浪潮的重要基地

（5）天津市政策

天津市绿色建造政策目标见表 5-20。

天津市绿色建造政策文件汇总表 表 5-20

年份	政策名称	政策目标
2017 年	《天津市 2017 年建筑节能和科技工作要点》	1. 全面推进装配式建筑发展； 2. 大力提升建筑能效水平； 3. 持续提高绿色建筑品质； 4. 积极推进工程建设科技创新； 5. 完善工程建设标准体系； 6. 强化党风廉政建设
2016 年	《中新天津生态城绿色建造技术管理规程》	为贯彻落实国家节能减排政策，规范生态城绿色建造活动，依据相关法律法规制定本规程，同时原规程废止
	《中新天津生态城绿色建筑评价标准》	为了贯彻国家技术经济政策，节约资源，保护环境，规范中新天津生态城绿色建筑评价体系，促进可持续发展，依据相关法律法规制定本规程，同时原规程废止
	《天津市建筑垃圾资源化利用管理办法》	适用于本市行政区域内建筑垃圾的产生、排放、运输、处置、资源化利用及相关监督管理活动，自 2016 年 10 月 1 日起施行
2015 年	《天津市绿色建筑设备评价技术导则》	为促进我市绿色建筑发展，推广使用安全、低碳、环保、高效的建筑设备，规范绿色建筑设备评价工作，天津市建筑设计院等单位按照市委《关于下达 2014 年度天津市建设系统第一批工程建设地方标准编制计划的通知》（津建科〔2014〕439 号）的要求，编制本导则。原《天津市绿色建筑选用材料与设备指南》（建科〔2010〕968 号）及《天津市绿色建筑评价技术细则》（建科〔2010〕969 号）自发文之日起废止
	《天津市绿色建材和设备评价标识实施细则》	规定了墙改节能中心负责全市绿色建材和设备评价标识的日常管理工作，并细化了我市绿色建材和设备评价机构的申请与发布、标识评价程序、评价标识使用及监督管理等内容

续表

年份	政策名称	政策目标
2015年	《天津市绿色建筑评价标准》	为贯彻国家技术经济政策，节约资源，保护环境，规范天津市绿色建筑评价体系，依据相关法律法规制定本标准
	《天津市绿色建筑管理规定（草案）》	未出台
2014年	《天津市绿色建筑行动方案》	要求发展规模化绿色建筑，加强新建建筑节能监管力度，扎实推进既有建筑节能改造，大力推进可再生能源建筑应用，推动建设资源集约利用，提高建筑的安全性、舒适性和健康性
2012年	《天津市绿色建筑建设管理办法》	为了加强绿色建筑建设管理工作，根据《节约能源法》和《民用建筑节能条例》等法律、法规及有关规定，制定本办法
2011年	《天津市绿色建筑选用材料与设备指南》	为贯彻国家和天津市节约能源、保护环境的有关法律、法规和政策，适应天津市建设绿色建筑的要求而制定
2010年	《天津市绿色建筑施工管理技术规程》	为建设资源节约型、环境友好型社会，通过采用先进的技术措施和管理，承担起可持续发展的社会责任，减少施工活动对社会造成的负面影响，规范绿色建筑的施工管理，制定本规程

2. 政策分析

全国各省及直辖市出台了很多绿色建筑相关文件和指导意见，尤以发达地区相较完善，且执行情况良好。目前，根据《建筑节能与绿色建筑发展"十三五"规划》建筑节能与绿色建筑发展的目标（表5-21），大部分省市根据"十三五"的总体目标与具体目标与本省的实际情况相结合印发省市级绿色建筑"十三五"规划，并对本省市现有绿色建筑方面法律、法规进行不断补充完善。

建筑节能与绿色建筑发展的目标　　表5-21

指标	2015	2020	年均增速［累计］	性质
城镇新建建筑能效提升（%）	—	—	[20]	约束性
城镇绿色建筑占新建建筑比重（%）	20	50	[30]	约束性
城镇新建建筑中绿色建材应用比例（%）			[40]	预期性
实施既有居住建筑节能改造（亿m^2）	—	—	[5]	约束性
公共建筑节能改造面积（亿m^2）	—	—	[1]	约束性
北方城镇居住建筑单位面积平均采暖能耗强度下降比例（%）	—	—	[-15]	预期性
城镇既有公共建筑能耗强度下降比例（%）	—	—	[-5]	预期性
城镇建筑中可再生能源替代率（%）	4	6▲	[2]	预期性
城镇既有居住建筑中节能建筑所占比例（%）	40	60▲	[20]	预期值
经济发达地区及重点发展区域农村居住建筑采用节能措施比例（%）	—	10▲	[10]	预期值

注：1. 加黑的指标为国务院节能减排综合工作方案、国家新型城镇化发展规划（2014—2020年）、中央城市工作会议提出的指标。
2. 加注▲号的为预测值。
3. [.] 内为5年累计值。

我国绿色建筑还处于发展阶段，采取的政策措施远远不够，政策和规范的配套性、可操作性也存在许多不足，具体有以下几方面：

（1）缺乏明确的法律责任与处罚措施；

（2）操作性的法规层次、法律效力不大；

（3）部分法律法规内容陈旧，法律体系不完善；

（4）绿色建筑政策落实较差

（5）绿色建筑涉及部门多，协调机制有待完善等。

5.3 智慧建造技术政策

5.3.1 国家级政策

国家政策内容见表 5-22。

政策内容及分析表　　表 5-22

发布年份	文件名称	政策目标
2017 年	工业和信息化部关于进一步推进中小企业信息化的指导意见	到 2020 年，中小企业信息化水平显著提升。互联网和信息技术在提升中小企业创新发展能力和推动组织管理变革方面的作用明显增强。中小企业在研发设计、生产制造、经营管理和市场营销等核心业务环节应用云计算、大数据、物联网等新一代信息技术的比例不断提高。培育和发展一批有效运用信息技术，具有创新发展优势、经营管理规范、竞争力强的中小企业。中小企业信息化服务体系进一步完善。中小企业通过基于互联网的产业生态体系，与大企业协同创新、协同制造能力显著提升
2016 年	工业和信息化部财政部关于印发智能制造发展规划（2016—2020 年）的通知	2025 年前，推进智能制造发展实施“两步走”战略：第一步，到 2020 年，智能制造发展基础和支撑能力明显增强，传统制造业重点领域基本实现数字化制造，有条件、有基础的重点产业智能转型取得明显进展；第二步，到 2025 年，智能制造支撑体系基本建立，重点产业初步实现智能转型
	国务院印发《“十三五”国家战略性新兴产业发展规划》	实施网络强国战略，加快建设“数字中国”，推动物联网、云计算和人工智能等技术向各行业全面融合渗透，构建万物互联、融合创新、智能协同、安全可控的新一代信息技术产业体系。到 2020 年，力争在新一代信息技术产业薄弱环节实现系统性突破，总产值规模超过 12 万亿元
	工业和信息化部关于印发信息化和工业化融合发展规划（2016—2020 年）的通知	到 2020 年，信息化和工业化融合发展水平进一步提高，提升制造业创新发展能力的“双创”体系更加健全，支撑融合发展的基础设施和产业生态日趋完善，制造业数字化、网络化、智能化取得明显进展，新产品、新技术、新模式、新业态不断催生新的增长点，全国两化融合发展指数达到 85，比 2015 年提高约 12，进入两化融合集成提升与创新突破阶段的企业比例达 30%，比 2015 年提高约 15 个百分点
	国务院办公厅印发《国家信息化发展战略纲要》	到 2020 年，固定宽带家庭普及率达到中等发达国家水平； 到 2025 年，新一代信息通信技术得到及时应用，固定宽带家庭普及率接近国际先进水平，形成安全可控的信息技术产业体系

续表

发布年份	文件名称	政策目标
2016 年	工业和信息化部关于印发制造业创新中心等 5 大工程实施指南的通知（智能制造工程施工指南）	“十三五”期间通过数字化制造的普及，智能化制造的试点示范，推动传统制造业重点领域基本实现数字化制造，有条件、有基础的重点产业全面启动并逐步实现智能转型；“十四五”期间加大智能制造实施力度，关键技术装备、智能制造标准 / 工业互联网 / 信息安全、核心软件支撑能力显著增强，构建新型制造体系，重点产业逐步实现智能转型
2015 年	工业和信息化部关于印发《国家智能制造标准体系建设指南（2015 年版）》的通知	到 2017 年，初步建立智能制造标准体系。制定 60 项以上智能制造重点标准，按照“共性先立、急用先行”的立项原则，制定参考模型、术语定义、标识解析、评价指标等基础共性标准和数据格式、通信协议等关键技术标准，探索制定重点行业智能制造标准，并率先在《中国制造 2025》十大重点领域取得突破。推动智能制造国家标准上升成为国际标准，标准应用水平和国际化水平明显提高； 到 2020 年，建立起较为完善的智能制造标准体系。制修订 500 项以上智能制造标准，基本实现基础共性标准和关键技术标准全覆盖，智能制造标准在企业得到广泛的应用验证，在制造业全领域推广应用，促进我国智能制造水平大幅提升，我国智能制造标准国际竞争力显著提升
2014 年	工业和信息化部关于印发贯彻落实《国务院关于积极推进“互联网+”行动的指导意见》行动计划（2015—2018 年）的通知	到 2018 年，互联网与制造业融合进一步深化，制造业数字化、网络化、智能化水平显著提高。两化融合管理体系成为引领企业管理组织变革、培育新型能力的重要途径；新一代信息技术与制造技术融合步伐进一步加快，工业产品和成套装备智能化水平显著提升；跨界融合的新模式、新业态成为经济增长的新动力，培育一批互联网与制造业融合示范企业；信息物理系统（CPS）初步成为支撑智能制造发展的关键基础设施，形成一批可推广的行业系统解决方案；小微企业信息化水平明显提高，互联网成为大众创业、万众创新的重要支撑平台；基本建成宽带、融合、泛在、安全的下一代国家信息基础设施；初步形成自主可控的新一代信息技术产业体系
	国务院关于印发《中国制造 2025》的通知	第一步：力争用十年时间，迈入制造强国行列。 到 2020 年，基本实现工业化，制造业大国地位进一步巩固，制造业信息化水平大幅提升。掌握一批重点领域关键核心技术，优势领域竞争力进一步增强，产品质量有较大提高。制造业数字化、网络化、智能化取得明显进展。重点行业单位工业增加值能耗、物耗及污染物排放明显下降。 到 2025 年，制造业整体素质大幅提升，创新能力显著增强，全员劳动生产率明显提高，两化（工业化和信息化）融合迈上新台阶。重点行业单位工业增加值能耗、物耗及污染物排放达到世界先进水平。形成一批具有较强国际竞争力的跨国公司和产业集群，在全球产业分工和价值链中的地位明显提升。 第二步：到 2035 年，我国制造业整体达到世界制造强国阵营中等水平。创新能力大幅提升，重点领域发展取得重大突破，整体竞争力明显增强，优势行业形成全球创新引领能力，全面实现工业化。 第三步：新中国成立一百年时，制造业大国地位更加巩固，综合实力进入世界制造强国前列。制造业主要领域具有创新引领能力和明显竞争优势，建成全球领先的技术体系和产业体系
2013 年	关于印发信息化和工业化深度融合专项行动计划（2013—2018 年）的通知	到 2018 年，两化深度融合取得显著成效，信息化条件下的企业竞争能力普遍增强，信息技术应用和商业模式创新有力促进产业结构调整升级，工业发展质量和效益全面提升，全国两化融合发展水平指数达到 82

5.3.2　地方级政策

政策内容及分析

北京市政策内容见表 5-23。

北京市政策统计表 表 5-23

发布年份	文件名称	政策目标
2017 年	北京市经济和信息化委员会关于印发《"智造 100"工程实施方案》的通知	实施 100 个左右数字化车间、智能工厂、京津冀联网智能制造等应用示范项目； 打造 60 个左右智能制造标杆企业，形成北京智能制造经验与模式，在全市制造业各领域推广与应用； 应用示范企业关键工序装备数控化率达 75%，人均劳动生产率、资源能源利用效率大幅提升，运营成本、产品研制周期、产品不良品率显著降低； 形成 50 项示范效应显著的智能制造系统解决方案，培育 10 家左右年收入超过 10 亿元的智能制造系统解决方案供应商； 在智能制造核心装备、关键部件、支撑软件等领域，培育 5 家以上单项冠军企业； 打造 3 个以上智造云平台，完善工业互联网基础设施，支撑中小企业智能化水平提升
2016 年	北京市人民政府办公厅关于印发《北京市"十三五"时期信息化发展规划》的通知	到 2020 年，信息化成为全市经济社会各领域融合创新、升级发展的新引擎和小康社会建设的助推器，北京成为互联网创新中心、信息化工业化融合创新中心、大数据综合试验区和智慧城市建设示范区。 形成智能化城市管理体系。城市生命线、公共安全、城市规划、市场监管等领域的智能感知和精准管控能力明显增强，网格化社会服务、城市管理、社会治安实现融合运行、城乡覆盖，基本形成基于大数据的监测预警和决策支撑体系。公共交通全面实现准点预报，环境监测和预警预报水平进一步提升。北京城市副中心成为高标准智慧城市示范区。 培育高端智能、绿色融合的产业生态。基于新一代信息技术的新产品、新模式和新业态，以及跨界融合企业大量涌现，分享经济不断壮大。金融、商务、制造、文化、能源等领域互联网、物联网、大数据发展水平和企业网络化、智能化、绿色化生产管理水平大幅提升
	北京市经济和信息化委员会关于印发《北京市鼓励发展的高精尖产品目录（2016 年版）》和《北京市工业企业技术改造指导目录（2016 年版）》的通知	新型传感器、工业机器人、人机智能交互、增材制造等技术和装备在生产制造企业的推广应用。 智能控制、工厂自动化整合物流系统、计算机辅助设计（CAD）、计算机辅助制造（CAM）、网络协同制造、制造执行系统（MES）等智能管控系统在生产制造企业的推广应用。 传感器、可编程逻辑控制器（PLC）、综合自动化系统等智能部件和产品在工程机械、城市轨道交通领域的推广应用
	北京市经济和信息化委员会关于推进"互联网+制造"的指导意见	到 2020 年，基于互联网的新兴业态加速发展，跨界融合型企业大量涌现，智能化生产、数字化管理和网络化服务水平大幅提升，服务型、协同化、大规模定制等新型制造模式快速发展，涌现出一批具有全国影响力的制造领域"互联网+"创新平台。两化融合发展水平继续保持全国领先，形成 20 家新型制造示范企业，重点行业典型企业装备数控化率达到 75%，重点行业建成 3 家以上智能工厂 / 数字化车间示范，工业软件骨干企业营业收入年均增速超过 15%。 到 2025 年，重点行业和企业的关键生产管理环节基本实现网络化、智能化，互联网成为推动我市制造业高精尖发展的重要驱动力量
2015 年	北京市人民政府办公厅关于印发《〈中国制造 2025〉北京行动纲要》的通知	到 2020 年，制造业创新发展能力大幅提升，高端发展态势逐步显现，集约发展程度持续增强，绿色发展水平迈上新台阶，形成一批具有较强竞争力的优势产业，保持制造业占地区生产总值比重和对地方财政贡献"双稳定"，实现创新能力和质量效益"双提升"，带动京津冀地区数字化、网络化和智能化制造取得明显进展。 到 2025 年，形成创新驱动、高端发展、集约高效、环境友好的产业发展新格局，国际竞争力和影响力显著提升，部分制造业领域处于世界领先地位，综合资源消耗率达到世界先进水平，真正成为服务全国、辐射全球的优势产业集聚区

上海市政策内容见表 5-24。

上海市政策统计表　　表 5-24

发布年份	文件名称	政策目标
2017 年	上海市经济和信息化委员会关于印发上海市推进信息化与工业化深度融合“十三五”发展规划	到“十三五”末，初步形成以两化深度融合为主要特征的产业创新体系，各主要产业的互联网融合发展能力、技术创新能力、资源集聚与利用能力、两化融合综合支撑能力进一步提升，上海两化融合发展综合水平指数达到 105 以上，成为国家两化深度融合示范区和全球先进“智造”高地
	上海市人民政府办公厅关于本市加快制造业与互联网融合创新发展实施意见的通知	到 2020 年，上海制造业与互联网融合进一步深化，互联网“双创”成为制造业转型发展的新引擎，新模式、新业态，成为经济发展新动能，跨界融合的制造业新生态初步形成，制造业数字化、网络化、智能化水平明显提升，两化融合发展综合水平指数保持国内领先水平。重点打造 10 个具有较为完善支撑服务体系的制造业互联网“双创”平台，重点行业装备数控化率和工业云使用普及率分别达到 60% 和 65%，规模以上工业企业关键工序网络化率和电子商务应用比例分别达到 70% 和 85%，企业信息化投入占主营业务收入比重达到 0.5%，处于集成提升和创新突破阶段的企业比例不低于 50%，重点企业互联互通、大数据运用、跨企业协同和组织创新等互联网化水平显著提升。 到 2025 年，制造业与互联网融合发展迈上新台阶，融合发展新模式在重点产业广泛普及，融合发展生态体系日趋健全，制造业竞争力大幅提升，成为国家“两化”深度融合示范区和全球先进“智造”高地
2016 年	上海市人民政府办公厅关于印发《上海市大数据发展实施意见》的通知	到 2020 年，基本形成数据观念意识强、数据采集汇聚能力大、共享开放程度高、分析挖掘应用广的大数据发展格局，大数据对创新社会治理、推动经济转型升级、提升科技创新能力作用显著

广州市政策内容见表 5-25。

广州市政策统计表　　表 5-25

发布年份	文件名称	政策目标
2017 年	关于印发广州市先进制造业发展及布局第十三个五年规划（2016—2020 年）的通知	两化融合水平显著提高。大力发展工业互联网、物联网、云计算、大数据等新一代信息技术，推进信息技术在制造业的深度融合应用。到 2020 年末，制造业数字化、网络化、智能化取得明显进展，数字化研发设计工具普及率达 80%，重点行业关键工序数控化率 75%。关键工序智能化、关键岗位机器人替代、生产过程智能优化控制应用不断扩大，建成一批智能工厂 / 数字化车间
	广州市人民政府办公厅关于促进大数据发展的实施意见	到 2020 年，打造出具有广州特色的大数据产业体系，成为全国大数据应用先行区、大数据创新创业示范区、大数据产业核心集聚区，同时，实现大数据与产业发展、政府治理及科技创新的紧密结合，建成具有国际竞争力的国家大数据强市
2016 年	广东省促进大数据发展行动计划（2016—2020 年）	用 5 年左右时间，打造全国数据应用先导区和大数据创业创新集聚区，抢占数据产业发展高地，建成具有国际竞争力的国家大数据综合试验区
	关于印发广州制造 2025 战略规划的通知	到 2020 年，智能制造装备产业实现产值达到 1300 亿元，2025 年突破 3000 亿元，建成珠三角乃至全国智能装备关键设备、技术供应和研发创新中心

深圳市政策内容见表 5-26。

深圳市政策统计表 表 5-26

发布年份	文件名称	政策目标
2016 年	深圳市人民政府办公厅关于印发《深圳市促进大数据发展行动计划（2016—2018 年）》的通知	到 2018 年底，建成完善的大数据基础设施，政府数据开放和大数据应用取得明显成效，基于大数据的政府治理能力和公共服务水平有效提升，形成较完善的具有核心自主产权的大数据产业链，成为国内领先的大数据创新应用示范市和大数据产业发展高地
	深圳市人民政府办公厅关于印发深圳市信息化发展“十三五”规划的通知	到 2020 年，深圳市建成国际一流的信息基础设施，成为“一带一路”的重要信息通信节点和重要的国际信息港，建成全程全时的公共服务信息化体系，建立现代化的社会治理支撑体系，“互联网＋”和大数据应用全面深化，信息化引领经济转型升级成效显著，信息经济创新活跃，建成国家新型智慧城市标杆市，深圳市信息化整体水平迈入国际先进行列
2015 年	深圳市人民政府关于印发“互联网＋”行动计划的通知	到 2020 年，建成具有国际先进水平的网络基础设施，使深圳成为重要的国际信息港；孵化培育一大批网络创新企业，形成国际知名的互联网产业和服务集聚基地，全球领先的信息经济体；在互联网技术推动下，加快经济转型升级，全面激发创新动力、创造潜力、创业活力；实现机器、数据和人的实时交流互动、泛在连接与全面智慧化，使我市进入一个感知无处不在、联接无处不在、数据无所不在、计算无所不在的“万物互联”时代；企业内外实现网络化、协同化的生产组织模式；劳动者就业的多样性、个性化和工作场所的家庭化、组织机构的扁平化得到增强；规模化定制、柔性化制造、跨界式融合成为行业发展的主流模式

5.3.3 具体技术政策

1. 政策内容

国家及地区关于 BIM 技术政策目标的内容详见表 5-27。

BIM 技术政策统计表 表 5-27

地区	年份	政策名称	政策目标
国家	2013 年	《关于征求关于推荐 BIM 技术在建筑领域应用的指导意见（征求意见稿）意见的函》	近期（至 2016 年）： 1. 基本完成 BIM 系列标准的前期研究工作，为初步建立勘察设计、施工 BIM 技术以及相应的配套政策和措施奠定基础； 2. 研发本土化 BIM 应用软件； 3. 建设 BIM 技术应用示范工程； 4. 政府投资的 2 万 m^2 以上大型公共建筑以及申报绿色建筑项目的设计、施工采用 BIM 技术。 中长期（至 2020 年）： 1. 形成 BIM 技术应用标准和政策体系； 2. 解决大数据时代基于 BIM 技术信息产生的重大问题，形成具有我国自主知识产权的 BIM 应用软件； 3. 在甲级设计企业以及特级、一级房屋建筑工程施工企业中普遍实现 BIM 技术与企业管理系统和其他信息技术的集成应用； 4. 在政府投资大中型建筑项目以及申报绿色建筑项目中全面实现 BIM 技术的集成应用

续表

地区	年份	政策名称	政策目标
国家	2015年	《住房城乡建设部关于印发推进建筑信息模型应用指导意见的通知》	2020年末： 建筑行业甲级勘察、设计单位以及特级、一级房屋建筑工程施工企业应掌握并实现BIM与企业管理系统和其他信息技术的一体化集成应用；以下新立项项目勘察设计、施工、运营维护中，集成应用BIM的项目比率达到90%：以国有资金投资为主的大中型建筑；申报绿色建筑的公共建筑和绿色生态示范小区
	2016年	《2016—2020年建筑业信息化发展纲要》	1. 企业信息化 建筑企业应积极探索“互联网+”形势下管理、生产的新模式，深入研究BIM、物联网等技术的创新应用，创新商业模式； 2. 行业监管与服务信息化 积极探索“互联网+”形势下建筑行业格局和资源整合的新模式，促进建筑业行业新业态，支持“互联网+”形势下企业创新发展； 3. 专项信息技术应用 积极开展BIM技术与大数据技术、云计算技术、物联网技术、3D打印技术、智能化技术的结合研究； 4. 信息化标准 重点完善建筑工程勘察设计、施工、运维全生命期的信息化标准体系，结合物联网、云计算、大数据等新技术在建筑行业的应用，研究制定相关标准
上海	2015年	关于印发《上海市推进建筑信息模型技术应用三年行动计划（2015—2017）》的通知	为贯彻创新驱动发展战略，推进本市“科技创新中心”建设，按照指导意见的目标、原则和任务，通过2105至2017三年分阶段、分步骤推进建筑信息模型（以下简称“BIM”）技术应用，建立符合本市实际的BIM技术应用配套政策、标准规范和应用环境，构建基于BIM技术的政府监管模式，到2017年在一定规模的工程建设中全面应用BIM技术
	2016年	《2016上海市建筑信息模型技术应用与发展报告》	该《报告》是上海第一本由政府部门权威发布的关于BIM技术应用与发展的报告，通过数据形式直观的对上海工程项目BIM技术应用比率、模式、应用点、应用能力等方面进行了分析，并通过对上海BIM技术应用成熟度进行总结，提出未来BIM技术应用推广的机遇、挑战，给出对策建议。同时，《报告》对上海重大项目案例进行了解析，从项目的特点、管理机制、BIM技术应用亮点等方面总结经验，为其他项目提供借鉴与参考
		《关于进一步加强上海市建筑信息模型技术推广应用的通知（征求意见稿）》	按项目的规模、投资性质和区域分类、分阶段全面推广BIM技术应用，自2016年10月1日起，下列范围新立项的工程项目应当在设计和施工阶段应用BIM技术，鼓励运营等其他阶段应用BIN技术；已立项尚未开工的工程项目，应当根据当前实施阶段，从设计或施工招标投标或发承包中明确应用BIM技术要求；已开工项目鼓励在竣工验收归档和运营阶段应用BIM技术
广东	2014年	《关于开展建筑信息模型BIM技术推广应用工作的通知》	到2014年底，启动10项以上BIM技术推广项目建设；到2015年底，基本建立广东省BIM技术推广应用的标准体系及技术共享平台；到2016年底，政府投资的2万m^2以上的大型公共建筑，以及申报绿色建筑项目的设计、施工应当采用BIM技术，省优良样板工程、省新技术示范工程、省优秀勘察设计项目在设计、施工、运营管理等环节普遍应用BIM技术；到2020年底，全省建筑面积2万m^2及以上的工程普遍应用BIM技术
	2015年	《广东省住房和城乡建设厅关于发布2015年度城市轨道交通领域BIM技术标准制订计划的通知》	为推进我省城市轨道交通领域BIM技术应用，根据《中华人民共和国标准化法实施条例》和住房城乡建设部《工程建设地方标准化工作管理规定》的有关规定，经研究，广东省住房和城乡建设厅确定了2015年度城市轨道交通领域BIM技术标准制订计划分为：基于BIM的设备管理编码规范和城市轨道交通BIM建模与交付标准

续表

地区	年份	政策名称	政策目标
深圳	2015年	《深圳市建筑工务署政府公共工程BIM应用实施纲要》	深圳建筑工务署发布《深圳市建筑工务署政府公共工程BIM应用实施纲要》和《深圳市建筑工务署BIM实施管理标准》。《BIM应用实施纲要》对BIM应用的形势与需求、政府工程项目实施BIM的必要性、BIM应用的指导思想、BIM应用需求分析、BIM应用目标、BIM应用实施内容、BIM应用保障措施和BIM技术应用的成效预测等做了重要分析，同时还提出了市建筑工务署BIM应用的阶段性目标
湖南	2017年	《城乡建设领域BIM技术应用"十三五"发展规划》	"十三五"期间，在完成湖南省人民政府办公厅发布的《关于开展建筑信息模型应用工作的指导意见》的目标的基础上，结合《2016—2020年建筑业信息化发展纲要》的工作要求，到2020年底，建立BIM技术应用的相关政策、技术标准和应用服务标准；湖南省城乡建设领域建设工程项目全面应用BIM技术；规划、勘察设计、监理、施工、工程总承包、房地产开发、咨询服务、运维管理等企业全面普及BIM技术；以BIM为主要技术手段，增强基于BIM的"建筑+互联网"与大数据、智能化、移动通讯、云计算、物联网等信息技术集成应用能力，全面提高湖南省城乡建设领域信息化水平，应用和管理水平进入全国先进行列
山东	2016年	济南市《关于加快推进建筑信息模型（BIM）技术应用的意见》	到2017年底，济南市基本形成满足BIM技术应用的配套政策、地方标准和市场环境，开展应用试点示范。培育建筑行业甲级勘察、设计单位以及特级、一级房屋建筑工程施工企业、构件生产企业、咨询服务企业等应掌握BIM技术应用能力，建立相应技术团队并能够协同工作。 到2020年底，济南市建筑行业勘察、设计、施工、房地产开发、咨询服务、构件生产等企业应全面掌握BIM技术。形成比较完善的BIM应用市场，形成较成熟的技术标准及扶持政策，形成较为完整的BIM应用产业链条，具备BIM应用全面推广市场条件。以国有资金投资为主的大中型建筑、申报绿色建筑的公共建筑和绿色生态示范小区新立项项目勘察设计、施工、运营维护中集成应用BIM的项目比率达到90%

国家及地区关于3D打印技术政策目标的内容详见表5-28。

3D打印政策统计表 **表5-28**

地区	年份	政策名称	政策目标
国家	2013年	国家高科技研究发展计划（863计划）、国家科技支撑计划制造领域2014年度备选项目征集指南	将增材制造首次列入国家重点扶持领域，推进3D打印软件平台的研发工作
	2015年	《国家增材制造产业发展推进计划（2015—2016）年》	到2016年，初步建立较为完善的增材制造产业体系，整体技术水平保持与国际同步，在航空航天等直接制造领域达到国际领先水平，在国际市场上占有较大的市场份额
	2015年	《中国制造2025》重点领域技术路线图	1. 3D打印金属粉末需求量将年均增长30%，到2020年需求量达800t，到2025年达2000t； 2. 发展生物3D打印技术，研制组织工程和再生医学治疗产品。 3. 重点突破具有系列原创技术的钛合金、高强合金钢、高强铝合金、高温合金、非金属工程材料与复合材料等高效增材制造工艺、成套装备、专用材料及工程化关键技术，发展激光、电子束、离子束及其他能源驱动的主流工艺装备；攻克材料制备、打印头、智能软件等瓶颈，打造产业链

续表

地区	年份	政策名称	政策目标
北京	2014 年	《促进北京市增材制造（3D 打印）科技创新与产业培育的工作意见》	重点突破一批原创性技术，研发一批专用材料，研制一批高端装备，到 2017 年，申请及授权专利 100 项以上；制定技术标准 100 项以上；取得 3D 打印产品医疗注册证 5 项以上；拓展在 10 个以上行业的创新应用；培育 2 ~ 3 家龙头企业、10 家以上骨干企业，推进北京市 3D 打印技术全面跻身国际先进水平。 构建 3 ~ 4 个以企业为主体，产学研用协同创新的 3D 打印技术创新研究院或应用服务平台，推动北京市成为引领全球的 3D 打印技术高地和人才聚集地。 以龙头企业为核心，建设 3D 打印产业园，集群式推动 3D 打印产业发展，努力建成世界知名的 3D 打印产业基地，增强北京市高端制造业的核心竞争力，培育未来经济增长点
江苏	2013 年	《江苏省三维打印技术发展及产业化推进方案（2013—2015 年）》	到 2015 年，江苏将培育形成 10 家左右产值超亿元的骨干企业，开发出 100 项新产品；到 2020 年，培育出若干个居国际同行前列的骨干企业，三维打印成为江苏重要战略性新兴产业
浙江	2013 年	《关于加强三维打印技术攻关加快产业化的实施意见》	到 2015 年，突破三维打印领域的关键核心技术，部分技术和产品性能达到国际先进水平，三维打印产业成为浙江省重要的战略性新兴产业，使我省在促进三维打印技术产业化发展走在全国前列。工业级三维打印设备实现产业化，在工业设计、机械制造和文化创意等领域实现一定规模的推广应用；研发出技术水平达到国际先进水平的直接数字化制造用途的三维打印设备；力争培育 5 家以上产值超亿元的骨干企业；我省成为国内实现三维打印产业率先发展的主要省份
福建	2013 年	《福建省关于促进 3D 打印产业发展的若干意见》	2015 年，建成 1 个研发平台和 1 个产业化示范基地，在重点领域实现 3D 打印创新应用。 2020 年，建成 3 个研发平台和 3 个产业化示范基地，培育 10 家以上产值超十亿元企业，形成较为完整的 3D 打印产业链，全产业年产值超过 200 亿元
杭州	2014 年	《杭州市关于加快推进 3D 打印产业发展的实施意见》	力争到 2015 年，培育 2 ~ 3 家产值超亿元的骨干企业，认定一批 3D 打印应用示范企业，建设覆盖全省、辐射全国的 3D 打印服务中心，使杭州市成为国内 3D 打印产业率先发展的重要城市
四川	2014 年	《四川省增材制造（3D打印）产业发展路线图（2014—2023）》	着力推动传统“减材”制造与“增材”制造相融合，推动大规模生产与个性化定制相融合，促进四川省 3D 打印产业加速成链。 主要对增材制造设备、材料、控制及辅助系统三个方面进行研究，积极探索增材制造技术在航空航天、精密机械、生物医疗、设计应用平台 4 个领域的应用，并力争以应用带动产业发展，形成一个依托于四川省特色优势的增材制造产业链

国家关于物联网政策目标的内容见表 5-29。

物联网政策统计表 表 5-29

地区	年份	政策文件	政策目标
国家	2012 年	《物联网“十二五”发展规划》	到 2015 年，中国要在物联网核心技术研发与产业化、关键标准研究与制定、产业链条建立与完善、重大应用示范与推广等方面取得显著成效，初步形成创新驱动、应用牵引、协同发展、安全可控的物联网发展格局

续表

地区	年份	政策文件	政策目标
国家	2013年	《国务院关于推进物联网有序健康发展的指导意见》	到2015年，我国要实现物联网在经济社会重要领域的规模示范应用，突破一批核心技术，培育一批创新型中小企业，打造较完善的物联网产业链，初步形成满足物联网规模应用和产业化需求的标准体系，并建立健全物联网安全测评、风险评估、安全防范、应急处置等机制。意见指出，将建立健全有利于物联网应用推广、创新激励、有序竞争的政策体系，抓紧推动制定完善信息安全与隐私保护等方面的法律法规。建立鼓励多元资本公平进入的市场准入机制。加快物联网相关标准、检测、认证等公共服务平台建设，完善支撑服务体系。加强知识产权保护，加快推进物联网相关专利布局，从而推动物联网健康有序的发展
		《物联网发展专项行动计划（2013—2015）》	到2015年，充分发挥物联网发展部际联席会议制度作用，健全完善物联网统筹协调工作机制，初步实现部门、行业、区域、军地之间的物联网发展相互协调，以及物联网应用推广、技术研发、标准制定、产业链构建、基础设施建设、信息安全保障、频谱资源分配等相互协调发展的局面，基本形成各环节协调发展、协同推进、相互支撑的发展效应
	2014年	《工业和信息化部2014年物联网工作要点》	2014年，物联网工作重点为： 1. 加强顶层设计和统筹协调：加强物联网工作统筹协调，加强对地方和行业物联网发展的指导。 2. 突破核心关键技术：推进传感器及芯片技术、传输、信息处理技术研发，推进传感器及芯片技术、传输、信息处理技术研发，开展物联网技术典型应用与验证示范，构建科学合理的标准体系。 3. 开展重点领域应用示范：构建科学合理的标准体系，开展农业、商贸流通、节能环保、安全生产等领域和交通、能源、水利等重要基础设施领域应用示范，推进公共安全、医疗卫生、城市管理、民生服务领域应用示范，依托无锡国家传感网创新示范区开展应用示范，推动电信运营等企业开展物联网应用服务。 4. 促进产业协调发展：培育和扶持物联网骨干企业，引导和促进中小企业发展，引导和促进中小企业发展，培育物联网产业聚集区，建设和完善公共服务平台，组织商业模式研究创新和推广。 5. 推进安全保障体系建设：建立健全物联网安全保障体系，建立健全物联网安全保障体系。 6. 营造良好发展环境：加强各部门工作衔接，加强各部门工作衔接，完善产业发展政策，加大财税和金融支持力度，加快完善法律法规，加强专业人才培养

国家及地区关于人工智能政策目标的内容详见表5-30。

人工智能政策统计表 表5-30

地区	年份	政策名称	政策目标
国家	2016年	《机器人产业发展规划（2016—2020年）》	到2020年，自主品牌工业机器人年产量达到10万台，六轴及以上工业机器人年产量达到5万台以上。服务机器人年销售收入超过300亿元。培育3家以上具有国际竞争力的龙头企业，打造5个以上机器人配套产业集群
		《"互联网+"人工智能三年行动实施方案》	到2018年，中国将基本建立人工智能产业体系、创新服务体系和标准化体系，培育若干全球领先的人工智能骨干企业，形成千亿级的人工智能市场应用规模

续表

地区	年份	政策名称	政策目标
重庆	2016 年	关于印发重庆市科技创新“十三五”规划的通知	建立重大科研基础平台，建立人工智能研发创新中心：重点开展面向人工智能应用优化的处理器、智能传感器等核心器件，人工智能处理设备和移动智能终端、可穿戴设备、虚拟现实 / 增强现实硬件等开发，以及包括理论与算法、基础软件、应用软件等人工智能软件技术和人工智能系统的研究和应用
上海	2014 年	上海市经济和信息化委员会关于上海加快发展和应用机器人促进产业转型提质增效的实施意见	支持国际龙头企业在沪发展壮大，培育和引进 2 ~ 3 家国内本体骨干企业，培育 5 家左右核心功能部件企业，以及 10 家左右具备整体设计能力和解决方案提供能力的专业化机器人系统集成企业。2015 年上海市机器人产业规模力争达到 200 亿元，2020 年达到 600 ~ 800 亿元； 加大机器人在工业和服务业重点领域的应用力度，提高劳动生产率和优质成品率，降低产品生产成本和低知识技能用工量。2015 ~ 2020 年，上海市应用机器人数量年均增加 30% 以上，平均每年新增机器人 3000 台以上，平均每年新建 5 条以上机器人示范应用生产线
广州	2014 年	广州市人民政府办公厅关于推动工业机器人及智能装备产业发展的实施意见	到 2020 年，培育形成超千亿元的以工业机器人为核心的智能装备产业集群，其中包括形成年产 10 万台（套）工业机器人整机及智能装备的产能规模，培育 1 ~ 2 家拥有自主知识产权和自主品牌的百亿元级工业机器人龙头企业和 5 ~ 10 家相关配套骨干企业，打造 2 ~ 3 个工业机器人产业园，全市 80% 以上的制造业企业应用工业机器人及智能装备，使广州成为全省智能装备制造业发展的先行区，华南地区工业机器人生产、应用、服务的核心区，以及全国最具规模和最具竞争力的工业机器人和智能装备产业基地之一
深圳	2014 年	深圳市人民政府关于印深圳市机器人、可穿戴设备和智能设备产业发展规划（2014—2020）	到 2020 年，初步形成创新活跃、结构优化、规模领先、配套完善、服务发达的产业体系，将深圳打造成为国内领先、世界知名的机器人、可穿戴设备和智能装备产业制造基地、创新基地、服务基地和国际合作基地
辽宁	2015 年	《关于印发辽宁省推进机器人产业发展实施意见的通知》	到 2017 年，机器人生产能力达到 2 万台（套），机器人及智能装备产品主营业务收入突破 300 亿元；到 2020 年，机器人生产能力达到 3 万台（套），机器人及智能装备产品主营业务收入突破 500 亿元；到 2017 年，以新松机器人为代表的重点企业国内市场占有率超过 20%；到 2020 年，国内市场占有率超过 30%，规模跻身国际企业前列； 搭建产业研发创新平台，建设机器人高端技术研究院，突破机器人共性核心技术和产业化技术；到 2017 年，实现 30 项以上重大技术和产品突破；到 2020 年，实现 100 项以上重大技术和产品突破； 引导培育配套企业集聚式发展，稳步提升核心部件配套能力。到 2017 年，机器人单体自主配套率超过 50%；到 2020 年，自主配套率超过 80%
江西	2014 年	《关于培育发展机器人及智能制造装备产业的意见》	到 2017 年，初步形成涵盖研发、设计、制造、销售、服务等较为完整的产业体系，全省机器人及智能制造装备产业主营业务收入达到 200 亿元。培育 10 户以上拥有自主知识产权和自主品牌的研发制造骨干企业，发展一批具有竞争优势的技术服务和系统集成配套企业，在有条件的地方形成特色鲜明、产业链条比较完善、辐射带动作用突出的产业集群
贵州	2016 年	贵州省“互联网 +”人工智能专项行动计划	到 2018 年，实施重大示范项目 11 个，累计完成投资 5 亿元以上，力争建成人工智能数据分析平台、管理与决策支撑平台、电力故障分析平台、车友助理智能服务平台等平台，建成“互联网 +”人工智能系统 10 个以上，力争组织实施 10 个左右国家物联网专项，力争培育 10 家人工智能工程（技术）研究中心、企业技术中心和人工智能重点实验室（工程实验室）

国家及地区关于虚拟现实政策目标的内容详见表 5-31。

虚拟现实政策统计表　　表 5-31

地区	年份	政策名称	政策目标
国家	2016 年	《虚拟现实产业发展白皮书》	首先，提前谋划布局做好顶层设计，加快制定产业发展路线图，建立和完善相关标准体系；其次，推进产业化和行业应用，通过财政专项支持虚拟现实技术产业化，支持虚拟现实领域核心技术突破，加强重点领域应用示范；最后，加强文化和品牌建设
福州	2016 年	《关于促进 VR 产业加快发展的十条措施》	发展 VR 硬件、软件设计、平台分发与内容产品，推动 VR 相关重大项目和发展要素集聚，力争通过 3 ~ 5 年的努力，培育比较完整的 VR 产业链，打造全国领先的 VR 产业集聚区和全球 VR 产业重要的创业创新平台
南昌	2016 年	关于加快 VR/AR 产业发展的若干政策（试行）的通知	对南昌市区域内进行工商注册和税务登记的 VR/AR 研发和制造企业，以及为产业发展提供公共服务的机构提供政策支持

2. 政策分析

（1）BIM 技术政策分析

住房城乡建设部从 2011 年开始出台推广 BIM 技术的相关政策，截至 2016 年共出台了 5 项政策。

2011 年国家意识到 BIM 技术对建筑行业的重要性，开始着手 BIM 技术在相关建筑企业中的推广，印发了《2011—2015 年建筑业信息化发展纲要》，通过政策导向，加快建筑信息化建设及促进建筑业技术进步和管理水平提升的指导思想，达到普及 BIM 技术概念和应用的目标，使 BIM 技术初步应用到工程项目中去，并通过住房城乡建设部和各行业协会的引导作用来保障 BIM 技术的推广。

2013 年在“十二五”发展纲要初见成效后，发布了《关于征求关于推荐 BIM 技术在建筑领域应用的指导意见（征求意见稿）意见的函》，首次提出了工程项目全生命期质量安全和工作效率的思想，并要求确保工程建设安全、优质、经济、环保，确立了近期（至 2016 年）和中长期（至 2020 年）的目标，近期目标对工程项目勘察设计和施工阶段的 BIM 应用提出了要求，并且要开展 BIM 软件的研究和建设示范工程，同时对需要应用 BIM 技术的工程类型做出了规定，要求政府投资的 2 万 m^2 以上大型公共建筑以及申报绿色建筑项目要在设计和施工两个阶段中应用 BIM 技术；中长期目标在近期目标的基础上进行了深化，要达到形成 BIM 技术标准和政策体系及具有我国自主知识产权的 BIM 应用软件的目标，强调了与企业管理系统的集成应用，并将应用 BIM 技术的工程类型扩大到政府投资的大中型建筑项目；保障措施更加细化，提出了与 GIS、物联网技术的融合研究，通过制定企业 BIM 应用水平评价标准，加强对企业管理者的 BIM 知识培训，在各奖项评比中加设应用 BIM 技术条件来保证目标的达成，2014 年的《关于推进建筑业发展和改革的若干意见》再次强调了 BIM 技术工程设计、施工和运行维护等全过程应用重要性。

2015年住房城乡建设部发布了《住房城乡建设部关于印发推进建筑信息模型应用指导意见的通知》，不仅要普及更要深化BIM技术应用，同时将节能的概念引入到指导思想中，针对2020年末制定了详细的目标，强调了一体化集成应用，并首次引入全生命周期集成应用BIM的项目比率，要求以国有资金投资为主的大中型建筑以及申报绿色建筑的公共建筑和绿色生态示范小区的比率达到90%，该项目标在后期成为地方政策的参照目标；保障措施方面添加了市场化应用BIM费用标准，搭建公共建筑构件资源数据中心及服务平台以及BIM应用水平考核评价机制，使得BIM技术的应用更加规范化，做到有据可依，不再是空泛的技术推广。

在经过了五年的政策推广实施后，住房城乡建设部发布了“十三五”纲要——《2016—2020年建筑业信息化发展纲要》，相比于“十二五”纲要，引入了“互联网+”概念，以BIM技术与建筑业发展深度融合，塑造建筑业新业态为指导思想，实现企业信息化、行业监管与服务信息化、专项信息技术应用及信息化标准体系的建立，达到基于“互联网+”的建筑业信息化水平升级的目的。

总的来说，国家政策是一个逐步深化、细化的过程，从普及概念到工程项目全过程的深度应用再到相关标准体系的建立完善，由点到面，逐渐完成BIM技术应用的推广工作，硬性要求应用比率以及和其他信息技术的一体化集成应用，同时开始上升到管理层面，开发集成、协同工作系统及云平台，提出BIM的深层次应用价值，如与绿色建筑、装配式及物联网的结合，BIM+时代到来，使BIM技术深入到建筑业的各个方面。

为了响应国家号召，地方各省市也陆续颁布了以国家政策为基准的地方政策，笔者不完全统计，截止到2017年4月20日，全国共有16个省级地区颁布了BIM技术相关政策，大部分为沿海城市及一、二线城市。

上海、广东、山东和湖南是重点推行BIM技术的省级地区，政策内容紧跟国家风向，从概念到核心（数据标准），逐步具体化精细化，更加注重深度实用价值，从项目试点到实现全面应用。

这些地区政策的共同点分为以下几点：

1）分阶段细化目标，深化BIM技术应用；

2）推行范围广、力度大，全面应用BIM技术；

3）管理机制相对完善，初步建立了相关标准体系；

4）探索“互联网+”，与大数据技术相结合；

5）对应用BIM技术并达到相应条件的工程项目给予资金支持。

其他地区的政策大致分为两类，一类是以“十二五”规划纲要为雏形，基于该纲要要求并根据各省具体情况制定的具有详细阶段规划的政策，除徐州市外均已规划到

2020年，主要省市有黑龙江省、沈阳市、徐州市、重庆市、福建省、广西壮族自治区、南宁市、云南省及贵州省；另一类是仅作了整体方向，说明了应用BIM技术工程项目的条件，主要省市有陕西省、天津市、成都市、浙江省及绍兴市，相信未来该类政策地区政府会做出进一步的规划方案，追赶上国家的步伐。

（2）3D打印政策分析

欧美在3D打印政策上，已经形成较完善、基本成体系的产业政策，包括从国家战略，到产业发展的推动，到行业标准的制定等。而中国在国家层面的3D打印行业整体推进工作才刚开始，2015年2月，工信部、发改委及财政部联合发布的《国家增材制造产业发展推进计划（2015—2016年）》，首次将增材制造（即3D打印）产业发展上升到国家战略层面。中国仅四川、成都在2013年和2014年制定了相应的3D打印路线图，但相对欧美路线图来说仍较为粗糙。而国家层面迄今为止还没有路线图，只在《国家增材制造产业发展疾患（2015—2016）》提出要制定路线图。到目前为止，还没有相应的3D打印行业标准，但在《计划》中提出要建立和完善产业标准体系。

尽管3D打印技术显示出巨大的潜在优势，但距离大规模的工业实际应用还有较长的一段距离。当前，国内的3D打印企业还很难完全依靠市场生存，需要政府对该产业在资金扶持、税收、市场引导等方面实施一系列长期稳定的扶持政策。概括起来，为加快推动中国3D打印技术研发和产业化，特提出如下政策建议：

一是加强顶层设计和统筹规划；

二是加大对3D打印技术的研发和产业化投入；

三是加快3D打印的试点示范与推广；

四是尽快建立共性技术研发体系。

展望3D打印技术及产业化的未来，可以借鉴哥本哈根未来研究学院（CIFS）的名誉主任约翰·彼得·帕鲁坦（Johan Peter Paludans）的一句话：我们的社会通常会高估新技术的可能性，同时却又低估它们的长期发展潜力。我们相信，只要把握发展机遇，发挥我们的政策优势和市场大国优势，3D打印技术及其产业化一定会在第三次工业革命浪潮中扮演越来越重要的角色，中国也一定会在新一轮的产业竞争中抢得新的先机。

（3）物联网政策分析

2011年3月，《物联网“十二五”发展规划》正式出台，明确指出物联网发展的九大领域，目标到2015年，我国要初步完成物联网产业体系构建。在2013年，国家发展改革委、工业和信息化部、科技部、教育部、国家标准委等多部委联合印发《物联网发展专项行动计划（2013—2015）》包含了10个专项行动计划，随后各地组织开展2014—2016年国家物联网重大应用示范工程区域试点。2014年6月，工业和信息化部印发《工业和信息化部2014年物联网工作要点》，为物联网发展提供了有序指引。

如今，从“中国制造2025”到“互联网+”，都离不开物联网的支撑。物联网已被

国务院列为我国重点规划的战略性新兴产业之一，在国家政策带动下，我国物联网领域在技术标准研究、应用示范和推进、产业培育和发展等领域取得了十足的进步。随着物联网应用示范项目的大力开展、国家战略的推进，以及云计算、大数据等技术和市场的驱动，我国物联网市场的需求不断被激发，物联网产业呈现出蓬勃生机。

此外，各地方政府也积极营造物联网产业发展环境，以土地优惠、税收优惠、人才优待、专项资金扶持等多种政策措施推动产业发展，并建立了一系列产业联盟和研究中心。2009年“感知中国”概念提出后，同年11月，中国科学院、江苏省和无锡市签署合作协议成立中国物联网研发中心，集聚产业链上40余家机构的中关村物联网产业联盟成立。而上海近年来仅市级财政支持物联网技术研发、产业化、应用示范和公共服务平台类项目超过150个，支持金额超过3亿元，通过政策引导，带动社会资金投入50亿元。重庆市政府高度重视物联网产业发展，出台多项政策举措力图将重庆打造成为有国际竞争力的物联网产业高地。

通过了解北上广深及全国各省市的智能制造技术相关政策不难发现，各地方均以国务院发布的《中国制造2025》以及《国务院关于积极推进“互联网＋”行动的指导意见》等国家政策为指导核心并根据各自省市的特点来制定自己的发展规划，主要制定了各省市的中国制造2025的行动纲要，发展“互联网+”，两化融合，大数据，智能技术创新等行动指导，同时北上广深在机器人相关技术的推广也做出了规划，全国已经基本普及智能建造技术，除去西藏，其余各省市均已出台相关政策用以推广和发展智能建造技术，而一二线城市及沿海地区的推广力度是最大的，这些地区有着先天的优势和强烈的发展需求。

然而相比于国外的智能建造技术，国内的政策还只是停留在基本概念的普及和一小部分技术的发展阶段，笼统的强调发展和规划，缺少具体技术的创新和发展，对例如虚拟现实、3D打印、人工智能等技术的具体实施方案和发展要求没有系统的制定。虽然国家政策是大方向，但是地方政策缺少地方特色，多数以国家政策标题加上地方名称即为地方政策，内容大同小异，因此为加快推进智能建造的培育与发展，必须客观分析并顺应当前智能建造的发展趋势，结合我国智能建造的发展实际及存在的突出问题，制定我国智能建造的发展战略。

（4）人工智能政策分析

政策出台明显提速，人工智能产业化有望提速。2015年7月《国务院关于积极推进“互联网+”行动的指导意见》中首次明确将“互联网+”人工智能列为11项重点行动之一，自此“人工智能”一词出现在我国重大政策设计当中的频次日渐提升；2016年5月《“互联网+”人工智能三年行动实施方案》出台，提出到2018年形成千亿级的人工智能市场应用规模的目标，明确了培育发展人工智能新兴产业、推进重点领域智能产品创新、提升终端产品智能化水平的三大方向。至此国内人工智能产业政策进入密集加速期，且在支撑平台、关键技术、重点产业应用等方面都提出了更为细致、具体的要求，人工智能产业化加速的政策信号全面释放。

“十三五”高度重视人工智能，催化产业爆发。2016年3月，“人工智能”概念写入“十三五规划纲要”；此后又分别在《“十三五”国家科技创新规划》中提出“重点发展大数据驱动的类人工智能技术方法”，在《“十三五”国家战略性新兴产业发展规划》中将“人工智能创新工程”列入21项重大工程，并将其列入《战略性新兴产业重点产品和服务指导目录》九大产业之一。在一系列重点政策的催化下，人工智能产业发展有望在技术研发层面和资金注入、优惠措施等方面获得更充足的支撑，“十三五”期间或将迎来价值爆发。

（5）虚拟现实政策分析

中国对VR技术的研发非常重视。在《国家中长期科学和技术发展规划纲要(2006－2020年)》(以下简称《规划纲要》)中，VR技术被列入信息技术领域需要重点发展的3项前沿技术之一。此外，VR技术也受到国家高技术研究发展计划（863计划）、国家自然科学基金的重点支持。863计划对VR技术的资助主要在信息技术领域和先进制造技术领域。信息技术领域下设4个专题。其中VR技术专题围绕虚拟现实新方法和新技术、虚拟现实学科交叉与融合以及相关应用领域中的关键技术和系统集成技术等开展研究，同时考虑虚拟现实与数字媒体技术的结合。2008年度经费总预算为7000万元，资助了“虚实融合的协同工作环境技术与系统”等项目。

先进制造技术领域也设置了4个专题，其中现代制造集成技术专题与VR技术密切相关，该专题下的数字化设计方法与技术、复杂零件加工与仿真优化等课题均应用VR技术。该专题2008年度安排经费8500万元左右。除了以上两个领域以外，863计划其他领域也有一些课题涉及VR技术。如资源环境技术领域的“数字化采矿关键技术与软件开发”重点项目、新材料技术领域的“新一代激光显示技术工程化开发”重点项目等。国家自然科学基金是我国支持基础研究的主渠道之一，根据不同学科分若干处进行管理。其中信息科学二处主要资助计算机科学技术及相关交叉学科研究项目，虚拟现实是其重要资助领域之一。另外，国家自然科学基金还资助了“虚拟现实中基于图像的建模绘制”、“图像处理与重建中的几何分析”等与虚拟现实相关的重点项目和重大项目。此外，虚拟现实理论与方法研究是国家重点基础研究发展计划（973计划）在信息领域的重点支持方向之一。“十一五”国家科技支撑计划也支持了“虚拟实验教学环境关键技术研究与应用示范”等相关项目。

2015年以来，VR概念便在市场掀起一股热潮，俨然成为资本狂欢盛宴。数据显示，截至2015年底，国内VR企业融资总额超过10亿元人民币，约为美国的几十分之一。尽管与美国的水平差得较远，但发展速度惊人。2015年我国就有爱客科技、Ximmerse、暴风魔镜、清显科技等完成了融资。仅2015年12月下旬，就有五家企业完成了融资，分别是赞那度、灵镜、大朋VR、焰火工坊与蚁视科技。

不过，尽管资本对VR明显追捧，但这一行业创业环境变得越发艰难。2014年，中国总共有200多家做VR头盔的公司。2015年，头盔公司仅剩下60多家，行业“虚热”是导致VR厂商快速洗牌的重要原因。

虚拟现实处于“虚火”状态，主要表现是技术尚未成熟，而厂商受赚快钱因素趋势影响，向市场投放瑕疵产品，影响了产品体验。这种“虚热”造成了资源和人才浪费，一定程度上将透支行业生命力，亟待相关政策出台，鼓励技术研发，建立统一标准，规范行业发展。

5.4 工业化建造技术政策

5.4.1 国家级政策

国家级政策内容和目标的内容详见表5-32。

国家级政策统计表 表5-32

年份	政策名称	主要内容	政策目标
2016年	国务院办公厅关于大力发展装配式建筑的指导意见	健全标准规范体系；创新装配式建筑设计；优化部品部件生产；提升装配施工水平；推进建筑全装修；推广绿色建材；推行工程总承包；确保工程质量安全	以京津冀、长三角、珠三角三大城市群为重点推进地区，常住人口超过300万的其他城市为积极推进地区，其余城市为鼓励推进地区，因地制宜发展装配式混凝土结构、钢结构和现代木结构等装配式建筑。力争用10年左右的时间，使装配式建筑占新建建筑面积的比例达到30%
	住房城乡建设部关于印发装配式混凝土结构建筑工程施工图设计文件技术审查要点的通知	审查要点包括：装配整体式框架结构、装配整体式剪力墙结构、装配整体式框架-现浇剪力墙结构、装配整体式部分框支剪力墙结构，以及多层装配式剪力墙结构	指导和规范装配式混凝土结构建筑工程施工图设计文件的审查工作
2017年	住房城乡建设部关于发布国家标准《装配式混凝土建筑技术标准》的公告	总则；术语和符号；基本规定；建筑集成设计；结构系统设计；外围护系统设计；设备与管线系统设计；内装系统设计；生产运输；施工安装；质量验收	规范我国装配式混凝土建筑的建设，按照适用、经济、安全、绿色、美观的要求，全面提高装配式混凝土建筑的环境效益、社会效益和经济效益
	住房城乡建设部关于发布国家标准《装配式木结构建筑技术标准》的公告	总则；术语；材料；基本规定；建筑设计；结构设计；连接设计；防护；制作、运输和储存；安装；验收；使用和维护	规范我国装配式木结构建筑的设计、制作、施工及验收，做到技术先进、安全适用、经济合理、确保质量、保护环境
	住房城乡建设部关于发布国家标准《装配式钢结构建筑技术标准》的公告	总则；术语；基本规定；建筑设计；集成设计；生产运输；施工安装；质量验收；使用维护	规范我国装配式钢结构建筑的建设，按照适用、经济、安全、绿色、美观的要求，全面提高装配式钢结构建筑的环境效益、社会效益和经济效益
	住房城乡建设部关于发布行业标准《装配式劲性柱混合梁框架结构技术规程》公告	自2017年10月1日起实施	

5.4.2 地方级政策

1. 北京

北京市政策内容和目标的内容详见表 5-33。

北京市政策统计表 表 5-33

年份	政策名称	主要内容	政策目标
2010年	关于发布北京市地方标准《建设工程临建房屋应用技术标准》的通知	在临建房屋建设使用中，推荐优先选用标准化、定型化的整体箱式房屋和装配式箱式房屋。对存放易燃品的仓库、加工用房及明火作业的厨房等临建房屋必须使用不燃材料搭建；用作办公、宿舍等临建房屋的围护结构应使用不燃材料。建设工程临建房屋的使用单位应切实履行责任，按照本标准要求组织做好检查验收、拆除与使用工作，采取措施有组织做好夏季降温和冬季取暖，确保临建房屋使用和居住人员安全	代替原北京市工程建设地方标准《建设工程施工现场临建房屋技术规程（轻型钢结构部分）》
	关于印发《北京市混凝土结构产业化住宅项目技术管理要点》的通知	技术管理要点；产业化住宅项目的设计；产业化住宅项目的构件生产和施工	贯彻执行《关于推进本市住宅产业化的指导意见》和《关于产业化住宅项目实施面积奖励等优惠措施的暂行办法》，规范北京市混凝土结构产业化住宅项目的管理
2012年	关于印发《北京地区既有建筑外套结构抗震加固技术导则》的通知	总则；术语和符号；基本规定；砌体房屋外套结构抗震加固；砌体房屋外加圈梁钢筋混凝土柱加固；框架结构房屋外套消能减震结构加固；房屋顶部隔震增层；屋顶平改坡工程	指导北京市房屋建筑抗震节能综合改造工程采用外套结构加固技术的设计与施工，规范房屋建筑抗震加固工作
2013年	关于《装配式剪力墙住宅产业化技术参考手册》的通知	装配式剪力墙住宅产业化的设计、构件生产及施工安装的技术要点	方便各建设、设计、施工、构件生产等单位学习住宅产业化的相关内容
	北京市住房和城乡建设委员会关于印发《既有砌体建筑外套装配式结构抗震加固施工技术导则（试行）》的通知	总则；基本规定；预制构件制作与运输；加固施工技术要点；工程验收；安全文明与绿色建造	指导北京市既有砌体建筑外套装配式结构抗震加固工程施工与质量验收管理
2014年	我市发布绿色建筑适用技术推广目录	涵盖绿色建筑节地与室外环境技术、绿色建筑能效提升和能源优化配置技术、绿色建筑水资源综合利用技术、绿色建筑节材和材料资源利用技术、绿色建筑室内环境健康技术、绿色建筑运营管理技术、新型装配式产业化技术和既有建筑绿色化改造技术八大类别 55 项绿色建筑适用技术	体现科技创新、绿色环保、因地制宜及经济适用的理念，推广的技术和产品在绿色建筑节地、节能、节水、节材和环境保护等方面具有技术成熟、安全适用的特点，且具有一定的前瞻性、先进性，适于全面推广应用
2015年	既有砌体住宅工业化抗震加固体系成套技术	包含既有砌体建筑外套结构抗震加固设计研究、砌体建筑外套结构抗震加固分析及设计专用软件（Fecis-RM 软件）研发、新型旋转钻井预制复合钢桩施工技术研究、预制混凝土构件螺栓连接施工技术研究、砌体纵墙外贴预制混凝土墙板加固施工技术研究、外套加固体系屋面施工技术等关键技术的研究	实现抗震加固设计意图，减少对住户的干扰，提高住宅品质

续表

年份	政策名称	主要内容	政策目标
2017年	关于印发《北京市绿色建筑适用技术推广目录（2016）》的通知	绿色建筑适用技术项目67项，包含绿色建筑节地与室外环境技术、绿色建筑能效提升和能源优化配置技术、绿色建筑水资源综合利用技术、绿色建筑节材和材料资源利用技术、绿色建筑室内环境健康技术、绿色建筑运营管理技术、新型装配式产业化技术和既有建筑绿色化改造技术八大类别	深入推进绿色建筑全产业链发展，加快绿色建筑适用技术、材料、产品在我市建设工程中的推广应用与普及，提升北京市绿色建筑技术创新能力，带动和促进一批绿色建筑相关产业发展
	关于印发《北京市保障性住房预制装配式构件标准化技术要求》的通知	预制钢筋混凝土板式楼梯要求；桁架钢筋混凝土叠合板要求；预制钢筋混凝土阳台板、空调板选用原则要求；预制混凝土夹心保温外墙板要求；预制装配式部品部件其他技术要求	大力推广装配式建筑，提升部品部件标准化程度

2. 上海

上海市政策内容和目标的内容详见表5-34。

上海市政策统计表 **表5-34**

年份	政策名称	主要内容	政策目标
2012年	上海市人民政府关于印发《上海市住房发展“十二五”规划》的通知	“十一五”住房发展回顾；“十二五”住房发展面临的形势与背景；指导方针和总体目标；具体目标和任务；政策措施	推进“十二五”期间住房发展
2013年	关于印发《上海市“十二五”建筑节能专项规划》的通知	“十一五”工作回顾；“十二五”面临的形势和任务；指导思想和发展目标；建筑节能重点任务；保障措施和政策需求	贯彻落实科学发展观与城市可持续发展战略，全面推进上海市建筑节能工作，加快建设资源节约型、环境友好型城市
2014年	关于印发《上海市建筑节能项目专项扶持办法》的通知	资金来源；支持原则；支持范围；支持标准和方式；申报程序和项目评审；合同管理；项目验收要求；审核和资金下达；监督和管理	深入推进建筑节能工作，规范建筑节能扶持资金使用管理
2015年	关于推进本市装配式建筑发展的实施意见	落实装配式建筑的建筑面积比例；按要求实施装配式建筑；装配式住宅项目补贴制度；装配式建筑的落实比例将纳入区县政府和相关管委会的年度考核内容	切实做好装配式建筑推进落实工作
	关于印发《关于进一步强化绿色建筑发展推进力度提升建筑性能的若干规定》的通知	关于进一步强化绿色建筑发展推进力度提升建筑性能的若干规定	进一步加强绿色建筑、装配式建筑发展，全面提升建筑质量和品质
2016年	关于本市保障性住房项目实施建筑信息模型技术应用的通知	针对实施BIM技术应用的保障性住房项目，建设单位在实施前可自行组织或委托市绿建协上海BIM推广中心等机构组织专家对BIM应用方案进行评审	进一步推进建筑信息模型（BIM）技术在保障性住房建设和运营管理中的应用
	上海市建筑信息模型技术应用推广“十三五”发展规划纲要	明确了BIM技术推广应用的指导思想、原则、发展目标、重点任务和保障措施，作为“十三五”时期本市实施BIM技术应用和创新驱动发展的依据	做好BIM技术在“十三五”期间的推广应用规划，建设创新驱动体系，建设创新型国家

3. 广州

广州市政策内容和目标的内容详见表 5-35。

广州市政策统计表 表 5-35

年份	政策名称	主要内容	政策目标
2014 年	广州市城乡建设委员会关于印发进一步提升建设工程施工精细化管理工作方案的通知	推行绿色建造管理；推广环保施工管理；市政及轨道交通工程施工管理；倡导建设工程建造工业化	进一步加强建设工程精细化管理，以房屋建筑和市政基础设施工程为载体，提高工程建设质量和绿色建造节能效果，切实转变城乡建设模式，合理优化资源配置，实现建筑行业的可持续发展
2016 年	广州市城市管理委员会关于完善广州市建设工程施工围蔽管理提升实施技术要求和标准图集的通知	围蔽设置要求；围蔽设置标准；广告设置要求	全面提高建设工程精细化管理水平，强化建筑工地绿色建造工作，全面加强建设工程精细化、标准化管理，积极推进建筑工地绿色建造工作，改善人民生活环境，提升城市形象

4. 深圳

深圳市政策内容和目标的内容详见表 5-36。

深圳市政策统计表 表 5-36

年份	政策名称	主要内容	政策目标
2013 年	深圳市绿色建筑促进办法（深圳市人民政府令第 253 号）	将新建民用建筑全部纳入绿色建筑促进范围。新建民用建筑至少达到绿色建筑最低等级要求，即国家一星级或者深圳市铜级标准要求。 严格建设工程全过程监督管理。从投资立项、土地出让、方案设计、规划许可、施工图审查、施工许可、施工、监理到竣工验收等环节层层把关，发展改革、规划国土、住房建设等多个部门齐抓共管，形成合力，实现全过程监管	健全绿色建筑技术规范体系；推行绿色建筑相关评价标识制度；引导既有建筑、旧住宅区和旧城区的绿色改造
2016 年	深圳市住房和建设局关于加快推进装配式建筑的通知	装配式建筑优先采用 EPC 总承包模式；预制率达到 40%，装配率达到 60% 及以上的装配式建筑项目，其在深圳市绿色建筑评价等级的基础上提高一个等级；装配式项目可缓交新型墙体材料专项基金，装配式保障房和棚户区改造可免收；对装配式、BIM 等项目给予最多 200 万元人民币的资助；并对实施装配式的企业优先申报高新技术企业，优先推荐装配式建筑评奖等优惠政策	全面促进装配式建筑的发展，保障建筑工程质量和安全，降低资源消耗和环境污染
2017 年	《关于装配式建筑项目设计阶段技术认定工作的通知》政策解读	明确了装配式建筑项目认定范围及认定职责部门，规范了项目认定技术要求与审查要点，提供了技术认定材料要求及示范样本，为项目技术认定提供实际参考，为我市装配式建筑落地提供切实保障	鼓励装配式建筑的实施和推广，市、区建设主管部门组织有关专家依照装配式建筑的相关要求对装配式建筑项目设计阶段的有关资料进行技术评审，并出具技术认定意见书

5.4.3　协会 / 联盟

协会 / 联盟及相应宗旨内容见表 5-37、表 5-38。

协会统计表　　　　表 5-37

协会名称	英文名称	协会宗旨
中国亚洲经济发展协会装配式建筑委员会	China-Aisa Economic Development Association Prefabricated Building Committee	团结、组织和协调会员企业积极地开展同亚洲各国工商企业界的交往，开展双方的经济、文化交流合作，增进彼此之间的了解和友谊，为中国和亚洲国家的经济发展作出贡献
中国建筑业品牌企业联合会	China Construction Brand Enterprise Association 缩写：CCBEA	中国建筑业品牌企业联合会代表全体会员的共同利益，以“促进行业发展、助推企业进步”为己任，搭建行业交流互助的平台，构架会员合作共赢的桥梁，坚持“会员办会、服务立会、诚信兴会”的发展方针，坚持“敬业、诚信、守法、贡献”的办会精神，以维护会员的合法权益、促进会员的繁荣发展为己任，为规范我国建筑业管理和运作、繁荣我国建筑业作贡献
中国建筑业企业联合会 简称：中建联	China Architecture Enterprise Association 缩写：CAEA	以邓小平理论和“三个代表”重要思想为指导，全面贯彻落实科学发展观；以推动我国建筑行业的健康发展为中心，遵照国家法律、法规，参照国际规则，进行行业自律和管理，全心全意为会员服务；充分发挥协会组织的作用，按照国家相关部委对行业总体改革思路的要求，在政府主管部门的领导和下，推进建筑企业规范发展和创新管理水平，培育品牌企业，加强行业间、企业间、国际间的交流与合作
中国建筑业联合会	China Architecture League 简称 CAL	以“服务于市场，服务行业，服务于社会”为宗旨，以构建资源共享、信息交流为平台，以坚持市场化导向，不断提升企业核心竞争力为目标，开展行业管理、维护会员单位合法权益活动，沟通企业与政府、企业与企业之间的联系，为企业搭建展示和推介形象的平台，为推动进我国工程建设与企业品牌化发展服务，为促进建筑行业健康有序发展服务
中国建筑业企业管理协会 简称：中建企管协	China Architecture Enterprise Management Organization 缩写：CAEMO	以邓小平理论和“三个代表”重要思想为指导，全面贯彻落实科学发展观；以推动我国建筑业健康发展为中心，遵照国家法律法规，参照国际规则，进行行业自律和管理，全心全意为会员服务；充分发挥组织机构作用，按照国家相关部委对行业总体改革思路的要求，在政府主管部门的领导和关心下，推进工程建设行业规范发展和创新管理水平，培育品牌企业，加强行业间、企业间、国际间的交流与合作；服务于企业，服务于社会，为企业与政府之间架起一条沟通的桥梁和纽带，促进企业做强做大、又好又快地持续健康发展
中国土木工程学会	China Civil Engineering Society	以经济建设为中心，团结、组织广大土木工程科技工作者，坚持百花齐放、百家争鸣的方针，倡导严谨、求实的学风，促进土木工程科学技术的繁荣和发展，促进土木工程科学技术的普及和推广，促进土木工程科学技术与经济的结合，促进土木工程科技人才的成长和提高，为我国现代化建设服务

续表

协会名称	英文名称	协会宗旨
中国建筑业协会	China Construction Industry Association	遵守我国宪法、法律、法规和国家有关方针政策，按照完善社会主义市场经济体制和构建社会主义和谐社会的要求，联合建筑界各方面力量，坚持以服务为宗旨，积极反映企业诉求，维护企业合法权益，规范企业行为，加强行业自律，促进建筑业持续健康发展，充分发挥支柱产业作用，为全面建设小康社会贡献力量
中国建筑学会	The Architectural Society of China	以推进中国建筑文化的大发展大繁荣为中心，贯彻科教兴国和可持续发展战略，团结和组织全国广大建筑科技工作者，坚持百花齐放，百家争鸣的方针，倡导严谨、求实的学风，促进建筑科学技术的进步和发展、普及和推广，促进科技人才的成长和提高，为我国城乡建设事业服务

联盟统计表 表 5-38

联盟名称	成立时间	宗旨
装配式钢结构民用建筑产业技术创新战略联盟	2011 年 7 月	突破装配式钢结构民用建筑产业的共性和关键性技术瓶颈，形成具有较高市场竞争力的装配式钢结构民用建筑产品，实现钢结构民用建筑的设计标准化、制造工厂化、施工装配化，使中国钢结构民用建筑向工业化建造方式转变，从而促进建筑产业结构的优化和升级
中国创造装配式建筑产业联盟	2016 年 11 月	完善从业水平结构的整体性。在住宅产业化、建筑节能一体化进程中，装配式建筑垂直结构的自保温，将大跨度装配式构件受力的单向性实现受力的双向性，把大跨度的装配式建筑创造性的实现无明梁体系，装配式构件单位面积达 $20m^2$ 以上和多功能体系在装配式建筑中的应用等方面的研发。
装配式建筑科技创新联盟	2017 年 3 月	系统性的集成装配式建筑涉及的专业和产业链相关方，总体规划装配式建筑科技发展方向和实施路径，研究先进的装配式建筑科学技术和成果转化机制，形成产、学、研一体的科技合作平台，协助建筑产业链升级转型

第6章　新型建造典型案例

6.1　丝绸之路（敦煌）文博会场馆工程（设计）建造案例

6.1.1　项目简介

1. 项目背景介绍

文博会场馆建设项目始于2015年11月13日国务院正式批文确定了敦煌为中国丝绸之路（敦煌）国际文化博览会永久会址（简称），首届敦煌文博会于2016年9月中旬在敦煌举办。这是全国唯一以国际文化交流为主题的综合性博览会、高端论坛和文化展示平台，是“一带一路”建设的重要载体，承载着重要的国家使命。而迎面而来的难题是，仅有8个月的时间设计建设完成多达26万m^2的系列工程，也被认为是一项“不可能完成的任务”。恰逢当月甘肃省政府与中建股份公司签订了联合设立丝路基金的协议，中国建筑责无旁贷、义不容辞地扛起了建设使命，点将中建上海院以EPC工程总承包框架下设计总包的形式，承担敦煌大剧院、敦煌国际会展中心和敦煌国际酒店项目的设计任务。

面对急促的项目整体工期压力、复杂的会展办会需求、设计功能复杂的艰难考验和全专业设计总包的技术挑战，中建上海院在中建总公司、甘肃省委省政府的领导下，在EPC总承包单位中建八局的全力支持以及中建钢构、中建装饰、中建安装等参建兄弟单位的积极配合下，凭借中国建筑强劲的综合实力、中建上海院开拓创新的进取精神以及简约务实的服务理念，借助三维数字化协同设计、四十余专业全专业设计总包、EPC总包设计施工一体化等优势，数字化设计与绿色建筑设计齐头并进，用新理念、新技术、新方法、新模式，全体设计人员“超常拼搏、日夜奋战”，充分发挥设计师的创造性和主观能动性，以简约大气、创新突破的设计作品，创造出了令人震撼的“敦煌速度”和“敦煌奇迹”，为中建设计在“一带一路”建设宏伟事业与丝绸之路国际文化交流潮流中，留下了辉煌的一笔。

2. 工程概况

敦煌文博会场馆建设项目主要包括：敦煌大剧院、敦煌国际会展中心以及敦煌国际酒店项目。场馆建设项目作为敦煌文博会永久会址，具备开展大型高端商务会展活动、接待大型国际会议和举办大型高端文化艺术演出的能力，成为具有敦煌文化特色、国际一流水平的会议会展区和文化旅游发展示范区，也是甘肃乃至全国全新的体验敦煌文化魅力的文化交流、会展参观、休闲旅游胜地。

“敦，大也；煌，盛也。”敦煌二字盛大辉煌的寓意，浓缩了古丝绸之路及汉唐中国繁荣强盛的历史，同时也昭示着它无比灿烂辉煌的未来。敦煌作为丝绸之路重要枢纽，在东西方文明交融、汇聚、碰撞、融合中成为丝绸之路上一颗璀璨的明珠，也是四大文明唯一的交汇点。

敦煌文博会场馆建设项目总体布局、建筑设计和景观设计充分体现了中国传统建筑文化，利用现代建筑文化的语言特点、建造形式和表现手法，展现盛世汉唐的建筑形象与风格，以尊重敦煌历史文脉及场地自然景观环境的姿态来表达建筑的使用功能与历史使命。设计定位强调，将丝绸之路作为古代中国与西方互通商贸与文化交流的陆路通道，犹如一条彩带，将古代亚洲、欧洲和非洲的古文明连接在了一起。

场馆设计坚持“实用、特色、质量、兼容、简约、市场、绿色、总规”的理念，设计意图将场馆建筑群与文博会融为一体，彰显大国风范和两千年文化的传承，共同打造政治互信、经济融合、文化包容的利益共同体、命运共同体和责任共同体的精神高度一致，整体设计充分体现了开放、包容、创新、多元的敦煌文博会文化精神。

3. 工程设计构思与亮点

（1）敦煌大剧院

1）项目设计构思

项目整体利用广场轴线对位将大剧院建筑与已建会议中心有机结合起来。造型设计综合考虑敦煌特色同时考虑现代高科技风格以及本项目建筑的特性，采用“现代+古典”的处理手法，借鉴了中国汉代的建筑形式，通过对中国传统建筑文化的传承，体现项目的文化品位，使整体看起来具有现代气息又不乏汉代的古典韵味。由于基地临近鸣沙山及月牙泉，要考虑建筑高度对于鸣沙山风向走势影响，因而建筑并非通过建筑高度来凸显气势，而是通过推敲建筑尺寸比例，屋顶的组合变化及细部处理来进行精致化造型设计。

敦煌大剧院建筑形式汲取了中国汉代建筑古朴敦厚的造型语言，外观设计风格为现代建筑手法表现的汉唐建筑风格，采用了大坡屋顶、高台基的传统三段式立面，建筑细部借鉴了传统中式窗格、柱梁斗拱等富有传统建筑文化特色的元素，化用了现代建筑的造型方法，塑造了端庄大气的建筑形象。

主要建筑造型手段及装饰材料均以现代风格的立面处理手法为主，提炼出汉代屋顶、敦煌壁画、中式窗格等富有特色的风格元素，采用大面积的虚实穿插组合，大量运用石材、金属板材、玻璃和LED液晶屏幕等现代建材，创造简洁、大气的建筑形象。古典柱廊与现代材质的结合，玻璃幕墙与仿木柱列的结合，玻璃幕墙与石材墙面的对比，生土饰面与西亚尖拱窗饰的结合，种种大手笔和小细部的巧妙运用，体现了设计者的匠心。

敦煌大剧院的建筑风格借鉴中国汉代的高台建筑的形式，建筑体形对称，主体建筑立于厚重的基座之上，建筑形式庄重沉稳，建筑层数地下 2 层（局部 3 层），地上 4 层。建筑耐火等级为一级。建筑设计使用年限 50 年。建筑抗震设防烈度为 7 度，采用现浇钢筋混凝土框架－剪力墙结构。屋面防水等级为Ⅰ级。

建筑功能分区、平面布局、立面造型及周边环境的关系：

敦煌大剧院的主要功能：一层：为贵宾厅、观众厅及舞台，门厅、化妆间、卫生间等。二层：为楼座，各类办公室，休息间，储藏间，化妆间，电井等设备用房。三、四层：为排练厅，管理用房，空调机房等设备用房。

敦煌大剧院平面布局及立面造型为方正的形状，与周遭建筑物相呼应。敦煌大剧院在四个方向都设置了出入口，并将主要出入口设于东西两侧，与旅游区的主轴线吻合，方便迎接来自旅游区的大型人流。大剧院主要入口层设在标高 2.25m 处，满足剧场建筑对观众厅前后不同高度的要求，同时后勤辅助位于地面层，方便对外联系，后勤入口与主入口设置于不同标高，有利于它们和参观人流的分流，使得场地内的人流组织井然有序。

建筑交通组织、垂直交通设施：

院的主入口大厅设在北面，入口大厅设有自动扶梯与上层空间联系；大剧院内部均匀设置了楼梯及电梯解决人流及演出物流疏散问题，大剧院在南北两侧各设有两组入口门廊，并通过过道进入建筑内部，大剧院在南侧设置演出人员及配套设施的两组次入口解决人流及物流疏散；大剧院在半地下室南北两侧设置两个出入口满足后勤服务人员。

室内设计既体现出敦煌乃至东西方文化数千年历史积淀的厚重，也要充分展示对世界及未来无穷的展望与期盼。设计分别从艺术、人文及历史的角度归纳出“大美无言、大象无形、大音希声”三种大剧院的文化艺术特质，从设计的层面加以表现。大美无言即将敦煌在精神文化方面的博大精深通过一系列抽象化的图案元素及色彩元素加以再现，如藏经洞、千佛窟，将剧院门厅空间想象为蕴藏这些瑰宝的无比精美的珍宝匣。大象无形即将敦煌置于古丝绸之路的中枢位置，将汉唐文明最灿烂的历史积淀和月牙泉、雅丹地貌西海舰队一起，转化成剧院空间的气质，整体雄浑大气。大音希声即敦煌乐舞，飞天及反弹琵琶为代表，绘画及雕塑艺术，在观众厅室内空间中通过造型及质感加以联想式的表达。

剧院门厅处邀请国内知名工艺美术大师，创作了大型敦煌乐舞文化主题的木雕壁画作品，完美契合了大剧院的音乐艺术气质。木雕包含了 43 尊神态各异、且歌且舞的飞天、舞女、乐师等人物形象，有的深情庄重、深情演奏，有的惬意微笑、轻松自在，通过神态、服饰、发饰等鬼斧神工、巧夺天工的刻画，将人物形象塑造推到了极致。作品中还着重展现了琵琶、腰鼓、月琴、笛子、箫、古琴、编钟、笙、竽、箜篌、太平鼓、埙、排箫、阮等18种29件传统乐器，体现了中国传统文化艺术的博大精深、源远流长。

2）项目设计亮点

设计亮点一：国内第一座全钢结构专业剧场

敦煌大剧院作为国内第一座全钢结构专业剧场，在剧场声学设计中实现了新的突破。观众厅及舞台区周边采用钢管混凝土，围护墙体采用重质隔墙。结合浮筑楼板、隔声吊顶以及钢柱钢梁阻尼减振等措施，保障观众厅、舞台区具备良好的隔声隔振效果，见图6-1。

图6-1 剧场结构

设计亮点二：建筑构件工厂化

剧院结构形式及建筑材料的选用实现了建筑构件预制装配工厂化，主体结构为钢结构，采用钢框架-中心支撑体系，屋面采用钢筋桁架模板。墙体采用装配式墙板。围护结构为金属幕墙、玻璃幕墙以及石材幕墙。屋面采用直立锁边铝镁板金属屋面。大部分构件均在工厂加工完成，见图6-2、图6-3。

图6-2 钢构工厂加工

图6-3 构件现场安装

设计亮点三：现代专业剧场与古典立面的结合

外立面为传统汉唐风格，双层重檐屋面，下部高台三段式设计。结合内部使用功能，将主入口平台标高与观众厅池座主要入口标高在结合统一，既满足了外立面的要求，又与剧场人流动线结合，见图 6-4、图 6-5。

图 6-4　大剧院透视效果图

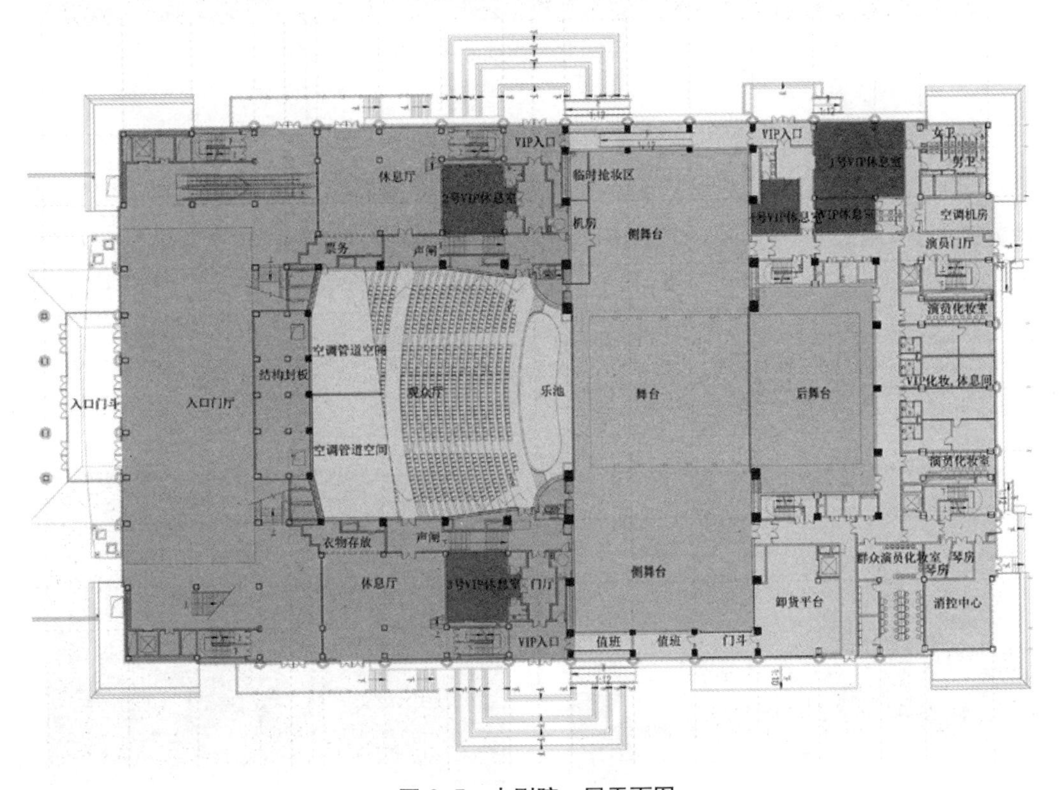

图 6-5　大剧院一层平面图

设计亮点四：声学设计——电子可调混响系统

声学设计采用建声与电声配合。建声创造短混响的声学环境，设置电子可调混响系统，理论混响时间由 1.1 ～ 3s。通过电子可调混响系统调节，得到观众厅不同的混响条件，可以完美满足会议、歌舞、交响乐等多种演出需求，见图 6-6。

图 6-6 声学设计

设计亮点五：先进而复杂的舞台工艺

敦煌大剧院舞台工艺设计以大型歌舞剧及文艺演出为主，兼顾会议使用功能。舞台为镜框式舞台，设主舞台、两侧舞台和后舞台。舞台机械设计包括乐池升降护栏、乐池升降台、前辅助升降台（升降块）、主升降台（子升降台）、后辅助升降台、侧车台（补偿台）、后车台（转台）、补偿台等形式。先进而复杂的舞台工艺设计已达到国内同规格剧院类建筑领先水平，并具有一定的超前性，见图 6-7、图 6-8。

图 6-7 主舞台和升降乐池

图 6-8 舞台灯光

设计亮点六：先进的节能理念与措施

① 节能节水设计（图 6-9）

a. 主动、被动式相结合通风设计

b. 降低冷却水温度；

c. 空调冷水系统采用无级变频调速技术；

d. 免费供冷技术；

e. 蒸汽加湿；

f. 加大冷却塔集水盘；

g. 锅炉 TDS 排污系统；

h. 观众厅二次回风。

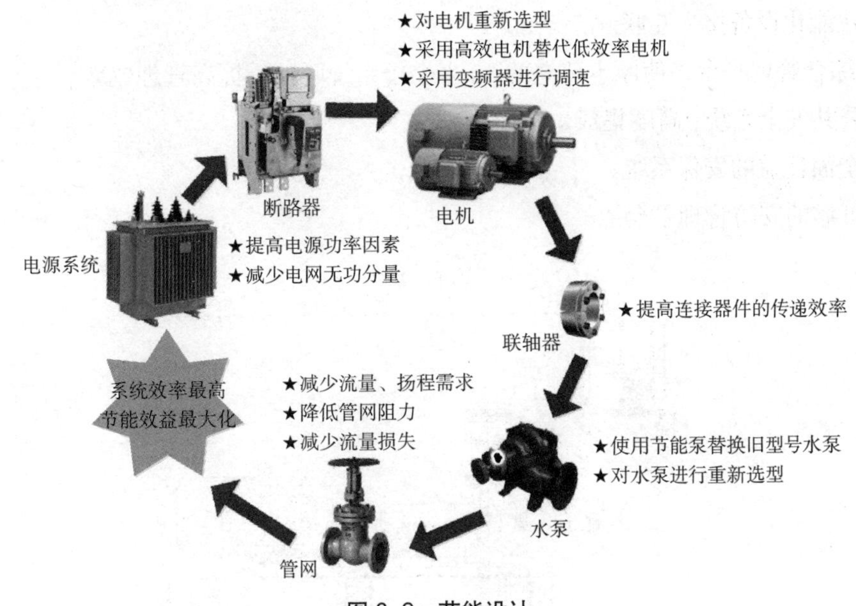

图 6-9　节能设计

②降噪设计（图 6-10）

a. 空调箱及风机采用浮筑基础；

b. 观众厅静压仓区域采用风管均匀送风；

c. 观众厅、舞台区域风管经过严格声学计算。

设计亮点七：智能化设计

① 移动终端的互联接入，使得售票，演出信息及导向更加便捷。

a. 智慧互联网 + 剧院：创新融合、智慧互联；

b. 智能电子票务系统；

c. 网络高清直播及电视转播系统；

d. 贵宾服务系统；

e. 多媒体信息发布及查询系统。

② 智慧能源管理，根据人流动态调节冷热负荷，降低能耗 30% 以上。

a. 信息服务系统：智慧科技、以人为本；

b. 建筑信息综合管理；

c. 功能区智能服务；

d. 多媒体信息及设备支持。

③ 高速信息接入，满足 100M 到终端，万兆骨干核心的高清通信需求。

a. 信息通信系统：高速畅通、资源共享；

b. 信息传输；

c. 数据交换；

d. 智能化设备接入互联。

④ 综合管理平台，使原本孤立的 30 多个子系统联动，提高管理效率。

a. 公共安全系统：高度集成、全面可靠；

b. 全面覆盖的安保系统；

c. 可靠的安防管理平台。

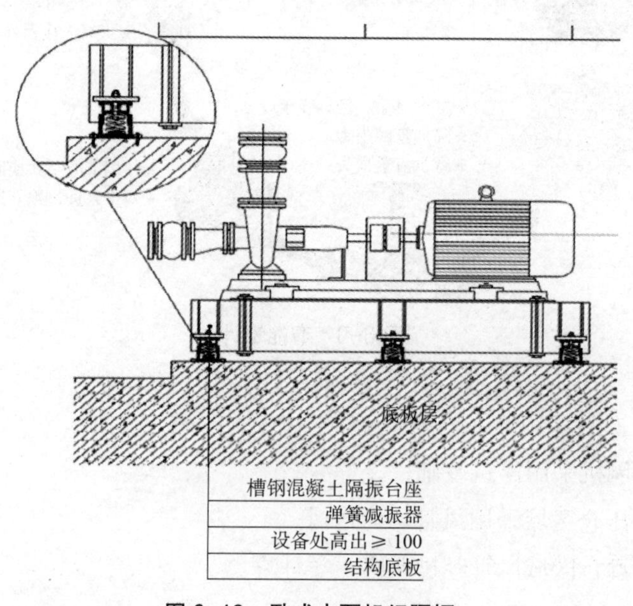

图 6-10　卧式水泵机组隔振

设计亮点八:《敦煌乐舞》巨幅木雕

大剧院门厅主背景墙为入口空间的点睛之笔，特邀请木雕工艺美术大师卢国忠先生，主持创作了巨幅敦煌文化主题木雕作品《敦煌乐舞》。整幅作品高约 10.07m，宽约18m，由卢国忠大师亲自创作，近百位工匠呕心沥血、日夜劳作，用150多天时间、超过400方柚木原木精雕细琢而成。作品以敦煌莫高窟壁画的乐舞场景为题，以壁画中的人物形象和艺术元素为蓝本，创造性地将敦煌文化元素与中国传统木雕工艺相结合。整幅作品构图错落分明，人物形象栩栩如生。作品塑造了43位造型准确、丰满传神的人物形象，写实明快，流畅飞动，一气呵成。人物或站或坐，或弹琵琶，或弹箜篌，或弹古琴，或吹洞箫，或击腰鼓，形象生动，姿态优美，展现了超过20种中国传统乐器。顶部的飞天造型，或双手持竖笛，或双脚倒踢紫金冠，长带从身下飘飞，四周天花飘落，如轻燕俯冲而下，展现出飞天女的纤纤神韵。中部胡旋舞人物，天衣飘飓，有“吴带当风”的韵致。右侧“反弹琵琶”人物主像，神态悠闲雍容、落落大方，手持琵琶、半裸着上身翩翩翻飞，天衣裙裾如游龙惊凤，摇曳生姿，项饰臂钏则在飞动中叮当作响，别饶清韵，是敦煌文化在历史上永恒的经典。整幅画面以汉唐楼阁建筑、莫高窟九层塔及浅浮雕祥云纹为背景，作品有了远近对比，更显立体纵深以娴熟的构图和大层次处理技巧。整个画面典雅、妩媚，令人赏心悦目。巨幅木雕作品《敦煌乐舞》，清雅端庄，秀逸脱俗大气开阔，表现了敦煌丰富的文化艺术内涵，同时也营造出中国人民喜迎八方来客、共享和平发展成果的喜庆氛围，见图6-11。作品作为敦煌大剧院传承音乐歌舞文化艺术的标志性象征，更成为丝绸之路（敦煌）文化博览会在“一带一路”战略指引下，推动丝绸之路沿线国家文化艺术交流的历史见证。

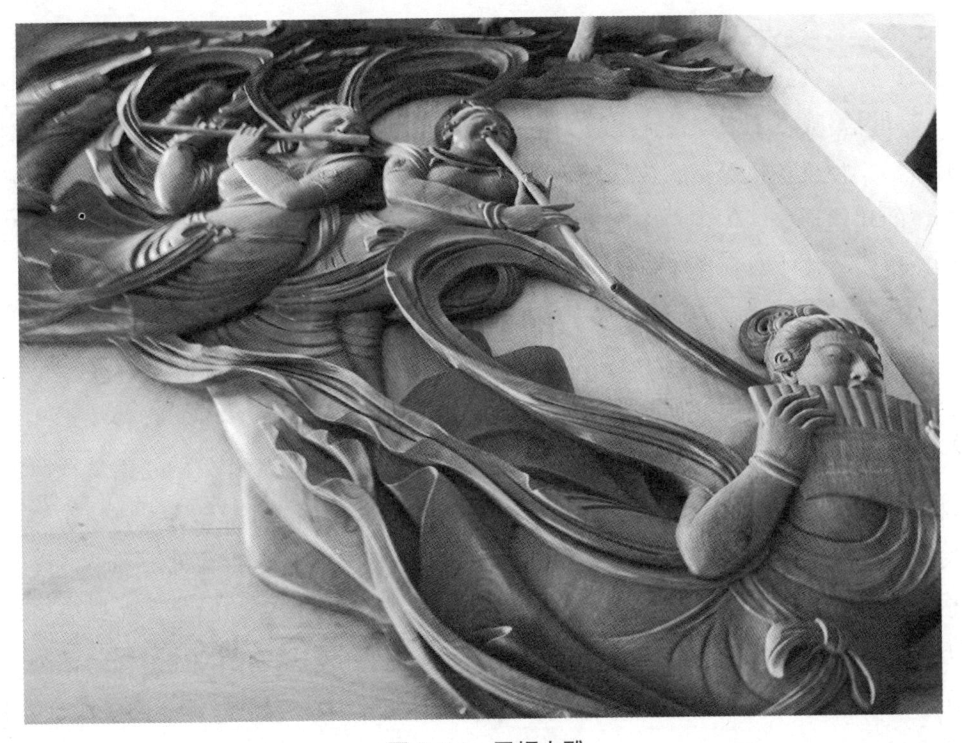

图6-11 巨幅木雕

（2）敦煌国际会展中心

1）项目设计构思

设计细节精益求精。建筑二次设计时，我们发现原建筑设计方案的诸多细部与汉唐建筑风格有较大出入，尤其是在对建筑屋顶正脊和角脊的设计上，原建筑设计误用了闽南古建筑中燕尾脊的造型，显然与汉唐建筑的建筑元素不符。我们查阅大量古籍资料并咨询著名古建设计专家张锦秋院士，最终修改后的建筑外观，完整呈现了汉唐建筑的磅礴、浑厚的建筑风貌。斗拱是中国古建筑中的特有构件，是古建筑中最精巧和华丽的部分。在室内装饰斗拱的设计中，我们既要注重其在整体结构中的合理性，又要充分推敲每朵斗拱中栌斗、华拱、散斗的构造和比例关系，严格遵循《营造法式》中的构造比例，同时还需要充分体现出其在空间中的视觉冲击力。入口大厅上方两根大梁之间因结构加固增加的一根矮柱是整个空间设计的难点，如何巧妙地把柱子进行处理，使其融入整个空间氛围是关键，经过多方案的对比论证，最终选择采用古建中隔架斗拱的方案很好地解决了这个难题。

注重国际化元素导入。敦煌是古丝绸之路上四大古文明交汇之处，我们在室内设计时，在整体汉唐风格基础上，对部分独立空间引入了伊斯兰、印度和欧洲文明的设计元素。既体现出汉唐文化的博大和包容性，又充分反映出各大文明相容共生的繁荣景象。同时，在标识导视系统设计时，充分考虑了国际通用识别的需求，采用了国际通用识别符号、中英双语说明；在多媒体导视系统内，还植入丝路沿线国家多国语言导引系统。在会议系统设计中，按照国际会议标准配备 15 个语种同声传译系统；会议座椅的选择上，也充分考虑国际友人的体型较大元素，选择了较为宽大舒适的会议座椅。

设计风格吸收了中国古代建筑文化精华，采用了大坡屋顶、高塔、高台基、墙体、古典窗格、柱梁斗拱等富有中国特色的建筑元素，并结合现代建筑的造型手法，塑造了端庄的建筑形象，体现对中国传统文化的传承和对敦煌当地文脉的延续。整体建筑群的形象，与基地南侧延绵起伏的鸣沙山遥相呼应，完美地融为一体，见图 6-12。

2）项目设计亮点

设计亮点一：规模宏大、规划严整

项目背靠鸣沙山，充分融合了丝路文明及汉唐建筑的精髓特征，规模宏大、规划严整，是单体最大的汉唐风格建筑。建筑外观完整呈现了汉唐建筑的磅礴、浑厚的建筑风貌，汲取并保留了古典建筑的经典元素及比例关系，同时摒弃了古典建筑烦琐的结构构件，以现代的 建筑设计语言重构建筑组群，使建筑给人以大器、简洁、震撼的美感，体现了汉唐时期包容、方正、大气的格调。建筑整体安静凛然，强调沿着自然与历史的轨迹将汉唐开放的社会意识形态融入未来。20 幅原创设计雕刻瓷砖壁画，点缀在东西两楼的外立面，壁画充分展现了中国文化的博大精深和丝绸之路的源远流长，见图 6-13。

图 6-12　项目效果图

图 6-13　项目外立面

设计亮点二：汉唐遗风、博古通今

入口门厅规模宏大，气势如虹。作为会议中心唯一的入口大厅，室内迎宾仪式将在这里举行。设计将敦煌古建筑中的覆斗式藻井、斗栱结构和祥云图案，以现代表现手法和材料工艺加以应用，柱身及柱脚雕刻有祥云纹及海浪纹，加上墙面丝绸米黄石材，地面海洋米黄石材，寓意“一带一路”主题，配以柔和的软膜灯片，营造出简洁、现代而又不失汉唐遗风的高大空间，见图 6-14。

图 6-14　入口门厅

设计亮点三：细节考究，国际视野

国际会议主会场可同时容纳 1500 人参会，空间设计采用中式传统的梁柱斗拱元素、柱廊和活动屏风，仔细推敲装饰斗拱构件的比例关系和结构合理性，兼顾视觉冲击力。会展中心各主要空间室内设计风格，在整体汉唐建筑的基础上，对部分独立空间引入伊斯兰、印度和欧洲文明的设计元素，既体现汉唐文化的博大和包容，又充分反映出丝绸之路沿线国家各大文明相容共生的繁荣景象，见图 6-15。

图 6-15　国际会议主会场

设计亮点四：绿色环保，集约高效

建筑外立面、展馆内装、广场铺贴石材均采用敦煌当地特色花岗岩石材，质优价廉、色泽饱满，同时由于就地取材，极大地节约了采购和运输成本，加快了施工进度，有效地促进了当地的经济发展。装饰全面采用环保材料和工艺。木饰面板大量采用金属铝板转印木纹的新型工艺。实木贴皮面板则全部采用工厂化加工成品现场组装施工工艺，保证现场有害污染物降到最低值。吊顶均采用石膏板或金属材质，无有害污染物挥发。家具选购采用美标严控采购及验收，监控生产过程，确保成品环保性远高于国家标准，见图 6-16。

图 6-16　室内装饰

（3）敦煌国际酒店

1）项目设计构思

酒店设计以“和谐、简约、精致、绿色、环保、智慧”为设计理念，以新理念、新技术、新方法为指导思想，打造新型园林式、装配式全钢结构酒店建筑群。

酒店整体规划布局呈品字型，三个主要建筑群围绕中心景观带展开，面向南侧鸣沙山。错落有致地分布在园林环境中。同时为满足高规格接待的安全要求，规划设置安全分区和不同等级的安全距离。

建筑平面以传统庭院式布局为基础进行现代演绎，以内庭院为核心，“十园十境”，通过提炼古典造园手法，浓缩经典场景意境，实现室内环境四季常绿，打造别具特色的、咫尺山林绿意满园的精致庭院建筑群。建筑立面风格采用汉唐风格，体现中国传统建筑文化特色，建筑形式端庄大气，通过高低形体及各个院落的组合，体现了建筑的包容性与开放性。进而展示出敦煌这个文博会永久会址城市历史性与现代性的统一以及丰富的文化底蕴。

园林景观设计将西北雄浑的戈壁背景中植入江南的宜人微环境，意欲创造“天人合一”、“东情西韵”的生态性高品位酒店空间。景观规划划分为三个主题片区：甘肃生态景观区（1号楼甘肃植物展示）、莫高生态景观区（2号楼杨树林片区）、榆林生态景观区（3号楼榆树林片区），并通过中央敦煌时光轴串联三大主题区，形成“一带三区”的景观结构。室外园林以敦煌当地特色植物为主，辅以多年生草本花等地被植物，打造敦煌特色园林式酒店。

室内设计遵循“极简”原则，创造简洁而不简单、舒适型、人性化、环保、节约的酒店空间，对材料的色彩质感进行严谨的统一化，以大气的大地色结合木质，创造独具东方意韵的休憩空间，重点通过配置的软装家具，饰品等导入敦煌地域特色。

酒店大量运用了成熟的节能环保技术，包括智能节水滴灌技术、太阳能集中热水技术、污水回用技术、地下综合管廊技术等多项节能环保技术，实现酒店生活污水零排放及热水太阳能集中供应。同时，运用智慧酒店管理控制技术，打造高标准高品质智慧酒店。

2）项目设计亮点

设计亮点一：多层次园林景观

① 景观结构（一带三区）

由于规划建筑呈分散布置，自然划分为三个片区，景观通过提 取敦煌地域特色赋予这三个片区不同的主题：甘肃生态景观区（甘肃植物长廊）、莫高生态景观区（莫高窟杨树林）、榆林生态景观 区（榆林窟榆树林），并通过中央时光景观带串联三大主题区，形成“一带三区”的景观结构，见图 6-17。

图 6-17　景观结构（一带三区）

② 室外景观（四个层次）

通过规划设计，荒漠变绿洲——打造河西地区最好的新型园林式酒 店、甘肃省最雅致的旅游度假酒店。

规划尊重北部现有的绿色资源，对葡萄园和现状绿化进行保留改造，南侧荒漠全面换土重建。室外景观从外到内绿植依次形成乔木（果树）、灌木、草花、精致庭园植物四个景观层次，见图 6-18。

图 6-18　室外景观（四个层次）

设计亮点二：各具特色的室内庭院

2 号 3 号楼主体建筑内包含十个内庭院，温度湿度可控。景观通过抽取古典园林要素提炼传统造园手法、浓缩经典场景意境，并就地取材，运用富有敦煌地域特色的材料，打造十个完全不同于室外景观的、咫尺山林绿意满园的精致庭院，见图 6-19。

图 6-19　室内庭院

设计亮点三：全装配式钢结构

敦煌国际酒店是甘肃省第一座全装配式钢结构的高标准国际酒店，采用装配式钢结构体系；楼盖均采用钢筋桁架模板的混凝土楼板，屋盖为水平混凝土结构板上再加轻型钢结构坡屋面，见图 6-20。

图 6-20　全装配式钢结构

设计亮点四：原有建筑 1 号楼的功能改造提升

敦煌国际酒店改造充分考虑元首的接见、会议、宴请、休息、安保等需求以及动线，同时兼顾国际酒店的后期运营以及需求，尽可能减少改动，最大程度保留客房，仅对公共区域进行改进（图 6-21）。将原有老旧装饰面材去除，在保证效果的前提下，采用简单又不失品味且便于施工的当地材料作为材料首选，尽量保留原有管线及机电设备，更换家具以及陈设品，并选用极具当地文化特色的陈设品来点缀室内，做到简约而不简单、节俭而不失精彩。

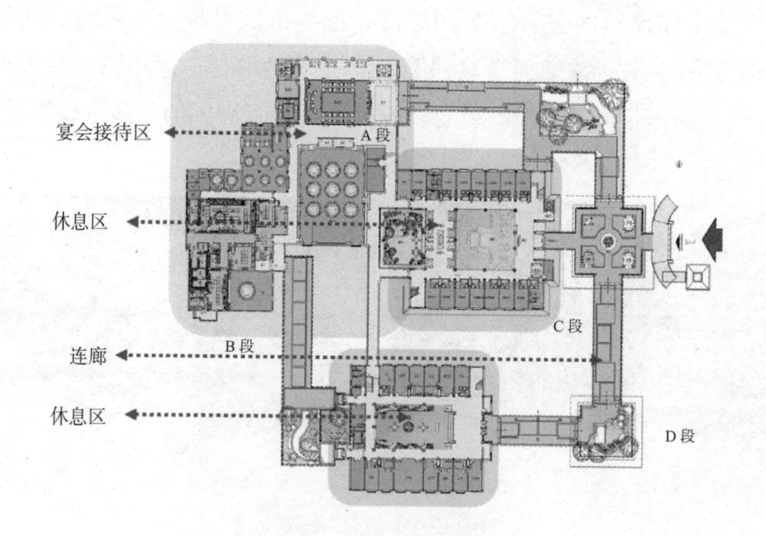

图 6-21　1 号楼改造平面图

设计亮点五：简约适用的酒店装饰设计

酒店装饰设计见图 6-22。

图 6-22　酒店装饰设计

设计亮点六：高效节能

酒店项目采用多项先进成熟的节能技术，高效、环保，见图 6-23。

①可调温电动冷水机组；

②变频冷水泵；

③闭式冷却塔；

④被动式通风降温；

⑤空气源热泵；

⑥直流无刷电机风机盘管；

⑦太阳能热水系统；

⑧景观节水；

⑨中水系统。

图 6-23　节能技术

设计亮点七：水循环利用与高效节水

用智能节水技术，实现节水灌溉智能调节、自动化管理，生活污废水百分之百处理回用，实现污废水零排放。中水原水量约 500m^3 每天，满足外部景观用水需求。调节池容积 250m^3，中水集水池 1200m^3。污水处理工艺采用全地埋、高效率的生物处理和深度处理相结合的工艺流程，见图 6-24。

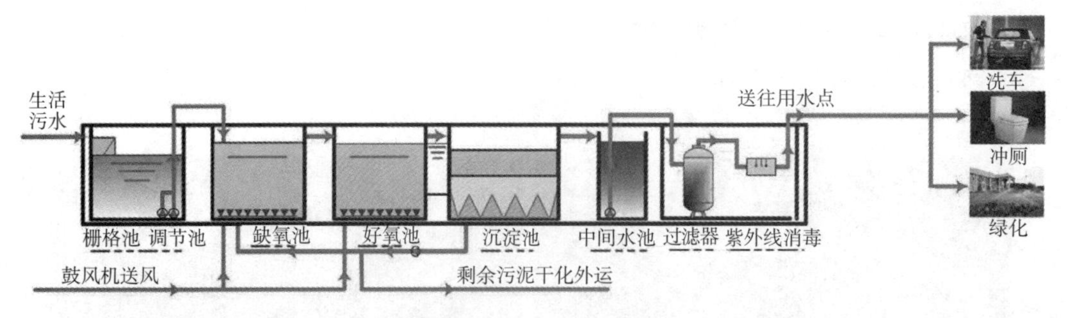

图 6-24　污水处理系统

设计亮点八：综合管廊技术

甘肃省第一条综合管廊：酒店园区内设计一条 1.1km 长的综合管廊。管廊包含空调供回水主干管（*DN*500）、蒸汽管（*DN*150）设置于主管廊内，便于后期运营管理，减小管线维护成本。同时综合管廊内合理设置蒸汽管道仓，减少投资，提高安全性。此外在主管廊外设计支线半通行综合管沟，所有给水排水暖通管线共沟设置，减小施工作量，且便于后期运营维护。 外部与城市综合管廊有效连接，内部有效解决各种管线的协调问题，见图 6-25。

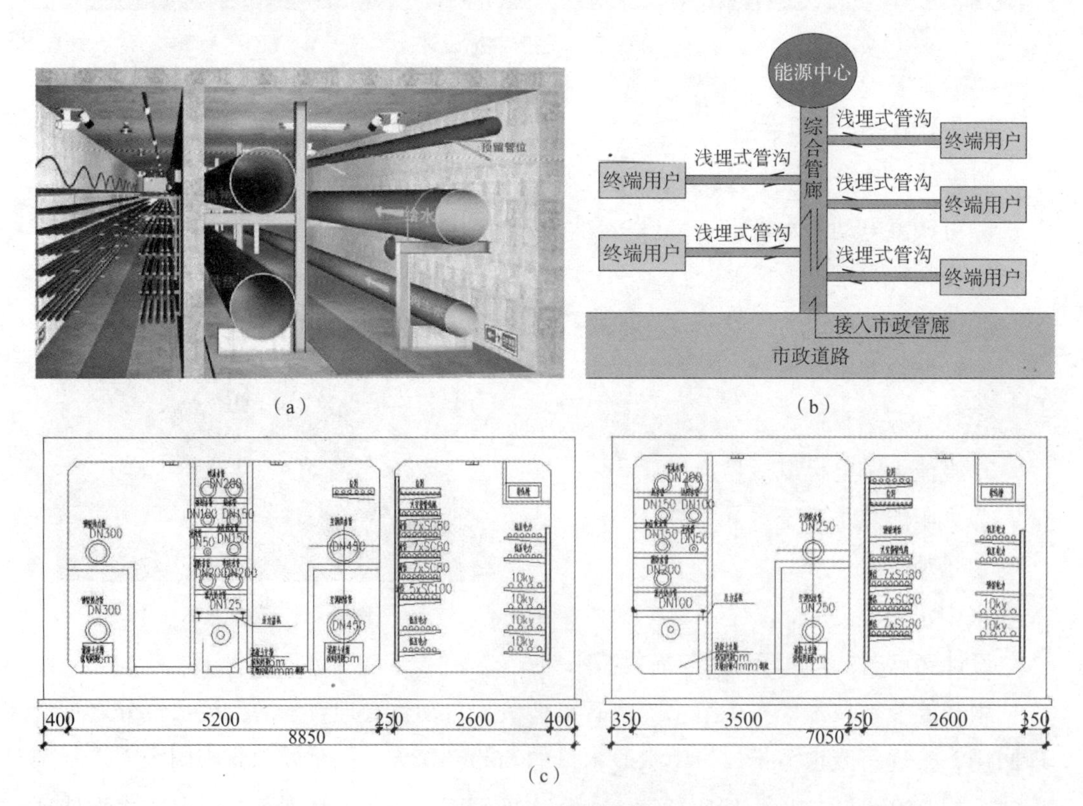

图 6-25　综合管廊

（a）管道井剖面示意图；（b）管道系统示意图；（c）综合管廊剖面示意图

设计亮点九：智慧安防技术

智慧安防：实时监控，智能识别；车牌自动记录识别车型比对，保障进出安全；周界监控、报警联动，智能抓拍、行为识别、减少误判；多重技防措施并用，系统集中管控，见图 6-26。

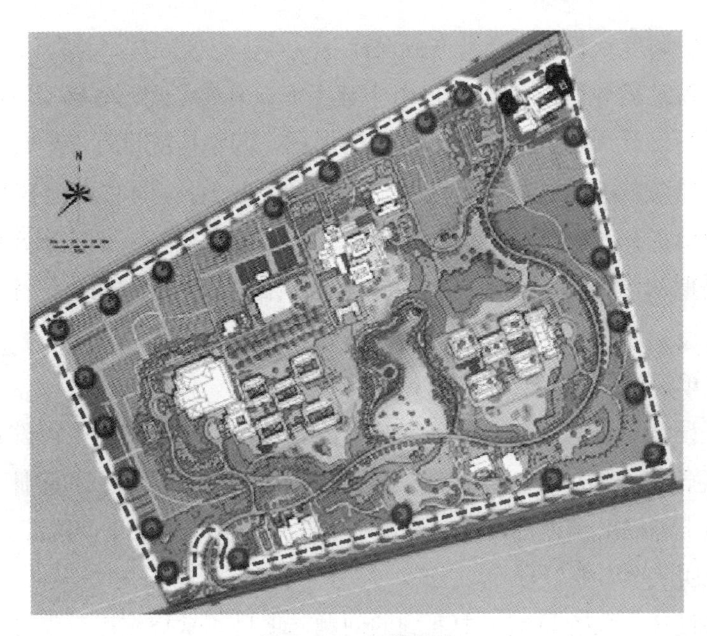

图 6-26　智慧安防

① 智慧客房

人性体验，舒适、便利。开房后预先启动房间内空调，进入房间开启迎宾照明模式，关房状态时新风系统处于待机运行模式，照明系统关闭，房间空调温控器联网，可通过服务台调节客房温度，见图 6-27。

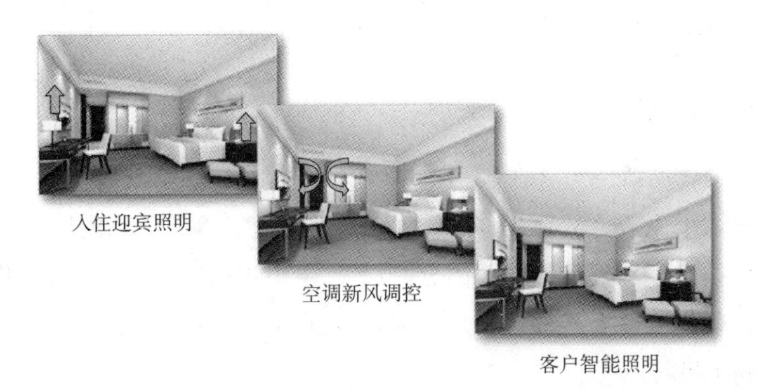

图 6-27　智慧客房

② 智慧管理

高度集成，快捷高效。管理平台高效集中，宾客体验科技便利，建筑设备绿色节能。

6.1.2 设计总包管理模式创新

（1）统筹协调多专业并行交叉进行设计

敦煌大剧院、敦煌国际酒店项目由中建上海院作为设计总包，多专业协同设计，最大限度地缩短设计周期。通过设计总包的形式，调整传统设计专业配合链条，以设计总包为设计管理核心，统筹协调近 30 个专业密切配合。同时运用 BIM 技术，多专业并行交叉设计，有效地节约了多专业配合时间，35 天即完成剧院土建设计，将剧院全专业设计周期从传统的一年到一年半压缩到两个半月，按时完成设计任务，保证了施工的顺利进行。

（2）总包单位设计过程全程跟踪

有效保证设计充分贯彻业主的理念与意图。总包单位与中建上海院各专业负责人共同考察类似案例，研究设计方向与技术解决措施，对设计理念、建筑细节、设备选型、物料选材、施工等提出合理化建议，设计单位充分采纳并负责贯彻落实。

（3）设计团队全专业驻场

随时解决设计、采购与施工中遇到的问题，项目非常规施工，设计周期短，采购周期紧限制多，交叉作业施工现场随时出现各种问题需要解决，因此中建上海院派驻设计总包及各专业设计师全专业驻场，随时解决采购与施工过程中的各种问题，确保响应时间，积极配合调整。

（4）设计与图纸审查机构过程对接

在大剧院项目及酒店项目设计过程中，施工图审查单位甘肃省院、消防审查酒泉消防支队提前介入，为设计积极提供过程审查与技术咨询，做到设计与审查同步，有效保障了设计成果及时、有效和顺利开工建设。

6.1.3 设计技术创新

（1）设计理念创新——三维数字化并行设计

设计全程均采用三维数字化并行设计的先进理念，采用 BIM 技术、VR 技术、数字化建造模拟技术，打破传统的部门分割以及封闭的组织模式，并行工作，实现各专业设计的系统化集成，提高设计质量，缩短设计周期，降低项目成本，实现了多专业关键节点的同步进行。

（2）设计技术创新——装配式建筑技术应用

设计全部采用装配式钢结构建筑技术，钢结构工厂制造、现场装配，通过标准化的建筑设计以及模数化、工厂化的部品生产，实现建筑构部件的通用化和现场施工的装配化、机械化，大大提高了构件精度与生产效率，极大的缩短了建设周期。

（3）设计模式创新——EPC 模式下全专业设计总包

EPC 模式集成下的全专业设计总包方式，重塑了设计管理流程，各专业同步工作，有效保证了设计质量，同时缩短了各专业调整配合时间、极大地减少了设计周期。大剧院仅用 42d 即完成方案设计到土建施工图的全部图纸，58 天完成全部装饰、舞台机械灯光、景观、泛光照明等各专业详细施工图纸，保证了项目及时开工建设。EPC 模式下的设计总包模式，实现了设计施工的无缝衔接，有效管控施工质量，确保项目的最终实施效果。

6.1.4　总结

（1）项目成果获得业主高度认可

目前由中国建筑（上海院）承接的敦煌丝绸之路国际会展中心、敦煌国际酒店、敦煌大剧院设计总包项目已顺利承接两届丝绸之路敦煌国际文化博览会，得到了甘肃省、敦煌市各级领导的高度认可。

文博会场馆项目除了建设成果外，还取得了丰硕的科技成果，共获得论文 31 篇、工法 9 篇、专利 29 个，其中敦煌大剧院获中国建设工程鲁班奖，第十二届中国钢结构金奖工程、甘肃省优秀勘察设计一等奖，这同样也是伴随项目而产生的一笔宝贵财富。

（2）进一步提升西北地区影响力

敦煌项目受到甘肃省委省政府、酒泉和敦煌两级地市及地方行业高度关注，中央电视台、新华日报、甘肃电视台、酒泉日报、敦煌电视台等新闻媒体多次对项目进行报道，目前文博会场馆项目也成为敦煌旅游的新地标。这对上海院跟随总公司融入国家“一带一路”战略发展、拓展西北地区市场，推动海外业务发展都起到积极作用。

（3）推动设计总包业务发展

以“敦煌模式”“敦煌速度”“敦煌精神”为蓝本，中建进一步拓展了设计总包业务的领域和影响，先后以原创设计方案中标云南昭通文化产业体育中心项目和内蒙古呼和浩特城市客厅项目等诸多大型总包项目。

中国建筑以首届丝绸之路（敦煌）国际文化博览会场馆建设任务为切入点，有效利用好甘肃丝路交通发展基金这一投融资平台，充分发挥中建资金、人才、技术的全产业链一体化优势，继续发扬文博会场馆建设的敦煌速度与中建人的拼搏精神，确保文博会场馆建设任务的圆满完成，为丝绸之路（敦煌）国际文化博览会的胜利召开，以及甘肃经济腾飞、社会发展，作出更大贡献！

6.2 丝绸之路（敦煌）文博会场馆工程（总承包）建造案例

6.2.1 项目简介

1. 项目背景

2015 年 11 月国务院正式批准在甘肃敦煌举办丝绸之路（敦煌）国际文化博览会，甘肃省将主要场馆工程委托中国建筑第八工程局有限公司采用装配式建造 +EPC 工程总承包模式建造，要求将敦煌国际会展中心建成甘肃省功能最齐全、最先进的国际性会议及展览场馆；敦煌大剧院在文博会召开期间，邀请各国来宾观看世界名剧《丝路花雨》和《大漠敦煌》，且以后要满足驻场演出，为世界游客服务；敦煌国际酒店作为文博会的核心接待酒店，具备国宾接待能力，未来将接待我国国家元首及各国贵宾；敦煌景观大道为敦煌南线旅游提供交通保障，也是文博会期间各场馆间的主要交通通道。

文博会定于 2016 年 9 月 20 日在敦煌召开。此时，距离文博会召开只有 9 个月时间，现场只有一片戈壁荒滩，要在如此短的时间内完成敦煌大剧院、国际酒店、国际会展中心等 26 万 m^2 的建筑群和一条 32km 的景观大道，几乎是一项不可能完成的任务。

2. 工程概况

（1）敦煌大剧院

总建筑面积 3.8 万 m^2，投资概算 7.9 亿元，设置座椅 1206 座，主体为全钢结构（图 6-28）。具备以歌舞演出为主、兼顾戏曲、话剧、会议等功能；舞台为品字型布局，具有垂直、平移、旋转、侧移等功能。将来是世界名剧《丝路花雨》的驻场演出剧院。

图 6-28 敦煌大剧院

（2）敦煌国际会展中心

总建筑面积 12.5 万 m^2，投资概算 10.8 亿元，由三栋建筑构成：1 号、3 号楼为展览中心，建筑面积 5.3 万 m^2，为专业展览及商业配套功能，布展面积 3 万 m^2；2 号楼为会议中心，建筑面积 7.2 万 m^2，具有国际会议、新闻发布和国宴宴会功能，见图 6-29。

图 6-29　敦煌国际会展中心

（3）敦煌国际酒店

占地 1200 亩，绿化面积 800 亩，1.2km 城市综合管廊，建筑面积 10.5 万 m^2，投资概算 21.3 亿元。集高档客房、餐饮、会议、休闲、健身为一体，具备国宾接待能力。共有客房 311 间，其中 1 号楼为升级改造工程，建筑面积 1 万 m^2，客房 63 间，文博会期间主要用于政要接待，见图 6-30。

图 6-30　敦煌国际酒店

（4）鸣沙山景观大道

鸣沙山景观大道是集旅游观光、交通于一体的景观性道路，东起莫高窟数字中心，西至G215国道，道路全长32km、路宽13m、设计时速40km，路面为沥青混凝土路面，包含一座10连跨全长300m的钢结构-混凝土组合桥，投资概算3.3亿元，见图6-31。

图6-31 鸣沙山景观大道

6.2.2 EPC建造模式创新

1. 设计管理

（1）设计管理认识

初入敦煌，项目管理团队成员缺少设计专业管理经验，项目设计管理从开始的摸着石头过河到经过不断的考察、学习、总结，抓住了EPC中的设计管理这个关键环节，实现了设计、采购和施工三者之间有效搭接，确保了项目的成功履约。敦煌项目设计管理基本经历了四个阶段：

第一阶段：角色转变。文博会项目中，设计单位纳入我们的分包管理，全员管理思维由“按图施工”向“画图施工”转变；第二阶段：“师夷长技以制夷”。当我们转变角色后，一方面从设计单位汇报或设计评审中学习，另一方面开始涉猎设计方面知识，从简单的执行设计单位设计图纸开始考核设计单位设计质量及设计适应性，是否符合业主设计标准，是否能针对项目特点，是否能满足施工需要等；第三阶段：“借力打力”。在项目设计管理中，懂得设计规范仅仅能满足基本，但如何提高品质，提高设计质量，就需要我们从资深的团队或专家，优秀的分供商学习或借鉴成熟的设计做法或设计经验，以提高我们的设计管理质量；第四阶段："穿针引线"。整个敦煌项目的设计工作由 12 家设计院共同担任，而且敦煌项目工期紧、任务重面临三大同步问题（即结构与建筑同步，建筑与装饰同步，装饰与机电安装同步），在设计中难免出现设计碰撞或设计相互矛盾相互制约现象，为避免设计浪费或返工，我们在各专业设计前或过程中需及时协调各专业设计，将各家设计院穿针引线般串联起来，提高设计进度和质量。敦煌文博会项目设计管理认识经历了上述四个阶段，角色转变是基础，"师夷长技以制夷"是关键，"借力打力"是保障，"穿针引线"是目的，正是有了此部分设计管理认识，我们才对症下药，按方治措。

（2）设计管理措施

1）组织措施

①组建专业、高效的设计管理团队。

敦煌大剧院项目设计工作管理协调工作量大、难度高，为此项目部组建包含项目管理、设计、施工、招采、成本等管理人员的设计管理团队，对设计工作进行总体统筹、全面管理，对建筑功能、设计方案与设备选型等主要设计内容进行审核控制。

管理团队紧抓国家方针政策，充分理解业主需求，指导设计方向；积极与施工、采购环节沟通对接，第一时间解决设计专业间的协调问题，及时组织建设、运营及使用单位、行业专家等开展技术经济论证，保证设计质量；同步进行设计计划、质量、成本、交底、考核、深化设计等一系列管理工作。

②选择专业的设计单位。

项目通过对设计单位业务能力、工程业绩、合同履约、人才配备、设计资质、专业配置、类似工程经验等方面的综合评估，选择业务水平高、服务态度好的设计单位。最终选定了中国建筑上海设计研究院有限公司、上海腾享电子设备有限公司、甘肃工大舞台技术工程有限公司、上海章奎生声学工程顾问有限公司作为本工程的设计单位。

③选择资深的顾问团队和深化设计单位。

剧院设计专业性要求极高，一般设计院很难保证在项目所有专业的权威性，设计院很少能够独立完成所有专业的设计。因此，根据项目特点，针对工程重点、难点，聘请资深专家顾问，签约咨询机构，组成项目技术支持顾问团队，为项目建设提供强有力的技术支持，保证设计质量，加快设计进度，提高投资效益。

④采用科学的设计管理流程。

大剧院设计过程中，采用"设计策划→设计→设计审核验证→实施"的设计管理流程，将策划管理系统的运用于设计管理工作中。

在项目前期，设计、施工、采购与成本等部门共同编制了详细的设计策划，作为项目策划管理重要的一环，对设计工作实行全面、系统的策划管理，对项目进度、质量、成本管理工作进行有效指导预控。

策划过程中，根据项目实际情况，确立明确的设计管理目标与设计资源配置要求。同时，对成本、质量、进度目标进行细化分解，针对具体的目标，通过设计、施工与采购的积极联动，对设计的特点、重点、难点进行论证分析，制定科学有效的解决方案与保证措施。例如：针对传统设计审图流程长、耗时多的特点，在策划阶段提出了过程审核校对的办法。在设计的同时进行审核校对，改变传统的线性审核校对流程，最大限度地缩短审核校对时限，保证项目设计进度目标的最终实现。

设计过程中，对设计成果采用验证制度。及时组织后续相关专业设计师验证是否具备继续深化的条件，对存在问题的设计成果及时采取补救措施；对用于招采、施工的设计成果，会同项目采购、技术、施工、商务等部门对设计成果及时进行验证，明确各方责任并将设计存在的问题尽量提前解决。

2）管理措施

①实行设计总协调管理模式，统筹协调设计工作。

敦煌大剧院项目设计管理工作采用设计总协调管理模式，将所有设计工作都及时纳入总承包管理体系，由设计管理部门统一管理，采用平行设计作业模式，统筹协调多专业并行交叉进行设计。

设计过程中，设计管理部门统筹安排设计进度，确定各专业介入时间及人员配备；同时，统一负责收集设计基础资料，整体把握建筑功能与业主需求，协调各专业间的配合。定期监督检查设计进展情况，及时组织召开各类设计协调会议，协调处理过程中出现的问题，对设计工作实行全过程管理。

②设计与采购、施工体系联动。

为了解决传统设计与采购、施工脱节的问题，敦煌大剧院设计过程中，多部门共同对工程设计的特点、重点、难点进行分析论证，制定科学、有效的解决方案与保证措施，又好又快地解决了工程实施过程中碰到的问题和技术难点，减少项目成本，缩短工期，保证了项目的顺利实施。

工程技术人员全程参与项目调研、方案筛选、技术论证、材料选型等过程，为项目设计提供积极的建议。例如：在大剧院结构设计中，工程技术人员提出了“预应力管桩基础 + 全钢结构体系”的结构设计方案，经各部门联合对所有备选方案在进度、成本、技术难度等方面综合对比，认定该方案为最优方案，最终选择了该方案。

采购过程中，充分考虑建筑功能需求、采购成本、资源供应、加工运输、安装调试周期与维护保修等因素，在设计介入时间、材料选用、设备选型等方面作出调整。

施工过程中，充分考虑造价、工期、质量，兼顾施工难度、绿色施工和环境等因素，从设计计划、方案设计、材料选用、建筑做法等方面与施工进行联动。例如：大剧院室外广场在策划阶段即根据项目特点，决定使用当地石材，在后续的设计采购过程中，通过对当地石材市场的充分调研，选择了既满足设计效果与功能要求，又满足成本、进度等目标的莫玉煌石材。

③执行严格的设计考核评审制度。

敦煌大剧院项目，依据项目管理目标和 EPC 总进度计划，编制了详细的设计进度计划、质量计划、成本计划。对各专业设计的时间节点（提资、出图、校对、审核时间节点）、质量标准和成本目标进行细化。设计过程中，严格按照计划对设计工作进行评审考核，实现对设计工作的全过程控制。

首先，各专业设计完成后，由专业负责人组织开展专业内部审核校对，对设计效果、规范执行情况、设计意图落实情况以及设计深度进行内部把控；专业内审核校对完成后，项目负责人组织相关专业开展会审，对各专业设计错误、设计漏项、碰撞冲突等问题进行协调处理。

其次，对设计院提交的设计成果，组织设计咨询团队，对其进行审核优化，对关键设计内容把关。

最后，对各专业的阶段性设计成果及时组织后续专业设计与项目施工、招采、成本等部门进行评审验证。就其设计计算、工艺、材料、尺寸等进行评审验证，发现问题尽早解决，最大程度地减少对后续工作的影响，确保设计质量、进度与成本的可控。

④强化设计审核校对，重视设计交底与图纸会审。

敦煌大剧院分阶段设计，采购、施工工作须尽早展开，设计质量、进度管理非常重要，为此，项目强化了设计审核校对工作，高度重视设计交底与图纸会审。在设计过程中，提前与审图、消防等机构进行对接，同步修正整改，做到设计与审查同步进行，真正意义上实现“过程校对审核”，保证设计质量与进度。

设计管理部组织设计院进行设计交底与图纸会审，使所有参建人员，深刻认识建筑功能要求，了解设计意图，熟悉工程做法，变被动参与为主动实施，通过设计交底与图纸会审在最大程度上减少因设计错误与疏漏引起的变更等风险。

⑤专业设计师驻场服务制度。

敦煌大剧院工期目标非常关键，施工过程中又需要设计深度参与，因此，施工过程中执行专业设计师驻场服务制度。第一时间解决施工中出现的问题，将设计对项目建设的影响降至最低。同时，强化设计师的质量意识，及时核实验证设计功能与效果，确保设计理念与意图的完整实现。

3）技术措施

①参考借鉴类似优秀设计案例。

根据业主需求，结合设计任务书的要求，考察调研类似工程案例，充分借鉴类似建筑的成功经验，对存在的问题进行分析论证，并加以改进。

②采用数字化并行设计缩短周期提高质量。

采用数字化并行设计方法，利用 BIM 技术、犀牛等新型软件，打破传统的部门分割以及封闭的组织模式，各专业同步工作，真正实现多专业间关键节点交底、同步设计，保证设计质量，缩短设计周期。例如：在施工图设计阶段，利用BIM技术进行设计，确保各专业可尽早介入、协同工作，同时还弥补了传统图纸在三维空间与各专业同步方面的不足。大剧院观众厅吊顶除普通的土建、装修专业外，还涉及声学、钢结构、GRG、舞台机械、灯光、音响等众多专业，设计非常复杂，为此，项目设计管理部门组织以GRG为主导，其他专业同步跟进，使用犀牛软件并行设计，取得了很好的效果。

③设计工作引入“样板引路”。

设计管理中引入“样板引路”，为设计师提供最直观的设计参照，最大限度地保证了设计功能与效果，避免了因实施效果不佳而造成的设计调整修改，真正做到了“一次成优”，最大程度地保证了设计意图。

④采用“限额设计”，严格控制工程造价。

设计开始前，依据投资估算与设计概算限额设定设计成本目标与控制措施，过程中及时进行成本核算，通过与投资估算、设计概算的对比，进行造价控制与设计挖潜、节约投资，将建造成本控制在目标范围内。

4）经济措施

①节点付款，提高工期履约率

以EPC总进度计划为依据，将设计付款与设计工作节点挂钩，用经济手段保障设计履约，确保设计工作按期完成，为采购和施工提供保障。

②奖优罚劣，提高设计主动性

依据设计工作的完成情况，包括成本、质量、进度等目标的完成情况及现场服务工作，给予一定的奖罚，作为一种激励措施，充分调动设计人员的工作积极性。

（3）设计优化案例

1）党河大桥优化案例

党河大桥定位是景观道路，其美观性为极为重要的一部分。普通混凝土小箱梁较为传统，其形式较钢结构形式笨拙，体现不出轻盈的设计理念。且混凝土小箱梁预制需要自建梁场，费用高、时间长，张拉预应力工序烦琐。混凝土箱梁预制时，敦煌当地所处的温度较低，不适合混凝土的预制。考虑到以上几项，与业主、设计院进行沟通，将钢混组合结构确定为最终的桥梁结构形式，见图6-32。经过74天的施工时间，甘肃省首座300m钢混组合结构桥梁顺利合龙。

在确定桥梁结构形式为钢箱梁后，项目部进一步组织施工方案优化，从钢箱梁拼装方案、钢箱梁顶板反扣槽钢等方面着手优化。

①箱梁拼装优化

钢箱梁的拼装经过深化设计后，将拼装方案由原来的纵向整体拼装，变更为横向

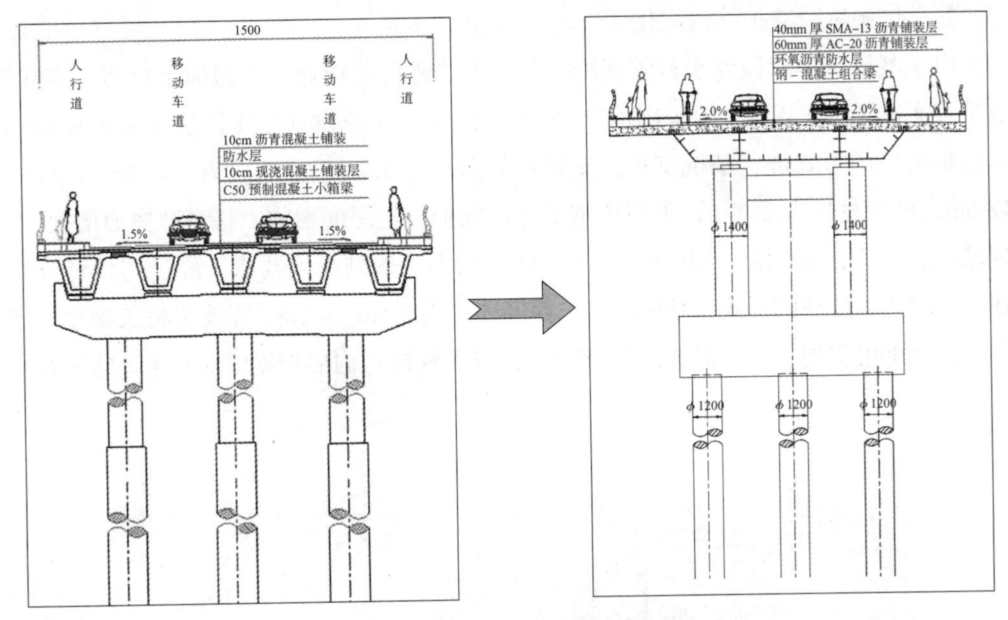

图 6-32　桥型方案优化对比图

分片拼装，方便施工，满足预拱度的设计要求的同时，加快施工进度，见图 6-33。整体 1500t 钢箱梁的吊装 20d 内全部完成，现场焊接 10d 内完成，总耗时 30d 即确保桥梁上部结构顺利合龙。

②钢箱梁顶板反扣槽钢，提高整体刚度

桥面铺装阶段，钢箱梁顶板上部每隔 50cm，采用横向 100mm×48mm×5.3mm 的热轧槽钢，反扣于钢板上且与顶板焊接，见图 6-34。单块槽钢长度为 9300mm，以提高钢箱顶板的整体刚度，避免桥面板混凝土浇筑时箱梁顶板钢板变形。采用该种方案，其最大变形为 0.83mm，最大应力为 24.1MPa，满足规范要求，且能够保证施工过程中的安全性。

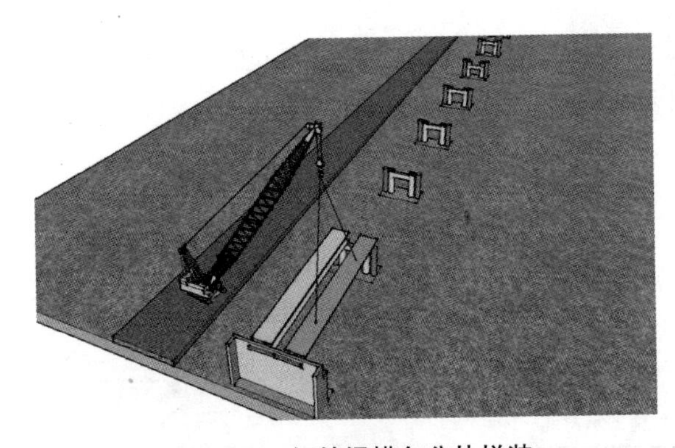

图 6-33　钢箱梁横向分片拼装

图 6-34　顶板上反扣槽钢实施图

2）“坑中坑”支护结构优化

由于基坑支护阶段处于敦煌寒冷季节，无法进行湿作业，普通的土钉墙、排桩等支护方案都无法实现，必须采用预应力管桩进行，但是原设计需支护基坑深度为 9.3m，采用护坡桩的形式进行基坑支护，支护桩外露长度 9.3m，桩端应为 −14.8m 向下估算 18.6m，桩身总长为 21.9m，采用预制桩进行支护，随深度增加，桩身摩擦力增大，经现场试验，无论采用静压法还是锤击法施工均无法达到深度要求。经过与设计沟通，建议采用两级放坡的形式，基坑需支护深度分别为 5.1m、4.2m，需支护桩长缩短一半，支护桩施工可实现。支护形式采用冠梁 + 预应力管桩 + 内插型钢灌芯技术，见图 6-35。

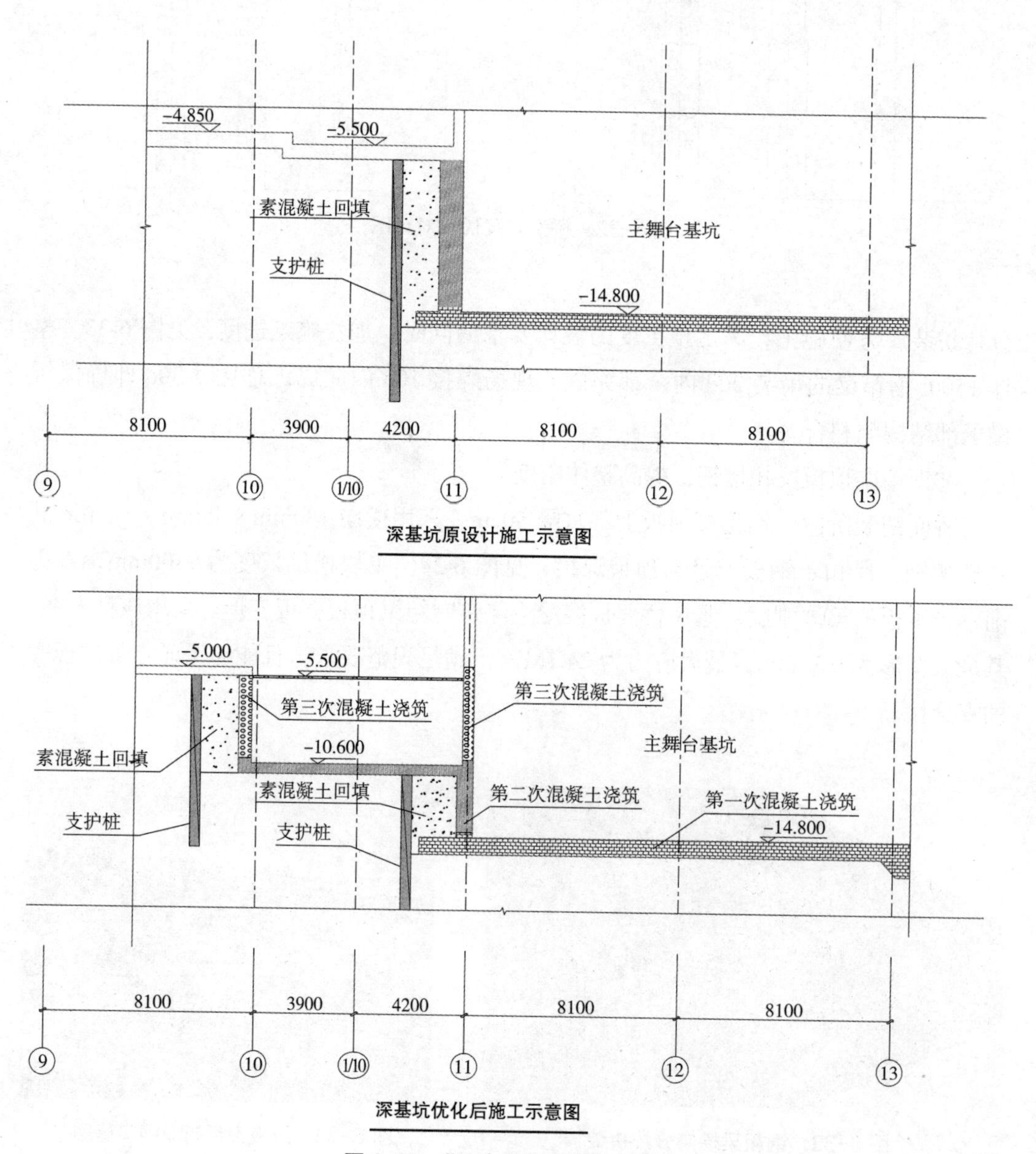

图 6-35 “坑中坑”支护方案对比

3）敦煌大剧院防水优化

敦煌大剧院地下室防水等级为一级，必须进行两道设防，由于施工期恰逢敦煌极端寒冷气候条件，最低温度 -23℃，传统的防水材料施工技术对工期要求较多，且在极端寒冷气候条件下无法实现，由于大剧院工期紧、任务重，参考陕西人保大厦项目的成功案例，我单位结合现场实际施工条件，经与设计沟通，引进了混凝土浇筑过程中内掺澎内传 PNC803 外加剂技术。澎内传是由精选的硅酸盐水泥和多种专有技术的活性化学物质组成的粉状材料。在混凝土搅拌过程中添加，在水的作用下与多种水泥、水化物质发生化学反应，生成不溶于水的结晶体，永久性地填堵和封闭混凝土结构上产生的细微裂缝、毛细管孔、孔洞和空隙，防止水分和其他液体的渗透。无水时，PNC803 中的活性成分处于休眠状态；当再次与水接触时就会重新被激活，产生新的结晶体，自动修复新裂缝，为混凝土提供有效和持久的防水保护。该技术在施工过程中极大地缩短了防水施工工期，达到了抢工效果，缩短工期 7 天。

2. 资源组织

根据工期节点的分解，将专业、设备、物资招采按照功能重要性、加工周期、运输距离、仓储等方面分类编制涉及 80 余类严密的计划。临近春节，公司招标小组通过区域集采、驻场开标等方式，发挥集采平台作用，仅大剧院项目两个月完成了 140 余项招标，高峰期日夜组织完成 5 个招标工作。专业设计师同步参与招标技术参数的决策，高效率、高质量完成了招采工作，同时结合招采过程的各专业资源的技术集成又优化原设计，实现了设计、采购相互支撑。

（1）带动当地相关产业链发展

敦煌项目在建造过程中大量采购当地优质建材，有效促进当地的建筑建材企业的“去产能、去库存”，就地取材同时也降低施工成本。

1）使用当地钢材

开工伊始，与我国西北地区最大的碳钢和不锈钢生产单位“酒泉钢铁”签订了战略合作协议。项目在建造过程中仅钢结构合作近 2 万 t，主体结构钢筋用量近 1.5 万 t，占整个项目用量 90% 以上。

2）使用当地石材

在外幕墙、内墙地面、广场和路面铺装中使用当地石材约 36 万 m^2，占整个项目用量 95% 以上。

（2）引领物流运输转型升级

投资 43.3 亿元的项目，其材料设备约占 30 亿，装配化的建造过程要求物资设备保质、保量、及时、准确地到达施工现场。大规模、高标准的运输任务，对物流体系提出更高的要求。

首先，建立物流供应商资源库。把当地物流企业梳理分类管理。根据当地少数民族习俗“春节不放假”，春节期间主要与少数民族物流企业合作。

其次，根据当期气候和地理环境，制定物流运输策划方案。坚持“一主两备”的原则，确定一条首选路线，预备两条备选的绕行路线。在运输沿线遇到恶劣气候环境和地理条件，利用车载GPS定位系统，及时调整其他线路，确保现场物资安全、及时到位。

（3）劳务及分包资源组织

设计过程中，以中建上海院为主设计单位，以华东院为设计咨询单位，听取中建西北院、上海东方院、西北市政院等知名设计院意见，成立以甘肃省院和华东院联合的两级图审机制，形成了12家设计院参与、涉及42个专业、参与400余人的设计体系。

施工过程中结合实际，制定了互利共赢、利益共享、风险共担的合作机制，引进中建钢构、中建安装、中建装饰、中建上海院、中建物资等系统内行业翘楚。同时通过充分竞标，优选了一批国内优秀专业分包：装修选择了有“剧院建设专家与领导者”美誉的中孚泰、国内领先的音视频服务提供商大连艺声、舞台机械领域有“黄埔军校”称号的甘工大舞台、国内最具影响力的灯光设备服务商广州励丰、金属屋面选择行业排名第一的森特士兴集团等。

6.2.3 新型建造方式技术

1. 绿色建造技术

（1）太阳能酒店

酒店项目占地面积达1200亩，共有客房331间，太阳能转换为电能的效率较低，项目充分利用当地丰富的太阳能资源，考虑直接利用太阳能提供生活热水，在能源中心附近设置约2500m^{2}的集热板，采用太阳能热水系统供热，燃气锅炉系统补充加热的方式，保证了酒店热水系统运行的可靠稳定（图6-36）。除设置总循环泵，保证室外总管网的热水循环外，各楼设置分循环泵，保证各楼内热水循环效果，减少了无效热水的浪费。

图6-36　酒店太阳能系统

（2）酒店污水处理零排放

酒店地处偏远，周边无市政排水管网，但排水需求较大，为解决这一问题，项目采用 100% 污水处理回用技术，实现污废水零排放。调节池容积 250m^3，中水集水池 1200m^3，污水处理工艺采用全地埋、高效率的生物处理和深度处理相结合的工艺流程。通过处理的污水达到灌溉标准后，接入园区灌溉系统，实现水资源的循环利用，节约水资源的同时，保护生态环境。

2. 智慧化建造技术

（1）BIM 技术应用

1）设计选型

敦煌大剧院、国际酒店和会展中心三个项目均为仿汉唐建筑造型，设计效果难以把控，通过利用 Revit、3Dmax、Rhino 等软件，建立多种设计模型，将设计内容立体化、模型化，对场馆进行规划设计、形体分析、建筑立面方案推敲，综合比选外观效果，见图 6-37。最大限度地模拟还原实景效果，充分验证设计意图，缩短设计周期。

图 6-37　设计模型比选

2）设计同步，碰撞检查

通过 BIM 等信息技术手段，实现管理的信息化，使设计管理更加科学、高效。在大计划管理体系下，根据总体工期节点要求，制定了设计任务的各个时间节点。将 BIM 与犀牛软件相结合，同一信息化平台中直观地体现各专业设计意图、设计效果、设计节点、专业关系，数字化并行设计解决了各专业平行设计矛盾问题。打破传统的部门分割以及封闭的组织模式，并行工作，实现各专业设计的系统化集成，减少设计反复修改，进行碰撞验证，提高设计质量，缩短设计周期，降低项目投资。如大剧院仅用 42d 即完成方案设计到土建施工图的全部图纸，58d 完成全部装饰、舞台设备与灯光、音视频设备、景观、泛光照明等各专业详细施工图纸，保证了项目及时开工建设。

敦煌大剧院观众厅，通过整合建筑、结构、钢结构深化、装饰、舞台系统（舞台机械、灯光、音响）等专业 BIM 模型，出具观众厅 GRG 三维模型，实现可视化设计，各专业之间实时无缝对接，将图纸问题在设计阶段解决。见图 6-38 ～图 6-40。

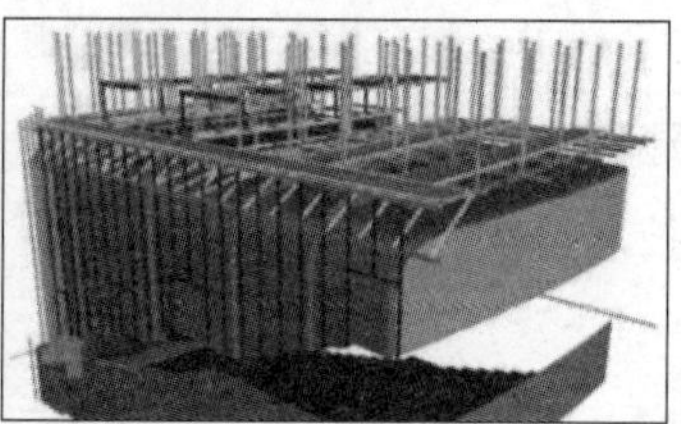

图 6-38　BIM 模型

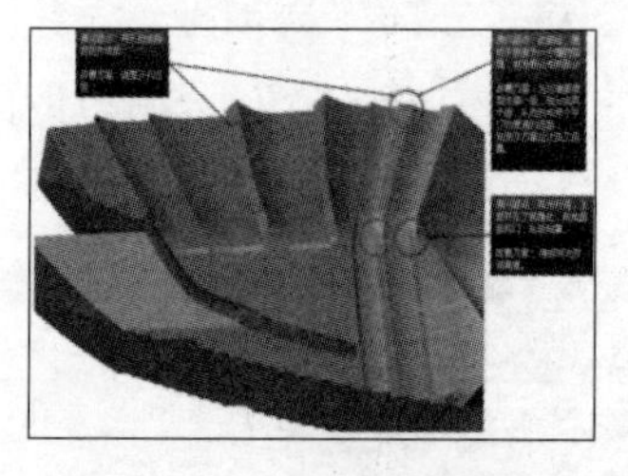

图 6-39　专业碰撞检查

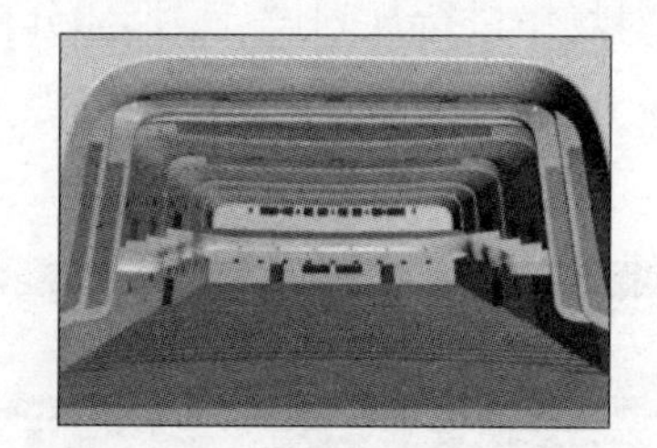

图 6-40　观众厅整体 BIM 模型

（2）3D 扫描技术

敦煌大剧院观众厅作为建筑的核心部分，平均开间 31.5m，进深 33m，空间最大高度 15.4m，线条变化灵活，多曲面造型，涉及专业达 10 余个，灯光、音响、消防等设备多，管线复杂，且有 8 道天桥，交叉碰撞多，尤其在多曲面造型下，综合排布困难，碰撞问题难以解决，在异常紧张的工期压力下，如何高质量高水准地完成观众厅的装修施工，具有相当大的技术难度。见图 6-41。

图 6-41　敦煌大剧院观众厅

施工现场利用三维激光扫描仪对 GRG 进行全面扫描，获取物体空间点数据（敦煌大剧院采用 GX9 三维激光扫描仪可一次扫描采集样坐标点近 7000 万个，耗时仅 15min），将点云数据导入 Geomagic Studio 软件平台处理后，建立实际施工模型，与设计 BIM 模型在 Geomagic Studio 软件平台进行了融合拼接，分析整个板的罩面光滑平整度，材料是否平整、顺直，曲面弧度是否满足设计要求，是否和设计模型相匹配，形成质量验收报告，对不符合规范要求的地方进行整改，避免因施工原因影响到剧院的灯光反射、声学分析等，有效提高施工效率和施工质量。见图 6-42。

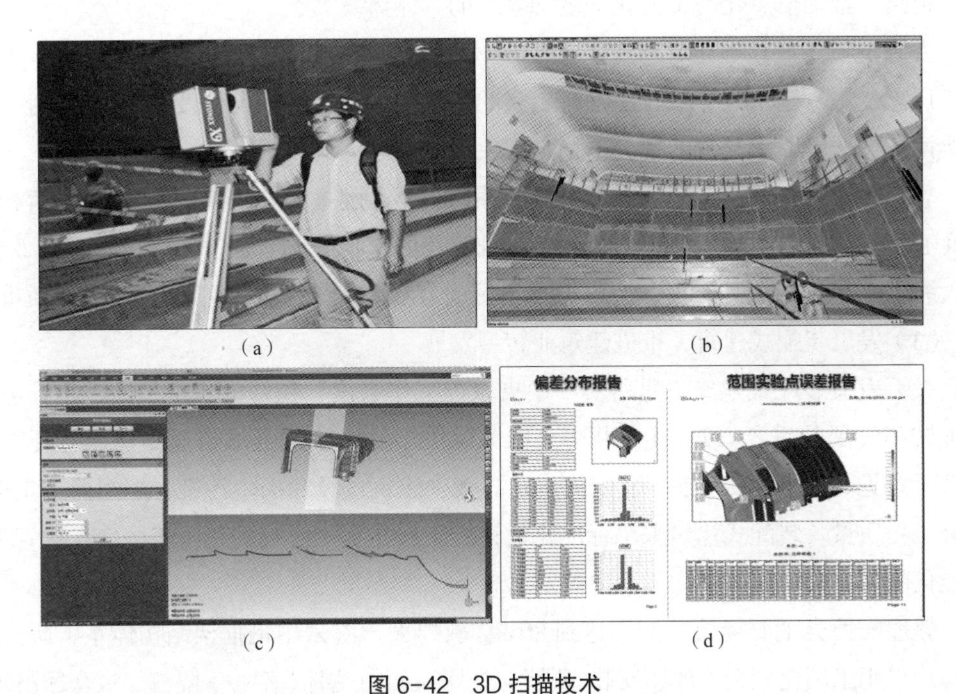

图 6-42　3D 扫描技术

（a）现场三维扫描；（b）扫描生成点云数据；（c）主视图与剖面分析图；（d）三维扫描偏差报告

3. 装配化建造技术

敦煌项目积极响应国家政策，从设计开始，从结构入手，建立新型结构体系，包括钢结构体系、预制装配式结构体系，大部分建筑构件，包括成品、半成品，实行工厂化作业。钢结构技术有利于建筑工业化生产，促进冶金、建材、装饰等行业的发展，促进防火、防腐、保温、墙材和整体厨卫产品与技术的提高，且钢结构可回收利用，节能、环保，符合国民经济可持续发展的要求。

（1）发展钢结构建筑，推行供给侧改革

中央经济工作会议明确，供给侧结构性改革的五大任务是“去产能、去库存、去杠杆、降成本、补短板”，其中“去产能”居首位。在“十三五”期间，国家将钢铁、煤炭行业作为“去产能”的突破口。创新发展钢结构建筑，可化解钢铁产业严重过剩产能。

敦煌文博会主要场馆建设项目响应国家“去产能”政策，主体采用“全装配式钢结构”，楼盖均采用钢筋桁架楼承板板，屋盖为轻型钢结构坡屋面。在施工过程中充分发挥节能环保、优质高效的作用。

（2）发展工业化建筑，推进建筑工人产业化建设

工业化建筑主要的实现方式是装配式建筑，通过整合设计、生产、施工等整个产业链，实现建筑产品节能、环保，建筑全生命期价值最大化的可持续发展的新型建筑生产方式，是贯彻落实党的十八大提出的“走新型工业化、信息化、城镇化、农业现代化道路，推动信息化与工业化深度融合”的具体体现。

大力发展工业化建筑，减少了施工现场临时工的用工数量，并使其中一部分人进入工厂，变为产业工人，减少了临时工人的用量和流动，从而可有效减少因劳动报酬、夫妻两地分居等因素导致的社会不稳定现象。

敦煌文博会主要场馆的所有钢结构均采用工厂化制造、现场安装；屋面、幕墙等构件均在工厂定尺加工，现场采用机械连接安装。工厂化的专业制造提高了构件精度与生产效率，极大缩短了施工周期。同时，减少了现场的劳动力使用，降低安全风险、保证工程质量。

（3）发展装配式建筑，推进建筑业转型发展

大力发展装配式建筑，是落实“中央城市工作会议”精神的战略举措，是推进建筑业转型发展的重要方式。《中共中央国务院关于进一步加强城市规划建设管理工作的若干意见》要求：大力推广装配式建筑，减少建筑垃圾和扬尘污染，缩短建造工期，提升工程质量。装配式建筑采用标准化设计、工厂化生产、装配化施工、信息化管理、智能化应用，是现代工业化生产方式。

敦煌文博会主要场馆装配率达到80%，敦煌大剧院采用钢框架结构体系，所有钢结构均采用工厂化制造、现场安装；幕墙与金属屋面的龙骨、铝板、隔栅、观众厅吊顶、墙体装饰材料选用GRG，工厂预制，现场拼接，极大地减少了施工周期，同时也降低了工序穿插带来的施工与管理难度。

6.2.4 效果及总结

1. 实施效果

（1）工期效果

敦煌系列项目均在工期要求时间内顺利竣工交付，以敦煌大剧院项目为例，按照常规建设周期，至少需要3.5年以上时间才能完成全部设计施工工作（如国内建设周期最短剧院—甘肃大剧院设计17个月，施工25个月）。敦煌大剧院2015年11月29日开工，2016年8月18日竣工，总工期仅264天。

（2）社会效益

1）项目建设期间接待了交流观摩百余次，被称为“敦煌模式”、“敦煌奇迹”。作

为国内第一个装配式建造模式已建成的大型公共建筑工程，在引领建筑产业发展方向方面作用巨大，取得了良好的社会效益。

2）项目竣工后，成功举办《敦煌宣言》发布会，累计出演《丝路花雨》、《天鹅湖》、《冰雪奇缘》、《吐鲁番盛典》、《天空之城视听音乐会》等不同剧目，场馆利用率高，为运营单位取得良好的经济效益，也为推动文化交流起到了重要的作用。

3）敦煌系列项目目前已取得全国建筑业绿色施工示范工程、建设工程项目施工安全生产标准化建设工地、甘肃省优秀设计一等奖、中国钢结构金奖、全国优秀项目管理成果一等奖、甘肃省建设工程飞天金奖、中国建设工程鲁班奖等诸多荣誉。

2. 实施总结

当前国内建筑业主要采用“设计、施工平行发包”的传统工程建设模式，造成设计与施工脱节，协调工作量大，管理成本高，责任主体多、权责不够明晰，造成工期拖延、造价突破等问题。敦煌文博会主要场馆项目，积极推广EPC工程总承包，在总承包企业主导下实行“设计总包管理”，有效地实现了“设计和施工的有效搭接”，促进工程建设提质增效，推进建筑业转型升级。同时解放了政府业主方大量的精力，专心筹办文博会各项工作。可以说，EPC项目总承包模式在敦煌文博会场馆建设项目发挥了至关重要的作用。在“一带一路”沿线以及其他基础设施系列工程，类似项目可以复制推广。

6.3　雄安新区市民中心工程建造案例

6.3.1　项目简介

1. 项目背景

党的十八大以来，以习近平同志为核心的党中央着眼党和国家发展全局，运用大历史观，以高超的政治智慧、宏阔的战略格局、强烈的使命担当，提出以疏解北京非首都功能为“牛鼻子”推动京津冀协同发展这一重大国家战略。考虑在河北比较适合的地方规划建设一个适当规模的新城，集中承接北京非首都功能，采用现代信息、环保技术，建成绿色低碳、智能高效、环保宜居且具备优质公共服务的新型城市。在京津冀协同发展领导小组的直接领导下，经过反复论证、多方比选，党中央、国务院决定设立河北雄安新区。

雄安新区是以习近平同志为核心的党中央作出的一项重大历史性战略选择，是继深圳经济特区和上海浦东新区之后又一具有全国意义的新区，是千年大计、国家大事，也是在探索中国城市发展的一条新路。新区建设伊始，城市规划、建设标准都在紧锣密鼓的研讨之中，为了满足短期内城市建设和政府办公的需求，同时为新区新模式提供建设样板，规划了雄安市民服务中心项目。市民中心项目作为新区建设的第一个工程，是雄安新区面向全国乃至世界展示的窗口，是雄安新区功能定位与发展理念的率先呈现。

2. 工程概况

雄安市民服务中心项目位于河北省容城东部的小白塔及马庄村界内，是雄安新区投资建设的首个工程，是新区面向全国乃至世界的窗口。项目总建筑面积 10.54 万 m^2，规划总用地 24.24 万 m^2，建筑功能内容主要包括：新区党工委及雄安集团办公楼、入驻新项目企业临时办公区、规划展示中心、会议培训中心、政务服务中心、办公用房、周转用房和生活服务等。见图 6-43。

图 6-43 市民服务中心项目效果图

项目选址位于新区起步区以北、容城县城以东、容东安置区西南角，不仅交通便利，而且与容东片区规划建设互为支撑、服务共享。为短期内新区的政务办公和城市开发提供了便宜的条件。

2017 年 11 月 22 日，中海地产、中建三局、中建设计、中建基金四家单位以联合投资人身份中标雄安市民服务中心。项目于 2017 年 12 月 7 日开工建设，2018 年 3 月 28 日完工交付，历时 112 天。

3. 项目建设难点

市民服务中心项目建设难点主要体现在以下四个方面：

（1）工期短、时段特殊。项目工期仅 112 天，全部处于冬季且跨越春节。

（2）业态多、任务重，项目建设的不仅是 8 个单体建筑，还有海绵城市、雨水花园、综合管廊、智慧园区等设施。

（3）交通不便。项目仅南侧有一条 6m 多宽的乡村主干道通达现场，项目 8 个单体同步推进，开工后的 4 天内要将 3000t 钢筋要运至现场、7 天内 12 万 m^3 土要外运，同时后续还有大量资源也要快速跟进，运输压力大。

（4）建设标准高，要求严。雄安质量要求项目在保证工期的同时，还要追求更高更严的精益建造质量、安全发展质量、绿色环保管控质量、智慧建造管理质量，全面实现项目又好又快、又快又好的建设。

6.3.2　新型建造模式创新

由政府发起的投资建设项目体量越来越大，带来巨量融资需求，仅靠地方的土地财政和信贷无法满足填补。为能在保持高速发展的基础上减少债务压力、降低风险，政府也在不断寻求新的方法来突破传统路线的制约，因此逐步出现了 BT、BOT、TOT、PPP 等各类的投资建设模式。借助企业或民间资本带动建设，并以后期回购、运维收益、股权分红等形式实现对投资人的合理回报。但目前看来，各类投资建设模式都存在一定的问题，主要集中在投资回报无法满足预期、国家政策更替、政府市场干预开放度不足。

雄安新区的建设目标是形成中国特色新城，建设过程中，充分体现中央深化改革的思想，持续推进简政放权、放管结合、优化服务，不断提高政府效能。在土地管理政策上，新区将构建出让、划拨、作价出资（或入股）、租赁或先租后让、租让结合的多元化土地利用和土地供应模式。在新模式之下，如何有序高效的推进高品质城市建设，成为了亟待探索和解决的课题。

为满足新区短期建设过程中政务办公、企业入驻、会议及展示等需求，在大规模开发之前，政府先行开展了雄安市民服务中心项目的建设。整个项目既是综合性的园区，也是未来城市的缩影，从投资模式、设计理念、建筑体系、运维方法上都进行了示范性的探索。

1. 联合投资人（UIP）模式

（1）联合投资人定义

为建设雄安市民服务中心项目，由中国雄安建设投资集团有限公司（简称雄安集团）与中建三局集团有限公司（简称中建三局）、中海地产集团有限公司（简称中海地产）、中国中建设计集团有限公司（简称中建设计）、中建投资基金管理（北京）有限公司（简称中建基金）组成的中建联合体共同构成联合投资人。该联合投资人组成有效覆盖了土地开发、投融资、规划设计、建筑施工、运营管理等建筑行业全产业链的服务内容。见图 6-44。

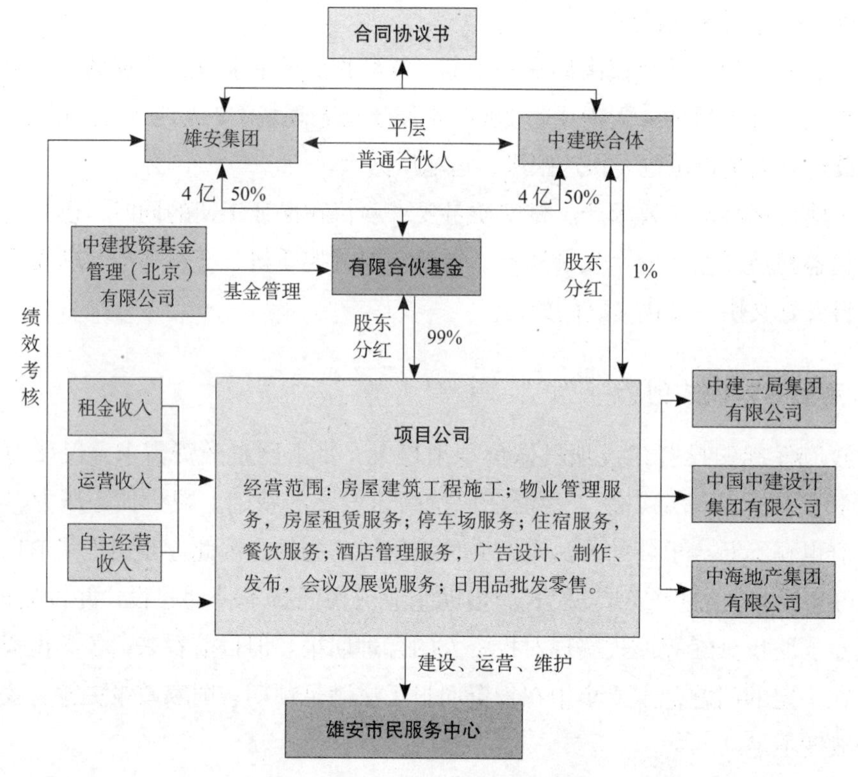

图 6-44　UIP 模式交易结构图

（2）有限合伙基金组织形式与目标

联合投资人成立了河北雄安市民服务中心建设发展基金，基金为有限合伙制股权投资模式。普通合伙人作为基金管理人，负责基金的日常管理，严格按照合伙协议和委托管理协议的内容进行投资，对外代表有限合伙基金，承担无限连带责任。有限合伙人作为投资人，按照实际出资比例承担有限责任。

基金首期规模为 8 个亿，由双方各出资 4 亿元认购 50%，其中中建联合体方中海地产、中建三局、中建设计和中建基金出资比例分别为 29.5% : 15% : 5% : 0.5%。基金决策人 5 人，其中雄安集团 3 人，中建联合体 2 人，基金由中建基金进行管理。联合投资人的目标是通过基金建设市民服务中心，并通过 10 年期的运营及投资获取收益回报。见图 6-45。

在项目投资管理中引入基金突破了常规建筑方式的限制，提供了多元化的融资渠道去解决建设资金来源问题，同时由于拥有可证券化的基础资产，也为投资人展示了巨大的收益拓展空间。

（3）EPCO 集成化项目管理

基金成立后与中标投资人共同成立 SPV（Special Purpose Vehicle）项目公司，其中基金占股 99%，中建联合体占股 1%。项目公司员工由联合投资人团队共同选派，

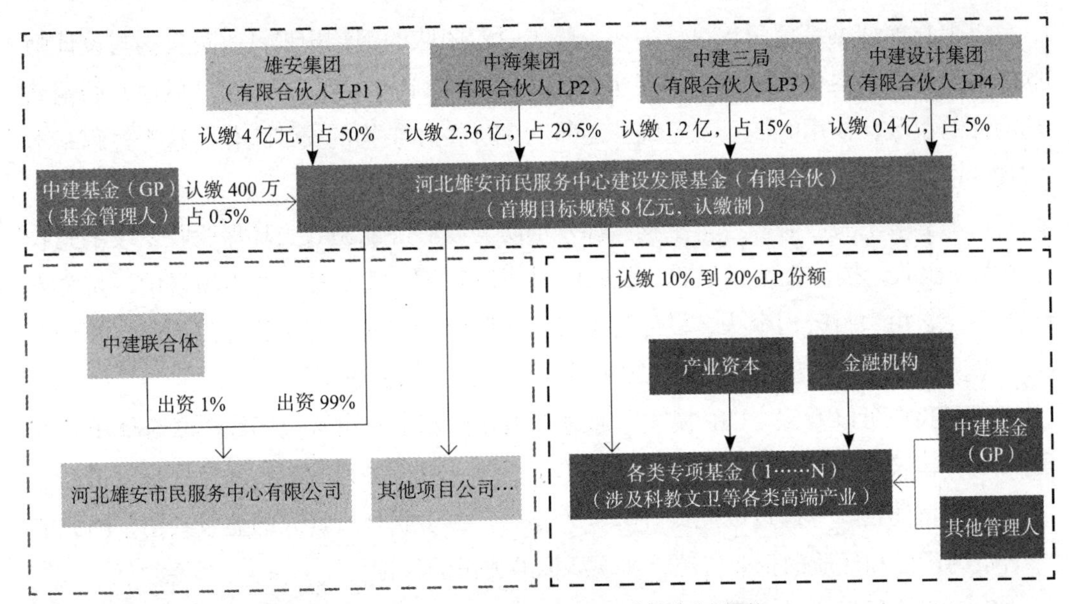

注：表内专项基金视后期运营情况议定，认缴比例及模式可根据实际经营情况进行调整。

图 6-45　基金结构及运营模式

设置有前期部、设计部、工程管理部、合约管理部、财务资金部、综合办公室、运营管理部、招商部、大数据部、质量及安全部 10 个部门。借助中建集团在投资建设全产业覆盖的超强综合能力，完成项目 ECPO（Engineering Construction Procurement Operation，即设计、建造、采购、运营）的多维度管理工作，实现了“超快速建设高品质创新园区”的新建筑奇迹。

项目公司成立后，直接与投资人内部各单位签订相应合同体，中建设计负责项目设计任务、中建三局负责项目施工建造、中海地产负责园区的招商运营。各单位与项目公司之间既是合同对立的甲乙方关系，也是园区建设运营一体化的合作人关系。在这种创新型的建设模式之下，在各个阶段的决策效率和执行力都远高于常规，由于项目公司再下达工作任务之前已经充分考虑了对联合体各方的影响并获得了相关方决策人的认可，因此减少了沟通协调的难度、大大缩短了建筑产品交付的周期，也保证了工作的正确性，使项目投资最为合理、收益最为丰厚。

而从雄安新区最新的政策方向来看，未来新区的建设将缩小政府对建筑的监管权力，将责任转交至建设单位，谁建造谁负责。UIP 实际是自己投资、自己建设、自己使用一体化的特殊模式。

在实施过程中，项目公司利用投资人组成单位自身的业务处理能力和资源协调能力，迅速分配设计、施工、运营各方的责任界面和工作范围。而且由于打破了传统建设模式下多参与方的本位主义，形成了利益共同体的建筑新生态，使得项目公司的可以通过最小的投入撬动大量的资源，并且实现穿透式管理，让任务的执行更为高效和简单。

以项目前期钢结构深化设计为例，施工总包团队的钢结构设计人员直接与设计师联合办公，快速提供满足工厂加工所需的详细构件制作图纸，开工 15d 后便开始钢结构构件的吊装，仅用时 24d 就完成了全部 11000t 主体结构的安装工作。这个过程基本实现了设计、采购、加工、安装的无缝对接。

在工程竣工验收阶段，本工程共涉及消防验收、节能验收、环保验收、竣工验收 4 个大项验收，按传统项目经验，验收的时间应在 1 ~ 2 个月。在本项目中，相关方共同参与，由项目公司牵头，设计施工运营团队协作，提前与主管部门沟通、并预先自检解决验收的关键项，仅用时 15d 完成了项目的主要验收工作。

因此我们可以看到，UIP 模式中通过有限合伙基金解决资金问题。联合体中含有运营商、建筑商、基金管理单位、设计单位，各家单位各司其职，其目标是以最高品质完成项目建设，并通过以此提升基金的收益。由于联合投资人的盈亏共担，因此能整合最为广泛和优质的企业资源，实现高标准建设的目标。

2. 创新型园区设计方案与管理

（1）园区设计方案及理念

雄安新区临时办公区项目的设计方案由两位院士团队、两位大师团队担纲设计，四家优秀设计团队组成园区集群设计方案，参照北京古建筑中轴线的布局，建筑分布呈现三纵三横格局。其外观设计吸收了传统建筑挑檐、走廊的造型思路，贴近传统建筑外形，具有对称、庭院式特点。建筑多以三层为主，最高的也仅有五层，分布舒朗，整体建筑呈银灰色的基调，显得格外低调亲民。

园区整体设计体现了生态宜居、智慧集约、职住平衡等创新的设计理念，以微缩城市综合体的角度出发对园区进行了设计，在保证园区功能的同时兼顾了与现有环境的有机融合。

土方平衡。容城地区地势较为低洼，园区所在场地较南侧现有道路低 1 ~ 1.5m，充分考虑土方消纳和园区的排水等因素，设计团队通过设置架空层和堆填园区内道路的方式，实现土方的整体平衡，减少了对环境的影响。

雨污平衡。园区所在区域没有大市政配套的接驳，设计考虑在园区内完成对雨水、污水的收集和处理。因此在园区西北角设置了小型的污水处理站，实现每天 500m^3 的污水处理。同时对整个园区采用“海绵城市”的设计，因地制宜地设计种植草沟、雨水花园、砾石雨水花园、人工湖、生态净化群落、地下蓄水方沟等，同时步道砖、停车位的植草砖均采用透水砖，进行雨水收集和调蓄，合理引导雨水流向，使雨水资源含蓄在场地内，形成了一个完备的雨水管理体系，实现遭遇暴雨时不内涝、不积水，场地 80% 以上降雨量得到有效控制。

园区各建筑不仅是具备独立功能的建筑，多建筑间可组成政务、企业、商业等标准社区业态形式，并共同构成一个新型园区。劳动者的数量和就业岗位的数量大致相等，

即职工的数量与住户的数量大体保持平衡状态，大部分居民可以就近工作；通勤交通可采用步行、自行车或者其他的非机动车方式；即使是使用机动车，出行距离和时间也比较短，限定在一个合理的范围内，布局混合性居住空间，实现合理公交通勤圈内的职住均衡，有利于减少机动车尤其是小汽车的使用，从而减少交通拥堵和空气污染。

园区没有围墙，行走其中，人和建筑、景观、生活仿佛融为一体。配套设施也均引入共享理念，市民可以在这里享受更健康的生活方式。园区开放空间和道路都实现坡地连接，通过普惠措施、孕妇车位等，实现全人群服务。

建成后陆续有大量企业入驻，企业办公的面积十分紧张，给每个企业配置单独的餐厅与住宿会占用大量空间，如果得不到合理利用会导致资源浪费，空间利用率不高，管理也不方便。因此在设计过程中引入共享设计理念。

共享设施，设计考虑从人性化角度切入，为出差到此地的外地员工设置体育运动设施，如球场、健身房、慢行步道等，舒缓工作压力的同时享受更健康的生活方式。

共享办公，打破写字楼原有办公企业的隔阂，路演厅、休闲水吧、会议室、阅读休闲区、商务洽谈区等全部实现共享。在这个交流互通的时尚办公空间里，每处细节都被精心打磨，数字化与智慧共享。空间可分可合，灵活划分，满足不同功能用房以及各级工作人员办公室使用面积需求，同时适应未来发展功能的调整可能。

共享交通，在停车场设置共享充电桩，以满足电动车、电单车的充电所需，为新能源车辆提供便利。在园区内可以选择乘坐无人驾驶车辆、共享电动车、骑车或步行等绿色出行方式来这里办业务或工作。绿色出行，让市民服务中心实现零污染、零排放。

（2）建筑师负责制下的设计管理

在以往的建设过程中，设计单位执行建设单位的要求进行设计工作。但是在 UIP 模式下，设计单位也是联合体的一员，其作为投资方，使自己不再以追求获取设计合同的最大利润为目标，而是综合考虑建筑产品性能最优以期未来能获取的最大收益。因此，其工作内容实质是项目公司设计部的拓展，服务范围与周期覆盖了全专业和全过程，大至参与项目前期总体规划、小至入住运营外挂品牌 LOGO 风格一致性协调，都在其管辖之内。

在整体方案设计通过的基础之上，项目采用了集群式设计方案。四家设计团队具体分工为：清华大学建筑设计研究院负责生活服务区（周转用房及生活服务用房）、中国建筑设计院有限公司负责入驻企业办公区（企业临时办公区）、深圳市建筑设计研究总院有限公司负责行政服务区（新区党工委管委会及雄安集团办公楼）、天津华汇工程建筑设计有限公司负责公共服务区（规划展览中心、会议培训中心、政务服务中心）。

集群设计拥有以下几个优势：

1）四家团队设计实力相当，是保证高质量设计合作顺利的基础。

2）参与设计的四家设计团队可以相互启发，相互影响，在互动的过程中，技术研究报告探讨方案的合理性，使得方案具有更深远的意义。

3）四家团队彼此熟悉，有过合作的经验，沟通融洽，对于设计有一定共识，节省了在合作交流过程中的时间，大大提高了效率。

4）由于项目的特殊性，设计时间紧任务重，四家团队在设计过程中心态平实真诚，不为利益，并且互相尊重，并没有因为项目的特殊性而想崭露头角，最终实现了四组建筑在园区中的协调共生，各建筑单体形式统一，园区规划步行流线具有整体性，整个园区空间协调有序。

本项目选择各自领域内的顶尖团队进行园区专项设计，设计内容包含景观、幕墙、室内装饰、楼宇亮化、交通标志及环境指示系统、园区道路及管线综合、装配式等，达到施工图设计阶段的深度。例如团队中的戴水道景观设计公司，是一家致力于可持续景观设计的国际设计公司，在景观设计领域具有相当高的赞誉。

通过设计总承包统筹、四家主体设计与多家专项设计共同协作，形成了1+4+N的设计模式。在设计周期短专项分布多的不利条件下，依然秉承高品质的设计原则，实现了建筑的质量、安全、便捷、舒适等多方面要求，为园区的运营提供了基础物资资产。

这种模式下，项目公司无需分散精力同时协调多家设计单位。中建设计作为设计总承包发挥其在设计方面的专长，起到了总顾问和总协调人的作用，在划分设计界面、完善接口间做法等方面起到了非常重要的作用。同时，在设计过程中充分听取施工单位意见，形成联合设计的工作模式，减少材料认样和采购的周期，保证园区造价合理、施工便捷、品质优秀。

（3）智慧园区架构设计及应用

园区贯彻把雄安新区建成“绿色智慧新城”的规划理念，按照绿色、智能、创新要求，建立基于个人信用账户的信用体系并提供信用服务，借助BIM+IBMS的园区智慧运维管理平台、雄安CIM平台等科技，实现数字化园区的智慧化管理，筑牢新区绿色智慧城市基础。

市民服务中心整个园区的运营期，采用物联网框架，结合BIM技术实现创新、绿色、运维管理，平台通过构建物联网监控管理系统，将物联网现场采集的数据信息上传至服务器进行管理，平台可随时调用物联网数据进行应用于管理。在数据层面和应用服务层面将BIM综合管理平台和物联网进行技术融合。

多个角度展示园区的整体效果，包括GIS地图信息、园区整体BIM模型、园区整体各专业模型，综合统计数据，整体全面了解园区运行状态。

1）数字化基础设施

①通信系统：周转用房与企业办公区域采用三网融合技术，其他业态建筑按需求，采用以太网方案，主干线路采用万兆单模光纤，水平线路采用六类线缆。以标准化POI为核心的无源室分标准，满足三家运营商9频或12频的接入需求。

②综合安防系统：在园区主要部位设置数字高清摄像机，所有安防监控摄像机通过设备网进行连接，实现全范围统一平台监控管理。

③建筑设备监控系统：园区所有业态内的机电设备控制系统进行联网，实现统一的远程控制和管理；以远程抄表为基础，建立“智能化能耗集中管理监控系统”用能设备主要为空调冷热源、风机、水泵、照明及插座、电梯、厨房用电等。见图 6-46。

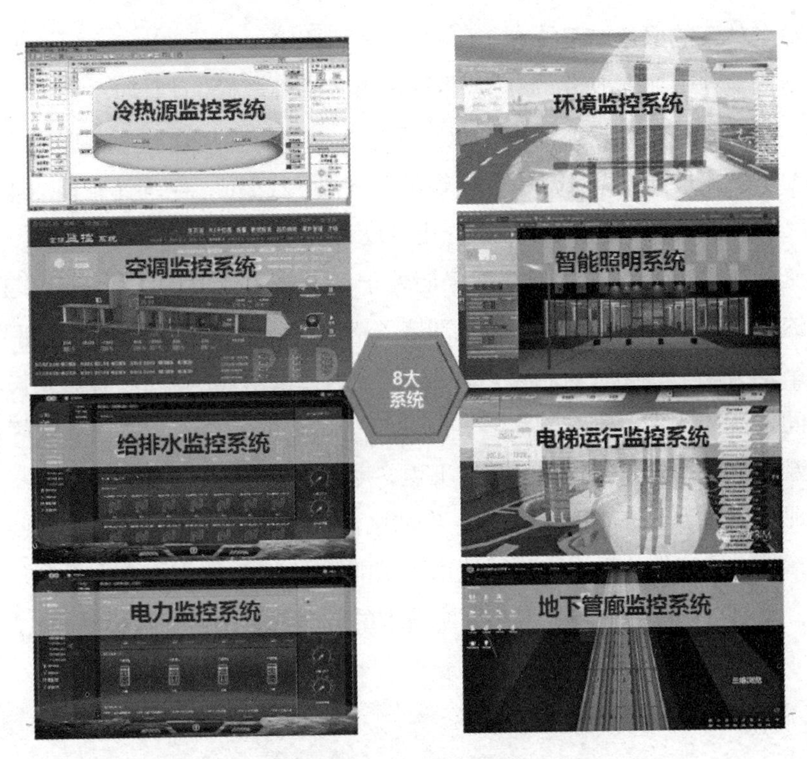

图 6-46　设备监控系统

2）园区物联网平台

园区构建开放、可扩展的物联网平台，基于多模式感知网络，通过人、车、建筑、设备传感器实时采集园区“活数据”，利用物理数据模型实现动态建模，构建现实物体的数字孪生体，打造市民中心数字在线园区，实现“万物互联”的数字城市缩影。

3）园区块数据平台

以雄安市民服务中心项目为基础，探索块数据采集、汇聚、融合实现路径和块数据平台发展的技术体系，探索块数据发展过程中需要的相关标准，如数据安全标准、数据共享标准、数据开放标准等。

建设块数据平台多层级逻辑架构：块数据平台的逻辑架构主要由映射层、融合层、互联网互通层和专题层四个层组成。映射层以实现物理世界的数字客观描述为目标；融合层：形成块数据平台自有的数据体系；互联互通层：实现不同系统相同实体的融会贯通，消除数据烟囱，实现跨业务、跨领域和跨属性数据的互联互通；专题层：以支撑应用层建设为目标，为应用层提供标准化的数据生产资料。

探索研发支持多租户的块数据基础工具集，为将来的块数据质量、块数据安全、块数据资产化、块数据共享开放和块数据的运营奠定平台基础。

6.3.3 绿色建造施工技术

1. 寒冷条件下的绿色施工技术

雄安新区地处中纬度地带，属暖温带季风型大陆性气候，具有四季分明、春旱多风，夏热多雨，秋凉气爽，冬寒少雪等特点。根据气象部门长年观测资料统计，全年平均气温 12.4℃，极端最高气温 41.2℃，极端最低气温 –22.2℃，年均无霜期 204 天。年极值平均最大冻土深度 66cm，历年最大冻土深度为 97cm。

根据施工进度安排，本工程施工工期处于冬期施工阶段，工程量大，工期紧张，施工工艺的设计需仔细权衡，优化施工部署等措施做到降本增效，确保工期节点要求，同时要求组织劳动力、物资材料得力，组织工序合理，以充分利用有效工作时间。冬期施工期间，气候恶劣、安全隐患多，安全形势紧迫的特点尤为明显，做好混凝土结构构件保温、防火、防滑、防触电是本工程冬期施工安全工作的重中之重。

项目现场 1.9 万 m^2 的临建办公区、生活区全部采用集成房屋建造，这些板房可以周转利用，减少了建筑垃圾。临建区使用太阳能智能 LED 路灯，在白天自动熄灭并太阳能充电，夜间自动开启照明，满足照明需求的同时，达到节能降耗目的。见图 6-47。

图 6-47 项目临建箱式板房

项目施工主要在冬季，正是雄安地区少雨干燥的季节，考虑冬季大风会引起大面积扬尘，项目施工现场大面积铺盖绿色防尘网，同时用洒水车对裸露在外的泥土定期洒水降尘，有效地降低了灰尘。根据项目信息化平台统计，施工期间 PM2.5 年平均浓度为 72ug/m^3，小于达标阈值。见图 6-48。

图 6-48　现场覆盖防尘网

施工现场采用的部分“四节一环保”措施如下：

（1）施工现场的主要施工道路采用 20mm 厚钢板满铺钢板路面，材料可周转，可回收，降低材料使用，同时减少土地硬化。

（2）施工沿途设置钢筋加工棚配套废料回收池，废料集中收集，统一处理，减少污染。

（3）现场进行焊接作业时，搭设防火布进行遮光和隔声，减少声光污染。

（4）施工现场在主要入口均设置污水循环自动洗车槽，污水循环利用。见图 6-49。

焊接作业防火布遮挡

施工现场钢板路面

危险品库房

现场设计废料池

现场设置洗车槽

图 6-49　“四节一环保”措施

冬期施工的质量控制首先要做好保温措施，在市民中心项目中，采用了大量的装配式设计，如内外隔墙全部为ALC条板或石膏板，使得除基础及楼板之外，基本没有大面积的湿作业。针对有限的湿作业，项目采用了全面的保温措施进行处理，在混凝土浇筑施工采取浇筑区域三防布全面封闭及暖风机加温措施，楼板混凝土浇筑完成后，采用保温岩棉被覆盖加楼板下点粘聚苯板进行保温养护，保证混凝土的整体质量。

2. 被动式建筑施工技术

项目在节能方面，针对河北省的地理区位，将政务服务中心设计为被动式建筑（超低能耗建筑）。被动式建筑可以在冬季充分利用太阳辐射热取暖，尽量减少通过围护结构及通风渗透而造成热损失；夏季尽量减少因太阳辐射及室内人员设备散热造成的热量，实现自然节能。园区政务服务中心通过降低建筑体形系数、控制建筑窗墙比例、完善建筑构造细节，设置高隔热隔声、密封性强的建筑外墙，实现“被动式房屋”的目标。主要室内环境设计参数见表6-1。

政务服务中心室内环境设计参数　　表6-1

序号	被动式超低能耗建筑室内环境参数
1	冬季供暖温度：20℃
2	夏季空调参数：26℃，相对湿度≤60%
3	新风量：≥30m³/（h·人）
4	夏季室内参数：26～28℃，相对湿度≤60%

政务服务中心在施工过程中，根据被动式建筑的设计标准及要求，除对主体施工阶段需严格把控混凝土浇筑质量，材料搭接面处理、穿墙孔洞的封堵外。在有限的工期内，通过改变传统外立面安装工艺做法（安装龙骨、电焊铁皮 、填充保温岩棉和安装面板），对外立面在工厂内预先部分装配，工厂内严格按照工程节点进行加工生产，保证了外窗K值≤0.97W/（m^2·K）、风压荷载性能9级、气密性能8级的要求，并将加工精准度控制在0.1mm以内。见图6-50。

3. 复合能源供应系统施工技术

市民服务中心园区充分利用所在地容城县的地热资源，采用“浅层地源热泵+蓄能水池冷热双蓄+再生水源”复合能源供应方式，打造项目供暖、制冷、生活热水一体化系统。见图6-51。

（1）浅层地源热泵

市民服务中心园区所在地容城县，是雄安新区三大地热田之一，地热资源丰富。根据现有数据和地质资料潜力评估，容城凸起（56km^2研究区范围）基岩热储地热资源量为416×10^{16}J，相当于标准煤2.39亿t，折合热能1320MW；可开采地热资源为62×10^{16}J，相当于标准煤3600万t，折合热能198MW。

图6-50　“被动式房屋”—政务服务中心

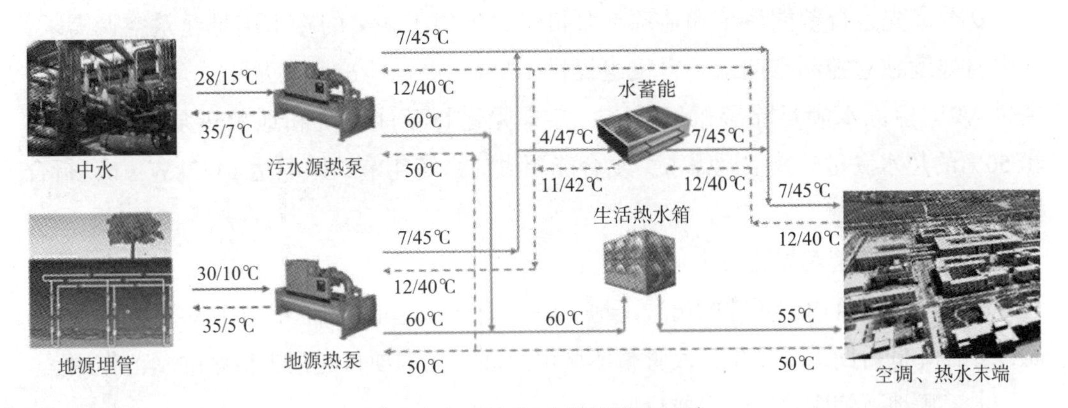

图6-51　园区复合能源供应系统

本项目在西南侧停车场及西侧雨水花园区域埋设了1510个双U形竖直埋管，单口地埋管有效深度为120m，间距4.0 ~ 4.5m。地埋管汇集到地表的17个小室中，并用直埋保温管与能源站连接。

在同类型同体量的条件下，本项目地源热泵系统对比于常规能源系统（如燃气锅炉、中央空调系统），每年节约38%的运行费用，年节约费用82.86万元。

（2）蓄能水池冷热双蓄

园区的冷热双蓄系统设置了一个1500m^{3}双蓄水池，在电力负荷较低的夜间，利用低谷电将冷量（热量）存储；在电力负荷较高的白天，把储存的冷量（热量）释放，以满足建筑物空调需要，转移用电高峰，提高设备利用率。

（3）再生水源

园区的污水经过处理，每日可以产生500t的中水，中水进换热器与中介水进行换热，中介水进入热泵主机，主机消耗少量的电能，在冬天将水资源中的低品质能量“汲取”出来，经管网供给室内采暖系统、生活热水系统；夏天，将室内的热量带走，并释放到中水中，给室内制冷并制取生活热水。园区“浅层地源热泵 + 蓄能水池冷热双蓄 + 再生水源”复合能源供应系统，装机冷负荷 8684kW，装机热负荷 7723kW。见表 6-2。

园区复合能源供应系统节能统计　　表 6-2

序号	能源利用方式	可利用量	装机冷负荷（kW）	年冷负荷贡献（万 kW·h）	装机热负荷（kW）	年热负荷贡献（万 kW·h）
1	再生水	500t/d	140	27	174	33.7
2	浅层地温能	按需配置	6807	473.5	5812	371.8
3	水蓄能	冷负荷的 20%	1737	270	1737	271
合计			8684	770.5	7723	676.5

夏季优先运行蓄能系统和地源热泵机组，提供 13/6℃的冷水满足建筑空调需求，其中温湿度独立控制空调由一台机组提供 16/21℃高温冷冻水满足干式风盘运行，并提供 4/9℃冷冻水满足除湿机组需求。冬季先运行蓄能系统和地源热泵机组，提供 40/50℃的热水满足建筑空调需求。复合能源供应系统年节约用电达 1447kW·h，折合标煤约 585t。

4. 综合示范管廊施工技术

市民中心项目内创新性的设置了地下综合管廊，这是传统园区中很难见到的设计，通过管廊降低后期运维成本，改善整体城市封面，在本项目起到了很好的示范作用。

本工程地下管廊建设的主要目标：

（1）占据的地下空间资源降低，同时可以减少维护营运成本，节约每次开挖成本。检查地下市政管线更便捷，可及早预防较少管线的破损，改善管线安全问题，降低公共危害。

（2）有效杜绝“拉链马路”现象，因维护检修而造成后期反复开挖路面。

（3）地面可不再设置电线杆、电箱等构筑物。

雄安市民服务中心园区综合管廊位于园区主要道路下方，总长 3.3km，将给水管、再生水管、消防管、空调冷热水管、热水管、电力、通信线缆等全部被收进管廊中，不同的功能由颜色各异、形状不同的管道代表。见图 6-52。

地下综合管廊工程，于 1 月 9 日开始动工，2 月 3 日完成 19.8 万 m^3 土方量开挖，园区管廊施工 127 座出线口，14 座进排风井，6 座吊装口。施工期间通过加大资源投入、设立专项任务追踪日计划、成立施工协调小组等方法，成功克服了冬施冻土回填、结构浇筑保温、与场内道路冲突影响各单体工序施工等问题，30 天内实现管廊主体结构全面完工，为后续各专项工程打下了良好的基础。见图 6-53。

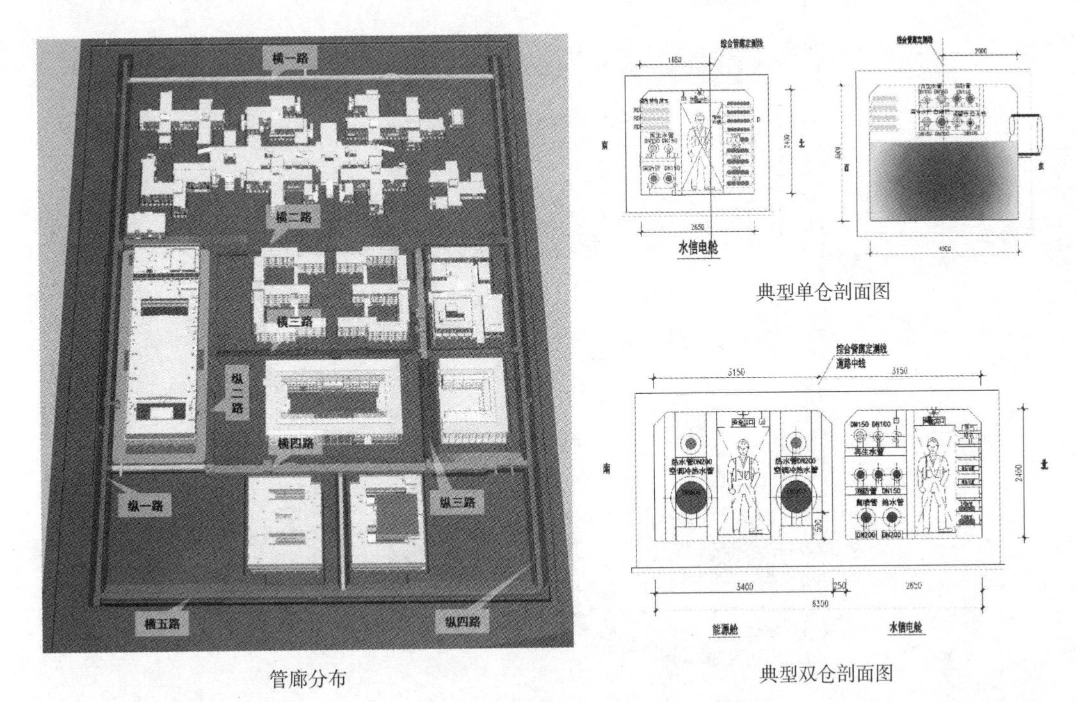

管廊分布　　典型单仓剖面图　　典型双仓剖面图

图 6-52　园区综合管廊分布及典型剖面图

图 6-53　综合管廊能源舱与水电信仓

5. 海绵城市综合施工技术

市民服务中心园区充分融入“海绵城市”的理念，将雨水作为宝贵资源进行引导、存储、净化与利用，形成了一个完备的雨水管理体系，发挥合理利用水资源、净化污水、防洪排涝的作用。因地制宜地设计种植草沟、雨水花园、砾石雨水花园、人工湖、生态净化群落、地下蓄水方沟等，步道砖、停车位的植草砖均采用透水砖，进行雨水收集和调蓄。见图 6-54。

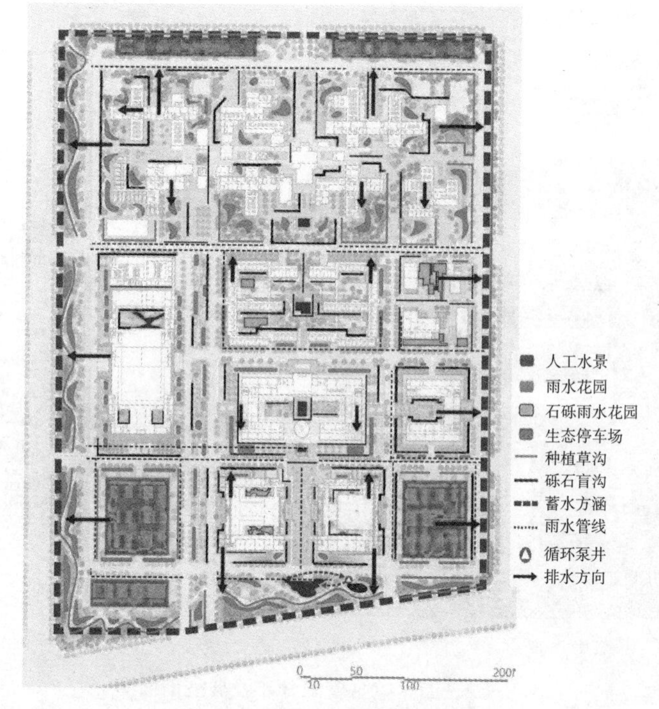

图 6-54　园区海绵城市设计

园区的海绵城市措施与景观工程有机结合，可实现 8000m^3 的雨水调蓄容积，加上地下雨水管涵 12000m^3 的调蓄容积，总雨水容纳量超 20000m^3，满足 30 年一遇的特大暴雨而不内涝。

园区景观雨水通过泄水口将超过设计水位线的雨水排入雨水管网，雨水管网连通地下蓄水管廊，同时地下蓄水管廊也可以通过水泵排入人工水景。存蓄的雨水在两者之间流通，使水质得到净化的同时，解决了地面景观浇灌、水源补给的问题，形成了完善的雨水收纳系统。同时，为发挥收纳系统的调蓄防洪能力，地下蓄水管廊配备了排水泵房，可在雨后错峰将过多的雨水外排到市政雨水管网，缓解了对市政管网在暴雨发生时的泄力。见图 6-55。

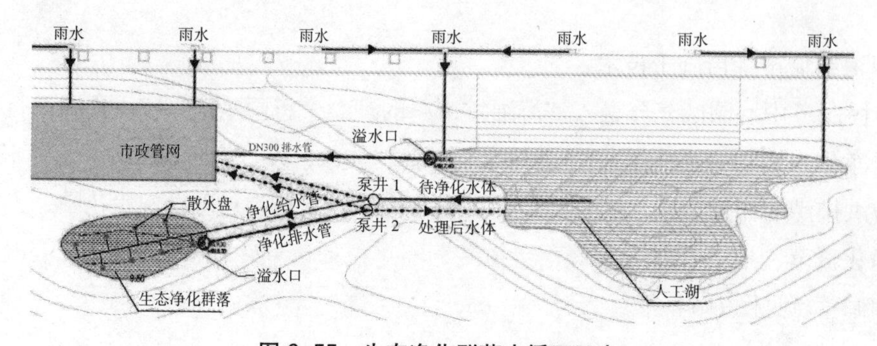

图 6-55　生态净化群落水循环示意

收集后的雨水可用于人工水景补水、植被浇灌用水，同时溢流的雨水可被存蓄在地下蓄水管涵中进行保存，不仅防止场地内涝，且可通过雨后错峰外排避免对下游排水系统产生压力，减缓洪涝灾害影响，对于调节容城当地夏涝冬旱的情况有重要意义。见图 6-56。

图 6-56　雨水花园施工过程及完成情况

雨水中污染物在得到过滤的同时，还补充了地下水。地下水留得下、存得住，有利于植被的生长和生态系统的平衡。同时，有效地控制径流污染，改善城市生态环境，增加植物的多样性，充分贴合打造生态宜居的新区的要求。

6.3.4　智慧建造施工技术

1. 全生命期 BIM 应用

雄安市民服务中心项目是雄安首个基于 BIM 技术的全生命周期智慧建造应用的项目，具有绿色引领、智能管控、智慧服务等特点。BIM 技术作为智慧雄安、智慧建造的底层数据承载者是连接设计与施工、施工与运维，打通工程全生命周期实现基于 BIM 的智慧设计、智慧建造、智慧运营的重要技术环节。能在各阶段为各参与方提供准确唯一的数据，减少信息孤岛及沟通屏障，最终做到“数字孪生”的建筑镜像，引领雄安新区从 BIM 走向 CIM 的智慧城市管理。项目最终版模型包括土建 11 个，钢结构 13 个，装饰装修 34，机电 48 个 ，场地及管廊 16 个，集成房屋 37 个，总计 159 个模型，容量达 10.2GB。

（1）BIM 辅助设计

在施工前利用 BIM 完成各专业施工图的深化设计，确保施工图深化设计的 BIM 成果，与施工时使用的二维成果内容、深度相一致。深化模型将用于施工阶段的模型综合、碰撞检查、进度模拟、方案模拟、辅助工程量统计等各 BIM 执行内容，见图 6-57。

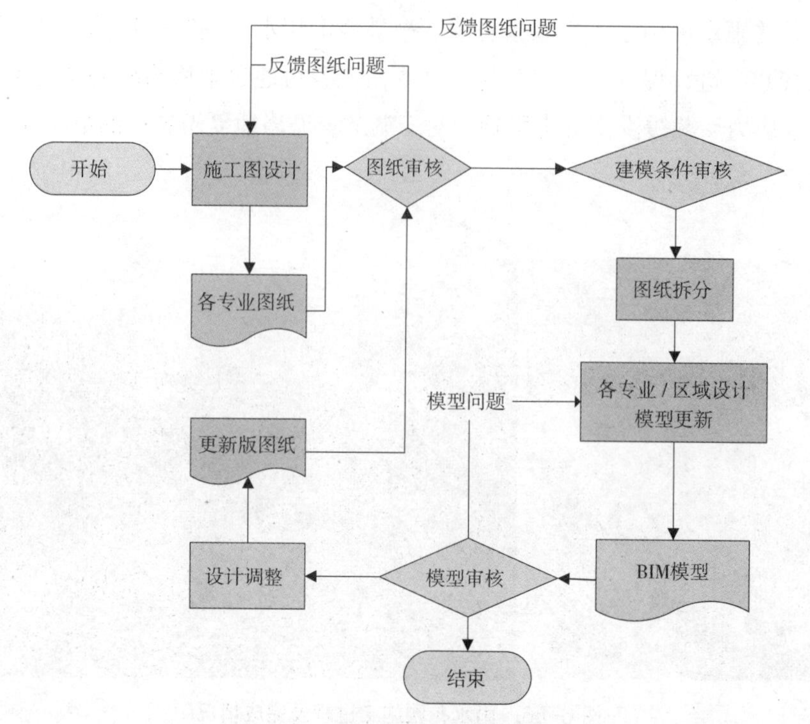

图 6-57 BIM 辅助深化设计流程

（2）专业间综合协调

本工程十分紧张，从设计单位获得模型后，施工团队随即开展深化设计并进行施工协调，利用加工和施工准备的周期，尽可能地解决模型及图纸中所存在的问题，降低现场返工及拆改的数量。累计解决问题 534 项。见图 6-58。

图 6-58 风管穿隔墙处未开洞

（3）施工模拟

利用 BIM 施工模型，对于施工进度、施工工艺进行三维可视化的模拟展示或探讨验证。

进度模拟通过 BIM 模型关联项目进度中的各个时间节点，可以有效提高项目管理的效能，让施工方可以随时了解项目实际进度与模拟进度之间的差别，便于调整施工方案以及请款；管理者通过模拟实时了解项目进度，提高对项目进度的管控。见图 6-59。

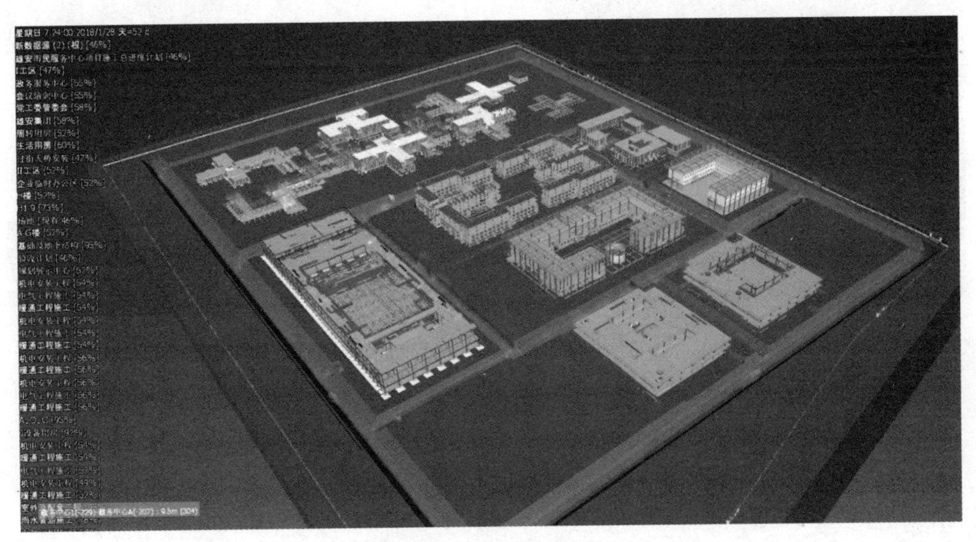

图 6-59　施工进度模拟

施工工艺模拟可以对 BIM 模型进行拓展，通过相关的 BIM 软件与施工中的工序、工法等相关联，然后对项目中的难点及重点进行提前的施工预演，让具体操作人员看着“3D 电影”就知道该怎么干活儿，具有非常强的指导性。见图 6-60。

图 6-60　铝板保温一体板工序展示

（4）VR 应用

利用 BIM 模型展示重点位置的精装效果，使用 VR 体验设备获得真实的体验感，帮助业主在精装方案及家具选型过程中做出准确的决策，加快认样速度。见图 6-61。

图 6-61　VR 辅助装饰方案选型

（5）基于 BIM 的运维平台

雄安市民服务中心运维阶段采用中国建筑自主研发的 SOP-BIM 运维管理平台，实现运维期间对整个园区的智慧运维管理。见图 6-62。

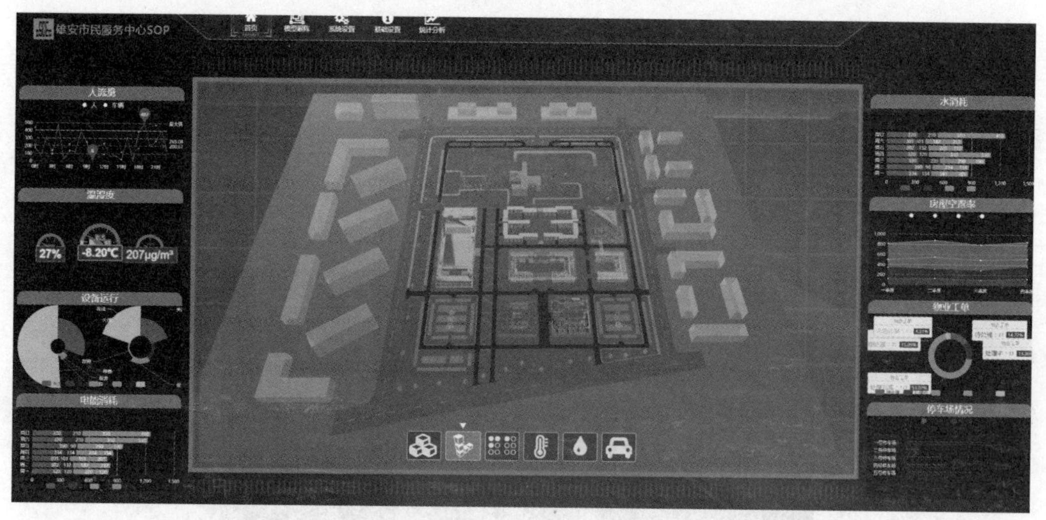

图 6-62　雄安市民服务中心 SOP-BIM 运维管理平台

项目通过 SOP-BIM 运维管理平台，配合智能传感设备，对园区的人车流量、温湿度、设备运行及保养维修情况、房屋空置率、物业工单、水电能耗、停车场使用情况等实现智慧运营管理。

2. 智慧建造管理平台应用

响应雄安新区“数字孪生城市”的建设目标，中建集团集合中建三局、中建电商、用友建筑等团队，为市民服务中心施工定制研发智慧建造管理系统。该系统综合运用 BIM、物联网、云计算、大数据、移动通信、人工智能等技术手段，以“云 + 端”模式实现建筑施工全过程的数据自动采集、智能分析、智能预警。目前，系统共有全景监控、进度管理、质量管理、安全管理、物料管理、劳务管理、环境管控、工程档案八个功能模块。通过实时采集汇总工地源源不断的真实数据，实现将“纷繁复杂”的工地以数字化的形式装载在计算机的虚拟建造系统之中。施工一线的管理者，对系统收集到的大数据进行提炼，指导建筑施工作业、辅助质量安全管理、进行劳务实名管控，用数据支撑整个管理过程，打造建筑行业智慧建造的新模式。见图 6-63。

图 6-63 云筑智联智慧建造系统

施工现场在主要出入口、办公区都布设了监控，监控数据上传智慧工地平台的全景监控模块，通过无人机航拍，从垂直、倾斜等不同角度采集影像，采用倾斜摄影技术建立施工现场的三维实景模型。将监控位置与实景模型挂接，点击实景模型上的监控锚点就可以查看监控，操作简单，场景更加真实。见图 6-64。

进度管理上，实现计划进度与 BIM 模型挂接，每项任务的起始时间由管理人员现场录入，系统将任务的完成情况与计划进度进行对比，对滞后的任务进行预警。见图 6-65。

安全和质量管理分为现场端和平台端，现场管理人员通过手机 APP 录入质量和安全的检查问题，并下达至责任工长整改，通过这种手段，能即时提醒管理人员对安全问题的跟踪检查，统计安全隐患问题的数量，整改率。见图 6-66。

图 6-64　全景监控模块

图 6-65　进度管理模块

图 6-66　质量管理模块

同时，通过将问题和 BIM 模型进行挂接（即问题的空间位置与 BIM 模型上的锚点图标是对应的），可以直观地查询目前建筑施工过程中存在的隐患。

物料管理模块实现了对钢筋、混凝土、砂石等主要材料的收料、消耗情况的统计，以及对构配件运输状态的查询。对于钢构件、金属板等主要材料，利用二维码进行物料的实时追踪，确保工程的顺利开展。见图 6-67、图 6-68。

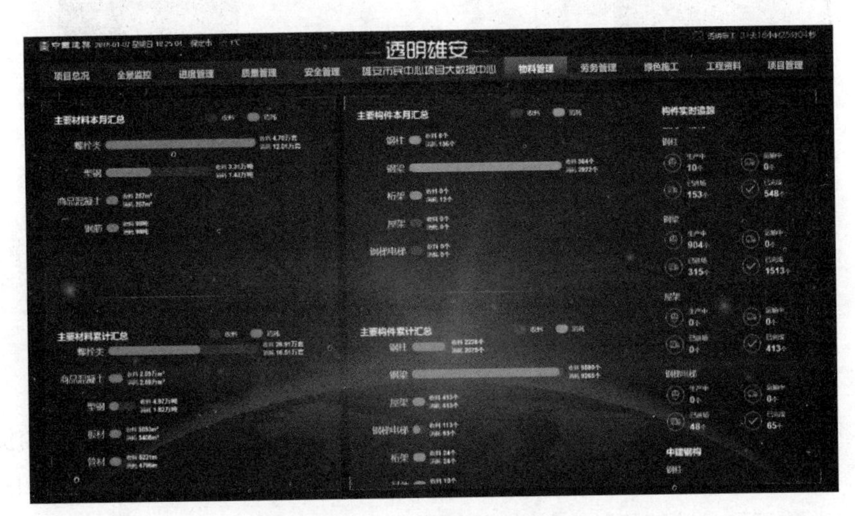

图 6-67　物料管理模块

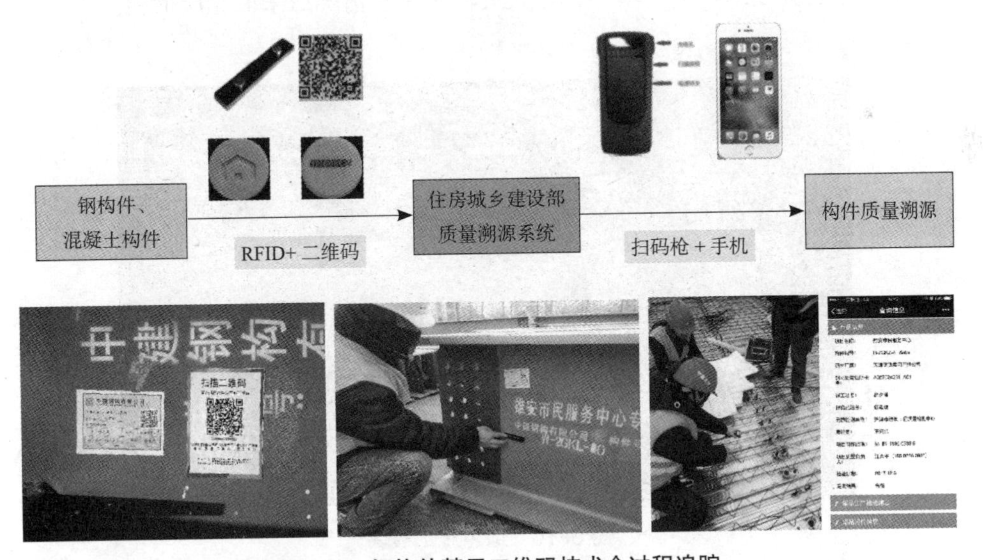

图 6-68　钢构件基于二维码技术全过程追踪

项目对劳务采用实名制管理，门禁系统可以采集进出现场的人员信息，包括姓名、身份证号码、照片、工作单位、工种、进出场时间等，这些信息实时上传劳务管理模块。管理人员可以利用这些数据分析现场工人出勤情况、工种配备情况。施工现场通过给工人 GPS 定位器，采集工人的实时位置信息，该信息汇集到劳务管理模块后，系统自动分析形成热力图，反映现场工人的分布情况。见图 6-69。

图 6-69　劳务管理模块

项目通过信息化手段收集实时环境信息。施工现场布设了环境监测、能耗监测设备。现场的温度、湿度、PM2.5、PM10、风力、风向、噪声、污水、用水量、用电量等数据都可以上传至绿色施工模块。该模块实现了环境指标的实时监测，当指标超过了规定的阈值，系统会发出预警，项目管理人员核实现场情况后采取相应措施。见图 6-70。

图 6-70　绿色施工模块

6.3.5　工业化生产技术

为响应新区建设绿色、低碳的理念，同时确保在快速建造过程中的施工质量和建筑舒适度，本项目在建设过程中采用了大量的装配式施工技术，范围涵盖主体结构、二次结构、装饰装修、机电全专业全过程，提高装配式建材应用比例，借助装配式构件工厂生产不受恶劣天气影响、施工垃圾少、减少湿作业及噪声、安装阶段人员投入少的优势，有效克服解决项目各专业现场施工周期短、现场专业施工工序烦琐、劳动力技术水平参差不齐影响施工质量及工期进度问题，为此类项目施工的顺利开展如期履约提供了坚实保障。见图 6-71。

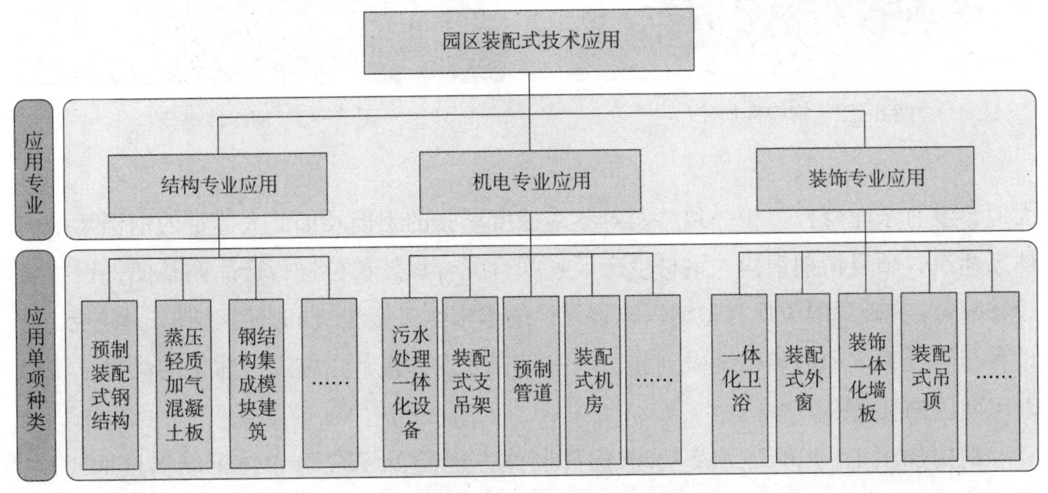

图 6-71　园区专业装配式技术建造应用

1. 装配式结构施工技术应用

装配式钢结构的应用，提高生产效率节约能源，发展绿色环保建筑，并且有利于提高和保证建筑工程质量，与传统现浇施工相比，可有效减少环境、人为因素影响，压缩工序技术间歇时间，实现立体交叉作业，提高工效。

（1）施工、设计联合办公。施工单位人员就位后，钢结构深化设计团队立即驻设计院开展工作，双方团队联合办公、同步开展设计。设计过程中尽可能减少构件分段分节、减少现场焊接节点，针对钢筋与钢结构施工交叉的劲性节点，开展专题会议进行优化，降低现场施工难度。

（2）设计、采购一体化。在图审还未通过的情况下，由工厂根据深化图纸提前采购下料，并将部分构件提前进行制作。充分借助 UIP 模式的优势，作为利益共同体、减少了施工单位因为图纸未定而造成的商务难点，提前进行采购，为现场的顺利安装起到了关键性的作用。

（3）就近取材。主要钢结构在中建钢构天津加工基地完成制作。该加工基地拥有现阶段国内最先进的钢构件制作基地，构件制作完成后仅需要 1.5h 即可运抵现场。见图 6-72、图 6-73。

本工程除企业临时办公区之外，其他建筑全部为钢框架结构，总用钢量约 11200t，基础为独立基础或条形基础，楼板绝大部分为钢筋桁架板，这与新区建设“不建高楼

图 6-72　钢构件加工

图 6-73　钢构件进场

大厦、没有水泥森林”相一致。面对冬季极度紧张的工期及如此大体量的钢框架结构体系建筑，项目初期钢构、钢材生产厂家联合配合设计单位进行产品调整使得钢材与设计吻合，突破局限于现有型钢以调整设计的本末倒置做法，同时使钢结构、围护系统、设备与管线系统和内装系统做到和谐统一，充分发挥设计、施工一体化的优势，将绝对工期压缩至极限。

钢构加工工厂 20 天完成 8000t 构件制作，现场 24 天 7 个单体钢结构全面封顶，各单体施工工期 8 ~ 12 天，实现了“高标准、零事故”封顶，相比传统建筑模式工期缩短 40%，创造了新的施工记录。

2. 集成模块建造技术

钢结构集成模块建筑—采用工厂预制的钢结构集成模块在施工现场组合而成的装配式建筑，主要由钢结构主体结构、楼板、吊顶、内装组合而成的具有建筑集成功能箱式空间体，基于构件工业化生产的基础上，集成机电设备、建筑各部品于一体。模块工厂化整体预制，现场组拼，相比传统构件预制、工地装配的建筑，其工业化、产业化及质量水平均得到更大提高。同时最大限度降低了传统建筑方式造成的环境污染和资源浪费，集中体现了绿色发展的理念

本项目的企业临时办公用房采用集成房屋形式，面积共 33000m^2。集设计、制造、监造、运输于一体，实现了单栋建筑 80% ~ 90% 工程量在工厂预制完成(包括主体结构、水电系统、内部硬装甚至软装)，施工现场只需要完成剩下 10% 左右的搭装工作，减少 50% 以上的现场施工时间，降低外部环境、人员技术、劳动力等因素制约影响，保证现场施工进度及效率。

项目集成房屋区域约占现场总建筑面积 30%，采用 652 个集装箱，形成各种空间业态，如:共享办公、餐饮、酒店、商店、健身中心等，70 天内实现设计、生产、运输、吊装至全部履约交付，45 天完成 652 个模块生产，24 天实现 8 栋楼全部封顶，最快 4 天吊装 1 栋楼，最大单日吊装 46 个模块。以工业化的手段确保了整个工程的工期目标。见图 6-74。

图6-74 项目集成房屋各阶段实施情况

建造时，以长12m、宽4m、高3.6m的钢结构箱式模块作为基本单位，适合运输，便于灵活组合。拼接而成1000 ~ 1200m^{2}左右的“十字”单元组合建筑。“十字”单元组合建筑向四周开放，具备良好采光和自然通风，可以最大化地实现人与自然环境的交流与融合。见图6-75。

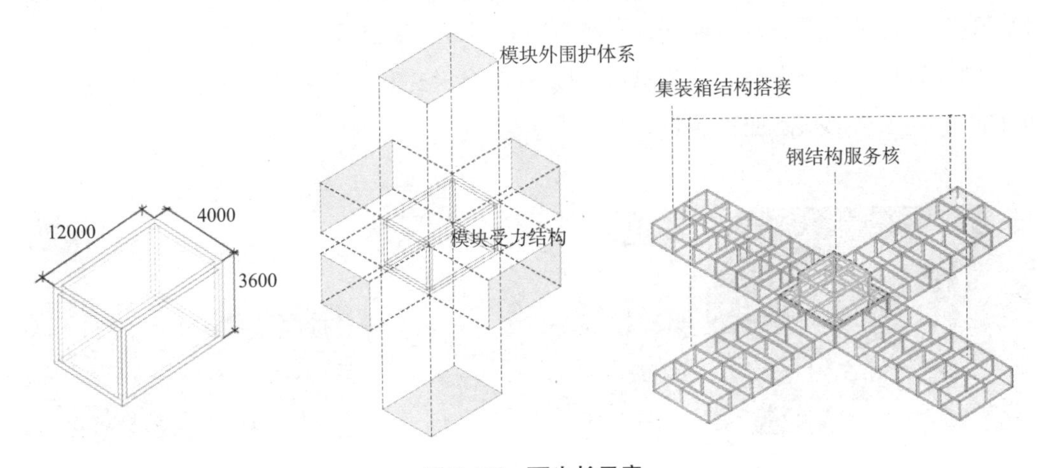

图6-75 可生长示意

同时为实现集成式住宅的可循环利用，模块对于屋面进行特殊处理，在模块箱与混凝土屋面之间设计了可直接掀开的隔离层，可实现模块箱体的整体搬移而不破坏内部的使用空间。见图6-76。

3. 机电设备安装数字化预制加工技术

本工程建立了机电设备安装数字化预制加工基地，占地面积3000m^2，配置全套PDSOFT加工分解软件，运用高精度BIM技术建模，具备图纸自动生成、材料统计生成、碰撞检查、消隐处理及管路等级生成等功能。对风管、C型钢支架、预制构件、预制泵组、

图 6-76　集成模块内外完成效果

预制管组于场地内进行加工，其相比低传统工作模式下减少对现场工人能力的依赖、规避人为误差、降低废品率，保证机电模型与现场机电管线的高度一致，提高施工质量和可观赏性，极大降低人力成本，提高材料利用率，加快机电安装进度。见图 6-77。

同时采用二维码编号、手机 APP 以及 VR 技术交底，能够满足雄安市民服务中心项目机电施工全部预制加工需要。

图 6-77　机电设备安装数字化预制加工基地

机电设备安装数字化预制加工技术，较之传统做法提高工效 45% ~ 50%，材料费用 8% ~ 10%。创新施工工艺，施工效率提高，安装作业时间显著缩短，前期预制不受现场作业场地限制。降低了高空作业人员与设备的风险，安全性显著提高，减轻了工人的 劳动强度，有力地保障了安全生产、文明施工。代表了现代施工水平，具有较好的推广效益。

4. 快建体系下的装饰装修技术应用

绿色工业化全装修选用标准化、工厂化生产的部品材料，部品制作安装、湿作业工序大部分工作于工厂内的标准流水线中完成，保证了部品质量、具有更高效生产力，有效减少部品现场作业，工程实施进度更为可控。

园区预制装配式实施有效克服传统装配式强调标准化、模数制，不易做出变化的特点，通过对内外装小至混凝土挂板的大小、颜色推敲，大至建筑间和谐共融。装配式的以小见大，以有限的尺寸板材，通过多样的拼装实现丰富的变化，也充分证明预制装配不等于简单，简单不等于简陋，预制装配式可以做出更丰富的空间。同时，部品标准化有效克服传统手工作业的不确定性与随意性，有效减少现场作业与湿作业，同时可大大降低房间内有害物质的残留、挥发，确保建筑内环境的健康与环保。

（1）装配式内部墙体

结合项目特点及材料供应情况、为保证面层施工效率及完成效果，建筑内部选用设计实施情况，项目选用埃特板、印花覆膜金属板、微孔岩吸隔声板等装饰一体板材。以模块化为要素，工厂化生产，装配化安装，提高效率，大幅度减少施工垃圾和噪声、粉尘，且无甲醛等毒害气体。隔墙内部预留具有空腔及预制的穿线孔，同时进行强弱电交叉施工，预埋线盒。按照常规的做法至少需三个月，本工程于 30 多天高质量完成隔墙 + 装饰面层施工工作，现场施工时间缩短 60%。见图 6-78。

图 6-78 装配式隔墙内部结构实施情况

以硅酸钙板为基础，表面覆膜。常规 1.2m 为一个单元，高度 2.4m，品种多，满足常规装修需求。依托轻钢龙骨体系，实现面层干作业，装修品质更有保障。

印花金属覆膜板在园区周转用房的应用，其具备清洗方便、坚固耐磨损、防潮湿，耐久性强、触感好，改变了金属材质冰冷单一的感觉。同时，具备靓丽的外观及优异的加工性、可实现低光到高光的不同效果，色彩丰富多样，安装简易便捷、可减少维修费用与人力成本的支出，在保证环保与人性化的同时，大大提高房间内部装修进度。见图 6-79。

图 6-79　印花金属覆膜板

微孔岩吸隔声板是采用天然砂粒，添加无机硅基溶剂，将砂粒固化凝聚成板。板面有细小孔洞，孔道曲折不规则，因此有很好的吸声功能。微孔岩吸隔声板因主要成分为天然砂粒，产品颜色丰富，具有很好装饰性。

材料分为基板和面层，基板为板状，通过龙骨固定于墙面或吊顶上。面层为砂浆状，通过抹灰敷涂于基板外表面，干燥后形成连续无接缝的装饰硬质表面。基板和面层均为砂岩材料，具有丰富的多孔性（孔隙率高达 45% ~ 50%）。聚合物化学键极为强烈，砂粒聚合后的强度极高，其抗压强度与 C30 混凝土接近。且抗裂强度、抗冲击强度及握钉力等均优于同等厚度的水泥压力板。砂粒天然不燃烧，防火性可达 A 级不燃级。

微孔岩吸隔声板的在会议、政务办公场所的应用，其无缝装饰理念既符合吸声要求又满足装饰效果的声学材料，大大提高该该类房间的施工效率，同时为该类型房间的实施提供借鉴参考。见图 6-80。

图 6-80　微孔岩吸隔声板

（2）装配式吊顶——矿棉覆膜板

以矿棉纤维为主要材料，节能环保、维护翻新更方便，吸声，耐擦洗，方便更换，本项目应用 300mm × 600mm、600mm × 1200mm、600mm × 1800mm，厚度 12 ~ 20mm 三种规格，花纹细腻柔和，无方向性节省安装时间。见图 6-81。

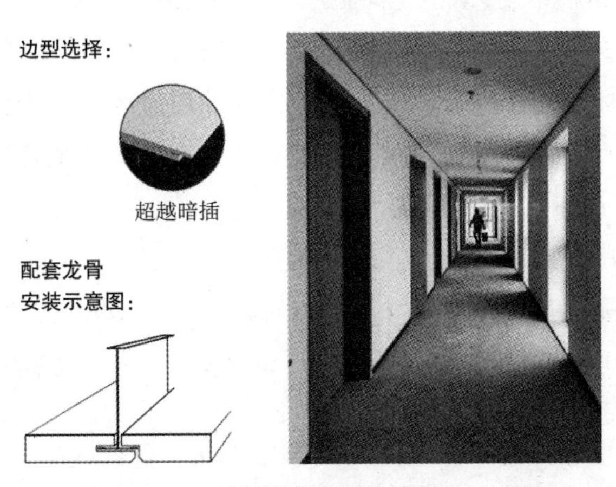

图 6-81　矿棉覆膜板结构形式及完成效果

（3）一体化卫浴

浴室内部墙顶地均为 SMC 一体化模压成型，采用不饱和聚酯树脂材料，无需要贴砖和防水施工，在工厂内采用数控压机和精密模具，顶板、壁板、防水盘一次性高温成型。现场建筑内部结构完成后，可直接进行一体化卫浴安装，其单面占用空间 50mm，安装于卫生间设计净高 2.2 ~ 2.4m。一体化板材、门、五金配件，运至现场组装，全过程干式施工、施工过程中能耗少，无污染。现场组装，效率提高，4 小时即完成一套整体浴室安装，有效缩短施工周期。见图 6-82。

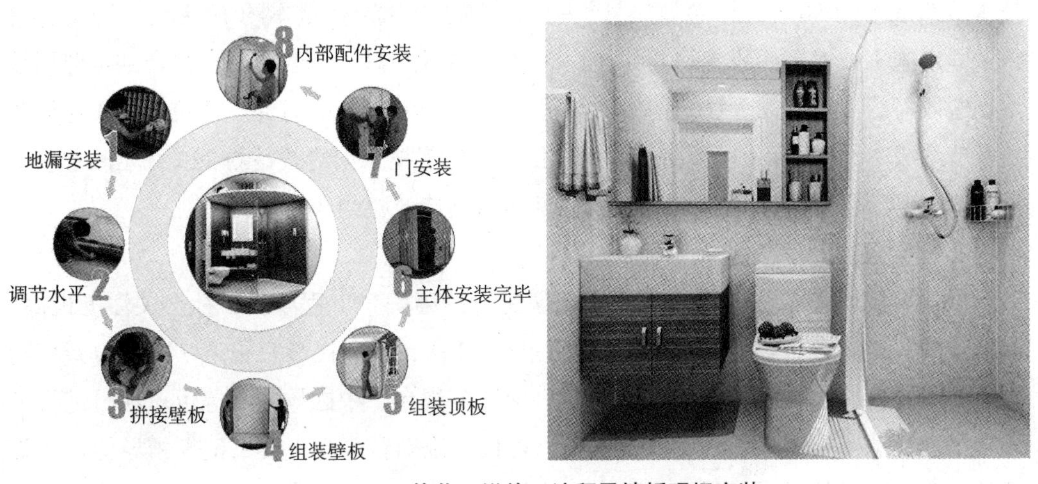

图 6-82　一体化卫浴施工流程及墙板现场安装

以本项目 1.5m × 1.9m 的标准卫生间为例：

若采取传统卫生间施工，工期（包括吊顶、湿作业、部品安装）约 7 天；而采用整体卫浴，安装速度可达 1 ~ 2 个 /（人·天）。以层高为 5 层的周转用房楼计算，共计 432 间，传统施工需要 604.8 工日，整体卫浴需要 172.8 工日。整体卫浴施工可节省人工 432 工日，工期明显比传统卫生间施工的工期短。

整体卫浴在本项目中的推广应用及应用结果表明，产品部件在工厂内加工，产品稳定一致、提升了标准化程度、规避了手工作业的质量风险；卫生间内装修整合为整体卫浴一家供方进行施工，不再涉及多工种交叉作业，降低了管理难度；整体卫浴采用同层横排设计，有效解决渗漏问题。

整体卫浴的推广使用符合建筑工业化的要求，取消传统的管井砌筑、水电布设、抹灰、湿作业、吊顶等安装工序，将卫生间内墙、地板、吊顶、柜体、灯具和洁具等全部部件进行工厂化预制加工，至现场后进行组合安装，施工效率高，大大缩短了工期，符合我国长期可持续发展的目标。

6.3.6 应用效果及总结

项目严格按照合同要求，在 112 天的工期之内，克服了冬期施工、春节降效等诸多不利影响，完成了从设计到施工到交付运营的完美履约，为雄安新区的建设创造了建设模式、建造速度和工程质量的多重样板，实现了经济效益和社会效益的双丰收。

1. 经济效益

项目设计中充分考虑绿色考虑建筑的评价标准，选用了多种节能技术及环保材料。在施工过程中，大量使用建筑业十项新技术，践行四节一环保的绿色施工指导方针，预期累计节约施工成本约 1060 万元。

其中基于 BIM 的管线综合技术节约成本约 50 万元。机电管线及设备工厂化预制技术节约成本约 20 万元。金属风管预制安装施工技术节约成本约 10 万元。防水卷材机械固定施工技术节约成本约 50 万元。钢结构深化设计、钢与混凝土组合结构应用技术创造效益约 270 万元。钢结构住宅应用技术节约成本约 70 万元。建筑物墙体免抹灰技术节约成本约 70 万元。预制构件工厂化生产加工技术创造效益约 220 万元。智慧工地与 BIM 全周期应用，为项目建造及后期运营创造效益约 300 万元。

2. 社会效益

雄安市民服务中心项目作为雄安新区建设的第一个工程项目，社会关注度极高。项目被中央电视台报道 28 次，被人民网报道 12 次，被人民日报报道 7 次，被新华网报道 20 余次；此外，本地媒体河北日报、河北电视台、中国雄安网等也对项目进行了多次报道。国资委主任，河北省委书记、省长，雄安新区党工委书记等领导均曾莅临项目考察。项目的顺利交付体现了中国建筑的品牌实力，也体现了央企在支持雄安新

区建设的责任与担当。

雄安市民服务中心项目在建设过程中始终贯彻“绿色雄安”的理念，强化执行、狠抓落实，成为雄安新区“高起点规划、高标准建设”的典范。而此项目打造的雄安模式、雄安质量、雄安智慧和雄安精神，也将继续为中国以及世界未来城市的发展贡献中国样板和中国智慧。

3. 应用前景

雄安市民服务中心项目为新区的建设做出了样板，其海绵园区、智慧共享、职住平衡、综合管廊、复合能源等先进的设计理念充分响应了新区建设《规划纲要》中的目标。在施工过程中，在确保工期履约的同时，将质量、环保、人文的管理要求贯穿始终，为新区下一步的建设提供了大量可借鉴的经验。研究的整体技术具有良好的可推广性，将成为短期内新区建设的示范。

6.4　深圳长圳装配式工程建造案例

6.4.1　项目简介

国家层面，围绕“房子是用来住的”总基调，以满足人民对美好生活的向往为出发点，全面提升质量，全面加强保障性住房建设。

深圳市层面，为全面贯彻党中央国务院的总基调，为打造成深圳市公共住房优质精品的标杆，为建设工程质量提升的示范和积极推进人才安居战略的示范，长圳公共住房及其附属工程项目应运而生。

项目位于光明新区光侨路与科裕路交汇处，基地西南角将建成地铁 6 号线及 18 号线长圳站，交通便利；场地内有鹅颈水穿越，景观优势明显。总用地 20.7 公顷，总建筑面积约 115 万 m^2，提供约 9672 套人才住房和保障性住房，是我市目前规模最大的公共住房建设项目，预计于 2021 年 5 月 28 日建成。

项目以“本原设计”思想为指引，以“河谷绿舟”为规划理念，以“健康、高效、人文”服务人的幸福生活为“初心”，彻底改变以往公共住房品质低端的印象，开启深圳广纳人才、持续创新、改革发展的新篇章！

6.4.2　新型建造模式创新

招标投标模式创新

作为全国首个电子招标投标创新试点城市，深圳市建设工程交易服务中心加大信息化建设力度，提升招标投标管理和服务的精细化水平，旨在打造招投标领域的“深圳标准”和“深圳质量”。本次长圳公共住房及其附属工程也是深圳市招投标创新试点的一大亮点，对本次业务进行梳理，主要体现在以下几点：

（1）发布预公告，本次预公告提前将深圳市长圳公共住房项目工程总承包招标有关事项予以公开，其主要目的是为了使潜在投标人有充分时间做好投标准备工作，让投标人充分了解招标人的价值取向，实现招投标人之间的充分竞争，以提高本次招标投标工作的质量，为打造“深圳公共住房标杆项目”奠定基础。

（2）带方案的EPC工程总承包招投标，方案包括方案设计、初步设计和施工图设计，此招标方式给予了投标人极大的发挥的空间，充分发挥了EPC工程总承包工程中设计牵头、引领的作用。

（3）淡化企业资质概念，不设置投标门槛，没有资质和业绩条件要求，强调项目管理团队能力和相应的工程总承包管理业绩经验。切实响应《EPC工程总承包招标工作指导规则（试行）》，实行能力认可。

（4）招标时已有较完整、明确的投标报价规定要求和技术要求规范，招标文件从建设内容和规模、建设标准、设计原则、项目管理团队要求、参考品牌、技术需求的参照、上部住宅建筑工程、商业建筑、停车位数量等方面对项目的建设标准进行详实的约定，有助于后期实际施工、预决算和相关工作地开展。

（5）根据设计方案，列出建安工程的估算工程量，且估算工程量是否准确，是否与设计方案相匹配，成为招标人评估投标人工程总承包管理能力的重要因素。

（6）采用符合国际惯例的EPC项目管理模式，设计（包括方案设计、初步设计和施工图设计）、材料设备采购、施工、与项目建设相关的服务、其他完成项目建设所有必要的工作。实际上就是除了勘察与监理以外的所有工作内容。分区、分段先设计后施工的快速路径方式，压缩报批报建的等待时间，为工程实体留足施工时间，确保施工时不赶工。

（7）定性评审、评定分离，遵循国际惯例、突出业主定标权，落实招标人负责制，定标权归还招标人，实现市场主体权责统一等特点，并实现了招投标过程全公开。

（8）参照“香港式评标”进行清标，定标有明确的定标原则，在确认设计方案合理、投标报价详实合理后，符合的投标单位进入定标委员会投标范围，筛选5个工程总承包能力较强、信誉较好的投标人，然后进行价格筛选，直接提出最高价，再提出1家定标总价最高的方案非优投标人。最后，再设定好一个概率基数，进行票决定标。

6.4.3 新型建造方式技术

1. 绿色化建造技术

（1）节材与材料资源利用技术

1）控制项利用技术

①施工用主材中：应采取就地取材原则，主要材料原产地距施工现场500km范围以内的使用量达到70%，并将采购的材料建立详细的真实台账，以便进行统计、查看。

混凝土为商品混凝土，为就近的商品混凝土搅拌站提供，见图 6-83。

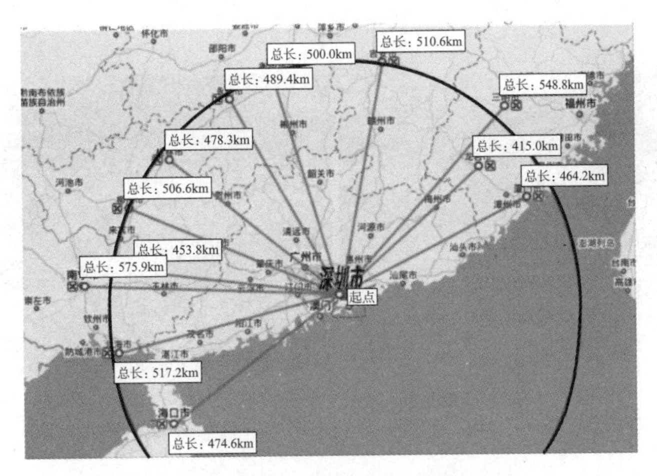

图 6-83　材料原产地范围

②定期对中大型机械进行维护和保养，确保满足正常工作需要，见图 6-84。

图 6-84　定期保养

2）一般项利用技术

①材料选择利用技术

a. 施工中采用满足相关规范要求的绿色环保材料。

b. 临建设施采用集装箱式板房，为可拆迁、重复利用材料，见图 6-85。

c. 施工现场混凝土浇筑时按照试验方案掺加粉煤灰、矿渣、外加剂等材料，降低水泥用量。

②材料节约利用技术

a. 本工程采用钢管扣件式脚手架搭设，经过对施工方案和施工流程的细化，在满足施工安全的前提下，增加立杆间距和水平杆步距；合理优化施工流程，增加材料的流转次数，减少材料一次性投入量；采用可回收塑料模板和铝模替代传统的木模板，减少模板的投入量，见图 6-86。

图 6-85 临建设施

图 6-86 可回收模板

b. 材料采用大型卡车进行运输，利用塔吊进行吊放，塔吊操作规范，降低损耗率。合理布置车间和堆场，减少材料的场内转运量，见图 6-87。

图 6-87 材料运输

c. 施工工长应提前做好对班组技术交底工作，严格按照方案进行下料，禁止浪费；钢筋及钢结构制作前应对下料单及样品进行复核，无误后方可批量下料，推广钢筋专业化加工和配送，减少自行加工浪费现象；采用直螺纹套筒形式进行连接，减少搭接。

d. 工程技术要充分做好对四新技术的运用，降低材料消耗，降低成本，见图6-88。

图6-88　四新技术运用

③资源再生利用

a. 合理利用建筑余料，对施工中造成的建筑预料充分应用，具体包括：用混凝土预料制作预制构件，钢筋余料制作养护保护笼，钢管余料用于临边，洞口边等的安全防护。

b. 项目临建区域围墙墙墩与旗台旗墩使用预制结构，本项目使用完毕后可周转至下个项目继续使用，节约材料，保护环境，见图6-89。

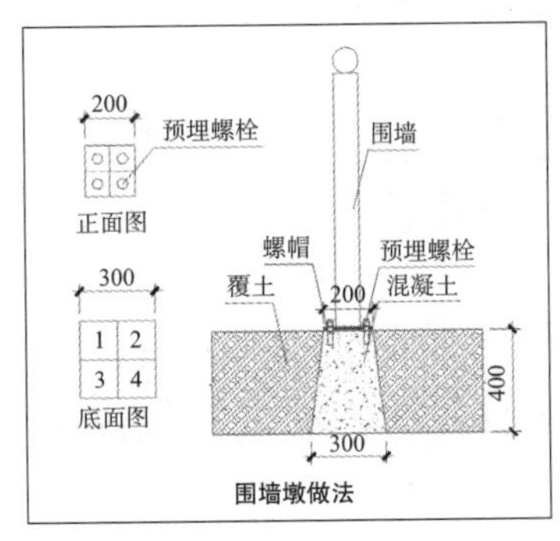

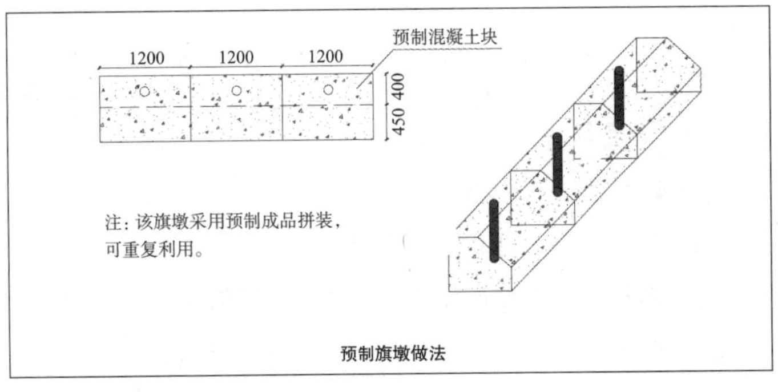

图6-89　预制结构

c. 施工现场采用可周转使用的移动隔声屏，降低噪声成本的同时避免永久性材料的浪费。

d. 管理人员厨房采用特殊设计的箱式集装箱板房，切菜台、洗刷池等设施均采用成品，可回收利用，见图6-90。

e. 本项目所使用临建板房，临建及现场使用的部分路面等，都为可回收材料。在本项目使用结束后，可转至下一个项目继续使用，见图6-91。

f. 临建区办公用纸应分类使用，并摆放整齐，定期进行废纸回收，做好环保工作。纸张应双面使用。

图 6-90　箱式集装箱板房

(a)　(b)　(c)　(d)

图 6-91　可回收材料

（a）预制地砖；（b）预制水沟盖板；（c）预制花坛围挡；（d）预制台凳

3）优选项利用技术

①编制施工管理策划，明确材料计划、周转材料计划等，确保合理使用材料。

②各种施工预埋件采取工厂式的制作方式，现场直接进行预埋；施工现场道路优先选用可周转的装配式施工道路、装配式围挡，见图 6-92。

图 6-92　装配式施工道路和围挡

③施工现场模板、塔吊设备等包装物及时进行回收，建筑材料包装物回收率应达到 100%，编制回收记录，做好现场环保工作。

④结构层现浇部分采用铝模体系，避免使用木模板，减少模板的投入量，见图 6-93。

图 6-93　铝膜应用

⑤现场办公用纸分类摆放，纸张两面使用，废纸回收，见图 6-94。

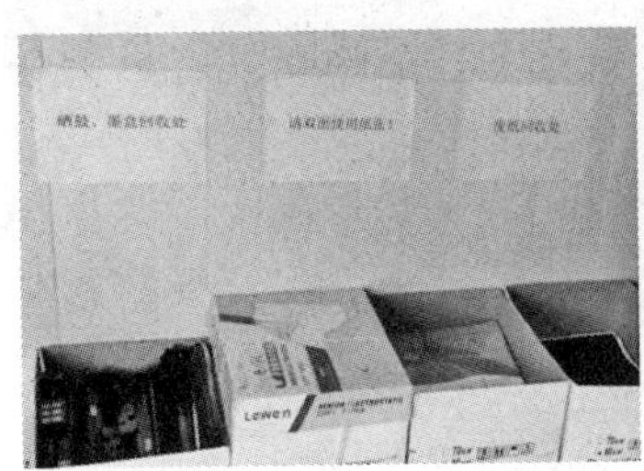

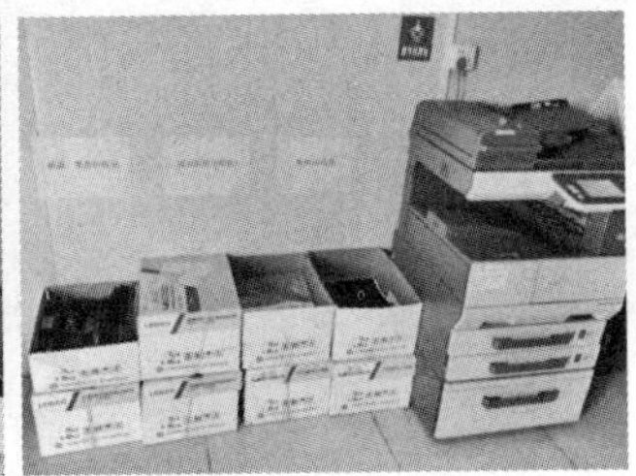

图 6-94　纸张分类摆放，单面纸回收利用

⑥现场临建设施、安全防护设施应定型化、工具化、标准化；可选用标准化安全通道、定型化安全通道等，见图 6-95。

图 6-95　现场临建

（2）节水与水资源利用技术

1）一般保障利用技术

①节约用水利用技术

a. 各项用水指标参照《广东省用水定额》，根据项目所在地预算定额、项目产值确

定用水定额指标，施工过程中对施工区、办公区、生活区用水量每月分别记录并做好台账，施工过程节水考核取之有据。

b. 编制施工现场给排水管线图，保证供水、排水系统的合理使用。

c. 施工现场办公区、生活区的生活用水采用节水器具，配置率确保达到100%，见图6-96。

图6-96　节水器具

d. 施工用水及生活用水分开计量，单独设表。

e. 优先采用中水养护，可以采取收集地下室、坑槽中经检验满足施工要求的水进行养护、冲洗用水。现场做到非传统水源和循环水的再利用量大于30%。

f. 注意观察管网、用水器具，防止渗漏，造成浪费。

②水资源利用

a. 基坑的降排水为地下水、地表水和降雨，基坑降水时排出的地下水在经过沉淀后进行收集，并在基坑上边缘和下边缘修建排水沟和蓄水池，既能保证基坑的安全，同样能收集地表水，用于混凝土的养护等。

b. 主要出入口设置洗车槽和沉淀池，沉淀池的水经过沉淀后可循环使用，见图6-97。

图6-97　沉淀池

2）优选项利用技术

a. 根据本工程地理位置，地下室施工时对降水进行储存，储存用水用于混凝土养护、路面洒水、绿化及器具清洗使用等。

b. 施工现场设消防水池集水，可用于储存雨水，循环利用，见图 6-98。

图 6-98　消防水池

c. 现场安排充分利用雨水或经沉淀后污水喷洒路面，绿化浇灌，达到环保要求，见图 6-99。

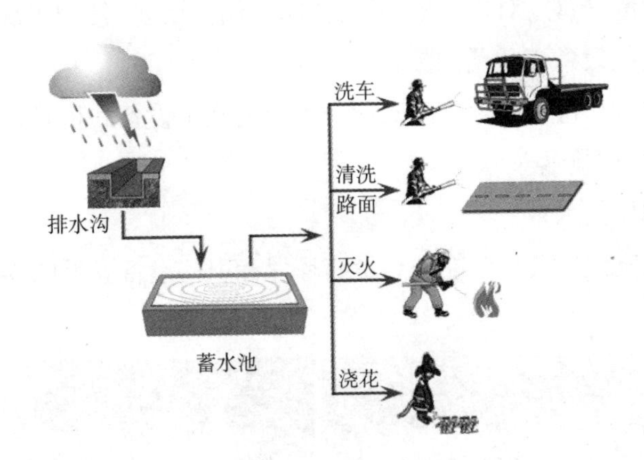

图 6-99　雨水利用

d. 生活、生产污水经三级沉淀池沉淀处理后能够重复使用的现场重复使用，或者经处理完毕后达到要求后排入市政污水管网，见图 6-100。

图 6-100　污水处理

e. 定期对现场集水井、坑中存水进行检测，合格后再使用。

（3）节能及能源利用技术

1）控制项利用技术

a. 制订合理施工能耗指标，提高施工能源利用率，优先使用国家、行业推荐的节能、高效、环保的施工设备和机具。尽量使用电动工具，且能耗达到国家节能标准的产品。见图 6-101。

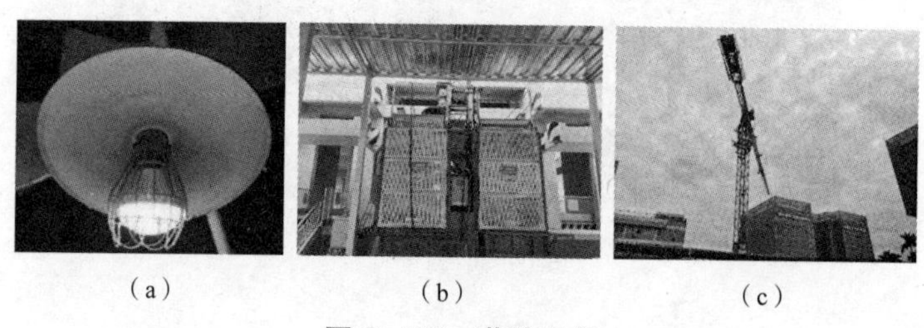

（a）　（b）　（c）

图 6-101　节能设备

（a）节能灯具；（b）变频施工电梯；（c）变频塔吊

b. 定期进行计量、核算、对比分析，并有预防与纠正措施。使用工况良好的电器设备，并经常保养，避免因设备老化增加损耗。

c. 禁止使用国家、行业、地方政府明令淘汰的施工设备和机具。

2）一般保障利用技术

①临时用电利用技术

a. 设备采购时应优先选择节能型、带有环保标识的设备。见图 6-102。

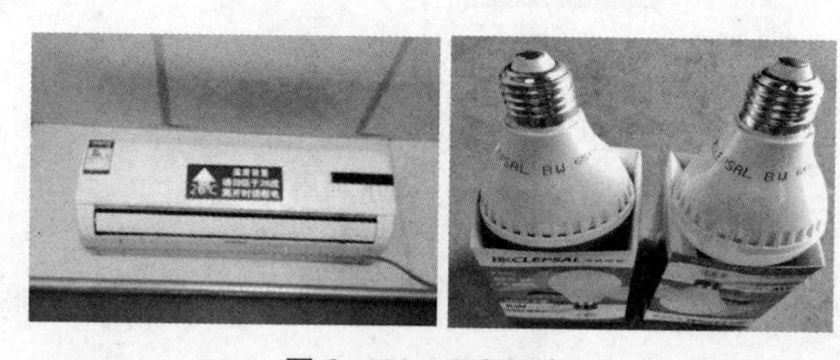

图 6-102　环保设备

b. 建立临时用电管理制度，安排专人进行考核，用电设置合理，达到节能要求。见图 6-103。

c. 现场照明设计应符合现行行业标准的规定。

②机械设备利用技术

a. 机械设备采购时应选择耗能低、效率高的设备（变频塔吊、变频水泵），在保障工作的同时，降低资源消耗。见图 6-104。

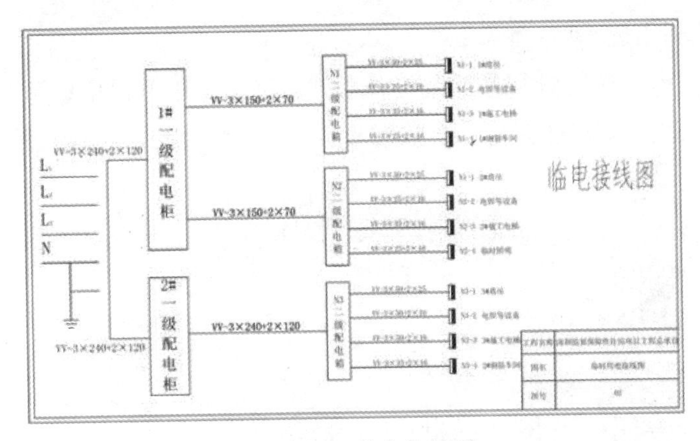

图 6-103　临电接线图

图 6-104　变频塔式起重机、水泵

b. 合理安排施工顺序、工作面，以减少作业区域的机具数量，相邻作业区充分利用共有的机具资源。

c. 建立施工机械设备管理制度，开展用电、用油计量。

d. 完善设备档案，及时做好维修保养工作，使机械设备保持低耗、高效的状态。

③临时设施利用技术

a. 利用场地自然条件，合理布置生活及办公临时设施，使其获得良好的日照、通风和采光。在外墙窗处设遮阳设施，减少夏天空调设备的使用时间及耗能量，见图 6-105。

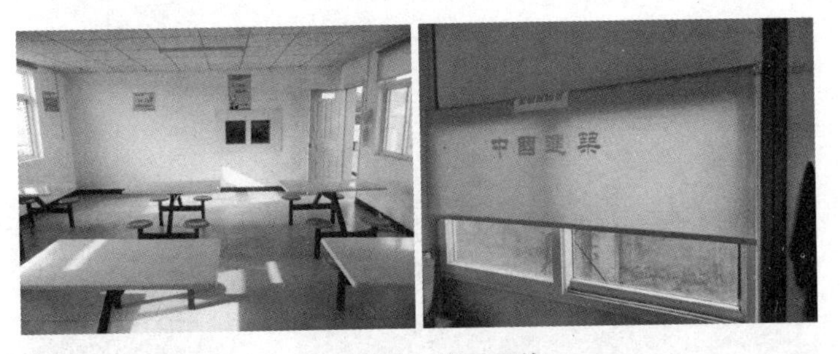

图 6-105　临时设施

b. 临时施工用房应采用热工性能达标的复合墙体和屋面板。

3）优选项利用技术

a. 根据深圳市自然气候和本地区资源条件，尽量采用可再生资源，节约能源，降低成本。设计采用太阳能遮阳棚、余热回收系统、光伏路灯等，确保能源的回收利用。见图 6-106。

图 6-106　可再生资源利用

b. 施工现场的临时用电采用限流器，降低耗能，达到环保、节能要求；见图 6-107。

图 6-107　限流器

c. 使用国家、行业推荐的节能、环保施工设备和机具，如空气能热水器，并做好维护保养工作，降低损耗；见图 6-108。

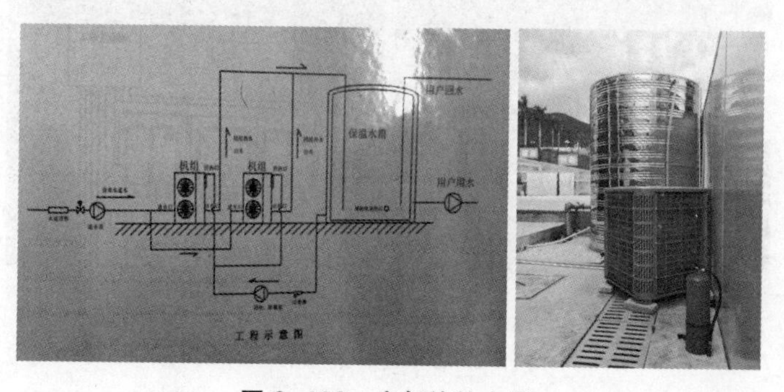

图 6-108　空气能热水器

图 6-109　白色水桶

d. 临建区域屋顶设置白色水桶，每天定时供水，满足全天用水需求，避免长期开启水泵，节约电能；见图 6-109。

e. 施工现采用 LED 节能照明灯具，节约能源，采用节能照明灯具的数量应大于 80%。

f. 对办公、生活和施工现场的用电进行分别计量，并记录完整。

（4）节地与土地资源保护利用技术

1）控制项利用技术

a. 施工临时用地得到相关部门的许可，并有审批手续。

b. 施工前应充分了解施工现场及毗邻区域内人文景观保护要求、工程地质情况及基础设施管线分布情况，并制定相关保护措施，报有关部门备案。

2）一般项利用技术

①节约用地利用技术

a. 在总平面图范围内采取动态管理措施，现场总平面布置做到科学合理、紧凑，在满足安全文明施工要求的前提下尽可能减少废弃地和死角。

b. 按照相关要求在用地红线范围内进行施工。

c. 制定现场交通方案，现场道路按照永久道路和临时道路相结合的原则布置，尽量减少道路占地面积。

d. 经施工安排合理优化，预制外墙在构件车上直接进行起吊吊装，节约现场预制构件堆场用地。

e. 预制构件制作在工厂标准化生产，节约施工现场施工用地，现场使用装配式施工工艺，用独立支撑体系替代满堂钢管脚手架及木方，节省废旧木方及钢管等堆场占用土地，见图 6-110。

图 6-110　现场装配式施工

②保护用地利用技术

a. 场地四周围开挖排水沟进行排水，并设有清洗池、沉淀池等，同时做好场地内的临时绿化工作，减少水土流失，见图 6-111。

b. 对遭到破坏的植被在施工完后应及时恢复，并采取相应的保护措施。

图 6-111 临时绿化

c. 对于裸露的土方，现场及时采用植树、种草、覆盖等方式，净化场内空气，防止水土流失，见图 6-112。

图 6-112 裸露土方覆盖

3）优选利用技术

a. 临建区办公和生活用房采用装配式集装箱板房等可重复使用的装配式结构。

b. 施工过程中如若发现地下文物资源及时进行有效保护，处理妥当。

c. 制定地下水位控制方案，对相邻地表等无影响，并严格按照方案施工。

d. 施工总平面图要充分考虑到原有道路，管线等，职工宿舍舒适、温馨，并达到国家相关要求。

（5）环境保护评价利用技

1）控制项利用技术

a. 在现场九牌一图中，增加绿色施工内容，包含绿色施工体系，职责划分以及管理制度等；见图 6-113。

图 6-113 绿色施工管理制度

b. 施工现场醒目位置设环境保护标识，具体包括；在施工主入口设置宣传爱护环境低碳生活等标语；有毒有害物品堆放地放置环境保护警示牌；用水区域设置节约用水标语；食堂设置节约粮食，讲究卫生标语；开关随手关灯，节约用电标语：花草禁止踩踏标语；见图 6-114。

（a）　　　　　　　　　　　　（b）

图 6-114　环境保护标识

（a）讲究卫生标语;（b）节约用水标语

c. 根据现场实地勘察，施工现场未发现文物古迹和古树。

d. 在现场食堂醒目位置悬挂卫生许可证和炊事员有效健康证明。

2）一般项利用技术

①资源保护利用技术

a. 定期记录地下水水位，并针对数据绘制统计曲线图；找检测单位定期进行地下水位检测，并提供地下水位检测报告。

b. 危险品，化学品等存放采取隔离措施：设置危险品、化学品存放专用箱或者专用抽屉，并贴上标签，注明“危险”、“有毒”等字样，禁止人员随意使用；当场地限制不能满足隔离距离时，危险品、化学品存放处采用砖砌隔离，并采用地面硬化处理；利用废旧钢筋制作钢筋笼将危险品隔离存放。见图 6-115。

图 6-115　化学物品分类独立存放

②人员健康利用技术

a. 合理利用业主方给定的生活、办公临建布置场地，对临建布置进行优化，生活区和办公区分开设置，在不对施工造成影响的情况下，应尽量远离施工作业区，生活设施如碗筷、食堂设施、食物等，应远离有毒有害物质。

b. 设置后勤管理员、保安人员和保洁人员；生活区采用合适的消暑措施：生活区宿舍可采用低压电风扇、节能空调消暑；夏季给工人发放消暑物品，如藿香正气水、清凉油、风油精等；现场设置休息区、凉亭、直饮机等；见图 6-116。

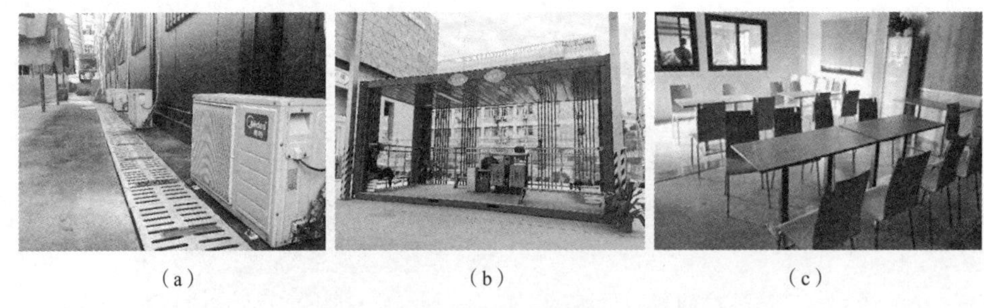

（a）　（b）　（c）

图 6-116　后勤保障

（a）空调安装；（b）休息吸烟室；（c）项目食堂明亮整洁

c. 严格按《体力劳动强度等级》GB 3869—1997 制定作息制度，上午：8∶00－12∶00，下午：14∶00－18∶00。

d. 从事有毒有害有刺激性气味和强光强噪声施工人员已按照相关要求配置防护器具。从事电焊工作的人员应佩戴面罩；现场施工人员应佩戴安全帽；高空作业人员佩戴安全绳；夜间安全管理人员穿安全背心，见图 6-117。

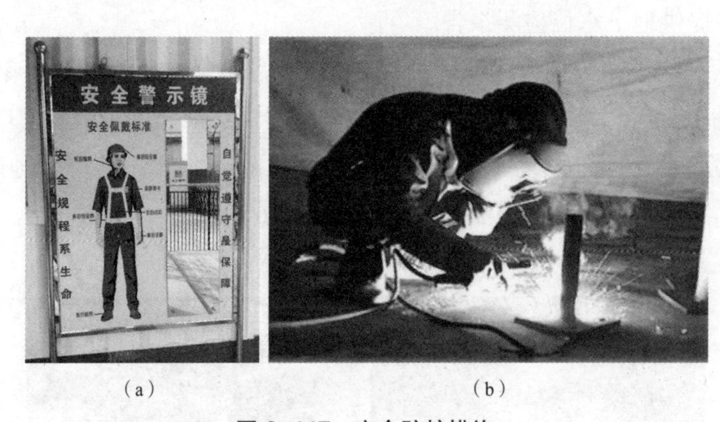

（a）　（b）

图 6-117　安全防护措施

（a）着装规范；（b）夜间焊接挡光措施

e. 密闭环境、室内装修施工应有自然通风或临时通风设施。

f. 施工现场钢筋车间、木工车间、休息室、塔吊深基坑等均设置安全标志，施工现场地处郊区，无高大建筑物，满足通风等要求，灰土拌合移到场外的弃土场，保证施工现场正常施工，同时也保证施工人员人身健康。

g. 厕所、卫生设施、排水沟等阴暗潮湿地带定期清理、消毒，达到卫生、文明要求。见图 6-118。

h. 食堂各类器具定期清洁，工作人员注意个人卫生，操作规范，建立食堂的卫生制度。

i. 管理人员生活区布置一个双拼箱式板房活动室，设有乒乓球台及健身器材，供员工工作之余娱乐，职工身体健康得到了一定的保障，见图 6-119。

图 6-118　卫生保障

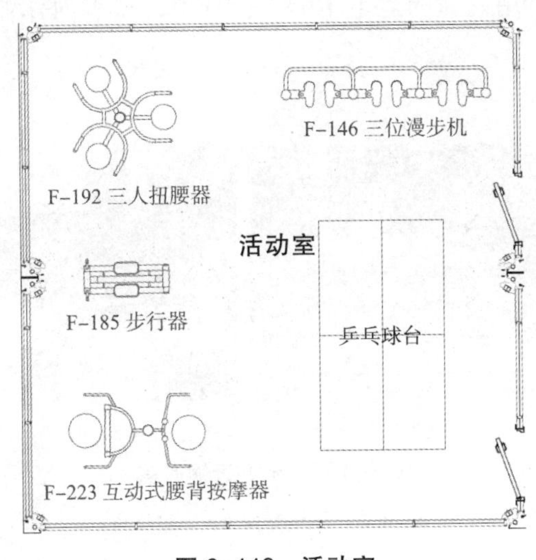

图 6-119　活动室

j. 施工现场设置医务室，完善人员健康应急预案，并安排专门医生，做好健康工作；见图 6-120。

图 6-120　医务室

③扬尘控制利用技术

a. 施工现场建立洒水清扫制度，配置洒水设备，定期进行洒水清扫作业，并安排专人负责，做好降尘工作；见图 6-121。

图 6-121　洒水清扫

b. 土方车辆选用待用遮盖的运土车辆进行作业，或者对作业车辆采取塑料布覆盖措施；见图 6-122。

（a）　　　　（b）

图 6-122　土方运输遮盖

（a）土方封闭运输；（b）扬尘监测

c. 现场进出口设洗车槽，配备洗车设备并设置沉淀池，对出场车辆进行冲洗；见图 6-123。

（a）　　　　（b）

图 6-123　车辆清洗

（a）洗车槽；（b）清扫车辆

d. 易飞扬和细颗粒建筑材料应集中封闭堆放，余料及时回收，做好现场整齐工作。未回填灰土采取彩条布遮盖的方式，避免因暴晒起风，产生扬尘；见图6-124。

e. 本工程施工时并无拆除爆破作业。

f. 高空垃圾清运采用物料提升机运输，禁止下抛等危险作业；垃圾采取打包运输。

图6-124　现场灰土遮盖

④废气排放控制利用技术

a. 定期对进出场车辆及机械设备废气排放进行检查，确保符合国家年检要求。

b. 临建区食堂采用液化气或者电磁设备、柴油、沼气池等清洁能源。

c. 定期对电焊烟气排放进行检测，应符合国家相关标准的规定。

d. 施工现场安排保安进行24h巡逻，严禁在现场燃烧废弃物，违者将按相关规定处理。

⑤建筑垃圾处理利用技术

a. 建筑垃圾分类收集、集中堆放，安排专用车辆定期将垃圾运出施工现场，见图6-125。

（a）　　（b）

图6-125　建筑垃圾处理

（a）垃圾集中堆放；（b）建筑垃圾有专业公司回收

b. 生活区后勤负责人应注意废电池、废墨盒等有害废弃物的回收，且不应和其他东西混放。

c. 生活区负责人应不放过任何一个有毒有害废弃物，并应分类准备，做到分类率100%。

d. 生活区垃圾要进行分类，分为可回收和不可回收两类，并定期安排专用车辆进行清运。见图6-126。

图6-126　成品垃圾箱

e. 现场增加建筑垃圾的使用率；破旧的桩头钢筋进行回收再利用，桩头混凝土块用于临时道路、车间等的铺设。

f. 碎石及现场土方将用作地基和路基的回填材料，见图6-127。

图6-127　现场土方回填

g. 本工程采用工业化预制构件，预制率达到15%以上，装配率达到30%以上，现场建筑垃圾大幅度减少。

⑥污水排放利用技术

a. 现场主干道周围均设排水沟，具体请见排水平面图，见图6-128。

b. 工程污水和试验室养护用水经过检测合格后方能排入市政污水管网。

c. 生活区厕所设置化粪池，并应定期清理，达到环境相关要求，见图6-129（a）。

d. 生活区食堂设置隔油池，并定期清理，做到卫生、干净，见图6-129（b）。

图6-128　排水沟

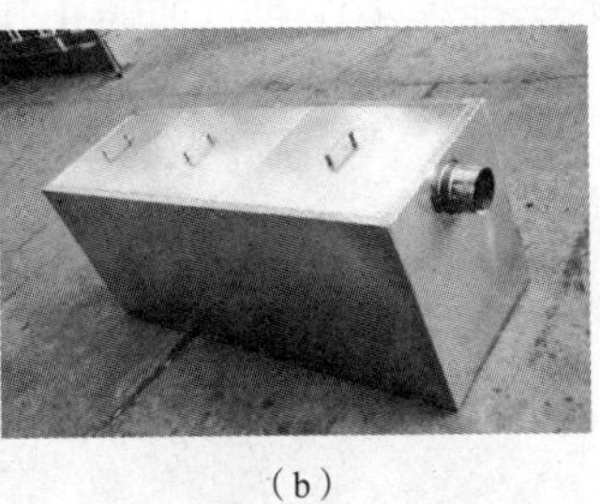

（a）　　　　　　（b）

图6-129　污水排放利用

（a）化粪池；（b）隔油池

e. 雨水、污水分流排放。

f. 工程中污水采用去泥沙、除油污、分解有机物、沉淀过滤、酸碱中和等处理方式，达标后方可进行排放。

g. 厨房污水收集采用成品隔油池，见图6-130。

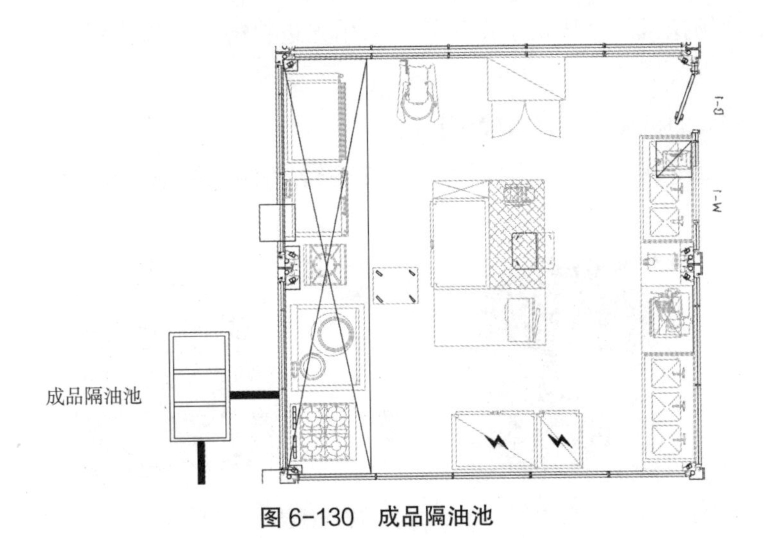

图6-130　成品隔油池

h. 现场设置移动环保厕所，并定期进行清运、消毒，做好卫生工作，见图6-131。

图 6-131　移动厕所

⑦光污染利用技术

a. 夜间一般不安排焊接作业，如需工作，应采取模板等材料挡光，减少光污染，见图 6-132。

图 6-132　挡光模板

b. 施工现场照明灯具均配置相应灯罩，防止强光外泄。

⑧噪音控制利用技术

a. 施工现场挖机、碾压机、泵车等均采用先进机械、低噪声设备，机械定期进行保养维护。

b. 噪声较大的机械采取降低噪声措施。

c. 混凝土输送泵、电锯房等均设有吸声降噪屏等降噪措施，见图 6-133。

图 6-133　降噪措施

d. 夜间一般不进行施工作业，如需工作时，应对施工噪声采取措施，并定时进行

检测，见图 6-134。

图 6-134 噪声检测

e. 施工现场塔吊在进行作业时均需通过对讲机进行传达指令。

f. 本工程采用工业化预制构件，预制率达到 20% 以上，装配率达到 50% 以上，现浇结构较一般工程少，浇筑混凝土施工时的噪声污染得到有效控制，见图 6-135。

（a）　　　　（b）

图 6-135 预制件生产及吊装

（a）在工厂生产预制件；（b）预制件现场吊装

g. 现场在每台塔吊处设置噪声监测点，并安排专人进行动态监测，确保达到国家相关标准的要求。

⑨设置围挡利用技术

整个施工区域内外围均设置连续、密闭、有效的围墙，降低各类污染。

⑩土方利用技术

土方回填时，前期开挖的土方经过处理后作为土方回填的主要材料。

2. 智慧化建造技术

在智慧化建造技术方面，长圳项目主要应用了智慧建造平台作为项目管理平台。平台主要涵盖设计模块、商务模块、生产模块、施工模块和运维模块五大模块，将人员、流程、业务三者进行关联，基于 BIM 轻量化模型进行各环节的信息互联互通。智慧建造平台主要通过 BIM 轻量化模型将各项业务数据进行关联，通过结合 VR、AR、全景、三维渲染技术全方位展示建筑项目的全过程。主要分为五大业务功能板块，分别为数字设计、云筑网购、智能工厂、智慧工地、幸福空间。见图 6-136。

图 6-136　智慧建造平台

（1）五大业务功能板块介绍

五大业务功能板块的应用分布在项目中，项目从属于项目管理，是平台应用的核心。每个项目中包含数字设计、云筑网购、智能工厂、智慧工地、幸福空间（交付运维），分别对应了项目的设计、商务、生产、施工和运维五个关键组成部分。每个模块根据项目需要分别包括各自内容。

（2）数字设计

数字设计主要包括项目库及部品部件库。主要的业务内容是查看项目模型、项目图纸、标准楼层及楼栋模型、特定项目部品部件及总体使用的部品部件。

1）项目库

项目库中包括了项目本身的轻量化模型及项目所处的阶段，如前期跟踪、方案、施工图等，在单个项目中包括了该项目所有的设计资料，如单个项目的 BIM 轻量化模型、该项目的图纸、该项目的相关流程、该项目的其他文件资料等。见图 6-137、图 6-138。

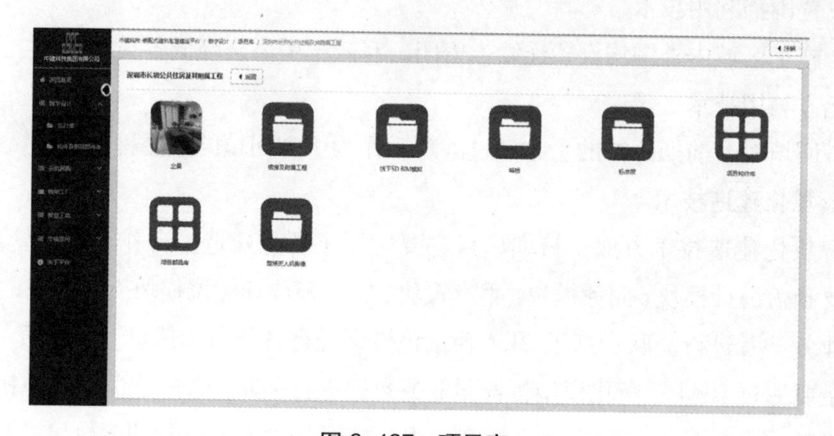

图 6-137　项目库

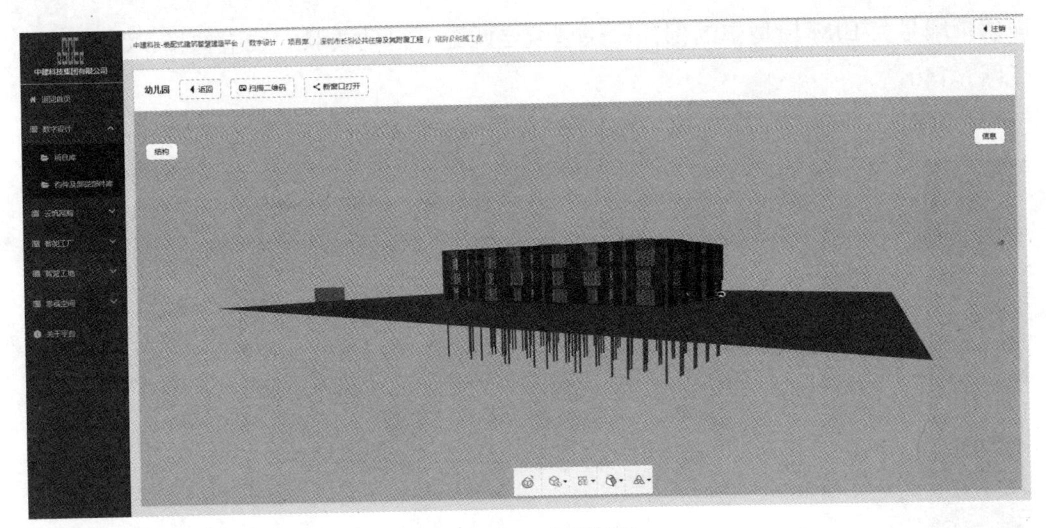

图 6-138　项目模型

2）构件及部品部件库

包含预制构件及使用的部品两方面内容，主要项目使用的所有标准化产品。

1）构件库

该项目中的标准构件库、可以支持自动检索，与项目库中的构件是匹配对应关系，该构件库中的数据与工厂加工生产数据库匹配，可以快速对工厂下单，支持设计过程中的构件选择决策。见图 6-139。

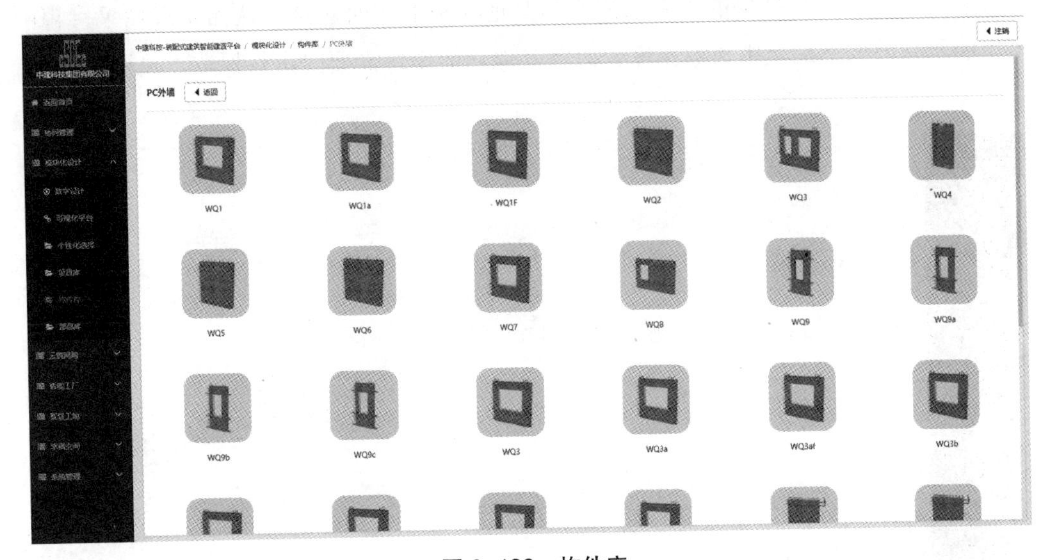

图 6-139　构件库

2）部品库

该项目中的室内家具部品等，关联供应商信息，支持设计师在线选择。线上部品库所带编号与BIM模型中的部品库模型编号匹配，自动关联。线上选择、线下设计。见图6-140。

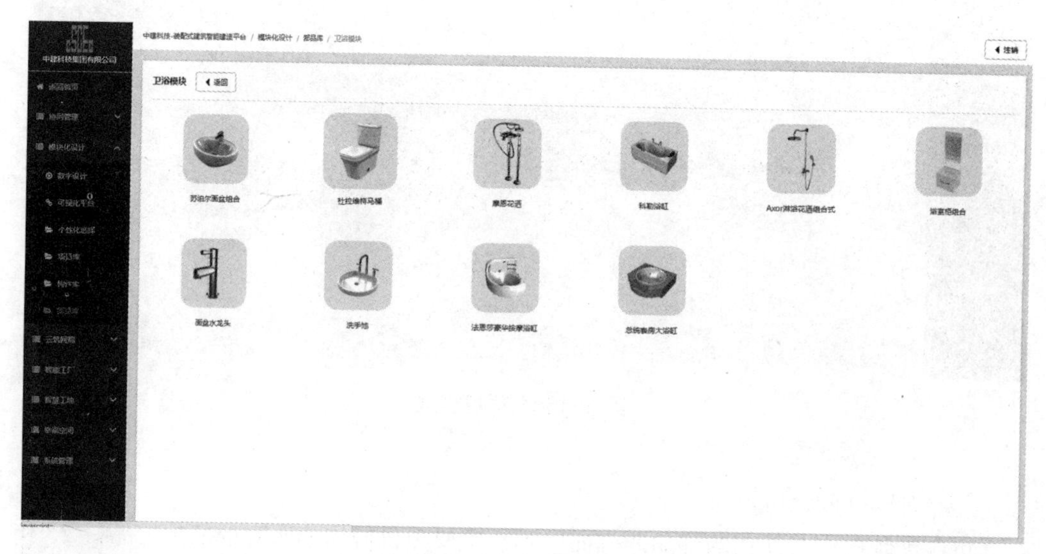

图6-140 部品库

（3）云筑网购

该模块支持查阅通过BIM模型计算出的工程算量清单作为商务决策支持。可以通过云筑网选择合适的供应商、集采、签订合同、进行履约评估等。同时实现对招采进度的实时追踪，招采结果的汇总入库和与其他模块的实时对接，从而实现招采过程中产生的所有数据下沉至中央数据库，以备其他功能模块需要时进行抓取。见图6-141。

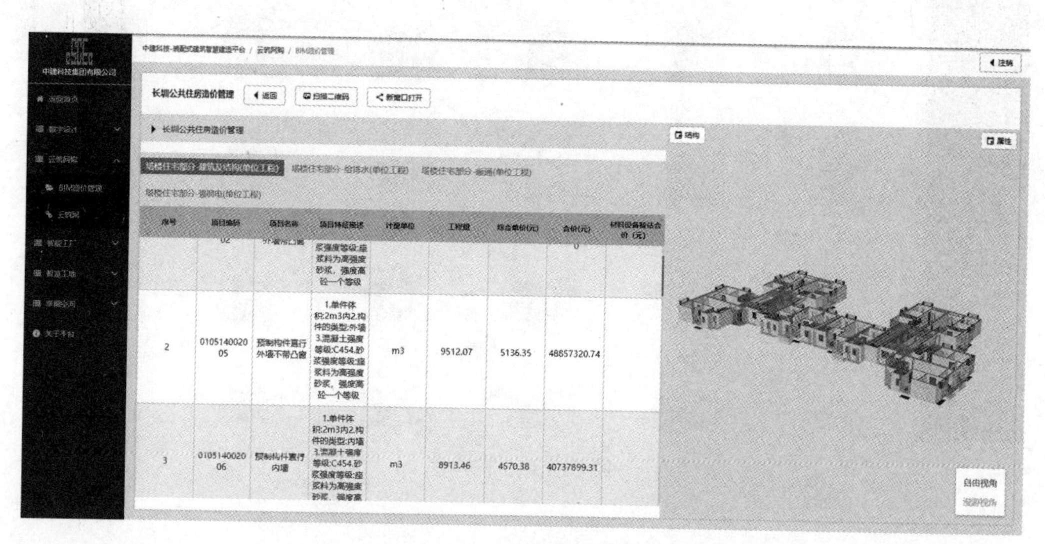

图6-141 算量计价信息

（4）智能工厂

该模块为基于互联网，对所有工厂生产的建筑部品部件及设备进行管控的生产信息系统，本模块主要有五大功能，见图 6-142。

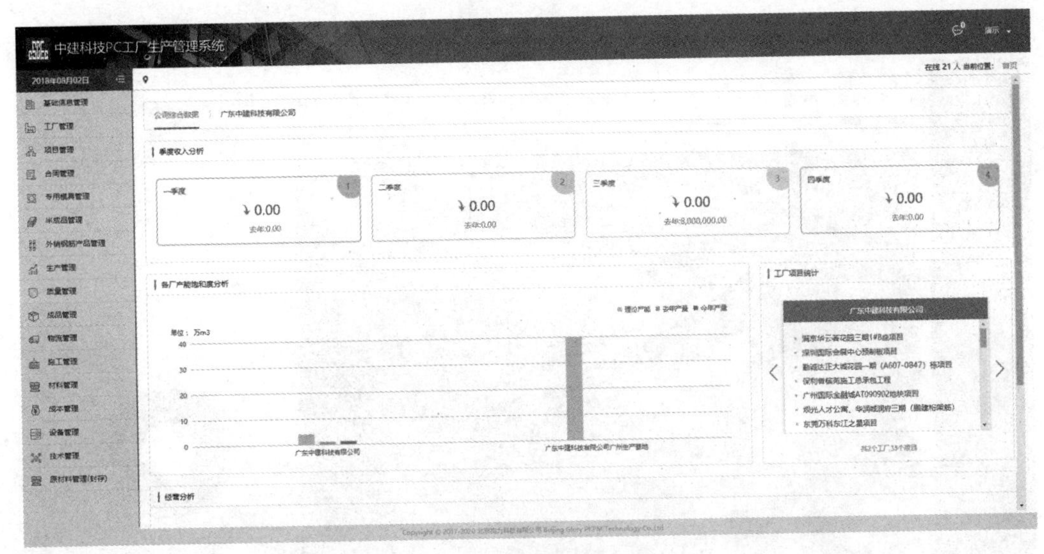

图 6-142　智能工厂系统

1）数据识别与传输

将设计环节完成的部品部件加工信息，即：BIM 设计数据，通过云端导入生产管理系统。在生产管理系统客户端使用浏览器，可直接访问设计软件所发布的 BIM 三维模型，使生产管理人员了解所要生产的产品全貌，对产品有直观感受。工厂生产管理系统对设计传输过来的数据进行识别，按照生产需要将数据进行分类统计并传递给对应的生产线。生产车间执行生产的流水线和单机设备在执行任务过程中产生的数据通过后续监控反馈，与设计原始数据形成回路，指导生产优化和调整。最终生产线上形成的物料消耗、半成品、成品数据与监督检验数据、位置数据等，汇集到整个智慧建造平台上，与项目管理、交付、运维等环节协同，实现装配式建筑全过程的智慧管理。

2）生产执行

每一个生产单元的自动化机器都配备有自动接收数据的接口，并能够将生产指令准确无误的转变为生产动作。通过设备制造厂家配合，我们的部品部件工厂提出工艺和技术参数要求，由软件开发公司完成机器编程，可针对同一类不同技术参数的部品部件进行柔性生产。生产过程中的各种数据实时采集，反馈给工厂管理系统进行管理监督和优化。系统根据每日产量生成相应的日产量报表，以及周、月、季度、年产量报表，极大的节约了员工整理资料和手工制表的时间。

3）生产监控

在工厂部署智能化监控设备，对工厂内的不同区域的设备、人员、材料等进行监控，还可以基于机器视觉，对工厂生产过程中的不安全行为进行自动识别和记录，提高工厂的安全生产效益。见图 6-143。

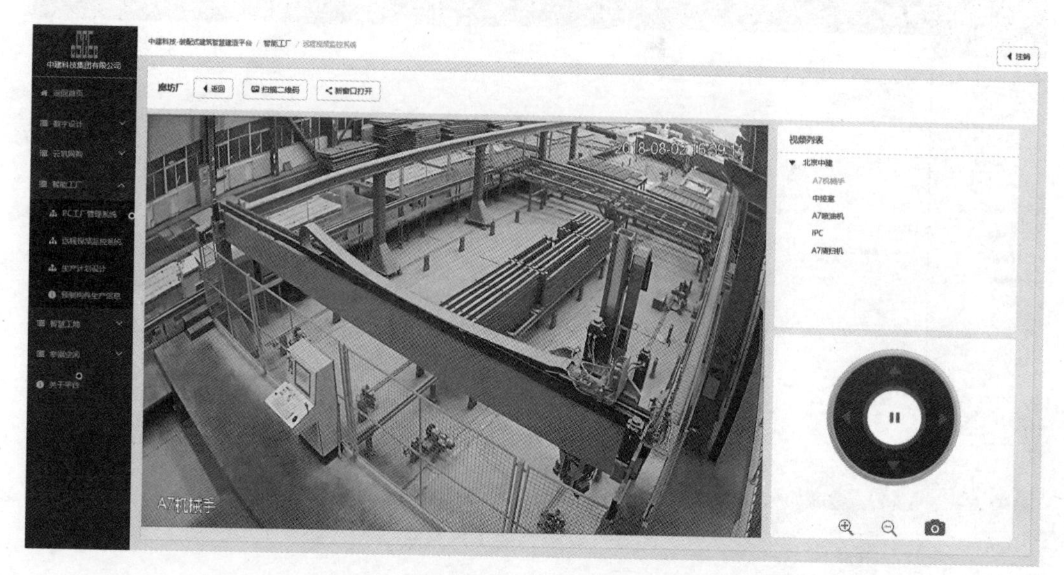

图 6-143 生产监控

4）过程追溯

通过对物料参数进行数字化，并赋予地理信息系统的相关属性，以电子标签形式进行全过程标识，实现生产、品控、物流、验收全过程的智能化管理。

利用二维码技术对构件身份进行唯一标识，对构件实物个体进行身份识别，每个构件实体都有一个唯一的二维码。该码综合每一个构件的生产、出库、使用过程数据、生命周期数据、损坏更换等信息。在工厂生产环节，对部品部件的生产进度、质量和成本进行精确控制，保障构件又好又快地生产。除此之外二维码还将应用在工厂管理过程，运输和售后管理，构件运输以及部件安装中，每个部件的数据信息都会保留在电子标签中，这些电子标签与整栋大楼的原始设计信息相结合，构成一个虚拟空间，为运维提供全方位的支持。这些信息将长期保存，直至部品损坏或报废，真正做到对每个构件全生命周期的过程管理，使得部品管理迈向智能化。

5）资源管理

通过将设计阶段的 BIM、流水线 MES 与工厂定制化的 ERP 软件结合，实现工厂生产的各类资源实时调配和各类报表自动生成与应用。以二维码为载体，信息化系统的应用，已经逐渐使构件生产趋于无纸化办公。构件全过程自动记录，将构件生产过程数据实时上传至工厂资源管理系统，系统根据预设参数进行逻辑判断，确保各项管理指标落在理想的范围内。同时形成各类统计报表，可以根据公司需要自动导出，极大地减轻了生产部门统计整理资料的工作量。见图 6-144。

请选择

2017年10月

导出Excel

物料类别: --请选择物料类别--　物料编码:　物料名称:　构件类型: --请选择构件类型--　工程名称:

	物料类别	物料编码	物料名称	规格型号	单位	数量
1	钢筋	0101-003	高线HPB300	10mm	吨	0.0320
2	钢筋	0101-008	螺纹钢HRB400E	12mm	吨	0.2820
3	钢筋	0101-009	螺纹钢HRB400E	14mm	吨	2.1820
4	钢筋	0101-010	螺纹钢HRB400E	16mm	吨	0.6620
5	钢筋	0101-011	螺纹钢HRB400E	18mm	吨	0.9160
6	钢筋	0101-016	盘螺HRB400E	6mm	吨	0.4160
7	钢筋	0101-005	盘螺HRB400E	8mm	吨	4.5080
8	钢筋	0101-006	盘螺HRB400E	10mm	吨	1.2640
9	钢筋	0101-004	圆钢HPB300	16mm	吨	0.0720
10	混凝土		混凝土	C30	立方米	86.0240
11	预埋件	0163-110	DJ-JU1大面栏杆埋件	150*100*200	个	72.0000
12	预埋件	0163-111	DJ-JU2转角栏杆埋件	175*175*200	个	18.0000
13	预埋件	1809-065	DJZX-杯梳	25mm	个	90.0000
14	预埋件	1809-066	DJZX-梳杰（直通）	25mm	个	54.0000

图 6-144　原材料用量统计

（5）智慧工地

智慧工地从进度、成本、安全、质量四个部分实现信息管理。主要是通过 BIM 轻量化模型与现场的进度安排和施工组织进行关联，实现进度形象可视、人员实施管控、成本控制精确、质量问题可追溯、安全实时监控等现场管理功能。见图 6-145。

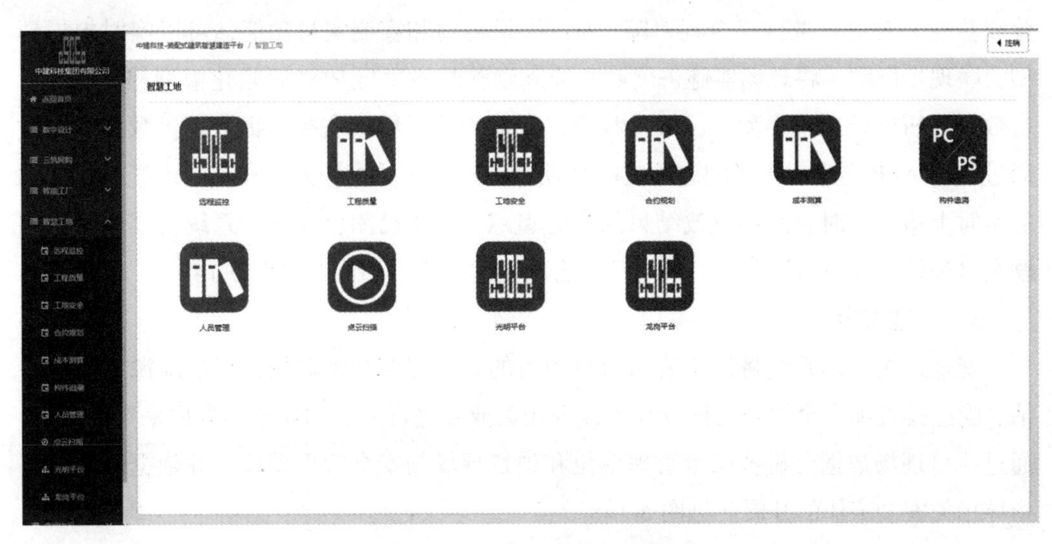

图 6-145　智慧工地模块

1）远程监控

通过前端现场视屏采集系统的网络一体化架设，实现不同地域在建项目与中建科技视频中心服务器的远程对接。通过账户权限管理使不同角色通过登录智慧建造平台远程线上查看项目实时状况，为管理者提供辅助决策信息。同时，对于处于特殊地域或条件恶劣的项目，通过远程监控还可实现在特殊天气中对项目现场的安全应急指挥。见图 6-146。

图 6-146　远程监控

2）工程质量

质量管理包含材料验收，实测实量，质量巡检以及检验批验收等功能。通过材料验收功能，对每一批材料全程追踪；通过质量巡检和实测实量功能，可以实时根据模型关联现场问题，将现场实施进度照片或问题整改照片与 BIM 轻量化模型相对比。后台数据分析问题出现类型、区域及频率，从而为现场质量监控与提升提供数据。同时通过手机 APP 实现对现场问题的实时反馈并推送至相关责任人，实现对现场质量问题的实时上报，限时整改和整改结果的实时追踪。对于已闭合问题，系统将固化闭合问题全过程信息并录入数据库，实现已闭合问题的历史可追溯。见图 6-147。

3）工地安全

安全巡查管理系统将汇集公司所有项目的安全巡查相关数据，对危险源辨识与评估、隐患排查和安全检查的评分和考核等相关业务进行流程的规范和数据采集的规范。通过项目现场数据分析各层级管理单位和项目现场的安全管理现状，并依据分析结果指导相关安全工作的开展。见图 6-148。

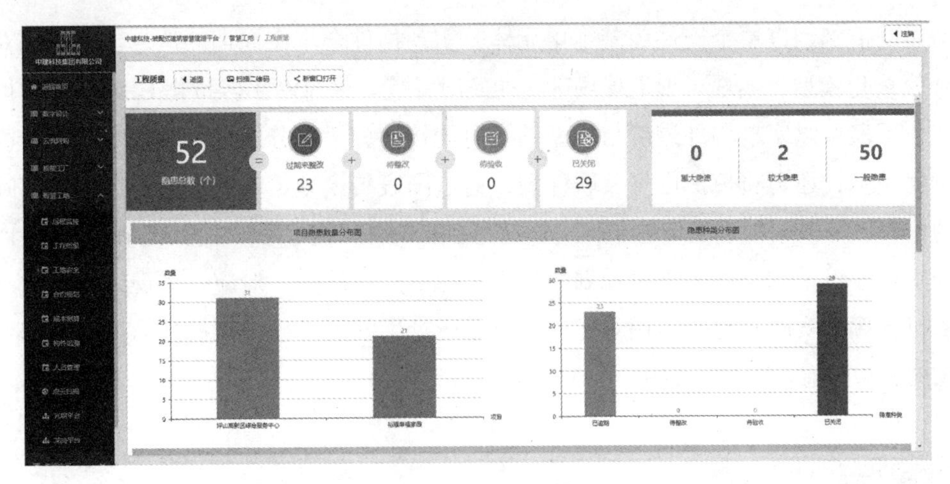

图 6-147　工程质量

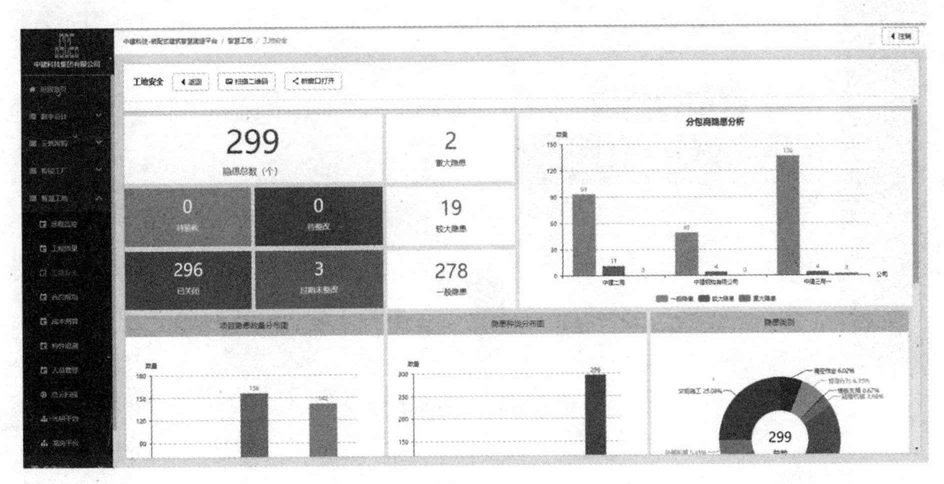

图 6-148　工地安全

4）合约规划

面对合约管理工作工作量大，时间紧，任务重，材料归档难度大，使用工具与工作强度不匹配等问题，采用信息化手段合理实施合约规划，实现对合约招采计划的前置预控，实现招采计划的自能化监控及任务督办，确保合约正确履行，并实现招采合约的结构化存储，快速查询，任务督办和流程审批，实现数据高效实用。

5）成本测算

成本控制就是要在保证工期和质量的满足预控范围内，采取相应管理措施，对项目的全过程进行管控，寻求最大程度的成本空间。通过成本预算与项目形象进度关联，实现对分包、物资、机械、人工和费用的多级精细化管控，前置预警、纠偏，协助商务人员对成本控制进行全过程监控，发现风险，并采取相应措施，节约成本，实现利润最大化。

6）构件追溯

通过由 BIM 模型生成的构件二维码，实现对构件从设计、生产、验收、吊装的全生命周期追溯。以单个构件为基本单元体，实现构件全生命周期的信息汇总。同对接BIM轻量化模型，实现对工地现场进度的实时掌控。通过基于轻量化BIM模型的虚拟建造，不仅可以实现构件进度与模型的实时挂接，分段、分区进行，按照色彩分区进行进度模拟，还可将模拟信息关联计划，通过图表与模型关联进行计划进度与实际进度的比对，完成施工进度偏差对比。同时可扩展对接商务模块中的关键节点支付计划，实现工程建设计划与商务支付计划在工程关键节点中的一一对应，实现计划支付与实际支付金额的实时对比，实现对工程各节点所产生的成本精准把控并为项目管理者提供辅助决策信息。见图6-149。

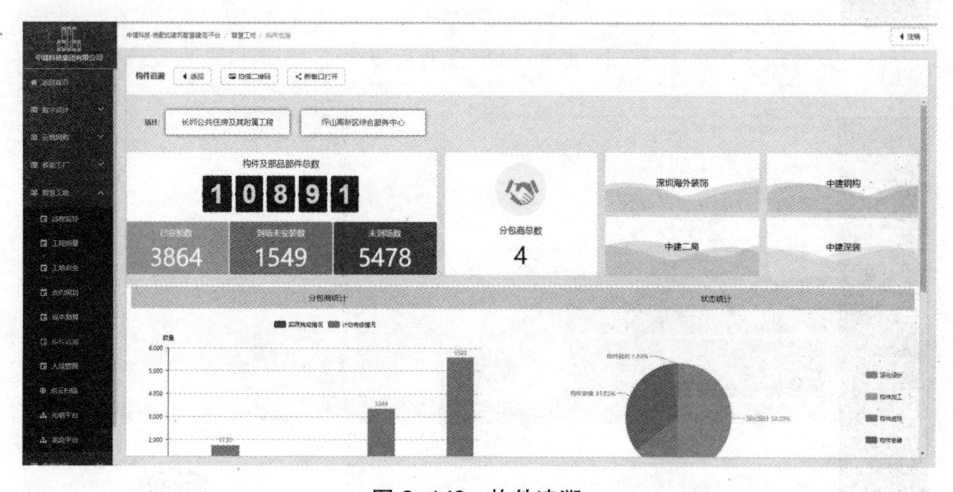

图6-149　构件追溯

7）人员管理

通过完成人员实名制系统、人员定位信息、视频监控信息三大功能的数据在平台上的有机结合，可以实现对现场劳务人员的立体化管理。结合账号权限设置和关键数据汇总，方便管理者通过可视化数据对现场劳务人员情况的实时掌控。结合前端生物识别闸机系统，对在场工人人数和人员信息进行实时远程监控。同时通过分析、横比人员信息数据完成对项目劳务工人的数字化系统化管理。见图6-150。

8）点云扫描

通过红外点云扫描，可实现对已完成的室内工程厘米级质量扫描和实景建模。同时将扫描结果与BIM轻量化模型进行比对及上传至平台数据库进行备案，结合设计信息，生成施工偏差报告，为建筑施工质量报告提供数据依据。通过将点云扫描结果录入数据库备案，结合交付信息，还可为业主的房屋数字使用说明书提供三维数据。

（6）幸福空间

基于VR、全景虚拟现实技术，提供新居交付、全景建筑使用说明书、全景物业管理导航、全景建筑体检等服务。本平台数据对接运维管理平台进行数字化运维管理，

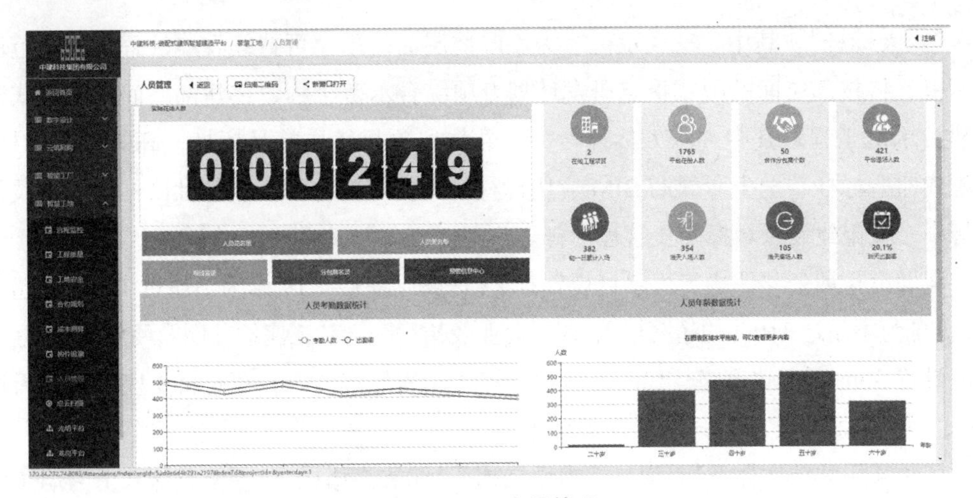

图 6-150　人员管理

让居住者更加轻松愉悦地感受到“智能建造，让生活更美好！”

新居及物业全景导航

支持移动端的 VR 和全景体验感受，辅助验收交房。支持通过移动端扫码识别物业所处位置、周边环境、房号、结构做法等关键信息，并可基于高品质可视化的基础上做出选房决策，选房结果可以在平台上实现数据统计。相关的建筑图纸及家居部品库，关键部位的图片和照片等可以实现在线存档和选择，相关维修设施的信息可以实现在线可视化查询。见图 6-151。

图 6-151　全景 VR

3. 工业化建造技术

(1) 工程概况

深圳市政府拟借助此项目全面提升绿色、智慧、装配建造科技，打造“三大示范”“八大标杆”。其中“三大示范”为发改委层面的国家可持续发展议程创新示范区的示范、科技部层面的国家重点研发计划专项综合示范工程、住建部层面的装配式建筑科技示范工程。其中“八大标杆”为公共住房项目优质精品标杆、高效推进标杆、装配式建造标杆、全生命周期BIM应用标杆、人文社区标杆、智慧社区标杆、科技住区标杆、城市建设领域标准化管理标杆。

深圳市长圳公共住房工程项目规划有24栋高层塔楼（19栋为不超过150m的超高层，5栋为不超过110m的超高层）、四层商业及裙房配套、三座幼儿园及两层地下车库。同时设置30m宽市政道路，12m宽城市支路，车库涵洞2个，车行桥1座，人行天桥3座，室外园林绿化及鹅颈水景观工程等。

塔楼采用的结构体系为：现浇剪力墙结构（150m高塔楼）、装配整体式剪力墙（灌浆套筒）（8号、9号）、双面叠合剪力墙（10号）、环箍剪力墙（7A号）、装配式钢和混凝土组合结构（6号）。25号幼儿园采用钢框架结构、16号、17号幼儿园采用现浇混凝土框架结构；裙房及地下室车库采用钢筋混凝土框架结构体系，其中地下室顶板采用无梁楼盖体系、塔楼相关范围内的地下室顶板采用主梁加腋大板楼盖体系、裙房顶板采用主梁加腋大板楼盖体系。

本工程被鹅颈水及小区内的市政道路分成六个地块（DY01-01、DY01-03、DY01-04-01、DY01-04-02、DY01-04-03、DY01-07），地块DY01-04-02两个方向均超长，故在裙房层设置一道温度伸缩缝，其余五个地块未设缝，见图6-152。为减小建筑超长

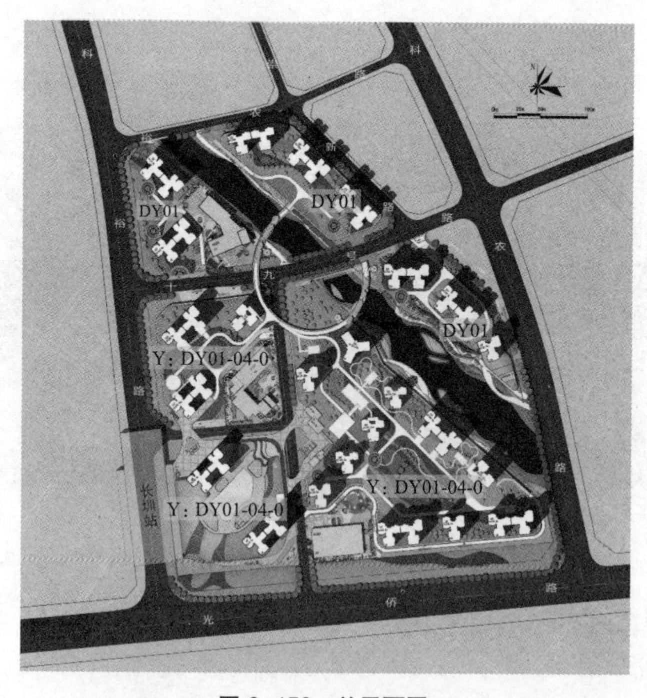

图6-152　总平面图

带来的混凝土收缩和温度应力等对结构的不利影响，拟采取：设置后浇带、提高最小配筋率、混凝土内掺入抗裂纤维等技术措施，采用低收缩、低水化热水泥、碎石骨料等材料措施，控制混凝土浇筑时间和温度等施工措施。

（2）建筑模数化设计

装配式建筑的特征是工厂化生产、装配化施工，没有标准化的设计就没有工业化生产，故而研究标准化设计方法和技术具有重要意义（图 6-153 ~ 图 6-155）。着眼于建筑的标准化设计为构件设计、生产创造条件！

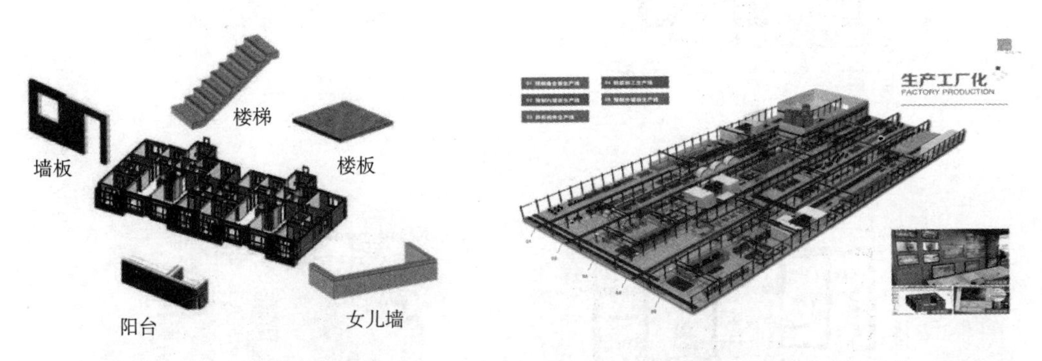

图 6-153　建筑设计标准化

图 6-154　工厂生产标准化

图 6-155　现场施工标准化

装配式建筑设计的基本原则：标准化和模块化，即模数统一、模块协同，少规格、多组合。实现平面模块化、立面多样化、构件标准化和部品精细化。平面模块化的组合实现各种功能的户型，立面通过多样化组合来丰富，构件标准化以利于工厂批量生产降低成本、部品部件的精细化提高使用品质。

户型模块化设计方法：选取标准化的开间进行排列组合，最大限度地减少户型种类。经过反复推敲，组合出 65m^2、80m^2、100m^2 及 150m^2 四个面积共六种户型，具体如图 6-156 所示。

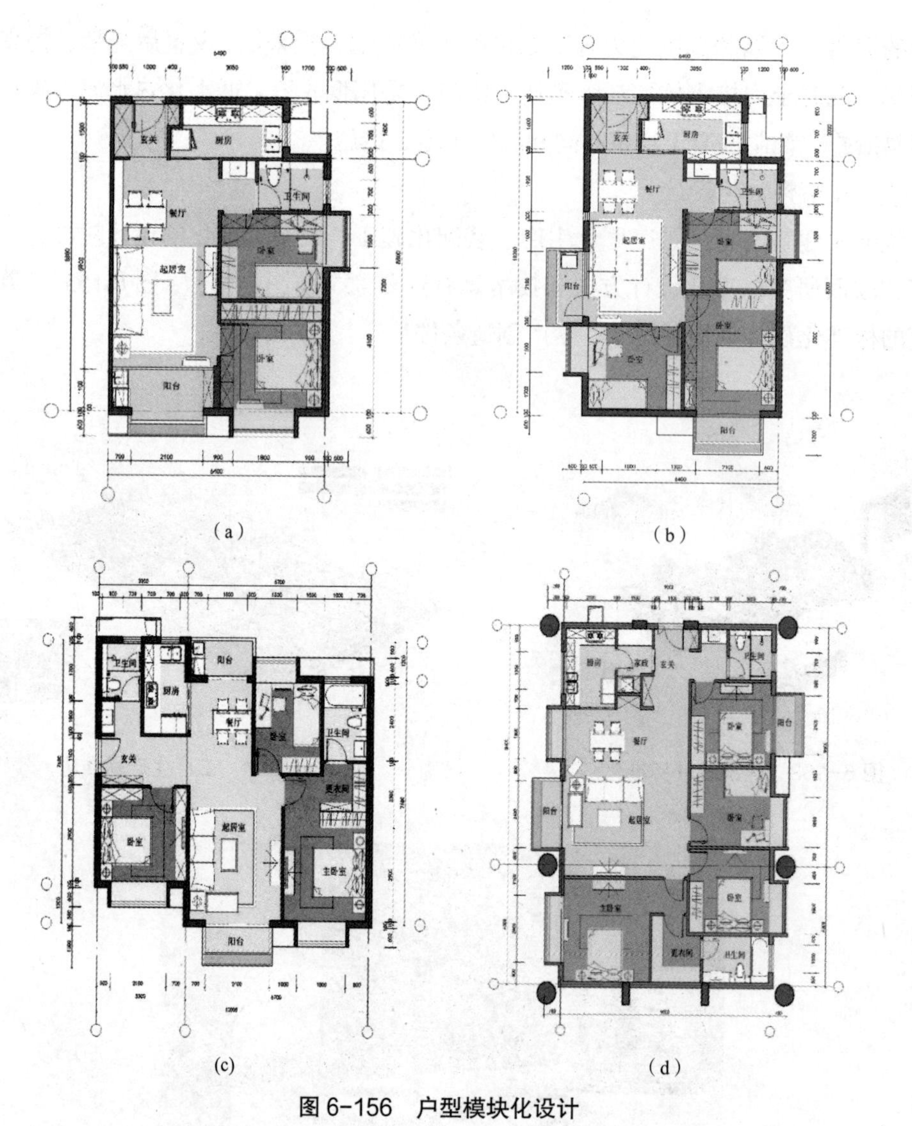

（a）　　（b）

（c）　　（d）

图 6-156　户型模块化设计

（a）标称 65m² 户型；（b）标称 80m² 户型；（c）标称 100m² 户型；（d）标称 150m² 户型

模块化组合设计：实现有限模块的无限生长，通过标准化基本户型的模块化组合，实现建筑平面的多样化。通过 4 种基本户型模块按照通用协同边界 8800mm 进行组合，组成 89 种变体，实现楼栋组合的无限生长，见图 6-157。

楼栋模块化组合设计：按照户型配比的要求，通过标准化的核心筒将标准户型进行连接，形成标准化的塔楼平面。本项目用标准化的户型模块组合了品字形、双拼和 Y 字形 3 种共 6 类组合楼栋，具体见图 6-158。

立面多样化设计：本项目提出了外墙板、门窗、阳台、色彩单元的模块化集成设计技术，通过 4 种窗、8 种墙板、3 种阳台板、4 种空调板及 4 种色彩的排列组合，最大可形成 1536 种立面组合效果 $C_4^1 \times C_3^1 \times C_8^1 \times C_4^1 \times C_4^1=1536$。见图 6-159 ~ 图 6-161。

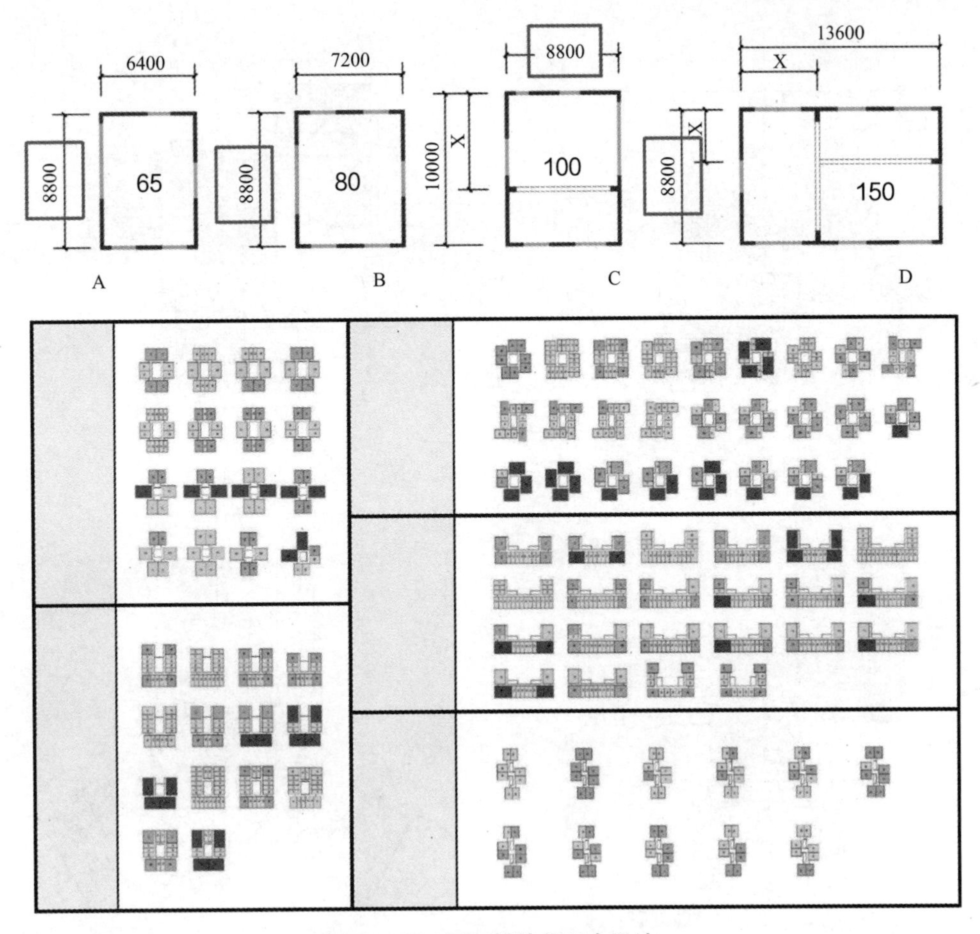

图 6-157　平面模块化组合设计

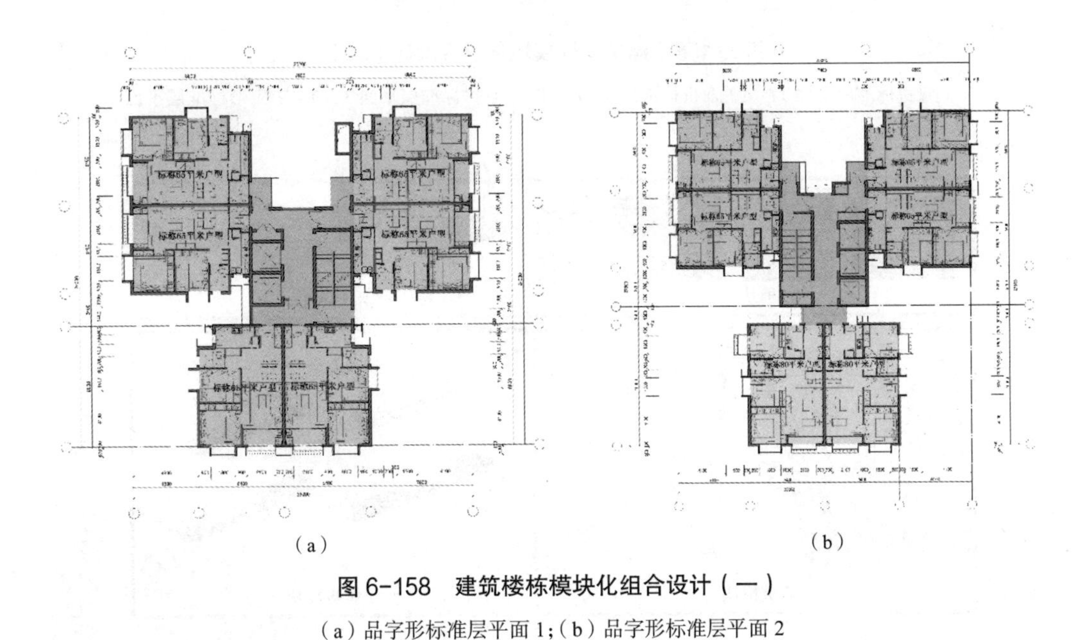

（a）　　　　　　　　　　　　（b）

图 6-158　建筑楼栋模块化组合设计（一）

（a）品字形标准层平面 1；（b）品字形标准层平面 2

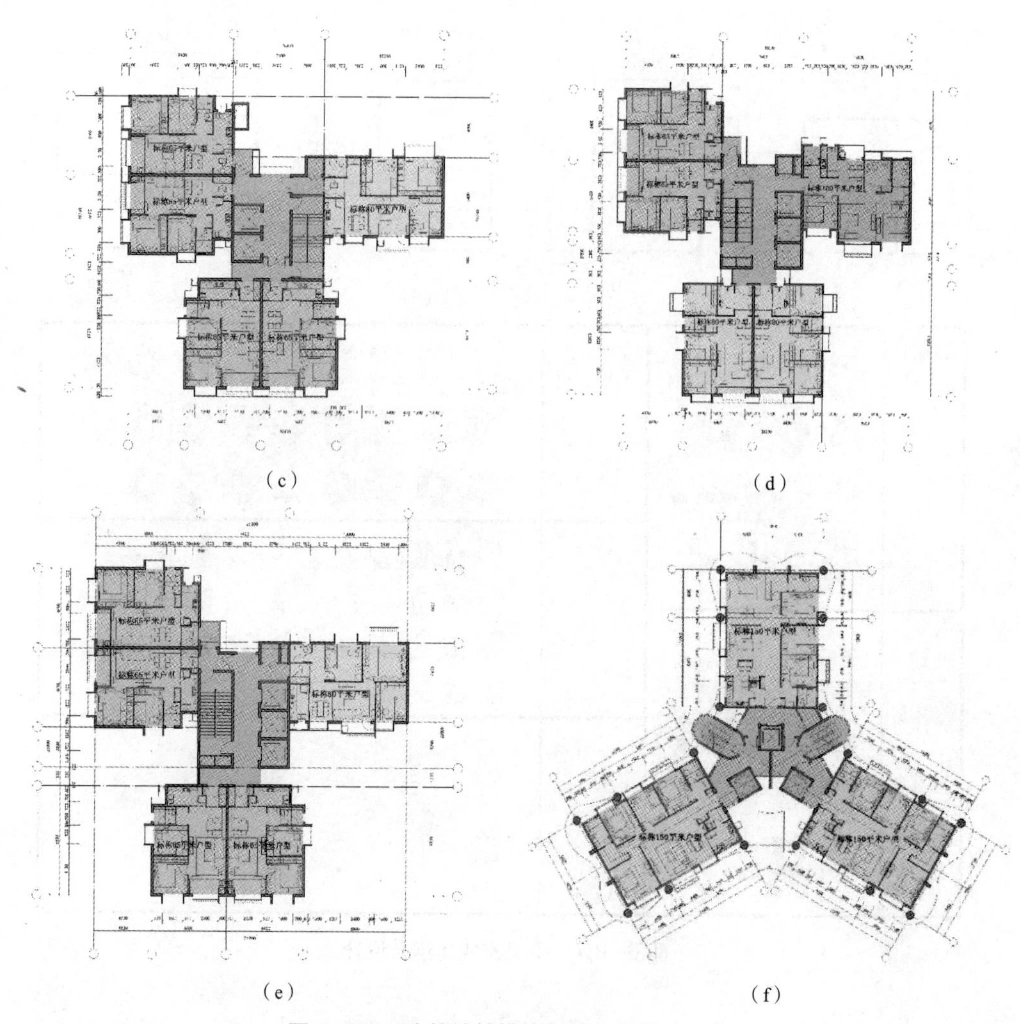

图 6-158　建筑楼栋模块化组合设计（二）

（c）双拼标准层平面 1；（d）双拼标准层平面 2；（e）双拼标准层平面 3；（f）Y 字形标准层平面

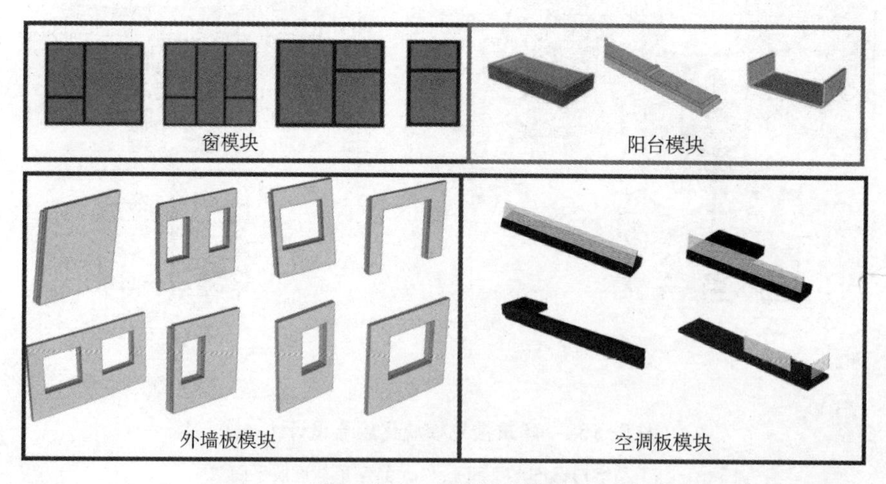

图 6-159　多种位面模块

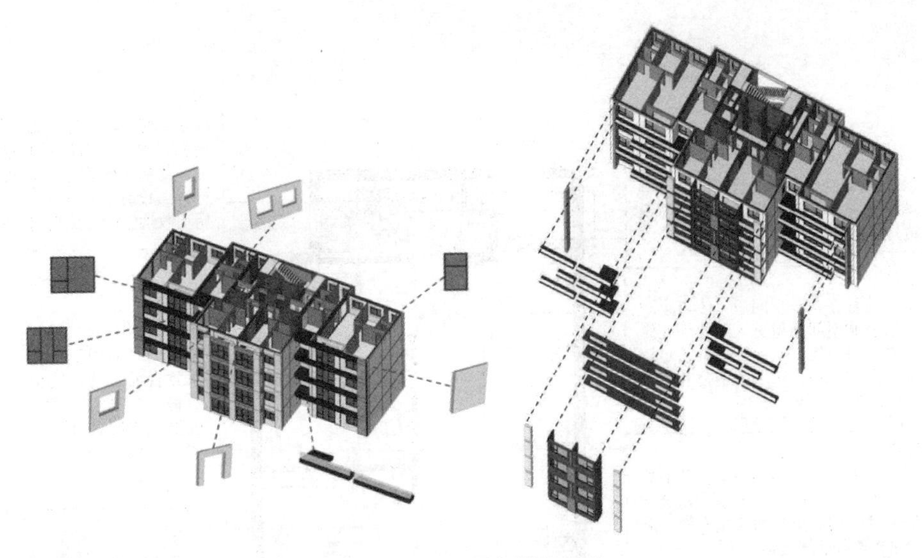

图 6-160　立面多样化设计

（a）　（b）　（c）　（d）

图 6-161　本项目立面设计

（a）立面一；（b）立面二；（c）立面三；（d）立面四

户型精细化设计：在“有限模块，无限生长”获奖户型方案基础上，结合本项目任务，通过客群分析研究深圳市民的居住习惯和需求，演绎户型布局，确定 7 大设计原则，并对厨房、玄关、卫生间、衣柜 / 衣帽间、洗衣机柜等空间展开精细化设计，结合 VR 技术完成了 4 种标准户型的内装修设计，提供了新的设计体验。见图 6-162。

（3）现浇剪力墙结构

19 栋 150m 高的塔楼均采用现浇剪力墙结构，预制构件种类包含：预制非承重外墙（凸窗）、预制非承重内墙、预制阳台、预制楼梯、预制空调板、预制楼板，共六类构件。预制构件和现浇构件尺寸布置采用模数化组合，尽量保证尺寸类型少，同户型的结构布置尽量保证一致。现浇剪力墙，采用标准化铝模浇筑。见图 6-163。

玄关：
不同深度的高柜和低柜结合，提供足够的收纳空间存储家庭大小杂物。地面设穿衣镜与挂衣钩

客厅餐厅：
客厅餐厅结合在一个空间里，使得小户型里面的公共空间显得更大，便于儿童活动玩耍。餐边柜、电视柜提供了足够的柜体空间和台面，用于收纳公共区域的杂物以及儿童玩具

儿童卧室：
在儿童卧室内设计书桌和书架，且书桌选择长台面桌子，便于家长辅导儿童功课。提供足够的衣柜收纳儿童衣物。卧室内设吊柜增加收纳空间。

阳台：
预留上下水，提供阳台洗衣空间，洗衣与晾晒可以集中在一个空间进行。另一侧可安放置物架，摆放花草绿植

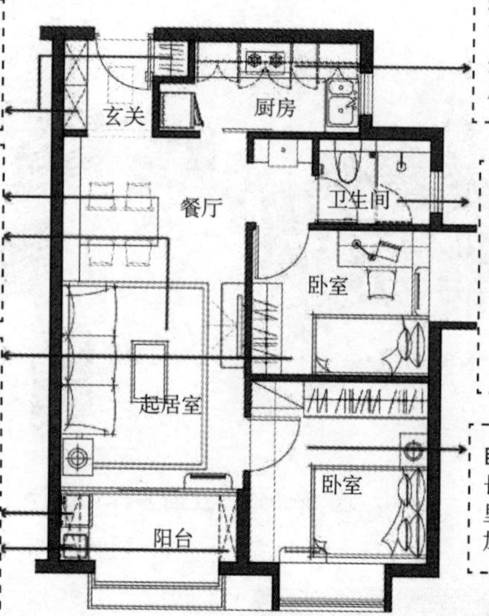

厨房：
以洗 - 切 - 炒的操作流线布置橱柜，预留冰箱位及电器柜台面，将厨卫小家电和切菜区域分开，设计厨房中部柜，增加厨房收纳空间，提高利用率

卫生间：
分体式卫生间布局，有利于多人同时使用卫生间。加长水盆台面，利用镜柜、马桶后侧空间等设计储藏空间，收纳卫生间各种洗漱用品和清洁用品

卧室：
长衣柜和五屉柜结合，收纳卧室里面大小衣物。增设卧室吊柜，加强储纳空间利用率

（a）

卫生间：
分体式卫生间布局，有利于多人同时使用卫生间。加长水盆台面，利用镜柜、马桶后侧空间等设计储藏空间，收纳卫生间各种洗漱用品和清洁用品

玄关：
玄关柜设置物台和高柜，集中收纳鞋帽、雨伞、家庭共用的杂物、运动器材等物品

儿童房：
室内设计书桌和书架，且书桌选择长台面桌子，便于家长辅导儿童功课。提供足够的衣柜收纳儿童衣物。卧室内设吊柜增加收纳空间

主卧室：
自然采光和通风良好

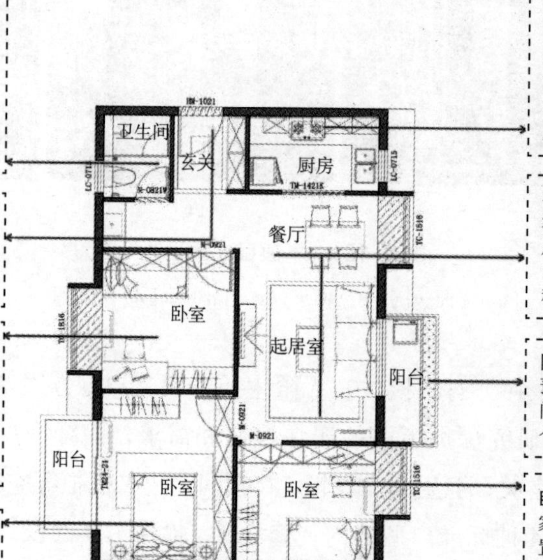

厨房：
以洗 - 切 - 炒的操作流线布置橱柜，预留冰箱位及电器柜台面，将厨卫小家电和切菜区域分开，设计厨房中部柜，增加厨房收纳空间，提高利用率

客厅餐厅：
客厅餐厅垂直方向呈一条线布局，公共空间通透，采光通风良好。餐桌位置可以兼顾客厅和门厅的情况

阳台洗衣空间：
预留上下水，提供阳台洗衣空间，洗衣与晾晒可以集中在一个空间进行

卧室：
家中二孩使用，若改变房间布置方式，设置双人床，取消书桌，可供一方老人居住，如有年幼的二孩，也会和老人共居此卧室。采光良好

（b）

图 6-162 户型精细化设计（一）

（a）标称 $65m^2$ 户型；（b）标称 $80m^2$ 户型

厨房：
以洗 - 切 - 炒的操作流线布置橱柜，预留冰箱位及电器柜台面，将厨卫小家电和切菜区域分开，设计厨房中部柜，增加厨房收纳空间，提高利用率

次卫生间：
次卫洁具分体布置，以便多人共用

玄关：
玄关柜设置物台和高柜，集中收纳鞋帽、雨伞、家庭共用的杂物、运动器材等物品

客厅餐厅：
客厅餐厅垂直方向呈一条线布局，公共空间通透，采光通风良好。餐桌位置可以兼顾客厅和门厅的情况

卧室：
为家中一方老人居住，如有年幼的二孩，也会和老人共居此卧室。采光良好，与次卫距离较近，和主卧区域分列起居室两侧，相互之间减少干扰

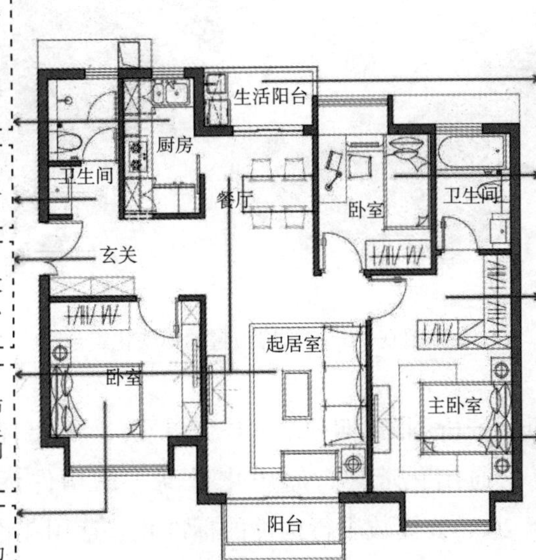

阳台洗衣空间：
预留上下水，提供阳台洗衣空间，洗衣与晾晒可以集中在一个空间进行

儿童房：
室内设计书桌和书架，且书桌选择长台面桌子，便于家长辅导儿童功课。提供足够的衣柜收纳儿童衣物。卧室内设吊柜增加收纳空间

主卧衣帽间：
不同深度和方向的柜体分类集中收纳男女主人衣物、首饰、手袋箱包，被子、书籍摆设等不同大小的物品，提高收纳量

主卧室：
自然采光和通风良好

（c）

家政间：
预留上下水，提供洗衣、家政、储物操作空间

厨房：
以洗 - 切 - 炒的操作流线布置橱柜，预留冰箱位及电器柜台面，将厨卫小家电和切菜区域分开，设计厨房中部柜，增加厨房收纳空间，提高利用率

玄关：
玄关柜设置物台和高柜，集中收纳鞋帽、雨伞、家庭共用的杂物、运动器材等物品

客厅餐厅：
客厅餐厅垂直方向呈一条线布局，公共空间通透，采光通风良好。餐桌位置可以兼顾客厅和门厅的情况

主卧室：
自然采光和通风良好

次卫生间：
主卧设置卫生间

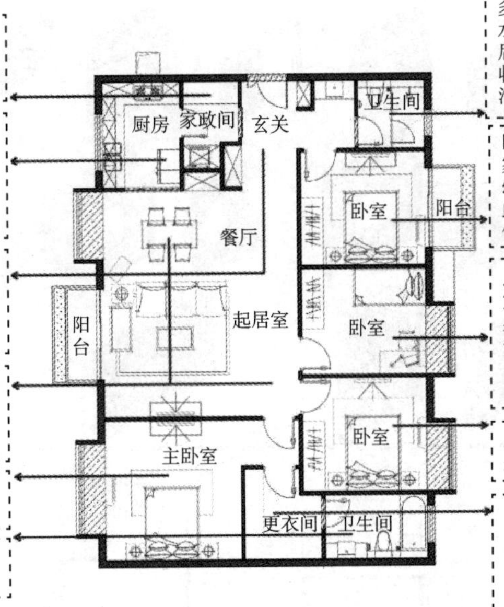

卫生间：
分体式卫生间布局，有利于多人同时使用卫生间。加长水盆台面，利用镜柜、马桶后侧空间等设计储藏空间，收纳卫生间各种洗漱用品和清洁用品

卧室：
家中一方老人居住，如有年幼的二孩，也会和老人共居此卧室。也可作为客房或者保姆房，采光良好

儿童房：
室内设计书桌和书架，且书桌选择长台面桌子，便于家长辅导儿童功课。提供足够的衣柜收纳儿童衣物。卧室内设吊柜增加收纳空间

次卧：
适合家中二孩或者老人居住

主卧衣帽间：
不同深度和方向的柜体分类集中收纳男女主人衣物、首饰、手袋箱包，被子、书籍摆设等水同大小的物品，提高收纳量

（d）

图 6-162　户型精细化设计（二）

（c）标称 100m² 户型；（d）标称 150m² 户型

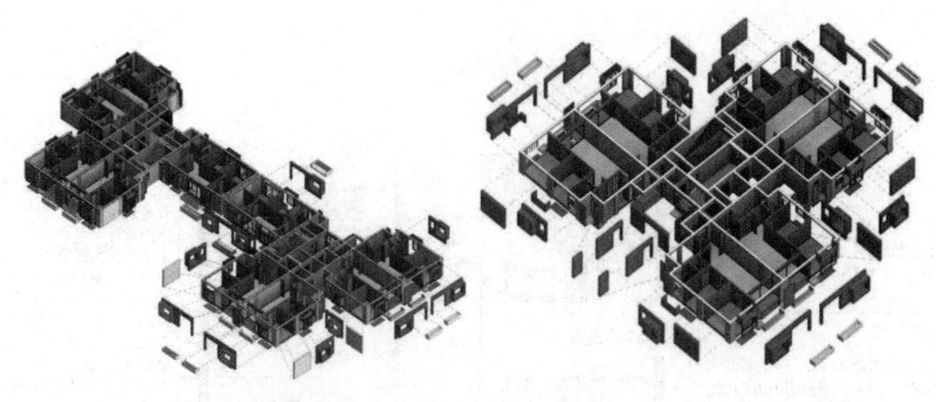

图 6-163　结构布置的模块化组合

结构布置的标准化分析：依据四种基本户型单元，竖向墙体构件首先进行 8800mm 协同边（模块接口的通用化墙体、通用化最高）的构件标准化设计，再依据以 6400mm 为基准、以 200mm 模数进行构件的标准化、通用化设计；预制带凸窗外墙，高度 2600mm，宽度按 100mm 模数变化，其中外墙 WQ1 和 WQ3 占总量 41%。预制复合内墙，构件高度 2600mm，宽度按 100mm 模数变化，复合内墙 FNQ1 和 FNQ2 占总量 78%。见图 6-164。

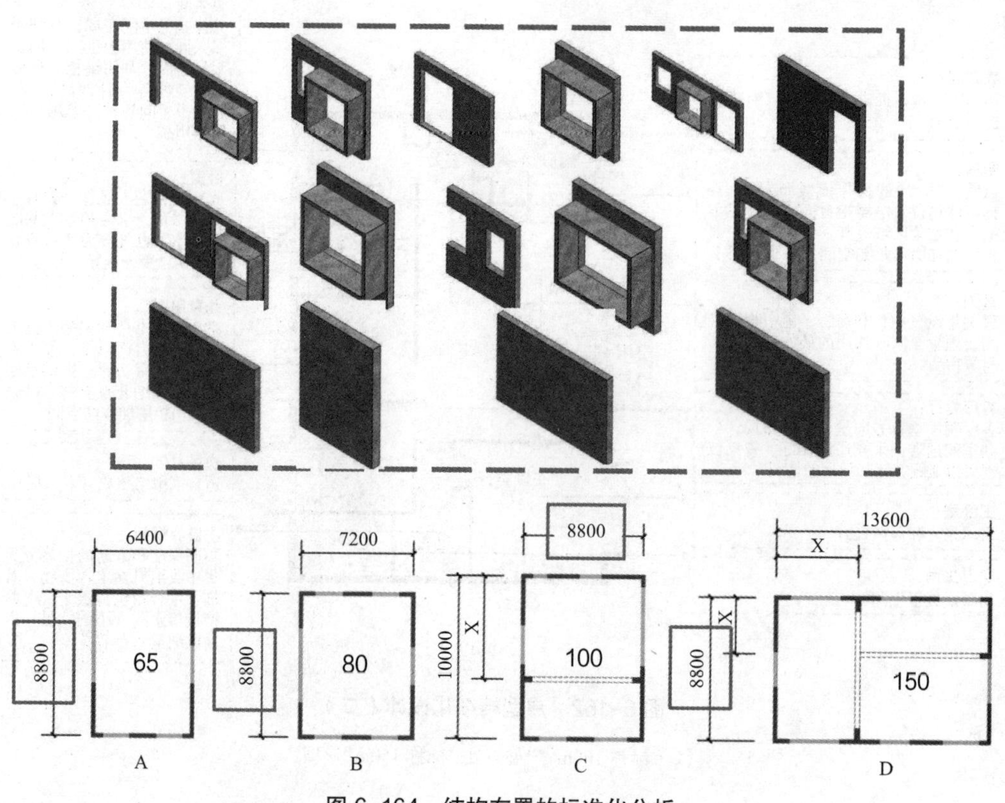

图 6-164　结构布置的标准化分析

结构布置的标准化设计：在保证结构布置的标准化设计的同时，构件标准化设计同时采用模数化延展。见图 6-165。

构件种类	模数	固定尺寸	按模数变化尺寸
预制外墙	M = 100	2600	1600 ~ 5700
预制复合内墙	M = 300	2600	2100 ~ 3900
预制阳台	M = 300	600/1200	2400 ~ 3600
预制楼梯	M = 100	1200	5000
预制叠合楼板	M = 200	6400	1400 ~ 2600

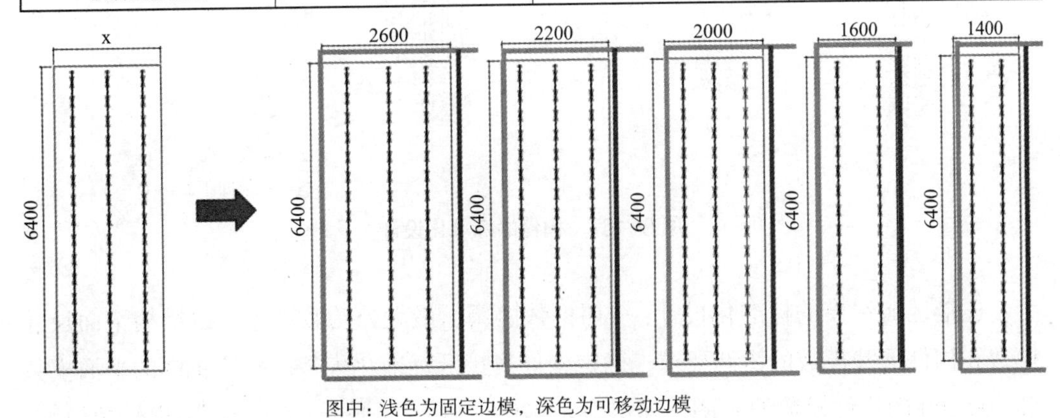

图中：浅色为固定边模，深色为可移动边模

图 6-165　结构布置的标准化设计

构件的标准化设计：在构件外形尺寸标准化基础上进行钢筋笼标准化设计：统一钢筋位置、钢筋直径和钢筋间距；建立系列标准化、单元化、模块化钢筋笼，以利于机械化加工。见图 6-166、图 6-167。

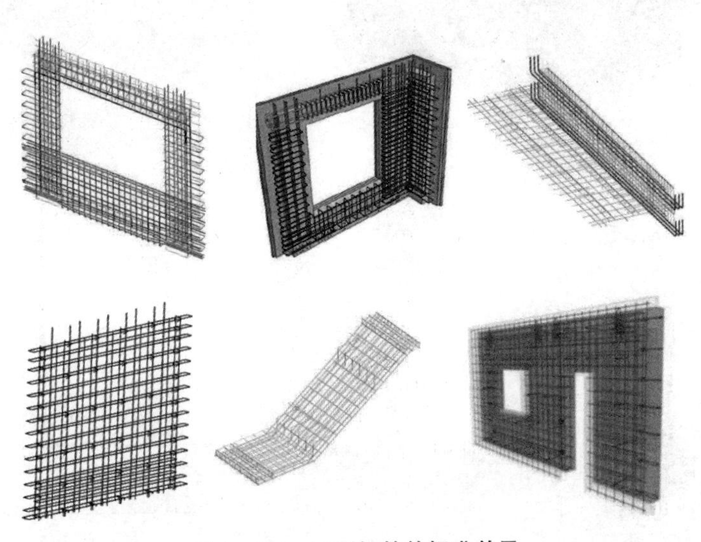

图 6-166　系列钢筋笼标准单元

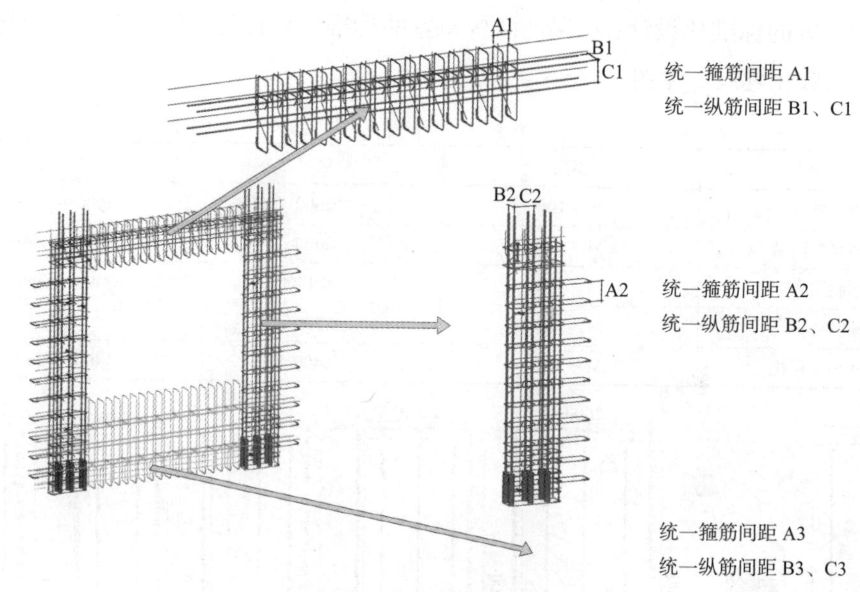

图 6-167　构件的标准化设计

连接区域铝模的标准化设计：按照模数协调、最大公约数原理，以结构平面尺寸模数和构件尺寸模数的协调要求，确定构件连接区标准化模数。按照 100 的平面模数和 100/200 的构件模数的协调，确定为 n × 200，以及 100mm × 100mm 标准转角模数，可组合成满足需要的一形、L 形、T 形不同截面的布置需要。见图 6-168。

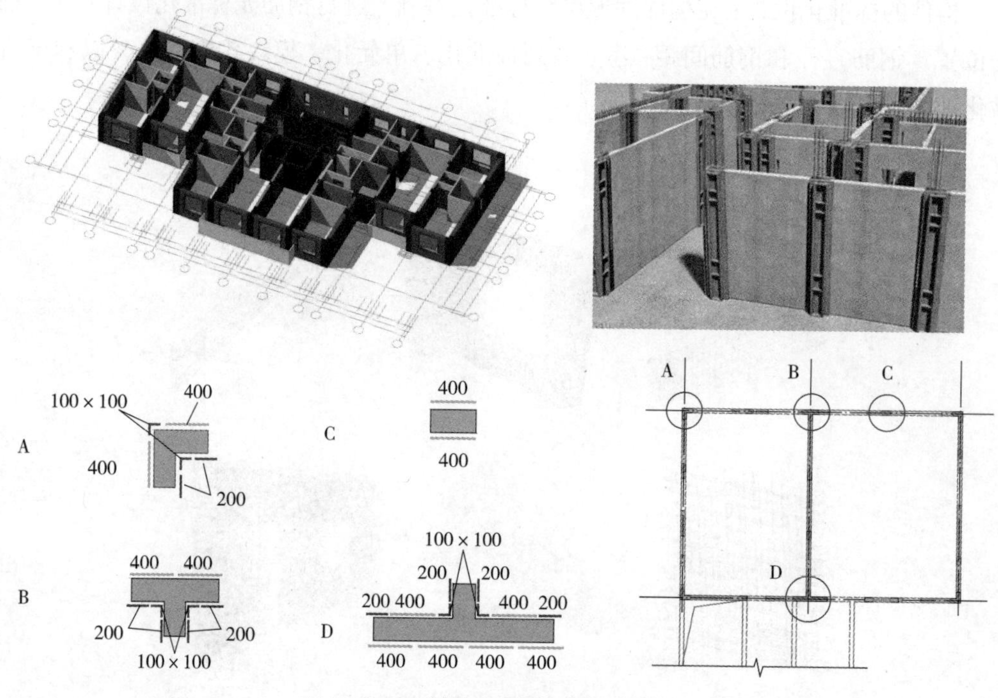

图 6-168　连接区域铝模的标准化设计

（4）装配整体式剪力墙结构

7A 号、8 号、9 号和 10 号住宅塔楼采用装配整体式结构，其中 7A 号采用环箍剪力墙结构、8 号和 9 号采用灌浆套筒剪力墙结构、10 号采用双面叠合剪力墙结构。

环箍剪力墙结构是以叠合式楼板和环筋扣合锚接墙板为主体，辅以部分现浇混凝土构件，共同形成的剪力墙结构。在装配现场，墙体竖向连接通过构件端头预留的竖向环形钢筋在暗梁区域进行扣合，墙体水平连接通过构件端头留置的水平环形钢筋在暗柱区域进行扣合，在暗梁（暗柱）中穿入水平（竖向）钢筋后，浇筑混凝土连接成整体。见图 6-169。

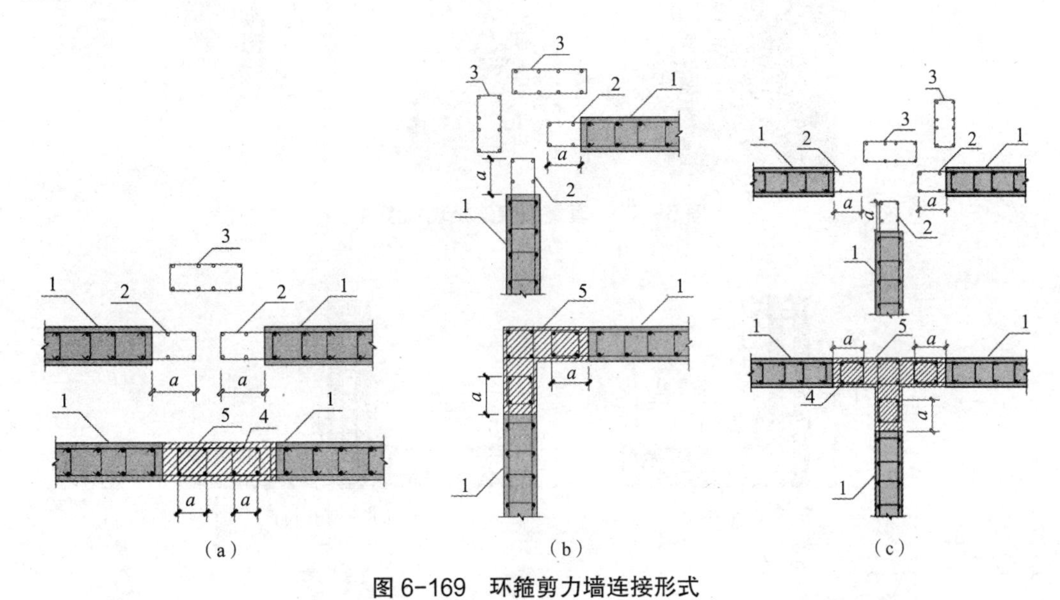

图 6-169　环箍剪力墙连接形式

（a）一字形连接；（b）L 形连接；（c）T 形连接

套筒灌浆连接即带肋钢筋插入内腔为凹凸表面的灌浆套筒，在套筒与钢筋的间隙之间灌注并充满专用高强水泥基浆料，灌浆料凝固后将钢筋锚固在套筒内而实现的一种钢筋连接方法。见图 6-170。

双面叠合剪力墙结构是以叠合式楼板和叠合式墙板为主体，辅以部分现浇混凝土构件，共同形成的剪力墙结构。其中，叠合式墙板的预制部分由两层预制板与桁架钢筋制作而成，现场安装就位后，在两层板中间浇筑混凝土以形成整体式剪力墙。见图 6-171、图 6-172。

（5）装配式钢混组合主次结构

6 号塔楼采用装配式钢混组合主次结构体系，共 30 层，首层层高 5.6m、架空层 4.0m，结构总高度为 109.5m。其中主结构体系 = 钢管混凝土柱 + 支撑 + 型钢梁 + 叠合楼板，共 12 层主结构；子结构采用钢框架结构，次结构为 3 层，层高为 3m，总高为 9m，每层主结构内含 3 个次结构，全楼共 30 个次结构。见图 6-173。

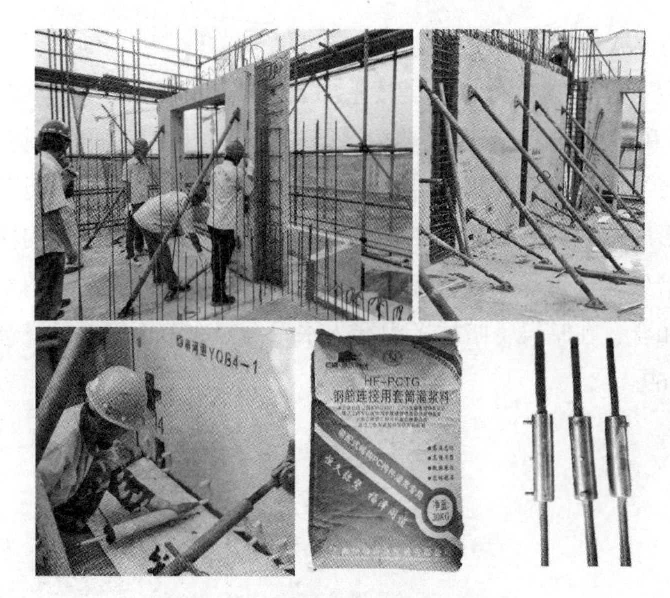

图 6-170　套筒灌浆连接现场图片

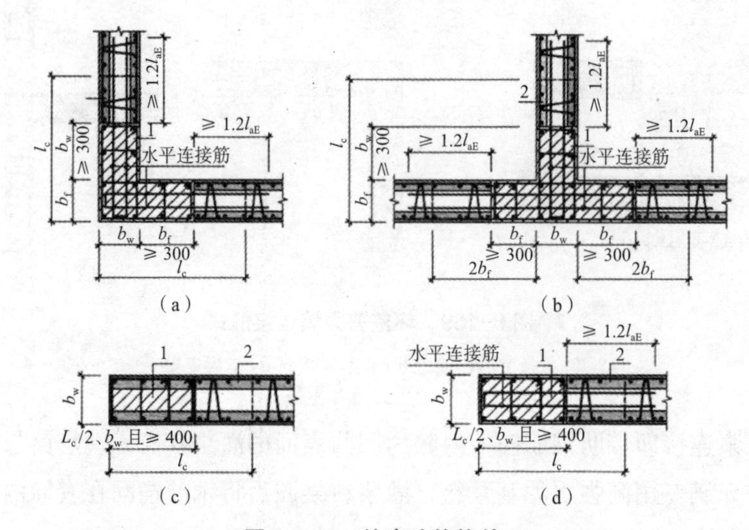

图 6-171　约束边缘构件

（a）转角墙；（b）有翼墙；（c）叠合暗柱；（d）现浇暗柱

图 6-172　双面叠合剪力墙

（a）双面叠合剪力墙堆放；（b）双面叠合剪力墙吊装 ；（c）双面叠合剪力墙安装

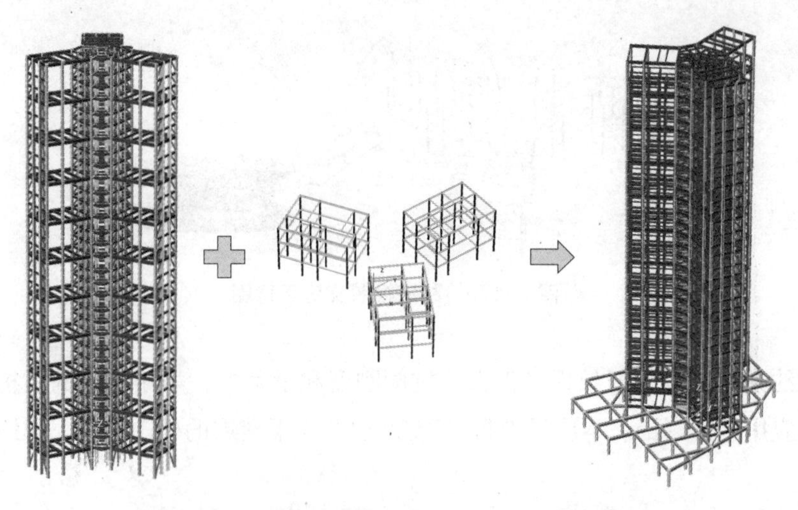

图 6-173　6 号塔楼装配式钢混组合主次结构体系

主结构具有巨大抗侧刚度及良好的整体工作性能，是结构受力的主体，并为次结构提供可靠的支撑。次结构可以实现空间的开放性，承受自身荷载，次结构可标准化设计和生产，将荷载传于主结构，其惯性力反作用对主结构形成减震效应。

本项目中采用隔震和减震技术措施、新型叠合楼板、主次结构体系等技术。减震技术为：在主结构户型外侧设置防屈曲支撑、内侧设置防屈曲钢板剪力墙、主结构外侧中间梁端设置防屈曲梁端钢板耗能铰接节点。隔震技术为：在次结构的地震作用下层间变形较大的顶部楼层部位的某一次结构的柱底设置的隔震支座。见图 6-174、图 6-175。

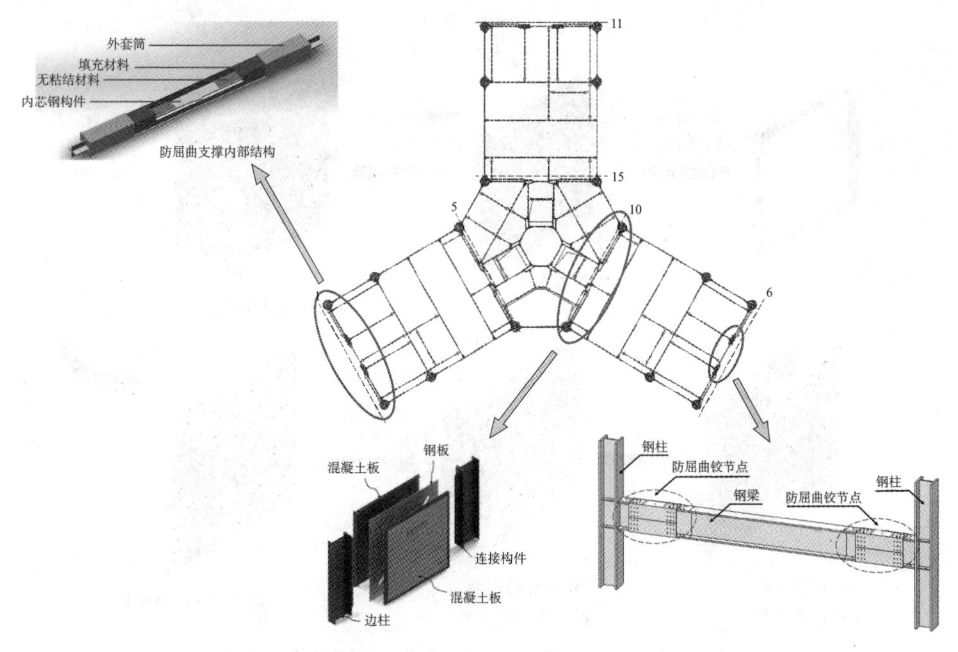

图 6-174　屈曲约束支撑、屈曲钢板剪力墙和新型梁柱耗能节点布置图

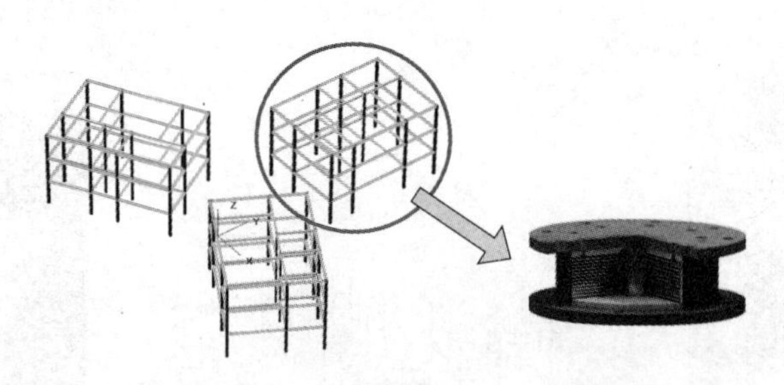

图 6-175　柱底橡胶支座示意图

屈曲约束支撑可为框架提供很大的抗侧刚度和承载力，采用支撑的结构体系在建筑结构中应用十分广泛。本项目中布置于 20 层及以下楼层的外围位置。见图 6-176。

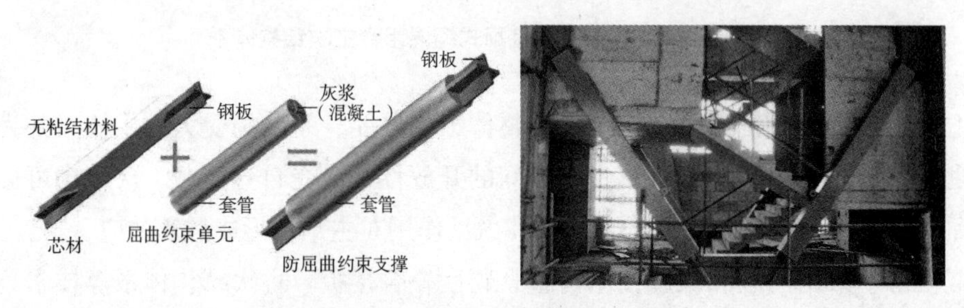

图 6-176　屈曲约束支撑示意图

屈曲约束钢板剪力墙耗能能力强、可以承担部分竖向荷载。本项目中布置于 20 层及以下楼层的内筒位置。见图 6-177。

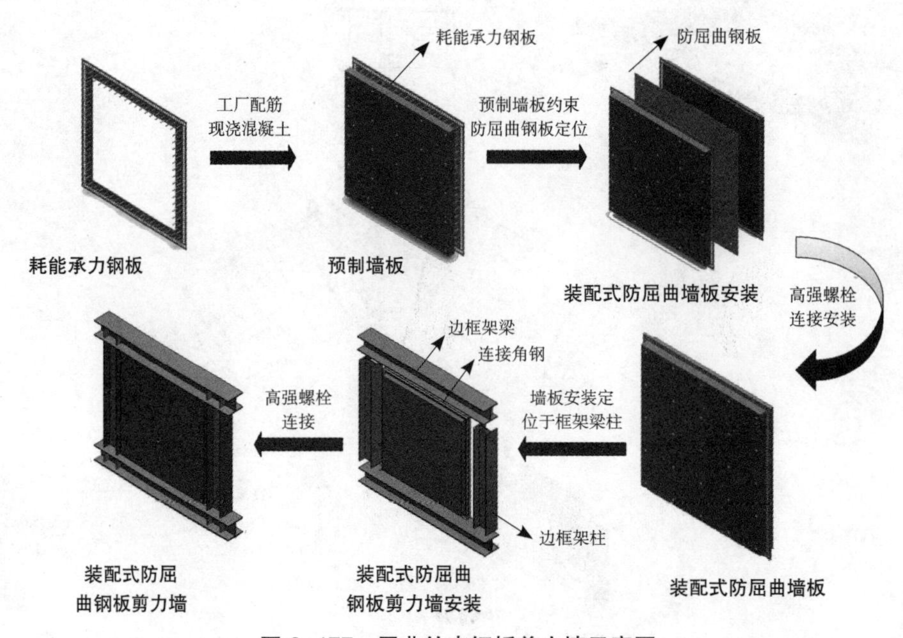

图 6-177　屈曲约束钢板剪力墙示意图

新型梁柱耗能节点：通过销轴连接承担梁端剪力，形成增强的弹性铰接机制；在多遇地震时，槽型钢板提供抗弯承载力，在设防、罕遇地震时，槽型钢板受弯屈服，耗散能量，增强了铰接点的滞回耗能能力。本项目中主要布置在次结构层的外围中间钢梁的两侧。见图 6-178。

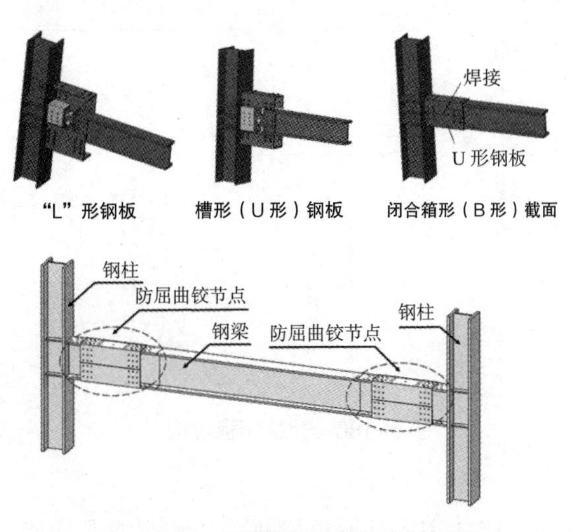

图 6-178　新型梁柱耗能节点示意图

（6）钢框架结构

25 号幼儿园采用钢框架结构，层数为 3 层，楼盖采用普通混凝土楼板、新型预制预应力叠合楼板和开槽预制叠合楼板，外围护墙板采用预制外墙挂板，梁柱节点部分采用高效 Z 型连接节点，梁柱节点处安装具有放大功能的梁柱节点阻尼器。见图 6-179。

图 6-179　25 号幼儿园轴测图

预制外挂板在本项目中采用钢牛腿连接，对于装配式混凝土建筑，预制外墙板具有工厂化生产的优势，保温做法更强调保温、围护一体化，保温性能好、耐久时间长，同时也防火性能好。见图 6-180。

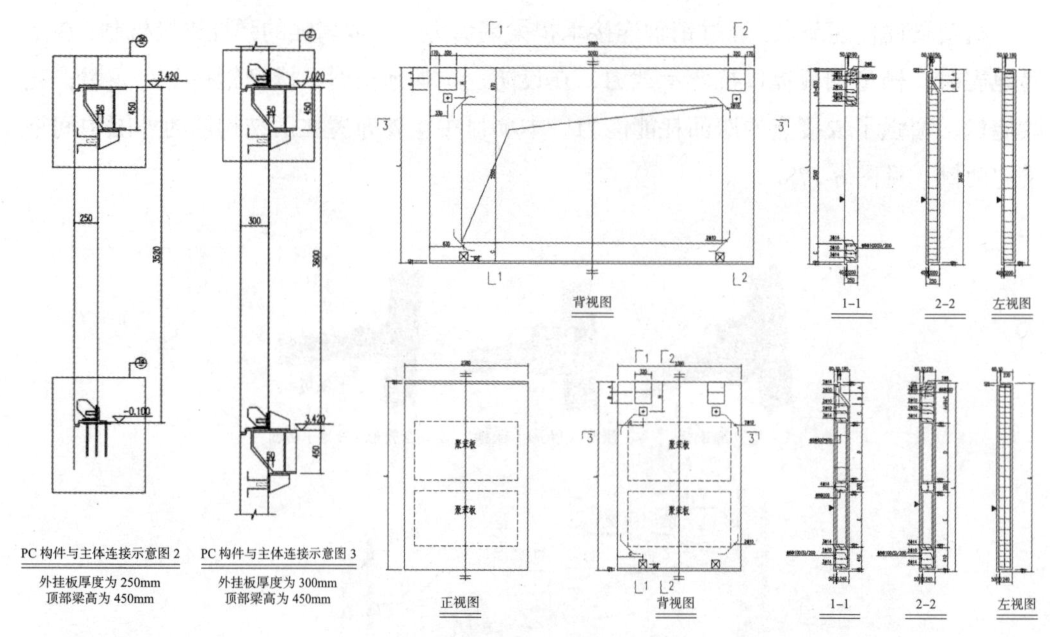

图 6-180　外挂墙板结构图

高效 Z 型连接节点：带 Z 字形悬臂梁段拼接的装配式梁柱节点由于采用 Z 字形拼接节点，施工过程中吊车可将楼板模块置于对应位置后立即进行下一板块的吊装工作，节点螺栓的安装可在每层板块吊装完成之后统一进行，提高了吊装效率，且楼板混凝土的浇筑养护在工厂完成，减少了现场的施工时间。见图 6-181。

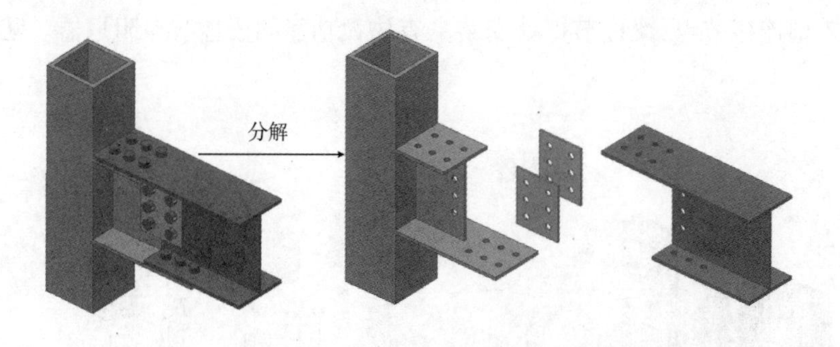

图 6-181　高效 Z 型连接节点示意图

具有放大功能的梁柱节点阻尼器：在梁柱节点处安装阻尼器能够有效提高预制装配式结构节点抗震性能，但其安装处的梁 - 柱节点位移较小，限制了阻尼器的耗能表现，本技术利用杠杆原理，通过合理的设计，提出一种具有放大功能的梁柱节点阻尼器，实现梁柱耗能节点，见图 6-182。

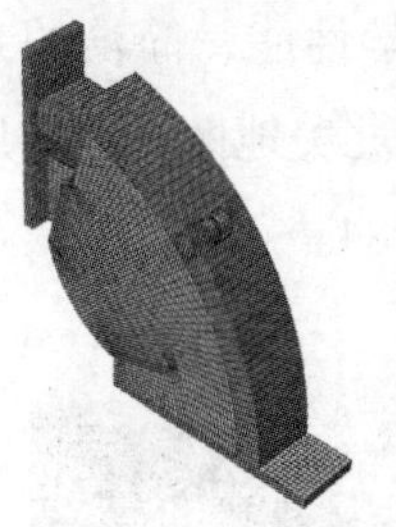
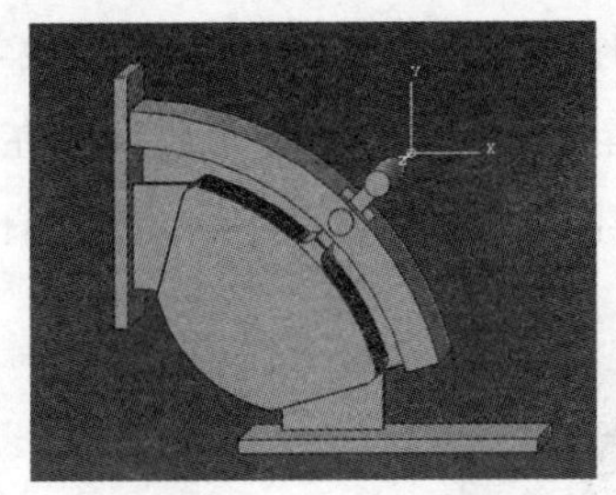
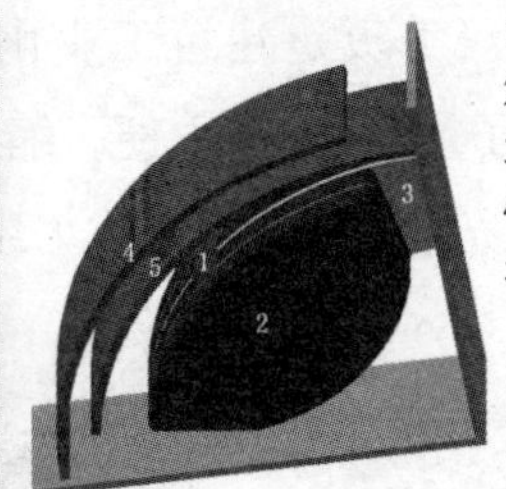

图 6-182　具有放大功能的梁柱节点阻尼器

（7）预制楼盖

本项目共采用现浇混凝土楼板、开槽预制叠合板、预制预应力双 T 板和预制预应力倒双 T 叠合楼板四种类型。其中 6 号住宅塔楼户型能采用开槽预制叠合板，除 6 号外的住宅塔楼户型内采用新型预制预应力倒双 T 叠合楼板，集中商业及裙房部分采用预制预应力双 T 板楼盖体系，25 号幼儿园同时采用现浇混凝土楼板、开槽预制叠合板和预制预应力倒双 T 叠合楼板。

开槽预制叠合板上因为不需要使用桁架筋和混凝土肋来增加叠合层和预制层的锚固，可以方便制作、堆放、运输和安装，板侧开槽可以放置板底搭接钢筋从而完成预制板的双向传力，见图 6-183。

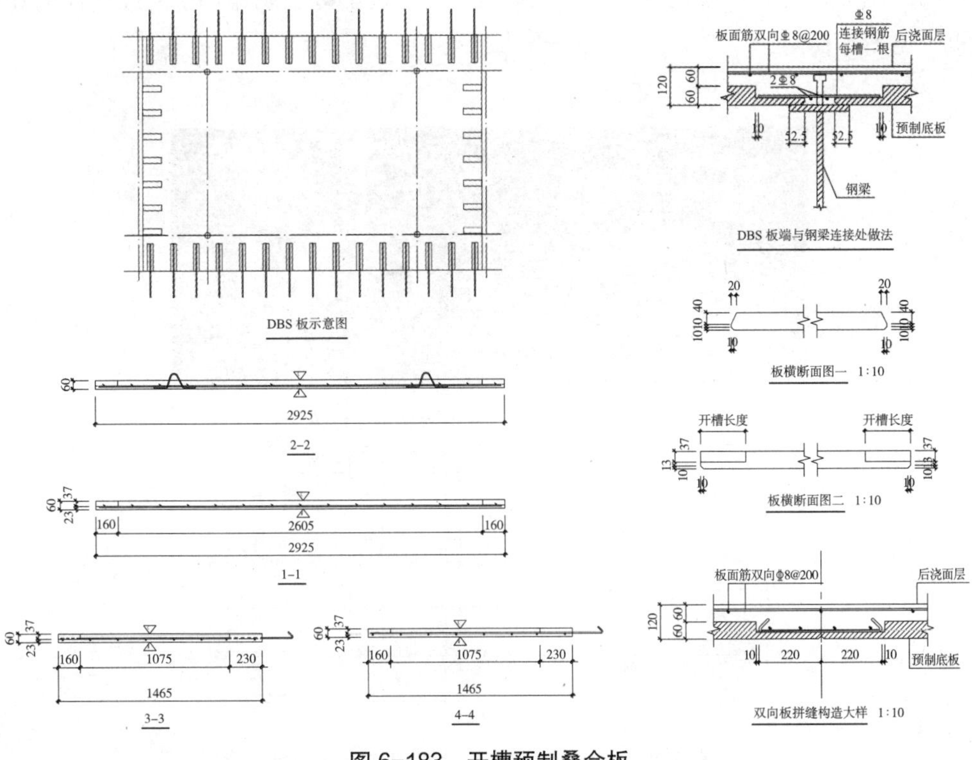

图 6-183　开槽预制叠合板

预制预应力双 T 板是建筑工业化产物，具有良好的结构力学性能，简洁的几何形状，没有“胡子筋”，施工方便，缩短工期，降低综合成本。在北美地区广泛应用于公共建筑和停车场建筑等大跨度楼（屋）盖结构体系中，见图 6-184。

图 6-184　预制预应力双 T 板

新型预制预应力倒双 T 叠合楼板简称“预应力倒双 T 板”，此板是在现有桁架钢筋叠合板、预制预应力空心板、预制预应力带肋叠合板等类型预制板基础上开发的新型产品。预应力倒双 T 板具有适用于大跨度、防火性能好、制作简单、经济性能好等优点，见图 6-185。

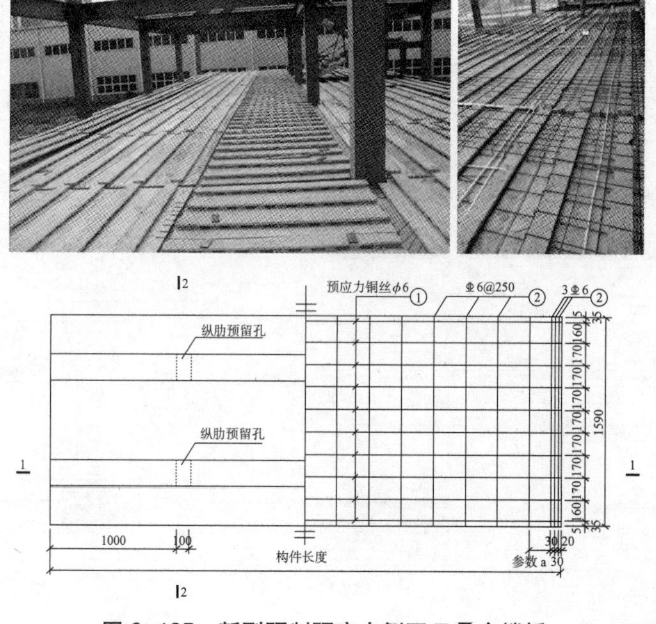

图 6-185　新型预制预应力倒双 T 叠合楼板

4. 其他

本项目的预制构件类型有：叠合剪力墙、倒 T 型预应力叠合楼板、楼梯、阳台、内墙板、外墙板、空调板、飘板等。叠合剪力墙构件采用全自动生产线生产、倒 T 型预应力叠合楼板构件采用长线台生产线生产、楼梯构件采用定制模具生产、阳台构件采用定制模具生产、内墙板构件采用定制边模配合 PC 生产线生产、外墙板构件采用定制模具生产、空调板构件以及飘板构件采用定制边模配合 PC 生产线生产、预制构件的钢筋供应由先进的钢筋部品加工设备生产，见表 6-3。

其他预制构件　　表 6-3

预制构件种类	生产方式	备注
叠合剪力墙	全自动生产线	进口生产线全自动生产
倒 T 型预应力叠合楼板	长线台生产线	进口成熟长线台生产
楼梯	定制模具	标准化定制模具生产
阳台	定制模具	标准化定制模具生产
内墙板	定制边模配合 PC 生产线	标准定制模具配合 PC 线生产
外墙板	定制模具	标准化定制模具生产
空调板	定制边模配合 PC 生产线	标准定制模具配合 PC 线生产
飘板	定制边模配合 PC 生产线	标准定制模具配合 PC 线生产

（1）叠合剪力墙（双皮墙）

双面叠合剪力墙板具有与现浇剪力墙接近的抗震性能和耗能能力；同时具有整体性好，防水性能优等特点。随着析架钢筋技术的发展，双面叠合剪力墙结构体系在欧洲，尤其在德国，自 20 世纪 70 年代开始得到了广泛的应用，并形成了一套完整的生产施工技术体系。

双面叠合剪力墙板可通过进口的全自动生产线进行生产，从钢筋下料、到支模浇筑、到振捣养护、到脱模静置，全过程自动化生产；自动化程度高，具有非常高的生产效率和加工精度，特别能体现工业化发展的优势，见图 6-186。

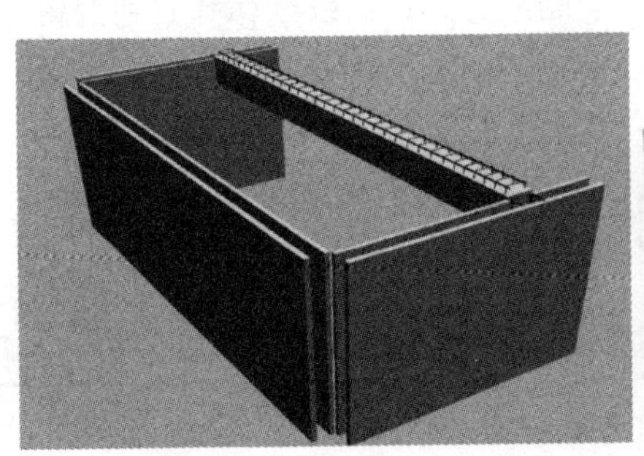  

图 6-186　叠合墙板

1）政策经济优势

除了双皮墙体系已经纳入国家标准《装配式混凝土建筑技术标准》GB/T 51231 的推广结构体系以外。双皮墙体系还具有相比其他 PC 产品的优势，在国家装配式结构评价标准里面，双皮墙是按预制 + 中间现浇部分全部体积计算，所以对于无论业主或者承建方成本都较低，因为预制部分按 3 ~ 4000 元 /m^3 算，而中间约 50% 现浇混凝土只按市场现浇混凝土成本计算，以自密实混凝土 4 ~ 500 元 /m^3 计算，则体现明显成本优势，市场前景好。

2）技术发展优势

通过使用国外最先进技术，双皮墙生产线拥有生产线配套管理和设计软件，可实现排产、设计、管理等一系列操作，自动化程度高，可直接对接 BIM 相关软件 PLANBAR，实现钢筋及排产自动化；实现工厂钢筋、模板、混凝土工艺的全自动控制，进一步打通设计—生产—配送调度信息一体化的预制构件产能生态；大幅降低人工成本，提升生产效率与管理水平，从而得到高品质产品，见图 6-187。

图 6-187　双皮墙安装

（2）倒 T 型叠合板

倒 T 型预应力叠合楼板是采用国外成熟的长线台生产技术，通过先张法实施的混凝土叠合楼板产品，截面形式具有多样性；从钢筋放置，到钢绞线张拉，到混凝土浇筑，到振动成型，全部由机械执行，生产效率高，质量可靠，见图 6-188、图 6-189。

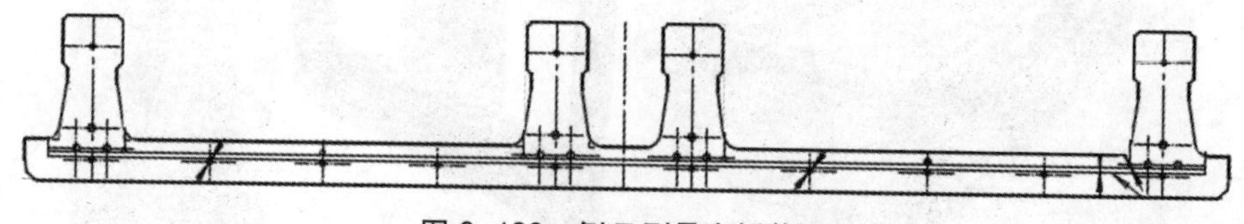

图 6-188　倒 T 型叠合板截面

图 6-189　倒 T 型叠合板

1）从技术角度具有以下优势：

a. 底板布置预应力，具有整体性好，抗裂性好，承载力高等优点。

b. 传统楼板设计，强调楼面水平刚度，预应力倒 T 叠合板平面内传力原理与现浇形式相近。

c. 倒 T 型叠合板由于设置了板反肋，使得构件在运输及吊装等工况稳定安全，不易折断。

2）从经济角度具有以下优势：

a. 倒 T 型叠合楼板在施工阶段可少需设置支撑，可效节省模板和支撑，施工简便、快捷。

b. 标准化宽度 1.2m，两块并排放置刚好 2.4m，最大地满足运输效益。

c. 由于使用了预应力，可以生产跨度更大的产品。

通过使用国外成熟的预应力叠合楼板生产技术，使楼板能够适应大跨度框架结构的要求，更好地适应装配式建筑的需要；直接减少钢筋用量，降低建造成本，见图 6-190。

图 6-190　成型设备（不需要再配置模具）

（3）楼梯

本项目采用预制梁式楼梯，达到减轻楼梯自重，降低生产成本的目的，见图 6-191、图 6-192。

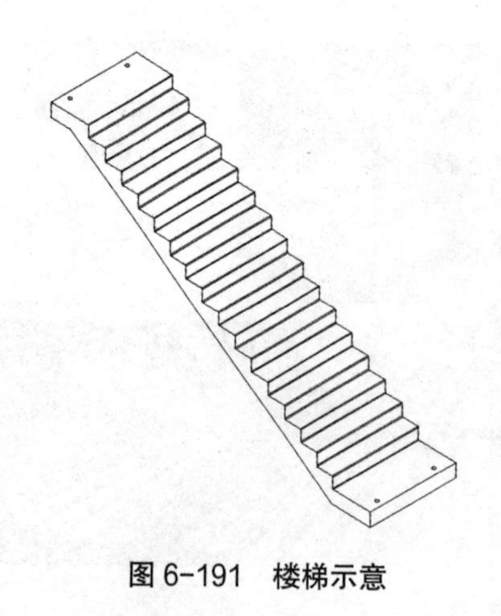

图 6-191 楼梯示意

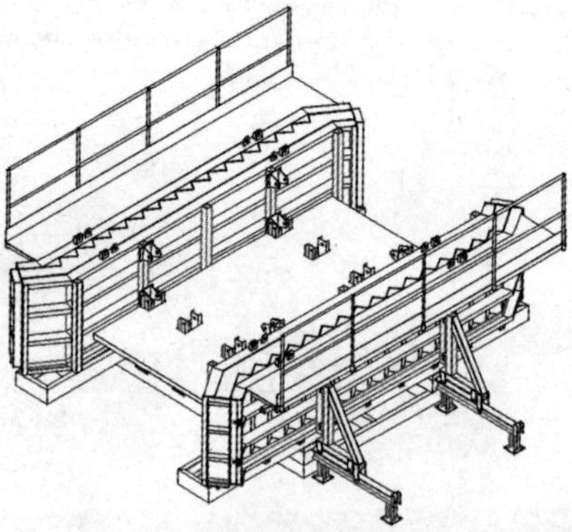

图 6-192 定制楼梯模具示意

（4）阳台

本项目采用板式阳台，并将花池预制于阳台中，设计新颖，并利用预制构件高质量的特点，增强花池的耐久性，见图 6-193、图 6-194。

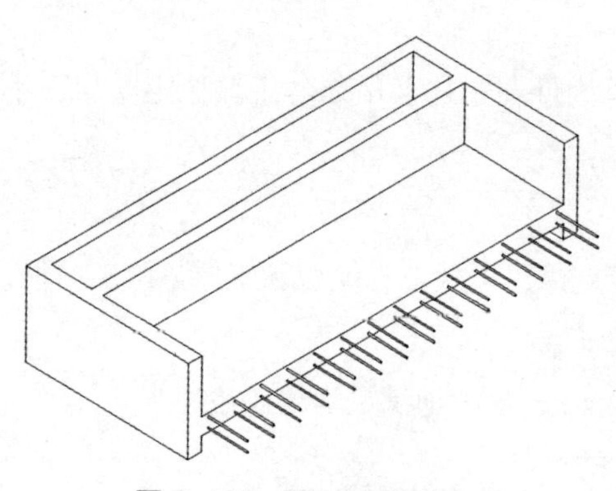

图 6-193 预制阳台示意

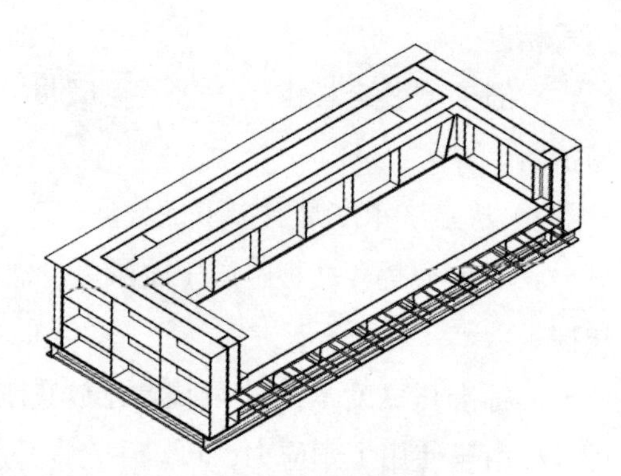

图 6-194 定制阳台模具示意

（5）内墙板

本项目配合使用预制内墙，减少现场现浇工作量，见图 6-195、图 6-196。

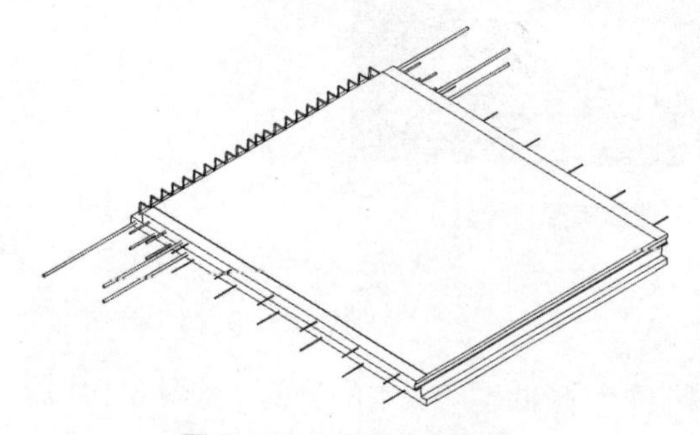

图 6-195 预制内墙示意

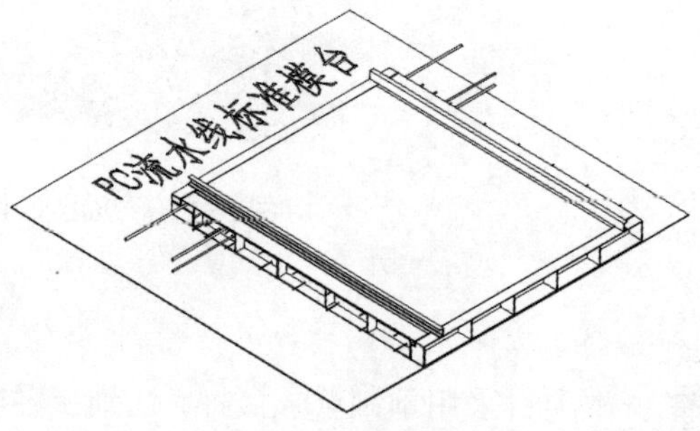

图 6-196 定制内墙边模配合 PC 生产线示意

（6）外墙板

本项目的外墙板多为凸窗外墙板，将现浇复杂的凸窗通过预制化来降低建造成本，并充分体现预制构件的优势，同时提高产品质量，见图 6-197、图 6-198。

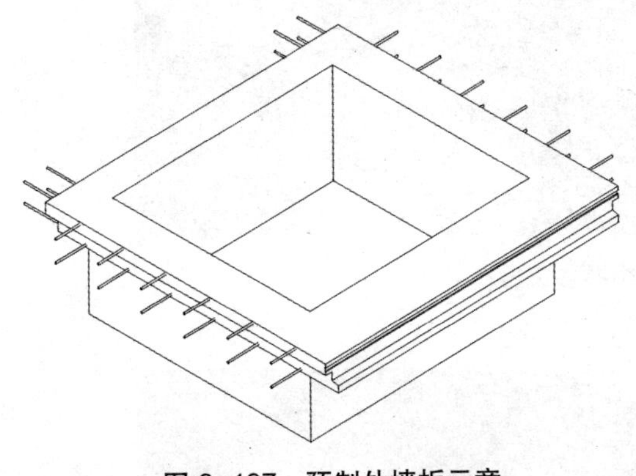

图 6-197　预制外墙板示意

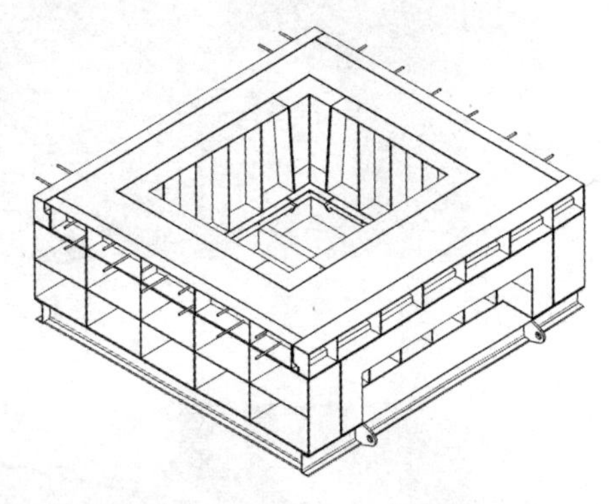

图 6-198　定制外墙模具示意

（7）空调板 / 飘板

本项目配合使用预制空调板、预制飘板，减少现场外围模板，降低建造成本，见图 6-199。

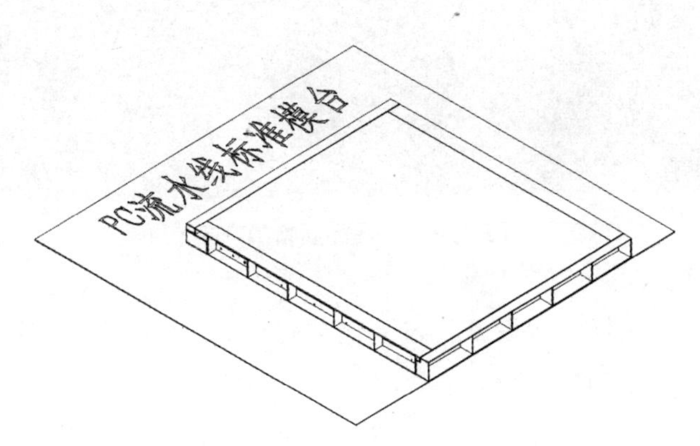

图 6-199　定制空调板 / 飘板边模配合 PC 生产线示意

（8）先进的钢筋部品加工设备

品质精良的钢筋部品（钢筋桁架和钢筋焊网）是制造 PC 构件或配套外延装配式产品，如桁架楼层板中的高品质桁架是其不可或缺的要素。目前，国产钢筋加工设备的确可以满足钢筋部品“能用”的要求。但生产钢筋部品的质量及精度，在要求严格的项目里以及精细化要求较高的构件生产商中，就难以满足业主的要求。

本项目中使用的钢筋桁架焊接机及配套自动化布放系统。桁架设备除了能生产出高品质桁架，还可以实现桁架嫁接焊，图 6-200、图 6-201。

图 6-200　桁架加工设备

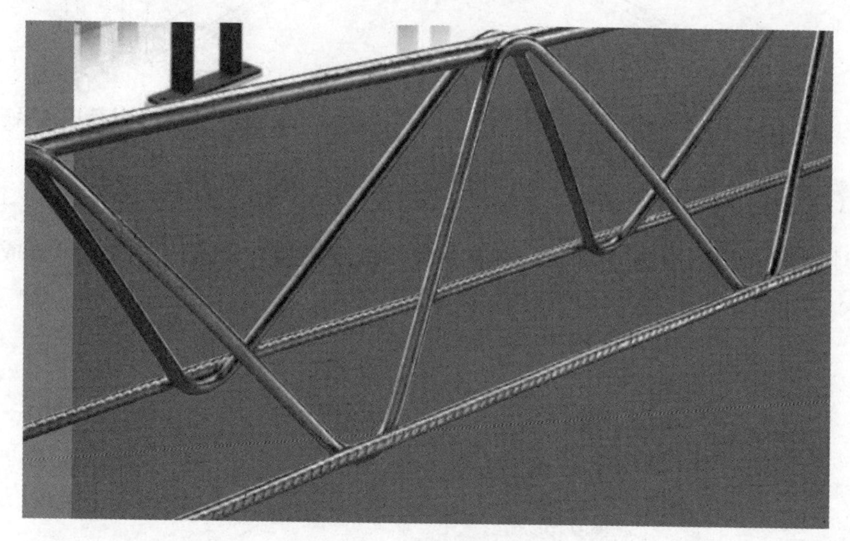

图 6-201　高品质桁架产品

本钢筋焊网自动柔性焊接设备及自动化布放系统。焊网设备可根据生产墙板需求自动开孔开洞，见图 6-202、图 6-203。

图 6-202　焊网加工设备

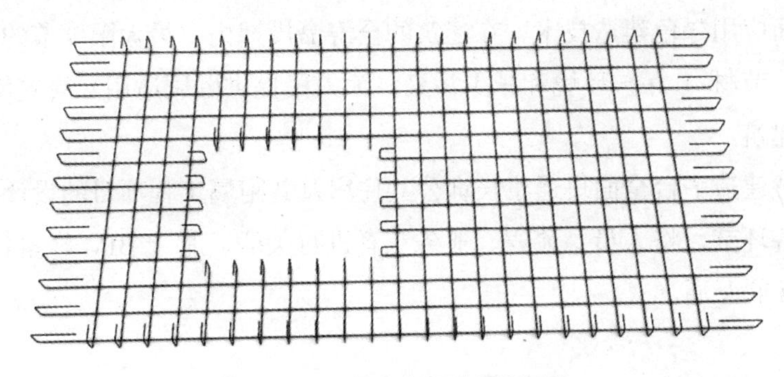

图 6-203　可生产开孔开洞网片

钢筋部品的自动化布置机械手更加增添了钢筋部品在不同生产工位流转加工的工作效率，减少了人员的投入，见图 6-204。

图 6-204　钢筋部品自动布置机械手

通过使用自动化钢筋部品生产设备，除了完善国外双皮墙生产工艺的配套，也提升了工业化钢筋部品生产的规模化、自动化、信息化程度。减少工厂对人工的依赖，从而提高生产效率、产品质量，降低生产成本。

6.4.4　效果及总结

（1）长圳公共住房及其附属工程项目将打被造成为深圳市公共住房优质精品的标杆，全面提升建造质量，以满足人民对美好生活的向往。

（2）长圳公共住房及其附属工程项目，集“三大示范”，“八大标杆”及诸多研究成果于一身，将打造建设领域的示范标准体系。

（3）优中选优，创新的招投标模式为项目建设选定了最为合适的 EPC 工程总承包人。

（4）全面应用绿色建造技术，在建筑的全寿命周期内，最大限度节约资源，节能、节地、节水、节材 、保护环境和减少污染，为人民提供健康适用、高效使用，与自然和谐共生的建筑。

（5）智慧建造平台全面贯通于长圳公共住房及其附属工程项目的设计、商务、生产、施工及运维各环节，将人员、流程、业务三者进行关联，基于 BIM 轻量化模型进行各环节的信息互联互通。

第7章　新型建造技术发展展望

7.1　发展形势与挑战

党的十九大精神和习近平新时代中国特色社会主义思想对决胜全面建成小康社会、夺取新时代中国特色社会主义伟大胜利做出了全面部署。十九大报告指出我国经济已由高速增长阶段转向高质量发展阶段，正处在转变发展方式、优化经济结构、转换增长动力的攻关期，强调“支持传统产业优化升级，瞄准国际标准提高水平。”

建筑业是国民经济的支柱产业，经过几十年的快速发展，我国建筑业的建造能力不断增强，产业规模不断扩大，为推进我国城乡建设和新型城镇化发展，改善人民群众居住条件，吸纳农村转移劳动力，缓解社会就业压力做出重要贡献。打造具有国际竞争力的建筑产业，建设中国建造实力与品牌，是我国提升综合国力、保障国家安全、建设世界强国的必由之路。在过去的一段时间里面，我国建筑业发展取得了巨大成绩。

（1）科技创新和信息化建设成效明显。建筑业企业普遍加大科研投入，积极采用建筑业10项新技术为代表的先进技术，围绕承包项目开展关键技术研究，提高创新能力，创造大批专利、工法，取得丰硕成果。加快推进信息化与建筑业的融合发展，建筑品质和建造效率进一步提高。

（2）建筑节能减排和绿色建筑取得新进展。建筑节能法律法规体系初步形成，建筑节能标准进一步完善。积极推进绿色建筑，建立集中示范城（区），在政府投资公益性建筑及大型公共建筑建设中全面推进绿色建筑行动，成效初步显现。

（3）建造技术显著提高。我国在高难度、大体量、技术复杂的超高层建筑、高速铁路、公路、水利工程、核电核能等领域具备完全自有知识产权的建造能力，成功建设深圳平安中心大厦、南水北调中线工程等一大批设计理念先进、建造难度大、使用品质高的标志性工程，世界瞩目，成就辉煌。

然而，与世界先进水平相比，我国建筑行业发展水平仍具较大发展空间，大而不强，在自主创新能力、资源利用效率、产业结构水平、信息化程度、质量效益等方面差距明显，转型升级和跨越发展的任务紧迫而艰巨。

党的十九大为中国政治经济建设和未来发展绘就了宏伟蓝图，阐述了新时代、新思想，提出了新目标、新征程，确定了新任务、新举措。深入落实习近平总书记“绿色发展”理念，突出“绿色惠民、绿色富国、绿色承诺”的发展思路，推动形成绿色发展方式和生活方式，面对当前的新形势和新需求，中国建筑业面临着很多新挑战：

（1）建造目标：面临艰巨的节能减排任务和可持续发展的挑战，同时为响应国家绿水青山、生态环境保护的号召，全面开展绿色建造成为建筑业发展的必然选择。

（2）技术手段：面临着新一代信息技术发展的挑战，BIM 和“大、智、移、云、物”已经成为新一代信息技术的代表，需要集成应用以 BIM 为核心的“大、智、移、云、物”等信息技术，构建“互联网 +”环境下的智慧建造技术体系。

（3）建造方式：随着《中国制造 2025》的实施，建筑业须跟进制造业发展步伐，采用现代工业管理理念、技术手段和施工装备，推动传统建造方式的转变与革新，实现标准化设计、工厂化生产、机械化智能化施工，已成为发展趋势。

当前，新一轮科技革命和产业变革与我国加快转变经济发展方式形成历史性交汇，国际产业分工格局正在重塑。“互联网 +”与建筑业正处于不断融合发展中，进一步探索智慧建造技术，促进建筑业技术升级。中国建筑行业必须紧紧抓住这一重大历史机遇，积极响应国家的《中国制造 2025》的政策号召，按照“四个全面”战略布局要求，加强建筑行业发展的统筹规划和前瞻部署，将我国建筑业发展成为引领世界发展的建造强国，为实现中华民族伟大复兴的中国梦打下坚实基础。

7.2 指导思想与预期目标

7.2.1 指导思想

全面贯彻党的十九大精神和习近平新时代中国特色社会主义思想，深入落实习近平总书记“绿色发展”理念，突出“绿色惠民、绿色富国、绿色承诺”的发展思路，推动形成绿色发展方式和生活方式。紧紧抓住国家推进新型城镇化、生态文明建设、能源生产和消费革命的重要战略机遇期，以增强人民群众获得感为工作出发点，落实“适用、经济、绿色、美观”建筑方针，完善法规、标准、市场、技术、产业支撑体系。要以“提高品质、节能环保、保证安全、提高效率”为工作主线，推动建造方式创新，深化监管方式改革，着力提升建筑企业核心竞争力，实现建筑业由大变强的历史跨越，将“中国建造”品牌打造成为国家名片。

7.2.2 预期目标

1. 总体目标

到 2025 年，建筑业新型建造方式初具规模，以工程总承包为主流的模式逐步替代传统组织方式，建筑业科技创新能力明显提升、建筑业强国地位得到发展与巩固，企业创新主体地位明显强化、科技成果转化步伐明显加快、科技创新人才明显增多、创新创业环境明显优化，建成布局合理、支撑有力、产业体系融合，适应并引领建筑业发展需要的科技创新体系。形成一批具有较强国际竞争力的跨国公司。

2. 具体目标

（1）绿色建造

到 2025 年，绿色设计水平进一步提高，绿色施工水平显著提高，建筑节能减排工作取得卓有成效的进展，绿色、节能、低碳建筑成为主要建筑形态，绿色建材得到普遍应用，绿色建筑规模进一步扩大，建筑品质明显提升，健康建筑蓬勃发展。

（2）智慧建造

到 2025 年，全面实现从数字建造向智慧建造的转变。通过充分利用 BIM、物联网、大数据、人工智能、移动通信、云计算和虚拟现实等信息技术和机器人等相关设备，将信息技术、人工智能技术与工程建造技术深度融合与集成，改造传统的组织架构、生产方式和管理模式，全面提升建造过程的感知、决策、预测能力，提高建造过程的生产效率、管理效率和决策能力。

（3）工业化建造

到 2025 年，通过现代化的制造、运输、安装和科学管理的工业化生产方式，代替建筑业传统的生产方式，提高劳动生产率，降低工程成本，提高工程质量，使建筑业尽快走上品质、效益型道路。

7.3 发展展望与重点任务

新型建造方式是指在建筑工程建造过程中，以“绿色化”为目标，以“智慧化”为技术手段，以“工业化”为生产方式，以工程总承包为实施载体，实现建造过程“节能环保，提高效率，提升品质，保障安全”的新型工程建设组织模式。

新常态下，建筑业未来发展的重点是“绿色化、智慧化和工业化”。绿色建造是发展的核心、最终目标，智慧建造是实现绿色建造的技术支撑手段，工业化建造是实现绿色建造的有效生产方式。

以节能环保为核心的绿色建造改变传统的建造方式，以信息化融合工业化形成智慧建造是未来发展基本方向。

在工程建设中积极应用先进技术，提高工程科技含量，以提升建筑产品品质为目标，大力推进新型建造方式的研究和应用，实现建筑业生产技术的升级换代，进而推动建筑业生产关系的变革。在推进建筑技术更新和创新的同时，努力提升企业的核心竞争力。未来几十年，要抓好以下几项重点任务：

7.3.1 绿色建造

在未来十年甚至更长一段时期内绿色建造的发展，将是以“绿色程度”提升为主线，并向健康建筑方向发展。绿色建筑实现规模化推进，节能的、绿色的、低碳的建筑将成为主要建筑形态，建筑品质升级。通过工业化生产方式、信息化管理，绿色施工水平得到极大提高。绿色建材市场完善，新建建筑普遍采用绿色建材。人们工作生活在健康建筑中，幸福指数明显提升。实现总书记所说的“绿水青山”、“望得见青山，看得见绿水，记得住乡愁”的美好愿景。

1. 绿色设计

2025 年，绿色化理念在规划设计中得到充分体现，创造性设计出绿色空间、绿色环境、绿色建筑。2020 年，新建建筑能效水平比 2015 年提升 20%，到 2025 年，节能低碳建筑成为主要建筑形态，超低能耗建筑得到规模化发展。

加强建筑设计中绿色理念的融入。建筑设计深度融合低碳生态、可持续发展、海绵城市、生态修复、节能减排等绿色理念和要求，构建绿色发展毛细单元，提升建筑绿色品质。

加强建筑设计中模拟分析与方案优化。加强建筑设计过程中的能耗、光环境、风环境等的模拟分析，优化建筑设计方案。加强能源结构优化，逐步扩大可再生能源利用规模，发展新型建造方式下的可再生能源与建筑一体化系统，提升可再生能源应用质量。

2. 绿色施工

2025 年，在绿色施工方面，进一步提升技术和管理水平，节能环保的新型工艺、工法得到广泛应用，施工过程对环境影响更小、排放更少、更节能环保，建筑工人的工作和生活环境更舒适、安全。

通过工业化和信息化手段，提高施工绿色化水平。加强节能环保的新工艺、工法的应用，积极推进与新型建造方式相适应的绿色施工机械装备的研发和应用，加强装配构件、可重复利用临时设施的应用，提高绿色施工水平。采用信息化手段，提升施工过程的绿色化管理水平。

实施建造全过程污染控制。采用新型建造方式，现场施工装配化，有效控制施工过程水、土、声、光、气污染，减少施工现场垃圾产生量，增强施工现场的雨水、废水、建筑垃圾的处理与再利用，实现工程建设全过程低碳环保、节能减排。

加强绿色施工执行力度。完善绿色施工认证评价制度，大力开展绿色施工工程示范，加大新建建筑中绿色施工标准的强制执行力度，逐步提高建筑工程绿色施工比率。

改善建筑工人的工作生活环境。推进装配化施工，减少现场作业量，提高机械化程度，降低现场劳动强度。开发应用污染监测与控制系统、高效集尘与净化系统，改善建筑工人的工作环境。

3. 绿色建材

2025 年，依靠科技进步，绿色建材产品质量将得到很大提高，品种也更加丰富。

绿色建材测评和产品质量追溯系统、绿色建材大数据库建立完成，并形成完善的绿色建材产业链。2020年，新建建筑采用绿色建材比例将达到40%，到2025年，新建建筑将普遍采用绿色建材。

加强绿色建材应用。稳步提高新建建筑的绿色建材应用比例，强化绿色建筑对绿色建材的应用要求。

提高建材的绿色环保质量。积极推进建筑材料绿色环保水平与国际接轨，鼓励绿色环保的新型建筑材料研发与应用。

增强建筑垃圾资源化与再生建材应用。以建筑垃圾处理和再利用为重点，加强再生建材生产技术、工艺和装备的研发及推广应用，提高建筑垃圾资源化利用比例。

绿色部品部件的研发与应用。开发应用品质优良、节能环保、功能良好的新型建筑材料，研发适用于装配式建筑的绿色部品部件，编制以装配式建筑部品部件为重点的绿色建材评价技术导则。

完善绿色建材评价标识体系。进一步完善绿色建材评价标准、产品检测认证体系和评价标识体系。

4. 绿色产品

2020年，城镇新建建筑绿色建筑标准执行率将达到50%。到2025年，绿色建筑将得到进一步大面积推广，形成连片规模化建设之势，部分城市新建建筑全面执行绿色建筑标准。人们对建筑的健康和舒适性需求增强，健康建筑蓬勃发展。

推进绿色建筑规模化建设。大力发展新型建造方式，提升建筑绿色度，促进绿色建筑规模化发展。积极研究区域绿色发展技术路线，建筑群系统化与个性化协调关键技术。鼓励有条件的城市新区、功能园区开展绿色生态城区（街区、住区）建设示范，实现绿色建筑集中连片推广。

提高绿色建筑品质。深入推动绿色建筑发展，制定实施绿色建筑验收规范，建立绿色建筑后评价制度，加强绿色建筑运营管理，强化绿色建筑技术及措施的实施效果，逐步提高绿色建筑中运行标识比例，提升绿色建筑产品品质。

积极推进健康建筑认证评价与示范。从空气质量、水质量、舒适性、健身、人文、服务多方面，保障建筑产品的健康舒适，完善健康建筑评价标准，积极推进健康建筑认证和评价标识工作。鼓励健康建筑示范，激发健康建筑需求，建立健康建筑奖励机制。

积极推进健康建筑认证评价与示范。从空气质量、水质量、舒适性、健身、人文、服务多方面，保障建筑产品的健康舒适，完善健康建筑评价标准，积极推进健康建筑认证和评价标识工作。鼓励健康建筑示范，激发健康建筑需求，建立健康建筑奖励机制。

7.3.2 智慧建造

智慧建造是一个新的概念，在“大、智、移、云、物”等新一代信息技术支撑下，智慧建造概念应运而生，智慧建造是指在建造过程中，充分应用BIM、物联网、大数据、人工智能、移动通讯、云计算及虚拟现实等信息技术与机器人等相关设备，通过人机交互、感知、决策、执行和反馈，提高工程建造的生产力和效率，解放人力，从体力替代逐步发展到脑力替代，提高人的创造力和科学决策能力，是大数据、人工智能等信息技术与工程建造技术的深度融合与集成。

未来10年或更长时间，将是从数字化到智能化的时代，将智能技术和机器人建造设备有效融合并应用到工程建设中是实现智慧建造的有效途径。智慧建造技术发展的重点是以BIM为核心的物联网、大数据、智能化、移动通讯、云计算等信息技术在绿色施工与智慧建造中的集成应用，建立“互联网+”环境下的智慧建造技术体系、标准体系、人才体系和应用模式，创新行业管理模式，促进建筑业技术升级、生产方式和管理模式变革。

1. 智慧设计

通过BIM、虚拟现实、大数据、人工智能等信息技术的普及应用，并且有5G移动通信技术的支撑，将促进设计生产方式、组织结构和管理模式发生巨变。设计方案和知识大数据积累和应用系统发展，将大幅提升设计人员的创造力，设计人员利用大数据系统，可充分吸收过去方案的优点并避免可能的不足，设计出更优秀的成果；通过普及应用BIM技术，可实现BIM模型共享和基于BIM的协同设计，基本消除“错、漏、碰、缺”等设计问题；云计算技术的普及的发展，将使设计方案的模拟分析和优化成本更低、效率更高、应用更便捷；VR/AR/MR技术及设备的发展，将会使设计成果的可视化展示，以及各方沟通、交流更方便、效果更生动、形象、逼真；5G移动通信和区块连技术的应用，将改变设计组织方式，虚拟设计院将替代传统的实体设计院。

重点研究“互联网+”环境下的新型设计组织方式、设计流程和设计管理模式，开展设计方案和知识大数据积累和管理，构建智慧设计基础平台和集成系统，包括基于BIM的协同设计系统，设计方案BIM模型和设计知识大数据管理系统，基于大数据和人工智能的设计基础平台等，支撑智慧设计发展。

2. 智慧工地

随着BIM、物联网、移动通信、云计算、大数据、人工智能等信息技术与设备的发展，及在施工过程中的应用，不仅促进工程施工技术水平和管理水平的提升，还将彻底改变工地的现状。围绕人、机、料、法、环等关键要素，综合运用BIM、物联网、移动通讯、云计算、大数据、人工智能等信息技术与机器人等智能设备，与施工技术深度融合与集成，对工程质量、安全等生产过程，及商务、技术等管理过程加以改造升级，使施工管理可感知、可决策、可预测，提高施工现场的生产效率、管理效率和决策能力，实现精细化、绿色化和智慧化的生产和管理。

业内已经开始了“智慧工地”示范、试点工程建设，迈出了从数字工地到智慧工地发展的第一步。在不久的将来，施工工地将会发生巨大变化：移动终端 / 智能移动设备将成为基本工具，机器人将完成大量基本工作；施工管理水平将有“质”的飞跃，通过大数据技术应用可充分“了解”项目的过去，通过物联网技术应用可“清楚”项目的现状，通过人工智能技术应用可“预知”项目的未来，对已发生或可能发生的各类问题，可有科学的决策和应对方案。

应加强“互联网 +”环境下的新型施工组织方式、施工流程和施工管理模式研究，开展工程项目施工全过程 BIM 模型大数据积累和管理，构建智慧工地基础平台和集成系统，包括基于 BIM 的项目管理系统、工程项目 BIM 资源大数据系统、智能施工设备支撑平台、基于大数据和人工智能的智慧施工基础平台等，支撑智慧工地发展。

3. 智慧企业

随着大数据和人工智能等信息技术的发展，企业信息化管理效率和管理能力将有大幅度提升。首先是企业管理手段创新，通过对大量内部和外部的材料价格数据、劳动力资源数据、工程项目数据、交易系统数据的积累、清洗、挖掘和应用，帮助企业做好市场需求分析、投资规划和成本预测，提升企业科学决策能力；其次是企业管理模式创新，充分应用 BIM、大数据、智能技术、移动互联网、云计算等信息技术，建立“互联网 +”环境下的工程总承包项目多参与方协同工作新模式，通过信息和知识共享、过程集成，实现对信息流、物流、资金流的有效管控，将上下游供应链合作伙伴连接成一个整体，提升企业的履约能力和盈利能力。

应加强企业大数据积累和管理，构建智慧企业基础平台和集成系统，包括基于大数据、人工智能、移动互联网、云计算的企业决策分析系统，基于大数据的智能化客户关系管理系统，基于大数据、云计算的建筑供应链管理系统，以及企业数据资源安全管理系统等，支撑智慧企业发展。

此外，大数据和人工智能等信息技术的发展，也将创新行业管理模式，住建部的“四库一网”已经开通，通过整合和分析建筑企业、项目、从业人员和信用信息等相关大数据，建立起建筑业大数据应用框架，推动建筑行业政务数据资源和社会数据资源共享开放，实现“用数据说话、用数据决策、用数据管理、用数据创新”行业监管新局面。

7.3.3　工业化建造

工业化建造是将工业的理念和装备融入建筑行业，是采用标准化的构件、部品和配件，利用通用的机具或装备，进行生产和施工的一种建造方式。我国从 20 世纪 50 年代开始，已经开始采用工业化建造方式，进入 21 世纪，随着新型建筑工业化思想和理念的提出，各地开始大力推行装配式建筑，现阶段大力发展的装配式建筑是实现工业化建造的一种生产方式。工业化建造方式下的建筑通过不同功能模块的组合，实现建筑产品个性化定制；通过标准化设计、工厂化生产、装配化施工、一体化装修、

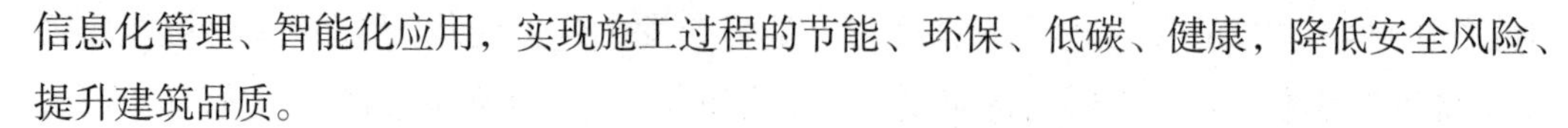

信息化管理、智能化应用，实现施工过程的节能、环保、低碳、健康，降低安全风险、提升建筑品质。

1. 标准化设计

工业化的一个重要优势就是批量化生产，通过采用统一标准和模数，减少预制构件和部品的种类和规格，用有限种类和规格的预制构件定制出个性化的建筑产品，实现工厂的批量化生产，提高效率和质量，降低消耗，最大限度的保护环境。

研究建立适应工业建造的全专业协同设计新模式。统一模数和模块，统一模数，所有构件、部品和结构在空间和平面设计中均采用便于组合与加工的模数标准；统一结构体系，统一选用标准，建立相应数据库。加强集成式模块设计，建立可供选用、具有特定功能的模块数据库。

加强标准体系建设。改革标准体系和标准化管理体制，发挥企业在标准制定中的重要作用，鼓励和支持企业、科研院所、行业组织等参与国际标准制定，加快我国标准国际化进程。

2. 工厂化生产

构配件、部品的加工与制造业关系最为紧密，随着《中国制造 2025》实施，建筑业的工厂生产环节将与制造业发展同步，通过智能机器人、3D 打印、信息管理系统的应用，实现构配件智能化流水线生产。

加快发展智能化建造装备和产品。加快工业机器人、智能物流管理、增材制造（3D 打印）等技术和装备在生产过程中的应用，全面推广以焊接机器人为代表的智能装备的应用。

建设智能工厂 / 数字化车间。实现从数据管理、计划排期、机器人系统、生产控制、物料供应等整体生产线智能化。推进生产过程机械化、自动化，实现质量跟踪管理智能控制。促进加工工艺的仿真优化、数字化控制、状态信息实时监测和自适应控制。

3. 装配化施工

装配式施工装备与制造业发展水平基本持平，现场自动化、机械化安装机具逐步取代人工，到 2025 年现场劳动力减少 50% 以上。

便携式机具。形成系统化、工具化、标准化和专业化的系列工装。加快传统设备的升级改造，使施工装备满足集成化、智能化、系统化、大型化等要求。通过智能机具，实现现场施工机械化和自动化，减少作业人员。

智能施工设备。全面推广外墙喷涂机器人、砌墙机器人、复杂幕墙安装机器人等为代表的智能施工装备应用。推广现场建造平台装备、新型多功能模板、模架装备及基于 3D 打印理念的混凝土自动浇筑成型装备的广泛应用，实现施工装备的集成化、智能化，大量减少现场人工作业。

实现机电、装修一体化。工厂生产的部品、部件在现场进行组合安装，像组装汽车、搭积木一样，通过安装示意图拼装成整体或功能模块，再利用机械提升和就位。利用微电子技术、机械技术、自动控制技术、传感测试等技术形成智能楼宇系统。全面推广建筑整体化装修，开发适合我国国情的 SI 干式内装技术体系和部品体系，大力发展集成厨房、整体卫生间、组装式地板和整体吊顶等系统。

4. 信息化管理

信息交互和共享。通过 BIM、物联网技术的普及应用，实现从施工图设计、深化设计到构件加工、成品库存、运输、现场安装全过程的信息交互和共享，实现信息化管理。

全产业链信息化、智能化管理。通过云平台发展基于互联网的生产组织方式，实现生产过程、现场质量和现场安全等全过程精细化管理。通过信息模型技术和虚拟现实技术，实现从材料采购、构件加工、出厂运输、现场存放和定位安装、质量管理和运营维护等全过程信息化、智能化管理。

5. 专业化队伍

打造技能型产业工人队伍。现在的五千万建筑工人队伍中，绝大多数人的技术能力和素质难以适应工业化建造的需求，应打造技能型产业工人队伍。培养和造就一批具有高技术、高素质、高能力的产业工人队伍，应加强专业技术培训，建立多专业、多渠道从业人员技术培训机制，已适应新型建造方式带来的岗位需求，鼓励形成各专业技术服务公司。

加强产业工人就业保障。明晰个人在工程建设中权利、义务和法律责任，实现就业组织化、劳动关系合同化、岗位专职化、行为规范化。

创新人才培养模式。逐步使社会力量成为人才培养的主体，鼓励相关单位、企业、院校、科研院所等参与新型建造方式人才培养。健全以政府参与投入、受教育者合理分担培养成本、培养单位多渠道筹集经费的人才培养投入机制。加大职业教育，依据新型岗位需求设置学科专业，利用产业化基地和互联网，培养应用型人才，并建设新型职业技能培养及技能鉴定体系。

7.4　技术政策建议

7.4.1　构建行业科技创新生态体系

打造新型融合创新平台，强化创新条件支撑。以最新发展的“颠覆性科技”为支撑，以“颠覆性思维，跨界发展”为主要任务，加强政产学研资合作，组建跨界、跨国的新型融合创新平台，使其成为探索创新的思想库，引领行业发展的专家库，辅助领导的智囊库，协助住建部把握行业发展方向，掌控发展节奏。

有效集聚行业的科研力量。注重与行业高端技术人才、知名高校、科研院所开展产学研合作，建立院士工作室，设立博士后工作站，搭建新型建筑工业化的技术研发平台，为产品落地提供技术支撑。

有效集聚产业化的市场资源。通过建立建筑工业化市场的各类钢构件、混凝土预制构件、厨卫一体化、机电一体化、装修一体化等主要部品部件资源，以及电梯、中央空调、装配式家电等产业资源，构建装配式建筑部品化的产业发展联盟。

有效保障绿色建造工程检测与验收。加强工程质量检测机构管理，聚集与培育高素质、专业化的检测团队，坚决抵制出具虚假报告等行为。

7.4.2 营造有利于科技成果转化的环境

加快推动科技成果转化为现实生产力，依靠科技创新支撑稳增长、促改革、调结构。推动一批短中期见效、有力带动产业结构优化升级的重大科技成果转化应用，市场化的技术交易服务体系进一步健全，专业化技术转移人才队伍发展壮大，科技成果转移转化的制度环境更加优化。

健全科技成果转化推广机制，提升科技研发产出效率。建立科技成果转化基金及管理办法；健全知识产权保护、转让及奖励制度；完善科技成果共享及转化平台；加强科技成果示范工程应用，提高示范工程科技进步效益率；加强科技成果产业孵化。

强化科技成果转移转化市场化服务。构建技术交易网络平台。以“互联网+”科技成果转移转化为核心，以需求为导向，连接技术转移服务机构、投融资机构、高校、科研院所和企业等，集聚成果、资金、人才、服务、政策等各类创新要素，打造线上与线下相结合的技术交易网络平台。

7.4.3 加速中国标准的国际化进程

我国住建部门正在积极开展强制性标准体系的构建工作，建立强制性标准体系框架，覆盖了各类工程项目和建设环节，实行动态更新维护。

加强中外标准对比研究。建立标准研究平台，加强中外标准的对比研究。鼓励行业学会协会、企业及社团组织，通过课题研究和学术交流，开展中外标准的差异性研究。通过对中外标准体系及控制性技术指标的对比研究，及时吸纳国外标准中的先进技术和经验，提升国内标准的整体水平，进一步完善国内标准体系。

积极参与和开展国际标准编写。鼓励、培育国内行业学会组织积极吸纳国际会员，加强国际合作和技术交流；鼓励中国社团、企业及学者广泛参与国际标准化机构、跨国联盟的标准化活动，积极参与国际标准的制订，在国际标准体系中发出中国声音。同时，也应引入国际标准化机构和学者更深入地参与对我国标准的研究、引进、制定等中国标准化活动。

推动“一带一路”标准国际化。中国建筑企业不仅要“走出去”,中国标准更要“走进去”，融入国际化；不仅要有中国技术，更要有中国标准。贯彻党的十九大精神，主动适应发展新常态，不断深化与“一带一路”沿线国家标准化双多边合作，大力推动中国标准“走出去”，使中国标准加快融入国际标准序列，加快提高中国标准国际化水平，未来实现中国标准引领国际标准，全面服务“一带一路”经济建设。

7.4.4 强化创新能力建设

围绕创新链组织人才链，释放创新人才活力。围绕建筑业科技创新发展需求，采用高端人才引进、人才资源聚合、新型人才培养等多种方式，实现科技创新人才集聚。形成基础研究、应用研究、产业发展及示范应用等多层次人才队伍，有效保证科研的效率和效果。

科技创新带动行业进步，加强绿色发展研究。提升城市规划建设水平，实现城市空间的绿色化构建；应用绿色化的新产品新技术新工艺，实现建筑业、房地产业和公共设施管理业的转型升级；有效的城市和社区精细化管理及教育引导，构建节能绿色的生活新方式。

培育营造创新生态系统，完善成果转化体系。培育创新法制环境，构建符合科技创新规律、适应科技创新需求的法律法规和制度政策体系，营造宽容开放的创新文化氛围，厚植工匠文化。完善科技成果转化体系，将中国建设成为世界建筑业重要的科技成果转化核心区。

加强国际科技交流合作，构建开放创新格局。结合国家“一带一路”战略实施中的科技对外开放合作新要求，加强关键技术领域的联合研发、区域间的开放合作、国际科技创新合作平台的搭建，推动建立项目、平台、区域等多层次的科技对外开放合作体系，提升中国建造实力带动转型升级。

7.4.5 加快专业队伍建设

新型建造的发展归根结底要靠人才来推动。要从加快培养技术管理人才和打造产业工人队伍两个方面，来提升行业队伍的能力素质。

加快复合型人才的培养。从全产业链的角度出发，积极引进并大力培养建筑工业化相关的设计师、建筑师、工程师、生产技术和管理人员，尤其要注重打造设计研发和 EPC 总承包管理团队，加速形成新型建造方式的“人才高地”，增强新型建造方式的发展动力。

打造适应行业发展的产业工人队伍。在新型建造方式推进过程中，大量的“高空作业”转向“地面作业”、“现场作业”转向“室内作业”、“人工作业”转为“机械作业”，减轻了工人的劳动强度，改善了工人的工作环境，这也为有效解决传统建筑行业农民工“离散性强、青壮年少”创造了有利条件。

参考文献

[1] 王丽新. 多家开发商发力绿色建筑绿地称 80% 以上项目采用绿色星级认证 [N]. 证券日报，2017-06-13（C03）.

[2] 赵惠珍，倪稞，郭巧洪，李艳海，王要武，金玲，孙开锋，王楠，王承玮. 2016 年建筑业发展统计分析 [J]. 工程管理学报，2017,（03）: 1-13.

[3] 任宏，王润源，马先睿. 绿色建筑星级比例测算——以 GM 新区为例 [J]. 科技进步与对策，2017,（09）: 81-91.

[4] 朱滨，何中凯. 新加坡绿色建筑考察与启示 [J]. 建设科技，2017,（08）: 20-22.

[5] 桑培东，张钰璇. "互联网 +" 时代下建筑产业现代化发展趋势与对策 [J]. 工程管理学报，2017,（02）: 23-27.

[6] 全球十个国家的装配式建筑发展现状 [J]. 砖瓦，2017,（04）: 76-78.

[7] 周涛. 浅谈建筑工程施工绿色建造技术应用 [J]. 科技创新与应用，2017,（10）: 280-281.

[8] 郝晨宇. 政策工具下绿色建筑开发意愿探讨研究 [J]. 绿色环保建材，2017,（03）: 191-192.

[9] 刘作毅. 2016 年水泥数据解读 [J]. 中国建材，2017,（03）: 88-93.

[10] 刘东卫. 兼容并蓄创建新型装配式建筑标准体系 [J]. 建筑，2017,（05）: 22-23.

[11] 王斌，令狐延，张明，罗盈洲. 建筑工程优质高效建造技术研究 [J]. 施工技术，2017,（04）: 95-99.

[12] 张辛，张庆阳. 国外绿色建筑发展趋势浅析 [J]. 建筑，2017,（04）: 40-43.

[13] 马聪. GIS 在建筑领域中的管理及应用 [J]. 测绘与空间地理信息，2017,（01）: 119-120.

[14] 文心. 发展装配式建筑提升"深圳质量"——深圳市装配式建筑发展概况 [J]. 住宅与房地产，2017,（02）: 22-23.

[15] 刘拓. 超高层泵送混凝土施工技术研究 [D]. 长春工程学院，2017.

[16] 季安康，王海飙. 基于 BIM 的 3D 打印技术在建筑行业的应用研究 [J]. 科技管理研究，2016,（24）: 184-188.

[17] 冯威，Nina Z. Khanna，周楠，薛峰，那伯识，李金萍. 美国绿色建筑发展、经验及对中国的启示 [J]. 工业建筑，2016,（12）: 6-12.

[18] 叶凌，程志军. 我国绿色建筑标准发展现状及展望 [J]. 建筑科学，2016,（12）: 6-12.

[19] 王理，孙连营，王天来. 互联网 + 建筑: 智慧建筑 [J]. 土木建筑工程信息技术，2016,（06）: 84-90.

[20] 陈雷鸣. 基于 BIM 和 GIS 的智慧城市探索 [J]. 土木建筑工程信息技术，2016,（06）: 91-95.

[21] 李腾之 . 工业化建造新路径——空中造楼机 [J]. 建筑，2016，(22): 43-44.

[22] 张美玲，李惠玲 . 绿色建筑认知度调查分析与提升对策——基于沈阳市调查结果的分析 [J]. 辽宁经济，2016，(11): 34-35.

[23] 张辛，张庆阳 . 国外绿色建筑探究及案例（中）[J]. 建筑，2016，(21): 65-66.

[24] 黄新波 . 谈 GIS 技术与 BIM 理念的结合 [J]. 智能建筑与智慧城市，2016，(10): 64-66.

[25] 刘哲，王娜 . 以被动式超低能耗绿色建筑技术引领建筑产业的全面升级 [J]. 住宅产业，2016，(10): 61-64.

[26] 江国胜，陈然 . EPC+ 装配式新型建造方式经典案例 [J]. 建筑，2016，(20): 15-18.

[27] 张嘉莉 . 广州市绿色建造技术应用研究 [D]. 华南理工大学，2016.

[28] 燕孝农 . 我国绿色建筑政策法规分析与思考 [J]. 城市建设理论研究（电子版），2016，(24): 31-32.

[29] 盘点：绿色建筑地方政策与财政机制（一）[J]. 资源节约与环保，2016，(08): 15.

[30] 赵锐，王文彬 . 虚拟现实技术在土木建筑工程中的应用探究 [J]. 河南建材，2016，(04): 279-280.

[31] 于博 . 浅析建筑施工技术的发展方向及现状 [J]. 城市建设理论研究（电子版），2016，(19): 46-47.

[32] 刘碧英 . 绿色建筑施工技术的发展方向和控制要点 [J]. 房地产导刊，2016，(07): 34.

[33] 王庄林，伊藤元重，吉田修，上原田川 . 日本绿色建筑产业化发展动向（下）[J]. 住宅与房地产，2016，(17): 64-67.

[34] 张领然，张前，李悦雯，张政，马兆龙 . 整体保温墙板（ZT）建筑体系研究 [J]. 建设科技，2016，(11): 102-103.

[35] 张超 . 基于 BIM 的装配式结构设计与建造关键技术研究 [D]. 东南大学，2016.

[36] 蔡天然 . 住宅建筑工业化发展历程及其当代建筑设计的启示研究 [D]. 西安建筑科技大学，2016.

[37] 刘丽阳 . 绿色建造技术成本估算方法研究 [D]. 哈尔滨工业大学，2016.

[38] 崔显 . 绿色建筑施工技术集成创新研究 [D]. 青岛理工大学，2016.

[39] 黄永胜 . 模块化建筑的结构设计与 BIM 技术应用研究 [D]. 广州大学，2016.

[40] 夏源 . EPS 模块钢筋混凝土墙结构体系的应用与研究 [D]. 吉林建筑大学，2016.

[41] 张春鹏 . 德国被动式超低能耗建筑设计及保障体系探究 [D]. 山东建筑大学，2016.

[42] 令狐延，秦瑜，王玉娜 . 技术创新在绿色建造中的研究与应用 [J]. 施工技术，2016，(10): 33-37.

[43] 宋凌，张川，李宏军 . 2015 年全国绿色建筑评价标识统计报告 [J]. 建设科技，2016，(10): 12-15.

[44] 侯朝霞 . 绿色建造管理和技术的研究 [D]. 浙江工业大学，2016.

[45] 张俊，张宇贝，李伟勤 . 3D 激光扫描技术与 BIM 集成应用现状与发展趋势 [J]. 价值工程，2016，(14): 202-204.

[46] 文博 . “花园城市”新加坡的“绿色建筑” [J]. 住宅与房地产，2016，(14): 66-69.

[47] 王庄林，伊藤元重，吉田修，上原田川 . 日本绿色建筑产业化发展动向（中）[J]. 住宅与房地产，2016，(14): 70-74.

[48] 王志成，约翰·凯·史密斯 . 美国绿色建筑产业化发展态势（下）[J]. 住宅与房地产，2016，(14): 75-80.

[49] 俞锡钢．新常态下浙中地区建筑工业化发展探索 [J]. 湖南城市学院学报（自然科学版），2016，（03）：162-163.
[50] 曾华．装配式建筑：撑起新型建造一片天 [J]. 施工企业管理，2016，（05）：67-69.
[51] 王权．中韩绿色建筑评价标准的比较研究 [D]. 西南交通大学，2016.
[52] 华懿．包豪斯和德国现代建筑发展探研 [D]. 郑州大学，2016.
[53] 黄宇琪．北京上海地区绿色建造政策体系简述 [J]. 建筑监督检测与造价，2016，（02）：16-20.
[54] 崔健．浅谈创建三星级绿色建筑标识工作 [J]. 建设监理，2016，（04）：55-56+74.
[55] 徐伟，刘志坚，陈曦，张时聪．关于我国"近零能耗建筑"发展的思考 [J]. 建筑科学，2016，（04）：1-5.
[56] 王志成，约翰·凯·史密斯．美国绿色建筑产业化发展态势（中）[J]. 住宅与房地产，2016，（11）：69-74.
[57] 王庄林，伊藤元重，吉田修，上原田川．日本绿色建筑产业化发展动向（上）[J]. 住宅与房地产，2016，（11）：75-80.
[58] 郑俊超．GZ 建筑集团绿色建造标准化管理研究 [D]. 西安建筑科技大学，2016.
[59] 陈希，周宇飞，刘云鹏，刘新权．欧洲标准体系下高性能混凝土的设计与制备 [J]. 混凝土，2016，（03）：106-109+113.
[60] 苏金凤．超高层混凝土泵送技术研究 [J]. 建材与装饰，2016，（12）：20-21.
[61] 王志成，约翰·凯·史密斯．美国绿色建筑产业化发展态势（上）[J]. 住宅与房地产，2016，（Z2）：122-127.
[62] 陈林冰，张三明．2014 世界建筑节获奖建筑中的绿色建筑及其技术 [J]. 华中建筑，2016，（03）：43-47.
[63] 陈宝春，黄卿维，王远洋，郭斌，罗霞，江世好．中国第一座超高性能混凝土（UHPC）拱桥的设计与施工 [J]. 中外公路，2016，（01）：67-71.
[64] 张利红．绿色建造技术创新体系构建策略 [J]. 中华建设，2016，（02）：134-135.
[65] 刘江．基于超高层混凝土泵送与施工技术应用研究 [J]. 科技与企业，2016，（03）：124-125.
[66] 李蕾，李沁，刘金祥．中、美、新三国绿色建筑评价标准对比分析 [J]. 建筑节能，2016，（01）：102-106+114.
[67] 钱坤，夏源，林国海．EPS 模块钢筋混凝土墙结构体系施工技术 [J]. 建筑节能，2015，（12）：120-123.
[68] 刘海丰．我国建筑工程绿色建造技术的应用分析 [J]. 建筑安全，2015，（12）：44-47.
[69] 孙晓霞．绿色建造在建筑工程中的应用研究 [D]. 山东大学，2015.
[70] 王晓明．房屋建筑工程中施工新技术的应用及发展趋势 [J]. 科技创新与应用，2015，（32）：261.
[71] 林国海，翟洪远，张司本．"十二五"国家科技支撑计划课题——保温、防火、结构一体化低能耗建筑技术 [J]. 建设科技，2015，（21）：27-35.

[72] 王大通，韩国雄，周泽志，彭志伟，黄文赞 . 广州市绿色建造的实践与应用 [J]. 建筑监督检测与造价，2015，(05): 54-57.

[73] 又见新建筑材料，高效低能耗的新型智能砖 [J]. 建筑师，2015，(05): 124.

[74] 丁俊，宋晓真 . 建筑空间的数字化建造 [J]. 艺术科技，2015，(10): 57.

[75] 刘远辉，王大通，丁志成，杜娟 . 广州市建设工程质量安全和绿色建造管理现场诚信评价体系技术指标研究 [J]. 工程质量，2015，(09): 20-24+29.

[76] 邓宗才，肖锐，徐海宾，陈春生，陈兴伟 . 高强钢筋超高性能混凝土梁的使用性能研究 [J]. 哈尔滨工程大学学报，2015，(10): 1335-1340.

[77] 预制构件技术成为新加坡建筑业发展趋势 [J]. 混凝土，2015，(08): 134.

[78] 刘晓平 . 国外工程建设标准概况和水运工程相关技术标准特点 [J]. 工程建设标准化，2015，(08): 20-21.

[79] 刘泽群 . 浅析 BIM 技术国内外研究现状 [A]. 天津大学、天津市钢结构学会 . 第十五届全国现代结构工程学术研讨会论文集 [C]. 天津大学、天津市钢结构学会，2015: 4.

[80] 王玉麟，黄巧玲，漆贵海 . 国内外绿色建筑发展经验探讨 [J]. 绿色建筑，2015，(04): 26-28.

[81] 刘建勇 . 浅谈建筑工程中绿色建造技术的现状和推进 [J]. 企业导报，2015，(13): 63+81.

[82] 严玉海 . 福建省绿色建造技术与管理体系的应用研究 [D]. 华侨大学，2015.

[83] 王雪松 . 绿色建造技术在实际工程中的研究与应用 [D]. 安徽理工大学，2015.

[84] 王玉 . 国内外绿色建筑评价体系对比研究 [D]. 吉林建筑大学，2015.

[85] 肖绪文，田伟，苗冬梅 . 3D 打印技术在建筑领域的应用 [J]. 施工技术，2015，(10): 79-83.

[86] 王惠生，康宇华 . 超高层建筑物混凝土泵送技术研究 [J]. 天津建设科技，2015，(02): 32-36.

[87] 许政 . 中国建筑现状及当代建筑师的探索 [J]. 兰州工业学院学报，2015，(02): 97-100.

[88] 战永林，孙建丽 . 我国节能与绿色建筑政策及执行情况分析 [J]. 改革与开放，2015，(07): 23-24.

[89] 张莉莉，吴华，黄天贵，袁晋，范元甫 . 超高层混凝土泵送技术研究与应用 [J]. 建筑技术，2015，(04): 341-344.

[90] 邓志勇 . 基于保障性住房新型工业化建造的几个重要问题 [J]. 建筑技术，2015，(03): 244-245.

[91] 李家清 . 刍议建筑工程绿色建造技术发展趋势 [J]. 中国新技术新产品，2015，(05): 150-152.

[92] 何清华，杨德磊，郑弦 . 国外建筑信息模型应用理论与实践现状综述 [J]. 科技管理研究，2015，(03): 136-141.

[93] 叶浩文: 加速推进新型建筑工业化的主要措施 [J]. 建筑，2016，(11): 11-12. [2017-09-25].

[94] 李莹 . 预制装配式混凝土外墙施工技术 [J]. 混凝土与水泥制品，2015，(01): 78-81.

[95] 张传成，李铁，许凯 . 发展新型建筑工业化，促进建筑产业现代化 [J]. 建筑技术开发，2015，(01): 19-23.

[96] 赖世成，井治学 . 全新的建筑体系—德国灰砂砖大砌块技术 [J]. 粉煤灰综合利用，2014，(05): 55-58.

[97] 徐达，王鑫 . 超高层混凝土泵送施工技术研究进展 [J]. 中华民居（下旬刊），2014，（10）：291.

[98] 史林林，郭振伟 . 绿色建筑地方标准与行业发展分析 [J]. 建设科技，2014，（18）：63-65.

[99] 陈宝春，季韬，黄卿维，吴怀中，丁庆军，詹颖雯 . 超高性能混凝土研究综述 [J]. 建筑科学与工程学报，2014，（03）：1-24.

[100] 顾泰昌 . 国内外装配式建筑发展现状 [J]. 工程建设标准化，2014，（08）：48-51.

[101] 杨昆 . 对建筑施工技术的现状及未来发展的分析 [J]. 中华民居（下旬刊），2014，（07）：314-315.

[102] 张欢 . 建筑施工噪声污染防治对策探讨研究 [J]. 环境科学与管理，2014，（07）：61-63.

[103] 刘贵文，罗明，徐鹏鹏 . 区域建筑业政策实施效果评价研究 [J]. 工程管理学报，2014，（03）：16-21.

[104] 郑古蕊 . 日本、澳大利亚绿色建筑政策实践对我国的启示 [J]. 建筑经济，2014，（06）：73-75.

[105] 侯克凤 . 当代国外建筑理论引进之再思考 [D]. 山东建筑大学，2014.

[106] 杜正南 . 论现代建筑施工的新技术与发展 [J]. 科技展望，2014，（10）：55.

[107] 武春丽 . 标准先行两部委联推高性能混凝土 [J]. 工程建设标准化，2014，（03）：16-17.

[108] 杨龙斌 . 区域建筑产业政策实施效果评价研究 [D]. 重庆大学，2014.

[109] 刘子金 . 施工机械化是建筑施工的必然发展趋势 [J]. 建筑机械化，2014，（02）：24-25.

[110] 周明军 . 建设工程的绿色建造现状与推进建议 [J]. 中华建设，2013，（11）：136-137.

[111] 王雪瑞，赵社民 . 关于建筑施工技术的未来发展研究及现状分析 [J]. 中小企业管理与科技（上旬刊），2013，（10）：84.

[112] 张慧丽 . 绿色建筑与绿色建造评价研究 [J]. 中国科技投资，2013，（26）：31+8.

[113] 罗淑湘 . 绿色建造的技术体系、难点与对策 [J]. 建筑，2013，（15）：47-48.

[114] 王小盾 . 模块化建筑技术综述 [A]. 天津大学 . 第十三届全国现代结构工程学术研讨会论文集 [C]. 天津大学，2013：10.

[115] 肖绪文，冯大阔 . 建筑工程绿色建造技术发展方向探讨 [J]. 施工技术，2013，（11）：8-10.

[116] 王浩 . 深入探讨泵送混凝土施工技术 [J]. 黑龙江科技信息，2013，（14）：159.

[117] 任江，钟崇光 . 物联网技术在智能建筑中的应用研究 [J]. 智能建筑，2013，（02）：65-68.

[118] 李元齐 . 建筑工业化建造产业发展的技术政策思考（一）[N]. 中国建设报，2013-01-14（008）.

[119] 向子浩，袁洪远 . 浅析 GIS 在建筑领域中的应用 [J]. 中华民居（下旬刊），2012，（12）：224.

[120] 李忠，郭丽 . 聚苯乙烯泡沫（EPS）综述 [J]. 四川建材，2012，（05）：10-11.

[121] 李德超，张瑞芝 . BIM 技术在数字城市三维建模中的应用研究 [J]. 土木建筑工程信息技术，2012，（01）：47-51.

[122] 卫强 . 国外高性能混凝土的发展及其在复杂工程和超大型工程中的运用 [J]. 建筑科学，2011，（S2）：241-244.

[123] 牛犇，杨杰 . 我国绿色建筑政策法规分析与思考 [J]. 东岳论丛，2011，（10）：185-187.

[124] 呙丹，杨晓华，苏本良 . 物联网技术在现代建筑行业中的应用 [J]. 山西建筑，2011，（26）：255-256.

[125] 糜嘉平 . 国内外早拆模板技术发展概况 [J]. 建筑技术，2011，（08）：686-688.

[126] 李菊，孙大明 . 绿色建筑评价标识三星级项目——张江集电港总部办公中心绿色改造 [J]. 建设科技，2011，（09）：52-55.

[127] 费衍慧 . 我国绿色建筑政策的制度分析 [D]. 北京林业大学，2011.

[128] 方东平，杨杰 . 美国绿色建筑政策法规及评价体系 [J]. 建设科技，2011，（06）：56-57.

[129] 马欣伯，李宏军，宋凌，朱颖心 . 日本绿色建筑政策法规及评价体系 [J]. 建设科技，2011，（06）：61-63.

[130] 赵丰东，李珂，张君，张爱民 .《绿色建筑等级划分与评价》编制 [J]. 建设科技，2011，（06）：30-31.

[131] 熊启发，郎占鹏，李瑞平 . 超高层混凝土泵送施工技术 [J]. 建筑技术，2011，（02）：141-143.

[132] 高柯，孟云芳 . 高性能混凝土的研究与发展 [J]. 中国建材科技，2010，（03）：30-32.

[133] 程勋 . 混凝土原材料对聚羧酸减水剂应用性能的影响 [D]. 北京工业大学，2010.

[134] 赵振新 . 国内外施工行业发展现状及其趋势 [J]. 商品与质量，2010，（S4）：9.

[135] 马克生，王文毅 . 浅谈静压桩技术及其发展 [J]. 科技情报开发与经济，2010，（01）：147-148+153.

[136] 龚志起，丁锐，陈柏昆 . 建筑工程施工阶段环境污染的识别与分析 [J]. 青海大学学报（自然科学版），2008，（05）：29-32.

[137] 俞伟伟 . 中美绿色建筑评价标准认证体系比较研究 [D]. 重庆大学，2008.

[138] 孙远涛 . 建筑施工噪声烦恼度阈限值研究 [D]. 长安大学，2008.

[139] 巴凌真 . 超高层混凝土泵送施工技术研究进展 [A]. 中国建筑工程总公司 - 广州市建筑集团有限公司联合体广州珠江新城西塔工程总包项目部、中国硅酸盐学会高性能混凝土委员会 . 超高层混凝土泵送与超高性能混凝土技术的研究与应用国际研讨会论文集（中文版）[C]. 中国建筑工程总公司 - 广州市建筑集团有限公司联合体广州珠江新城西塔工程总包项目部、中国硅酸盐学会高性能混凝土委员会，2008：7.

[140] 易秀明，杨新华，戴献军 . 超高层混凝土泵送技术研究与应用 [J]. 建筑机械，2008，（03）：94-98.

[141] 李湘洲，刘昊宇 . 国外住宅建筑工业化的发展与现状（二）——美国的住宅工业化 [J]. 中国住宅设施，2005，（02）：44-46.

[142] 李湘洲 . 国外住宅建筑工业化的发展与现状（一）——日本的住宅工业化 [J]. 中国住宅设施，2005，（01）：56-58.

[143] 陈润余 . 探索发现借鉴——探析国外工程建设机械行业的发展奥秘（一）[J]. 建设机械技术与管理，2003，（10）：38-40.

[144] 许贤敏 . 国外高性能高强混凝土设计规程简介 [J]. 广东建材，2001，(08): 44-46.
[145] 赵晖，刘有捷，邵孟新 . 静压桩技术的新发展 [J]. 广东土木与建筑，2000，(01): 7-11.
[146] CliftonJR，Frohnsd rffG，吴兆琦 . 美国国家标准与技术研究院的高性能混凝土研究项目 [J]. 硅酸盐学报，1999，(06): 739-749.
[147] 国外建设科技发展五大趋势 [J]. 中国建设信息，1999，(26): 68-70.
[148] 曾玉珍 . 国际高性能混凝土技术发展水平展望 [J]. 国外公路，1999，(01): 48-52.
[149] 涂瑞和，方丹群，方向明，孙吉民 . 各国建设施工噪声控制标准和法规 [J]. 国外环境科学技术，1989，(04): 30-34.
[150] 贺乃华 . SISMO——比利时的一种新型建筑体系 [J]. 小城镇建设，1989，(01): 31.
[151] 宋羽 . 混凝土泵送技术在国外的应用及发展 [J]. 电力建设，1983，(04): 108-111.
[152] 刘佩衡 . 国外建筑技术、施工设备发展前景与我们的赶超对策 [J]. 建筑技术，1979，(01):9-11.
[153] 王波，蒋鹏，卿晓霞等 . 人工智能技术及其在建筑行业中的应用 [J]. 微型机与应用，2004，23 (8): 4-7. DOI：10. 3969/j. issn. 1674-7720. 2004. 08. 001.
[154] 国外建筑工业化的发展水平 [J]. 建筑技术，1979，(01): 42-46.
[155] 叶浩文 . 新型建筑工业化的思考与对策 [J/OL]. 工程管理学报，2016，30 (02): 1-6. (2016-04-27) [2017-09-25].

附录

1. 国内技术政策

关于发布行业标准《混凝土泵送施工技术规程》的公告

《2011—2015年建筑业信息化发展纲要》

《关于征求关于推荐BIM技术在建筑领域应用的指导意见（征求意见稿）意见的函》

《关于推进建筑业发展和改革的若干意见》

《住房城乡建设部关于印发推进建筑信息模型应用指导意见的通知》

《关于开展2015年智能制造试点示范专项行动的通知》

《被动式超低能耗绿色建筑技术导则》

《2016—2020年建筑业信息化发展纲要》

《中共中央关于制定国民经济和社会发展第十三个五年规划的建议》

北京：国内最长地面模拟超高层泵送实验成功——向泵送528m高中国尊混凝土冲刺

《民用建筑信息模型设计标准》

《深圳市建设工程质量提升行动方案（2014—2018年）》

《深圳市建筑工务署政府公共工程BIM应用实施纲要》及《深圳市建筑工务署BIM实施管理标准》

《关于在本市推进建筑信息模型技术应用的指导意见》

《关于在本市推进BIM技术应用的指导意见》

《关于在推进建筑信息模型的应用指南（2015版）》

《上海市推进建筑信息模型技术应用三年行动计划（2015—2017）》

《关于报送本市建筑信息模型技术应用工作信息的通知》

《上海市建筑信息模型技术应用咨询服务招标文件示范文本》

《关于进一步加强上海市建筑信息模型技术推广应用的通知》（征求意见稿）

《广东省人民政府办公厅关于进一步提升建筑质量的意见》

《关于开展建筑信息模型BIM技术推广应用工作的通知》

《广东省住房和城乡建设厅关于发布2015年度城市轨道交通领域BIM技术标准制订计划的通知》

《广东省"互联网+"行动计划》

《广东省住房和城乡建设厅转发住房城乡建设部关于印发被动式超低能耗绿色建筑技术导则（试行）（居住建筑）的通知》

2. 绿色建造技术政策

《绿色建筑运行维护技术规范》

《建筑节能与绿色建筑发展“十三五”规划》

《绿色建筑后评估技术指南》(办公和商店建筑版)

《绿色博览建筑评价标准》

《绿色饭店建筑评价标准》

《绿色医院建筑评价标准》

《既有建筑绿色改造评价标准》

《被动式超低能耗绿色建筑技术导则(试行)(居住建筑)》

《绿色建材评价标识管理办法实施细则》

《绿色建材评价技术导则(试行)》

《预拌混凝土绿色生产评价标识管理办法(试行)》

《绿色建筑评价标准》

《建筑工程绿色建造规范》

《住房城乡建设部建筑节能与科技司2014年工作要点》

《绿色保障性住房技术导则》

《住房城乡建设部建筑节能与科技司2013年工作要点》

《关于加快推动我国绿色建筑发展的实施意见》

《建筑工程生命周期可持续性评价标准》

《建筑工程绿色建造评价标准》

《全国建筑业绿色建造示范工程验收评价主要指标》

《全国建筑业绿色建造示范工程管理办法(试行)》

《绿色建筑施工导则》

《绿色建筑技术导则》

《北京市绿色建筑适用技术推广目录(2016)》

《绿色建筑评价标准》

《绿色建造管理规程》

《北京市建筑业绿色建造示范工程评选办法》

《关于调整安全文明施工费的通知》印发

《北京市建筑业企业违法违规行为记分标准》修订

《北京市房地产开发企业违法违规行为记分标准》修订

《北京市建设工程施工现场管理办法》(市政府令第247号)颁布

《关于全面推行施工现场安全生产标准化和绿色建造管理的通知》印发

《关于混凝土搅拌站绿色生产达标考核工作有关事项的通知》印发

《关于调整安全防护、文明施工措施费费率的通知》发布

《关于在全市建设工程推行绿色建造的通知》发布

《绿色建造管理规程》DB 11/513—2008 颁布实施

《绿色养老建筑评价标准（征求意见稿）》

《上海市绿色建筑条例》草案稿

《绿色建筑检测技术标准》

《上海市保障性住房绿色建筑（一星级、二星级）技术推荐目录》

《上海市建筑节能和绿色建筑示范项目专项扶持办法》

《关于发布本市房屋建筑工程项目施工能源消耗及水资源消耗控制指标的通知》

《上海市建设工程绿色建造指导画册》印发

《建设工程绿色建造管理规范》DG/TJ 08—2129—2013 批准实施

《关于推荐"全国建筑业绿色建造示范工程"的管理办法》

印发《上海市建设工程绿色建造（节约型工地）创建工作深化管理和考评要求的通知》

印发《关于成立上海市建设工程绿色建造评审委员会的通知》

《关于贯彻<绿色建造导则>深化节约型工地创建工作的补充意见（试行）》发布

《关于贯彻<绿色建造导则>深化节约型工地创建工作的实施意见（试行）》发布

《广州市建筑工程绿色建造管理与评价标准（征求意见稿）》

《广州市加强预拌砂浆企业绿色生产管理的通知》

《广东省住房和城乡建设厅转发住房城乡建设部关于印发被动式超低能耗绿色建筑技术导则（试行）（居住建筑）的通知》

《建筑工程绿色建造管理与综合诚信评价标准（征求意见稿）》

《广州市绿色建筑实施方案》

《广州市住房和城乡建设委员会关于开展我市绿色建造试点及推广工作的通知》

《广州市绿色建造工作技术指引的通知》

《广州市绿色建筑和建筑节能管理规定》

《广州市人民政府关于加快发展绿色建筑的通告》

《关于推进房屋建筑工程绿色建造的通知》

《深圳市建筑节能发展资金 2017 年扶持计划》

《深圳市建筑节能与绿色建筑"十三五"规划（2016—2020）（征求意见稿）》

《深圳市建筑业绿色建造示范工程评选管理办法（试行）》

《深圳市绿色建筑促进办法》

《深圳市建筑节能和绿色建筑"十二五"规划》

《深圳市绿色建筑勘察技术规程》

《关于我市保障性住房应按照绿色建筑标准建设并落实节能减排措施的通知》

《关于开展绿色建筑认证（评价标识）工作的通知》（深建节能〔2009〕9号）

《深圳市绿色建筑评价规范》

《关于打造绿色建筑之都的行动方案》

《天津市2017年建筑节能和科技工作要点》

《中新天津生态城绿色建造技术管理规程》

《中新天津生态城绿色建筑评价标准》

《天津市建筑垃圾资源化利用管理办法》

《天津市绿色建筑设备评价技术导则》

《天津市绿色建材和设备评价标识实施细则》

《天津市绿色建筑评价标准》

《天津市绿色建筑管理规定（草案）》

《天津市绿色建筑行动方案》

《天津市绿色建筑建设管理办法》

《天津市绿色建筑选用材料与设备指南》

《天津市绿色建筑施工管理技术规程》

3. 智能建造技术政策

工业和信息化部关于进一步推进中小企业信息化的指导意见

工业和信息化部财政部关于印发智能制造发展规划（2016—2020年）的通知

国务院印发《"十三五"国家战略性新兴产业发展规划》

工业和信息化部关于印发信息化和工业化融合发展规划（2016—2020年）的通知

国务院办公厅印发《国家信息化发展战略纲要》

工业和信息化部关于印发制造业创新中心等5大工程实施指南的通知（智能制造工程施工指南）

工业和信息化部关于印发《国家智能制造标准体系建设指南（2015年版）》的通知

工业和信息化部关于印发贯彻落实《国务院关于积极推进"互联网+"行动的指导意见》行动计划（2015—2018年）的通知

国务院关于印发《中国制造2025》的通知

关于印发信息化和工业化深度融合专项行动计划（2013—2018年）的通知

北京市经济和信息化委员会关于印发《"智造100"工程实施方案》的通知

北京市人民政府办公厅关于印发《北京市"十三五"时期信息化发展规划》的通知

北京市经济和信息化委员会关于印发《北京市鼓励发展的高精尖产品目录（2016年版）》和《北京市工业企业技术改造指导目录（2016年版）》的通知

北京市经济和信息化委员会关于推进"互联网+制造"的指导意见

北京市人民政府办公厅关于印发《〈中国制造2025〉北京行动纲要》的通知

上海市经济和信息化委员会关于印发上海市推进信息化与工业化深度融合“十三五”发展规划

上海市人民政府办公厅关于本市加快制造业与互联网融合创新发展实施意见的通知

上海市人民政府办公厅关于印发《上海市大数据发展实施意见》的通知

关于印发广州市先进制造业发展及布局第十三个五年规划（2016—2020年）的通知

广州市人民政府办公厅关于促进大数据发展的实施意见

广东省促进大数据发展行动计划（2016—2020年）

关于印发广州制造2025战略规划的通知

深圳市人民政府办公厅关于印发《深圳市促进大数据发展行动计划（2016—2018年）》的通知

深圳市人民政府办公厅关于印发深圳市信息化发展“十三五”规划的通知

深圳市人民政府关于印发“互联网＋”行动计划的通知

《关于征求关于推荐BIM技术在建筑领域应用的指导意见（征求意见稿）意见的函》

《住房城乡建设部关于印发推进建筑信息模型应用指导意见的通知》

《2016—2020年建筑业信息化发展纲要》

关于印发《上海市推进建筑信息模型技术应用三年行动计划（2015—2017）》的通知

《2016上海市建筑信息模型技术应用与发展报告》

《关于进一步加强上海市建筑信息模型技术推广应用的通知（征求意见稿）》

《关于开展建筑信息模型BIM技术推广应用工作的通知》

《广东省住房和城乡建设厅关于发布2015年度城市轨道交通领域BIM技术标准制订计划的通知》

《深圳市建筑工务署政府公共工程BIM应用实施纲要》

《城乡建设领域BIM技术应用“十三五”发展规划》

《关于加快推进建筑信息模型（BIM）技术应用的意见》

国家高科技研究发展计划（863计划）、国家科技支撑计划制造领域2014年度备选项目征集指南

《国家增材制造产业发展推进计划（2015—2016）年》

《中国制造2025》重点领域技术路线图

《促进北京市增材制造（3D打印）科技创新与产业培育的工作意见》

《江苏省三维打印技术发展及产业化推进方案（2013—2015年）》

《关于加强三维打印技术攻关加快产业化的实施意见》

《福建省关于促进3D打印产业发展的若干意见》

《杭州市关于加快推进3D打印产业发展的实施意见》

《四川省增材制造（3D打印）产业发展路线图（2014—2023）》

《物联网“十二五”发展规划》

《国务院关于推进物联网有序健康发展的指导意见》

《物联网发展专项行动计划（2013—2015）》

《工业和信息化部2014年物联网工作要点》

《机器人产业发展规划（2016—2020 年）》

《“互联网 +”人工智能三年行动实施方案》

《关于印发重庆市科技创新 " 十三五规划的通知》

上海市经济和信息化委员会关于上海加快发展和应用机器人促进产业转型提质增效的实施意见

关于推动工业机器人及智能装备产业发展的实施意见

广州市人民政府办公厅关于推动工业机器人及智能装备产业发展的实施意见

深圳市人民政府关于印深圳市机器人、可穿戴设备和智能设备产业发展规划（2014—2020）

《关于印发辽宁省推进机器人产业发展实施意见的通知》

《关于培育发展机器人及智能制造装备产业的意见》

贵州省“互联网 +”人工智能专项行动计划

《虚拟现实产业发展白皮书》

《关于促进 VR 产业加快发展的十条措施》

关于加快 VR/AR 产业发展的若干政策（试行）的通知

4. 工业化建造技术政策

国务院办公厅关于大力发展装配式建筑的指导意见

住房城乡建设部关于印发装配式混凝土结构建筑工程施工图设计文件技术审查要点的通知

住房城乡建设部关于发布国家标准《装配式混凝土建筑技术标准》的公告

住房城乡建设部关于发布国家标准《装配式木结构建筑技术标准》的公告

住房城乡建设部关于发布国家标准《装配式钢结构建筑技术标准》的公告

住房城乡建设部关于发布行业标准《装配式劲性柱混合梁框架结构技术规程》的公告

关于发布北京市地方标准《建设工程临建房屋应用技术标准》的通知

关于印发《北京市混凝土结构产业化住宅项目技术管理要点》的通知

关于印发《北京地区既有建筑外套结构抗震加固技术导则》的通知

关于《装配式剪力墙住宅产业化技术参考手册》的通知

北京市住房和城乡建设委员会关于印发《既有砌体建筑外套装配式结构抗震加固施工技术导则（试行）》的通知

我市发布绿色建筑适用技术推广目录

既有砌体住宅工业化抗震加固体系成套技术

关于印发《北京市绿色建筑适用技术推广目录（2016）》的通知

关于印发《北京市保障性住房预制装配式构件标准化技术要求》的通知

上海市人民政府关于印发《上海市住房发展“十二五”规划》的通知

关于印发《上海市“十二五”建筑节能专项规划》的通知

关于印发《上海市建筑节能项目专项扶持办法》的通知

关于推进本市装配式建筑发展的实施意见

关于印发《关于进一步强化绿色建筑发展推进力度提升建筑性能的若干规定》的通知

关于本市保障性住房项目实施建筑信息模型技术应用的通知

上海市建筑信息模型技术应用推广“十三五”发展规划纲要

广州市城乡建设委员会关于印发进一步提升建设工程施工精细化管理工作方案的通知

广州市城市管理委员会关于完善广州市建设工程施工围蔽管理提升实施技术要求和标准图集的通知

深圳市绿色建筑促进办法（深圳市人民政府令第253号）

深圳市住房和建设局关于加快推进装配式建筑的通知

《关于装配式建筑项目设计阶段技术认定工作的通知》政策解读

编后记

建筑业是国民经济的支柱产业，经过几十年的快速发展，我国建筑业的建造能力不断增强，产业规模不断扩大，打造具有国际竞争力的建筑产业，建设中国建造实力与品牌，是我国提升综合国力、保障国家安全、建设世界强国的必由之路。2017 年国务院办公厅印发《关于促进建筑业持续健康发展的意见》，明确提出推进建筑产业现代化、推广智能和装配式建筑。因此以科技进步促进建筑产业升级已成大势所趋，而建筑行业的产业升级一定是以新型建造方式为先。

相对于传统建造方式而言，新型建造方式是指在建筑工程建造过程中，以“绿色化”为目标，以“智慧化”为技术手段，以“工业化”为生产方式，以工程总承包为实施载体，实现建造过程“节能环保，提高效率，提升品质，保障安全”的新型工程建设组织模式。中国未来建筑业发展的策略是绿色化、智慧化和工业化，是一种以节能环保为核心的绿色建造改变传统的新型建造方式。

中国建筑股份有限公司（简称中国建筑或中建）作为建筑行业的引领者，有责任、有义务在当前建筑业处于转型升级的关键时期，为行业发展作出努力和贡献。中国建筑一直在开展有关适合新时代发展的新型建造方式的研究，长期以来做了很多关于新型建造方式方面的工作，也开展了很多相关领域的课题研究和探索工作，中建承担了多项国家重点项目研究，包括国家“十一五”重点研发计划项目“现代建筑设计与施工关键技术研究”（项目编号：2006BAJ01B00）、国家“十二五”重点研发计划项目“建筑工程绿色建造关键技术研究与示范”（项目编号：2012BAJ03B00）、国家“十三五”重点研发计划项目“绿色施工与智慧建造关键技术”研究项目（项目编号：2016YFC0702100）等，集成和积累了众多相关课题经验。同时在国内很多有代表性、大型重点工程上应用新型建造方式开展工程项目管理，取得了很大的收获和成功，受到了国家、政府及相关各方的高度赞誉。

鉴于以上基础工作，参考和借鉴中建多年发展经验和课题研究经验，中国建筑组织精干力量，重点对国内外新型建造技术和建造方式进行了广泛的调查研究和深入分析，结合国内外建筑业发展形势和相关政策，开展了建筑工程新型建造方式报告的研究和编写工作，系统性提出了以品质为核心的“新型建造方式”理论，并阐述了新型建造方式与绿色建造、智慧建造及工业化建造的关系。

本书由中国建筑牵头中建技术中心、中建一局、中建三局、中建八局、中建科技、中建上海院等多家单位参与编著，表示感谢；同时感谢中国建筑业协会和中国施工企业管理协会的支持和帮助，感谢政府相关部门领导的关心和鼓励，感谢建筑行业专家同仁的支持，在此一并表示感谢。

希望我国建筑工程新型建造方式和新型建造技术能够在业内同仁的共同努力之下，在可持续发展的道路上大放异彩，共同推动中国建筑行业的高质量发展。

本书编委会

2018年9月